U0637114

中国荞麦研究

主编 赵 钢 邹 亮 赵江林

科学出版社

北 京

内 容 简 介

本书系统论述了荞麦种质资源与遗传育种、种植技术、病虫草害与防治、营养与功能、药理与临床研究、加工技术与新产品开发和质量标准。本书由长期从事荞麦科研、生产和管理的专家、学者共同编写，注重理论与实践相结合，全面清晰地介绍了荞麦相关研究领域的基本概念、整体状况和研究成果，着重反映最新的研究动态，并对未来的研究趋势和研究路径做出展望。

本书可供荞麦专业研究工作者，高等院校相关专业教师、学生，以及农业、食品工业技术与管理人员参考使用。

图书在版编目（CIP）数据

中国荞麦研究 / 赵钢，邹亮，赵江林主编. -- 北京：科学出版社，2025.4. -- ISBN 978-7-03-080253-8

Ⅰ. S517

中国国家版本馆 CIP 数据核字第 2024N5E452 号

责任编辑：吴卓晶　李　莎 / 责任校对：赵丽杰
责任印制：吕春珉 / 封面设计：东方人华平面设计部

科 学 出 版 社 出版

北京东黄城根北街 16 号
邮政编码：100717
http://www.sciencep.com

天津市新科印刷有限公司印刷
科学出版社发行　　各地新华书店经销

*

2025 年 4 月第 一 版　　开本：B5（720×1000）
2025 年 4 月第一次印刷　　印张：33
字数：662 000

定价：330.00 元
（如有印装质量问题，我社负责调换）
销售部电话 010-62136230　编辑部电话 010-62143239（BN12）

《中国荞麦研究》编写委员会

主　编　　赵　钢　　邹　亮　　赵江林

副主编　　彭镰心　　向达兵　　胡一晨　　耿　放　　仇　菊

编　者　　白　雪　　曹亚楠　　耿　放　　辜英智　　胡一晨

　　　　　黄静玮　　冷　静　　李　强　　李　兴　　林永翅

　　　　　马　荣　　彭镰心　　仇　菊　　任远航　　时小东

　　　　　宋　雨　　孙雁霞　　谭茂玲　　万　燕　　王爱莉

　　　　　王安虎　　王金秋　　魏丽娟　　邬晓勇　　吴　琪

　　　　　向达兵　　严　俊　　杨敬东　　叶雪玲　　袁　健

　　　　　张　萍　　张云峰　　赵　钢　　赵江林　　钟灵允

　　　　　邹　亮　　邹　强

总顾问　　任长忠

前　言

中国农业和农村的发展正处于新的历史时期，完善现代农业产业体系、发展现代农业、提升农业科技水平、提高农产品的市场竞争能力、保障国家粮食安全并满足人民群众日益增长的健康需求，成为新时期农业发展的基本目标。在现代农业生产中，荞麦正在成为一种重要的特色小宗杂粮作物，在调整农业产业结构、确保粮食安全、提高全民健康水平、改善生态环境和促进农业提质增效等方面皆具重要价值。近年来，随着荞麦产业的迅速发展，我国已经形成了稳定的荞麦产区和特色产业，并在偏远山区的少数民族经济发展中发挥着重要的作用，在国民经济和农业结构调整中占有重要地位。

荞麦为蓼科荞麦属一年生或多年生双子叶草本植物，具有悠久的栽培历史。荞麦具有适应性广、抗逆性强、耐贫瘠、耐干旱等特点。从全球来看，俄罗斯、中国、乌克兰、法国、加拿大、美国、波兰、巴西、澳大利亚等国是荞麦种植面积较大的国家。我国是世界上荞麦资源最丰富的国家，是世界荞麦的起源中心和遗传多样性中心。然而，长期以来，人们关注的焦点集中在水稻、小麦、玉米等大宗作物，杂粮作物因其产量较低、口感较差、消化吸收慢等特点，并未真正进入主粮的行列，使以荞麦为代表的小宗杂粮的发展受到限制。

随着高产品种的选育和化肥农药的普及，主粮匮乏的时代已经远去，人们的关注点已从单纯的温饱需求逐渐向追求养生、膳食均衡转变。中医古籍《黄帝内经》记载"五谷为养，五果为助，五畜为益，五菜为充"，其中所说的"五谷"指的就是五谷杂粮。现代医学和营养学的研究表明，杂粮中含有丰富的营养物质和功能性物质，还具有热量低和脂肪含量低的特点。这些特性使其在促进人体健康方面具有不可替代的地位，受到消费者的广泛关注和欢迎，为大力发展杂粮产业奠定了坚实的科学基础。

荞麦幼芽嫩叶、成熟秸秆、茎叶花果、米面皮壳无一废物，具有较高的营养价值和药用价值。现代临床医学研究表明，荞麦及其制品有降血糖、降血脂和增强人体免疫力等功效，对糖尿病、高血压、高血脂、冠心病、脑卒中等疾病具有一定的辅助治疗作用。荞麦作为一种集营养、保健于一体的天然保健作物资源，在防治"现代文明病"和改善亚健康状态等方面具有独特的作用，具有长期看好的产业需求和市场需求。

随着国家相关部门的重视和支持，特别是荞麦被纳入国家现代农业产业技术体系以来，我国荞麦在品种选育、栽培技术、功能评价和加工技术等方面均取得了飞速发展，促进了我国荞麦产业提质增效，提升了我国荞麦产业的国际影响力。

为了全面详细地介绍荞麦研究进展，为了荞麦的科学研究和推广应用奠定基础，由国家燕麦荞麦产业技术体系岗位科学家赵钢教授牵头，组织数十位长期从事荞麦相关领域研究的专家、学者共同编写了本书。本书共 8 章，首先对荞麦的价值、起源、进化与分布、研究现状与未来发展趋势等进行概述；随后围绕荞麦栽培进行了详细的描述，包括荞麦种质资源与遗传育种、种植技术、病虫害与防治；最后，本书围绕荞麦功效和加工技术做了详细的论述和展望，涉及荞麦营养与功能、药理与临床研究、加工技术与新产品开发，以及质量标准等。

本书的编写得到了国家燕麦荞麦产业技术体系、荞麦生产企业和编者团队研究生的鼎力支持，在此一并表示衷心的感谢。

由于编者水平有限及时间仓促，书中难免存在不足之处，敬请广大读者批评指正，以利再版时更正。

本书编委会

2024 年 6 月于成都

目　　录

第一章 概　　论

荞麦又名乌麦、三角麦、荞子，为蓼科（Polygonaceae）荞麦属（*Fagopyrum*）一年生或多年生双子叶草本植物。荞麦在世界上分布较广，世界上荞麦种植面积较大的国家有俄罗斯、中国、乌克兰、法国、加拿大、美国、波兰、巴西、澳大利亚等。中国是世界上荞麦种类最丰富的国家，迄今为止发现并命名的荞麦属种有 26 个，栽培种有 2 个（赵钢等，2015；董雪妮等，2017；唐宇等，2019；Joshi et al.，2019）。我国的荞麦种植历史悠久，主要有甜荞麦（*Fagopyrum esculentum* Moench，也称普通荞麦）和苦荞麦 [*Fagopyrum tataricum*（L.）Gaertn，也称鞑靼荞麦] 两个栽培种，其植物学特征、生物学特性与栽培适宜区域均有一定的差异。我国甜荞麦的主产区主要集中在北方的内蒙古、陕西、山西、甘肃和宁夏等地，其常年种植面积为 70 万～80 万 hm^2。苦荞麦的主产区主要集中在云南、四川、贵州和西藏等地，其常年种植面积在 50 万 hm^2 以上（林汝法，1994；赵钢等，2012；任长忠等，2015）。此外，在我国四川、云南、贵州、重庆、西藏等地还有丰富的金荞麦（*Fagopyrum cymosum*）、大野荞（*Fagopyrum megaspartanium*）、毛野荞（*Fagopyrum pilus*）等野生荞麦资源。

荞麦是一种著名的药食两用特色杂粮作物，其营养丰富，保健功能强，经济价值高，开发前景广阔。近年来，随着人民生活水平的提高和全社会健康观念的增强，营养与保健兼备的荞麦及其加工制品越来越受到人们的喜爱，已逐渐成为人类重要的健康食品之一。在现有基础之上，进一步加强和完善荞麦资源调查、优质品种选育、配套高产栽培技术、精深加工、营养功效评价及质量标准制定等方面的基础与应用研究，将有助于促进我国荞麦产业快速、健康发展。

第一节　荞麦的价值

荞麦浑身是宝，其幼芽嫩叶、成熟秸秆、茎叶花果、米面皮壳均可被开发利用。从食用到防病治病，从自然资源利用到养地增产，从农业到畜牧业，从种植业到食品加工生产，从活跃市场到外贸出口等，荞麦都有着重要的开发利用价值。在现代农业生产中，荞麦是一种重要的特色小宗杂粮作物，是农业生产和调剂城乡人民生活不可缺少的作物，在国民经济中占有重要地位。

一、荞麦的食用价值

荞麦的营养丰富，食味好，具有良好的适口性。我国荞麦的食用历史十分悠久，制作方法多样。古代劳动人民在长期的生产和生活实践中，对荞麦的营养价值与食用价值有着较好的认识。据记载，荞麦主要有以下几种加工食用方法。北方一般"磨而为面，摊作煎饼，配蒜而食，或作汤饼"，经过加工后的荞麦面粉，虽口感不及小麦面粉，但其"滑细如粉"，可作煎饼、汤饼、饵饼等食用，在一些地区广受喜爱。南方的常用做法是将荞麦磨为粉，"作粉饵食"，或将荞麦去壳后，"取米作饭，蒸食之"，或将荞麦粒蒸熟后晒干，然后捣米食用。

当前，在我国许多高寒山区的少数民族地区，荞麦仍是当地居民的主食之一。在日本、韩国、俄罗斯、乌克兰、加拿大、法国、斯洛文尼亚、意大利、波兰等国，荞麦被列入高级营养食材，营养与美味的各种荞麦食品深受人们的喜爱。传统的荞麦小吃主要有荞麦米饭、荞麦面条、荞麦馒头、荞面饸饹、荞麦煎饼、荞麦粑粑、荞麦灌肠、荞麦酥、荞麦凉粉、荞麦面猫耳朵、荞麦血粑、搅团、荞圈圈、荞麦蒸饺、荞坨、荞麦花卷、荞糕等民间风味食品（林汝法，1994；阎红，2011；赵钢，2010，2012；王鹏科等，2016）。随着人们对于荞麦营养保健价值认知度的不断提高，食品加工技术也在快速发展。除用于制作各种民间传统小吃外，目前开发研制的荞麦食品主要包括以下四大类。

（1）荞麦米面制品，如荞麦米、荞麦粉、荞麦挂面、荞麦鲜湿面、荞麦方便面、荞麦蔬菜面、荞麦馒头、荞麦碗托、荞麦通心粉、荞麦凉粉、荞麦米线、荞麦豆腐、荞麦发糕等。

（2）荞麦休闲食品，如荞麦饼、荞麦酥、荞麦饼干、荞麦沙琪玛、荞麦面包、荞麦蛋糕、荞麦蛋挞、荞麦桃片、荞麦杏仁软糖等。

（3）荞麦饮品，如荞麦茶、荞麦白酒、荞麦黄酒、荞麦啤酒、荞麦保健酒、荞麦咖啡、荞麦奶茶、荞麦花茶、荞麦酸奶、荞麦醋、荞麦糊、荞麦八宝粥、荞麦系列营养保健饮料（如荞麦清肺润喉饮料、荞麦祛暑饮料、荞麦滋补饮料）等。

（4）荞麦蔬菜，如荞麦芽菜、荞麦苗菜、荞麦酸菜等。

二、荞麦的营养药用价值

荞麦是一种集营养与药用保健于一体的优质杂粮作物。我国劳动人民很早就认识到荞麦的营养价值、药用价值和食疗功能。在《本草纲目》中有："荞麦，气味甘，平，寒，无毒。实肠胃，益气力，续精神，能练五脏滓秽"。《中药大辞典》中曰："荞麦秸，为蓼科植物荞麦的茎叶。功能：治噎食、痈肿，并能止血，蚀恶

肉"。一些医书还记载，荞麦具有开胃、宽肠、下气消积的功能，能治疗绞肠痧、
肠胃积滞、慢性泄泻、噤口痢疾、赤游丹毒、痈疽发背、瘰疬、汤火灼伤等。《植
物名实图考》中提出金荞麦："茎赤叶青，花叶俱如荞麦，长根赭硬。为治跌打要
药，窃贼多蓄之，故俚医呼贼骨头"。金荞麦常以干燥根茎入药，具有清热解毒、
排脓祛瘀的功效。在传统药用方面，金荞麦被认为具有润肺补肾、健脾止泻、祛
风湿的功效，常用于肺脓疡、麻疹、肺炎、扁桃体周围脓肿等疾病的治疗。20 世
纪 80 年代以来，北京、天津、四川、山西等地的一些医疗单位开展了大量的动物
试验和临床试验，充分证实了荞麦加工制品及其功能活性成分具有较好的降血脂、
降血糖和降血压的"三降"功效，因而荞麦粉被称为"三降粉"（赵钢等，2009；
林汝法，2013）。

众多研究表明，荞麦具有极高的营养价值和药用价值，其富含淀粉、蛋白质、
脂肪、膳食纤维、维生素、矿物质和微量元素等营养成分（表 1.1）。此外，荞麦
还含有糖醇、甾醇、多酚、荞麦碱，以及其他禾谷类作物所不含的黄酮类活性成
分。这些活性物质在降血糖、降血压、降血脂、抗菌消炎、抗氧化、抗肿瘤、抗
衰老、镇痛，以及预防和治疗心血管疾病等方面具有较好的效果。

表 1.1 荞麦和大宗粮食的营养成分对比

成分	甜荞麦	苦荞麦	小麦	大米	玉米
水分/%	13.5	13.2	12.0	13.0	13.4
粗蛋白/%	6.5	11.5	9.9	7.8	8.4
粗脂肪/%	1.4	2.2	1.8	1.3	4.3
淀粉/%	65.9	72.1	71.6	76.6	70.2
粗纤维/%	1.0	1.6	0.6	0.4	1.5
维生素 B_1/（mg/g）	0.08	0.18	0.46	0.11	0.31
维生素 B_2/（mg/g）	0.12	0.50	0.06	0.02	0.10
烟酸/（mg/g）	2.7	2.6	2.5	1.4	2.0
芦丁/%	0.095～0.210	1.150	—	—	0
叶绿素/（mg/g）	1.304	0.420	0	0	0
钾/%	0.29	0.40	0.20	1.72	0.27
钙/%	0.038	0.016	0.038	0.0017	0.022
镁/%	0.140	0.220	0.051	0.063	0.060
铁/%	0.0140	0.0086	0.0042	0.0024	0.0016
铜/%	4.0	4.6	4.0	2.2	—
锌/%	17.0	18.5	22.8	17.2	—
硒/%	0.431	—	—	—	—

资料来源：郎桂常，1996；赵钢，2010。

1. 淀粉

淀粉是荞麦籽粒中含量最高的营养成分,其作为功能物质主要存在于胚乳中。荞麦的淀粉含量较高,一般为 60%~80%,与大多数谷物相当,是一类新型功能性淀粉资源(杜双奎等,2003)。荞麦淀粉中直链淀粉的含量一般为 15%~52%,聚合度为 12~45,其加工制成的荞麦食品较为疏松、可口。荞麦淀粉与豆类淀粉的黏度曲线相似,具有高结晶度、高消化性及较高的持水能力。荞麦淀粉制成的食品在冷冻条件下口感变化慢,利于贮存。苦荞麦淀粉因与黄酮类物质结合紧密,不易被淀粉酶消化,其主要以抗性淀粉的形式存在,含量为 7.5%~35%(周一鸣等,2013)。荞麦抗性淀粉的作用类似于膳食纤维,不易被小肠吸收,在大肠中被部分微生物发酵利用。长期食用荞麦淀粉可改善肠道微生物环境,调节糖代谢,降低患冠心病、肥胖症、糖尿病等疾病的风险,以及防止胆固醇过高等。因此,荞麦可以作为糖尿病患者理想的补充食物(李双红等,2015)。

2. 蛋白质

荞麦粉中的蛋白质含量一般为 8.5%~18.9%,较大米、小米、玉米、小麦和高粱面粉中蛋白质的含量高。荞麦中的蛋白质主要包括四类:球蛋白(64.5%)、清蛋白(12.5%)、谷蛋白(8.0%)和醇溶蛋白(2.9%)。球蛋白主要分为两种,7~8S 球蛋白和 11~13S 球蛋白,11S 球蛋白主要由 280kDa(23%)多肽链和 500kDa 多肽链经二硫键连接而成。清蛋白和醇溶蛋白表现出较低的杂交活性,多为单链结构。荞麦中的蛋白质为天然的抗性蛋白质。荞麦中的蛋白质各组分对蛋白酶的敏感性有一定差异,球蛋白和谷蛋白比清蛋白和醇溶蛋白更容易被蛋白酶消化。荞麦中 4 种蛋白质的消化率分别为清蛋白 81.20%、球蛋白 79.56%、谷蛋白 66.99%、醇溶蛋白 58.09%。与其他谷物相比,荞麦中蛋白质的 18 种氨基酸组成更加均衡合理、配比适宜,符合或超过联合国粮食及农业组织(Food and Agriculture Organization of the United Nations,FAO)和世界卫生组织(World Health Organization,WHO)对食物蛋白中必需氨基酸含量规定的指标(表 1.2)。赖氨酸是我国居民常食用的谷类粮食中的第一限制性氨基酸,其在荞麦中含量丰富,较一般谷物高。因此,食用荞麦能弥补我国膳食结构所导致的"赖氨酸缺乏症"的缺陷。

荞麦中的蛋白质除了具有较高的营养价值外,还具有其他功效,如抗氧化、抗癌、抗衰老、抗疲劳、调节血脂、抑制脂肪蓄积、改善便秘、抑制大肠癌和胆结石发生、抑制有害物质吸收、增强人体免疫力和减肥等。苦荞蛋白能抑制小鼠由 1,2-二甲肼诱发的结肠癌细胞增殖和由 7,12-二甲基苯蒽诱发的乳腺癌细胞增殖。苦荞水溶性蛋白提取物 TBWSP31 能诱导乳腺癌 Bcap37 细胞的凋亡,从而起到抗癌的作用（聂薇等，2016）。荞麦蛋白是一种非常理想的功能食品原料，荞麦蛋白与其他谷类蛋白之间有很强的互补性，搭配食用可改善氨基酸平衡，进一步提高荞麦蛋白的生物价，其具有较高的经济价值和更广阔的开发前景（张超等，2005；阮景军等，2008；李双红等，2015）。

表 1.2 氨基酸组成比较分析 （单位：g/100g）

样品	异亮氨酸	亮氨酸	赖氨酸	蛋氨酸+胱氨酸	苏氨酸	色氨酸	缬氨酸	苯丙氨酸+酪氨酸
商品荞麦粉	4.324	7.181	6.160	2.673	3.917	3.825	5.315	7.919
苦荞麦粉	4.292	6.909	6.021	3.122	3.638	3.662	5.184	7.731
荞麦麸粉	3.971	6.875	6.144	2.809	3.619	3.759	5.221	7.546
荞麦心粉	4.684	8.146	6.782	1.337	4.693	3.041	5.784	8.545
荞麦全粉	4.463	7.340	6.863	3.655	3.839	2.231	5.347	8.055
平均值	4.317	7.241	6.344	2.694	3.918	3.517	5.331	7.883
强筋小麦粉	4.556	8.162	2.152	2.948	2.542	3.655	4.467	9.786
WHO/FAO 标准模式	4	7	5.5	3.5	4	1	5	6

资料来源：李志西等，2003；杨海莹等，2014。

3. 脂肪

荞麦中脂肪的含量为 1%～3%，与大宗粮食较为接近。荞麦脂肪的组成较好，含有 9 种脂肪酸，其中作为人体必需脂肪酸的油酸和亚油酸含量最多，约占其总量的 80%，其次为棕榈酸（10%）和亚麻酸（4.8%）等（表 1.3）。此类脂肪酸对人体十分有益，能够有助于降低体内血清胆固醇含量和抑制动脉血栓的形成，对动脉硬化和心肌梗死等心血管疾病均具有很好的预防作用（聂薇等，2016）。荞麦中丰富的亚油酸在体内通过加长碳链可合成花生四烯酸，后者不仅能软化血管、稳定血压、降低血清胆固醇含量和提高高密度脂蛋白含量，而且是合成对人体生理调节起必需作用的前列腺素和大脑的重要组分之一。此外，荞麦中还含有 2,4-二羟基顺式肉桂酸，能够抑制黑色素的生成，具有预防雀斑及老年斑的作用，可作为护肤品的原料。

表 1.3 苦荞麦籽粒的脂肪酸组成 ［单位：g/100g（总脂肪酸）］

脂肪酸	含量
肉豆蔻酸（C14:0）	0.0
棕榈酸（C16:0）	15.6
棕榈烯酸（C16:1）	0.0
硬脂酸（C18:0）	2.0
油酸（C18:1）	37.0
亚油酸（C18:2）	39.0

续表

脂肪酸	含量
亚麻酸（C18：3）	1.0
花生四烯酸（C20：0）	1.8
二十碳一烯酸（C20：1）	2.3
山萮酸（C22：0）	1.1
饱和脂肪酸	20.5
不饱和脂肪酸	79.3
不饱和脂肪酸/饱和脂肪酸	3.87

4. 膳食纤维

膳食纤维被称作"第七营养素"，是健康饮食中不可缺少的营养成分。膳食纤维在保持消化系统健康中扮演着重要的角色，摄取足够的膳食纤维也可以预防心血管疾病、糖尿病、癌症等疾病的发生（杨芙莲等，2008）。荞麦是膳食纤维较丰富的食物，其籽粒的膳食纤维含量为3.4%～5.2%，其中20%～30%为可溶性膳食纤维含量。有研究表明，苦荞粉中膳食纤维的含量约为 1.62%，较玉米粉中膳食纤维的含量高8%，分别是小麦和大米中膳食纤维含量的1.7倍和3.5倍（郎桂常等，1996）。荞麦纤维具有降低血脂特别是降低血清总胆固醇和低密度脂蛋白胆固醇含量的功效。同时，荞麦纤维在降低血糖和改善糖耐量等方面也具有很好的作用（任长忠等，2015；孟雪梅，2019）。

5. 维生素

荞麦中含有多种维生素，如维生素 B_1（硫胺素）、维生素 B_2（核黄素）、维生素 B_6、维生素 C、维生素 E（生育酚）和烟酸等。维生素 B_1 作为辅酶参与糖类代谢，能增强消化机能、抗神经炎和预防脚气病。维生素 B_2 能促进人体生长发育，是预防口角炎、唇舌炎症的重要成分。维生素 E 可消除脂肪及脂肪自动氧化过程中产生的自由基，能使细胞膜和细胞内免受过氧化物破坏，维生素 E 与硒共同维持细胞膜的完整，维持骨骼肌、心肌、平滑肌和心血管系统的正常功能。烟酸具有降低人体血脂和胆固醇，降低微血管脆性和渗透性的作用，是治疗高血压、心血管病，防止脑出血，维持眼循环，保护和增强视力的重要辅助药物。

6. 矿质元素

荞麦富含多种矿物质元素，钾、钙、镁、铁、铜、锌、锰等元素的含量都显著高于其他禾谷类作物。此外，荞麦还含有硼、碘、硒等微量元素。镁元素参与人体细胞能量转换，具有调节心肌活动，促进纤维蛋白溶解，抑制凝血酶生成，降低血清胆固醇，预防动脉硬化、高血压、心脏病等功效。钾离子是维持体内水分平衡、酸碱平衡和渗透压的重要阳离子。苦荞麦中铁元素的含量较丰富，为其他主要粮食品种的 2～5 倍，能充分保证人体制造血红素对铁元素的需要，对于防止缺铁性贫血具有重要的作用。荞麦中的硒元素具有抗氧化和调节免疫等功能，在人体内可与金属离子结合形成一种不稳定的金属-硒-蛋白质复合物，有助于排除体内的有毒有害物质。此外，硒还有类似维生素 C 和维生素 E 的功能，不仅对防治克山病、大骨节病、不育症和卵巢早衰有显著作用，还有很好的抗癌效果。

7. 黄酮类物质

荞麦中含有其他禾谷类粮食作物中所不具有的黄酮类生物活性成分，如芦丁、槲皮素、槲皮苷、异槲皮苷、山柰酚、桑黄素、荭草素、牡荆素、金丝桃苷等及其衍生物。这些黄酮类化合物具有较强的生理活性，如抗氧化、抗菌、抗病毒、抗肿瘤等，药效学的动物试验及临床观察表明这些活性成分还具有较明显的降血糖、降血脂、增强免疫调节功能等作用。众多研究表明，荞麦籽粒、根、茎、叶、花中均含有黄酮类物质，其中苦荞麦中黄酮类物质的含量通常较甜荞麦中黄酮类成分的含量高 10～100 倍。另有研究表明，荞麦中黄酮类化合物的主要成分为芦丁，又称芸香苷，其含量占荞麦总黄酮含量的 70%～90%。芦丁对于维持血管张力，降低其通透性，减少脆性具有一定作用，还可维持微血管循环，并促进维生素 C 在体内蓄积。此外，芦丁还有降低人体血脂、胆固醇，防止心脑血管疾病等作用，是用于动脉硬化、高血压的辅助治疗剂，对脂肪浸润的肝也有去脂作用，与谷胱甘肽合用其去脂效果更明显（朱瑞等，2003；林兵等，2011；赵钢等，2012；曹婉鑫等，2015）。

8. 糖醇类

荞麦糖醇是荞麦种子发育成熟过程中所积累的具有降糖作用的 D-手性肌醇（D-chiro-inositol，DCI）及其单半乳糖苷、双半乳糖苷和三半乳糖苷的衍生物。DCI 及其半乳糖苷对人体健康非常有利，具有胰岛素生物活性，尤其是对 2 型糖尿病有较好疗效，引起许多研究机构的关注（曹文明等，2006；聂薇等，2016）。利用荞麦作为 DCI 的天然资源，通过提取、分离获得荞麦糖醇-手性肌醇及其苷类物质，可根据需要进一步提纯，加工成适当的剂型，作为食品添加剂或药品用于预防、治疗糖尿病。研究表明，口服富含 DCI 的苦荞麸皮提取物可以降低小鼠血糖、C 肽、胰高血糖素、甘油三酯和尿素氮含量，改善小鼠葡萄糖耐量。DCI 还具有促进肝脏脂代谢、抗氧化、抗衰老、抗炎等生理功能。此外，荞麦中还含有山梨醇、肌醇、木糖醇、乙基-β-芸香糖苷等对人体健康有利的成分，可直接利用。

9. 其他

荞麦中的酚类化合物主要是苯甲酸衍生物和苯丙素类化合物，如没食子酸、香草酸、原儿茶酸、咖啡酸等。酚类化合物是荞麦中重要的营养功能因子，该类成分具有良好的生理活性，如抗氧化、抗菌、降低胆固醇、促进脑蛋白激酶等活性。用含胆固醇的高脂饲料喂杂交雄兔，辅以荞麦多酚，结果表明雄兔血液中丙二醛和 β-脂蛋白、胆固醇与甘油三酯含量明显降低，肝中的抗坏血酸自由基和血液中的苯乙酸睾酮含量有所增加（任长忠等，2015）。

植物甾醇主要包括 β-谷甾醇、菜油甾醇和豆甾醇等，存在于荞麦的各个部位。荞麦籽粒中的植物甾醇含量是小麦、玉米、高粱的 2 倍，是大豆的 10 倍。大量研究表明，植物甾醇对许多慢性疾病都表现出了较好的治疗效果，具有抗病毒、抗肿瘤、抑制体内胆固醇的吸收等作用。β-谷甾醇是荞麦胚和胚乳组织中含量最丰富的甾醇，约占总甾醇的 70%，其不能被人体所吸收，且与胆固醇有着相似的结构，在体内与胆固醇有强烈的竞争性抑制作用。

荞麦碱是一种醌类物质，结构类似于金丝桃素，于 1943 年首次从荞麦花序中分离，直至 1979 年其化学结构才被解析出来。荞麦碱仅存在于荞麦中，其含量较低，带壳苦荞麦籽粒中荞麦碱的含量为 $68\mu g/g$，叶中含量为 $512\mu g/g$，花序中含量达 $640\mu g/g$。荞麦碱在降低人体血脂、血糖及血压等方面具有显著作用。研究发现，荞麦碱具有治疗 2 型糖尿病的作用和显著的酪氨酸酶抑制活性，可以有效抑制癌细胞增殖。此外，荞麦碱还可作为一种潜在的光能疗法致敏药物，用于癌症微创治疗。

荞麦种子中还存在着硫胺素结合蛋白，该活性成分起着转运和储存硫胺素的功能，同时它可以提高硫胺素在储存期间的稳定性及其生物利用率，还可以平衡体内硫氨酸含量。对于那些缺乏和不能储存硫胺素的患者而言，荞麦是一种很好的硫胺素补给资源。

此外，研究发现荞麦中含有多羟基哌啶化合物（含氮多羟基糖），该活性物质具有很好的降糖作用。荞麦中还含有大黄素，该成分具有抗菌、止咳、降血压等功效。

三、荞麦的饲用价值

在我国，荞麦作为饲料利用的历史悠久。早在农书《三农纪》卷八中就有记载：收荞衣，豆叶捣为末，和糠糟拌匀，泔水泡饲（董雪妮等，2017；丁梦琦等，2018）。荞麦的籽粒、秸秆、茎叶均含有丰富的蛋白质和碳水化合物，同时还含有钙、磷、镁、钾、锌、铜、硒等畜禽生长所需的无机元素，其本身或由其加工成的副产品均可满足饲喂畜禽的基本需求。另外，荞麦富含以芦丁为代表的黄酮类活性成分及多种维生素，它们对于畜禽的健康成长和品质改良有独特作用。黄酮类化合物芦丁和槲皮素可以调节奶牛体内的葡萄糖代谢，有利于奶牛肝脏的健康。研究表明，使用荞麦饲喂牲畜，可以增加猪肉蛋白质和脂肪含量，提高瘦肉率，改善肉质风味（邓蓉等，2012），提高牛肉和牛奶的品质（Kälber et al., 2012, 2013），以及增加鸡蛋的蛋壳厚度、蛋黄和鸡肉中的维生素 E 含量，还能加快雏鸡的生长速度，提高产蛋率（Florian, 2016）。相关研究还发现，荞麦各部分提取物对于多种动物病原菌（如猪丹毒杆菌、白痢沙门氏菌、鸡源金黄色葡萄球菌、巴氏杆菌等）具有较好的抑制作用（吕桂兰等，1995）。这表明将荞麦开发为饲料或者饲料添加物对于提高动物的抗病性、减少抗生素的滥用具有重要作用。

当前，金荞麦已被列入《中华人民共和国兽药典》和《饲料添加剂品种目录》。据《中国饲用植物志》记载，金荞麦其茎叶柔嫩多汁、适口性好，可作为优质青饲料，且耐刈割，产量高，病虫害少，易于人工栽培管理，易成活，再生性高，适宜推广应用。研究表明，与全价配合饲料饲喂相比，采用金荞麦饲喂可降低猪排泄物中氮、磷和有机质等对环境的污染，有利于生态养殖业的可持续发展（董雪妮等，2017）。

综上所述，荞麦（苦荞麦、甜荞麦及以金荞麦为代表的野生荞麦）是一种品质优良、开发潜力巨大的饲草资源。

四、荞麦的观光旅游价值

荞麦适应性广、抗逆性强，种植较为容易。荞麦植株及荞麦花群体观赏性较强，且景观效果好，生态效应显著，在观光农业方面具有较大的开发利用价值。

在日本、韩国等地，荞麦特色观光农业发展极为迅速。以荞麦种植久负盛名的北海道幌加内町地区为例，该地区荞麦种植面积和产量均居日本首位，每年 8 月初迎来白色荞麦花的盛开期，田地间繁花似海，一望无垠，景色宜人。通过荞麦花的观赏和每年荞麦收获时节该地区举办的"新荞麦面节"，邀请游客参与荞麦面竞吃大赛，品尝全球 12 个国家的荞麦料理，以及体验大大小小的荞麦茶馆，以吸引游客，有效地带动了当地观光农业及经济的快速发展。韩国江原道也有类似的"荞麦花庆典"。2013 年，韩国平昌"孝石文化节"以荞麦为主要元素，通过荞麦花文化区、荞麦花小说区、荞麦花摄影区细分荞麦花田体验区域，集文化、教育、旅游于一体。

在我国，以荞麦为主题的特色观光农业在四川凉山、贵州毕节、陕西定边、河北康保、山西阳泉等地开始兴起。2013 年，首届中国甘洛黑苦荞花节在四川省凉山彝族自治州（以下简称凉山州）甘洛县举行，将黑苦荞与凉山州彝族文化相结合，结合当地黑苦荞茶等产品，吸引无数游客。贵州省毕节市威宁彝族回族苗族自治县（以下简称威宁县）以"农业稳乡、畜牧强乡、生态立乡、文化活乡、旅游兴乡"的"五乡"发展战略为总方针，有效利用农村流转土地，大力推进乡村振兴，建立了万亩荞麦花观赏园，其中将彝家姑娘请进花海作为衬景拍摄无边荞海美景、骑上彝乡骏马来一次特殊的"走马观花"等项目备受游客青睐。

2017 年 8 月，首届中国定边红花荞麦节在陕西省榆林市定边县举行。该活动围绕"畅游万亩花海、俯瞰人间仙境、祈福南山寿桃、品尝三边美食"的理念，打造全国红花荞麦观赏区，并结合当地特色农产品和美食，提高定边的美誉度和吸引力。

2019 年 8 月，河北省康保县以铸造"国家牧场、美丽康保"品牌名片为主攻方向，秉持"旅游＋扶贫"理念，以草原天际线为主线，发挥当地特色优势资源，竭力打造 10 万亩"荞麦花海"景观区，成功举办了"恋人花"特色生态旅游嘉年华，吸引了众多京津冀游客赴当地观光，有效带动了当地旅游业和经济发展。通过这些项目的开展，实现了当地农业与旅游业的有效衔接，促进产业增效、农民增收，助力当地经济的发展。

五、其他方面

栽培荞麦的生育期较短，从播种到收获一般只需 80～100d，一些早熟品种只需 60d 左右即可收获。荞麦的适应性广、耐贫瘠、生长发育快，能合理利用自然资源，在作物布局中有特殊的地位。无霜期短、降水少且集中、水热资源不足、难以满足大粮作物种植的广大旱作农业区和高寒山区，可以作为荞麦的主产区。另外，在无霜期较长、人均土地较少而耕作较为粗放的农业区，荞麦可以作为复播填闲作物。此外，因旱、涝、雹等自然灾害影响，秧苗枯死或主栽作物失收后，补种其他作物生育期不够，而补种荞麦则较经济和理想，因而荞麦也是重要的备荒救灾作物。此外，荞麦还是我国重要的蜜源植物。

荞麦的营养生长迅速，在短期内可以覆盖地面，获得较多的青体，是重要的绿肥。在农事安排上，荞麦从耕翻、播种到管理，通常都在其他作物之后，对调节农时、全面安排农业生产是大有裨益的。

荞麦含有丰富的蛋白质，经热解处理后可产生氮掺杂效应，该效应既可提高多孔碳材料的导电性能，又可提高其储钠性能。成都大学荞麦研究团队开发了一种以荞麦为生物质原料，结合纳米碳酸钙为模板制备氮掺杂介孔碳材料。该种碳材料介孔范围为 20～50nm（图 1.1），其储钠可逆容量可达 260mAh/g，这为设计新一代大功率充放电的钠离子电池碳基负极材料提供了一种新思路，具有重要的开发前景。

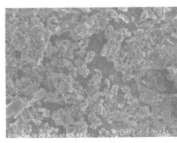 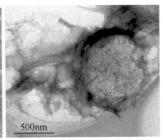

500nm

(a) 扫描电镜图	(b) 透射电镜图

图 1.1 荞麦介孔碳材料的扫描电镜图和透射电镜图

除此之外，荞麦还具有去污和护肤作用，是去污剂和化妆品的良好原料，其开发应用潜力巨大。

第二节 荞麦的起源、进化与分布

荞麦的起源、进化与分类是目前荞麦研究领域的热点之一。自 18 世纪 50 年代开始，众多从事荞麦研究的专家、学者和科技人员对荞麦的起源、进化与分布表现出了浓厚的研究兴趣，他们利用植物学、生殖生物学、遗传学、分子生物学、生态学、考古学、人类史、民族史等学科知识对荞麦的起源、进化问题开展了大量调查研究，较为系统地阐述了荞麦的分布、起源、原生境和系统演化史（Steward，1930；Ohnishi，1998；Ohnishi et al.，1998；王莉花等，2004；王安虎等，2008；陈庆富，2012；董雪妮等，2017）。我国荞麦资源十分丰富，是世界上荞麦种类最多的国家。多数学者研究认为，喜马拉雅山是世界荞麦的起源中心和遗传多样性中心。中国也是世界上种植荞麦历史最悠久的国家，荞麦的种植始于西汉时期，距今已有 2000 多年的历史。

一、荞麦的起源

长期以来，荞麦的起源问题一直是世界荞麦研究界讨论活跃的领域之一。关于世界荞麦的起源中心，国内外学者持有的观点不尽一致。

荞麦起源地学说最早由瑞士著名植物分类学家康德尔提出。1883年，康德尔出版的《栽培植物的起源》一书中提到荞麦及其近缘种的分布情况，并根据当时所了解的情况断言荞麦应起源于西伯利亚或黑龙江流域（林汝法，1994）。

20 世纪初，苏联植物学家瓦维洛夫组织了一支栽培经济植物采集队，在近 60 个国家里采集了大量的标本和种子，并对部分代表性的种子进行种植观察。通过系统分析，将世界上 640 种重要栽培植物分为了 8 个起源中心，并认为起源于中国的种类最丰富，共有 136 种，其中就有栽培甜荞麦和苦荞麦（林汝法，1994）。

20 世纪 70 年代，加拿大学者坎贝尔认为荞麦起源于温暖的东亚，并认为金荞麦是甜荞麦和苦荞麦的原始亲本，而金荞麦就起源于中国和印度北部（林汝法，1994）。

日本学者星川清亲似乎赞成康德尔的看法。他在《栽培植物的起源与传播》中写道："荞麦的原产地是从亚洲东北部、贝加尔湖附近到中国的东北地区""经西伯利亚、俄国南部或土耳其传入欧洲"。苏联学者费先科认为，荞麦的原生地是印度的北部山地（林汝法，1994）。

中国多数学者主张荞麦起源于中国，但具体的观点不一。丁颖认为，荞麦起源于我国偏北部及贝加尔湖畔，苦荞麦则起源于我国西南部。胡先骕认为，荞麦原产于亚洲中部或北部，苦荞麦原产于印度。贾祖璋等认为荞麦原产于东亚（林汝法，1994）。

20 世纪 80 年代以来，我国的农学家、荞麦研究人员开展了大量野外调查研究工作，尤其是在对西藏、云南、贵州、四川、湖南等地的野外调查工作中发现这些地方分布有大量的野生荞麦资源，有些地方甚至形成群落。据此，研究人员对荞麦的起源地提出了一些新的见解。林汝法（1994）提出，荞麦起源于中国是毋庸置疑的，这是因为：①我国文字记载丰富多彩，荞麦除列为我国古代祭祀品外，在"农书述栽培、医书记疗效、诗文赞美景"屡见不鲜，且年代久远；②野生荞麦类型多种多样，分布地域宽广，有的呈群落分布；③品种资源极为丰富；④语言、口头文学（传说）及生活习性多见。

叶能干等（1993）认为，从植物学的观点分析，我国西南部不仅是荞麦属植物的分化和散布中心，也可能是荞麦属的起源地。这种看法的主要依据如下：①《东亚蓼族》即中国蓼族。Steward 于 1930 年发表的《东亚蓼族》（*The Polygonaceae of Eastern Asia*）一文是蓼族分类的一篇经典著作。这篇文章是 Steward 在中国进行了 5 年的植物学研究工作后，认为中国的蓼族植物很难处理，在梅尔（Merrill）的建议下写就的，所以东亚蓼族其实就是中国蓼族。②Steward 认为的广义蓼族（Polygonum）把荞麦作为蓼族的一个组，即荞麦组（*Fagopyrum* section），记有 10 个种，其中 *P. suffruticosum* 这个种他没有见过，也没有人证实过，原以为这个种分布于库页岛，而在日本学者 Migabe 和 Miyake 所编著的《库页岛植物志》中，把 *P. suffruticosum* 当作苦荞麦的异名（林汝法等，1994）。所以，这个种是否存在是值得怀疑的。因此，东亚蓼族荞麦组其实可能只有 9 个种，而这 9 个种在我国云南省均有分布。③在全世界荞麦属的 10 余个种中，在我国云南省分布的至少占 2/3。④西南地区荞麦属野生荞麦种的数目多、分布广，还形成群落。早在 1957 年，Nakao 根据 Steward 的研究工作指出，中国南部是荞麦的分化中心。我国云南、西藏、贵州西北部、四川大凉山及湘西的荞麦属野生荞麦种类不仅数目多，而且分布广，有些还形成小群落（林汝法，1994）。

赵佐成等（2002）认为金沙江流域是荞麦遗传多样性的中心地区。该遗传多样性丰富的地区有：金荞麦生长地云南省香格里拉市、宁蒗彝族自治县（以下简称宁蒗县）；线叶野荞麦生长地云南省鹤庆县、香格里拉市、宾川县；荞麦生长地云南省江川区和四川省南江县；苦荞麦生长地云南省嵩明县、香格里拉市和四川省越西县、木里藏族自治县（以下简称木里县）；小野荞麦生长地云南省巧家县、元谋县、香格里拉市；疏穗小野荞麦生长地四川省宁南县和云南省永胜县、巧家县；细柄野荞麦生长地云南省宁蒗县、江川区、富民县和四川省昭觉县；抽葶野荞麦生长地云南省个旧市、通海县、蒙自市；硬枝野荞麦生长地云南省宾川县、富民县、昆明市和四川省布拖县。苦荞麦和野生荞麦遗传多样性丰富的大部分县（市），如香格里拉市、鹤庆县、宾川县、宁蒗县、永胜县、元谋县、巧家县、木里县、宁南县等，皆位于云南和四川省毗邻的金沙江流域。苦荞麦及野生荞麦遗传多样性丰富的种，如金荞麦、线叶野荞麦、苦荞麦、小野荞麦、疏穗小野荞麦、细柄野荞麦和硬枝野荞麦等也生长在金沙江流域。

金荞麦和苦荞麦多生长在金沙江上游气候冷凉的高海拔地带。线叶野荞麦、小野荞麦多生长在金沙江上游河谷地带。疏穗小野荞麦多生长于金沙江中游河谷地带。细柄野荞麦多生长于金沙江流域两岸的农地和山坡路边。硬枝野荞麦多生长于金沙江中上游的山地，远离河谷。

金沙江流域汇集了苦荞麦和野生荞麦的绝大多数种类，仅抽葶野荞麦没有分布于该流域。金沙江流域是线叶野荞麦、小野荞麦、疏穗小野荞麦遗传多样性最丰富的地区，是金荞麦、苦荞麦、细柄野荞麦、硬枝野荞麦遗传多样性丰富的地区之一。苦荞麦和野生荞麦在金沙江流域表现出最丰富的物种多样性、生态多样性和遗传多样性。在上游的香格里拉市、木里县、宾川县、永胜县、宁蒗县、鹤庆县等地表现尤为突出。因此，金沙江流域是苦荞麦和野生荞麦的分布中心和起源中心。

Tsuji 等（2001）利用扩增片段长度多态性（amplified fragment length polymorphism，AFLP）技术分析野生苦荞麦和栽培苦荞麦之间的系统发育关系，提出栽培苦荞麦的地理起源。所用的研究材料有从 7 个原产地搜集的 7 个栽培苦荞麦，从 21 个自然群体中搜集的 35 个野生苦荞麦，这些野生苦荞麦材料来自巴基斯坦北部，西藏中部和东部、云南西北部，以及四川北部、中部和南部，几乎覆盖了该种所有的分布地区。

他们研究发现，在栽培苦荞麦中检测出了 86 条限制性片段长度多态性（restriction fragment length polymorphism，RFLP）带，在野生苦荞麦中检测出 116 条 RFLP 带，除 AAGG-CTG 引物外，每条引物检测出 10 条条带以上。在野生苦荞麦的分布区域内，云南省西北部野生苦荞麦个体的多态性值最高，为 0.012，我国西藏中部和巴基斯坦北部野生苦荞麦个体的多态性值最低，为 0.001。四川北部野生苦荞麦个体的多态性值为 0.005，四川中部与南部野生苦荞麦个体的多态性值为 0.008，西藏东部野生苦荞麦个体的多态性值为 0.009，即不同区域内野生苦荞麦个体的多态性值大小顺序为云南西北部（0.012）＞西藏东部（0.009）＞四川中部与南部（0.008）＞四川北部（0.005）＞西藏中部和巴基斯坦北部（0.001），其中多态性最大值是最小值的 12 倍。野生苦荞麦和栽培苦荞麦的聚类结果如图 1.2 所示。

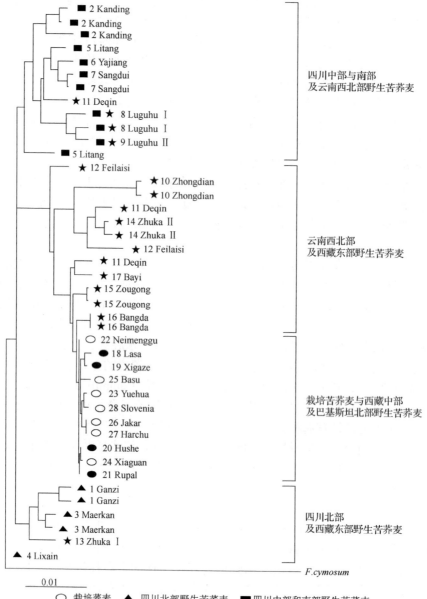

图 1.2　野生苦荞麦和栽培苦荞麦的聚类结果（引自 Tsuji 等，2001）

栽培苦荞麦的遗传变异性很低，或者无法检测出。Tsuji 等（2001）的研究也表明栽培苦荞麦的多态性值很低，为 0.001。他们还利用随机扩增多态性 DNA（random amplified polymorphic DNA，RAPD）标记技术分析栽培荞麦的多态性，发现在 149 条条带中只有 24 条具有多态性，多态性率仅为 16.1%，多态性值很低。虽然栽培苦荞麦是完全自花授粉作物，但是野生苦荞麦同样是自花授粉作物，其显示出比栽培苦荞麦较高的多态性值。因此，他们认为多态性值高低实际是野生荞麦存在时间长短的标志。云南西北部野生苦荞麦个体的多态性值高，表明其存在的时间很长，演化历时长。栽培苦荞麦由野生苦荞麦演变而来，其存在的时间较短，群体中个体的多态性值相对较低。

关于栽培苦荞麦的地理起源，Tsuji 等（2001）利用 RAPD 技术分析栽培苦荞麦多态性，结果表明与栽培苦荞麦遗传关系最近的是西藏中部和巴基斯坦北部的野生苦荞麦。尽管如此，他们仍认为栽培苦荞麦的起源地既不是西藏中部，也不是巴基斯坦北部，其主要原因有：①藏族是游牧民族，文献资料中也没有报道过西藏中部和藏民在很早就有农业活动；②AFLP 技术能够比 RAPD 技术提供更翔实稳定的信息，而且 RAPD 技术不能分析野生苦荞麦的地理分布情况。因此，根据野生苦荞麦的不同地区多态性值高低及相关资料的记载论述，认为中国的西藏、云南和四川交界处是栽培苦荞麦的起源中心，该中心即云南西北部、西藏东部和四川中部与南部的连接区域。

从 Tsuji 等（2001）绘制的野生苦荞麦与栽培苦荞麦的进化树（图 1.2）中还可以看出，用于该分析研究的所有野生苦荞麦聚为 3 个主要地区分布组。第一组包括所有的栽培苦荞麦和来自巴基斯坦北部、西藏中部与东部及云南省西北部的野生苦荞麦；第二组包括四川中部与南部及云南西北部的野生苦荞麦；第三组包括四川北部和西藏东部的野生苦荞麦。由该进化树可知，野生苦荞麦聚成的 3 个地区分布组中，云南西北部、西藏中部与东部和四川北部、中部与南部连成一片，形成了世界野生苦荞麦的集中分布带或分布区域。在该分布区域内，云南西北部野生苦荞麦的多态性值最高，为 0.012。西藏东部为 0.009，四川中部与南部为 0.008，相对较低。结合瓦维洛夫的作物起源中心学说理论（潘加驹，1994），可以初步判断云南西北部可能是栽培苦荞麦的初生起源中心，西藏东部和四川中部与南部［包括野生荞麦种类较多的阿坝藏族羌族自治州（以下简称阿坝州）、凉山州和攀枝花地区］可能是次生起源中心。云南野生荞麦主要集中于云南西部和中部两个分布中心，两个中心的野生荞麦种类多，且云南西部也是苦荞麦主产区，因此两个野生荞麦的主要分布区域也可能是中国荞麦的另一个次生起源中心。

二、荞麦的进化

中国荞麦资源十分丰富，主要有两大类型，一类是荞麦栽培种的甜荞麦（普通荞麦）和苦荞麦（鞑靼荞麦）；另一类是荞麦近缘野生种。随着荞麦科学研究的深入及对荞麦近缘野生种资源的深入调查，荞麦近缘野生资源的种类陆续被发现。

荞麦近缘野生种与栽培种的起源和演化关系一直以来是研究人员较为关注的热点领域之一。多数学者认为栽培甜荞麦和苦荞麦是由野生金荞麦进化演变而来的。

金荞麦与栽培荞麦之间的关系非常值得深入研究探讨。金荞麦和甜荞麦之间的确有一些相似的特征，如花梗有关节，花柱异长，自交不育，瘦果具锐棱，都突出于宿存花被的 1/2 以上，幼苗子叶的形状比较相似等。这说明两者之间确有一定的关系，但就金荞麦是否为甜荞麦的直接祖先，目前已有的研究结果尚不能确定。西昌学院野生荞麦资源课题组的研究发现，栽培甜荞麦与金荞麦的差异较大，如金荞麦最突出的特点是在其籽粒萌发出苗时，胚轴生长较慢，极短，子叶叶柄较长，而栽培甜荞麦的胚轴生长较快，较长，子叶叶柄短；金荞麦的子叶近扁圆形，栽培甜荞麦的子叶近肾形；金荞麦有膨大的地下茎，而栽培甜荞麦的茎细长。栽培苦荞麦较突出的特点是花被淡黄绿色，瘦果表面有沟，棱较钝，而且花柱等长，为自花授粉植物，与金荞麦的差别也很大。

朱凤绥（1984）等对甜荞麦、苦荞麦和金荞麦的染色体组型和吉姆萨（Giemsa）带型进行了一些分析。赵钢等（1990）对甜荞麦、苦荞麦和金荞麦的同工酶进行研究，相关研究结果除了说明金荞麦、甜荞麦和苦荞麦是同属植物外，尚未有充分的证据表明它们之间的亲缘关系（林汝法，1994）。

关于荞麦属植物的演化问题，学者的看法与观点也不尽一致。坎贝尔认为，苦荞麦的进化程度较低，是自交亲和的，向着自交的方向发展，而甜荞麦和金荞麦是自交不亲和的。日本学者 Ohnishi（1998）则认为，荞麦属可能是花柱异长的属，花柱等长的种类可能是由于花柱异长的退化或消失，同时发展自花可育的机理，就是说从异花授粉向自花授粉的方向发展。叶能干等（1993）认为，荞麦属的祖先一开始就沿着两个方向发展，在环境条件较好的情况下，由于昆虫活动频繁，花的结构发生变化，花柱异长，花色鲜明（白色或淡红），吸引昆虫，保证异花授粉，有利于基因的交流，产生更好的后代，这是甜荞麦的发展方向。在环境条件较差的情况下，昆虫活动少或没有昆虫活动，花的结构没有发生多大变化，花色不显（黄绿色），雌蕊和雄蕊等长，没有花柱异长的现象，能够自花授粉，这是苦荞麦的发展方向，也是自然选择的结果，同样能够保证其后代的延续（林汝法，1994）。

物种的染色体从对称到不对称可以看作是其进化的一个标志。通过对不同类型荞麦染色体的观察，发现荞麦染色体比较对称，尤其是多年生野生甜荞麦染色体对称性强，表明其是较原始的遗传类型。结合外部形态和内部结构分析，原始类型表现复杂，栽培类型比较单一。王天云描绘了从野生荞麦到栽培荞麦的演化关系（图1.3），并认为栽培甜荞麦和栽培苦荞麦是由多年生野荞麦演变成一年生野荞麦，再由一年生野荞麦演变而来的（林汝法，1994）。

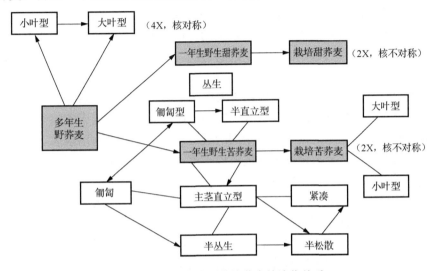

图 1.3　野生荞麦到栽培荞麦的演化关系

王英杰等（2005）认为，在荞麦的驯化过程中，从落粒转化为非落粒可能经历了3次突变（$Sh_1Sh_1 \rightarrow Sh_1Sh_1$，$Sh_2Sh_2 \rightarrow Sh_2Sh_2$，$Sh_3Sh_3 \rightarrow Sh_3Sh_3$），才使栽培荞麦（甜荞麦 *F. esculentum*）拥有了现在所有的基因型。第一次突变并且固定为一个位点的纯合隐性可能发生在 5000 年以前，即野生甜荞麦（*F. esculentum* ssp. *ancestrale*）驯化为栽培种的时期，而第二次、第三次突变则可能发生在荞麦驯化为栽培种之后。

周忠泽等（2003）认为在荞麦花被片的个体发育过程中，组成花被片原基的原始细胞经过分裂生长分化形成花被片，位于花被片基部的细胞是后期发育形成的，细胞较少分化，为长方形，仅角质层分化为各种条纹；位于花被片中上部的细胞是早期发育形成的，细胞形态和结构都分化较大，不仅角质层分化有各种条纹，细胞也进一步收缩呈圆形；细胞壁向外突起形成乳凸。对荞麦果实表皮的观察表明，果实纹饰大致可分为三类：①表皮具条状纹饰；②表皮具瘤状颗粒，瘤状颗粒间具稀疏条纹；③表皮具网状皱纹或网状条纹。因为在果实的个体发育过程中，位于果实基部的表皮细胞是后期发育形成的，细胞较少分化，表面光滑或具浅的条纹，应为较原始的性状；位于果实上部的细胞是早期发育形成的，细胞形态分化较大，形成瘤状至网状纹饰，应为较进化的性状。因此，荞麦果实 3 种类型形态特征的进化趋势应为：条纹→瘤状颗粒→网纹。由于荞麦属植物为虫媒植物，其花粉的沟膜具颗粒，有助于更好地适应虫媒传粉，因此，花粉具沟膜者应为进化类型，花粉不具沟膜者应为原始类型。金荞麦、荞麦和苦荞麦 3 种植物的花粉具沟膜，花被片腹面表皮细胞具乳凸，果实纹饰为网纹状，因此它们的亲缘关系可能较近，可能是荞麦属中较进化的类群。

赵佐成等（2002）对野生荞麦和栽培荞麦 50 个居群等位酶检测的遗传聚类分析表明，苦荞麦、甜荞麦和细柄野荞麦聚为一组。因此，细柄野荞麦与苦荞麦和甜荞麦之间存在密切的遗传渊源联系，它可能是与甜荞麦和苦荞麦遗传联系最密切的荞麦近缘野生种。

甜荞麦、苦荞麦和金荞麦的关系历来存在争议。Steward（1930）认为甜荞麦比苦荞麦更接近于金荞麦。赵佐成等（2000）通过对 3 种荞麦果实的形态分析表明，金荞麦果实的形态与苦荞麦属于同一类型，而与甜荞麦差别较大。因此，从果实形态来看，苦荞麦与金荞麦的关系似乎更近。这一结果也得到分子系统学证据的支持（Ohnishi et al.，1998）。

长期以来，关于栽培荞麦的祖先品种问题一直存在着较大的争议，其主要包括 3 种观点。第一种观点认为多年生异花型金荞麦是栽培荞麦的祖先，因为金荞麦、甜荞麦和苦荞麦在形态学方面关系十分相近。第二种观点认为金荞麦和甜荞麦的异花型和有利于发育的蜜腺是荞麦的进化特征，所以最先的异花品种应该是由甜荞麦和苦荞麦进化来的，但是它的依据未找到。第三种观点则认为金荞麦、甜荞麦和苦荞麦的亲缘关系非常远，金荞麦不可能是栽培荞麦的祖先，但野生甜荞麦可能是栽培荞麦的祖先（Chen，1999；任长忠等，2015）。

Chen（1999）利用形态学、分类学、生殖生物学、同工酶和染色体分析等学科知识和技术手段系统研究了采自贵州、云南、西藏和四川的甜荞麦（*Fagopyrum esculentum*）、苦荞麦（*F. tataricum* ssp. *tataricum*）、苦荞麦野生近缘种（*F. tataricum* ssp. *potanini*）、左贡野荞（*F. zuogongense*）、毛野荞麦（*F. pilus*）、大野荞麦（*F. megaspartanium*）、细柄野荞麦（*F. gracilipes*）和多枝野荞麦（*F. pleioramosum*）等共 16 个荞麦材料，研究结果表明毛野荞麦和大野荞麦与栽培荞麦很相似，它们很有可能是栽培荞麦的祖先。

三、荞麦的分布

荞麦分布较为广泛，遍布全国各省（自治区、直辖市），从平原到山区，从亚热带到温带寒冷地区，从海拔几十米的东海之滨到 4400 多米的青藏高原都可以发现荞麦的踪迹。

整体而言，我国荞麦的种植区域相对比较集中，这与当地的自然气候、生态环境、人文地理、生活习性和饮食文化等息息相关。甜荞麦主要分布在北方的内蒙古、陕西、山西、甘肃和宁夏等地，苦荞麦则主要分布在长江以南的云南、贵州、四川和西藏等地。此外，在四川、云南、贵州、重庆和西藏等地还有丰富的野生荞麦资源。

（一）甜荞麦的分布

我国甜荞麦资源较为丰富，分布范围广阔，南北跨度 30°（从北纬 20° 的中热带到北纬 50° 的中温带），东西跨度 52°（从东经 80° 到东经 132°）。我国甜荞麦的常年种植面积在 70 万~80 万 hm^2，主要分布在内蒙古、陕西、山西、甘肃、宁夏等地。我国甜荞麦的主产区相对集中，其中面积较大的是以武川县、固阳县、达尔罕茂明安联合旗为主的内蒙古后山白花甜荞麦产区，以奈曼旗、敖汉旗、库伦旗、翁牛特旗为主的内蒙古东部白花甜荞麦产区，以及以陕西定边、靖边、吴旗，宁夏盐池，甘肃华池、环县为主的陕甘宁红花甜荞麦产区。我国出口的甜荞麦主要来自这三大产区。此外，云南曲靖也是我国的甜荞麦产区之一。

（二）苦荞麦的分布

我国苦荞麦常年种植面积保持在 50 万 hm^2 以上，主要分布在云南、四川、贵州、西藏和青海等地的黄土高原高寒地区。我国的苦荞麦和甜荞麦种植区大致以秦淮线作为分界。荞麦自身的生物学特性、秦淮线分界区的自然生态条件，以及当地的耕作制度共同决定了苦荞麦的分布特点。苦荞麦的抗逆性和适应性较强，多分布在海拔 2000m 以上的地区，最高可达 4400m（西藏），野生苦荞麦的海拔甚至可高达 4900m。云南的宁蒗、香格里拉，四川的布拖、盐源、昭觉，贵州的威宁、兴义，以及西藏的许多县（区）由于海拔高、气温低、土地瘠薄，土壤养分有机质含量低、自然风化程度低、土壤板结、耕作层浅，加之高寒山区地广人稀、劳动力紧缺、耕作技术落后、粗放生产、广种薄收，不能种植水稻等大宗作物而依旧以苦荞麦作为主要粮食作物之一。

（三）荞麦近缘野生种的分布

我国的野生荞麦资源十分丰富，且这些野生荞麦的分布范围具有一定区域性。宋志成等在贵州、云南及四川等地发现大量多年生野生苦荞麦（林汝法，1994）。蒋俊芳等经过考察发现，凉山州有大量多年生野生苦荞麦（林汝法，1994）。王安虎等（2008）在荞麦资源调查中发现，四川省凉山州的盐源县和冕宁县生长有大量的野生荞麦。此外，在甘孜藏族自治州（以下简称甘孜州）也有较多的野生荞麦。国内外学者还比较分析了栽培荞麦与野生荞麦之间的亲缘关系，认为中国西南部地区荞麦资源丰富，其野生荞麦资源很有可能是栽培甜荞麦与苦荞麦的原始祖先种。近年来，随着荞麦科研力量的加强、科研手段的提高和科学研究的深入，对荞麦近缘野生种的考察研究已更全面、系统和深入。

1. 四川野生荞麦的地理分布

四川野生荞麦分布范围极广，几乎遍及各地（市、州），且每个野生种的分布范围不同，有些种的分布范围相当窄。四川野生荞麦主要存在两个分布中心，即川西南分布中心和川北部分布中心。川西南分布中心，包括攀枝花地区的攀枝花市、盐边县和凉山地区的会理市、会东县、宁南县、布拖县、金阳县、雷波县、盐源县、冕宁县、喜德县、甘洛县等，是四川多数已知野生荞麦资源的分布地带，分布有 7 个种、2 个变种和 2 个亚种，即金荞麦（*F. cymosum*）、硬枝万年荞（*F. urophyllum*）、线叶野荞麦（*F. lineare*）、细柄野荞麦（*F. gracilipes*）、抽葶野荞麦（*F. statice*）、小野荞麦（*F. leptopodum*）、心叶野荞麦（*F. gilesii*）、齿翅野荞麦（变种）（*F. graclipes* var. *odontopterum*）、疏穗小野荞麦（变种）（*F. leptopdum* var. *grossii*）、苦荞麦野生近缘种（*F. tataricum* ssp. *potanini*）、尾叶野荞麦（*F. caudatum*）和甜荞麦野生近缘种（*F. esculentum* ssp. *ancestralis*）。该地区的抽葶野荞麦、尾叶野荞麦、线叶野荞麦和苦荞麦野生近缘种的群落数很少，群落内植株密度小。川北部分布中心，包括茂县、汶川县、理县、黑水县、松潘县、红原县、金川县、阿坝县等，分布有 6 个种、2 个变种和 2 个亚种，即金荞麦、硬枝万年荞（*F. urophyllum*）、细柄野荞麦、小野荞麦、尾叶野荞麦和花叶野荞麦（*F. polychromofolium*）、齿翅野荞麦（变种）、疏穗小野荞麦（变种），以及苦荞麦野生近缘种和甜荞麦野生近缘种。该地区小野荞麦、疏穗小野荞麦、硬枝万年荞和齿翅野荞麦的群落数很少，群落内植株密度小。

2. 云南荞麦近缘野生种的地理分布

云南野生荞麦资源分布范围广，群体较大，在全省海拔 500～3500m 的广大地区均有分布，尤其在海拔 2000m 左右的冷凉山区分布最多，且多数种主要生长在干旱、贫瘠、无其他杂草丛生的碎石堆上。不同的荞麦野生种在云南分布范围不尽相同，有些种分布范围相当广，几乎遍及全省，有些种分布范围相当窄。云南野生荞麦资源主要集中分布在两个主要的地理分布中心。第一个分布中心是滇西（主要包括大理、丽江、德庆等地）。该分布中心是云南野生荞麦资源种数和分布点最多的一个中心，同时也是云南省的苦荞麦主产区。该中心的野生荞麦资源丰富性和优异性居世界首位，分布有 9 个种、2 个变种、2 个亚种，占全省野生荞麦资源种类的近 3/4，包括金荞麦、硬枝万年荞、小野荞麦、疏穗小野荞麦、细柄野荞麦、齿翅野荞麦（变种）、线叶荞麦（*F. lineare*）、尾叶野荞麦、心叶野荞麦、齐蕊野荞麦（*F. homotropicum*）、卵叶野荞麦（*F. capillatum*）、甜荞麦野生近缘种。其中，疏穗小野荞麦、心叶野荞麦、尾叶野荞麦、线叶野荞麦、红花型硬枝万年荞、卵叶野荞麦、齐蕊野荞麦、甜荞麦野生近缘种和苦荞麦野生近缘种是该分布中心的特有种和主要植物群落。该分布中心的金荞麦多以茎秆直立、株型高大、分枝较少的类型为主，可能是由于其适应生长在灌木丛中的缘故。第二个分布中心是滇中（主要包括昆明、玉溪等地）。该分布中心的野生荞麦资源的种数、分布点相对比较少，分布有5个种、1个变种，即金荞麦、硬枝万年荞、抽葶野荞麦、小野荞麦、细柄野荞麦和齿翅野荞麦，其中抽葶野荞麦是该分布中心的特有种。

3. 贵州野生荞麦的地理分布

贵州省野生荞麦资源较为丰富，类型多样，野生荞麦资源以威宁县的种类最多。从水平分布来看，毕节市、六盘水市及遵义市西部的几个县，野生荞麦资源的种类较多，其中球状根多年生野生甜荞麦和一年生苦荞麦适应范围较其他种广。从垂直分布来看，野生荞麦资源分布的海拔下限为400m，上限为2900m。野生荞麦在贵州省既有零星分布，也形成群落，最大群落面积达几十平方米。

4. 西藏野生荞麦的地理分布

西藏自然环境复杂，气候多样，生态条件比较特殊，分布有较多的野生荞麦资源。南至喜马拉雅山南坡的亚东、樟木，北至丁青、类乌齐，东至芒康，西至札达，即在北纬27°30′～31°30′，东经79°30′～98°30′的范围内，除藏东和藏西北纯牧区以外，在东西狭长的农林区、农区和半农牧区都有野生荞麦分布，垂直分布的海拔达4900m。多年生小叶荞分布范围与多年生大叶荞相同，植株形态也大致相近，但长势差。小叶荞的茎基部多分枝，主茎不明显，近丛生，株高80cm；叶片瘦小，叶长3cm，叶宽2.5cm；花白色，异花授粉，结实率比大叶荞低，但开花结实期比大叶荞要早1个月左右。

四、中国荞麦生态区的划分

我国主要有甜荞麦和苦荞麦两个栽培种。据调查统计，我国荞麦的分布范围具有一定的区域性。总体而言，北方产区以甜荞麦为主，南方产区以苦荞麦为主。林汝法等（1994，2002）将中国荞麦栽培生态区划分为4个大区，分别是北方春荞麦区，北方夏荞麦区，南方秋、冬荞麦区，以及西南高原春、秋荞麦区。

（一）苦荞麦生态区划

西南高原春、秋荞麦区是我国苦荞麦的主产区，本区主要包括西藏、青海高原、甘肃甘南、云贵高原、川鄂湘黔边境的山地丘陵和秦巴山区南麓。西南高原春、秋荞麦区属低纬度、高海拔地区，穿插以丘陵、盆地、平坝、沟川或坡地。

由于该区活动积温持续期长而温度强度不够，加上云雾多，日照不足，气温日较差不大，宜于喜冷凉作物（苦荞麦）的生长。苦荞麦通常一年一作，适宜春播；在低海拔的河谷平坝地区为两年两熟制，适合秋播。中国西南、西北、湘鄂等苦荞麦主产区，大多适宜种植秋荞，这是由于高原生态环境与苦荞麦抗逆性强、适应性广等生物学特性有机结合的结果所致。

我国苦荞麦主要集中种植于西南的高海拔贫瘠地区。这些地区温度低、相对湿度大、气候凉爽，很适合喜温、短日照的荞麦生长发育。从地区范围及自然区界来看，苦荞麦在青藏高原、黄土高原、云贵川高原、川鄂湘边境山地丘陵和台巴山区南麓有分布。苦荞麦多生长于海拔 2000～3000m 的丘陵、盆地、沟谷或山顶坡地上。全年无霜期 150～210d，多年平均气温 7～15℃、年降水量 900～1300mm，是苦荞麦最适宜的生态环境。例如，四川省凉山地区的昭觉、布拖、美姑、盐源、木里 5 个县，地处北纬 27°27′～28°23′，东经 100°48′～103°16′，海拔 2080～2666m，年平均气温 11.8℃。7 月的最高气温 19.4℃，4～8 月的降水量为 578～777mm、相对湿度 57%～76%，优越的自然气候特点很适合苦荞麦的生长发育，并能获得高产。苦荞麦单位面积产量（单产）大多都在 1500kg/hm^2 以上，个别高产地区可以达到 3750kg/hm^2。耐低温阴雨、耐贫瘠是苦荞麦的特点。

苦荞麦由于生长在高寒冷凉山区，又是喜温喜光作物，生育期短，出苗 30d 左右便可边生长边开花结实。根据各地生态环境、气候冷暖等条件，应选择当地雨水适中、气候温暖的季节进行播种，因而苦荞麦主产区便有夏荞和秋荞之分。在海拔 2000m 以上，无霜期短的地区，夏季土壤 5cm 深度地温到达 10℃以上，断霜后的 4～5 月开始播种的称为夏荞。在海拔 1600～1900m 地区，无霜期 210d 以上，有足够的温度和光照，充沛的雨量，可于初夏或立秋播种的称为秋荞。

（二）甜荞麦生态区划

我国的甜荞麦主要集中种植在北方的山西、陕西、内蒙古、甘肃、宁夏等地，其总面积和总产量相对较大，南方的四川、云南、江苏、安徽、湖北等地的部分区（县）有零星分布。

1. 北方春荞麦区

本区包括长城沿线及以北的高原和山区，包括黑龙江西北部大兴安岭山地、大兴安岭岭东、北安和克拜丘陵农业区，吉林白城地区，辽宁阜新、朝阳、铁岭山区，内蒙古乌兰察布、包头、大青山，河北承德、张家口，山西西北，陕西榆林、延安，宁夏固原、宁南，甘肃定西、武威地区和青海东部地区。本区地多人少、耕作粗放，栽培作物以甜荞麦、燕麦、糜子、马铃薯等作物为主，辅以其他小宗粮豆，是我国甜荞麦的主要产区。本区的甜荞麦种植面积占全国面积的80%～90%，一年一熟，春播（5月下旬至6月上旬），东北部多垄作条播，中西部则多平作窄行条播。

2. 北方夏荞麦区

本区以黄河流域为中心，北起燕山沿长城一线，与春荞麦区接壤，南以秦岭、淮河为界，西至黄土高原西侧，东濒黄海，其范围北部与北方冬小麦区吻合，还包括黄淮海平原大部分地区及晋南、关中、陇东、辽东半岛等地。本区人多地少，耕作较为精细，是我国冬小麦的主要产区。甜荞麦是小麦后茬，一般6～7月播种，其种植面积占全国种植面积的10%～15%。本区盛行二年三熟，水浇地及黄河以南可一年两熟，高原山地间有一年一熟，甜荞麦多为窄行条播或撒播。

3. 南方秋、冬荞麦区

本区包括淮河以南、长江中下游的江苏、浙江、安徽、江西，湖北、湖南的平原、丘陵水田和岭南山地及其以东的福建、广东、广西大部、台湾、云南南部高原，以及海南等地。本区地域广阔、气候温暖、无霜期长、雨量充足，以稻作为主，甜荞麦为稻的后作，多零星种植，种植面积相对较少。一般在8～9月或11月进行播种，多为穴播或撒播。

4. 西南高原春、秋荞麦区

本区包括青藏高原、甘肃甘南、云贵高原、川鄂湘黔边境山地丘陵和秦巴山区南麓。本区地多人少、耕作粗放，栽培作物以甜荞麦、燕麦、马铃薯等作物为主，辅以其他小宗粮豆。低海拔河谷平坝为二年三熟制地区，甜荞麦多秋播，一般在6～7月播种。

（三）野生荞麦生态区划

我国西南地区降水量丰富，江河湖泊多，气温较低，空气湿润，平原少，山地多，山区交通不便，地多人少，耕作粗放，为野生荞麦资源的生长和繁衍提供了良好的生态条件。中国野生荞麦资源主要生长于我国西南地区，主要包括四川、云南、贵州、重庆和西藏，不同的品种分布面积差异较大，有的分布面积比较广，有的分布面积比较窄，有的只有零星分布。我国野生荞麦产区主要有西南金荞麦区、西南细柄野荞麦和齿翅野荞麦区、四川苦荞麦近缘野生荞麦区、四川硬枝万年荞麦区、西南小野荞麦和疏穗小野荞麦区等（赵钢等，2015）。

1. 西南金荞麦区

本区包括四川、云南、贵州、重庆和西藏等地的山区。金荞麦主要生长于山地周边林区和小溪河流岸边。

2. 西南细柄野荞麦和齿翅野荞麦区

本区主要包括四川省凉山州的 17 个县（市），甘孜州的泸定、康定、雅江、得荣等县的农业区，阿坝州的汶川、茂县、理县、九寨沟县等县的农业区；云南省的昆明、昭通、迪庆、蒙自和曲靖等。

3. 四川苦荞麦近缘野生荞麦区

本区主要包括四川省阿坝州的汶川、茂县、理县、九寨沟等县的农业区，甘孜州的泸定、康定、雅江、得荣等县的农业区；云南省滇西北，如丽江。

4. 四川硬枝万年荞麦区

本区主要包括四川省凉山州海拔相对较低的美姑、普格、盐源、木里和冕宁等县，云南省的滇中、滇西的金沙江边、澜沧江峡谷区及滇南，如昆明、大理、丽江和蒙自等。

5. 西南小野荞麦和疏穗小野荞麦区

本区主要包括四川省金沙江流域的攀枝花、凉山州的会理、会东和雷波，云南省的滇中、滇西、滇东南，如大理、洱源、永胜和迪庆等。

中国野生荞麦资源在西南地区除了存在上述几个主要种类区划外，还在贵州的毕节市、六盘水市及遵义市西部的几个县有较多分布。在西藏南至喜马拉雅山南坡的亚东、樟木，北至丁青、类乌齐，东至芒康，西至札达，即在北纬 27°30′～31°30′，东经 79°30′～98°30′的范围内，除藏东和藏西北纯牧区以外，在东西狭长的农林区、农区和半农牧区都有野生荞麦，其垂直分布的海拔达 4900m。

第三节　荞麦的研究现状与未来发展趋势

我国荞麦资源丰富，种植历史悠久，是世界上荞麦种植生产第一大国。近年来，随着人们对荞麦食用价值、营养保健价值、饲用价值和经济价值认知度的提高，荞麦在我国农业生产中的地位得到了迅速提升。众多领域的科研人员对于荞麦的研究兴趣和热情日益高涨，各级政府部门对于荞麦产业的发展高度重视，投入力度也逐年增大，这对于我国荞麦产业的快速发展具有重要促进作用。近年来，在国家燕麦荞麦产业技术体系的牵头和组织下，我国形成了一支学术精湛、学风优良、作风过硬的研究团队，在荞麦基础理论研究、创新技术研发、成果应用推广等方面都取得了长足进步，有效推动了我国荞麦产业的转型升级和可持续发展，同时也奠定了我国在国际荞麦研究领域的重要地位。在取得诸多成果之余，我们还应清楚认识到我国荞麦产业的整体发展水平还不高，仍然面临不少问题亟待解决。一是优质荞麦种质资源缺乏，影响其加工制品的品质和效益。二是种植技术相对落后，影响荞麦产量和品质。三是加工技术水平整体偏低，加工设施简陋，产品类型较单一，同质化高，且附加值低。四是品质评价体系不健全，产品质量难以保证。基于此，我们更需要审时度势、理清思路、明确目标和把握机遇，大力加强荞麦优质资源收集、优良品种选育、高产栽培技术、产品精深加工、营养功效评价、品质评价体系建立，以及产销制度健全等方面的基础研究和应用推广工作，从而推动我国荞麦产业的快速、健康和稳定发展。

一、我国荞麦研究概况

近年来，由于国家及各级政府部门的高度重视和大力支持，以及众多科技工作者的辛勤努力，我国的荞麦产业得到了长足进步与快速发展。在荞麦专业研究队伍组建、基础研究水平、资源调查与收集、新品种选育、高产栽培技术、新产品开发、营养功效评价等方面都取得了较大进步。

（一）荞麦专业研究队伍的组建

"十一五"以来，在农业农村部的领导和大力支持下，依托国家燕麦荞麦产业技术体系，我国组建了一支结构合理、创新能力强、专业化程度高的荞麦研究队伍。据统计，该研究团队主要由 1 名首席科学家，21 名岗位科学家，17 个综合试验站站长，161 名核心团队研究成员，以及上千名企业技术人员构成。荞麦研究团队主要围绕"资源收集与遗传改良研究、栽培与土肥研究、病虫草害防控、产品精深加工、机械化研究，产业经济研究，以及试验示范推广"7 个方面开展系统研究，解决了一批制约我国荞麦产业发展的关键共性技术问题，取得了多项国内外公认的原创性研究成果，有效推动了我国荞麦产业健康、快速发展。

（二）荞麦基础研究水平

荞麦是一种重要的药食两用特色杂粮作物。人们对于荞麦的研究历史十分悠久，最早关于研究荞麦的科学引文索引（Science Citation Index，SCI）收录文献可追溯到 1903 年。随着科技进步和各类研究方法的发展，科研人员加深了对荞麦的认识程度，拓展了荞麦的利用领域，同时也扩大了对荞麦各方面的研究。总体而言，荞麦研究文献数量年度发展趋势可分为起步阶段、缓慢增长阶段、快速增长阶段 3 个阶段（图 1.4），尤其是近 20 年来，国内外关于荞麦研究的文献数量急剧增长，重点在荞麦的高产种植、遗传育种、加工技术和药理药效等方面进行了相关的研究探索（钟灵允等，2014）。

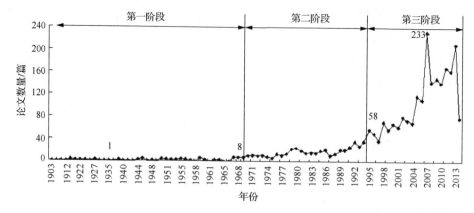

图 1.4　荞麦研究文献数量年度变化趋势图

从世界各国发表的关于荞麦研究的文献数量和质量来看，中国学者关于荞麦研究的整体水平和影响力均在不断提高（表 1.4）。

表 1.4　荞麦研究的发文量排名前 10 位的国家

国家	发文量	总被引次数/次	h 指数	篇均被引次数/次
日本	521	7270	38	13.95
中国	338	2233	23	6.61
美国	333	6486	38	19.48
波兰	178	1558	21	8.75
加拿大	178	3220	25	18.09
韩国	129	987	18	7.65
德国	110	1634	20	14.85
俄罗斯	108	573	13	5.31
印度	77	394	10	5.12
斯洛文尼亚	75	1279	18	17.05

从发表的主要研究成果来看，主要涉及的学科类别有食品科学技术、农学、植物学、化学、分子生物学/生物化学、营养学及药学等领域（图 1.5），其中食品科学技术学科领域的文献最多，其次为农学、植物学，这 3 个学科领域的文献总量所占比例超过 50%。

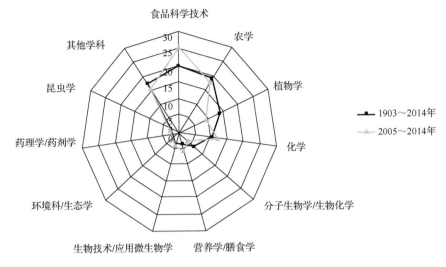

图 1.5 荞麦文献主要研究领域分布

据不完全统计，近 20 年来我国研究人员申请的与荞麦有关的专利共计 1575 件，其中发明专利为 1126 件（71.5%），外观设计专利为 252 件（16.0%），实用新型专利为 197 件（12.5%）。特别是自 2011 年我国组建国家燕麦荞麦产业技术体系以来，关于荞麦相关专利的申请数量呈飞速增长趋势（图 1.6），这也在一定层面上反映出了我国荞麦研究水平整体实力的提升。

（三）荞麦资源调查与收集概况

我国地域辽阔，气候变化显著，兼有寒、温、热 3 种气候带，具有多样化的地理生态类型和悠久的农业生产历史。我国荞麦种质资源的发展史，大致可分为 3 个阶段。第一阶段为自发阶段。人类从定居生活开始，就不断驯化野生植物，并经过漫长岁月的自然选择和人工选择，创造出丰富的荞麦种质资源，这些荞麦资源成为人类发展荞麦生产的重要物质基础。在这个阶段，荞麦种质资源均分散在农户手里，靠一代又一代的种植、繁衍而传承下来。第二阶段是作为育种原始材料的阶段。在这个阶段，随着荞麦育种研究的出现和发展，育种家根据需要收集部分农家品种作为育种的原始（亲本）材料，加以保存和利用。这时候荞麦的大部分种质资源仍分散在农民手中，极少数资源能得到育种家的保存。第三阶段是集中保存和研究利用阶段。由于人类对自然界的开发和集中使用高产品种，众多其他品种在生产上逐渐被淘汰，并面临消失的可能。在这种形势下，我国成立了作物遗传资源研究的专门机构，并加强了对荞麦遗传资源的收集、集中保存及研究利用。

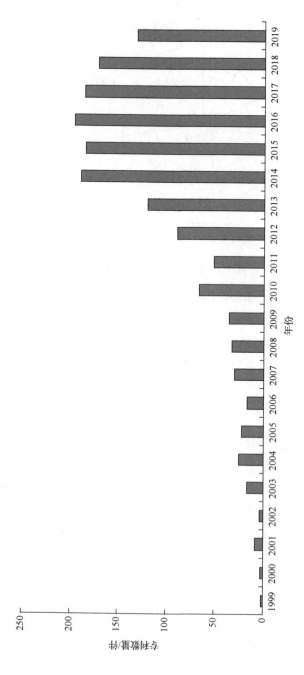

图 1.6　近 20 年来我国申请与荞麦相关的专利趋势图

数据来源：中国知网。

我国荞麦种质资源的整理工作大体上可以分为两个阶段。第一阶段的工作主要是《中国荞麦品种资源目录》的编写。这项工作开始于 20 世纪 80 年代初期，按照农业部（现农业农村部）和国家科学技术委员会的要求，全国许多省（区、市）先后开展了荞麦品种资源的征集、整理和研究工作。1980 年在广西南宁召开的全国品种资源工作会议上，中国农业科学院决定在资源征集、整理、鉴定研究的基础上，开展《中国荞麦品种资源目录》的编写工作，同时组成全国荞麦品种资源科研协作组，由内蒙古自治区农牧业科学院和中国农业科学院为协作组的牵头单位，分设南方、北方及中原 3 个片区，采用集中与分散相结合的方法开展工作。经各参加单位的共同努力，终于在 1986 年完成了《中国荞麦品种资源目录》的编写工作。迄今为止，《中国荞麦品种资源目录》一共出版了两辑，共收录荞麦种质资源 2795 份，其中栽培荞麦 2697 份，包括甜荞麦 1814 份，苦荞麦 883 份，还包括一些野生荞麦资源（任长忠等，2015）。

第二阶段是利用信息技术对荞麦种质资源进行标准化管理，实现资源共享的阶段。在这个阶段，利用统一描述规范标准对荞麦资源进行数字化表达，建立相应数据库，运用网络技术实现信息共享，以信息共享带动荞麦种质资源实物共享，通过资源信息的整合和服务，促进荞麦实物资源的利用和共享。为此，中国农业科学院作物科学研究所主持编写了《荞麦种质资源描述规范和数据标准》一书，从描述规范、数据标准及数据质量控制范围 3 个方面制定了荞麦种质资源数据记载标准，为荞麦种质资源研究的数字化、标准化提供了科学依据。荞麦种质资源描述规范规定了荞麦种质资源的描述符及其分级标准，以便对荞麦种质资源进行标准化整理和数字化表达。荞麦种质资源数据标准规定了荞麦种质资源各描述符的字段名、类型、长度、小数位、代码等，以便建立统一、规范的荞麦种质资源数据库。荞麦种质资源数据质量控制范围规定了荞麦种质资源数据采集全过程中的质量控制内容和方法，以保证数据的系统性、可比性和可靠性。它的编制规范了全国荞麦种质资源的描述及分级标准，是荞麦资源研究工作走向标准化、信息化和现代化的重要步骤，对全国荞麦种质资源整合、鉴定、评价、共享体系建立、优异种质创新与利用具有十分重要的作用。

（四）荞麦育种概况

我国荞麦育种研究工作起步较晚，且最初的主要工作是进行大规模的荞麦种质资源收集、保存、整理和评价，从而导致了荞麦育种技术相对滞后、产量低且不稳定。根据荞麦育种技术的主要特点，我国荞麦育种的发展历程大致可分为 4 个阶段（表 1.5）。采用各种育种手段和方法培育优良荞麦品种是加快发展我国荞麦产业的重要举措（马名川等，2015）。

表 1.5　我国荞麦育种的发展历程

时间	发展概况
1987 年以前	属地方品种时期，全国无荞麦审定品种，各地均是地方品种，农民自留种子，品种混杂、退化严重
1987～1997 年	属甜荞麦选择育种时期，也是甜荞麦育种的广泛开展时期，无苦荞麦审定品种
1998～2008 年	属甜荞麦和苦荞麦选择育种与诱变育种的时期，苦荞麦育种工作开始起步
2009 年至今	属杂交种和杂种优势利用的发展时期，开始出现采用杂交育种法育成的审定品种，杂交育种和种间杂交育种兴起

资料来源：陈庆富，2018。

荞麦育种以高产、稳产、抗落粒性强、抗倒伏能力强、生育期适当、黄酮含量高为主要目标。近年来，研究人员采用引种、单株及株系集团混合选择育种、诱变育种、多倍体育种、杂交育种、基因工程育种、分子辅助育种等方法培育出了一些荞麦优良新品种。据不完全统计，我国现已育成荞麦品种 49 个，其中甜荞麦 25 个，苦荞麦 24 个。其中，82%的品种通过选择育种培育而成，14%的品种通过诱变育种培育而成，染色体加倍选育的品种仅占 4%（李光等，2011；陈稳良等，2017）。

（五）荞麦栽培研究概况

荞麦的栽培最早开始于西汉时期，经过西汉、魏、晋、南北朝的逐步发展，到唐初荞麦的栽培应用已有一定的规模。宋、元以后继续发展，南北方都有荞麦栽培，并在一些地方成为主食。但是，由于我国的荞麦大多分布于高寒边远山区，交通不便，加之品种混杂、退化严重、管理粗放、栽培技术落后、广种薄收，荞麦产量一直以来都处于较低水平，品质较差且不稳定。

据 FAO 初步统计，2000～2014 年，我国荞麦平均单产仅为 1023.6kg/hm^2（表 1.6），远低于世界其他国家的荞麦平均单产水平，表现出我国荞麦生产发展落后的一面（向达兵等，2013）。

表 1.6　近年来我国荞麦种植面积与产量情况

年份	种植面积/（万 hm^2）	单产/（kg/ hm^2）	总产量/（亿 kg）
2000	115.0	1695.7	19.501
2001	107.1	1167.1	12.500
2002	86.0	1125.6	9.680
2003	82.0	1634.1	13.400
2004	80.0	1125.0	9.000
2005	83.4	899.3	7.500
2006	86.8	576.0	5.000
2007	75.0	866.7	6.500
2008	72.5	827.4	6.000
2009	72.4	787.3	5.700

续表

年份	种植面积/（万 hm²）	单产/（kg/hm²）	总产量/（亿 kg）
2010	70.0	842.9	5.900
2011	74.8	909.0	6.799
2012	70.0	1011.0	7.077
2013	70.5	898.0	6.331
2014	70.8	989.0	7.002

数据来源：FAO 统计数据。

荞麦栽培关键技术研究的突破和应用是实现荞麦产业化可持续发展的重要条件。近年来，随着人们对荞麦营养保健功能和经济价值认知度的提升，荞麦的相关研究也得到了各级部门的高度重视，荞麦的栽培技术也得到了迅速发展。尤其是 2011 年荞麦被成功纳入国家现代农业产业技术体系之后，围绕"高产、优质、高效、生态、安全"的栽培技术研究取得了系列研究成果，探索形成了与我国荞麦主产区相适宜的高产栽培技术措施，大量相关的栽培生理过程及增产机制得以阐释，相关的高产种植技术得以成功研发、示范和推广应用，有力地促进了我国荞麦产业快速发展。

（六）荞麦加工研究概况

近年来，随着科技进步与全社会健康观念的加强，荞麦这一传统食物越来越受到人们的喜爱，已逐渐成为 21 世纪人类的重要营养保健食品。荞麦及其加工制品也越来越受到消费者的喜爱，消费需求日趋增加，在出口创汇中供不应求。在国内市场上，荞麦面粉的价格已高于小麦面粉的价格，出口价格是小麦的 2~3 倍。日本、韩国、美国、加拿大及欧洲的许多国家都是荞麦消费大国。荞麦是具有特殊食疗食补的绿色食品，我国每年向国外大量出口荞麦原粮。近 10 年来，我国平均每年的荞麦、荞麦米、烤荞麦米出口数量为：日本 7 万~8 万吨，俄罗斯及独联体国家 3 万~5 万吨，欧洲地区 1 万~1.5 万吨，出口量总计 150 万~180万吨；国内荞麦的总消费量也高达 80 万吨以上，展现出了巨大的消费潜力（任长忠等，2015）。

随着开发力度和投入的加大，食品加工技术及设备的快速发展，以及人们对食物"味美、可口、营养、健康"的需求，荞麦产品的种类也更加丰富和多元化，其品质也得以大幅提升。除了荞麦饸饹、荞麦煎饼、荞麦粑粑、荞麦灌肠、荞麦搅团、荞麦圈圈、荞麦蒸饺、荞麦凉粉、荞麦猫耳朵、荞麦手擀面等各种传统荞麦食品外，目前开发生产的荞麦产品还有荞麦面、荞麦碗托、荞麦营养粉、苦荞茶、苦荞沙琪玛、荞麦饼干、荞麦酥、荞麦月饼、荞麦粽子、荞麦面包、荞麦蛋糕、荞麦酒、荞麦醋、荞麦酸奶、荞麦芽苗菜、荞麦酸菜等。

目前，我国已初步形成了两个荞麦产业集群，一个是西北地区甜荞麦种植加工产业带，主要分布于内蒙古赤峰地区、陕西榆林地区、山西大同地区、甘肃平凉地区、宁夏固原地区，年加工能力在 30 万吨左右；另一个是西南地区苦荞麦种植加工产业带，主要分布在四川凉山、贵州六盘水地区、云南、西藏等地，年加工能力在 15 万吨左右。环太生物科技股份有限公司、西昌市正中食品有限公司、西昌航飞苦荞科技发展有限公司、四川三匠苦荞科技开发有限公司、四川强劲奥林食品饮料有限公司、内蒙古清谷新禾有机食品集团有限公司、太原六味斋实业有限公司、山西雁门清高食业有限公司、甘肃西北大磨坊食品工业有限公司、榆林市新田源富元淀粉有限公司、定边塞雪粮油工贸有限责任公司、宁夏泽发荞麦制品有限公司、云南云荞生物科技有限公司、云南朱提苦荞生物科技开发有限公司、贵州荞道养生股份有限公司、陕西莲花餐饮投资管理有限公司、劲牌有限公司等一批中西部地区规模以上荞麦加工企业成为推动和支撑我国荞麦加工业快速发展的典范。

作为一种营养保健兼备的特色食品资源，荞麦的食用价值和药用价值极高。在国家燕麦荞麦产业"十三五"发展规划——荞麦加工业"大、高、低"发展思路（图 1.7）指引下，大力开发荞麦特色健康食品加工技术，高效利用荞麦资源，探索我国荞麦产品加工增值途径，将有助于促进我国荞麦产业的快速健康发展（任长忠等，2016）。

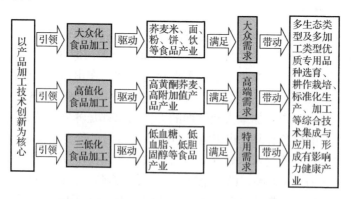

图 1.7　荞麦加工业"大、高、低"发展思路

（七）荞麦营养及功效评价概况

荞麦的食疗保健作用不仅受到我国传统医学的肯定，而且备受现代医学研究的关注。随着人民生活水平的提高和健康意识的增强，荞麦及其营养功能制品日益受到人们的喜爱，相应的经济价值也逐步提升。

目前，人们对荞麦的高营养价值已普遍达成共识，对荞麦的功能性研究也从黄酮类活性物质逐步扩展到荞麦多酚、荞麦蛋白、荞麦多肽、荞麦淀粉、荞麦多糖、荞麦糖醇、荞麦甾醇等成分上，并对其抗氧化、抗肿瘤、降血脂、降血糖、降血压、抗疲劳、抗衰老、保肝护肝、预防老年痴呆、增强机体免疫力等生理活性、功能活性成分的制备工艺，以及功能性制品的开发利用等进行了多方面研究，并取得了阶段性成果（图 1.8）。这对于荞麦营养功能性成分的开发利用，指导荞麦生产与加工，以及引导居民合理消费起到了良好的促进作用。

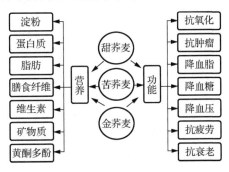

图 1.8 荞麦的营养及功能价值

二、我国荞麦生产发展中存在的主要问题

（一）农民种植积极性不高，新品种推广速度慢，生产效率偏低

长久以来，荞麦一直被视为一种填闲补缺的救荒作物，大多种植在冷凉高寒山区和少数民族聚居的地区，种植分散，生产规模小，严重影响了荞麦生产的规模效益，也制约了荞麦生产的进一步发展。此外，多数种植户对于荞麦营养保健功效和经济价值的认识不足，还停留在"自种自销"阶段，没有把荞麦当成创汇商品和营养保健食品的优质原料。在荞麦的生产过程中，山区农民种植积极性不高，劳动力投入不足，栽培管理措施也极为粗放，导致荞麦的产量整体偏低。另外，不少荞麦种植户仍以当地传统品种或自家种为主，多采取自留自种的方式。在长期种植生产过程中，由于缺乏系统科学知识和管理技术，造成品种混杂、品质退化现象极为严重，极大影响了荞麦产量和品质的提高。虽然相关科研单位也培育出了不少适合当地条件的优质荞麦品种，但由于传统经验和种植习惯等因素的制约，推广这些高产优质新品种还需要付出相当大的努力。

（二）企业整体规模小，研发力度不足，名优产品少

我国荞麦加工企业中绝大多数是中小型民营企业，点多面广，分散经营，技术装备水平整体偏低，生产规模小，生产成本较高。在生产加工中，荞麦加工机械设备不配套，且专用加工设备较少，尤其是荞麦脱壳设备较为匮乏，严重影响荞麦米的出米率、整仁率，进而导致后续加工的荞麦制品质量差，产品输出功能较弱。

目前，市场上的荞麦加工制品主要以荞麦米、荞麦粉、荞麦面和荞麦茶等初

级制品为主，品种相对单一，且同质化非常严重，远远不能满足人们对于美味、方便、营养、健康和功能保健制品的消费需求。加之企业缺乏自主科技创新和产品优化升级能力，生产过程主要凭借传统经验，工业化生产产品的工艺技术参数尚不稳定，使荞麦加工制品在品种类型、营养品质、保健功能及产销服务等方面还存在较大不足。

（三）科研投入少，创新驱动力弱，成果转化率低

科技创新是荞麦生产发展的原动力。只有依靠科技进步，及时利用先进科学技术成果，才能有效促进荞麦种植业和加工业的健康发展。近年来，荞麦营养保健价值和经济价值逐渐得到社会各界人士的认可，各级政府部门对于荞麦产业的发展也有较多的关注，但其整体投入力度还相对有限，无论是在政策导向上还是资金投入上尚不能完全改善荞麦产业在整个农业体系中发展滞后的困境。另外，荞麦生产加工的主体主要是企业，然而我国荞麦等杂粮加工企业大部分是中小型民营企业，其只注重现实利益而缺乏对未来的长远规划，对新产品、新工艺、新设备等的研发投入甚微；与科研院所和大专院校的交流合作也不是很紧密；新技术应用、新成果转化的创新意识也非常淡薄，这严重影响和制约了荞麦加工业的发展壮大。

（四）机制不健全，市场监管缺位，品质难以保证

荞麦产品在市场上的运营监管机制还比较薄弱。为了追求高额利润，部分商家以不实的概念过度炒作其食疗保健功能，将荞麦产品的价格抬升到了一个异常的水平。有些地区的荞麦产品价格已经达到每千克几百元甚至更高，失去了其作为食品的本来意义。此外，荞麦中生物黄酮、D-手性肌醇等功能成分的保健作用明显，消费者也较认同，但部分企业通过过分强调芦丁的高含量，甚至已经远远超过了正常的荞麦芦丁含量水平来大肆宣扬其产品的优异品质，从而达到吸引消费者购买的目的。这不但有损消费者的合法权益，还有可能对整个荞麦产业的健康发展带来严重隐患。

三、荞麦生产发展趋势

近年来，随着社会经济的发展，人民物质生活水平的提高，人们对于食品的品质要求也越来越高，在满足"填饱吃好"的基本需求之余，饮食结构也逐渐向"营养、健康、功能"型发展。由于荞麦具有特殊的营养保健价值和食疗功能，近年来国内外市场对荞麦的需求量逐年呈上升趋势，荞麦及其加工制品在日本、韩国及欧美、东南亚等地的市场行情较好，产品供不应求。我国是世界上荞麦种植生产大国，荞麦资源十分丰富，且品质优异，荞麦生产及开发潜力巨大，因而必

须加快荞麦生产发展步伐,进一步拓展荞麦生产的国内外市场,提高企业竞争力,增加农民收入,促进经济稳定发展。在荞麦生产和综合开发利用中,优良品种选育、规范化种植、精深加工技术、新产品开发、营养功效评价等方面有待进一步加强和完善,以促进我国荞麦产业的快速健康发展。

(一)合理评价荞麦生产作用,提升荞麦种植地位,助推荞麦产业发展

荞麦为一种药食同源特色小宗杂粮,含有其他主粮所不具备的优点和营养功能成分。我国科学家经过多年深入研究,认为荞麦是 21 世纪人类的重要食品资源。国际植物遗传资源研究所也将荞麦归于"未被充分利用的作物"。随着对荞麦研究的不断深入,其营养价值和保健功能也逐渐得到了社会各界人士的认可,加之当前消费者对无公害食品、绿色食品、有机食品的认同,荞麦作为绿色无污染食品源的代表性典范,其需求量将不断增加,这必将有益于大力促进我国荞麦产业的快速发展。基于此,各级政府职能部门、科研院所、生产企业,以及当地种植户要更加重视荞麦的开发利用价值,合理评价荞麦生产在国民经济中的重要地位和作用,荞麦这一传统"救灾填荒"的小作物应视为能使农民致富创收的特色经济作物。此外,还应充分利用荞麦自身优势、地区自然优势、资源优势,尽快将其转化为商品经济优势,进而帮助农民致富、企业增收创汇,以及带动地方经济的发展。

(二)加强优良品种选育,扩大高产种植基地建设,确保优质原料供给

荞麦优良品种的选育目标是高产、抗逆性强、适应性广、加工性能好、营养功能品质优异等。首先,应大力加强野生荞麦资源的调查、收集和鉴定,逐步建立起我国野生荞麦资源库,从而为深入研究荞麦种间关系、各种性状的遗传规律,以及优质基因的挖掘利用奠定基础。其次,应对代表性名优农家品种及时进行提纯复壮,加速良种繁育。再次,还应大力加强国际交流与合作,积极引进国外优质荞麦品种资源,尤其对国际市场畅销的荞麦品种要积极组织力量进行多点试验示范,进一步扩大种植面积,形成规模化生产。最后,在传统育种方法基础之上,应充分结合现代分子生物学方法和技术手段进行荞麦品种选育,培育出高产、抗逆性强、加工性能优异、品质优良的荞麦新品种。

在荞麦栽培方面,应根据荞麦主产区的地理气候条件及农业发展水平,选择适宜的种植方式和栽培模式,按照"适当集中、规模发展"的原则,实行集中连片种植,形成规模生产。荞麦在播种前要浸种催芽,使其出苗整齐。要遵循适时播种、合理密植及合理施肥的原则,做到良法良种。荞麦一般都是种在瘦薄的中下等土地上,土壤的肥力水平是限制荞麦产量和质量的重要因素。因此,合理施用氮、磷、钾肥是提高其产量和质量的关键。同时,还需要加强田间管理、病虫草害防治,及时收获;充分利用间作、套种、混种等种植模式,有效提高荞麦的

生产量及土地的综合利用率；应以"高质量、高标准、高效益"为整体目标，大力加强优质荞麦原料基地建设，以促进荞麦的高产、稳产和规范化种植，进而为产后加工利用提供充足的优质原料。

（三）加大产品研发力度，提升产品价值，满足市场需求

为了有效提升我国荞麦制品的加工技术及综合开发利用水平，一方面应充分挖掘民间美味食品的独特配方和制作工艺，加大适口性、营养性、功能性及独具特色风味的大众化食品的研制，进而实现传统荞麦食品的工业化和现代化生产；另一方面，荞麦加工企业应注重对新产品、新工艺、新设备的研究开发，向大众食品（米、面、粥）、功能食品（酒、茶、配料）、药用制品（口服液、胶囊、冲剂）、日用保健制品（化妆品、护肤品、沐浴制品）等方向发展，开发出经济价值高、深受消费者喜爱的荞麦系列新产品，以满足不同人群的需求。同时，要积极引进国外的先进技术和加工设备，将其直接用于荞麦制品的开发生产，为我国荞麦加工业的发展服务。

另外，在加强对荞麦籽粒开发利用的同时，还应注重对荞麦壳、根、茎、叶、花和果实的全方位、多层次综合利用。通过工艺延伸和技术改造，将荞麦原料"榨干洗净"，充分利用。围绕荞麦深加工和综合开发利用，还应积极引导和扶持有深加工能力的重点加工企业，加大投入，培育我国荞麦产品的知名品牌，提升我国荞麦加工制品的国际市场竞争力，进而带动我国荞麦加工业的快速发展。

（四）培育龙头企业，提升生产管理效率，做大品牌效应

荞麦食品加工的中小型民营企业大多还处在落后的家族式管理体制中，人才缺乏、管理混乱、效益不高。尤其是中小型民营企业要抓住机遇，转换机制，培育体系，增强实力，在对外开放和与国际接轨中不断发展和壮大，并通过招贤纳士，建立健全现代企业管理机制。一方面加工企业自身可以通过引资、融资和筹资等途径来扩大经营规模，提高生产能力；另一方面企业之间可实行强强联合，进行资源重组，使荞麦加工企业步入现代企业行列。

此外，还要加强企业与优势荞麦原料基地农民的紧密联系，在企业利润中拿出一定比例的资金，实行工业反哺农业，改变农业和农村在资源配置与国民收入分配中所处的不利地位，保证荞麦种植户经济收入的稳定增长，稳固"公司+基地+农户"的产业发展模式，满足荞麦食品加工企业日益增长的原料需求。同时，荞麦生产企业应深化与科研院所的交流合作，及时将相关的先进科研成果转化为生产力。对于荞麦生产企业而言，还应严格坚持产品质量安全，加大绿色荞麦食品与有机荞麦食品的认证力度，健全产品质量监管体系，树立品牌意识，将产品优势转化为品牌优势，并组建营销队伍，设立销售网点和专柜，利用媒体进行荞麦功能性、

营养性的展销和宣传，使之迅速进入目标人群的日常生活中，以扩大销售空间。

总之，随着人们对荞麦重要价值认知度的提高，以及科学研究投入的不断加大，荞麦的营养保健价值将会被了解得越来越清楚，荞麦的综合开发利用也将会越来越先进和全面，荞麦及其加工产品将会成为丰富人们物质文化生活的重要组成部分，我国荞麦的生产发展将具有广阔的开发前景。

参 考 文 献

曹婉鑫，陈洋，唐瑶，2015. 苦荞中黄酮类化合物的生物活性研究进展[J]. 饮料工业，18（3）：64-67.

曹文明，张燕群，苏勇，2006. 荞麦手性肌醇提取及其降糖功能研究[J]. 粮食与油脂，1：22-24.

陈庆富，2012. 荞麦属植物科学[M]. 北京：科学出版社.

陈庆富，2018. 荞麦生产状况及新类型栽培荞麦育种研究的最新进展[J]. 贵州师范大学学报（自然科学版），36（3）：1-7.

陈稳良，李秀莲，史兴海，等，2017. 荞麦杂交育种的研究进展[J]. 贵州农业科学，45（4）：4-6.

邓蓉，向清华，王安娜，等，2012. 野生金荞麦的营养成分及其饲喂对猪肉品质的影响[J]. 贵州农业科学，40（1）：114-116.

丁梦琦，吴燕民，未丽，等，2018. 饲用荞麦在畜牧业中的应用与研究[J]. 草业科学，35（1）：176-185.

董雪妮，唐宇，丁梦琦，等，2017. 中国荞麦种质资源及其饲用价值[J]. 草业科学，34（2）：378-388.

杜双奎，李志西，于修烛，2003. 荞麦淀粉研究进展[J]. 食品与发酵工业，129（12）：72-75.

贾思勰，1996. 齐民要术[M]. 北京：团结出版社.

郎桂常，1996. 苦荞麦营养价值及开发应用[J]. 中国粮油学报，11（3）：9-14.

李光，周永红，陈庆富，2011. 荞麦基因工程育种研究进展[J]. 种子，30（8）：67-70.

李时珍，1975. 本草纲目[M]. 北京：人民卫生出版社.

李双红，张礼秀，杨莹，等，2015. 荞麦营养及其产品开发的研究进展[J]. 陕西农业科学，61（7）：57-60.

李志西，杜双奎，于修烛，等，2003. 荞麦粉营养品质与加工特性研究[J]. 西北植物学报，23（5）：771-776.

林兵，胡长玲，黄芳，等，2011. 苦荞麦的化学成分和药理活性研究进展[J]. 现代药物与临床，26（1）：29-32.

林汝法，1994. 中国荞麦[M]. 北京：中国农业出版社.

林汝法，2013. 苦荞举要[M]. 北京：中国农业科学技术出版社.

林汝法，柴岩，廖琴，等，2002. 中国小杂粮[M]. 北京：中国农业科学技术出版社.

吕桂兰，张荫麟，赵葆华，等，1995. 金荞麦引种栽培与其产量和有效成分含量[J]. 中国兽药杂志，4：19-22.

马名川，刘龙龙，张丽君，等，2015. 荞麦育种研究进展[J]. 山西农业科学，43（2）：240-243.

孟雪梅，2019. 荞麦不同组织部位膳食纤维的组成、理化及功能特性研究[D]. 杨凌：西北农林科技大学.

南京中医药大学，2006. 中药大辞典[M]. 2版. 上海：上海科学技术出版社.

聂薇，李再贵，2016. 苦荞麦营养成分和保健功能[J]. 粮油食品科技，24（1）：40-45.

潘家驹，1994. 作物育种学[M]. 北京：中国农业出版社.

任长忠，胡新中，2016. 中国燕麦荞麦产业"十二五"发展报告[M]. 西安：陕西科学技术出版社.

任长忠，赵钢，2015. 中国荞麦学[M]. 北京：中国农业出版社.

阮景军，陈惠，2008. 荞麦蛋白的研究进展与展望[J]. 中国粮油学报，23（3）：209-213.

唐宇，邵继荣，周美亮，2019. 中国荞麦属植物分类学的修订[J]. 植物遗传资源学报，20（3）：646-653.

王安虎，夏明忠，蔡光泽，等，2008. 四川野生荞麦资源地理分布的调查研究[J]. 西南大学学报（自然科学版），30（8）：119-123.

王莉花，叶昌荣，肖卿，2004. 云南野生荞麦资源地理分布的考察研究[J]. 西南农业学报，17（2）：156-159.

王鹏科，高金锋，冯佰利，等，2016. 荞麦食品[M]. 杨凌：西北农林科技大学出版社.

王英杰，SCARTH R，CLAYTON CAMPBELL G. 2005. 落粒性在荞麦远缘杂种（*Fagopyrum esculentum×F. homotropicum*）中的遗传研究[J]. 河南农业科学（10）：14-18.

吴其浚，1957. 植物名实图考[M]. 上海：商务印书馆.

向达兵，彭镰心，赵钢，等，2013. 荞麦栽培研究进展[J]. 作物杂志，3：1-6.

阎红，2011. 荞麦的应用研究及展望[J]. 食品工业科技，32（1）：363-365.

杨芙莲，任蓓蕾，2008. 荞麦膳食纤维的研制[J]. 食品与生物技术学报，27（6）：57-60.

杨海莹，张锐昌，张应龙，等，2014. 荞麦营养及其制品研究进展[J]. 粮食与油脂，27（10）：10-13.

叶能干，苟光前，1993. 中国荞麦属的分类、起源与演化[J]. 荞麦动态（1）：3-11.

张超，卢艳，郭贯新，等，2005. 苦荞麦蛋白质抗疲劳功能机理的研究[J]. 食品与生物技术学报，24（6）：78-82.

张宗法，1989. 三农纪校释[M]. 邹介正，等校释. 北京：农业出版社.

赵钢，2010. 荞麦加工与产品开发新技术[M]. 北京：科学出版社.

赵钢，彭镰心，向达兵，2015. 荞麦栽培学[M]. 北京：科学出版社.

赵钢，陕方，2009. 中国苦荞[M]. 北京：科学出版社.

赵钢，唐宇，1990. 荞麦过氧化物同工酶研究[J]. 荞麦动态（2）：10-15.

赵钢，邹亮，2012. 荞麦的营养与功能[M]. 北京：科学出版社.

赵佐成，周明德，罗定泽，等，2000. 中国荞麦属果实形态特征[J]. 植物分类学报，38（5）：486-489.

赵佐成，周明德，王中仁，等，2002. 中国苦荞麦及其近缘种的遗传多样性研究[J]. 遗传学报，29（8）：723-734.

中国饲用植物志编辑委员会，1987. 中国饲用植物志[M]. 北京：农业出版社.

钟灵允，毛萍，赵钢，2014. 基于 Web of Science 的荞麦研究分析[J]. 成都大学学报（自然科学版），33（4）：310-313，317.

周一鸣，李保国，崔琳琳，等，2013. 荞麦淀粉及其抗性淀粉的颗粒结构[J]. 食品科学，34（23）：25-27.

周忠泽，赵佐成，汪旭莹，等，2003. 中国荞麦属花粉形态及花被片和果实微形态特征的研究[J]. 植物分类学报，41（1）：63-79.

朱凤绶，林如法，李永青，等，1984. 荞麦不同类型的染色体研究初报[J]. 细胞生物学杂志，41（1）：130-132.

朱瑞，高南南，陈建民，2003. 苦荞麦的化学成分和药理作用[J]. 中国野生植物资源，22（2）：7-9.

CHEN Q F, 1999. A study of resources of *Fagopyrum* (Polygonaceae) native to China[J]. Botanical Journal of the Linnean Society, 130(1): 53-64.

FLORIAN L, 2016, Buckwheat in the nutrition of livestock and poultry[M]//ZHOU M L, KREFT I, WOO S H, et al. Molecular breeding and nutritional aspects of buckwheat. Amsterdam: Elsevier Academic Press: 229-238.

JOSHI D C, ZHANG K X, WANG C L, et al., 2019. Strategic enhancement of genetic gain for nutraceutical development in buckwheat: a genomic-driven perspective[J]. Biotechnology Advances, 39: 107479.

KÄLBER T, KREUZER M, LEIBER F, 2013. Effect of feeding buckwheat and chicory silages on fatty acid profile and cheese-making properties of milk from dairy cows[J]. Journal of Dairy Research, 80(1): 81-88 .

KÄLBER T, KREUZER M, LEIBER F, et al., 2012. Silages containing buckwheat and chicory: quality, digestibility and nitrogen utilization by lactating cows[J]. Archives of Animal Nutrition, 66(1): 50-65.

OHNISHI O, 1998. Search for the wild ancestor of buckwheat III. The wild ancestor of cultivate common buckwheat, and of tatary buckwheat[J]. Economic Botany, 52(2): 123-133.

OHNISHI O, YUSUI Y, 1998. Search for the wild buckwheat species in high mountain regions of Yunnan and Sichuan provinces of China[J]. Fagopyrum, 15: 8-15.

STEWARD A N, 1930. The Polygonaceae of Eastern Asia[J]. Contributions from the Gray Herbarium of Harvard University, 5(88): 1-129.

TSUJI K, OHNISHI O, 2001. Phylogenetic relationships among wild and cultivated Tartary buckwheat (*Fagopyrum tataricum* Gaert.) populations revealed by AFLP analyses[J]. Genes and Genetic Systems, (76): 47-52.

第二章　荞麦种质资源与遗传育种

第一节　中国荞麦种质资源的研究与利用

我国西南地区蕴藏着大量的野生荞麦种质资源，被公认为世界荞麦的起源中心和遗传多样性中心，目前荞麦属已发现 20 多个种。

一、不同荞麦种质资源形态特征

荞麦类植物的主要形态特征如下：一年生或多年生草本或半灌木，茎具细沟纹。叶型为叶互生，三角形、箭形或戟形，叶柄无关节。花序为无限花序，由多个呈簇状的单歧聚伞花序着生于分枝的或不分枝的花序轴上，排成穗状、伞房状或圆锥状；每个单歧聚伞花序簇有 1 至多朵花，外面有苞片，每朵花也各有 1 枚膜质的小苞片；花两性，花被白色、淡红色或黄绿色，5 裂，花后不膨大；雄蕊 8，外轮 5，内轮 3；雌蕊由 3 个心皮组成，子房三棱形，花柱 3 条。瘦果三棱形，明显地露出于宿存的花被之外或否，胚位于胚乳的中央，子叶宽，折叠状。花粉粒的沟槽中有孔，外壁粗糙，呈颗粒状花纹（陈庆富，2012）。

（一）荞麦的分类

国内外专家多采用形态学、孢粉学、细胞学、生殖生物学和分子生物学等相结合的分类方法对新发现的野生荞麦资源进行分类。Chen（1999a）根据形态学、分类学、生殖生物学、同工酶和染色体数目的不同对采自中国西藏和四川的野生荞麦资源进行分类，报道了中国野生荞麦的 3 个新种。日本学者 Ohnishi（1991，1995，1998，2001，2002）和 Takanori 等（2002）利用形态学、生殖生物学、同工酶、叶绿体 DNA、重组 DNA（rDNA）、rbcL、accD 和内在转录间隔区（internal transcribed spacer，ITS）等研究技术对采自中国四川和云南的野生荞麦资源进行分类，报道了野生荞麦资源的 7 个新种。Ohnishi 和 Matsuoka（1996）利用同工酶和 RFLP 技术对叶绿体 DNA 基因序列进行分析，将荞麦分为两个组，分别是 *cymosum* 组和 *urophyllum* 组。其中，*cymosum* 组的主要特征是瘦果较大，无光泽，有花被片覆盖瘦果的基部位置，包括金荞麦、苦荞麦、甜荞麦、苦荞麦近缘野生种和甜荞麦近缘野生种（大粒组）；*urophyllum* 组的主要特征是瘦果较小，有光泽，有花被片紧密覆盖在瘦果表面，包括细柄野荞麦、小野荞、心叶野荞麦、硬枝万年荞、多枝野荞麦、卵叶野荞麦、丽花野荞麦、红叶野荞麦和理县野荞麦等（小粒组）。Heo 等（2001）对荞麦属野生种的果皮结构和进化进行分析，对其进化关系进行了探讨，将其划分为 3 大类，第一类包括 *F. esculentum*、*F. esculentum* spp. *ancestralis*、*F. homotropicum* 3 个种；第二类包括 *F. cymosum*、*F. tataricum*、*F. tataricum* spp. *potanini* 3 个种；第三类包括 *F. callianthum*、*F. capillatum*、*F. gilesii*、细柄野荞麦、*F. leptopodum*、*F. lineare*、*F. macrocarpum*、*F. pleioramosum*、*F. rubifolium*、*F. statice*、*F. urophyllum* 11 个种。赵佐成等（2000）研究了中国荞麦属的 8 个种和 1 个变种植株的果实，根据果实的形状及微形态特征将荞麦植物的果实分为 3 种类型：①果实三棱锥状，表面不光滑，无光泽，具皱纹网状纹饰，包括苦荞麦和金荞麦；②果实卵圆三棱锥状，表面光滑，有光泽，具条纹纹饰，包括荞麦、抽葶野荞麦和线叶野荞麦 3 个种；③果实卵圆三棱锥状，表面光滑，有光泽，具大量的瘤状颗粒和少数模糊的细条纹纹饰，包括硬枝野荞麦、细柄野荞麦、小野荞麦和疏穗小野荞麦 4 个种。

（二）主要荞麦种质资源的形态特征

中国的荞麦资源包括 23 个种、3 个变种和 2 个亚种，相关种的主要特征描述如下。

1. 甜荞麦（*F. esculentum*）

甜荞麦又名荞麦、乌麦、花麦、三角麦和荞子，英文名为 common buckwheat。甜荞麦的根属直根系，包括定根和不定根。定根包括主根和侧根，主根由种子的胚根发育而来，主根是最早形成的根，又称初生根。从主根发生支根及支根上再产生的二级、三级支根称作侧根，又称次生根。甜荞麦的主根较粗长，向下生长，侧根较细，呈水平分布状态。甜荞麦主根以上的茎、枝部位上还可产生不定根。不定根的发生时期晚于主根，也是一种次生根。主根最初呈白色，肉质，随着根的生长、伸长，逐渐老化，质地变得更坚硬，颜色呈褐色或黑褐色。甜荞麦主根伸出 1～2d 后，其上产生数条侧根，侧根较细，生长迅速，分布在主根周围的土壤中，起支持和吸收作用。侧根在形态上比主根细，入土深度不及主根，但数量很多，一般主根上可产生 50～100 条侧根。侧根不断分化，又产生小的侧根，构成了较大的次生根系，扩大了根的吸收面积。一般侧根在主根近地面处较密集，数量较多，在土壤中分布范围较广。侧根在甜荞麦生长发育过程中不断产生，新生侧根呈白色，稍后变为褐色。侧根吸收水分和养分的能力很强，对甜荞麦的生命活动所起作用极为重要。甜荞麦茎直立，高 60～100cm，最高可达 150cm 左右。

茎为圆形，稍有棱角，多带红色。节处膨大，略弯曲。节间长度和粗细取决于茎节间的位置。一般茎中部节间最长，上、下部节间长度逐渐缩短，主茎节叶腋处长出的分枝为一级分枝，在一级分枝叶腋处长出的分枝为二级分枝，在良好的栽培条件下，还可以在二级分枝上长出三级分枝。甜荞麦的茎可分为基部、中部和顶部三部分。茎的基部即下胚轴部分，常形成不定根。不定根的长度取决于播种的深度与植株的密度。在种子覆土较深或幼苗较密的情况下，茎的长度增加，茎的中部为子叶节到现果枝的分枝区，其长度取决于植株分枝的强度，分枝越强，分枝区长度就越长。茎的顶部即从果枝始现至茎顶部分，只形成果枝，是甜荞麦的结实区。甜荞麦的叶有子叶（胚叶）、真叶和花序上的苞片。子叶出土，对生于子叶节上，呈圆肾形，具掌状网脉。子叶出土后，进行光合作用，由黄色逐渐变成绿色。有些品种的子叶表皮细胞中含有花青素，微带紫红色。真叶是甜荞麦进行光合作用并制造有机物的主要器官，为完全叶，由叶片、叶柄和托叶三部分组成。叶片为三角形或卵状三角形，顶端渐尖，基部为心脏形或箭形，全缘，较光滑，为浅绿色至深绿色。叶脉处常常带花青素而呈紫红色。叶柄是甜荞麦叶的重要组成部分，具有支持叶片并调整其位置以接受日光进行光合作用与呼吸作用，且是光合物质和养分输出输入的通道。叶柄在日光照射的一面可呈红色或紫色。叶柄在茎上互生，与茎的角度常呈锐角，使叶片不致互相荫蔽，以利充分接受阳光。叶柄上侧有凹沟，凹沟内和凹沟边缘有毛，其他部分光滑。托叶合生如鞘，称为托叶鞘，在叶柄基部紧包着茎，形如短筒状，顶端偏斜，膜质透明，基部常被绒毛。随着植株的生长，位于植株下部的托叶鞘逐渐衰老变黄。甜荞麦叶形态结构的可塑性较大，在同一植株上，因生长部位不同，受光照不同，叶形也不同，植株基部叶片形状呈卵圆形，中部叶片形状类似心脏形，叶面积较大，顶部的叶片逐渐变小，形状渐趋箭形。在不同生育阶段，叶的大小及形状也不一样。甜荞麦花序上着生鞘状的苞片，这种苞片为叶的变态，其形状很小，长 2～3mm，片状，半圆筒形，基部较宽，从基部向上逐渐倾斜呈尖形，绿色，被微毛。苞片具有保护幼小花蕾的功能。甜荞麦的花序是一种混合花序，既有聚伞花序类（有限花序）的特征，也有总状花序（无限花序）的特征。甜荞麦的花属于单被花，一般为两性，由花被、雄蕊和雌蕊组成。甜荞麦的花较大，直径 6～8mm（图 2.1）。花被 5 裂，呈啮合状，彼此分离。花被为长椭圆形，长为 3mm，宽为 2mm，基部呈绿色，

图 2.1　甜荞麦的花器官

中上部为白色、粉色或红色。正常甜荞麦花的雄蕊为 8 枚，由花丝和花药构成。雄蕊呈两轮环绕子房排列，外轮 5 枚，着生于花被间，花药内向开裂；内轮 3 枚，着生于子房基部，花药外向开裂。花药粉红色，似肾形，有两室，其间有药隔相连。花药在花丝上为背着药方式着生，花丝浅黄色或白色。花柱是异长的，因此，其花丝也有不同的长度，短花柱的花丝较长，一般 2.7～3.0mm，长花柱的花丝较短，一般 1.3～1.6mm。雌蕊为三心皮联合组成，柱头、花柱分离。子房三棱形，上位，一室，白色或绿白色；柱头膨大为球状，有乳头突起，成熟时有分泌液。长花柱花的雌蕊长 2.6～2.8mm，短花柱花的雌蕊长 1.2～1.4mm，还有一种雌蕊与雄蕊大体等长的花，雄蕊和雌蕊长度均为 1.8～2.1mm。在一个品种的群体中，以长花柱花和短花柱花占主要比例，比例大致相等。在同一植株上只有一种花型。雌雄蕊等长的花在群体中所占比例很少。甜荞麦花器官的两轮雄蕊基部之间，着生了一轮蜜腺，数目不等。通常为 8 个，变动在 6～10，蜜腺呈圆球状，黄色透明，能分泌油状且带有香味的蜜液。甜荞麦的花粉较多，每个花药内的花粉粒为120～150 粒。甜荞麦的果实为三棱卵圆形瘦果，五裂宿萼，果皮革质，表面光滑，无腹沟，果皮内含有 1 粒种子，种子由种皮、胚和胚乳组成。果皮由雌蕊的子房壁发育而来。果皮分为 4 层：最外层为果皮即外表皮；第二层为中果皮，由厚壁细胞构成；第三层为柔组织，由横细胞构成；最内层为内果皮，由管细胞构成。种皮由胚珠的保护组织内外珠被发育而来。种皮厚 8～15μm，分为内外两层。胚位于种子中央，嵌于胚乳中，横断面呈 S 形，占种子总重量的 20%～30%。胚乳包括糊粉层及淀粉组织，占种子总重量的 70%～80%，胚乳的最外层为糊粉层，排列较紧密和整齐，厚 15～24μm，大部分为双层细胞，在果柄的一端有 3～4 层。甜荞麦种子有灰、棕、褐、黑等多种颜色，棱翅有大有小，其千粒重变化很大，多为 15～37g。

2. 苦荞麦（ *F. tataricum* ）

苦荞麦的根为直根系，由胚根发育的主根垂直向下生长。在主根上产生的根为侧根，形态上比主根细，入土深度不如主根，但数量很多，可达几十至上百条。侧根不断分枝，并在侧根上又产生小的侧根，增加了根的分布面积。此外，在靠近土壤的主茎上，可产生数条不定根，多时可达几十条，这两种根系构成了苦荞麦的次生根系，它们分布在主根周围的土壤中，对植株起支持及吸收水分、养分的重要作用。苦荞麦的根系入土壤浅，主要分布在距地表 35cm 左右的土层里，其中以地表 20cm 以内的根系较多，占总根量的 80%以上。因此，土壤耕层水分、养分、播种措施及栽培技术等都会影响苦荞麦根系的发育。

苦荞麦的茎为圆形，稍有棱角，茎表皮多为绿色，少数因含有花青素而呈红色。节处膨大，略弯曲，表皮少毛或无毛。幼茎通常是实心的，当茎变老后，髓部的薄壁细胞破裂形成髓腔而中空。主茎直立，高 60～150cm，因品种及栽培条件而有差异。茎节数 15～24 节，一般为 18 节。除主茎外，还会产生许多分枝。在主茎节叶腋处长出的分枝为一级分枝，在一级分枝的叶腋处长出的分枝为二级分枝，依此类推，通常苦荞麦的一级分枝数为 3～7 个。苦荞麦的分枝数除受品种遗传性状决定外，与栽培条件和种植密度有密切关系。苦荞麦的叶有 3 种类型，子叶、真叶和花序上的苞片。子叶是其种子发育时逐渐形成的，共有两片，对生于子叶节上，其外形呈圆肾形，具掌状网脉，大小为 1.5～2.2cm。子叶出土时初为黄色，后逐渐变为绿色或微带紫红色。苦荞麦的真叶属完全叶，由叶片、叶柄和托叶组成，叶片为卵状三角形，顶端急尖，基部心脏形，叶缘为全缘，脉序为掌状网脉。叶片为浅绿至深绿色。叶柄起着支持叶片的作用，绿色有些略带紫或浅红色，其长度不等，位于茎中下部的叶柄较长，而往上部则逐渐缩短，直至无叶柄。叶柄在茎上互生，与茎的角度常呈锐角。叶柄的上侧有凹沟，凹沟内和边缘有毛，其他部分光滑，托叶合生为鞘状，膜质，称托叶鞘，包围在茎节周围，其上被毛。苞片着生于花序上，绿色，被微毛，为片状、半圆筒形，基部较宽，上部呈尖形，将幼小的花蕾包于其中。苦荞麦的花序为混合花序，为总状、伞状和圆锥状排列的螺状聚伞花序，花序顶生或腋生（图 2.2）。每个螺状聚伞花序中有 2～5 朵小花。每朵小花直径 3mm 左右，由花被、雄蕊和雌蕊等组成，花被一般为 5 裂，被片长约 2mm，宽约 1mm，浅绿色或白绿色。雄蕊 8 枚，呈两轮环绕子房，外轮 5 枚，内轮 3 枚，相间排列。花药似肾形，有两室，颜色为紫红、粉红等色，每个花药内的花粉粒数目为 80～100 粒。雌蕊为三心皮联合组成，子房三棱形，上位，一室，柱头、花柱分离。柱头膨大为球状，有乳头突起，成熟时有分泌液。苦荞麦的雌蕊长度与花丝等长，约 1mm。苦荞麦种子为三棱形瘦果，

表面有 3 条深沟，先端渐尖，5 裂宿萼，由革质的皮壳（果皮）所包裹。果皮的色彩因品种不同有黑色、黑褐色、褐色、灰色等。果实的千粒重为 12～24g，通常为 15～20g。果皮内部含有像果实形状一样的种子，主要由种皮、胚和胚乳三部分组成。种皮很薄，分为内外两层，分别由胚珠的内外珠被发育而来。胚位于种子中，作为折叠的片状体而嵌于胚乳中，横断面呈 S 形，占种子总重量的 20%～30%。胚实质上就是尚未成长的幼小植株，由胚芽、胚轴、胚根、子叶 4 部分组成。胚乳位于种皮之下，占种子总重量的 68%～78%。胚乳有明显的糊粉层，细胞内

图 2.2　苦荞麦花序

含有大量淀粉粒，淀粉粒结合疏松，易于分离。

3. 金荞麦（F. cymosum）

金荞麦俗称野荞兰、野兰荞和苦荞头，多年生草本，株高 50～300cm。幼苗的下胚轴短，子叶片近扁圆形，宽 1.5～2cm，基部微凹，两侧稍不对称。播种 2 个月后下胚轴开始膨大，以后茎基部的节间也参与膨大地下茎的形成。金荞麦膨大的地下茎有两种类型，即根茎型（姜状）和球块型（不规则状），且木质化，呈黑褐色。基部分枝多，茎秆中空，直立或匍匐。基部和中上部叶形大多呈卵状三角形或戟状三角形，顶端渐尖，顶部叶呈三角形。花序 3～4 叉，呈伞房状，聚伞花序簇较密集，顶生、腋生，花柱为长花柱或短花柱；花白色，花梗有关节，花柱异长或等长，雄蕊基部间有蜜腺。粒色有黑色、褐色和红（灰）褐色 3 种，外皮光滑，无光泽。瘦果长 6～8mm，露出于宿存花被的 2～3 倍，有 3 种类型：①呈长三棱锥形，果棱锐，褐色或黑色，三棱基部极尖；②呈短三棱锥形，果棱钝，黑色；③呈长三棱锥形，果棱钝，籽粒灰褐色。

4. 硬枝万年荞（F. urophyllum）

多年生半灌木，高度达 2m 左右。茎直立或攀缘，坚硬，分枝多，老枝木质化，红褐色稍开裂，也有灰色茎。叶形有披针状心叶和耳状箭叶，多数植株基部和中下部叶呈披针状心形，中上部叶呈耳状箭形，顶端渐尖或尾状尖，群落中此类型居多。有的整株叶呈披针状心形，有的整株叶呈耳状箭叶。基部叶柄长可达 3cm，向上逐渐变短至几无柄，花圆锥状聚伞花序簇疏离，花序长而排列稀疏，顶生或腋生，花梗有关节，花白色、红色或粉红色，花柱为长花柱或短花柱，花被片长 2～3mm，果三棱形，长约 3.5mm，外皮光滑，有光泽，呈褐色，微露出于宿存花被之外。王安虎等（2006）在普格县考察时发现硬枝万年荞呈草质状，不形成半灌木，多年生，籽粒长 1～2mm，花为白色或粉红色。在木里县发现有开红花、叶片上面有较厚蜡质层的硬枝万年荞。

5. 细柄野荞麦（F. gracilipes）

一年生草本植物，株高 20～70cm，自基部分枝，具纵棱，疏被短糙伏毛。叶卵状三角形，长 2～4cm，宽 1.5～3cm，顶端渐尖，基部心形，两面疏生短糙伏毛，下部叶叶柄长 1.5～3cm，具短糙伏毛，上部叶叶柄较短或近无梗；托叶鞘膜质，偏斜，具短糙伏毛，长 4～5mm，顶端尖。花序总状，腋生或顶生，极稀疏，间断，长 2～4cm，花序梗细弱，俯垂；苞片漏斗状，上部近缘膜质，中下部草质，绿色，每苞内具 2～3 朵花，花梗细弱，长 2～3mm，比苞片长，顶部具关节；花被 5 深裂，淡红色，花被片椭圆形，长 2～2.5mm，背部具绿色脉，果时花被稍增大；雄蕊 8，比花被短；花柱 3，柱头头状。瘦果宽卵形，长约 3mm，具 3 锐棱，有时沿棱生狭翅，有光泽，突出花被之外。2006 年，西昌学院野生荞麦资源研究课题组在野生荞麦资源考察中发现在康定分布的细柄野荞麦聚伞花序簇密集，而在凉山州及其他地区分布的该野生荞麦聚伞花序簇大多疏离。

6. 齿翅野荞麦（*F. graclipes* var. *odontopterum*）

齿翅野荞麦是细柄野荞麦的变种，与原变种的区别主要是果棱上有粉红色或红色翅。2006 年，西昌学院野生荞麦资源研究课题组在野生荞麦资源考察中发现在康定分布的齿翅野荞麦聚伞花序簇密集，而在凉山州及其他地区分布的该野生荞麦聚伞花序簇大多疏离。

7. 小野荞麦（*F. leptopodum*）

一年生草本植物，茎通常自下部分枝，直立，株高 6～60cm，近无毛，细弱，上部无叶。叶片三角形或三角状卵形，长 1.5～2.5cm，宽 1～1.5cm，顶端尖，基部箭形或近截形，上面粗糙，下面叶脉稍隆起，沿叶脉具乳头状突起；叶柄细弱，长 1～1.5cm；托叶鞘，偏斜，膜质，白色或淡褐色，顶端尖。花序总状，由数个总状花序再组成大型圆锥花序，苞片膜质，偏斜，顶端尖，每苞内具 2～3 朵花；花梗细弱，顶部具关节，长约 3mm，比苞片长；花被 5 深裂，白色或淡红色，花被片椭圆形，长 1.5～2mm；雄蕊 8，花柱 3，丝形，自基部分离，柱头头状。瘦果卵形，具 3 棱，黄褐色，长 2～2.5mm，稍长于花被。

8. 疏穗小野荞麦（*F. leptopodum* var. *grossii*）

疏穗小野荞麦与原变种小野荞麦的区别是总状花序极度稀疏，植株较高大。

9. 抽葶野荞麦（*F. statice*）

多年生草本植物，株高 40～50cm，地下茎有些膨大，呈木质化，块状，直立，下部节间短，分枝集中在基部，茎色为深绿色，叶片多集中在茎和分枝的基部，越向上叶片越小且少，基部的叶柄极长且纤细，向上逐渐变短，基部的叶片圆而肥，呈宽卵形或三角形，长 1.5～3cm，上部的叶呈戟形或线形，叶柄较短，叶色为深绿色。花序分枝，长而纤细，花为聚伞花序簇，顶生，花梗细长。花色为白色和粉白色，花被 5 深裂；花被片椭圆形，长 1～1.5mm；雄蕊 8，与花被近等长。籽粒呈正三角形，外皮光滑，有光泽，呈褐色，长（宽）1～2mm。花被宿存。

10. 线叶野荞麦（*F. lineare*）

一年生草本植物，茎细弱，直立，高 30～40cm，具纵细棱，无毛，自基部分枝。叶线形，长 1.5～3cm，宽 0.2～0.5 cm。顶端尖，基部戟形，两侧裂片较小，边缘全缘，微向下反卷，两面无毛，下面中脉突出，侧脉不明显，叶柄长 2～4mm，托叶鞘膜质，偏斜，顶端尖，长 2～3mm。花序总状，紧密，通常由数个总状再组成圆锥状；苞片偏斜，长约 1.5mm，通常淡紫色，每苞片内具 2～3 朵花；花梗细弱，顶部具关节，比苞片长；花被 5 深裂，白色或淡绿色；花被片椭圆形，长约 1.5mm；雄蕊 8，比花被短；花柱 3，柱头头状。瘦果宽椭圆形，长约 2mm，具 3 锐棱，褐色，有光泽，微露出于宿存的花被。

11. 心叶野荞麦（*F. gilesii*）

一年生草本植物，茎直立，高 80cm 以下，自基部分枝，无毛，具细纵棱。叶心形，长 1～3cm，宽 0.8～2.5cm，顶端急尖，基部心形，上面绿色，无毛，下面淡绿色，叶脉具小乳头状突起，下部叶叶柄长可达到 5cm，比叶片长，上部叶较小或无毛；托叶膜质，偏斜，长 3～5mm，无毛，顶端尖；总状花序呈头状，直径 0.6～0.8cm，通常成对；着生于二歧分枝的顶端。苞片漏斗状，顶端尖，无毛，长 2.5～3mm，每苞内 2～3 花；花梗细弱，长 3～4mm，顶部具关节；花被 5 深裂，淡红色，花被片椭圆形，长 2～2.5mm，雄蕊比花被短；花柱 3，柱头头状。瘦果长卵形，黄褐色，具 3 棱，微有光泽，长 3～4mm，突出宿存花被之外。

12. 尾叶野荞麦（*F. caudatum*）

一年生草本植物，高 27～170cm，在基部或中下部多分枝，常呈丛生，从基部至顶端均具叶；茎枝圆柱形或近圆柱形，柔弱，通常斜生或平卧，极少直立，具多条细纵纹，绿色、绿褐色至紫褐色，无毛；节疏散，节间长 1.5～7.6cm。单叶互生，叶片纸质，阔心形、阔卵状心形、阔卵形、卵形、卵状戟形、三角状戟形、戟形至长戟形，基部的叶较大，向上渐变小，长（1.3）2.1～6.5cm，宽 1.5～5.5cm，先端锐尖、渐尖、长渐尖至尾状渐尖，基部心形、阔心形、浅心形或深心形，两侧裂片较大，圆形，上面绿色或深绿色，下面绿色或灰绿色，两面疏被短毛，基出 7～9 脉，侧脉 6～11 条，和主脉一起在上面明显凸起，下面凸起。下部叶叶柄长 2.2～5cm，向上的叶叶柄渐变短，长 0.5～2.2cm，绿色，无毛，或有时仅在上面疏被短毛，在上面具凹槽，下面圆形或圆凸。叶鞘半膜质，斜漏斗状，长 3～6mm，先端锐尖、短渐尖、渐尖、长渐尖至尾尖，具 5～11 条细绿色脉纹。总状花序腋生和顶生，长 1.7～14.5cm；花序轴纤细，明显四棱柱形，绿色，无毛，有时在中部或中上部具苞叶；苞叶叶状，卵形，长 1～1.3cm，宽 0.6～0.7cm，先端渐尖或锐尖。花在花序轴上排列疏散，每轮花之间间距长 0.3～2 cm，开放后直径约 4mm；苞片斜漏斗状，长 2.3～3mm，具 3～7 条明显或不明显绿色脉纹，中脉在顶部锥状凸起，长 0.3～1mm，每苞片内有小花 3～5 朵；小花梗线形，长 2.5～

5mm，淡绿色或黄绿色，先端具明显关节，在基部被短毛；花被片 5 片，白色，深裂至基部，外 2 片较小，内 3 片较大，椭圆形、倒卵状椭圆形、长倒卵形，长 2～2.5mm，宽 1～1.5mm，先端钝或圆形，基部绿色，中部明显具 1 脉，侧脉明显。雄蕊 8 枚，不等长，2 轮（外轮 5 枚，内轮 3 枚），花丝线形，长 1～2mm，无色，无毛，花药椭圆形，长 0.2～0.3mm，紫褐色；雌蕊不等长，子房卵状三棱形，长约 0.5mm，花柱 3，线形，长 0.3～1.5mm，无色，无毛，柱头小头状。瘦果椭圆状三棱形或阔卵状三棱形，罕见阔卵状四棱形或椭圆状四棱形，长 3～3.5mm，直径 2.5～3mm，成熟后红褐色、黑褐色或褐黑色，先端锐尖，基部圆形，花被宿存，紧裹果实，花柱宿存，向下弯曲。

13. 花叶野荞麦（*F. polychromofolium*）

一年生草本植物，高 15～70cm。茎极短或无明显主茎，多分枝，枝长，绿色、绿褐色或紫褐色，无毛。叶肉质，稍肉质或厚纸质，心形、阔心形、卵状心形、阔卵形、卵状三角形、阔卵状三角形，有时横椭圆形、圆形，向上渐狭，三角形、长三角形、箭状三角形、箭形、狭箭形，长 1.5～5.8cm，宽 1.5～5.7cm，先端钝形，短渐尖、渐尖至尾尖，有时圆形，基部心形、阔心形、箭形，上面绿色，具灰色或灰白色斑块，下面绿色，两面无毛，侧脉 5～8 对，和主脉一起在上面紫红色、紫褐色或绿色，边缘全缘；叶柄 2.3～10.1cm，无毛；托叶鞘斜筒状，长 5～8cm。总状花序或总状伞房花序腋生和顶生，长 2.5～11cm，再组成大型疏散的圆锥花序；苞片斜漏斗状，长约 4mm，每苞片内有小花 2～4 朵；花疏散或间断排列，小花梗长 4～5mm，在顶端具明显关节；花被片 5 片，椭圆形、倒卵状椭圆形、长椭圆形，长（3.2）3.5～4mm，宽（1.5）2～3mm，通常白色，有时淡紫红色或粉红色，先端钝形或圆形；雄蕊和雌蕊异长；雄蕊 8 枚，花丝长约 2mm，花药椭圆形、卵状椭圆形或卵形，长约 0.25mm，宽约 0.2mm；子房卵状三棱形，长约 0.5mm，花柱 3 枚，长约 0.5mm，柱头小头状。瘦果椭圆状三棱形，有时卵状三棱形，长约 4mm，宽约 3mm，黑褐色或黑色，具光泽。花期 8～10 月，果期 9～11 月。本种近似于细柄野荞麦，但植株茎节密集，主茎极短或无明显主茎，多分枝，叶多形，肉质、稍肉质或厚纸质，叶面具灰白色或灰色斑块，瘦果较大，长约 4mm，宽约 3mm，而与荞麦属中现有已知种类具有显著的不同。

14. 苦荞近缘野生种（*F. tataricum* ssp. *potanini*）

一年生草本植物，株高可达 160cm，茎秆有棱，棱上有绒毛，植株从基部分枝，一级、二级分枝较多，株型松散。幼苗的下胚轴细长，子叶近圆形，宽 1～1.5cm，基部微凹，两侧近对称。叶片多为宽三角形，基部心形或戟形，一般叶脉正面为红色，反面为绿色。花序不分枝或分枝呈伞房状，聚伞花序簇较密集，顶生或腋生；花梗无关节，花淡绿色，花柱等长，雌蕊 3 枚，雄蕊 8 枚，花药红色，雄蕊基部之间有蜜腺。瘦果主要有两种类型：一是籽粒具 3 棱，每棱上有 1～3 个大小不等的刺，有纵沟 3 条，表面粗糙，长 4～5mm，宽 3～4mm，露出于宿存的花被约 2.5 倍，呈棕色或灰色。二是籽粒具 3 棱，棱角钝，有纵沟 3 条，表面光滑，长 4～5mm，宽 3～4mm，露出于宿存的花被约 2.5 倍，呈黑色或褐色，无光泽。

15. 甜荞近缘野生种（*F. esculentum* ssp. *ancestralis*）

一年生草本植物，株高可达 150cm，基部分枝多。幼苗的下胚轴长，子叶近肾形，宽 0.8～1.2cm，基部微凹，两侧极不对称。叶片卵状三角形，基部心形或戟形，主要集中在中部，上部叶片较小且少，下部叶柄极长，向上逐渐变短至无柄。花序分枝呈伞房状或圆锥状，聚伞花序簇密集；花白色或淡红色，花梗细，有关节，雄蕊基部之间有蜜腺，花柱异长或等长。果长大于 2～5mm，露出于宿存花被 2 倍以上。瘦果形状变化大，主要有 4 种类型，一类呈三棱锥，三棱基部棱角微尖，棱锐，瘦果长 4～4.5mm，宽 3～4mm，呈黑褐色，外皮光滑，无光泽；二类呈三棱锥，棱锐，三棱基部极尖，瘦果长 4～4.5mm，宽 3～4mm，呈褐色，外皮光滑，无光泽；三类呈三棱锥，棱钝，瘦果长而细，长 4～4.5mm，宽 3～4mm，呈褐色，外皮光滑，带细条纹，无光泽；四类呈三棱锥，棱钝，瘦果长 3～4mm，宽 2～3mm，呈黑褐色，外皮光滑，无光泽。

16. 皱叶野荞麦（*F. crispatofolium*）

一年生草本植物，株高 65～88.5cm，直立、斜生或平卧，基部或中下部多分枝；茎枝圆柱形，具细纵棱纹，绿色、绿褐色或紫褐色，被白色短毛和疏长毛，从基部至顶端均具叶；节稀疏或较密集，节间长 1.4～6.2cm。单叶互生，叶片纸质，阔卵形、卵形，有时近圆形或长卵形，长 2.7～7.7cm，宽 2.1～6.8cm，先端短渐尖、锐尖或有时渐尖，基部深心形或阔心形，两侧耳状基部圆形或钝形，上面深绿色或绿色，泡状突起，下面绿色，两面疏被直立长毛，基生脉 7～9 条，侧脉 5～8 对，在上面和网脉一起凹陷，下面凸起，边缘皱波状，具不规则深波状、波状、浅波状圆齿或小圆齿；叶柄长 2.9～7.8cm，绿色或绿褐色，疏被白色长柔毛，在上面具细凹槽，疏被直立长毛，下面圆凸，无毛。托叶鞘半膜质，斜生，一侧开口，长 4～8mm，具 7～16 条绿色脉纹，密或疏被长毛，先端渐尖，长渐尖至尾状渐尖。总状花序腋生或顶生，长 2.5～4.7cm，花序轴绿色、褐绿色或绿褐色，四棱状，密或疏被长毛和短毛；苞片斜漏斗状，长 2.5～3mm，具 3～7 条绿色脉纹，中脉凸出呈小尖头，每苞片内有小花 3～5 朵；花密集或较密集，着生于花序轴上部至顶部；小花梗线形，长 2～4mm，无色，无毛，在顶端具明显或不明显关节；花被片 5（外面 2 片较小，内面 3 片较大），椭圆形、阔卵形、阔卵状椭圆形、阔倒卵形，长 1.8～2mm，宽 1.2～1.8mm，除基部绿色或淡绿色外，其余白色或淡粉红色，先端钝或圆形；雄蕊 8 枚，排为 2 轮（外轮 5，内轮 3），花丝长 1～1.5mm，无色，无毛，花药椭圆形，长 0.2～0.3mm；雌蕊子房卵状三棱形，长 0.5～0.7mm，淡绿色或黄绿色，花柱长约 1mm，无色，无毛，柱头小头状。瘦果圆状三棱形、卵圆状三棱形或阔卵圆状三棱形，长 2.7～3mm，直径 2.4～2.7mm，成熟后黄褐色、黑褐色至黑色，被宿存花被紧裹；花柱宿存，向下弯曲。花期 9～11 月，果期 10～11 月。

17. 密毛野荞麦（*F. densovillosum*）

一年生草本植物，株高 17～70cm，基部或中下部多分枝，全株密被白色直立长毛，从基部到顶部均具叶。茎通常直立，有时斜生或近平伸，和枝一起较粗壮，圆柱形，具多条纵细棱纹和细凹槽，红褐色，密被白色直立长毛；节较密集，节间较短，通常长 1～4.5cm。单叶互生，叶片纸质，阔卵形、心形、阔心形、阔卵状心形、卵形、长卵形、三角状卵形或卵状三角形，长 1.7～5.5cm，宽 1.2～4.6cm，先端渐尖、短渐尖、锐尖、基部心形、阔心形，有时截平或心状截平，两侧耳状裂片通常不下垂，两面密被白色直立长毛，在上面具细皱纹，明显小泡状突起，上面绿色或深绿色，下面绿色或灰绿色，两面密被白色直立长毛，基生叶脉 7～9 条，侧脉 6～9 对，和网脉一起在上面凹陷，下面突起，边缘全缘，有时微波状，具微睫毛；叶柄长 2.6～5.3cm，红褐色、绿褐色，密被白色直立长毛，在上面具细凹槽，下面近圆凸三角状突起；叶鞘厚膜质，斜筒状，长 6～9cm，具绿色脉纹 9～15 条，密被长毛，先端长渐尖至尾尖，或有时近芒状尾尖，通常单一，有时二裂。总状花序腋生和顶生，长 2～12cm；花序轴四棱状，绿色、绿褐色或淡褐色，密被白色长毛或短毛，具浅凹槽，有时在中部或中上部具一叶状苞叶，苞叶阔卵形或卵形，长 0.7～1.4cm，宽 0.5～1.2cm，密被短毛，先端渐尖、短渐尖或锐尖，基部心形，基生叶脉 7～9 条，边缘全缘，具长 1.0～2.5mm 的柄，密被短毛。花在花序轴上排列疏散或较密集；苞片斜漏斗状，长 2～3mm，被短毛，明显具 3 条绿色脉纹，中部一脉较粗，向上突起呈先端渐尖，每苞片内有小花 2～4 朵；小花梗线形，长 1.5～2.5mm，淡绿色或无色，无毛，顶端关节不明显；花被片 5，椭圆形、卵形、卵状椭圆形，长 1.3～2.0mm，宽 1.1～1.5mm，白色或粉红色，先端钝形，锐尖，基部圆形；雄蕊 8 枚，花丝线形，长约 1mm，无色，花药红褐色或褐色，椭圆形，子房卵状三棱形，长约 0.5mm，淡绿色或黄绿色，花柱 3，长 0.5～0.6mm，无色，无毛，柱头小头状。瘦果黑褐色或黑色，阔卵状三棱形、卵圆状三棱形、椭圆状三棱形，长 2～2.5mm，直径 1.8～2.0mm，中下部或中部膨大，表面光滑，具光泽，先端钝形，基部圆形，棱脊突起，花被片紧包裹果实，厚膜质，宿存，花柱向下紧贴果实弯曲，宿存。花期 7～10 月，果期 8～11 月。

18. 大野荞麦（*F. megaspartanium*）

多年生半灌木，二倍体，$2n=2x=16$。球状根茎，木质。茎平卧，被蜡粉，无毛，光滑，坚实。秆长 50～150cm，有时可长达 200～300cm。枝条较少而粗。叶三角形，全缘。中下部叶较大，为（52～83）mm×（61～94）mm，叶柄长 45～135mm。叶正面无毛，叶背、叶柄、枝条无毛或稀被毛。托叶鞘筒状，端部钝，褐色，较长，为 10～12mm。总状花序。花梗 2.5～3.5mm，有关节。花白色，直径 7.0～7.5mm。花被 5 深裂；被片椭圆形，长 3.5～4mm。蜜腺 8，发达，黄色。花柱异长。子房三棱。花柱 3，柱头头状。雄蕊 8，内轮 3、外轮 5。自交不育。长花柱花，雌蕊长约 4.5mm，雄蕊长约 1.5mm。短花柱花，雌蕊长约 1.5mm，雄蕊长约 3mm。瘦果长出宿存被片 1 倍以上，三棱形，尖锐，光滑，黑色，大小为（6～8）mm×（5～6）mm，于成熟前自然落粒。该种植株形态变异很大，有直立、半直立、平卧等类型，有春秋开花，也有仅秋季开花的，果实有棱尖和钝两种类型，果实颜色有黑色和褐色等，其共有特征是植株十分繁茂、再生力很强，分枝较粗，叶、花、果都较大，叶及叶柄等柔毛较少。该种是金荞麦复合物中的主要种类和最常见种类。该种极类似于金荞麦，但本种为二倍体，球状根茎，茎平卧，叶、花、果较大。该种也极类似于毛野荞，但茎平卧、坚实、被蜡粉，叶、花、果都较大，叶背、叶柄、枝条稀被毛或无毛，成熟果实光滑、富有光泽。

该种分布较为广泛，主要分布于中国（陕西以南、云贵高原、青藏高原），尼泊尔，不丹，印度，越南，泰国等地。

19. 左贡野荞麦（*F. zuogongense*）

一年生草本。四倍体，$2n=4x=32$，植株外貌铺散，有疏松、细长而平展的枝条。根细。茎平卧，低位分枝，无毛或稀被短柔毛，秆长 50～100cm。叶三角形，全缘，两面均无毛。中部叶较大，长 42～71mm，宽 44～93mm，叶柄长 38～115mm。往上部，叶变小、叶柄变短。托叶鞘筒状，膜质，端部圆钝，较短，为 3～5mm。总状花序。花梗长 2.5～3.0mm，有关节。花白色，直径 4.5～5.0mm。蜜腺黄色，8 个。花被 5 深裂，花被片椭圆形，长约 3.0mm。雄蕊 8 枚，内轮 3，外轮 5，短于花被片，长 2.0mm。子房三棱，花柱 3，柱头头状。花柱等长，自交可育。瘦果黑褐色，三棱形，表面密被白色短柔毛，长约等于粗，为 4～5mm，超出宿存花被片 1 倍以上，于成熟前自然落粒。本种极类似于甜荞麦，但本种为天然四倍体，植株枝条细长、平卧，花小，花柱等长，自交可育，种子外被短柔毛。该种主要分布于西藏左贡等地。

20. 毛野荞麦（*F. pilus*）

多年生半灌木。二倍体，$2n=2x=16$。球状根茎，木质。茎直立，红色，秆长 50～120cm。分枝较多，枝条较细长、纵沟明显。叶三角形，全缘，中下部叶较大，为（27～53）mm×（26～61）mm，叶柄长 40～145mm。枝条、叶背、叶柄密被短柔毛。托叶鞘筒状，端部钝，褐色，较短，为 2～9mm。总状花序。花梗长 2～3mm，有关节。花白色，直径 4～5mm。花被 5 深裂。被片椭圆形，长约 3mm。蜜腺 8，发达，黄色。花柱异长。柱头头状。雄蕊 8，外轮 5，内轮 3。长花柱花，雌蕊长约 2.5mm，雄蕊长约 1mm。短花柱花，雌蕊约 1.2mm 长，雄蕊约 2.5mm 长。瘦果长出宿存被片 1 倍以上，三棱形，尖锐，光滑，黑褐色，大小为（5～6）mm×（3～4）mm，于成熟前常自然落粒。该种的植株之间形态变异较小，植株与大野荞相比较矮小，最主要的识别特征是植株直立，分枝较细，叶、花、果较小，叶背面和叶柄上密被柔毛。该种主要分布于西藏的工布江达、米林、林芝、波密、察隅等地。

21. 齐蕊野荞麦（*F. homotropicum*）

Chen 等（2004）认为，本种实际上是栽培甜荞麦的变种 *F. esculentum* var. *homotropicum*（Ohnishi）Q-F Chen。

22. 多枝野荞麦（*F. pleioramosum*）

该种首先发现于四川茂县，似乎是茂县、汶川等岷江流域上游的本地种，常常生长在路边或农田边缘，有很多从基部节发出的分枝，水平伸展（其长达 1m）分枝匍匐于地上。该种花柱异长，但自交可育，在 10 月和 11 月可以结很多小（长 3.1～3.6mm）的种子于聚伞花序上。从形态学上看，该种类似于细柄野荞麦，但是可以通过非直立和长分枝进行区分。该种托叶鞘被柔毛，与细柄野荞麦和卵叶野荞麦相似，但是该种托叶鞘上柔毛较稀，茎上无柔毛，从而区别于茎均被柔毛的细柄野荞麦和卵叶野荞麦。该种分布局限于岷江上游山谷。

23. 丽花野荞麦（*F. callianthum*）

该种在叶片形态上稍微不同于其他已知荞麦种类。从同工酶和叶绿体 DNA 分析上看，该种近缘于细柄野荞麦。该种叶片上有 5 个主脉，不同于其他种类荞麦的 7 个主脉。该种的托叶鞘透明，具有若干个绿色条纹，这种特征在细柄野荞麦、丽花野荞麦和多枝野荞麦中常见。但是，该种托叶鞘无柔毛，而区别于其他种类。正如名称所显示的那样，该种的花相对大（长 3.8～4.5mm），而且在野生荞麦种中最漂亮。植株不高，通常小于 50cm，而且常常直立。该种也是花柱异长，但是自然条件下自交可育，而且所结种子相对大，并被宿存花被片完整覆盖。该种首先发现于岷江上游四川省汶川县的雁门村，在杂谷脑河谷相对普遍分布。该种生长于干旱的山坡或悬崖，偶尔见于农田。

24. 卵叶野荞麦（*F. capillatum*）

该种在形态学上类似于细柄野荞麦，但严格直立，常常高于 1m。该种为二倍体（2*n*=16），与大多数其他野生种类一样是花柱异长，自然状况下为异花传粉，秋季在聚伞花序上结很多种子。托叶鞘和茎上的柔毛没有细柄野荞麦明显。叶片卵形，不同于叶片心形或箭形的细柄野荞麦。到目前为止，该种仅发现于云南的永胜和丽江，与甜荞麦野生近缘种的分布区相同。从同工酶和叶绿体 DNA 分析上看，该种近缘于细柄野荞麦。

25. 红叶野荞麦（*F. rubifolium*）

该种近缘于细柄野荞麦，仅发现于四川的马尔康，其成熟期以红色的叶子为特征，特别是在像马尔康那样的冷环境下更是如此。该种有小而厚的叶片，细长而且密被柔毛的茎，叶片仅可见主脉，不同于细柄野荞麦。在细柄野荞麦中小脉连接侧脉是很明显的。

26. 理县野荞麦（*F. macrocarpum*）

该种与多枝野荞麦和卵叶野荞麦近缘。该种的植株营养器官（叶和分枝）类似于多枝野荞麦，但是繁殖器官（花和果）类似于卵叶野荞麦。该种的子叶形状是圆形，叶反面被柔毛，不同于卵叶野荞麦的长圆形子叶和叶反面无柔毛特征。该新种托叶和叶片正面均无柔毛，而不同于多枝野荞麦托叶和叶片正面均有毛的特征。该种花柱异长，但自交可育。该种分布于四川岷江上游的马尔康、理县、汶川、茂县等地。

27. 纤梗野荞麦（*F. gracilipedoides*）

该种在形态上类似于细柄野荞麦和卵叶野荞麦，但是不同于细柄野荞麦的是特征是花柱异长、自交不亲和，不同于卵叶野荞麦的特征是叶、花、瘦果较小。一年生，花柱异长、异花授粉。株高 20～50cm，矮于卵叶野荞麦（60～150cm），产生很多小白花。叶缘箭形至卵形。茎、托叶鞘和叶与细柄野荞麦一样密被柔毛。瘦果长不足 3mm。染色体数 2*n*=16。该种分布主要局限在云南丽江地区。该种首先在云南丽江地区宝山村由 T. Ohsako 于 1997 年 10 月 30 日发现，标本号 Ohsako#97-55，保存于日本京都大学植物种质资源研究所标本室。

28. 金沙江荞麦（*F. jinshaense*）

该种在形态学上近似于岩野荞麦和小野荞麦，但是区别于岩野荞麦的特征是类穗状花序，区别于小野荞麦的特征是肉质的无光泽的叶。一年生，花柱异长、异花授粉。株高 5~30cm，产生很多稀疏的白色花朵。叶缘箭形，肉质，无光泽和无柔毛。植株基部的茎稍微有丝状物，植株上部茎尤其是花枝光滑有蜡质。瘦果长不足 1.5mm。染色体数 2*n*=16。该种主要分布于云南德钦地区，四川德荣和巴塘地区，西藏芒康地区。该种由 Ohnishi 于 1997 年 10 月 4 日首先在云南德钦地区奔子栏村发现，标本号 Ohnishi#97-60，保存于日本京都大学植物种质资源研究所标本室。

二、我国荞麦资源分布情况

中国作为世界荞麦主产国之一，荞麦的种植面积和产量均居世界前列，产量仅次于俄罗斯。栽培荞麦在中国的分布遍及全国，其中苦荞麦产区主要在我国西南地区，如云南、贵州和四川等省；甜荞麦主要分布在我国东北、华北和西北地区。荞麦能在多种环境下生长，从海拔上看，栽培荞麦能适应海拔 100~4000m 的农业生产。从生产区域上看，栽培荞麦主要产区集中在内蒙古、甘肃、宁夏、陕西、山西等省（区），在云南、贵州、四川、西藏、青海等省（区）也有少量分布。从地理条件上看，一般以秦岭为界，以北的区域是甜荞麦主产区，往南则以栽培苦荞麦为主，其中面积较大的甜荞麦三大产区分别是以库伦旗、奈曼旗、敖汉旗和翁牛特旗为主的内蒙古东部白花甜荞产区（荞麦花被多为白色）；以固阳县、武川县和四子王旗为主的内蒙古后山白花甜荞地区；以陕西省的定边县、靖边县、吴起县、志丹县和安塞区，宁夏回族自治区的盐池县和彭阳县，以及甘肃省的环县和华池县等地组成的陕甘宁红花甜荞地区（荞麦花被多为红色）。在产量方面，甜荞麦生产水平多集中在 300~900kg/hm²，最高可达 3000kg/hm²。我国西南部的四川省凉山，云南省昭通和楚雄，贵州省的毕节则是苦荞麦的主要产区。一般苦荞麦的平均产量略高于甜荞麦，多为 900~2250kg/hm²，最高可达 4275kg/hm²。除栽培荞麦种甜荞麦和苦荞麦 2 个种外，截至 2019 年，在全世界荞麦属已发现并命名、见诸报道的野生荞麦种有 20 余个，野生荞麦资源非常丰富。虽然不同野生荞麦种在中国的分布范围有较大的差异，但是绝大多数仍集中在中国的西南地区，如云南、贵州、四川和西藏等地。在各个野生种中，金荞麦的分布区域最为广阔，在中国的陕西大巴山以南的广大地区都有分布，包括长江流域一带的华中、华东、华南、西南的十多个省（区）；其次是细柄野荞麦及其变种（齿翅野荞麦），其分布范围只比金荞麦略窄一些，主要分布于黄河中上游流域以南的西南地区和华中一带。其余的野生荞麦种一般只分布在 1~3 个省（区），且分布于四川省和云南省的较广泛。有的野生种分布范围非常狭窄，如皱叶野荞麦和海螺沟野荞麦等的分布范围只有不足几十平方公里。从垂直分布来看，大部分荞麦野生种都分布在海拔 1000～2000m，个别野生种可达 3500～4000m，如细柄野荞麦、金荞麦；同时金荞麦在不到 100m 海拔的地区也可生长。

三、我国荞麦种质资源收集与利用

中国栽培荞麦的历史已有上千年，栽培种类既有甜荞麦，也有苦荞麦。尽管我国有极其丰富的栽培荞麦资源，但在 20 世纪 80 年代前这些种质资源没有被很好地收集和保存，更没有对它们的性状进行研究。尤其是 20 世纪 50 年代曾经收集到超过 2000 份荞麦材料，但是大部分材料均被丢失。20 世纪 80 年代以后，由中国农业科学院牵头的全国 20 家科研单位组成科研组，对荞麦种质资源重新进行收集。科研组考察了 694 个县（次），收集了 3000 余份栽培荞麦种质资源，经过整理、保存，编入《中国荞麦品种资源目录》的品种有 2704 份，其中甜荞麦 1821 份，苦荞麦为 883 份（表 2.1）。

表 2.1　中国荞麦种质资源统计（范昱等，2019）

省（区、市）	甜荞麦	苦荞麦	合计
黑龙江	24	0	24
吉林	164	0	164
辽宁	74	1	75
内蒙古	289	8	297
河北	124	0	124
北京	42	98	140
山西	283	113	396
宁夏	16	9	25
陕西	205	93	298
甘肃	112	94	206
青海	41	45	86
新疆	30	0	30
安徽	85	5	90
湖北	75	35	110
江西	64	2	66
湖南	9	4	13
四川	39	171	210
贵州	29	68	97
云南	58	131	189
广西	58	6	64
总计	1821	883	2704

（一）株叶形态特征

目前，荞麦的农艺性状鉴定和形态学调查指标主要包括：株型、茎色、叶色、花色、籽粒颜色、籽粒形状、腹沟、棱翅、株高、主茎节数、主茎分枝数、生育期、落粒性、倒伏性、单株粒重、千粒重和谷壳率等。1980～1986年，中国农业科学院和20余个协作单位对收集到的964份甜荞麦材料和550份苦荞麦材料的农艺性状进行了鉴定评价。其中，甜荞麦的叶型、叶色、茎色、花色、籽粒形状和颜色、株型等是质量性状。株型一般分为直立型和松散型（半直立型）；茎色有浅绿、绿、淡红、红、微紫、紫红、紫等颜色。甜荞麦的花色有白、粉白、粉红、红、淡黄、黄、紫等颜色，其中有40%为白色。籽粒颜色主要有灰、棕、褐、黑等。籽粒形状有长锥形、短锥形等几种，经鉴定，甜荞麦以长锥形为主。通过数据分析发现，我国苦荞麦株型主要有2种，即紧凑型和松散型。茎色变异较大，有淡红、粉红、红、红绿、黄绿、绿、绿红、浅绿、深绿、微紫、紫、紫红、棕等颜色。

野生荞麦的种类多，形态特征各异。但由于许多野生荞麦分布范围不大，在其分布范围内自然群落不多，分布密度稀少，对于野生荞麦性状的系统研究见诸报道的不多。野生荞麦的主要性状特性概括如下。①根系。野生荞麦大部分为一年生草本植物。一年生野生荞麦为直根系，次生根发育较差。仅金荞麦、硬枝野荞麦、抽葶野荞麦和海螺沟野荞麦为多年生草本类型。多年生野生荞麦虽也属直根系，但常从地下茎下面或周围长出须根系，次生生长能力强，分布范围相对广泛。②茎和分枝。野生荞麦的茎分直立、半直立、丛生和匍匐型，茎色有绿、浅红、红3种，株高20～250cm。茎中空，光滑或生有绒毛。一级分枝数7～10个，分枝位置多在中下部或基部。金荞麦等多年生野生荞麦有木质化的根状或球状地下茎。地上部分枯死后，第2年可从地下茎处重新长出新枝。③叶。野生荞麦的叶多为互生，且形状在生长周期中不断变化，整个生育期的叶片在大小和形态上各有特点；一般在生育后期（成熟期）叶形为戟形、箭形和卵圆形等。叶缘平滑，颜色由浅绿过渡到深绿；叶脉多为深绿色，少数为紫红色。④花。花多为单被花，花被分红、白、黄3色。唐宇等（2011）报道，大部分野生种具有自交不育特性，采用异花授粉方式，如金荞麦、小野荞麦、心叶野荞麦、硬枝野荞、线叶野荞、抽葶野荞、尾叶野荞等野生荞麦为异花授粉；而自花授粉的野生荞麦包括细柄野荞麦、皱叶野荞麦、螺髻山野荞麦、海螺沟野荞麦等。还有少数野生种类为部分自花授粉方式，如普格野荞麦和羌彩野荞麦。自花授粉类型的荞麦一般花器较小，雄蕊和花柱等长，而异花授粉类型的花器较大，雄蕊和花柱异长，多有蜜腺。⑤籽粒（果实）。称瘦果，籽粒形状大小多样，颜色差异明显。种子形状一般有三棱形、宽卵形、长卵形及卵形；棱翅也有大小之分，多无腹沟，外果皮颜色有褐色、深灰色或者棕色。果皮一般较厚，出粉率低；千粒重 1～30g。其中，金荞麦籽粒最大，千粒重可达 30～40g，其余种类的千粒重均在 30g 以下。一般野生荞麦的成熟果实脱落性极强。⑥株型。野生荞麦的株型多样，有直立、半直立、匍匐和丛生型等。唐宇等（2011）报道，野生荞麦表现多为直立型，少数野生荞麦种表现为半直立和匍匐型，如疏穗野荞麦是典型的匍匐型，而羌彩野荞麦和皱叶野荞麦则为半直立型株型。金荞麦的株型最为丰富，既有直立，又有半直立和匍匐型。这是与栽培荞麦的显著区别之一。⑦株高。野生荞麦各个种间的株高差异极大。特别是多年生的硬枝野荞麦和金荞麦的株高显著高于其他野生种类型，甚至可以高达 3.5m 以上；而疏穗野荞麦等由于植株呈匍匐状，植株看上去不高，但是实际株高仍旧可观。一般小野荞麦的植株高度在所有种类中最低。⑧生育期。一年生野生荞麦的生育期为 60～120d，一般 4 月出苗，6 月开花并开始结实，花果期较长，直至初霜后花序才停止生长。多年生野生荞麦多具地下块茎或球茎，除用种子繁殖外，地下茎也具繁殖能力。通常也是 4 月出苗，花期可达 6～8 个月。⑨落粒性。落粒性强是野生种与栽培种最显著的区别之一。这种特性能保证野生荞麦尽可能地保证更多的后代在不良的环境条件下得以繁衍生息。⑩抗逆性。野生荞麦具有耐贫瘠、抗旱、耐盐碱的特性。这是由于野生荞麦多在不良的环境条件下生存，对土壤和环境要求并不严格，逐渐有了较强的适应力。

（二）营养成分分析

前人通过对栽培荞麦资源进行品质分析，发现其含有大量营养成分，主要营养成分概况如下。①氨基酸组成。荞麦籽粒中的氨基酸有 18 种，包括苏氨酸、缬氨酸、蛋氨酸、异亮氨酸、亮氨酸、苯丙氨酸、赖氨酸、色氨酸、天门冬氨酸、丝氨酸、谷氨酸、甘氨酸、丙氨酸、胱氨酸、酪氨酸、组氨酸、精氨酸和脯氨酸。在甜荞麦和苦荞麦籽粒中，不同种类氨基酸含量略有差异。就氨基酸总量来说，甜荞麦的平均值为 11.10%±1.72%，极限变幅 7.18%～16.51%，变异系数 15.5%；苦荞麦的平均值为 10.79%±1.53%，极限变幅 7.04%～15.83%，变异系数 14.2%。②维生素 E。荞麦籽粒中的维生素 E 含量在甜荞麦和苦荞麦中表现出较大的差异，甜荞麦的维生素 E 含量的平均值为 14.2mg/kg，多数品种的维生素 E 含量变化为 6.3～22mg/kg；苦荞麦维生素 E 含量的平均值为 9.9mg/kg，多数品种的维生素 E 含量变化为 4.5～15.2mg/kg。一般而言，甜荞麦维生素 E 的含量平均比苦荞麦略高 4～5mg/kg。③烟酸。苦荞麦中烟酸的含量为 34.2mg/kg，极限变幅为 4.6～96.9mg/kg，一般变幅为 16.2～52.1mg/kg；甜荞麦中烟酸含量的平均值为 31.1mg/kg，极限变幅为 8.4～98.4mg/kg，一般变幅为 17.6～44.6mg/kg；苦荞麦烟酸含量平均值比甜荞麦高 3.1mg/kg。④矿物质元素。荞麦籽粒中的硒、磷、铁、锰、锌、钙、铜 7 种矿物质元素的含量差异较大，其中磷的含量较高，平均可达 3700mg/kg，钙的含量一般为 300～400mg/kg，铁的含量一般为 110～160mg/kg，而锌、锰、铜的含量平均为 10～30mg/kg，硒的含量最低，一般仅有 0.05mg/kg。除锌和磷外，其他 5 种元素的含量一般是甜荞麦高于苦荞麦。

野生荞麦种一般被当作田间杂草看待，人们对它们的营养和药用成分知之甚少。近年来，关于野生荞麦的营养品质陆续有一些报道。对野生荞麦营养成分的鉴定内容主要有蛋白质含量、氨基酸含量和组成，以及铜、锌、锰、铁、钴、镉、铬、硒等矿质元素和维生素 B_1、维生素 B_2、维生素 E 的含量。此外，还对一些野生种的药理成分进行了鉴定，其中以金荞麦为主，在细柄野荞和硬枝野荞等野生种上也有涉及。在蛋白质含量上，对湖南省和贵州省的 2 份金荞麦材料籽粒中的蛋白质进行了分析，发现它们的蛋白质含量均高于 126mg/g。通过分析来自四川、云南、贵州的 3 份金荞麦材料籽粒的蛋白质含量，发现它们的蛋白质含量分别是 131mg/g、128mg/g 和 125mg/g，均高于栽培种苦荞麦（115mg/g）和甜荞麦（98mg/g）。对金荞麦、细柄野荞和硬枝野荞 3 个野生荞麦种的蛋白质含量分析结果表明，其中最高的是金荞麦，为 141mg/g；其次是硬枝野荞麦，为 129mg/g；最低的是细柄野荞麦，为 118mg/g。通过对来自四川、云南、贵州的 3 份金荞麦材料籽粒的氨基酸种类和含量分析，发现它们的 18 种氨基酸总量分别是 11.51%、11.17%和 11.0%，平均值为 11.23%，高于栽培种苦荞麦（10.69%）和甜荞麦（10.52%）。对金荞麦、细柄野荞、硬枝野荞 3 个野生荞麦种和 2 个栽培种甜荞麦和苦荞麦的籽粒中氨基酸含量及组成的研究发现，氨基酸总量以金荞麦为最高，可达 13.72%；苦荞麦为最低，为 10.21%；而甜荞麦和细柄野荞麦的氨基酸总量差异不大，分别为 11.06%和 10.99%。在矿物质含量上，金荞麦籽粒中的铜、锌、锰、铁、钴、镉、铬、硒 8 种矿质元素含量分别为 0.38mg/100g、0.69mg/100g、8.43mg/100g、1.70mg/100g、0.01mg/100g、0.004mg/100g、0.008mg/100g、0.025mg/100g。在维生素含量上，金荞麦籽粒中维生素 B_1 的含量为 4.0mg/kg，维生素 B_2 的含量为 2.5mg/kg，维生素 E 的含量在 16.6mg/kg 以上；烟酸的含量为 38.5mg/kg，高于甜荞麦（31.1mg/kg）和苦荞麦（34.2mg/kg）及小麦粉（20.0mg/kg）。对来自四川、云南、贵州的 3 份金荞麦材料籽粒的维生素种类和含量分析发现，维生素 B_1 的平均含量为 4.5mg/kg，维生素 B_2 的平均含量为 2.9mg/kg，烟酸的平均含量为 38.6mg/kg。金荞麦的维生素 B_1 和烟酸的含量均高于苦荞麦（3.9mg/kg，34.2mg/kg）和甜荞麦（3.1mg/kg，31.1mg/kg），维生素 B_2 的含量低于苦荞麦（3.7mg/kg），而高于甜荞麦（2.4mg/kg）。对野生荞麦中的药用成分鉴定以金荞麦为主，在分析测定其根茎的化学成分中，发现主要含有黄酮类、萜类和酶类等化学成分，这些成分具有降血糖、降血脂、抗肿瘤、抗氧化等多种药理作用，而黄酮类化合物中主要是芦丁、槲皮素、表儿茶素等。芦丁含量最高的是金荞麦，为18.5mg/g；第二是苦荞麦，为13.2mg/g；第三是硬枝野荞麦，为10.6mg/g；第四是细柄野荞麦，为7.8mg/g；甜荞麦最低，为2.6mg/g。另外，通过对金荞麦各器官中表儿茶素含量进行测定，发现地下茎中的含量最高，达0.88mg/g，而在花和种子中含量很低，在叶和茎中则几乎没有检测到。

（三）荞麦资源的利用

1. 荞麦的饲用价值

荞麦营养丰富，除含有常见的蛋白质、纤维素和糖类外，还富含芦丁等抗氧化物质，具有耐瘠薄、抗病虫害、适应性强、生长迅速等优点，特别是一些野生种叶片大、叶量多，更适合于刈割，这些优点使其成为一种具有发展潜力的优质牧草资源。

甜荞麦籽实可以饲喂生猪。甜荞麦籽实的淀粉含量高达75%，而粗蛋白含量约为12.3%，每100g粗蛋白中赖氨酸、蛋氨酸、半胱氨酸的含量分别为6.0g、2.3g和1.6g（表2.2）。因此，甜荞麦籽实中高含量的淀粉和氨基酸组成使其成为良好的猪饲料。将猪饲料中的小麦换成甜荞麦籽实后，对猪的营养吸收和长势没有显著影响，但饲养成本却显著下降。在我国，除甜荞麦外，苦荞麦和金荞麦也用于喂猪，使用部位也不限于籽实，苦荞麦和金荞麦含有比甜荞麦更多的芦丁和维生素等抗氧化物质，理论上能提高猪肉的氧化抗性，进而改良猪肉的品质。研究发现，在饲料中加入苦荞麦可以对生长肥育型猪的氨基酸沉积起到正调控作用。用12%的苦荞麦籽粒代替猪日粮中的玉米和麸皮，可提高外二元猪的育肥效果，提高眼肌面积和大理石纹指标。使用金荞麦鲜草代替10%～14%（干物质）的精料来喂猪后，发现猪的消化吸收得到了改善，生长加速，屠宰率、瘦肉率、熟肉率、肌内脂肪含量、肉的鲜嫩度均有所提高，而膘厚降低，猪肉的风味和品质得到很大的改善。但也有一些负面的报道。如果荞麦在饲料中的比例超过60%，则会使猪出现消化不良的症状，可见荞麦中存在某种抗营养因子。Flis等（2010）发现，以富含酚的荞麦麸为主的饲料并不会引起猪肌肉中显著的脂肪酸含量或抗氧化性的变化。因此，荞麦可以部分替代现有的以粮食为主的猪饲料，但关于荞麦可改善猪的肉品质和抗氧化性机制与功能这一说法还未被充分证实，进一步研究荞麦在猪饲料中所占适宜比例和荞麦中抗营养因子的生效机制，可以提升荞麦饲料在饲用领域的利用价值。

表2.2　不同类型的荞麦饲料中的营养成分含量　　　　　（单位：%）

饲料	粗蛋白	粗纤维	粗脂肪	黄酮
甜荞麦（鲜草）	11.9	29.9	1.78	1.02
甜荞麦（籽粒）	12.3	2.4	1.82	0.21
苦荞麦（籽粒）	20.6	19.8	4.28	11.84
金荞麦（鲜草）	19.7	18.4	1.59	0.54（茎）/5.91（叶）
紫花苜蓿（鲜草）	23.5	31.3	1.57	0.649

荞麦鲜草作为反刍动物的饲料时一般直接饲用，也可以加工调制成干草或青贮饲料后饲喂。荞麦的籽实也是理想的饲料。目前，用荞麦饲喂反刍动物的报道并不多，但是其丰富的营养价值和独特的生物学活性功能已被报道。荞麦作为牧草，可以凭借充分利用贫瘠土地和晚夏田闲的优势参与田间轮作，既节约了对高肥力土地的依赖，又为反刍动物提供了营养充足的饲料。荞麦的营养丰富，以常规牧草黑麦草（*Lolium perenne*）为对照，将甜荞麦鲜草用于奶牛饲喂（占奶牛日干物质饲喂量的70%）时，牛奶产量几乎不变。体外试验表明，荞麦植株中的蛋白利用率高于黑麦草。这说明荞麦鲜草能满足奶牛的生长需求。对于牧草而言，植株最好在完全成熟前收获，以维持鲜草的适口性和营养物质，而荞麦的栽培和生长周期较短，即使播种较迟也能保证收获，这是荞麦作为牧草的重大优势。青贮可以有效延长饲料的保存时间并减少饲料中的养分流失。将甜荞麦植株青贮后，瘤胃降解率改变不显著，且使其中的粗蛋白含量达到了15%，奶牛对于荞麦青贮饲料的消化利用情况和对照黑麦草类似。因此，荞麦植株的饲用方式非常灵活，鲜草和青贮饲料均能作为奶牛的优质饲料。利用荞麦籽实饲喂反刍动物的报道较少，有研究表明，用碾碎的带壳甜荞麦饲喂奶牛，饲喂量为每千克干物质中添加94g，以部分替代饲料中的小麦，结果发现饲料中的营养物质含量、吸收率、牛奶产量及其成分都没有明显变化。同时，在饲喂绵羊方面，虽然荞麦籽实的消化率略低于小麦和燕麦（*Avena sativa*），但在羊毛产量和品质方面没有显著变化。基于这些报道，在饲喂反刍动物时，荞麦植株和籽实均可以部分替代谷物类饲料。牛奶是重要的畜产品，牧草中高含量的次生代谢产物可以显著地影响反刍动物的脂质代谢，并降低不饱和脂肪酸的氢化速率，使不饱和脂肪酸含量上升而饱和脂肪酸减少，随着反刍动物体内不饱和脂肪酸含量的增加，牛奶中的不饱和脂肪酸也会相应增加。该作用在饲喂荞麦的试验中已被证实。以黑麦草为对照，饲用甜荞麦鲜草或青贮饲料给奶牛，能使 α-亚油酸（*n*-3）从牧草到牛奶中的转化率提高100%，同时，利用青贮后的甜荞麦饲喂奶牛，牛奶中的共轭亚油酸含量也有所改善。这样，牛奶中的脂肪酸构成更加健康，营养价值进一步提高。饲喂甜荞麦青贮饲料后，牛奶中凝乳酶的凝聚性能显著提高，而这在奶酪生产中是一个重要指标，其中的代谢原理尚不清楚，推测是由于荞麦中的次生代谢产物对于奶牛体内

的蛋白代谢的有利影响所致。荞麦中含有较多的生育酚。对奶牛饲喂甜荞麦后，牛奶中的生育酚含量也高于用钝叶车轴草（*Trifolium dubium*）和菊苣（*Cichorium intybus*）饲喂的对照组。生育酚具有很强的抗氧化作用，可以起到抗衰老、促进生殖、保护皮肤、改善血液循环等多方面的功效。用荞麦饲喂反刍动物还会产生一些非常有趣且有益的生物学功能，这主要是因为其中高含量的次生代谢产物，目前比较显著的功效是降低反刍动物的产甲烷作用，产甲烷作用是反刍动物瘤胃中的正常生理现象，但是甲烷无法被动物利用，还会被嗝出体外，这不仅是营养的浪费，排出的甲烷还会加剧温室效应。有研究报道，牛采食甜荞麦后，可以缓解体内甲烷的排放，据推测这是因为荞麦中的芦丁和维生素可以调控肠道内的微生物活动，提高组织的抗氧化潜力，进而减少甲烷的排放。

荞麦作为家禽饲料的一部分，其主要作用是提供碳源，不过由于其丰富且平衡的氨基酸组成（表 2.3），也会对家禽生长有益。以甜荞麦籽实（占 40% 干物质重）部分取代肉鸡饲料中的小麦或玉米，其生长率、屠体重和营养转化率均没有显著变化。但是若荞麦的饲用量超过了干物质重的 40%，营养转化率就会降低，这可能是因为荞麦壳中纤维含量超过了阈值。若将带壳甜荞籽实换成去壳的，则可以避免这个问题，但会导致饲用成本升高，因此，将 40% 干物质重作为使用甜荞麦籽实（未脱壳）饲料的阈值是较为合理的。当甜荞麦籽实（脱壳或不脱壳均可）在蛋鸡饲料中占干物质的 40% 时，与以小麦为主的对照组比，产蛋量区别不大，但是单枚蛋的重量显著增加。

表 2.3　荞麦中家禽所需的几种氨基酸含量对比　　　　（单位：g/100g）

品种	赖氨酸	蛋氨酸	色氨酸	谷氨酸
金荞麦	1.76	0.11	0.21	2.46
苦荞麦	0.59	0.07	0.19	1.97
甜荞麦	0.6	0.18	0.17	2.22

另外一些研究表明，在以荞麦麸（占 30% 干物质重）部分取代饲料中的玉米和黄豆后，蛋鸡的产蛋量无显著变化，但降低了饲用成本。让鸡自由采食栽培的甜荞麦后，鸡的采食率提高。同时，饲喂荞麦可以使鸡蛋蛋壳更加坚固。与小麦对照组相比，饲喂荞麦的鸡产的蛋中生育酚的含量提高了一倍以上。我国使用金荞麦作为鸡饲料添加剂的报道较多，金荞麦中含有活性成分双聚原矢车菊苷元，具有较强的抑菌功能。例如，将金荞麦全草制剂作为饲料添加剂加入鸡饲料中，发现对于鸡葡萄球菌病、菌痢及支原体病都有疗效。在狼山鸡饲料中添加少量金荞麦，能促进肉鸡增重，并提高了鸡的免疫力。金荞麦根提取物能显著增强鸡的 T 淋巴细胞和 B 淋巴细胞的活性。

2. 荞麦在园林观光中的运用

荞麦属野生种资源丰富，抗逆性强，适应性广。野生荞麦一般呈丛生状，分枝多，株高一致，株型美观，开花小但花序庞大，花量多，花期一致性高，有总状、圆锥状和伞房状，作为盆栽观赏效果较好，作为群体，成丛、成片或者与其他花卉进行合理搭配种植，如花坛、花境、缀花草坪等，到了花期，景观效果更佳。野生荞麦在野外大多依靠种子自播繁殖，栽培时没有太多特殊要求，人工可采用播种繁殖，也可利用其叶腋处易于长根的特性进行扦插繁殖。由于其丛生生长的特性，一旦种植成活，第二年即可自播繁殖，多年生种类可通过宿存根的生长而扩展。此外，野生荞麦病虫害较少、生命力强、耐粗放管理，栽培只要根据原生环境生态特性结合栽培地天气和季节变化进行常规的肥水管理，即能正常生长和开花结果。野生荞麦一次种植即可连年开花（所有种类均具有自播习性，多年生种类根宿存），绿化美化期长，种植成本较低、景观成景速度快。一般春、夏种植，夏、秋即可开花结果。本地区的野生荞麦种类适应当地栽培条件，只要光照、水湿条件满足其生长发育，即能够适应栽培地点的生态条件。因此，在规划建设自然风景区、生态保护区、城市园林绿地等时，依照野生荞麦原有生长环境进行适当整理改造，即可创造出具有"原生态"美感的景观效果，不仅节约了建设成本，还保留了野生花卉种质资源。因野生荞麦具有较强的生态适应性，对其资源的开发和应用，既可提高绿地覆盖率、扩大城市绿化面积，又可更好地改善城市人居环境、提高生态效益和景观效应，符合现代对生物多样性的发展要求。野生荞麦因其优良的观赏特性、生态习性及易于与其他花卉搭配，适用于不同的园林景观中。

1）园林绿化应用

目前我国城市园林绿化趋同性较强，且生态效益差。若以野生荞麦为材料，单独或配合其他花卉，依据不同类型绿地的性质和功能要求，通过时间和空间的合理布局，可打造出集观赏、休闲、体验、娱乐和生态于一体的具有地方特色的园林景观，提高城市园林的自然度。

2）花坛

花坛主要采用一、二年生草本花卉或多年生做一、二年栽培的花卉。花坛用花宜采用株型整齐紧密、具有多花性、开花齐整、花期集中且花期长、花色鲜明、群体效果好、便于移栽更换、能耐干燥、抗病虫害和矮生性的种类。野生荞麦不仅符合以上要求，且能使花坛生动活泼、野趣横生。

3）花丛

花丛可布置在树林边缘、林下、自然式通道两侧或居住区，其管理一般比较粗放。可根据景观需要选择多年生野生荞麦种类，同一种野生荞麦的种植，可由三五株到十几株不等组成，各株间株行距不等的自然式栽植。同时，也可与其他生态习性相似、花期不同的花卉混交，突出整体景观和季相变化，增添更多野趣。在面积较大的林下种植，极易形成生机盎然、充满野趣的自然景观，还可同其他花卉混植，形成色彩丰富、层次感强、种类多样的林下景观。

4）花境

花境是对自然界中花卉生长状态的艺术再加工，是介于规则式和自然式园林之间的半自然式种植形式，能营造"虽由人作，宛自天开""源于自然，高于自然"的植物景观，其种植方式非常灵活，可根据自己的想象力和个人爱好自由发挥。野生荞麦的花小而量大，花期一致，多年生种类一次种植多年不用更换，大量种植近观犹如繁星点点，远观能形成壮观的色带，观赏性强。因此，花境中种植野生荞麦，既能体现花境的自然美，又能体现花卉本身独特的个体美和自然组合的群体美，使景观亲切自然、朴素美丽。

5）四旁绿化

在园林中水旁、墙边、篱边、路边种植野生荞麦，以软化硬质界面，形成自然化的田园风光。园林景观因水而活，其植物配置也宜模仿天然的植物景观。可将部分喜湿或耐湿的野荞麦种类栽植在近水湿地、水岸边或驳岸石缝中，用于水岸景观的柔化，使水体与岸上景观过渡自然。道路周围环境较差、污染较重、人为干扰较多，在绿化上，应根据不同地段实际充分考虑植物自身生长习性和生态要求选择。例如，高速公路和人、车行道绿化宜选用抗性强、深根性、保水性好、耐盐碱的野生荞麦种类，高架桥下的绿化则可选择耐阴、耐低温的高山野生荞麦种类。建筑基础绿化用于柔化建筑物冰冷、生硬的线条，以植物旺盛的生命力弥补无生命的建筑给人的距离感，协调建筑与环境的关系。因此，利用野生荞麦色彩淡雅、植株整齐一致，可与各种色彩、质地、形状的建筑协调一致的特点，形成自然、宁静、和谐的氛围，使建筑与自然环境和谐统一。

6）草坪

野生荞麦匍地低矮、株型整齐紧凑、花色素雅、花朵繁密、茎干通直、不易倒伏且多年生或具有自播习性的一、二年生，与草坪配合，可使景观更具变化美感。具体来说，设计方式有以下3种：将喜光野生荞麦种类种植在树丛、树群、林缘及开阔草坪的边缘和周围，起到连接和过渡的作用，将耐阴野生荞麦种类与草坪搭配种植在林下、背阴处等光强较弱的地方，可增加景观的深度和层次；在单一草坪景观中，可模仿自然风景中野花散生的自然景观人工撒播，打破草坪的单调，营造丰富的自然景观，增加趣味性和观赏性；在自然式园林中，根据地形的变化，结合等高线的形态，在草坪上适当点缀野生荞麦，使园林景观更加自然，充满野趣。

7）屋顶绿化

屋顶绿化是开拓城市绿化新空间、提高城市绿化覆盖率和改善环境的重要途径。由于屋顶空间受限，与地面大环境相比，生态环境较为恶劣，土层薄、肥力低、温湿度变化大，极易受到人为因素干扰，因此，在植物选择上对生态习性要求更为苛刻，必须选择生命力强、植株体较轻、根系分布较浅、耐瘠薄、抗寒、抗旱、耐热等能粗放管理的植物，而野生荞麦即具有如上优点。

8）盆栽、切花应用

将野生荞麦通过盆栽、插花开发为商品花卉，从而提高其商品价值。利用野生荞麦自身优良特性，开发年宵花卉，通过花艺设计，栽植于盆中，可用于公共场合摆放，如广场、公园，也可用于室内摆放，如卧室、会议室、阳台等，以美化环境。心叶野荞麦的花在清水中培养可持续两周，加上野生荞麦花小量大、花期一致、颜色淡雅，非常适合做鲜切花或制作干花用于插花，既可以成为点睛之笔，又可以作衬托之物。荞麦切花可大量用于探亲访友、会议装饰、花展比赛等，以创造出符合人们需求的舒适、雅致的生活和工作环境。

9）专类园应用

野生荞麦是重要的野生资源，因此在资源调查的基础上进行种质资源收集，可建成具有观赏、科学研究或科学普及的专类性园林。野生荞麦生境可达到海拔3000m左右，因此可大量应用于高山植物园或高山草甸观赏区。野生荞麦由于自身强劲的野外适应性（其中大部分种类生长于西南山区石缝中），且具有匍匐或丛生性、株型低矮、叶片较小、生长缓慢、深根性、抗旱性强的特点，适合种植于土层薄、保水保肥性差的岩石园中，营造野趣十足的生态景观。

10）旅游建设应用

野生荞麦因其分布广、适应性强，尤其广布于少数民族聚集、旅游资源丰富的西南地区，是适应当地气候、能塑造本土景观的优良乡土植物。因此，该花卉可应用于西南地区旅游开发建设中，如民族民俗生态观光园、乡村旅游、原始生态保护区等，不仅极具地方特色，还可避免错误应用外来花卉导致的生物入侵和水土不服现象。在绿化配置时，可群体成片、带状种植，也可通过与其他花期不同、花色各异、高低错落的花卉进行合理搭配，形成观赏效果极佳的自然植物群落景观。

第二节　荞麦遗传特性研究

一、荞麦遗传多样性研究

生物多样性包括四个层次：遗传多样性、物种多样性、生态系统多样性和景观多样性，其中研究价值最高的是遗传多样性。一个物种的稳定性和进化主要靠遗传多样性，主要体现在形态学、细胞学、生理等特征及分子生物学方面。遗传标记是研究遗传多样性的有效方法之一，人们将利用它更好地研究生物的遗传与变异规律。随着生物学，尤其是遗传学和分子生物学的发展，遗传标记技术得以不断提高和完善。国外学者已利用分子标记技术开展荞麦资源的研究工作，但国内的相关研究比较滞后。遗传多样性是遗传信息的总和，蕴藏在所有动植物和微生物的个体基因中，它决定着物种的起源、进化和变异。每一个生物体都具有自己独特的遗传结构，但不同个体之间有着遗传变异，从而构成了遗传多样性。物种以上的分类群及种群以上的生态学系统的遗传多样性都属于广义的遗传多样性。狭义的遗传多样性主要指在控制的环境条件下，研究物种内个体性状的遗传问题。遗传多样性是由于遗传信息在一系列复制过程中受到所在环境或本身内在因素的影响而产生的，DNA 片段倒位、异位或缺失而导致其产生了不同程度的变异。主要体现于以下几个水平层面上：居群、个体、组织、细胞和分子等。物种进化主要依靠遗传变异，遗传变异的高低是表现遗传多样性最直接的表达形式。一个物种的遗传变异程度越大，对所处环境条件变化的适应强度将会越大，反之，适应强度就变小。目前，对遗传多样性的研究有两种：一是确定基因组成结构，变异中遗传和进化的关系；二是建立发展和保护基因资源的措施。遗传多样性对一个物种的生存和发展起着决定性的作用。一个物种的遗传变异程度越大，对所处环境条件变化的适应强度将会越大。反之，适应强度就越弱。遗传变异是其生存和发展的重要前提，不仅是理论上的推断还是实际试验证明，生物群体中遗传变异的程度与其进化速度成正比，可见对遗传多样性的研究能揭示一个物种或群体的进化史，也可以发现它的进化潜力，这对于稀有物种的濒危原因研究有很大的作用。遗传多样性同时也在保护生物学研究中起着不可忽视的作用。只有通过了解一个种内的遗传变异，才能有效地保护地球上的遗传资源及稀有物种。

遗传标记是遗传物质特殊的易于识别的表现形式。遗传标记应该具有多态性丰富、遗传稳定性高、有共显性、经济方便、操作和观察记载简单等特点。目前，遗传标记方法主要包括形态学标记、细胞学标记、生化标记和分子标记等。

形态学标记是从形态学或表型性状来检测遗传变异，是目前最直接、简便、易行的方法。形态学标记是指那些能够明确显示遗传多态性的外观性状，如生育日期、株型、叶茎花粒等的颜色、籽粒性状或株高等的相对差异。常见的性状表现为两类，一类是单基因性状，另一类是由多基因决定的数量性状。目前，有很多形态学标记研究分析作物及其群体的来源、多态及分类，如利用形态学标记对不同作物等进行分类、多态性分析、来源分析研究得到了较好的结果。

荞麦的形态学标记研究主要通过农艺性状的鉴定，进而对荞麦资源进行各方面研究。采用因子与聚类分析方法，对搜集的 53 个苦荞麦资源的 12 个农艺性状进行因子分析，筛选前 6 个因子（其贡献率达到 80.17%）为综合指标，进行进一步系统聚类分析研究。分析结果表明，在遗传距离为 7.46 时，可以把苦荞麦资源聚成宽粒类、抗倒类、粮用类、大粒非抗倒类和厚壳类 5 个类别。在 32 份荞麦种质资源中，有学者根据现蕾期、开花期、生育日期、单株粒重、株高、主茎分枝，主茎节数、千粒重等性状对从各地搜集的荞麦品种进行遗传多样性研究。关于荞麦生殖器官的形态结构研究显示，苦荞麦花被片通常有 3 条脉迹，苦荞麦雌雄蕊近等长，而甜荞麦和金荞麦雌雄蕊长度不一样。利用形态性状来估测变异是最实用的方法，尤其是想在短期内对变异性有所了解时，形态学标记将是一个理想的选择。但对由突变等因素而具有特定形态特征的材料遗传表达不是很稳定，并且容易受环境条件和显隐性基因的影响。

细胞学标记能够明确显示一个物种的遗传多样性的一些细胞学方面的特征。例如，染色体本身的结构和数量特征是常见的细胞学标记。它们分别反映了染色体结构和数量的遗传多态性。常见的染色体变异有缺失、易位、倒位、重复、整倍体、非整倍体等。随着染色体研究方法的不断成熟，从 20 世纪 80 年代初开始有学者对荞麦的染色体进行了比较系统的研究。有研究对荞麦染色体核型进行分析，通过研究找出了小红花、日本甜荞、山西甜荞和威宁苦荞等的染色体核型及染色体臂比变化范围。陈庆富（2001）对大粒组荞麦种的根尖和茎尖有丝分裂染色体进行了观察，并对其茎尖有丝分裂染色体的核型进行了比较分析，还对二倍体甜荞麦、四倍体甜荞麦及它们杂交产生的三倍体、三倍体的花粉母细胞减数分裂期间染色体行为进行了研究。荞麦栽培品种根尖体细胞染色体核型也被确定。还有报道对个别荞麦品种根尖细胞有丝分裂染色体进行核型分析。细胞学标记的不足之处在于材料需要投入的人力和时间都比较多，加上某些物种对染色体变异的反应敏感度不一样。

生化标记是指利用植物代谢过程中的具有特殊意义的生化成分或产物进行品种鉴定和遗传多样性标记，常见的有同工酶和蛋白质。同工酶技术用于很多植物遗传研究及鉴定中，已报道对向日葵、油松、棉花等植物进行了研究。在荞麦的遗传多样性研究方面，国内外学者主要通过同工酶和蛋白标记探讨荞麦属内种间的亲缘关系及种内遗传多样性。近几年有很多学者采用不同方法对荞麦同工酶和蛋白进行研究，如用聚丙烯酰胺凝胶电泳测定荞麦的过氧化物酶和同工酶，从而得出它们的地理起源和亲缘关系远近（张以忠等，2008a）。采用垂直板凝胶电泳技术对甜荞麦和苦荞麦中的几种同工酶进行比对分析。荞麦属 6 种 10 个居群的超氧化物歧化酶（SOD）、过氧化氢酶（CAT）、过氧化物酶（POD）和抗坏血酸过氧化物酶（ASP）活性被测定（张以忠等，2008b）。采用变性聚丙烯酰胺凝胶电泳对不同荞麦的种子贮藏蛋白进行了研究。采用等位酶电泳技术测定了个别地区的苦荞麦及其近缘种（张以忠等，2008c）。研究确定它可以不用人工杂交而迅速地确定亲本来源关系。生化标记也有其内在的局限性。例如，翻译后的修饰作用、组织有其特异性并且还有发育阶段性，以及其染色方法和电泳条件因酶而异，在应用上受到一定的限制。

分子标记直接以 DNA 的形式出现，不受组织类型、发育时期、环境等因素影响，是目前最有效的，也是较为理想的遗传标记方法，可以对任何基因组中任何片段进行分析。目前常用的 DNA 分子标记方法有四类：①基于 DNA-DNA 杂交的 DNA 分子标记，以 RFLP 为代表；②以 PCR 技术为基础的 DNA 标记，包括随机 PCR 和特异引物 PCR 标记两种，随机 PCR 包括 RAPD、DNA 扩增指纹技术（DNA amplification fingerprinting, DAF）、SSR 及任意引物 PCR（arbitrary primed PCR, AP-PCR），特异 PCR 包括 SSR、序列标记位点（sequence tagged site, STS）、序列特征性扩增区（sequence characterized amplified region, SCAR）及抗性基因类似物（resistance gene analog, RGA）；③基于限制性酶切和 PCR 的 DNA 标记，主要有 AFLP 和切扩增片段长度多态性（cleaved amplified polymorphic sequence, CAPS）两种。④基于单个核苷酸多态性的 DNA 标记，即 SNP。RFLP 是最早的分子标记，反映 DNA 分子上不同酶切位点的分布情况。RAPD 技术是利用一个随机引物通过 PCR 反应非定点地扩增 DNA 片段，再对分离扩增出来的片段进行多态性研究。AFLP 技术是一种高效而可靠的分子标记技术。它将基因组 DNA 用成对的限制性内切酶双酶切后产生的片段用接头连接起来，再由 5′端与接头互补的半特异性引物扩增得到大量 DNA 片段，最后得到图文图谱的分子标记技术。简单重复序列（simple sequence repeat, SSR），又称微卫星，核生物基因组中存在许多非编码的重复序列。采用分子标记研究，已有学者利用不同分子标记方法对荞麦进行了遗传多样性分析。王莉花等（2004）利用筛选出的 19 个随机引物对云南荞麦资源的 9 个种、1 个变种、2 个亚种的 26 份材料进行 RAPD 分析，结果表明，云南荞麦资源种间比种内具有更丰富的多样性；聚类分析的结果显示，26 份供试资源聚为 3 大类群：第 I 大类群是小粒种类群，第 II 大类群是甜荞麦类群，第III大类群是苦荞麦类群，结合三大类群的特点，可以认为金荞麦与普通荞麦的亲缘关系比与苦荞麦的更近。杨小艳等（2007）采用 RAPD 和同工酶技术对川西北具有代表性的 10 份荞麦材料进行分析，所得结论与王莉花等（2004）相似，即与金荞麦亲缘关系相比，甜荞麦较近而苦荞麦较远。任翠娟（2006）以 10 个随机引物对荞麦属 11 个种（含大粒组 7 个种，小粒组 4 个种）共 50 份栽培及野生荞麦资源进行 RAPD 分析，系统聚类分析表明，荞麦属大粒组和小粒组间及不同荞麦种间在 DNA 水平上差异极大。在大粒组中，苦荞麦 DNA 与其他种之间有较大的差异。大野荞和毛野荞分别与甜荞麦和苦荞麦在 RAPD 水平上较近缘，支持它们分别是甜荞麦和苦荞麦祖先种的假说。在多样性研究方面，Sharma 等（2002）采用 RAPD 标记对来自中国和喜马拉雅山地区的 52 份苦荞麦居群材料进行了遗传多样性分析，结果表明苦荞麦的 RAPD 多态性变异与它们的地理分布一致，中国的栽培苦荞麦居群与野生苦荞麦的相似度系数最大，据此认为栽培苦荞麦起源于中国西南部的云南一带。Senthilkumaran 等（2008）利用 RAPD 标记对印度喜马拉雅西北地带的苦荞麦和甜荞麦的种质遗传多样性进行分析，结果表明，荞麦种内遗传多样性与其地理分布有极大关系，苦荞麦种质的遗传变异较甜荞麦丰富。邓琳琼等（2011）对甜荞麦和苦荞麦品种遗传多样性进行 RAPD 分析，结果表明，供试品种彼此均有一定的差异，遗传变异性程度以种间差异最大，其次是甜荞麦种内不同品种间，而苦荞麦种内不同品种间的遗传变异性最小。利用 RAPD 技术，谭萍等（2006）、Sharma 等（2002）和 Kump（2002）对苦荞麦种质资源的遗传多样性进行分析，结果表明苦荞麦品种间存在一定的遗传多样性，并利用多种引物从 DNA 水平上对苦荞麦的基因型进行了划分。张春平等（2009）通过 RAPD 技术对不同地理生态区的 7 个野生金荞麦复合物植物居群共 87 个个体进行遗传多样性分析，结果表明金荞麦种内具有较高的遗传多样性，遗传变异主要存在于居群内部，遗传多样性与地理关系表现出明显的相关性。

　　Tsuji 等（2001）利用 AFLP 标记揭示了野生苦荞麦和栽培苦荞麦居群之间的系统发育关系，结果表明栽培苦荞麦很可能起源于中国云南西北部或西藏东部，这一结论与 Sharma 等（2002）所揭示的栽培苦荞麦起源于中国西南部的云南一带的结论一致。Konishi 等（2005）利用 AFLP 对甜荞麦的 7 个栽培居群和 8 个野生居群的遗传关系进行分析，结果表明栽培甜荞麦的祖先种是位于三江领域的野生荞麦。Zhang 等（2007）利用 AFLP 对中国的 79 份苦荞麦种质进行了遗传多样性评价，结果表明所有居群在遗传学上有明显区别，具有较高的遗传多样性。侯雅君等（2009）用筛选出的 20 对 AFLP 引物，对 14 个不同地理来源的 165 份苦荞麦种质进行遗传多样性分析，结果表明云南和四川资源的群体结构最复杂，苦荞麦类群的亲缘关系和遗传多样性与其地理分布有一定相关性。

　　SSR 分子标记具有揭示遗传变异多、共显性、结果稳定、操作简单等优点，已成为遗传多样性研究的重要手段。关于荞麦 SSR 引物开发（Konishi et al.，2007；Li et al.，2007）和 SSR-PCR 反应体系优化（王耀文等，2011；高帆等，2012）方面均有报道。Iwata 等（2005）应用 5 个 SSR 标记对 19 个日本甜荞麦品种的遗传多样性进行了分析，结果显示等位基因丰富性与花期有密切关系。Konishi 等（2007）采用文库富集法开发了 180 对甜荞麦的 SSR 引物，检测结果显示，其多态性信息量（percent information change，PIC）值比其他作物都高，将有助于甜荞麦分子育种。Ma 等（2009）开发了 136 对甜荞麦的 SSR 引物，并将利用其中 19 对有多态性的 SSR 引物对 41 个来自不同生态区的甜荞麦的遗传多样性进行分析，并对所开发的 SSR 引物对金荞麦和硬枝野荞麦的适用性进行探讨。Li 等（2007）设计半特异性简并引物锚定 PCR 法开发了 4 对 SSR 引物，扩增结果表明开发的 SSR 引物适用于苦荞麦遗传多样性研究。高帆等（2012）用正交设计法筛选适用于苦荞麦 SSR 标记分析的 PCR 反应体系，并将优化的 SSR 分子标记体系用于中国苦荞麦种质资源遗传多样性分析，19 对引物共检测到 157 个等位变异，平均多态性信息量为 0.888，平均鉴定力（DP）为 5.684，TBP5 和 Fes2695 为 2 对苦荞 SSR 骨干引物，能较好地显示出苦荞麦的遗传多样性。50 份苦荞麦品种聚为 5 个组群，聚类结果与苦荞麦地理分布相关性不大，表明中国苦荞麦种质资源的遗传关系与区域分布间没有明显的相关性。这一研究结果与侯雅君等（2009）和 Senthilkumaran 等（2008）所述的苦荞麦遗传多样性与地理类型有一定的相关性的结论不一致，这可能与国内苦荞麦遗传变异幅度较小，近年来不同地区间频繁传种、换种有关。莫日更朝格图等（2010）利用 25 对 SSR 引物对中国苦荞麦主产区陕西、云南、四川、西藏等地的 82 份苦荞麦地方种质的遗传多样性进行了分析，25 对 SSR 引物中有 13 对在苦荞麦地方品种中具有多态性，且扩增条带的稳定性较好，200 条多态性条带占总数的 96.2%。82 份材料被聚为十大类群，表明 82 份苦荞麦品种间遗传多样性明显，具有丰富的遗传基础。

ISSR 不像 SSR 具有物种特异性，且其产物多态性远比 RFLP、SSR、RAPD 丰富，现已广泛应用于种质资源鉴定。赵丽娟（2006）采用 ISSR 分子标记对来自甘肃、贵州、湖北、湖南、江西、山西、陕西、四川、云南 9 个省的 66 份苦荞麦地方品种和改良品种的遗传多样性进行分析，结果表明，18 条 ISSR 引物共扩增出 531 条条带，多态率高达 96.8%，平均每对引物可获得 26.6 个位点数，高于高帆等（2012）和侯雅君等（2009）用 SSR 和 AFLP 所得的 8.3 个和 15.7 个位点数。聚类分析显示，贵州地方品种、湖北地方品种和云南地方品种之间有明显的遗传差异，而来自不同省的改良品种在遗传上有较高的相似性。张春平等（2010）通过 ISSR 技术对 8 个野生金荞麦居群的共 92 个个体进行遗传多样性分析，12 个随机引物共扩增出 103 条清晰条带，其中 90 条具多态性，平均多态性位点比例为 87.38%。金荞麦种内具有较高的遗传多样性，遗传变异主要存在于居群内部，遗传多样性与地理关系表现出明显的相关性，这一结果与对不同生态地理类型野生金荞 RAPD 标记的研究结果一致（张春平等，2009）。以上结果表明，ISSR 可以作为研究遗传多样性及遗传分化的有效标记。

二、荞麦重要农艺性状的遗传研究

遗传学上按照突变基因位点后代分离群体表型特征，可将遗传性状分为质量性状和数量性状。质量性状的变异呈间断性，杂交后代可明确分组，不易受环境条件的影响，且在不同环境条件下的表现较为稳定；数量性状的变异则呈连续性，杂交后的分离世代不能明确分组，一般容易受环境条件的影响而发生变异，在不同环境条件下基因表达的程度可能不同，普遍存在着基因型与环境互作现象。世界各地荞麦形态特征差异大，遗传多样性丰富，荞麦表观性状的遗传基础研究是优良品质培育的基础。

（一）落粒性

荞麦为无限花序，同一植株或同一个花簇边开花边结实，种子成熟后在植株上的滞留性极差，收获前容易形成自然脱落现象，严重影响荞麦的产量和品质，增加荞麦生产成本，提高采收难度。李雪等（2015）分别选取甜荞麦、苦荞麦和金荞麦的不同品种不同组织混合样品进行转录组测序，通过数据库比对、功能分析与功能注释获取与落粒性相关的非重复序列（Unigene）。通过 cDNA 末端快速扩增法（rapid amplification of cDNA end，RACE）扩增获得候选基因，并用实时定量荧光 PCR 检测候选基因的表达量。结果得到 6 个候选基因，其中，根向光性蛋白基因、SOBIR1-like 蛋白基因、NPR5-like 蛋白基因主要在花器官的发育和形成过程中起调控作用，而 SRG1-like 蛋白基因、过氧化物酶基因和 AGL 蛋白基因主要在植物离区的形成和发育过程中起调控作用。NPR5-like 蛋白基因在落粒品种与不落粒品种间的表达量差异最大，推测其在荞麦落粒过程中起一定的调控作用。岳鹏等（2012）以普通荞麦 3 个花柱等长自交可育纯系为材料，通过人工去雄授粉杂交方法，将甜自 21-1 分别与 Lorena-3 和甜自 100 进行正反交，配制 4 个杂交组合，获得其杂种后代和 F_2 代群体。研究发现，落粒性在甜自 21-1 和 Lorena-3 正反交的 2 个组合的 F_2 群体中均遵循 9：7 的分离模式，表明落粒性、主茎颜色（红-绿）为 2 对显性互补基因的遗传模式。

缪亚丽（2019）以栽培种西农 9976（甜荞麦）、栽培种西农 9940（苦荞麦）和野生种西藏刺荞（野生苦荞麦）为试验材料，采用田间观察统计、花柄表观形态结构及其解剖方法，研究荞麦落粒性及其与花柄表观形态结构的关系。采用碘显色法及蒽酮法，研究荞麦不同生育时期花柄和籽粒可溶性糖和淀粉含量对荞麦落粒的影响。采用酶联免疫法测定荞麦花柄和籽粒不同生育时期植物激素的含量，探究激素与荞麦落粒的关系。结果发现，西藏刺荞以籽粒带柄落粒为主，顶端、中端、底端部位都是主要落粒源；西农 9976 以籽粒不带柄脱落为主，底端和中端生殖部位均为主要落粒源；西农 9940 有带柄落粒和不带柄落粒两种，中端和底端生殖部位均是主要落粒源。总的来看，西农 9976 落粒发生时间早于西农 9940 和西藏刺荞，西藏刺荞落粒发生时间早于西农 9940。全生育期群体落粒率野生种（西藏刺荞）远远大于栽培种（西农 9976 和西农 9940），栽培甜荞麦（西农 9976）大于栽培苦荞麦。还发现落粒与籽粒中淀粉含量和可溶性糖含量变化有关。西农 9976、西农 9940 籽粒淀粉含量由低到高逐步增加，而西藏刺荞籽粒淀粉含量呈先增加后减少的趋势；3 个品种籽粒的可溶性糖含量都呈现出随着生育进程发展而增高的趋势，但西藏刺荞蜡熟期前可溶性糖含量远远低于西农 9976 和西农 9940，在蜡熟期后可溶性糖含量增加很快。因此，蜡熟期以后籽粒淀粉含量下降，而可溶性糖含量大量增加，则落粒性增强。荞麦的落粒性与花柄和籽粒中植物激素含量密切相关。花柄在蜡熟期以后脱落酸含量较高，乳熟期到蜡熟期中期赤霉素含量低，全生育期乙烯含量高，则落粒性较严重；反之亦然。籽粒在蜡熟后期脱落酸含量降低，蜡熟期赤霉素含量急剧减少，乙烯含量也急剧降低，则落粒性严重，反之亦然。荞麦花柄结构观察发现荞麦花柄空心，椭圆形。花柄出现环状结构，以及凹陷或缢缩的程度标志着落粒性的强弱。出现环状结构且凹陷或者缢缩严重，则落粒性较强。花柄中富含淀粉粒，野生种淀粉粒数目多于栽培种，且从初花期到完熟期先增加再降低，与测定结果完全相符。野生种表皮细胞的降解速度大于栽培种，且降解较早，在乳熟期就开始出现部分细胞裂解，蜡熟期是裂解最快的时期。表皮细胞的裂解程度与籽粒的落粒性相关，裂解程度越大，裂解速度越快，籽粒脱落越多，落粒性越强，反之亦然。Matsui 等（2003）发现，果的落粒是易脆的花梗与弱小的花梗造成的。Ohnishi 等（1999）报道，*F. esculentum* ssp. *ancestralis* 的易脆花梗由一个单显性基因控制。Yasui 等（2001）也研究发现 *F. esculentum* var. *homotropicum* 的易脆花梗的落粒性也是由一个单显性基因控制的，与 S 位点连锁。邓琳琼等（2005）发现在主茎木质化基因与落粒基因、瘦果棱初期颜色基因、瘦果初期颜色基因、瘦果棱形状基因之间，落粒基因与瘦果棱初期颜色基因、瘦果初期颜色基因、瘦果棱形状基因之间，瘦果初期颜色基因与瘦果棱形状基因之间，以及瘦果棱形状基因与花药大小基因、花被片正面颜色基因之间，均表现为独立遗传。

（二）花色

Zeller 等（2004）用 FE16 与 *F. esculentum* var. *homotropicum* 杂交发现粉红花与白花的分离比例为 9 : 7，认为这一性状为互补基因遗传。邓琳琼等（2005）以甜荞麦 25 个具有不同相对性状的植株为亲本，成对进行人工杂交，构建了 13 个杂交子一代分离群体。通过对这些群体各植株进行形态性状考察，探讨了甜荞麦 8 对形态性状的遗传规律。结果发现，花被片正面颜色（白对粉红）由互补基因控制，与 Zeller 等（2004）的报道一致。另外，在此研究中还发现瘦果棱形状（圆、尖）、瘦果棱初期颜色（红、绿）、瘦果初期颜色（浅红、浅绿）3 对性状均为显性互补基因遗传；花果落粒性（落粒、不落粒）、花药大小（正常、小）、主茎木质化 3 对性状均表现出单基因遗传模式（邓琳琼等，2005）。

（三）自交不亲和性

甜荞麦由于花柱异长、自交不亲和而表现为异花受精（Zeller 等，2004），其同型自交可育野生种的发现，为利用可育杂种进行甜荞麦遗传分析奠定了基础。研究表明，该自交亲和基因是一个显性基因。Sharma 等（1961）研究认为其自交不亲和性是由单位点控制的，即短花柱型为杂合的 thrum（Ss）基因型，长花柱为隐性纯合的 pin（ss）基因型。Wang 等（2005）通过种间杂交获得了一个自交亲和的杂种（甜荞麦和 *F. esculentum* var. *homotropicum*），遗传分析表明其 F_2 代的同型花类型和自交亲和性状是由一个显性基因控制，表明在 S 位点存在多个等位基因（Wang et al.，2005）。Woo 等（2006）认为 *F. esculentum* var. *homotropicum* 的基因型为 S^h^S^h^，它们之间的显隐性关系为 S>S^h^>s。All 等（2001）利用 AFLP 标记对荞麦的自交亲和位点进行分子标记研究，发现了 9 个与其连锁的片段，并对其进行克隆、测序和 Southern 杂交验证，结果表明其中的 2 个片段（N2 和 N7）可以用于该基因的分子标记辅助选育和该位点的精细作图。All 等（2001）对甜荞麦、苦荞麦及 *F. cymosum* 的叶绿体 DNA 进行了 RFLP 分析，认为甜荞麦的叶绿体基因组与苦荞麦和 *F. cymosum* 有显著差异，进一步分析发现甜荞麦与多年生荞麦 *F. cymosum* 有较近的关系，均为自交不亲和型。

（四）果壳率与果壳薄厚

生产上的苦荞麦品种基本上都是厚壳（高果壳率），很难脱壳，对苦荞麦加工影响较大，研究果壳率的遗传对于苦荞麦育种有重要意义。苦荞麦果壳率是衡量果壳厚度的主要参数。厚壳苦荞麦果壳厚且坚韧，果壳率大于 20%，果实有腹沟，难脱壳成米粒，一般采用水浸泡、干燥后脱壳，不仅脱壳成本高，而且营养保健成分容易丢失，外观品质变差。薄壳苦荞麦果壳率多在 10%～20%，果实无腹沟，饱满，易脱壳，且薄壳苦荞麦可直接脱壳成生米，其营养保健品质保存良好，外观品质优，而且所制成的产品品质优异。薄壳苦荞麦在西南地区栽培面积较少、未得到大范围推广的原因主要与薄壳苦荞麦低产、小粒、晚熟、适应性差等特性有关。对苦荞麦果壳的研究主要集中于果壳分离和果壳特性改良方面。Wang 等（2007）以开裂薄壳苦荞麦（小米荞，small rice buck wheat）和常规苦荞麦杂交，得出果壳开裂为隐性单基因控制的结果。陈庆富等（2015）以具有薄壳无沟槽特性的小米荞和米荞 1 号为母本，分别与厚果壳有沟槽的晋荞麦 2 号、黔苦 5 号进行有性杂交，成功获得了杂种及其后代 F$_2$ 植株群体。发现小米荞/晋荞麦 2 号、米荞 1 号/黔苦 5 号的杂种植株均表现为父本的厚壳有沟槽、果壳不开裂特性，说明苦荞麦厚壳有沟槽性状为显性遗传。对其中 4 个 F$_2$ 群体厚壳和薄壳特性的分离进行统计分析发现，厚壳特性（thickshell，T）为显性单基因遗传模式，隐性纯合基因型（tt）将表现为薄壳特性。从平均水平看，各 F$_2$ 群体薄壳型植株的千粒重和单株产量极显著低于厚壳型植株。

薄壳型苦荞麦植株的千粒重比厚壳型苦荞麦低 33%～43%，单株产量低 26%～40%。薄壳特性与低千粒重和低单株产量呈极显著相关，与株高和株粒数没有明显的相关性。崔娅松等（2019）以薄壳黑米荞 BRT2016-1 和迟开裂型黑米荞 BRT2016-2 为母本，厚壳不落粒野苦荞 WT2016-1 和长黑粒苦荞 T2016-1 为父本，组配成 3 类杂交组合（A、B、C），对杂交组合 F$_2$ 和 F$_3$ 群体的果壳率、粒长、粒宽、粒重、果仁重、粒长/粒宽（长/宽）6 个目标性状进行广义遗传力、狭义遗传力、相关性和通径分析。结果表明，各组合果壳率广义遗传力平均为 0.71，组合间变幅为 0.42～0.91；狭义遗传力平均为 0.18，组合间变幅为 0.07～0.27；广义遗传力与狭义遗传力数值相差极大。与果壳率相关的 5 个目标性状（粒长、粒宽、粒重、果仁重、长/宽）组合间的广义遗传力分别为 0.84、0.89、0.90、0.78、0.71，狭义遗传力分别为 0.32、0.30、0.25、0.21、0.28。相关性分析表明，果壳率与粒长、粒宽、粒重的平均正相关性均达显著水平，其中，F_2 群体中，平均相关系数依次为 0.077、0.145、0.099；F_3 群体中，平均相关系数分别为 0.177、0.253、0.428。果壳率与果仁重在组合 A 和组合 C 中呈负相关关系，即果仁重越大，果壳率越小。通径分析表明，粒重和果仁重对果壳率直接效应最大，前者为正效应，后者为负效应，两个性状 5 个组合的 F_2 群体平均直接效应分别为 4.072、−4.087，平均间接效应分别为 5.574、−5.570，F_3 群体平均直接效应分别为 1.284、−1.251，平均间接效应分别为 2.526、−2.524，且间接效应均大于直接效应。

（五）倒伏

荞麦生产上存在一个非常严重的问题，遇强风雨容易倒伏（图 2.3），造成巨大损失，甚至绝收，极大地制约了我国荞麦生产的发展及农民种植荞麦的积极性，使荞麦生产难以满足国内和国际市场逐渐增长的需求。

图 2.3　大田倒伏的苦荞麦

目前在荞麦倒伏方面，国内外学者进行了大量的研究。向达兵等（2014）通过大田试验研究发现，种植密度大小显著影响苦荞麦植株茎秆和根系形态。随着种植密度的增加，田间透光率降低，株高和节间长度增加，主根长、一级侧根数和根体积减小，倒伏率增加，产量呈先升高后降低的变化趋势。适宜的种植密度（$9 \times 10^5 \sim 12 \times 10^5$ 株/hm²）能够减少荞麦倒伏的发生，提高抗倒伏能力，增加群体产量。分析植株的性状与倒伏间的关系发现，苦荞麦茎秆和根系的特征与植株的抗倒伏特性密切相关，株高和节间长度与茎秆强度呈显著的负相关关系，与倒伏率则呈显著的正相关关系（Xiang et al.，2016）。不同类型植株茎秆的特征与性状差异显著，中等长度的茎秆有更高的茎秆抗折力，更厚的茎壁。苯丙氨酸解氨酶（PAL）、酪氨酸氨裂合酶（TAL）和肉桂醇脱氢酶（CAD）的活性决定了苦荞麦茎秆木质含量的高低，是影响茎秆抗折力的关键。汪灿等（2015）研究了不同甜荞麦品种抗倒伏能力与根系及茎秆性状的关系，发现不同荞麦品种间倒伏指数和茎秆抗折力参数存在差异。在根系性状中，倒伏指数与根粗呈极显著负相关，与侧根数目和根系干鲜比呈显著负相关，而与主根长呈极显著正相关，与根体积和最长侧根长呈不显著的正相关；在茎秆性状中，倒伏指数与茎秆质量呈显著负相关，与第 1 节间长呈极显著正相关，而与根冠比和第 1 节间粗呈不显著的负相关。根系粗壮、根系干鲜比大、侧根数目多、茎秆质量大、茎秆第 1 节间长度较短的荞麦品种，其倒伏指数小，茎秆抗折力参数大，抗倒伏能力强。对 4 个抗倒伏能力不同的荞麦品种研究表明，荞麦茎秆抗倒伏能力与茎秆解剖结构和木质素代谢密切相关。通过研究荞麦茎秆解剖结构和木质素代谢及其与抗倒性的关系，发现倒伏率与茎秆抗折力参数、木质素含量、机械组织厚度、茎壁厚度、维管束面积、机械组织层数和大维管束数目呈显著负相关，而与倒伏指数呈显著正相关。木质素含量与 PAL 活性、4-香豆酸：辅酶 A 连接酶（4CL）活性和 CAD 活性呈显著正相关。茎秆木质素含量高、机械组织层数多、机械组织和茎壁厚、大维管束数目多且维管束面积大的荞麦品种，其茎秆抗折力参数大、倒伏指数小、抗倒伏能力强。

刘星贝（2017）以高抗倒伏品种酉荞 2 号（YQ2）、中抗倒伏品种宁荞 1 号（NQ）和易倒品种乌克兰大粒荞（UD）为试验材料，利用不同浓度烯效唑、赤霉素浸种来研究荞麦倒伏习性（倒伏分级、倒伏率和倒伏指数的差异）和产量及构成因素的影响。发现赤霉素处理显著增加了各品种的倒伏分级、倒伏指数和倒伏率，且随着赤霉素浓度的升高，倒伏分级、倒伏指数和倒伏率先增加后减小。因此，烯效唑能有效地减少倒伏的概率，而赤霉素则促进倒伏的发生。烯效唑浸种处理后，显著提高了各品种的产量、单株粒数、单株粒重和千粒重，并且随着烯效唑浓度的增加表现为先增加后减小的趋势。赤霉素处理后则降低了各品种的产量、单株粒数、单株粒重和千粒重，并且随着赤霉素浓度的增加先减小后增加或逐渐减小。从开花期到成熟期，3 个品种对照下的株高、茎秆重心高度、茎秆鲜重、第 2 节间长和粗、机械组织层数、机械组织厚度、维管束数目、木质素含量、可溶性糖含量、C/N 不断增加；茎秆抗折力参数、第 2 节间干重和节间充实度、茎壁厚度和维管束面积、PAL 活性、CAD 活性呈先增加后减小的趋势，在灌浆期达最大值，4CL 活性、POD 活性和总氮含量从开花期至灌浆期逐渐降低。其中，各时期中除基部第 2 节间长和总氮含量在 UD 中最大，NQ 中次之，YQ2 中最小外，其他指标均在 YQ2 中最大，UD 中最小，NQ 介于两者之间。烯效唑处理显著增加了甜荞麦的茎秆抗折力，而赤霉素则降低了甜荞麦的茎秆抗折力。相关分析结果表明，甜荞麦茎秆抗折力与倒伏率呈极显著的负相关。烯效唑处理后，甜荞麦茎秆的解剖结构相关指标（机械组织层数、机械组织厚度、茎壁厚度、维管束数目和维管束面积）均比对照显著增加，呈先增加后减小的趋势；但赤霉素处理后，机械组织厚度和维管束面积与对照相比均减小，呈先减小后增加的趋势，机械组织层数、茎壁厚度和维管束数目与对照相比无显著差异。烯效唑浸种处理可以显著提高甜荞麦茎秆的木质素含量及相关合成酶活性。随着烯效唑浓度的增加，木质素含量及相关酶活性先增加后减小。赤霉素的使用，则降低了木质素含量及 PAL、4CL 和 CAD 酶活性，但增加了 POD 酶活性。随着赤霉素浓度的增加，木质素含量及 PAL、4CL 和 CAD 酶活性呈先减小后增加的趋势。POD 酶活性则先增加后减小。

（六）产量

孟第尧等（1998）对 24 个甜荞品种的 7 个主要农艺性状的研究表明，千粒重的遗传力为 98.6%，单株籽粒数的遗传力为 90.56%，第一分枝茎数的遗传力为 63.04%。相关分析表明，单株籽粒数与单株籽粒重的相关系数为 0.9944，千粒重与单株籽粒重的相关系数为 0.804。研究发现，甜荞麦千粒重的遗传力为 98.6%，单株籽粒数的遗传力为 90.56%，第一分枝茎数的遗传力为 63.04%。相关分析表明，单株籽粒数与单株籽粒重的相关系数为 0.9944，千粒重与单株籽粒重的相关系数为 0.804。在甜荞麦一级分枝数与茎粗，二级分枝数与株高、茎粗、千粒重，生育期与株高、茎粗、二级分枝数、千粒重，一级分枝数与产量之间呈极显著相关。其中，株高与生育期的相关性最大（尹春等，2009）。赵钢等（1990）估算了苦荞麦主要性状的广义遗传力，其中生育期、千粒重的遗传力最高，均在 80% 以上，育种选择较为有效。主茎节数和株高次之，而株粒数和株粒重的遗传性状最低，仅不足 40%，暗示其受环境影响很大，选择不可靠。苦荞麦株高、花序数、千粒重等遗传力较高，株粒重等遗传力低（杨明君等，2005）。杨玉霞等（2008）将来自 5 个国家的 55 份苦荞麦品种（系）资源引种至四川栽培，对苦荞麦的主要性状进行分析，结果表明 9 个相关性状对单株籽粒产量影响的顺序为有效花序数>千粒重>生育期>总分枝数>主茎节数>一级分枝数>茎粗>株高。多元回归分析表明，主茎节数、一级分枝数、总分枝数、有效花序数、千粒重是影响单株粒重的主要因素。通径分析表明，有效花序数、千粒重对单株籽粒产量的直接效应较大。吴渝生（1996）对昆明地区 9 个荞麦栽培品种的 10 个主要性状遗传进行相关性和通径分析，研究表明在荞麦育种中，选择生育期长，其中营养生长期较长，千粒重较高，而分枝数、株粒数、单株叶面积适当的材料，容易获得高产品种，选择株粒数和生育期时要注意环境条件的影响。综合考虑，有效花序数、千粒重是荞麦品种选育的主要目标性状和高产栽培的主攻方向。尽量降低主茎节数和总分枝数，缩短生育期，选择株高和一级分枝数适中的品种。

（七）黄酮含量

荞麦是药食同源作物，而黄酮是荞麦的主要药用成分。模式植物和禾本科作物类黄酮的生物合成代谢途径已经得到了比较充分的研究，其中涉及类黄酮生物合成途径中重要的关键酶有查耳酮合成酶（CHS）、查耳酮异构酶（CHI）、黄烷酮 3-羟化酶（F3H）、二氢黄酮醇-4-还原酶（DFR）、无色花色素还原酶（LAR）和花色素合成酶（ANS）等。参与调控类黄酮次生代谢途径的三类转录因子有 *MYB* 类转录因子、*b-HLH*（basic-helix-loop-helix）类转录因子和 *WD40* 类转录因子。

近年来，已有大量在荞麦黄酮生物合成代谢途径中发挥重要作用的结构基因及转录调控因子被逐渐克隆并进行了功能验证，这将为分子辅助选育高黄酮含量的苦荞麦品种提供重要的理论和实践意义。张艳等（2008）以苦荞麦品种西农 9920 和甜荞麦品种西农 9976 为材料，利用同源基因克隆法从 2 种荞麦基因组中克隆出长度均为 860bp 的 *CHS* 基因片段，序列分析表明这 2 个片段含有 *CHS* 基因的 N 端和 C 端的结构域，分别为苦荞麦和甜荞麦的 *CHS* 基因片段，命名为 *FtCHS* 和 *FeCHS*。序列比较分析表明，2 种荞麦 *CHS* 基因间丰富的单碱基多态性可能是苦荞麦和甜荞麦种子中类黄酮含量差异的重要原因之一。氨基酸序列的进化分析表明，苦荞麦和甜荞麦 *CHS* 基因与同为蓼科的掌叶大黄和石竹科的满天星的同源性较近。李成磊等（2011a）利用 RT-PCR 技术从甜荞麦中克隆得到 *CHS* 的 cDNA 开放阅读框（ORF）序列，命名为 *FeCHS*，NCBI 登录号为 GU172166.1。该序列长 1179bp，编码 392 个氨基酸，与其他植物 *CHS* 基因的同源性为 78%～92%，其推导的氨基酸序列含有 *CHS* 高度保守的活性位点及 *CHS* 的标签序列 *GFGPG*。高帆等（2011）用 RACE 技术获得苦荞麦 *CHS* 基因的 cDNA 全长及完整的开放阅读框，并确定了苦荞麦中该酶的进化地位和方向。苦荞麦 *CHS* cDNA 全长为 1250bp，含 241bp 的 3′UTR 和 185bp 的 5′UTR；ORF 全长为 975bp，编码含 325 个氨基酸残基的蛋白，氨基酸同源比对结果表明，苦荞 *CHS* 与蓼科的虎杖相似性很高；临接法构建的系统发生树结果表明，苦荞麦 *CHS* 与其他双子叶植物有共同的起源，与蓼科的金荞麦、甜荞麦、虎杖及石竹科的满天星亲缘关系较近。Liu 等（2012）应用 RACE 技术结合 codehop 引物设计方法克隆苦荞麦中 *CHS* cDNA 序列，通过电子合并获得其全长。生物信息学分析表明，该基因全长 1906bp，具有一个 463bp 的内含子序列，编码区长度为 1188bp，编码 395 个氨基酸。Blastn 序列比对发现该试验所获得的 *CHS* 基因序列与蓼科的大黄的同源性达 86%。蒙华等（2010）采用同源基因法、染色体步移法和 RT-PCR 技术克隆到金荞麦 CHS 基因的全长 DNA 序列和 cDNA 开放阅读框序列。金荞麦 *CHS* 基因 DNA 全长 1650bp，含一个 462bp 的内含子；其 cDNA 编码区全长 1188bp，编码 395 个氨基酸，命名为 FdCHS，NCBI 登录号为 GU169470。该氨基酸序列与同为蓼科的掌叶大黄、虎杖 CHS 的氨基酸序列同源率分别达到 94% 和 93%，且含有 CHS 活性位点和底物结合口袋位点等保守位点。雒晓鹏等（2013）利用同源克隆技术获得了金荞麦总黄酮合成途径的关键酶查耳酮异构酶基因（FdCHI）的 cDNA 序列，结果发现金荞麦 CHI 基因 cDNA 包含 1 个 750bp 的 ORF，编码 249 个氨基酸。生物信息学分析表明，该编码蛋白与其他植物 CHI 的氨基酸序列同源率较高，与苦荞麦和甜荞麦的相似度达 97% 和 92%，说明金荞麦与苦荞麦的同源关系最近，与甜荞麦次之。FdCHI 在金荞麦花、叶和茎的表达与总黄酮量变化趋势一致，表明这些组织中其表达可能与金荞麦总黄酮的合成和积累密切相关。李成磊等（2011b）采用同源克隆和 RT-PCR 技术扩增金荞麦苯丙氨酸解氨酶基因（FdPAL）的 DNA 序列和全长 cDNA 序列并对其进行生物信息学分析。金荞麦 PAL 基因 DNA 序列全长 2583bp，由 2 个外显子，1 个内含子构成；cDNA 序列包含 1 个 2169 bp 的 ORF，编码 722 个氨基酸。重组的 FdPAL 基因表达载体能有效地在大肠埃希菌中表达，并形成具有一定催化功能的酶。

赵海霞等（2012a）利用 RT-PCR 技术，从苦荞麦中克隆得到类异黄酮还原酶基因（IRL）的开放阅读框序列，命名为 FtIRL。序列分析表明，FtIRL 含一个长 942bp 的 ORF，编码 313 个氨基酸，其氨基酸序列与金荞麦异黄酮还原酶 FcIFR 同源性最高，达到 97%，与其他植物 IRL 同源性为 44%～73%。生物信息学分析表明，FtIRL 推导的蛋白质含有典型的底物结合口袋和保守的 NADPH 结合位点，符合短链脱氢酶家族的结构特征。系统发育树表明，苦荞麦异黄酮还原酶虽然在氨基酸序列上与其他植物的异黄酮还原酶有较高的同源性，但其生物学功能可能更接近落叶松脂醇还原酶。祝婷等（2010）采用同源基因克隆的方法获得其二氢黄酮醇 4-还原酶基因（DFR）cDNA 序列。序列分析表明，获得了苦荞麦和甜荞麦 DFR 的全长 cDNA 编码序列，其 1026bp 的全长开放阅读框均编码 341 个氨基酸，并具典型的 DFR 结构特征和功能模块。同源性分析显示，苦荞麦和甜荞麦与其他植物的 DFR 基因核苷酸相似性为 71%～98%；根据氨基酸序列构建系统进化树表明，二者与豆科、桑科和蔷薇科聚为一类。马婧等（2012）通过简并 PCR 结合 RACE 的方法，获得了金荞麦无色花色素还原酶基因 FdLAR，序列全长 1581bp，其中开放阅读框长 1176bp，编码 391 个氨基酸的蛋白质，在 N 端存在 1 个保守结构域，属于 RED 蛋白家族。将该基因重组到表达载体 pET-32a（+）中进行原核表达，经 IPTG 诱导、SDS-PAGE 检测，结果表明金荞麦无色花色素还原酶基因能在大肠埃希菌 BL21（DE3）中表达。基因表达分析表明，FdLAR 基因的表达量与类黄酮积累之间的关系在营养生长和生殖生长阶段呈现出不同的变化趋势，据此推测该基因可能在金荞麦类黄酮次生代谢产物积累中起作用。赵海霞等（2012b）采用 RACE 技术，从苦荞麦中克隆得到一个谷胱甘肽转移酶（FtGST）基因。序列分析表明，FtGST 基因全长DNA序列和cDNA序列编码区分别为746bp和666bp，DNA序列含有一个长度为80bp的内含子；ORF长度为666bp，编码221个氨基酸。生物信息学分析表明，*FtGST*基因推导的蛋白质含有Tau家族典型的底物结合口袋、谷胱甘肽结合位点（G-site）和疏水性底物结合位点（H-site）氨基酸残基，表明*FtGST*为Tau家族蛋白。马婧等（2009）采用RACE结合cDNA文库筛选的方法，首次从金荞麦cDNA文库中克隆*MYBP1*基因（*FdMYBP1*）；通过Southern杂交分析，推测*FdMYBP1*基因是1～2个拷贝基因；*FdMYBP1*基因编码1个长256个氨基酸的蛋白质，具有MYB同源基因的典型特征，可能在金荞麦类黄酮代谢途径中起作用。

Li 等（2012）采用同源克隆和 RACE 技术扩增苦荞麦黄酮醇合成酶基因（*FtFLS*）全长 cDNA 序列。RT-PCR 结果表明，*FtFLS* 基因的表达具有组织特异性，与组织黄酮醇含量有一定相关性，因此认为 *FtFLS* 基因是苦荞芦丁合成代谢中的关键基因。谈天斌等（2019）通过 RNA-Seq 技术，筛选出与类黄酮合成相关的转录因子 *TrMYB308*。在此基础上从 V 型紫斑白三叶中克隆出 *TrMYB308* 基因，该基因的 CDS 全长为921bp，编码 306 个氨基酸。亚细胞定位结果表明，*TrMYB308* 定位于细胞核。多序列比对和系统发育分析表明，*TrMYB308* 属于典型的 R2R3-MYB 转录因子，且该蛋白与红三叶 *TaMYB308* 和苜蓿 *MtMYB308* 等蛋白亲缘关系较近。表达特性分析结果表明，*TrMYB308* 基因在紫斑白三叶各个组织中均有表达，且其表达量受茉莉酸（jasmonic acid，JA）的诱导。在苦荞麦毛状根中异源表达 *TrMYB308*，结果发现转基因根系中的类黄酮代谢途径部分关键酶基因（如 *FtF3H* 和 *FtFLS*）的表达量明显增加，转基因根系的总黄酮含量明显高于对照组，推测 *TrMYB308* 可能参与类黄酮次生代谢生物合成调控。赵学荣等（2017）采用染色体步移技术，从苦荞麦中克隆获得 *FtCHS1* 基因 5′ 端侧翼序列，共1038bp，将其命名为 P_{FtCHS1}。生物信息学分析表明，P_{FtCHS1} 中 A/T 碱基含量为63.5%，含有 4 个可能的转录起始位点，分别位于起始密码子上游−684～−734bp、−692～−742bp、−920～−970bp、−929～−979bp 处，该序列包含 TATA-Box 和CAAT-Box 等启动子核心元件，以及与光、低温和激素应答等相关的功能元件。构建 P_{FtCHS1}-pBI101 植物表达载体，并瞬时转化拟南芥（*Arabidopsis thaliana* L.）叶片，结果显示该序列可驱动 *GUS* 报告基因的表达。低温（4℃）和光照（UV-B）处理苦荞麦幼芽后，采用荧光定量 PCR 技术分析 *FtCHS1* 基因的表达量，结果表明 P_{FtCHS1} 可响应低温和紫外环境胁迫，从而引起 *FtCHS1* 基因表达量发生变化。

高飞（2017）以苦荞麦品种"西荞 2 号"为材料，根据苦荞麦花期转录组数据，克隆获得一条与拟南芥 *AtMYB111* 同源的 R2R3-MYB 基因序列，命名为 *FtMYB5*。*FtMYB5* 在酵母中具有转录激活活性，通过 PEG-Ca 介导法转化拟南芥原生质体，荧光观察表明 *FtMYB5* 定位于细胞核。采用 qPCR 测定了花期苦荞麦各组织中 *FtAMYB5* 的表达量。结果表明，*FtMYB5* 表达模式与苦荞麦黄酮代谢途径各结构基因具有类似的组织表达模式，提示 *FtMYB5* 可能参与了苦荞麦黄酮合成的调控。采用光照及黑暗处理芽期苦荞麦，比较分析黄酮合成相关基因的表达量和黄酮含量。结果表明，*FtMYB5* 能够快速应答光刺激，6h 达到表达量峰值，为 0h 对照组的 16.9 倍，且 *FtPAL*、*FtCHSI*、*FtCHI*、*FtF3'H* 和 *FtFLS1* 也能够响应光刺激，且与 *FtMYB5* 具有类似的表达模式。同时，光照处理下 12h 后，苦荞麦总黄酮含量显著提升（*P*<0.05），总黄酮含量保持较高水平，说明苦荞麦黄酮合成相关结构基因可能直接应答光照，或者受到具有光应答效应转录因子 *FtMYB5* 的次级调控来影响苦荞麦黄酮的合成。采用融合引物嵌套 PCR（FPNI-PCR）技术克隆获得长度为 1576bp 的 *FtMYB5* 基因 5'UTR 序列。序列分析表明，该序列含有 6 个可能的启动子核心区域和真核启动子必需的 TATA-box 和 CAAT-box。此外，该序列还含有 Box4（ATTAAT）、GATA box（GATA）、GT1 CONSENSUS（GRWAAW）、GT1CORE（GATAA）、IBOXCORE（GATAA）、INRNTPSADB（YTCANTYY）和 SORLREP3AT（TGTATATAT）等多个光应答相关的启动子元件。光照及黑暗处理分析表明，该启动子具有光应答效应。*FtMYB5* 过表达烟草中芦丁、槲皮素和山奈酚的黄酮醇及总黄酮含量显著增加，花青素含量显著降低，烟草花色变浅。基因表达量分析表明，转基因烟草中的 *NtPAL*、*NtCHI*、*tNtF3'H* 和 *NtFLS* 等基因表达显著上调，而花青素合成支路的 *DF'R* 基因表达量无显著变化。说明苦荞麦转录因子 *FtMYB5* 的表达具有光应答效应，进一步可通过上调 *PAL*、*CHS*、*CHI*、*F3'H* 和 *FLS* 等基因的表达，使代谢流主要流向黄酮醇合成支路，从而增加黄酮醇的积累，降低花青素的合成。

三、荞麦功能基因组学研究进展

　　基因组是指细胞内的所有遗传信息，这种遗传信息以核苷酸序列形式存储。转录组（transcriptome）广义上指某一生理条件下，细胞内所有转录产物的集合，包括信使 RNA、核糖体 RNA、转运 RNA 及非编码 RNA，一般情况下指所有 mRNA 的集合。DNA 是遗传性状的传递载体，RNA 是 DNA 的转录产物，因此通过对物种 DNA 和 RNA 的研究，有利于解释遗传变异产生的深层次原因。随着测序技术的发展及测序成本的降低，在非模式植物中通过基因组、转录组测序，不仅能分析特定物种的基因组成的类别和数目，不同组织和发育时期基因调控表达的差异和基因可变剪切的模式，还能分析不同品种或物种间存在于基因内的 SNP 位点，开发 SSR、SNP 等分子标记。Logacheva 等（2011）基于 454 高通量测序对甜荞麦和苦荞麦花序转录组进行从头组装和分析，这一研究填补了荞麦基因组研究的空白。甜荞麦和苦荞麦获得片段大小介于 341～349bp 的读长（reads）分别有 267000 条和 229000 条；经组装，甜荞麦和苦荞麦重叠群（Contig）序列均有 25000 条，覆盖度为 7.5～8.2×；甜荞麦和苦荞麦花序的 Unigene 进行相似性比对分析表明，一些反转录子及参与蔗糖生物合成代谢的基因的表达存在差异。贵州师范大学荞麦学院基于 Hiseq2000 测序平台的 RNA-SEQ 测序方法，完成了苦荞麦和甜荞麦种子的转录谱测序，拼接得到甜荞麦 38663 个 Unigenes 和苦荞麦 40221 个 Unigenes，基本上包括了甜荞麦和苦荞麦种子期表达的所有基因。通过 Blast 序列比对程序，发现来自酿酒葡萄（*Vitis vinifera*），蓖麻（*Ricinus communis*）和杨树（*Populus*）的基因分别注释了 71.73%和 72.24%的甜荞麦和苦荞麦 Unigenes，这有利于利用丰富的测序物种的基因的功能信息来进行荞麦的基因序列的研究。在表达差异显著的基因中，有 21 个参与类黄酮合成代谢相关的基因。其中，查耳酮合成酶（*CHS*）、二氢黄酮醇-4-还原酶（*DFR*）在苦荞麦种子中的表达量显著高于甜荞麦，而催化消耗黄酮及黄酮醇底物的酶的表达量显著低于甜荞麦，这一结论初步揭示了苦荞麦与甜荞麦黄酮含量差异产生的机理。测序所得的 SSR 和 SNP 位点将为大量开发 SSR 和 SNP 等分子标记提供序列信息。Yokosho 等（2014）通过二代转录组分析了甜荞麦中铝胁迫响应基因。测序组装获得了 84516 个 Unigenes，其中分别有 31730 个和 23853 个 Unigenes 与 NCBI 植物数据库和拟南芥数据库对比获得注释。铝胁迫后，根和叶片中分别有 4067 和 2663 个基因表达上调，2456 和 2426 个基因在根与叶片中下调。进一步研究发现，其中一些 STOP1/ART1（*SENSI-TIVE TO PROTON RHIZOTOXICITY1/AL RESISTANCE TRANSCRIPTION FACTOR1*）同源基因，如 *FeSTAR1*、*FeALS3*（*ALUMINUM SENSITIVE3*）、*FeALS1*（*ALUMINUM SENSITIVE1*）、*FeMATE1* 和 *FeMATE2*（*MULTIDRUG AND TOXIC COMPOUND EXTRUSION1 and 2*）和一些转运蛋白基因表达上调，可能参与铝胁迫响应过程。Zhu 等（2015）研究了苦荞麦铝胁迫响应机制。通过 Illumina 测序和 *de novo* 组装，共获得了 39815 个平均长度为 1184bp 的转录物，其中 20605 个转录物获得 Nr 注释。GO（Gene Ontology）和 KEGG（Kyoto Encyclopedia of Genes and Genomes）功能富集分析表明，参与细胞壁毒性防止和氧胁迫的基因会被铝胁迫诱导。数据分析发现，有机酸代谢不是限制铝诱导其分泌的因素。研究发现，2 个柠檬酸盐转运类蛋白受铝诱导表达，可能参与柠檬酸盐释放至木质部的过程。此外，苦荞麦中 4 个保守的铝耐受基因中有 3 个发生了基因复制事件，且表达模式各不一样。Wu 等（2017）通过 Illumina 测序分析了苦荞麦中盐胁迫响应机制，发现 200mM 浓度的 NaCl 溶液能显著影响苦荞麦幼苗的相对含水量（RWC）、电导率（EL）、丙二醛（MDA）含量、POD 和 SOD 活性。通过二代测序，获得了 53.15 M PE150 reads。通过 *de novo* 组装，获得了 57921 个 Unigenes，N50 为 1400bp，其中 36688 个 Unigenes 获得注释。表达分析鉴定到 455 个差异表达基因，发现其中蛋白激酶、热激蛋白、ABC 转运蛋白、GSTs、转录因子和节律钟基因可能与苦荞麦盐胁迫响应有密切联系。Wu 等（2019）通过转录分析研究了甜荞麦幼苗中干旱响应基因。通过二代测序，组装获得了 53404 个 Unigenes，N50 长度为 1296bp，获得了 1329 个差异表达基因，其中 666 个上调，663 个下调。GO 富集分类显示氧化还原反应、木聚糖转移酶和质外体得到富集。KEGG 富集结果显示植物激素信号转导、酚酸合成、光合作用和碳代谢等过程可能与甜荞麦干旱胁迫相关。

相比于价格便宜的转录组，基因组测序花费较大。直至近些年，栽培种甜荞麦和苦荞麦的基因组才先后被测序发表。2016 年，日本京都大学 Yasui 等（2016）通过二代测序（next-generation sequencing，NGS）组装出第一个甜荞麦基因组草图（FES_r1.0）。基因组包含了 387594 个支架（scaffolds），基因组 FES_r1.0 大小为 1.177Gb，基因组 scaffolds 的 N50 为 25kb，预测出 286768 个包含转座子的编码基因。蛋白编码序列（CDS）总长为 212Mb，CDS 的 N50 为 1101 bp。通过 BLAST，35816 个蛋白编码获得功能注释。2017 年，中国科学院遗传与发育生物学研究所、山西省农业科学院合作对苦荞麦品种 Pinku NO.1 进行了全基因组测序与注释（图 2.4）（Zhang et al.，2017）。通过二代 Illumina 短读长、三代长读长测序，结合 Hi-C、BioNano 技术获得了大小为 489.3Mb 的高质量苦荞麦基因组，并将89.18% 的重叠群（Contig）序列锚定到 8 条染色体上，通过基因表达数据预测了33366 个蛋白编码基因。这些序列信息的获得为荞麦功能基因组学的研究打开了大门，有利于优质高产基因的克隆，进一步加快了荞麦分子育种研究进程。

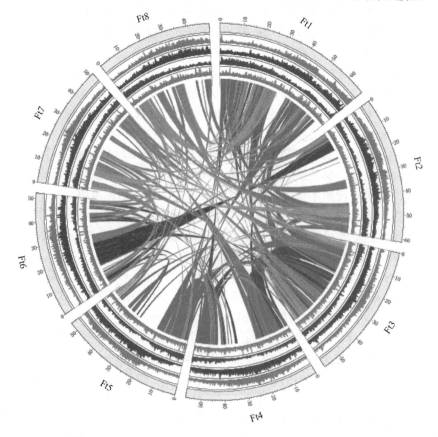

图 2.4　苦荞麦基因组 circos 特征图（Zhang et al.，2017）

第三节 荞麦育种目标与常用方法

一、育种目标

育种目标即对所要育成品种的要求，是指在一定地区的自然、耕作栽培和经济条件下，所要育成的新品种应具备的优良性状的指标。

开展植物育种工作时，首先必须确定育种目标，它是选育新品种的设计蓝图，贯穿于育种工作的全过程，是决定育种成败与效率的关键。只有有了明确而具体的育种目标，育种工作才会有明确的主攻方向，才能科学合理地制定品种改良的对象和重点，才能有目的地搜集种质资源，才能有计划地选择亲本和配置组合，进行有益基因的重组和聚合，或采用适宜的技术和手段，人工创造变异引进外源基因，确定选择的标准、鉴定的方法和培育条件等。育种目标是育种工作的依据和指南。

20 世纪 80 年代以前，我国种植的荞麦品种全部是农家自留品种，荞麦的产量低且不稳定，品种混杂且退化严重，影响我国荞麦在国际市场的竞争力。荞麦育种以高产、稳产、优质、抗逆性强、适应性广为主要目标（赵钢，2002）。制定荞麦育种目标的原则：①立足当前，展望未来，富有预见性；②突出重点，分清主次，抓住主要矛盾；③明确具体性状，指标落实；④必须面向特定的生态地区和栽培条件。高产、稳产（抗病性强、抗逆性强、生育期适宜）、优质、适应机械化是现代育种的主要目标，也是国内外对作物品种的共同要求。根据荞麦品种及生产需求设定如下主要育种目标。

（一）产量性状目标——高产

高产是指在一定栽培条件下与对照品种相比有较高的单产，是现代农业对荞麦品种的基本要求。高产育种是指以高产为主要目标的新品种选育。栽培荞麦的产量一般是指农业生产上收获荞麦籽粒（植物学上称瘦果）的数量（Antonio et al.，2019）。有单产和总产两个概念。单产是单位面积产量的简称，又称收获率，反映农业生产水平的指标，是指平均每单位土地面积（亩、公顷等）上收获的农产品数量。总产是一定面积上的荞麦籽粒产量总和。通常荞麦育种目标中的产量是指单产。单产高，是荞麦育种的主要目标。我国荞麦产量低，一般在 0.5～2t/hm²，与同期小麦产量增长 5～10 倍相比，荞麦产量增产慢且产量低。造成低产的主要原因：一是结实率低，甜荞麦的结实率一般仅为 5%～20%，苦荞麦的结实率一般为 15%～40%；二是成熟期不一致，荞麦为无限总状花序，其生殖生长期占全生育期的 2/3。所以选育结实率高的品种和有限花序（或亚有限花序）的品种，是提高荞麦产量的有效手段。荞麦的产量是受多个因素支配的，既是品种遗传因素的综合表现，又是品种遗传性与外界环境互相作用的结果。

1. 育种要求

作物生长发育过程中，同化物向各个器官的运输与分配直接关系到植物体的生长和经济产量的高低，源库在动态变化中相互协调取得平衡，是作物获得高产的基础。"源"的大小对"库"的建成及其潜力的发挥具有明显的作用，"库"原有的生产潜力能否转化为最终的籽粒产量，取决于同化"源"的供应量。因此，库潜力、源的供应能力及库源的关系，对于充分发挥库的潜力，提高产量是十分必要的。当库的潜力大于源时，源是限制产量的因素，通过改良源，可提高产量；当库的潜力小于源时，产量则为库潜力所限。通过大量实验可明确，源是库的供应者，而库对源具有调节作用。源库两者相互依赖，又相互制约。当源充足时，有利于库强潜势的发挥，库强则有利于源强的维持，当源库协调发展时，可获得最高产量。总的来说，高产群体的源库关系可总结为：源足、库大、流畅。源库发展到现在，植物生理、育种及栽培学家共同认为，要进一步提高作物产量应走源、库、流的水平及在较高水平上使其协调之路。通过利用苦荞麦、甜荞麦的野生种、农家种、主栽品种和优异种质材料，试图解析产量性状形成的分子基础，从"增源-扩库-畅流" 3 个层面上发掘优异等位基因，在当前主栽品种中聚合优异等位基因，创制产量突破性新材料，为分子设计育种技术体系创新提供理论和技术支撑。

2. 高产育种策略

1）产量因素育种

荞麦产量三要素主要是指单位面积株数（株）、株粒数（粒）、千粒重（g），是荞麦产量的主要构成因素。其中，株粒数和千粒重可合并为株粒重（单株产量，g）。荞麦产量是受多基因控制的数量性状，既受遗传控制，也受环境影响。荞麦产量要素决定了荞麦籽粒单产的多少，即

产量（kg/单位面积）＝单位面积株数×株粒重

＝单位面积株数（株/单位面积）×株粒数（粒/株）

×千粒重（g/1000 粒）×10^{-6}。

产量三要素彼此相互作用并相互影响，只有它们搭配合理时才能获得高产。通过产量构成因素育种，可分为 3 种。

① 密植型：单株产量不是很高，但株型紧凑，耐密植而且抗倒伏。通过增加单位面积株数可获得高产。此类品种要求播种量大，往往大于一般品种。

② 株重型：单株产量高，植株往往粗壮繁茂，主要通过增加株粒重的途径来获得高产。此类品种播种量要比一般品种低，但肥力要求较高。

③ 密植-株重型：是介于上述两个类型之间的中间类型，通过较耐密植、增加单株粒重两条途径同时提升单产。此类品种播种量中等。

上述 3 种类型的划分是相对的。同一品种在不同的栽培条件下可能会成为不同的类型，在同一地区也可以同时种植上述 3 种类型。这种划分有助于在育种中理清思路、关注重点相关性状，提高育种效益。值得一提的是，在丰产潜力达到一定水平时，各个产量因素之间常常呈负相关关系，即当一个产量因素增长时，另外的产量因素常常下降。在荞麦育种中既要注重单株粒重的选择，也要注意株型是否耐密植和抗倒伏。

2）理想株型育种

按照经济要求，把优良的形态特征和生理特性集中在一个植株上，获最高光能利用率，并将光合产物输送籽粒中，使其提高光合作用和经济系数从而提高产量。

理想株型是高产的基础，是高产品种的形态特征。它能很好地协调源库关系，有利于获得最有效的光能利用率和高光合效率。荞麦的合理株型相关研究极少，这里根据主要大田作物的研究结果，推论荞麦的合理株型大致是：中秆或半矮秆（株高 100cm 左右），茎秆基部木质、粗壮、坚实，整体株型紧凑，较低位分枝，主茎分枝较粗、近直立，主茎分枝数 7 个左右，叶片大小中等、颜色较深等。适当矮秆品种，不仅抗倒伏能力强、耐密植，而且还能提高经济系数、有效地利用肥水条件，因而增产潜力很大。但是过度矮秆品种的植株过矮、叶片密集，通风透光性差，易发生病虫害，易早衰。研究表明，荞麦的株高、株粒数和粒重与产量呈正相关。植株较高的荞麦较繁茂，分枝多，生活力较强，花多，结实也较多，产量较高。因此，不主张选育过度矮秆的荞麦生产用品种。适宜的株高是需要的，因为这样不仅抗倒伏、肥水利用率高，而且通风透光性良好，植株生长健壮、繁茂，产量较高，形成高产荞麦的理想株型，运用现代技术克服自身不亲和性、异花授粉及其他障碍问题，筛选合乎需要的种质资源。这些措施会对提高荞麦产量有益，同时又不会改变荞麦低投入的特性（Kreft，1990）。

3）高光效育种

高光效育种是指通过提高作物本身光合能力和降低呼吸消耗的生理指标而提高作物产量的育种方法。

高光效是高产品种的生理原因。高光效品种主要表现为有较强的光合能力来合成碳水化合物及其他营养物质，并能更多地运送到籽粒中去。高光效和合理株型密切相关，二者经常被合并在一起，称为株型及高光效育种，是现代植物育种学的一个重要发展方向。

作物经济产量的高低与光合作用产物的生产、消耗、分配和积累有密切关系。从生理学分析，作物的产量可分解为

$$经济产量=生物产量×收获指数$$
$$=净光合产物×收获指数$$
$$=（光合能力×光合面积×光合时间-呼吸消耗）×收获指数$$

由此可见，高产品种应该具有较高的光合能力、较低的呼吸消耗、光合机能保持时间长、叶面积指数大、收获指数高等特点。

（二）稳产

稳产是优良品种的重要条件，是指品种对病虫害及不良的气候、土壤等环境条件的抗（耐）性。当产量达到较高水平时，保持和提高作物品种的稳产性是非常重要的。品种产量的稳定性与品种的特殊适应性和广泛适应性密切相关。所谓特殊适应性是指品种对其特定环境因素的适应性，如抗病性、抗虫性、抗旱性、抗寒性、耐盐碱等各种抗逆性。所谓广泛适应性是指品种对气候、土壤、栽培条件等各种因素构成的整个环境的适应性。特殊适应性常常被称为抗逆性，广泛适应性常常简称为适应性。

一般来说，抗逆性强、适应性强，适应性广的品种，具有很好的稳产性。

1. 抗病虫性

病虫害的蔓延与危害是造成农作物减产的重要原因之一，是品种高产、稳产的严重威胁，尤其是随着矮秆品种的大面积推广、增施肥料、加大密度后，作物病虫害增多，危害加重。若大量施用农药，不仅成本提高，而且严重污染环境，因此，农业生产对品种的抗病虫性要求更迫切，抗病虫育种是现代育种学的重要方向。现在，品种的抗病性已成为作物新品种必须具备的优良特性。栽培荞麦的主要病害是荞麦立枯病、荞麦霜霉病、荞麦斑枯病、荞麦病毒病、荞麦白霉病、荞麦轮纹病、荞麦叶斑病等。品种单一、寄主单一，导致流行病大发生。不同荞麦品种的抗病性存在明显的差异，通过抗病育种，培育抗病荞麦品种是荞麦无公害生产的重要步骤。卢文洁等（2017）利用荞麦轮纹病的病原菌菌饼对荞麦健康叶片进行接种，并确定接种前叶片正面针刺5针的方法为最佳的抗性鉴定方法，通过此方法对50份荞麦种质资源进行抗性评价，并从中筛选出5份抗病种质资源。

荞麦主要虫害有蛴螬、蚜虫、黏虫、草地螟、荞麦钩翅蛾和红蜘蛛等。荞麦品种间对蚜虫和红蜘蛛等虫害的敏感性有一定的差异，也可以开展荞麦抗虫育种。抗病育种已从抗单一病（虫）害逐渐向抗多种病（虫）害发展。但是，由于荞麦育种尚处于初级阶段，荞麦抗病虫育种目前还没有广泛开展。

2. 抗旱耐瘠

我国有相当大面积的耕地分布在丘陵山区，这些耕地土层薄、肥力低，产量低且不稳定。无灌溉条件的耕地面积占半数以上，其中有些地区常年缺雨。选育具有抗旱耐瘠性的品种对于增强作物的稳产性是十分必要的。同时，对于扩大高产作物的种植面积和提高作物总产量也具有重要意义。荞麦是较抗旱、耐瘠薄的作物，常常作为先锋作物在新开荒地上栽培。农业生产上常常将荞麦栽培在较瘠薄土壤中，这是荞麦单产较低的原因之一。在中低产地区，干旱、瘠薄等因素是荞麦品种产量的重要限制因素，因此选育出适于中低产地区的高产荞麦品种，是农业生产上增产的途径之一。一般来说，根系发达、吸收能力强、叶面积相对较小、蒸腾系数小、光合作用能力强的品种，抗旱耐瘠性较强。

3. 抗倒伏性

抗倒伏性对荞麦至关重要。倒伏不仅降低产量，而且影响品质，又不便于机械化收获。造成荞麦倒伏的原因很多，有作物本身的原因，如荞麦自身茎秆强度差、韧性差，根系不发达等，也有病虫害的原因。增加茎秆强度要考虑茎秆的内外径、茎壁厚度、节间长度、叶鞘覆盖率、维管束的数目、大小及排列方式。另外，倒伏与水分、硅质、木质素，以及钾含量也有关。

4. 适应性

适应性是指作物品种对生态环境的适应范围及程度。一般适应性广的品种，稳产性就好。适应性一般是在育种的后期阶段通过多点鉴定进行评价的。在育种手段上，采用"穿梭育种""异地选择"等方法都是对适应性的选择。适应性强的品种不仅种植地区广泛、推广面积大，而且更重要的是可在不同年份和地区间保持产量稳定。因此，适应性是稳产性的重要指标之一。栽培荞麦中甜荞麦适应较温暖气候，而苦荞麦适应较冷凉气候。它们在广泛适应性上存在一定差异，其中甜荞麦的适应性较广，而苦荞麦对热气候环境适应性较差，温度在30℃以上时常花而不实，遗传杂合性较高的甜荞麦品种则能耐受异常环境。一些自交可育的纯系由于遗传纯合性增加，对环境的适应性相应下降，也常常不耐受高温和干旱等环境。对于甜荞麦和苦荞麦品种，广泛适应性都是有必要加强的。因此，荞麦育种上应将广泛适应性纳入育种目标。

5. 适宜生育期

生育期是一项重要的育种目标，它决定着品种的种植地区。生育期与产量呈明显的正相关，生育期长的品种产量高，生育期短的品种产量低。但是选育的品种必须根据当地无霜期，无霜期的长短决定生育期，原则上应能充分利用当地生育期，又能正常成熟。适宜的生育期也是荞麦品种高产、稳产的重要条件，它有利于充分利用当地光热资源，提高复种指数，使当季高产、全年高产，而且还有利于避免或减轻各种自然灾害，降低生产成本，提高经济效益，使当季稳产、全年稳产。植物品种的生育期，主要受当地光、温条件影响。由于我国高纬度地区如新疆，无霜期短，一般荞麦品种难以在那里正常成熟，而且易受早霜和晚霜的影响，需要培育早熟、耐低温、抗晚霜和抗早霜的荞麦品种；东北地区常有周期性的低温冷害；南方荞麦栽培区，荞麦生长后期常有干热风天气；有些地区为了提高复种指数，需要早熟品种。早熟和高产性状是矛盾的。因此，早熟程度应以能充分利用当地作物生育期，获得全年高产为原则，不要片面地追求早熟。

（三）优质

随着国民经济的发展和人民生活水平的提高，对营养和健康的追求已成为人们的基本目标，对作物品种优质的要求越来越迫切，因此在荞麦育种中应该高度重视荞麦品质。荞麦的品质可分为营养品质、加工品质、保健品质3个方面。在以品质作为主要育种目标时，选用专用型品种是一种有效的育种策略。这是因为对产品品质的要求是由产品的用途决定的。在营养品质方面，并不总是营养成分含量越高越好。其次，许多营养品质性状是呈负相关的，要在一个品种中使多种营养成分同时提高是很困难的。

1. 荞麦的营养品质特征

荞麦是保健功能强的粮食作物，其籽粒相对主要作物而言的优点是蛋白质含量较高、蛋白质的氨基酸组成接近联合国粮食及农业组织推荐的标准蛋白质，即人体必需的氨基酸组成及其比例合理。主要粮食作物为禾本科作物，其赖氨酸、甲硫氨酸、色氨酸等必需氨基酸含量偏低。荞麦的蛋白质主要是清蛋白和球蛋白，醇溶蛋白和谷蛋白含量较少，而主要粮食作物则以醇溶蛋白和谷蛋白为主。荞麦中有不少清蛋白表现出耐消化性，还含有一些胰蛋白酶抑制剂和胃蛋白酶抑制剂等成分，会增加消化时间。荞麦品种籽粒蛋白含量一般为7%～18%，不同品种间有显著的差异，因此选育高蛋白的荞麦品种，可提高荞麦的营养品质。荞麦籽粒的淀粉平均含量低于主要作物，其淀粉结构也不同于主要粮食作物，食用后升糖指数明显低于主要作物，适合糖尿病人群对食品的需要，因此可针对糖尿病人群培育专用品种。此外，荞麦生物类黄酮的含量较高，它既可食用，又能防病治病，对糖尿病、高血压和心血管病的疗效显著。在品质育种方面，应注重选育蛋白含量高或黄酮含量高，对各类疾病疗效显著的各种专用品种（赵钢，2002）。

2. 荞麦的加工品质特征

荞麦的主要初加工是将荞麦籽粒脱壳制成米或磨成粉。甜荞麦和苦荞麦都可以像小麦那样方便地被磨粉机磨成粉，用于制作各种糕点、面包、面条等产品。不同荞麦品种籽粒的出粉率存在明显差异，一般为 60%～70%，甜荞麦的出粉率高于苦荞麦，可通过育种培育皮壳薄的高出粉率的荞麦品种，提高荞麦籽粒出粉率和荞粉产量。对于甜荞麦，由于皮壳较薄、籽粒有棱易于直接脱壳形成完整生荞米，新鲜时米粒表皮为绿色，可像稻米一样用来制作各种米饭，适应人们的生活习惯，在初加工上没有难点。但大多数苦荞麦品种籽粒皮壳较厚且坚韧，通常难以直接脱壳形成生米，常用蒸汽处理后再干燥使壳与籽粒分离而脱壳，或者先制粉熟化后重新机械制粒，所生产的是熟米或半熟米，而且米粒常常不完整，颜色变黑或变褐，品质明显不理想。生产上不同苦荞品种在初加工上的易脱壳性存在极大差异，少数个别品种（如小米荞）皮壳很薄，甚至比甜荞麦的皮壳还薄而极易脱壳，因此改进苦荞麦品种的易脱壳性，培育易脱壳的苦荞麦新品种是目前急需解决的重要课题。

3. 荞麦的保健品质特征

荞麦由于具有较高含量的黄酮类成分、D-手性肌醇、膳食纤维等，具有主要作物所不具备的较强保健功能，直接或间接地影响加工产品的产量、品质和生产成本。根据对植物品质的不同要求，品质育种的重要方向是选育出适宜于不同用途的专用优质品种。荞麦是用途较广泛的作物，如荞麦有面粉制品用途（面包、面条、糕点、烙饼等）、饲料用途（秸秆饲料、麸皮饲料等）、发酵用途（白酒、啤酒、黄酒、酱油、醋等）、蔬菜用途（尖菜、芽菜等）、饮料用途（荞麦叶茶、花茶、种子茶、麸皮茶等）、护理用途（抗氧化、防紫外线、护肤霜等）、保健品用途（黄酮提取物、黄酮胶囊）等。有目的地针对这些不同的需要培育专用品种，不仅能提高产品的品质，也可以提高生产效益和目标物质的产量。

（四）适应机械化需要

适应机械化种植管理的品种应该是株型紧凑、生长整齐，株高一致，秆硬不倒，成熟一致，荞麦结实部位与地面有一定距离。不倒伏、不落粒是机械化对作物品种的共同要求。荞麦品种必须适应农业机械化和降低栽培成本的要求，尤其在东北、西北、华北等机械化程度较高的地区更是如此。

（五）甜荞麦和苦荞麦育种目标及高产特征

甜荞麦和苦荞麦由于繁殖方式和用途上的差异，在产量组成及其具体育种目标上有明显的差异。甜荞麦相对苦荞麦的优点是蛋白质含量较高、易脱壳、适口性好、D-手性肌醇含量较高。甜荞麦的蛋白质含量与籽粒大小呈显著正相关关系，即籽粒大的，蛋白质含量也常常较高。甜荞麦是花柱异长异花传粉作物，遗传杂合，品种的遗传基础较广泛，对环境的适应性较好。甜荞麦由于自交不亲和与对蜜蜂的依赖性，自然条件下的平均结实率较低，通常为 10%～20%。低结实率是甜荞麦品种产量低且不稳定的主要因素。甜荞麦的育种目标是高产、稳产、大粒、高蛋白、半矮秆、秆坚实抗倒伏等。高产甜荞麦的主要参数：天然结实率 20% 以上；单株粒数 70 粒以上；千粒重 30g 以上；亩株数为 5 万～8 万株；亩产 100kg 以上。

苦荞麦自花传粉、自交可育，苦荞麦结实率常常比甜荞麦结实率高出 1 倍以上，在正常生长条件下苦荞麦产量比甜荞麦高 50% 以上。但是苦荞麦由于自花授粉、遗传纯合，对环境的适应性较差，尤其是不耐热，在 30℃ 以上常常表现为种子败育，是苦荞麦产量的主要限制因素。苦荞麦的主要育种目标是高产、高黄酮、薄壳、易脱壳、耐热、耐早霜、高蛋白、大粒、早熟、中矮秆、秆坚实抗倒伏、不易落粒等。高产苦荞麦的主要参数：在温湿度等环境适当的条件下，自交结实率达 50% 以上；单株粒数 130 粒以上；千粒重 20g 以上；亩株数 7 万～10 万株；株高 1m 左右；亩产量 150kg 以上。

由于生产条件及生产、生活要求的多样化，生产上对荞麦品种的要求也是多方面的。同时，植物各性状之间又彼此联系，相互影响，因此在育种工作中，不能孤立片面地追求某一性状而忽视其他性状，应根据各地区在不同时期的特点，在解决主要问题的基础上，选育综合性状优良的荞麦品种。今后荞麦的育种方向首先，选育有限型或亚有限型、根系发达、矮秆、第一果枝节位高，适于全程机械化栽培的荞麦新品种；其次，60% 的荞麦用于加工保健产品，选育高出粉率和出米率、功能因子含量高的加工品质好和食味品质好的专用型荞麦新品种满足加工企业的需求；最后，甜荞麦是重要的蜜源作物，选育多蜜腺、高泌蜜量的专用型甜荞麦品种也将成为可能。荞麦茎秆中含有的花青素是珍贵的食用色素，是育种领域的重要方向。盛花期的荞麦叶片的芦丁含量比籽粒高得多，随着荞麦深加工的进一步深入，选育生育期长、枝繁叶茂新品种将是荞麦育种的又一新领域。选育金叶甜荞麦、红叶米荞、绿花甜荞麦甚至是多年生的荞麦新品种作为观赏作物来美化环境将成为新的方向（赵建栋等，2017）。

二、育种常用方法

"农以种为先"，优良品种是农业增产的核心要素，是种子产业发展的命脉。我国荞麦的种质资源十分丰富，但荞麦科研起步较晚，育种技术也相对落后。20世纪 80 年代以前，我国种植的荞麦品种全部是农家品种，荞麦产量低且不稳定，品种混杂退化严重，影响我国荞麦在国际市场的竞争力。由于荞麦主要种植在我国的少数民族地区、高寒山区、边远落后地区，这些地区经济不发达，荞麦育种科研单位与农业种子生产部门脱节、种子生产部门与农产脱节、农产与荞麦生产加工企业和外贸出口部门脱节的现象较为严重，致使荞麦良种在繁育、推广应用及开发利用方面与其他主要作物相比严重落后。近几十年来，我国在荞麦育种中取得了一定的成绩，选育出了一些甜荞麦和苦荞麦品种。但是到目前为止，一些品种已开始退化，一些品种适应能力差，致使我国荞麦新品种的推广应用效果不理想，新品种的播种面积仅占荞麦栽培总面积的 30%～40%，多数地区仍以农家种为主栽品种，这些品种产量较低，混杂退化严重，品质也较差（余霜等，2012）。

我国荞麦育种发展大体可分为以下 4 个时期。

1. 地方品种时期

1987 年以前，全国尚无荞麦审定品种，全国各地种植的都是地方品种和农民自留种子，种子混杂退化严重。

2. 甜荞麦选择育种时期

1987～1997 年甜荞育种广泛开展。主要方法是选择育种。先后培育 11 个甜荞麦品种，如茶色黎麻道、北海道、平荞 2 号、蒙 822、榆荞 1 号、榆荞 2 号、吉荞 9、吉荞 10 号、美国甜荞等甜荞麦品种。这些品种都是由北方荞麦产业区（内蒙古、陕西、甘肃、宁夏、吉林）的研究机构培育的。其中以前 4 个品种影响较大，推广面积也较大。推广面积超过 10 万 hm^2 的品种有茶色黎麻道和蒙 822。

3. 甜荞麦和苦荞麦选择育种和诱变育种时期

1997 年苦荞麦育种工作开始起步。甜荞麦和苦荞麦采用的育种方法主要是选择育种和诱变育种。此阶段（1997～2008 年）培育出甜荞麦审定品种 9 个，即榆 6-21、岛根荞麦、晋荞 1 号、榆荞 3 号、蒙-87、宁荞 1 号、定甜荞 1 号、宁荞 2 号、信农 1 号。此阶段培育出 10 个苦荞麦品种，即黔黑荞 1 号、黔苦 2 号、黔苦 4 号、六苦 2 号、川荞 1 号、川荞 2 号、黑丰 1 号、西农 9920、昭苦 1 号、晋荞 3 号。

4. 杂交育种和杂种优势利用育种发展时期

甜荞麦和苦荞麦育种的方法除了选择育种和诱变育种外，开始出现杂交育种等育成审定品种。杂交甜荞麦以榆荞 4 号为部分杂种优势利用品种的代表，丰甜荞 1 号为甜荞麦杂交育种的代表，是通过德国甜荞麦 Sobano 与贵州沿河甜荞麦杂交后代选育而成的。苦荞麦以川荞 3、4、5 号为苦荞麦杂交育种的代表。川荞 3

号的亲本分别为九江苦荞与地方品种额拉。川荞4号亲本为新品系额02和川荞1号。川荞5号亲本分别是新品系额拉和川荞2号。此阶段（2008年至今）培育出苦荞麦品种21个（其中有2个品种为重复审定），即黔苦3号、黔苦5号、黔苦荞6号、黔苦7号、西荞2号、西荞3号、川荞3号、川荞4号、川荞5号、米荞1号、云荞1号、云荞2号、昭苦2号、迪苦1号、晋荞麦5号、晋荞麦6号、六苦荞3号、凤苦3号、凤苦2号。这是苦荞麦育种大发展的阶段，年审定苦荞麦品种达3~4个。此阶段甜荞麦育种培育出8个品种，即信农1号、榆荞4号、定甜荞2号、丰甜荞1号、威甜荞1号、平荞7号、庆红荞1号、延甜荞1号，保持着一个较稳定的发展速度，即平均每年大约审定1个品种。近年来荞麦育种事业的发展明显加速，年审定品种数目在快速增加。这得益于国家对科技投入的增加，带动了对荞麦科技的投入增加。荞麦保健功能的广为人知，进一步促进了荞麦产业的发展，同时也促进荞麦科技的发展。

就目前而言，荞麦常用的育种方法有选择育种、诱变育种、多倍体育种、杂交育种、杂种优势利用育种等常用方法。

（一）选择育种程序

选择育种是国内外荞麦育种中应用最广泛，选育出的荞麦品种最多的基本育种方法，也是最简单易行的方法。预计未来仍将发挥重要作用，或作为其他育种程序中的重要环节。

选择育种是指根据育种目标，在大田荞麦群体中选择性状优良、有别于原品种的变异植株，经后代鉴定和品种比较试验，从而选育新品种的方法。

选择育种有两种基本的选择方法，即单株选择和混合选择，分别适合于苦荞麦和甜荞麦。

无论是哪种选择都需要建立初始群体。初始群体可以是农户大田荞麦栽培地，也可以是种质资源圃或种子繁殖田。只要是有变异的荞麦栽培群体都可以用于育种。需要注意的是这个群体最好密度较低，选择的最佳时间是个体遗传性都能最充分展现的时期。对于遭受自然灾害如干旱、早霜或晚霜、病虫害发生等的栽培大田或种质资源圃，是进行抗性和适应性选择的良好机会，可以筛选出抗旱、抗寒、抗病虫害的特殊材料，或培育出具有特殊抗性的优良品种。

1. 苦荞麦单株选择育种程序

苦荞麦由于自花授粉，在长期自交下，个体遗传性高度纯合，其自然群体常常是纯系的混合物，用此法从地方品种中选育产量、品质、适应性等均高于原品种的变异纯系，培育成新品种，已成为苦荞麦育种的常用方法，主要特点是简单而且有效。目前绝大多数苦荞麦品种，都是采用此法育成。苦荞麦单株选择育种的基本程序如下。

1）第一阶段，单株选择

在成熟期，从大田群体中选择优良单株，按株收获。根据育种目标和室内考种结果，进一步对单株进行选优去劣。此阶段需要 1 季。

2）第二阶段，株行（系）试验

各入选的优良单株的种子各自单独种成株行（2～3 行），并以原品种和当地推广品种作对照；表现差的株行，全部淘汰；表现分离的，继续选择单株，下季再进行株行试验；稳定的优良株行，经室内考种，均显著优于对照的，入选优良株系。此阶段需要 1～2 季。

3）第三阶段，品系比较

将上一季入选的优良株系升级为品系；各品系种成小区，每小区行长 2m、5 行，行间距约 33cm，1 小区约 4m^2，重复 3 次；以当地推广品种作对照，进行田间与室内鉴定，选出优良品系；小区大小可根据具体情况自定。此阶段需要 1～2 季。

4）第四阶段，区域试验及品种审定

表现优良的品系可作为候选新品种，参加省级或国家级区域试验；一般要进行 2～3 年；区试表现突出的新品系，可申报有关种子和品种管理部门进行审定、命名，作为新品种在适宜区域推广种植。

2. 甜荞麦混合选择育种程序

甜荞麦是花柱异长、自交不亲和的虫媒传粉作物，甜荞麦群体植株间遗传差异大，植株基因型常常是杂合的。单株选择后代遗传会发生分离，而且由于自交不亲和，必然再次进行植株间杂交。如果单株后代群体进行遗传相似植株间杂交，就会导致近交衰退，植株农艺性状越来越差，难以培育出优良品种。因此，一般采用混合选择的方式。甜荞麦混合选择的基本程序如下。

1）第一阶段，混合选择、构建初始品系

在成熟期，从大田群体中选择明显有别于原品种的优良单株，按株收获。根据室内考种结果，进一步对单株进行选优去劣，将优良单株种子混合成初始品系。此阶段需要 1～2 季。

2）第二阶段，后代鉴定、提升品系的优良程度

选择一个在地理上相对隔离（周边未栽培任何甜荞）的地块作为选种-繁殖圃；将初始品系播种在一个相对隔离的环境中，进行后代鉴定试验，多次选择、淘汰劣株，提升优良单株在群体中的比例；该阶段可持续 2～5 季，直至形成明显优良的品系。

3）第三阶段，品系比较、确立品系的优良特性

将优良品系的部分种子，种成小区，每小区行长 2m、5 行，行间距约 33cm，

1 小区约 4m^2，重复 3 次，以当地推广品种作对照，进行田间与室内鉴定，选出优良品系。此工作在品比试验圃中进行。此阶段需要 1～2 季。优良品系的其余种子，在选种-繁殖圃中，仍按第二阶段的方法，继续汰劣，进一步提升品系中优良单株的比例，同时繁殖种子，为区试、栽培示范和推广做准备。

4）第四阶段，区域试验及品种审定

表现优良的品系可作为候选新品种，参加省级或国家级区域试验，一般要进行 2～3 年。同时，优良品系在选种-繁殖圃中，仍按第 2 阶段工作、继续汰劣，进一步提升品系中优良单株的比例，同时繁殖种子，为示范和推广做准备。区试表现突出的新品系，可申报有关种子和品种管理部门进行审定、命名，作为新品种在适宜区域推广种植。

3. 甜荞麦和苦荞麦育种比较

甜荞麦和苦荞麦的育种方法不同、育种效率也有很大的差异。苦荞麦由于其单株选择育种是基于纯系混合物群体，而且在同一地块可同时进行大量不同的单株选择和品系试验，所培育的品种自花授粉，遗传上相对纯合稳定，不易于生物学混杂，故其育种效率明显高于甜荞麦；而甜荞麦育种由于隔离条件、防止自交衰退的需要，在同一地块常常 3～5 年只能进行一个品系的选育，同时由于是虫媒异花传粉，甜荞麦新品种很容易地被生物学混杂而退化。

（二）诱变育种程序

诱变育种是指利用物理和化学因素诱导农作物发生基因突变等遗传变异，从其诱变后代群体中选优良突变体单株形成株系，经后代鉴定和品种比较试验，从而选育出新品种的育种方法。根据诱变的手段分为物理诱变和化学诱变两种。

物理诱变方法是目前常采用的方法，一般以种子作为处理材料，以伽马射线等进行辐射处理，参考剂量为 200～600Gy，以半致死剂量效果最佳。常见的品种有四川西昌学院的西荞 1 号、山西省农业科学院的晋荞 1 号、成都大学的米荞 1 号等。

化学诱变方法通常采用化学诱变试剂，如甲基磺酸乙酯、乙烯亚胺、亚硝酸钾、叠氮化钠等进行种子处理诱变。具体的处理浓度和处理时间需要具体试验确定，一般以半致死量（LD$_{50}$）处理较好。

1. 苦荞麦诱变育种程序

1）第一阶段，诱变处理、单株选择

选择某优良品种的健康饱满种子 6～8kg，按推荐剂量（或半致死剂量）进行辐射处理。处理完成后，及时播种。播种植面积约 2.0 亩，精细管理，形成突变 1

代群体。在成熟期，从群体中选择变异单株，按株收获和脱粒保存，这些入选的变异单株进入第二阶段。其余植株混合收获，下一季扩种 5～10 亩，形成突变 2 代群体，成熟期时再次从中进行突变体的单株选择。突变 1 代群体中突变通常较少，而突变 2 代群体中的突变株会更多一些，应进行重点和仔细选择。入选的突变株进入下一阶段。此阶段通常需要 2～3 季。

2）第二阶段，株行（系）试验

上述突变株分别种植成株系，观察突变性状的表现及是否稳定遗传。将其中稳定遗传的株系、单株产量和品质及农艺性状比较优良的株系升级为品系，进入下一阶段。对遗传不稳定的株系，再次进行单株选择，下一季继续种植成株系，直到遗传稳定，即可成为新品系。其中产量不高的但具有独特性状的新品系可以作为遗传育种研究材料。

3）第三阶段，品系比较

即进行品系比较试验，筛选出优异的品系进入下一阶段。

4）第四阶段，区域试验及品种审定

对优异品系进行种子繁殖，同时提交区试组织单位进行区域试验和生产试验，向品质审定委员会提交品种审定。第三、四阶段，同苦荞麦单株选择育种程序。

房世平等（2017b）提出了一种荞麦的诱变育种方法，采用以下步骤。①挑选种子。挑选当季饱满、无霉变、无虫害、无损伤的种子，将精选后的种子用清水清洗 2～3 次，去除种子表面的灰尘，将种子置于 10%H_2O_2 浸泡 2～3h 后捞出，用无菌水冲洗 3～4 次后取出自然晾干备用。②物理诱变。采用 ^{60}Co-γ 射线辐照处理，将荞麦种子装入塑料袋内进行辐照处理，辐射剂量率为 1～2Gy/min，辐射剂量为 10～100Gy。③播种。将上述辐照处理过的种子种于改良的 MS 培养基中，置于 25～28℃的人工气候箱中培养 15～20d。④化学诱导。将上述得到的荞麦幼苗移入营养钵中，待幼苗长至分枝期后，每天在荞麦茎部注射化学诱导剂，连续诱导 7～10d，使其继续生长。⑤分株收获。待植株长至现蕾期，套袋自交，籽粒成熟后，单株收获 M1 代，不进行选择淘汰。⑥筛选突变体。将 M1 代单株收获的种子全部种植形成 M2 代株系，选择未处理的种子做对照，筛选出性状变异株系，将所筛选出来的变异株系单株收获，下一季种植形成 M3 代株系，在 M3 代株系中观察其性状的稳定性，对已趋于稳定的进行混收混脱，性状仍有分离的株系，继续单株种植收获，在 M4 代继续鉴定选择。

2. 甜荞麦诱变育种程序

1）第一阶段，诱变处理、相同变异单株间近交

选择某优良品种的健康饱满种子约 10kg 到有辐射设施的单位，按推荐剂量（或半致死剂量）进行辐射处理，然后播种，种植面积约 2 亩，精细管理，形成诱

变 1 代群体。在诱变 1 代群体中，对于花期就能表现的突变性状，在花期时（最好是初花期，越早越好）从群体中选择变异单株，对于有相似变异的植株，移栽到一个隔离地块进行人工辅助授粉、增加近交，所结种子混合收获后进入第二阶段。对于成熟期才表现的突变性状，同样对有突变性状的单株，如有花朵还在开花的话，也可以在相同突变体植株之间进行人工辅助授粉，这些有相同突变性状的植株可混合收获和脱粒保存，所得种子进入第二阶段。其余植株混合收获，下一季扩种 5～10 亩，形成诱变 2 代群体。诱变 2 代群体按上述方法针对突变性状进行选择和辅助授粉增加近交。再次从中针对突变性状，进行混合选择。入选的有相同突变性状的单株可混合脱粒，进入第二阶段。本阶段相似突变性状的植株可混合收获，形成突变系。此阶段需要 2～3 季。

2）第二阶段，突变系内近交、形成稳定突变体品系

由于甜荞麦是虫媒异花传粉作物，为了避免混杂，需要在隔离防虫网室中进行人工辅助授粉。按突变性状不同，分别种成不同的突变系，系内进行人工辅助授粉，使其近交。目的是促进突变基因逐渐纯合化而稳定遗传。近交种子在下一代种植成近交 1 代群体，从中选择相同突变性状的单株进行人工辅助授粉，按不同突变性状分组进行近交，各近交组合分别混合收获。下一季种植成一系列近交 2 代群体，继续从中选择相同突变性状的单株进行人工辅助授粉，按不同突变性状分组继续近交，各近交组合分别混合收获。依此类推，直到近交系中突变性状及其他性状都基本稳定为止。此时可进行突变株系内混合授粉、混合收获，形成具有突变性状的新品系。对于综合性状良好、产量和品质较好的品系，可进入第三阶段，而其他品系可作为遗传育种研究材料。此阶段需要 2～4 季。

3）第三阶段，品系比较、确立品系的优良特性

同甜荞麦单株选择育种程序。

4）第四阶段，区域试验及品种审定

同甜荞麦单株选择育种程序。

（三）多倍体育种程序

多倍体育种是利用秋水仙素等处理种子或生长点，通过诱导染色体数目加倍形成新材料，经后代鉴定和品种比较试验，从而选育新的优良品种和创造新材料的育种方法。较常用、较有效的荞麦多倍体诱导方法是用秋水仙素或低温诱导处理萌发的种子或幼苗生长点。

荞麦由于染色体加倍后形态巨大化，细胞变大，叶变厚，种子变大，黄酮含量增加，对产量和品质有一定正效应。但是加倍后的荞麦是同源四倍体，细胞遗传不稳定，育性和繁殖系数有些下降，种子也常常不饱满。这些问题主要是由于在减速分裂时期，染色体配对构型多样化，即 4 个同源染色体可以配对形成 1 个

四价体Ⅳ也可以形成 1Ⅲ+1Ⅰ、2Ⅱ、1Ⅰ+2Ⅰ、4 个单价体等多种构型。其中，四价体、单价体和三价体在分配到子细胞时不能保证实现均等分离，从而使子细胞的染色体数目发生变异和遗传的不平衡，由此引起后代植株的遗传不稳定和发育不正常等问题。

这种不稳定的四倍体材料将向两个方向演化：第一方向是二倍体化，即恢复到正常二倍体水平。这主要是与二倍体植株传粉受精后倍数降低，非正常二倍体植株由于育性下降和生长不良被自然淘汰，能结实的就逐渐变成正常二倍体了。第二个方向是异源四倍体化，即染色体组发生分化和歧异，从原来相同的染色体组，形成彼此有差异的两个染色体组。自然存在的四倍体物种左贡野荞（*F. zuogongense*）就是典型的例子。该四倍体是由自交不亲和花柱异长的二倍体栽培甜荞麦（EE）与自交可育花柱等长的二倍体野生甜荞麦（E′E′）杂交后，染色体加倍而形成的。两亲本基因组是同源的，但是本身也有一定的遗传差异，在各自进一步增加分化后，形成了染色体配对 16 个Ⅱ的类似于异源四倍体的配对构型，其育性和生长都完全正常。当它与同源四倍体普通荞麦杂交后，仍能形成 16 个Ⅱ的正常配对构型（Chen，1999b）。因此，可以推论增加异质性可以提高同源四倍体的遗传稳定性和育性。

同源四倍体的遗传不稳定和育性下降问题在苦荞麦中表现非常明显，并成为苦荞麦多倍体育种的主要限制因素。苦荞麦是纯系，加倍后形成的四倍体是典型的同源四倍体，具有同源四倍体的上述典型不良特征，其减数分裂时期染色体配对大多数形成四价体。上述问题在甜荞麦中表现得不是很明显，主要原因是甜荞麦为虫媒传粉的异花授粉作物，遗传杂合性较高，染色体加倍后形成的同源四倍体在减数分裂时期染色体配对时二倍体比例较苦荞麦高，遗传稳定性要好于苦荞麦，而且由于甜荞麦的遗传基础比苦荞麦好，较能耐受一定的遗传异常。因此，多数甜荞麦的同源四倍体植株所结种子是饱满的，培育四倍体甜荞麦品种比培育四倍体苦荞麦品种较容易取得成功。要克服四倍体苦荞麦的遗传不稳定问题，需要将不同四倍体苦荞麦品系之间进行杂交，以增加其异质性，由此可提高遗传的稳定性和种子饱满度，最终提高产量和品质。同源四倍体甜荞麦新品种晋荞麦 7 号的选育研究结果表明，用秋水仙素水溶液处理晋荞麦 3 号选育出的四倍体甜荞麦新品系 T4O7-8，提高了甜荞麦单产、出米率和出粉率，促进了山西省甜荞麦产业的发展（李秀莲等，2015）。

1. 苦荞麦多倍体育种程序

第一阶段：诱变处理、单株选择。

方法：选择某优良品种健康种子，用 0.1%～0.2%秋水仙素溶液浸泡 24h，盆栽播种或大田播种，精细管理。二叶期时，用医用棉花包裹生长点，每天早上和傍晚，滴加 0.1%～0.2%秋水仙素溶液于医用棉花上，保持湿润。持续 1 周后，取下医用棉花。

形态鉴定：若处理后植株新生叶变厚，花和果变大，则说明该植株可能加倍成功，其后代可能是四倍体品系。

细胞学鉴定：将形态上判断可能是四倍体的荞麦植株所结种子发芽处理，取根尖或茎尖进行体细胞染色体数鉴定，或采用花粉母细胞减数分裂中期Ⅰ染色体配对构型观察方法，均可鉴定是否为四倍体。鉴定方法可参考陈庆富（2012）的方法。

此阶段需要 1～2 季。

第二阶段：除了极少数同源四倍体苦荞麦种子饱满，可直接进行产量比较试验外，绝大多数同源四倍体苦荞麦种子不饱满、育性下降，产量较低。因此需要做进一步的改良。方法是将第一阶段产生的不同品种的大量同源四倍体苦荞麦品系进行有性杂交，对所得四倍体苦荞麦杂种进行后代鉴定，对其中育性较正常、遗传较稳定的杂种四倍体苦荞麦品系进行产量鉴定。其中表现好的杂种四倍体苦荞麦品系进入第三阶段，而表现一般的可作为遗传育种材料供进一步研究使用。

第三、四阶段：同苦荞麦单株选择育种程序。

2. 甜荞麦多倍体育种程序

第一阶段：诱变处理、辅助杂交、混合选择。同苦荞麦多倍体育种程序第一阶段。此阶段需要 1～2 季。

不同之处是甜荞麦是异花授粉作物，在加倍处理时需要使用较多的材料，并使较多的植株同时加倍，这样可获得短花柱的同源四倍体和长花柱的同源四倍体植株，这些植株彼此授粉才能获得四倍体后代。因此，四倍体甜荞麦植株品系需要在隔离条件下繁殖，也可以让它们彼此杂交，让不同甜荞麦品种的四倍体系间自然杂交、混合选择形成初始四倍体品系。

第二阶段：为了进一步增加杂合性，提高育性和遗传稳定性，可将不同甜荞麦品种的四倍体植株任其天然杂交，混合选择其中的优良植株，混合播种和收获形成初始四倍体甜荞麦品系。

通常需要 3～5 季，才能使其繁殖系统逐步趋于稳定，育性趋于正常。

第三、四阶段：与甜荞麦混合选择育种相似。

（四）杂交育种

杂交育种是指通过品种间或种间杂交创造新变异，对其后代群体进行多次连续的单株选择或混合选择，经后代鉴定和品种比较试验，而选育新品种的育种方法。最近几年来，甜荞麦和苦荞麦在杂交育种上都已有审定品种问世，如丰甜荞

1 号、川苦荞 3 号、川苦荞 4 号、川苦荞 5 号。预计将成为未来荞麦育种的主要方法。

杂交育种的关键是亲本选配。亲本选配得当，则培育出新品种的概率较大。亲本选配的一般原则如下：

（1）双亲必须具有较多的优点、较少的缺点，其优缺点能互补，不能有严重的缺点。

（2）亲本之一最好为当地推广的优良品种，适应当地自然和栽培条件、丰产性好。

（3）亲本间的遗传差异（不同生态型和不同系统来源品种）较大，由此可导致杂交后代分离广泛，有可能出现超亲类型。

（4）杂交亲本应具有较好的配合力，优良品种不一定是优良亲本。在这里，配合力是指某亲本和其他亲本杂交，在杂种后代中产生优良个体的能力。

1. 甜荞麦杂交育种方法与程序

一般甜荞麦品种是花柱异长的虫媒传粉植物，由两种花型的植株所组成，即长花柱短雄蕊型植株和短花柱长雄蕊型植株（图 2.5）。同型植株间授粉不结实，因此也是自交不亲和的，分别进行人工去雄。杂交授粉时只要遵循长雄蕊授粉长花柱、短雄蕊授粉短花柱的授粉方式（称为合法授粉，lawful pollination），便能正常结实。因此，自然条件下，地理隔离不远的不同甜荞麦品种间时时刻刻地在进行着天然的植株间杂交、品种间杂交。一些甜荞麦的混合选择育种本质上可能也是杂交育种。

（a）长花柱短雄蕊型　　　　　　　　　（b）短花柱长雄蕊型

图 2.5　甜荞麦植株花柱异长的两种花型

为了实现特定品种间的杂交，可以在防虫网室内种植各种不同的品种，然后进行人工有性杂交。也可以在大田采用硫酸纸或羊皮纸套袋方式进行隔离和有性杂交。

常用的甜荞麦杂交方法有如下几种。

（1）大田纸袋隔离杂交授粉方法。在亲本初花期时，对若干不同亲本品种植株主花序或生活力较强的分支花序套袋。套袋前先去除已结种子和已开花朵，只保留花蕾。次日，上午9～11时或下午4～6时开始开花、花药开始破裂时，摘取做父本的植株套袋花序，拿到做母本的植株套袋花序上，将父本长雄蕊短雌蕊花朵的花粉涂抹在母本长花柱短雄蕊的刚开花朵的柱头上即可杂交结实。建议的杂交方式：母本为长花柱短雄蕊，父本为短花柱长雄蕊。这种组合方式的杂交结实率较高。主要原因是长雄蕊花粉较容易涂抹到长花柱柱头上。如果相反的话，做父本的短雄蕊花粉由于有自己花朵长花柱的遮挡和做母本的花朵长雄蕊遮挡而不便于与另一花朵的短花柱柱头直接接触，授粉结实率较低。此时，需要用镊子将做母本的花朵长雄蕊去除后，再行授粉，可大大提高这种组合的杂交结实率。授粉完成后，应及时套袋保持隔离，同时在袋子上写下杂交组合的名称和日期、杂交组合配制人。杂交组合名称为母本×父本。

（2）网室中的杂交方法。如果在隔离网室中采用盆栽方式栽培普通荞麦，可按以下方式进行杂交：待初花期时，将某品种的长花柱植株与另一品种的短花柱植株花盆比邻，去除已开花朵和已结实果实；于上午9～11时、下午4～6时，将一植株刚开花朵花柱柱头与另一植株刚开花朵的花粉进行相互接触，即可实现有性杂交。做父母本的植株所结种子分别为正反杂交种子。进行杂交的2个亲本植株都要挂牌，记录杂交组合、杂交日期、杂交配制人。杂交次数取决于杂交所需要的种子量。如果一次杂交就已获得足量杂交种子，则进行一次杂交即可。如杂交种子不足，可持续杂交1周，这样可获得较多的杂交种子。

甜荞麦杂交育种的基本程序如下：

第一阶段：第1季是亲本选配、有性杂交。

按照亲本选配原则，选定好亲本以后，即可按上述甜荞麦杂交方法进行有性杂交。可进行单交（A×B），也可进行复交（A/B//C，A/B//C/D等）。第2季是杂交组合筛选、优良杂交组合后代混合选择、形成初始育种群体。即将不同组合杂交种子进行种植，每组合可种成一个小区，稀播，任其天然杂交，对其中杂种优势显著、表现较好的1个组合或几个相似的优良组合，混合选择其中的优良植株，混合收获和播种形成初始品系。对于杂种优势较差、农艺性状不理想的杂种组合，可在初花期就进行淘汰（去除不良组合，越早越好，以免与优良组合发生生物学混杂）。

第二、三、四阶段：与甜荞麦混合选择育种类似。

2. 苦荞麦杂交育种方法与程序

苦荞麦由于花小，常常闭花受精，非常不便于进行人工去雄和有性杂交工作，苦荞麦的品种间杂交工作很难开展。这是目前很少有苦荞麦杂交育种育成品种的主要原因，也是限制苦荞麦育种水平提高的关键因素。苦荞麦的有性杂交很困难，但也不是不能进行。未来几年中，苦荞麦杂交技术将被克服，并在育种上广泛使用，由此可对苦荞麦育种的发展发挥不可估量的巨大推动作用。

目前我国运用杂交育种技术育成的苦荞麦新品种很少，但已有审定品种，主要是四川西昌农业科学研究所培育的川荞 3 号（九江苦荞×额拉）、川荞 4 号（额02×川荞 1 号）、川荞 5 号（额拉×川荞 2 号）。

预计杂交育种将逐渐成为创造新类型和选育新品种的重要途径。

苦荞麦杂交方法 1，即花蕾人工去雄授粉法（Wang et al.，2007）。

（1）盆栽各苦荞麦品种。

（2）植株整理：待初花期时，选择特定健康植株作为父母本，二者花盆比邻，去掉已开花朵和已结实果实。

（3）去雄：将整理好的花序，在开花前一天，逐个挑开花蕾去掉雄蕊，立即套袋隔离；此过程可以在解剖镜下完成。

（4）授粉：在去雄后 1~2d，于上午 9~11 时、下午 4~6 时，将父本植株的刚开花的花粉，轻轻涂抹在已去雄的母本柱头上，授粉完毕，立即再套袋，并在母本植株上挂牌，写明父母本名称和授粉日期。

此法的主要难点是对花蕾挑出花药时常常导致花被片或柱头受伤，使花朵不开放或枯萎或半枯萎，难以进行授粉或授粉不结实。

苦荞麦杂交技术 2，即刚开花朵人工去雄授粉法（Chen，1999a）。

盆栽或大田栽培苦荞麦各品种。虽然苦荞麦是自花授粉作物，常常闭花授粉，但是不同品种闭花授粉的比例有所不同，而且总是有少数花朵会开花授粉的。初花期时，不同苦荞麦品种开花时间不同、会打开的花朵数目也不同。绝大多数苦荞麦品种各花朵常常只有中间的三个花药是有正常育性的，而且在湿度较大、温度较低的清晨时，通常开花的花朵刚打开的数十秒内，花药是不开裂的，此时是最佳去雄的时间，可用牙签直接去除花药，等待父本花药开裂，即可将父本刚开裂的花药花粉涂抹在刚去雄的苦荞麦花朵柱头上。在授粉花朵上用记号笔做上标记，最好也把其他已结果实、已开花朵、未开花蕾去掉，挂上标签牌，写上杂交组合名称、杂交制作人及杂交日期。由于苦荞麦花小、不艳丽，很少有蜜蜂传粉，因此可以不用套袋隔离，这样果实发育正常些。这种杂交方法的结实率较高，但是必须随时关注和监视苦荞麦各品种花朵的开放情况，及时抓住开花后的短暂时间。所以杂交种子的数量常常不可能很大，但是只要能杂交成功，并不需要很多的杂交种子，此法对苦荞麦杂交育种来说是可行的。Chen（1999b）使用该杂交方法进行荞麦种间杂交试验，取得预期结果。

苦荞麦杂交技术 3，即温汤杀雄授粉法（Mukasa et al.，2007）。

用 44℃温水 3min 温汤处理苦荞麦花序，使雄蕊败育，直接对败育花朵授粉，从而获得杂交种子。此法的难点在于很难处理得当，常常会导致花序发育不良或死亡，或者花药未败育形成假杂种。

苦荞麦杂交技术4，即化学雄授粉法。

除了上述方法之外，还可以使用化学杀雄法。该方法的难点在于选择合适的药剂、浓度及使用时期。秦国鹏等（2017）提出了一种苦荞麦化学杀雄剂及其应用，该杀雄剂由抑芽丹、赤霉素、乙烯利、二苯胺磺酸、甲硫氨酸、异亮氨酸、酪氨酸、亮氨酸组成，能有效解决苦荞麦杂交操作时由于花器官极小，雌雄蕊靠近而人工去雄困难的问题，大大节省人工去雄的时间，同时，可诱导苦荞麦产生彻底的雄性不育但雌蕊发育正常的植株，为苦荞麦育种提供了一种简单有效的杀雄剂，化学杀雄率为96%，异交结实正常，异交结实率为89%，且毒性低、残留少，对人畜安全，成本低，使用方便，易于推广。

苦荞麦杂交育种程序如下。

第一阶段：苦荞麦杂交和杂种后代群体的获得。

首先，亲本选配、有性杂交。此阶段需要1～2季。按照亲本选配原则，选定好亲本以后，即可按上述苦荞麦杂交方法进行有性杂交。可进行单交（A×B），也可进行复交（A/B//C、A/B//C/D 等）。

然后，杂交组合后代株选择。将不同组合杂交种子进行种植，每组合可种成若干行，稀播，得杂种 F_1。淘汰表现明显不好的组合。较好的组合杂种植株混合收获，所得种子，再次播种，每组合种成 1 个小区，获得杂种 F_2 代分离群体。从杂种 F_2 群体，选择优良单株，单独收获。此阶段需要 2 季。

第二阶段：株系试验。各组合杂种后代群体选出的单株，下一季播种成株系。比较株系的优劣，从优良株系中选择优良单株；下一季再次播种成株系，再次从优良株系中选择优良单株。依次类推，直到性状稳定、获得极为优良的株系为止。此阶段需要 2～4 季。

第三、四阶段：类似于苦荞麦单株选择育种程序。

3. 甜荞麦与苦荞麦杂交育种程序

房世平等（2017a）提出了一种克服甜荞麦和苦荞麦种间杂交不育的方法，为甜荞麦与苦荞麦杂交育种提供了思路和参考，其具体流程如下：

（1）亲本选择：母本选用较晚熟的甜荞麦品种，父本选用综合性状优良的苦荞麦品种，精选饱满无病虫害的籽粒以备种植。

（2）材料种植：根据亲本的生长特性和开花习性分期播种，以确保两亲本的花期相遇。

（3）杂交授粉：当亲本均开花后，选择刚开花的母本花朵，去除已结的种子、已开花朵及正在开的花朵，套硫黄纸袋隔离，挂牌标记，于第二天上午 9:00～10:00 选择父本植株上开花正茂盛的花，连同花梗将小花取下，打开母本的纸袋，手持小花在母本小花上涂抹，进行授粉，授粉后给母本套上硫黄纸袋，封好套袋口，连续授粉 4~5d，标记父母本名称和杂交日期。

（4）幼胚消毒处理：甜荞麦和苦荞麦授粉后 3~6d，取杂交后的种子进行消毒，用 70%乙醇消毒 30~60s，0.1%升汞消毒 10~15min，然后用无菌水清洗 4~5 次，将种子放在灭菌吸水纸上吸干水分。

（5）幼胚接种培养：在超净工作台上，将幼胚接种于生根培养基中，将培养瓶置于温度为 25~26℃、相对湿度为 65%~70%、光照时间为 12h 的恒温培养箱中培养。

（6）组培苗炼苗：待幼胚生根长至 8~10cm 的小苗后，打开培养基瓶口，炼苗 48~72h 后，从培养瓶中取出小苗用自来水冲洗残留的培养基，放到试管中，加入自来水，自来水淹没小苗根部，再次进行炼苗处理，将试管放置在温度为 25~26℃、相对湿度为 65%~70%、光照时间为 12h 的光照培养室中培养 3~5d。

（7）幼苗移栽：将炼苗后的幼苗移栽至盛有营养基质的营养钵中，盖上薄膜，每 3 天喷洒 1/10MS 大量元素溶液 100mL，直至植株成活后，揭去薄膜，在温室中按常规甜荞栽培进行管理。

（五）杂种优势利用育种

1. 杂种优势利用的基本条件

杂种优势利用育种是指利用 F_1 杂种表现出强烈杂种优势现象进行杂交品种培育的育种方法。几乎所有作物均有一定的杂种优势，均可以筛选出强优势的杂交组合。通常要求具备以下基本条件：①强优势的杂交组合；②亲本繁殖与杂交制种技术简单、易行、可靠，异交结实率高，可以大批量、低成本生产杂交种子；③亲本和杂交种子在产量和纯度上均达到要求。但并非所有作物都可以方便地利用杂种优势，通常第 2、第 3 个条件是限制杂种优势利用的主要条件。

由于苦荞麦是严格的自花授粉作物，花朵小，常常闭花受精，在杂种优势利用上难度极大，而甜荞麦是花柱异长、虫媒传粉的自交不亲和的异花授粉作物，杂种优势强，近交衰退显著。甜荞麦群体由两种花型（长花柱短雄蕊型和短花柱长雄蕊型）植株组成，比例大约为 1:1。同型花朵内自交、同型花之间杂交均不能正常结实，只有上述两种类型花朵之间传粉才能正常结实。因此，若将某甜荞麦群体中一种花型植株拔除，留存的同一种花型植株就很容易地与另一甜荞麦品种群体的另一种花型植株之间进行天然杂交，其所得种子就是杂交种子。因此，甜荞麦可利用花柱异长的特点实现杂种优势利用，在培育杂交荞麦上可以取得突破。

2. 杂交种亲本选配原则

荞麦杂种优势利用中的亲本选配原则如下。①亲本遗传纯合度高。亲本遗传纯合度高是杂交种高度一致性和稳定性的基础，因此杂交种的亲本一般为纯系、自交系或近交系，不直接用于生产。②亲本一般配合力高，是产生强优势杂交种的遗传基础。③亲本农艺性状好，亲本优缺点互补，彼此有相当的遗传差异，是强优势杂种的基础平台。④亲本（尤其是母本）产量高，开花习性符合制种要求。

3. 甜荞麦杂交种选育的基本程序

1) 第一阶段，亲本选育与杂交组合筛选

首先，选育亲本近交系。此阶段需要 3～4 季。

将若干特定甜荞麦品种种植在一个防虫网室或温室中，最好盆栽，每盆栽 2～3 株，以方便人工辅助授粉。初花期，将同品种的性状相似的 2 个优良植株配对进行人工有性杂交（近交）。每品种可设立多组近交。近交所得种子于下一季播种产生近交后代群体，继续选择性状相似的优良植株进行近交，直到性状不再发生分离、遗传基本纯合为止。由此可得很多近交系。显然，近交系选育需要在防虫网室中或在隔离条件下借助人工授粉才能实现，并扩大繁殖。

在野生甜荞麦资源中有花柱等长自交可育的类型（*F. esculentum* var. *homotropicum*），其自交可育特性由一个单显性基因控制（*H*）。Chen（1999b）将该类型与栽培甜荞麦进行杂交，杂种表现花柱等长、自交可育特性，但同时也表现出野生型特征，如高度落粒、果实小而尖等。进一步从其杂种后代单株选择，培育出了大量的不落粒自交可育纯系。这些纯系中常常含有落粒性基因，当它与一般花柱异长普通荞麦品种杂交时，其杂种常常表现出高度落粒性。这与落粒性受显性互补基因控制有关。但是仍有少数纯系与一般普通荞麦品种杂交，不表现落粒性，这些纯系在普通荞麦杂种优势利用中将发挥重要作用。

如果有花柱等长自交可育纯系材料，那么可以将该纯系与自交不亲和品种的长花柱短雄蕊植株进行杂交，其后代在隔离条件下，筛选出不落粒的杂交组合，杂种后代连续筛选优良植株，经自交繁殖形成一系列的纯系。这些纯系可作为父本亲本，与花柱异长的普通甜荞麦品种中的长花柱短雄蕊型植株配置杂交组合。

然后筛选杂交组合。

此阶段需要 2 季。

根据亲本选配原则，选择其中较好的近交系，两两间在防虫网室中进行人工杂交，获得大量的杂交组合。甜荞麦不同组合杂种间杂种优势相差很大。在大田，对所得杂交种子，按组合播种成小区，与当地品种作对照，筛选出强优势的杂交组合。同时，在防虫网室中，对强优势组合的亲本进行人工辅助授粉、扩繁。

2) 第二阶段，大田亲本扩繁和杂交种制种

此阶段需要 1 季。

对强优势的杂交组合，建立大田制种圃（1 个）和大田亲本隔离繁殖圃（2 个）。

无论是亲本繁殖圃还是杂交制种圃，栽培地上季未种植荞麦，没有荞麦种子在地块中残留，以免造成机械混杂和生物学混杂。2 个亲本圃要求彼此地理隔离 500m 以上，附近 500m 以上无其他任何甜荞麦品种栽培，隔离繁殖。制种圃中，将两亲本按 2∶2 或 4∶4 的比例相间栽培。初花期，在亲本 1 中人工拔除一种花型（如长花柱短雄蕊型）植株，亲本 2 中拔除另一种花型（如短花柱长雄蕊型），留存的植株经过不同品种间的彼此天然杂交授粉，所得种子均为杂交种子。

甜荞麦杂交种子生产有 2 种常见方式，即移栽法和拔除法。前者是从亲本圃中把初花期父母本特定花柱型植株分别按比例移栽到一个新的隔离地块（制种圃），让其相互授粉。后者是直接将父母本播种栽培到制种圃，初花期时父母本分别拔除特定花型植株，剩下的父母本特定花型植株间相互授粉。

如果父本为花柱等长自交可育的纯系，那么只需拔除母本中的短花柱长雄蕊类型植株，长花柱短雄蕊植株所结种子就是杂交种子。此时，母本与父本的比例可调整为 4∶2 或 6∶2，这样可增加杂交种子的产量。

3）第三阶段，品种比较试验、确立杂交种的优良特性

利用强优势组合的杂交种子，与对照品种等一起进行较正规的品种比较试验。此阶段需要 1 季。同时，继续扩繁亲本和扩大制种规模。

4）第四阶段，区域试验及品种审定

同甜荞麦混合选择育种程序。

在荞麦育种中，应注意优质专用品种的选育，如选育荞麦饮料、荞麦化妆品、荞麦黄酮类产品的专用品种，有效提高荞麦的经济价值，满足各类消费者的需要。为加快荞麦新品种的选育，建议从以下几个方面开展工作。

（1）利用辐射方法、染色体加倍技术等理化条件诱变并选育新品种是荞麦育种的一条有效途径。侯思宇等（2018）采用利用 EMS 化学诱变的方法对种子进行诱变处理，然后再利用高效液相色谱法定向筛选芦丁含量变化突变体，获得了稳定表达的高（低）芦丁苦荞麦种质。该方法简便易行，成功率高，开拓了苦荞麦育种领域，丰富了苦荞麦种质资源。孙朝霞等（2018）利用甲基磺酸乙酯处理‘黑丰 1 号’苦荞麦种子，浸泡于 EMS 溶液中 8～10h，其间轻轻搅动数次；然后小心地将溶液倾倒，用硫代硫酸钠中和 EMS 溶液，蒸馏水冲洗数次，通风橱晾干，备播。将处理好的种子播种于事先中耕过的土地，播种当代统计致死率，达 30%～50%，则诱变有效；单株收获 M_1 代突变体，收获潜在可利用突变体；经筛选及考种，发现三个单株籽粒壳裂，经 M_2～M_5 代连续种植，获得稳定表达的株系 3 个，单株 100 余株，该发明对丰富苦荞麦种质资源，缩短传统育种进程，推进苦荞麦育种工作具有重要意义。

（2）注重开展荞麦杂交育种工作：利用杂交育种技术选育优良作物是目前作物育种工作的主要手段之一。但是由于荞麦的花形较小和需要虫媒，荞麦杂交育

种进展缓慢，这就需要寻找和开发更加有效的荞麦杂交育种技术。

（3）重视荞麦基因工程育种与常规育种特别是与杂交育种技术的有机结合。常规育种技术为我国农业生产的发展做出了巨大贡献，但常规育种面临育种周期长、效率低、遗传背景狭窄等瓶颈，难以培育出产量突破性新品种。因此，育种理论与技术创新是现代种业发展的迫切需求。现代基因工程以其本身固有的优势和特点与常规育种技术形成相辅相成、不可分割的作物育种技术体系。用不同转基因荞麦品种为亲本进行杂交，可能选育出产量高、有效成分含量高、抗逆性强、适应性广的荞麦新品种。因此，应进一步加强荞麦基因工程与常规育种相结合，从而为荞麦育种事业的发展作出贡献（余霜等，2012）。利用苦荞麦、甜荞麦、金荞麦野生种、农家种、主栽品种和优异种质材料，发掘一批增加有效粒数、增加粒重、高产新株型、密植高产、光能高效利用等的优异等位基因，揭示高产性状形成的遗传调控网络，获得具有重大育种利用价值的新基因。在当前主栽品种中，评价单个和多个优异等位基因聚合的增产效应，创制一批设计型的产量突破性新材料，并应用于育种，突破我国荞麦产量提升面临的瓶颈，推动我国荞麦育种产业的快速发展，增强国际竞争力。

第四节　我国荞麦育成品种与性状

荞麦育成品种是指按照一定育种目标，通过一定的育种方法培育出来的新品种。一般情况下，这些育成品种需要在完成省级以上区域试验后被省级以上品种审定委员会审定通过后才成为正规的品种，这样也更加便于广泛推广。根据《中华人民共和国种子法》的规定，对于大作物如水稻、小麦、玉米、油菜等，必须通过省级以上品种审定委员会审定通过以后才能推广，但是对于小作物如荞麦等小杂粮，可以不经过审定，只要足够优异，在生产上能被接受，即可推广。地方品种是当地人民自发栽培的品种，一般未经过审定。

杂交品种（hybrid variety），是指通过人工控制下的有性杂交，将两个或多个具有不同优良性状的亲本进行交配，从后代中选育出具有优越遗传特性的品种。该类品种需要有较纯合的亲本，并通过亲本间杂交进行制种生产杂交种子，以提高杂种的杂合性和杂种优势。该类品种成本较高而且子代将发生遗传分离导致优势下降，生产上该类品种种子一般只能使用一次。杂交品种的主要优点是利用杂种优势可获得较高的产量和适应性，也可以控制种子，给生产商带来效益。榆荞4号甜荞麦品种是利用2个近交系品种：自交不亲和的恢复系"恢3"与荞麦矮变系A杂交，彼此天然授粉生产杂交种子。由于授粉的花粉可能来自另一亲本，也可能来自相同的亲本，因此理论上可能有50%的种子是杂交种子。该杂交种子矮秆、抗倒、结实率高。这种生产用种中杂交种子（杂种型植株）和亲本种子（亲本型植株）各占一定比例的杂交品种称为部分杂交品种（partly hybrid variety）。由于亲本常常利用矮秆/半矮秆近交系，有一定的自交衰退，当和杂交种子一起栽培时，杂种型植株有优势，常常可抑制亲本型植株的生长，密度较大时，大田生产上的产量形成主要依靠杂种型植株。相应地，生产用种中基本上都是杂交种子（杂种型植株）的杂交品种称为完全杂交品种（fully hybrid variety）。目前完全的荞麦杂交品种还没有问世。

中国目前育成的部分荞麦品种见表2.4。1987～2019年全国合计审定81个荞麦品种，其中甜荞麦32个，占39.5%；苦荞麦49个，占60.5%。审定的81个荞麦品种中，国家级审定27个，省级审定54个。约占70%的荞麦品种通过系统育种法选育，其次是诱变育种约占15%，只有很少比例通过多倍体育种、杂交育种和杂种优势利用育种（马宁等，2011；杨丽娟等，2018）。

表2.4 中国目前育成的部分荞麦品种

品种名称	种类	培育单位	审定	审定年	选育方法	来源、特点
茶色黎麻道	甜荞麦	内蒙古自治区农牧业科学院	内蒙古	1987	混合选择法	农家种黎麻道
蒙-87	甜荞麦	内蒙古自治区农牧业科学院	内蒙古	1987	混合选择法	地方农家品种
榆荞1号	甜荞麦	陕西省榆林农业学校	陕西	1988	多倍体育种	陕西靖边荞麦
榆荞2号	甜荞麦	陕西省榆林市农业科学研究院	陕西	1988	株系集团法	地方品种榆林荞麦
榆荞2号	甜荞麦	宁夏农林科学院固原分院	宁夏	1992	系统选育	地方品种榆林荞麦
北海道	甜荞麦	宁夏农林科学院固原分院	宁夏	1992	系统选育	由日本引入
平荞2号（甘荞2号）	甜荞麦	甘肃省平凉市农业科学院	甘肃	1994	混合选择法	云南白花荞，适应性较好
吉荞10号	甜荞麦	吉林农业大学	吉林	1995	混合选择法	当地品种
美国甜荞	甜荞麦	宁夏农林科学院固原分院	宁夏	1995	系统选育	由美国引入
蒙822	甜荞麦	内蒙古自治区农牧业科学院	内蒙古	1995	混合选择法	当地品种小棱荞麦
岛根荞麦	甜荞麦	宁夏回族自治区种子工作站/宁夏农林科学院固原分院	宁夏	1998	系统选育	日本岛根县品种
晋荞1号	甜荞麦	山西农业大学（山西省农业科学院）	国家	2000	辐射诱变育种	甜荞83-230
榆荞3号	甜荞麦	陕西省榆林农业学校	陕西	2001	回交选育	信农1号
宁荞1号	甜荞麦	宁夏农林科学院固原分院	宁夏	2002	辐射诱变育种	混选三号
定甜荞1号	甜荞麦	甘肃省定西市旱作农业科研推广中心	国家	2004	系统选育	定西甜荞麦混合群体
晋荞3号	甜荞麦	山西农业大学（山西省农业科学院）	山西	2006	辐射诱变育种	用^{60}Co-γ射线处理甜荞麦品系83-230
信农1号	甜荞麦	宁夏农林科学院固原分院	宁夏	2008	系统选育	由日本引入
榆荞4号	甜荞麦	陕西省榆林农业学校	陕西	2009	杂种优势利用	大粒，抗倒伏，矮变系与"恢3"杂交
定甜荞2号	甜荞麦	甘肃省定西市旱作农业科研推广中心	甘肃	2010	系统选育	日本大粒荞麦

续表

品种名称	种类	培育单位	审定	审定年	选育方法	来源、特点
丰甜荞 1 号	甜荞麦	贵州师范大学	贵州	2011	杂交育种	德国品系 Sobano ×贵州沿河甜荞麦
威甜荞 1 号	甜荞麦	贵州省毕节市威宁彝族回族苗族自治县农业科学研究所/贵州师范大学	贵州	2011	系统选育	高原白花甜荞
平荞 7 号	甜荞麦	甘肃省平凉市农业科学研究院	国家	2012	系统选育	通渭红花荞
庆红荞 1 号	甜荞麦	甘肃省庆阳市陇东学院农林科技学院	国家	2012	系统选育	环县红花荞
延甜荞 1 号	甜荞麦	陕西省延安市农业科学研究所	国家	2013	系统选育	吴起红花甜荞
赤荞 1 号	甜荞麦	内蒙古自治区农牧业科学院赤峰分院	内蒙古	2013	两系法	甜荞麦
赤荞 2 号	甜荞麦	内蒙古自治区农牧业科学院赤峰分院	内蒙古	2013	系统选育	甜荞麦
品甜荞 1 号	甜荞麦	山西农业大学农作物品种资源研究	山西	2014	混合选育	甜荞麦
西农 9976	甜荞麦	西北农林科技大学	山西	2014	株系集团选育	甜荞麦
西农 9978	甜荞麦	西北农林科技大学	山西	2014	株系集团选育	甜荞麦
定甜荞 3 号	甜荞麦	甘肃省定西市农业科学研究院	甘肃	2014	系统选育	吉荞 10 号
通荞 2 号	甜荞麦	内蒙古自治区通辽市农业科学研究院	内蒙古	2014	系统选育	甜荞麦
苏荞 2 号	甜荞麦	江苏省泰州市旱地作物研究所	江苏	2015	杂交	威甜 1 号×纯甜 4202
晋荞麦（甜）7 号	甜荞麦	山西农业大学（山西省农业科学院）	山西	2015	化学诱变、混合单选	晋荞麦 6 号
晋荞麦（甜）8 号	甜荞麦	山西农业大学（山西省农业科学院）高粱研究所	山西	2015	EMS 化学诱变剂处理	日本引进的甜荞麦
吉荞 9 号	苦荞麦	吉林农业大学	吉林	1995	系谱法	九江苦荞
西荞 1 号	苦荞麦	西昌学院	国家	1997	物理、化学诱变	地方品种额洛乌且
川荞 1 号	苦荞麦	四川省凉山彝族自治州农业科学研究院	国家	1997	混合选择法	老鸦苦荞，耐热
榆 6-21	苦荞麦	陕西省榆林市农业科学研究所	陕西	1998	单株选择育种	榆林地方品种
黑丰 1 号	苦荞麦	山西农业大学（山西省农业科学院）	山西	1999	单株选择育种	榆 6-21
九江苦荞	苦荞麦	江西省吉安市农业科学研究所	国家	2000	单株选择育种	九江苦荞混杂群体，耐热，适应性广
晋荞 2 号	苦荞麦	山西农业大学（山西省农业科学院）	山西	2000	辐射诱变育种	五台苦荞诱变，高黄酮
凤凰苦荞	苦荞麦	湖南省凤凰县农业农村局	国家	2001	单株选择育种	当地苦荞麦混杂群体
塘湾苦荞	苦荞麦	湖南省凤凰县农业农村局	国家	2001	单株选择育种	当地苦荞麦混杂群体

续表

品种名称	种类	培育单位	审定	审定年	选育方法	来源、特点
川荞 2 号	苦荞麦	四川省凉山彝族自治州农业科学研究院高山作物试验站	四川	2002	系统选育	九江苦荞
黔黑荞 1 号	苦荞麦	贵州省毕节市威宁彝族回族苗族自治县农业科学研究所	贵州	2002	系统选育	高原黑苦荞耐热，早熟
黔苦 2 号	苦荞麦	贵州省毕节市威宁彝族回族苗族自治县农业科学研究所	国家	2004	单株选择育种	高原苦荞麦
黔苦 4 号	苦荞麦	贵州省毕节市威宁彝族回族苗族自治县农业科学研究所	国家	2004	单株选择育种	高原苦荞麦
西农 9920	苦荞麦	西北农林科技大学	国家	2004	混合选择法	陕南苦荞麦混合群体
宁荞 2 号	苦荞麦	宁夏农林科学院固原分院	宁夏	2005	辐射诱变	额落乌且苦荞
昭苦 1 号	苦荞麦	云南省昭通市农业科学院所	国家	2006	系统选育	地方农家品种
六苦 2 号	苦荞麦	六盘水职业技术学院	国家	2006	系统选育	六盘水地方苦荞
西荞 2 号	苦荞麦	西昌学院	四川	2008	辐射诱变	地方苦荞麦品种苦刺荞
西农 9909	苦荞麦	西北农林科技大学	国家	2008	单株选择育种	陕西蓝田苦荞
西荞 3 号	苦荞麦	西昌学院	四川	2008	辐射诱变	川荞 2 号
黔苦 3 号	苦荞麦	贵州省毕节市威宁彝族回族苗族自治县农业科学研究所	国家	2009	系统选育	威宁凉山苦荞
米荞 1 号	苦荞麦	成都大学/西昌学院	四川	2009	物理、化学诱变选育	地方苦荞麦品种旱苦荞。壳薄，可脱壳成荞米
黔黑荞 1 号	苦荞麦	宁夏农林科学院固原分院	宁夏	2009	系统选育	高原黑苦荞
川荞 3 号	苦荞麦	四川省凉山彝族自治州农业科学研究院	国家	2009	杂交选育	九江苦荞×额拉
平荞 6 号	苦荞麦	甘肃省平凉市农业科学院	甘肃	2009	辐射诱变	川荞 1 号诱变
西农 9940	苦荞麦	西北农林科技大学	陕西	2009	单株选择育种	定边黑苦荞
黔苦 5 号	苦荞麦	贵州省毕节市威宁彝族回族苗族自治县农业科学研究所	国家	2010	系统选育	高黄酮威宁雪山地方品种小米苦荞
云荞 1 号	苦荞麦	云南省农业科学院生物技术与种质资源研究所	国家	2010	系统选育	云南曲靖地方苦荞麦
昭苦 2 号	苦荞麦	云南省昭通市农业科学研究所	国家	2010	系统选育	昭通地方品种青皮荞
川荞 4 号	苦荞麦	四川省凉山彝族自治州农业科学研究院	四川	2010	杂交选育	额 02×川荞 1 号
川荞 5 号	苦荞麦	四川省凉山彝族自治州农业科学研究院	四川	2010	杂交选育	额拉×川荞 2 号
迪苦 1 号	苦荞麦	云南省迪庆藏族自治州农业科学研究所	国家	2010	系统选育	迪庆高原坝区地方农家品种

续表

品种名称	种类	培育单位	审定	审定年	选育方法	来源、特点
黔苦荞6号	苦荞麦	贵州省毕节市威宁彝族回族苗族自治县农业科学研究所/贵州师范大学	贵州	2011	系统选育	麻乍苦荞黄皮荞
晋荞麦5号	苦荞麦	山西农业大学（山西省农业科学院）	山西	2011	等离子诱变育种	黑丰（苦）1号
六苦荞3号	苦荞麦	六盘水职业技术学院/贵州师范大学	贵州	2011	系统选育	八担山细米苦荞
凤苦3号	苦荞麦	湖南省凤凰县政协	国家	2012	系统选育	地方农家品种
云荞2号	苦荞麦	云南省农业科学院生物技术与种质资源研究所	国家	2012	系统选育	地方农家品种
酉荞1号	苦荞麦	重庆市农业学校/重庆市酉阳土家族苗族自治县农业技术推广总站	重庆	2013	系谱育种	地方农家品种
西荞3号	苦荞麦	西昌学院	国家	2013	辐射诱变	川荞2号
凤苦2号	苦荞麦	湖南省凤凰县政协	国家	2013	系统选育	地方农家品种
西荞4号	苦荞麦	西昌学院	四川	2014	辐射诱变	米苦荞
西荞5号	苦荞麦	西昌学院	四川	2014	辐射诱变	旱苦荞
六苦荞4号	苦荞麦	六盘水职业技术学院	贵州	2015	系统选育	云南滇宁1号
通荞1号	苦荞麦	内蒙古自治区通辽市农业科学研究院	国家	2015	系统选育	地方苦荞
晋荞麦6号	苦荞麦	山西农业大学（山西省农业科学院）高寒区作物研究所	国家	2015	系统选育	地方农家种蜜蜂
定苦荞1号	苦荞麦	甘肃省定西市农业科学研究院	国家	2015	单株混合选择	西农9920
西荞6号	苦荞麦	西昌学院	四川	2016	系统选育	额洛乌且苦荞
西荞7号	苦荞麦	西昌学院	四川	2016	系统选育	额洛乌且苦荞

第五节　荞麦种子生产与利用

一、种子生产的目的和任务

种子是农业生产最基本的生产资料，也是农业再生产的基本保证和农业生产发展的重要条件。现代农业生产水平的高低在很大程度上取决于种子的质量。只有生产出高质量的种子供农业生产使用，才可以保证丰产丰收。优质种子的生产取决于优良品种和先进的种子生产技术。

一个新品种经审定批准后，根据生产需要，应不断地组织扩大繁殖，并在扩大繁殖过程中，保持其原有的优良种性，按照生产技术规程，迅速地生产出适应市场需要的种子，供大田生产用，这种繁殖、生产良种的过程称为种子生产或良种繁育。

越来越多的国家认识到优质种子是作物生产中廉价、有效的投入。根据联合国粮食及农业组织调查结果，欧洲和北美的一些国家有健全的种子生产、检验、发放体制，但亚洲和拉丁美洲多数国家的种子生产工作发展很不完善，这些国家往往认识到种子工作的重要性，但缺乏有效的管理。

综合各国的经验，种子生产一般具有如下特点：大多数国家重视种子生产体系建设，对育种家种子和原种均安排在种子公司直属的专业农场繁殖。最熟悉品种特性的人是育种者，因此育种家种子由育种单位或育种者提供，并继续生产和保存；从育种家种子开始，从始至终抓好防杂保纯，保证在种子生产各个世代不会出现混杂退化；种子生产专业化程度日渐提高，并给予现代化生产条件，以保证原种繁殖的数量和质量。

种子生产是育种工作的延续，是种子工作的一个重要组成部分，是育种成果在实际生产中进行推广转化的重要技术措施，是连接育种与农业生产的核心技术。没有科学的种子生产技术，育种家选育的优良品种的增产特性将难以在生产中得到发挥；没有种子生产，在生产上已经推广的优良品种就会很快发生混杂退化现象，造成品种寿命缩短，良种不良，失去增产作用。

目前，我国荞麦主产区的甜荞麦和苦荞麦栽培技术均普遍比较落后，品种混杂退化严重，田间管理粗放，单产低。荞麦种子生产体系不完善，大多数是育种家自繁殖的种子，缺乏公司规模化种子经营，推广乏力，规模化产业化生产不足。

种子生产在一定程度上可以提高苦荞麦的品质和产量。荞麦种子生产的任务主要有以下几个方面：

（1）加速繁育生产经品种审定的确定推广的新育成或新引进的优良品种种子，为生产提供足够数量的优质新品种种子，更换生产上现有的旧品种，充分发挥优良品种的增产作用，实行品种更换。

（2）对已经在生产中大量应用推广而且继续具有推广价值的品种，有计划地利用育种家种子生产出遗传纯度变异最小的生产用种加以代替，进行品种更换。

（3）在实施品种更新的过程中，要采用最新的科学技术防杂保纯，保持或提高品种的纯度和优良特性，延长使用年限。

（4）新品种的引进、试种、示范等。

二、种子生产体系和种子的分类

经审定合格的荞麦新品种，必须加速繁殖并保持纯度，使新品种在种子数量和质量上能满足生产的需要。

荞麦品种目前主要是常规品种，其种子繁殖可按常规作物品种的繁育体系进行，栽培技术与规范的生产大田相似。

不同国家的农业体制和种子经营方式不同，种子生产体系有多种形式。美国、法国等将农作物原种和亲本种子的繁殖安排在种子公司的农场，对商品种子的生产则采取特约繁殖的方法，在农场建立种子生产基地，为公司生产商品种子。日本建立了一套完整的水稻良种生产体系，当新品种育成后，由政府、县农业试验场负责原原种、原种的繁育与保存，县农业试验场每年负责向农业协会所属的种子中心提供原种，由各种子中心根据预约的种子数量，委托特约的种子户繁殖生产用种。但各个国家种子的生产类型均是按照一个品种的繁殖世代进行划分的。美国划分为育种家种子、基础种子、登记种子和认证种子。英国划分为育种家种子、前基础种子、基础种子、认证一代种子和认证二代种子。

目前我国种子生产实行育种家种子（原原种）、原种和良种三级生产程序。也就是说，我国荞麦品种种子可分为原原种、原种、良种三个层次。为了保障种子的纯度，无论哪个层次的种子，无论是甜荞麦还是苦荞麦，都需要在完全没有任何荞麦种子残留的地块进行繁种。甜荞麦良种繁种还需要周边隔离地带至少 500m 无其他甜荞麦品种栽培。

（1）原原种：育种单位提供的最原始的一批种子，一般由育种单位或育种单位的特约单位（原种场）生产。原原种生产时，需要选择特定品种的典型单株，种成株行，根据品种的典型特性将整齐一致的典型株行混收即为原原种。在混收原原种之前，可从中选择单株供次年种植株行，以生产次年的原原种种子。苦荞麦是自花授粉作物，群体主要是纯系组成。只需在成熟期进行单株选择、分别脱粒保存即可。甜荞麦是异花授粉作物，群体遗传性不纯。需要在初花期和盛花期严格淘汰非典型个体，再在成熟期进行典型单株选择、混合脱粒保存。

（2）原种：由原原种直接繁育出来的，或推广品种经提纯后达到原种质量标准的种子。原种生产一般在原种场，按原种生产技术操作规程，由原原种直接繁殖，严格防杂保纯，生产原种。可进行典型选择，去杂去劣，但无须种植成株行。

（3）良种：用原种再繁殖一、二代的种子，是提供给农户种植的生产用种。要求达到良种（含杂交种）的质量标准，种子具有较高的品种品质和播种品质，纯度高、健壮、饱满。只有这样，良种的生产潜力才能充分发挥。一般在良种场，由原种直接隔离繁殖，防杂保纯。

三、种子的质量标准

良种应符合纯、净、壮、健、干的要求。

纯，是指种子纯度高，没有或很少混杂有其他作物种子、其他品种或杂草的种子。特征特性符合该品种种性和国家种子质量标准中对品种纯度的要求。

净，是指种子净度好，即清洁干净，不带有病菌、虫卵，不含有泥沙、残株和叶片等杂质，符合国家种子质量标准中对品种净度的要求。

壮，是指种子饱满充实，千粒重和容重高，发芽势、发芽率高，种子活力强，发芽、出苗快而健壮、整齐，符合国家种子质量标准中对种子发芽率的要求。

健，是指种子健康，不带有检疫性病虫害和危险性杂草种子，符合国家检疫条例对种子健康的要求。

干，是指种子干燥，含水量低，没有受潮和发霉变质，能安全贮藏，符合国家种子质量标准中对种子水分的要求。

为了使生产上能获得优质的种子，国家技术监督局发布了《农作物种子检验规程》和《农作物种子质量标准》。根据种子质量的优劣，将良种划分为大田用种一代、大田用种二代。杂交种子分为一级、二级。

随着《中华人民共和国种子法》的实施，种子体制改革的逐步深入，为保护荞麦生产，保障种子生产者、经营者和使用者的利益，避免不合格种子用于生产所带来的损失，使栽培的优良品种获得优质、高产，1999 年国家发布了《粮食作物种子 荞麦》（GB 4404.4—1999）。2012 年又对该标准进行了修订，形成国家标准《粮食作物种子 第 3 部分：荞麦》（GB 4404.3—2010）。这些标准规定了甜荞麦和苦荞麦种子的质量要求、检验方法和检验规则。根据该标准，荞麦种子的质量应该达到的标准如表 2.5 所示。此外，针对收购、储存、运输、加工和销售的商品荞麦，国家在 1989 年发布了《荞麦》（GB/T 10458—1989），在此基础上，2008年又颁布了《荞麦》（GB/T 10458—2008），规定了荞麦的相关术语和定义、分类、质量要求和卫生要求、检验方法、检验标识以及对包装、储存和运输的要求。

表 2.5　荞麦种子质量标准

作物种类	种子类别	品种纯度不低于/%	净度（净种子）不低于/%	发芽率不低于/%	水分不高于/%
苦荞麦	原种	99.0	98.0	85	13.5
	大田用种	96.0			
甜荞麦	原种	95.0	98.0	85	13.5
	大田用种	90.0			

四、品种的防杂保纯

1. 品种混杂退化的原因

一个新育成的优良荞麦品种具有相对稳定的形态特征和生理特性，这些特征特性综合起来构成一个品种的种性，具有相对稳定的遗传性。但是品种经一定时间的生产繁殖，会逐渐发生纯度降低、种性变劣等不良变异，导致品种失去原有形态特点，抗逆性减弱，产量和品质下降等混杂退化现象。

品种混杂和退化是既相互联系又相互区别的两个概念。品种混杂是指一个品种中混进了其他作物品种或其他荞麦品种的种子。品种退化是指品种原有的生物学特性丧失和某些经济性状变劣，生活力下降，抗逆性减退，以致产量和品质下降。苦荞麦品种的混杂和退化，表现为植株生长不整齐，花色、粒色、粒形不一致，经济性状变劣，失去了品种固有的优良特性。

在荞麦生产中，品种混杂退化是经常发生和普遍存在的现象。因此，必须采取适当措施，防止品种混杂退化，充分发挥良种在生产中的作用。要做到这一点，必须充分了解品种混杂退化的原因。

1）机械混杂

机械混杂是指不同品种和类型的混杂。荞麦品种在种子生产过程中，包括从种到收，再从收到种，要经播种、收割、脱粒、扬晒、装袋、运输、储藏、出库等很多环节，操作稍有不严，常使繁育的品种中混入异品种、异作物或杂草，从而造成品种混杂。另外，不合理的轮作和田间管理，可使前茬荞麦或杂草种子在田间自然脱落产生自生苗，或施用未腐熟的厩肥和堆肥中含有能发芽的种子，均可造成大田机械混杂。苦荞麦的混杂退化主要是由于人为的机械混杂造成。对甜荞麦而言，机械混杂还会进一步引起生物学混杂，其不良后果常比苦荞麦更为严重。

2）生物学混杂

有性繁殖荞麦的种子生产中，由于品种间或种间一定程度的天然杂交，使异品种的配子参与受精过程而产生一些杂合个体，在继续繁殖时会产生许多重组类型，致使原品种的群体遗传结构发生变化，造成品种混杂退化。生物学混杂在异花授粉类型的甜荞麦中最易发生，其影响会随世代的增加而增大，因而一旦发生，混杂发展速度极快。苦荞麦是自花授粉作物，异交率极低，但也有一定的天然杂交率存在，不同品种相邻种植，也可能会造成生物学混杂，导致原有品种优良种性的改变，群体中杂株、劣株比例增高，产量和品质下降。

由于环境等因素影响，苦荞麦群体内也会出现基因变异个体，也会引起品种混杂。但是这种变异的发生率极低，因此混杂退化速度极慢。

3）栽培技术不良和选择不当

品种优良性状的表现必须以良好的栽培技术为条件。如果优良品种长期处于不良的栽培条件之下，自然选择和人工选择不当的结果是群体中优良个体不能充分繁殖，优良率下降，逐步导致良种种性变劣、退化。

4）遗传变化

对于自花授粉的苦荞麦来说，优良品种是一个纯系，但绝对的纯系是不存在的。苦荞麦的新选品系自交代数不够，基因型未完全纯合，会继续发生分离，使品种群体不整齐；在甜荞麦的育种过程中，不同系之间常发生天然杂交，延缓了个体纯合过程。尤其是采用复合杂交、远缘杂交育成的品种，遗传背景复杂，若育种者把尚未完全稳定的品种过早推向生产，就会很快发生退化现象。

品种在繁殖过程中还会发生自然突变，而突变在多数情况下是表现劣变。自然突变的频率虽然很低，但会随着繁殖代数增多而使劣变性状不断积累，导致品种退化。

遗传漂移一般发生在小群体采种中。留种株数过少，会导致遗传学上的基因漂移，而这种基因漂移可能导致一些优良基因的丢失。在良种繁殖中，若采种群体过小，由于随机抽样误差的影响，会使上下代群体间的基因频率发生随机波动，从而改变群体的遗传组成，导致品种退化。一般个体间差异越大，采种个体数越少，遗传漂移就越严重。

综上所述，荞麦品种的混杂退化是一个很复杂的问题，任何改变遗传平衡的因素，都可能使品种群体的性状表现发生变化，导致混杂退化，在防杂保纯时应综合考虑。

2. 品种防杂保纯措施

对荞麦品种进行防杂保纯、提纯复壮，是防止其混杂退化的有效途径。防杂保纯涉及良种繁育的各个环节，必须高度重视，认真做好下列工作。

1）严格种子繁育规则

在种子繁殖过程中，首先要对播种用种严格检查、核对、检测，确保亲代种子正确、合格。从收获到脱粒、晾晒、清洗加工、包装、贮运和处理，均严格分离，杜绝混杂。同时，要合理安排大田轮作和耕作，不可重茬连作，防止种子残留田间造成混杂。

2）建立严格的种子入库制度

在荞麦的良种繁育过程中，任何一个环节发生混杂，都会使整个工作前功尽弃。为防止发生机械混杂，无论繁育哪一级荞麦良种，都必须把好五关，即出库关、播种关、收割关、脱粒干燥关、入库关。收获时必须认真执行单收、单运、单打、单晒、单藏的"五单"原则。种子袋上应有标签，种子要有专人保管，定期检查，注意防止虫害、鼠害和霉变。

3）严格隔离

防止种子繁殖田在开花期间的自然杂交，是减少生物学混杂的主要途径。特别是对甜荞麦来说，繁殖田必须进行严格隔离，栽培地块前作不能是荞麦，而且栽培地周围 500m 以上无其他甜荞麦品种栽培。苦荞麦也要适当隔离，主要是轮作，防止大田混杂。隔离的方法有空间隔离、时间隔离、自然屏障隔离和设施隔离（套袋、罩网、温室等），可因时、因地、因荞麦品种、因条件而定。

4）典型选择、去杂去劣

去杂是指去掉非本品种的植株。去劣是指去掉生长不良或感染病虫的植株。去杂去劣应及时、彻底，最好在初花期、成熟期、收获期分别进行。

典型选择是选择品种的典型特征特性植株，淘汰其他植株，是使品种典型性得以保持的重要措施。选择人应具有一定的遗传育种知识，且熟悉品种的典型性状特点，选择性状优良而典型的优株采种。要严防不恰当选择造成混杂。

5）选用或创造适合种性的生育条件

选择或创造适宜的繁育条件进行繁育种苗，可有效地减少品种退化。依据荞麦品种的种性特点，选用气候适宜的种植地点或采用有利于保持和增强其种性的栽培措施，可减少遗传变异。

6）用优质种子（原种）定期更新生产用种

用纯度高、质量好的原种或原种苗，及时更新生产用种，也是防止荞麦品种混杂退化和长期保持其优良种性的重要措施。一般而言，对于甜荞麦，由于混杂退化非常迅速，一般 2～3 年需要更新一次，而苦荞麦是自花授粉作物，品种寿命较长，一般可以 5 年更新一次。

五、荞麦的繁殖方式与种子生产技术

（一）荞麦的繁殖方式

在长期的进化过程中，荞麦适应环境条件，加上对栽培荞麦的人工选择，形成了各种不同的授粉方式以繁衍后代。由于繁殖方式的不同，其后代群体的遗传特点各异，对不同荞麦的育种方法、种子生产方式也就不同。

1. 自花授粉荞麦

自花授粉荞麦一般雌雄蕊同花，花柱等长（短），自交可育，雌雄蕊基本同时成熟，有的在开花之前就已完成授粉，即闭花授粉，其自然异交率不超过 4%，典型代表是苦荞麦。

自花授粉荞麦常规种子的生产比较简单，可以由上而下逐代扩繁的方法生产。也可以从原始群体中，采用单株选择、分系比较、混合繁殖的程序，用以改良混合选择法为基础的"三季三圃制"和"二季二圃制"的提纯复壮方法来生产原种。在种子生产过程中，主要是防止各种形式的机械混杂。先进的种子生产应采取适当的隔离，以防止天然杂交和机械混杂。田间进行去杂去劣，可起到保纯作用。

三季三圃制是在农作物育种工作中生产原种的一种标准制度，包括株行圃、株系圃、原种圃的三季三个试验圃。即在良种生产田选择典型优良单株，下季种成株行圃进行株行比较，将典型株行下一季继续繁殖成株系，形成株系圃，对其中典型株系所收种子作为原原种种子，进入原种圃进行繁殖，生产原种。对于易混杂退化或混杂退化较大的品种可以采用此法。

二季二圃制是指在良种生产田选择典型优良单株，下季种成株行圃进行株行比较，将入选株行混合收获，所收种子作为原原种，下季进入原种圃生产原种。

2. 异花授粉荞麦

异花授粉荞麦是指不同植株的花朵彼此传粉而繁殖后代的荞麦。一般甜荞麦品种就是典型异花授粉类型。甜荞麦由于花柱异长等原因，造成自交不亲和、异花授粉，天然异交率在50%以上。

异花授粉荞麦品种是由许多异质结合的个体组成的群体，其后代产生分离现象，出现多样性。花柱异长特点可用于杂种优势利用，生产杂交种子。基本方法是先通过多代近交，使其基因型逐渐趋于同质结合，育成稳定的近交系，再利用近交系配置杂交种。在亲本繁育和杂交制种过程中，严格的隔离措施和控制花粉是防杂保纯的主要工作。同时，要注意及时拔除异株劣株，以防发生不同类型的非目标的天然杂交。此外，对杂交制种的亲本也要严格防止机械混杂，才能生产出高质量的杂交种。

（二）种子生产程序

世界各国的荞麦种子生产都采用分级繁育和世代更新制度，但有两种不同的技术路线，一种是发达国家采用的保纯繁殖，其基本思想是保持品种的种性和纯度；另一种是我国常用的提纯复壮法，其指导思想是保持纯度、提高种性。这两种技术路线的产生具有不同的遗传理论基础，适用于不同的生产力发展水平。

提纯复壮法实际上是一种改良单株选择法，此法对混杂退化比较严重的种子生产比较有效。

1. 隔离技术

1）授粉方式与隔离的关系

无论是苦荞麦还是甜荞麦，在种子生产过程中都必须采取不同程度隔离措施，以保证生产种子的遗传纯度和种性。根据荞麦的授粉方式，在种子生产时采取不同的隔离条件，甜荞麦的要求要严于苦荞麦。

2）种子生产隔离的方法

① 空间隔离。通过空间距离将制种区与其他品种隔开，防止其他花粉飞入制种区。不同荞麦品种，种子生产的空间隔离距离不同。甜荞麦是虫媒传粉，要求隔离距离在500m以上。苦荞麦是自花授粉作物，对地理隔离要求不严格。轮作本身也是一种隔离方式，防止上季荞麦与本季栽培荞麦发生大田混杂和生物学混杂。

② 时间隔离。在种子生产中利用花期不同防止其他品种花粉的干扰。

③ 自然屏障隔离。利用山体、河沟、树林、果园和建筑等自然障碍物隔离，防止其他品种花粉的干扰。

④ 人为屏障隔离。人为设置一些障碍物，防止其他品种花粉的干扰，如搭建纱网、人工套袋等。

2. 提纯复壮技术

提纯复壮就是使种子由杂转化为纯，由退化转化为复壮，以获得相对纯的、生活力强的、无混杂退化的种子。复壮技术在种子生产中应用较广泛。

提纯复壮的一般程序为三圃制。

① 选择优良单株。在要复壮的品种群体中，选择性状典型、丰产性好的单株。

② 株行比较。将选择的单株种成株行，形成株行圃，根据性状表现，在生长期间评比，在初花期和收获前分别决选，淘汰杂劣株行，分行收获。

③ 株系比较。上年入选的株行各成为一个单系，分别栽培形成株系圃，每系一区，对其典型性、丰产性、适应性等进一步比较试验。去杂去劣后混合收获，产生复壮种子（相当于原原种种子）。

④ 混系繁殖。将典型株系圃内混合所收种子作为原原种种子，用于原种圃栽培，繁殖原种。

一般甜荞麦和混杂较重的苦荞麦，可采用上述三圃制；对于一般苦荞麦品种，由于其植株遗传纯合特点，采用二级提纯法（二圃制）即可获得预期效果，可以省去株系圃，由株行圃选出的典型株行混合，即可作为原原种，用于原种圃栽培。

3. 杂交制种关键技术

对于甜荞麦，生产上已经开始有部分杂种优势利用的杂交品种，如榆荞 4 号。杂交制种技术主要包括以下几个方面。

1）确定亲本的播期

亲本的播期是杂交制种成败的关键，尤其是花期短的荞麦，一般如父母本花期相差 3d 之内，可同期播种。在两者花期相差较大时为了保证花期相遇，父本可分两期播种，相隔 5～7d，以延长父本开花时间。

2）确定亲本行比

在保证父本花粉的前提下，应尽量增加母本行数，以便多收杂种种子。如果互为父母本，则采用 1：1 即可。

3）去杂去劣

为提高制种质量，在亲本繁殖田严格去杂的基础上，对制种区的父母本也要认真去杂去劣，获得纯正的杂种种子并保持父本的纯度。

4）辅助授粉

如果双亲都是花柱异长的虫媒异花传粉品种，则可以养蜂，以增加其结实率和提高产量。为了提高杂交种子的比例，还可以在初花期从双亲中分别拔除对应的花形植株（如亲本1可拔除短花柱长雄蕊型植株，亲本2可拔除长花柱短雄蕊型植株），这样可大幅增加杂交种子在所收获种子中的比例，从而提高杂交种子的纯度。如果父本是花柱等长的自交可育纯系，这时只需拔除母本中的短花柱长雄蕊植株即可。植株拔除最好在初花期以最快的速度完成，以减少生物学混杂比例。

参 考 文 献

陈庆富，2012. 荞麦属植物科学[M]. 北京：科学出版社.

陈庆富，陈其饺，石桃雄，等，2015. 苦荞厚果壳性状的遗传及其与产量因素的相关性研究[J]. 作物杂志（2）：27-31，F0002.

崔娅松，王艳，杨丽娟，等，2019. 米苦荞果壳率及其相关性状的遗传研究[J]. 作物杂志（2）：51-60.

邓琳琼，黄云华，刘拥军，等，2005. 普通荞麦（Fagopyrum esculentum）形态性状的遗传规律研究[J]. 西南农业学报，18（6）：705-709.

邓琳琼，张奎，黄凤丰，等，2011. 甜荞和苦荞品种遗传多样性的RAPD分析[J]. 安徽农业科学，39（15）：8895-8898.

范昱，丁梦琦，张凯旋，等，2019. 荞麦种质资源概况[J]. 植物遗传资源学报，20（4）：813-828.

房世平，秦国鹏，胡丹，2017a. 一种克服甜荞和苦荞种间杂交不育的方法：201710126914.6[P].

房世平，秦国鹏，胡丹，2017b. 一种荞麦的诱变育种方法：201710126898.0[P].

高帆，张宗文，李艳琴，等，2011. 苦荞中查尔酮合成酶基因（CHS）的克隆[J]. 中国农学通报，27（21）：207-214.

高帆，张宗文，吴斌，2012. 中国苦荞SSR分子标记体系构建及其在遗传多样性分析中的应用[J]. 中国农业科学，45（6）：1042-1053.

高飞，2017. 苦荞光应答转录因子FtMYB5对黄酮合成的调控[D]. 雅安：四川农业大学.

侯思宇，孙朝霞，韩渊怀，2018. 一种获得高芦丁含量苦荞种质创制的方法：201810164032.3[P].

侯雅君，张宗文，吴斌，等，2009. 苦荞种质资源AFLP标记遗传多样性分析[J]. 中国农业科学，42（12）：4166-4174.

李成磊，冯争艳，白悦辰，等，2011b. 金荞麦苯丙氨酸解氨酶基因FdPAL的克隆及原核表达[J]. 中国中药杂志，36（23）：3238-3243.

李成磊，张晓伟，吴琦，等，2011a. 甜荞查尔酮合成酶基因CHS的克隆及序列分析[J]. 广西植物（3）：383-387.

李秀莲，史兴海，高伟，等，2015. 同源四倍体甜荞新品种晋荞麦7号的选育研究[J]. 现代农业科技，15：49，53.

李雪，黄志强，姜君，等，2015. 不同荞麦品种落粒基因的筛选[J]. 贵州农业科学，43（5）：19-23.

刘星贝，2017. 烯效唑和赤霉素浸种对甜荞抗倒伏性能的影响及其机理研究[D]. 重庆：西南大学.

卢文洁，李春花，王艳青，等，2017. 荞麦轮纹病抗性鉴定方法的建立及荞麦抗病种质资源的筛选[J]. 中国农学通报，12：104-108.

雒晓鹏，白悦辰，高飞，等，2013. 金荞麦查尔酮异构酶的基因克隆及其花期表达与黄酮量分析[J]. 中草药（11）：129-133.

马婧，王斌，代银，等，2012. 金荞麦无色花色素还原酶基因FdLAR的克隆和表达分析[J]. 药学学报，47（7）：953-961.

马婧，祝钦泷，郭铁英，等，2009. 金荞麦MYB转录因子基因FdMYBP1的克隆及分子特征分析[J]. 中国中药杂志，34（17）：2155-2159.

马宁，贾瑞玲，魏立萍，等，2011. 优质荞麦新品种定甜荞2号选育报告[J]. 甘肃农业科技，12：3-4.

蒙华，李成磊，吴琦，等，2010. 金荞麦查尔酮合成酶基因CHS的克隆及序列分析[J]. 草业学报，19（3）：162-169.

孟第尧，张先炼，1998. 普通甜荞产量的主成分分析[J]. 上海师范大学学报（自然科学版）（4）：50-53.

缪亚丽，2019. 荞麦落粒发生规律及其生理机制研究[D]. 杨凌：西北农林科技大学.

莫日更朝格图，2010. 苦荞资源遗传多样性研究[D]. 杨凌：西北农林科技大学.

秦国鹏，胡丹，2017. 一种苦荞化学杀雄剂及其应用：201710254456.4[P].

任翠娟，2006. 荞麦属（*Fagopyrum*）植物资源的 RAPD 研究[D]. 贵阳：贵州师范大学.

孙朝霞，侯思宇，韩渊怀，2018. 一种获得易脱壳苦荞种质创制的方法：201810164034.2[P].

谈天斌，卢晓玲，张凯旋，等，2019. *TrMYB308* 基因的克隆及在苦荞毛状根中的功能分析[J]. 植物遗传资源学报，20（6）：1542-1553.

谭萍，王玉株，李红宁，等，2006. 十种栽培苦荞麦的随机扩增多态性 DNA（RAPD）研究[J]. 种子，25（7）：46-49.

唐宇，孙俊秀，刘建林，等，2011. 四川省野生荞麦资源的开发利用[J]. 中国野生植物资源，30（6）：28-30.

汪灿，阮仁武，袁晓辉，等，2015. 不同荞麦品种抗倒伏能力与根系及茎秆性状的关系[J]. 西南大学学报（自然科学版）（1）：65-71.

王安虎，夏明忠，蔡光泽，等，2006. 凉山州普格县野生荞麦资源的特征与地理分布[J]. 西昌学院学报（自然科学版），20（1）：10-13.

王莉花，叶昌荣，肖卿，2004. 云南野生荞麦资源地理分布的考察研究[J]. 西南农业学报，17（2）：156-159.

王耀文，夏楠，韩瑞霞，等，2011. 苦荞 SSR-PCR 反应体系的优化及引物筛选[J]. 贵州农业科学，39（4）：4-8.

吴渝生，1996. 荞麦主要农艺性状的遗传相关分析[J]. 云南农业大学学报，11（4）：258-262.

向达兵，李静，范昱，等，2014. 种植密度对苦荞麦抗倒伏特性及产量的影响[J]. 中国农学通报，30（6）：242-247.

杨丽娟，陈庆富，2018. 荞麦属植物遗传育种的最新研究进展[J]. 种子，37（4）：52-58

杨明君，郭忠贤，陈有清，等，2005. 苦荞麦主要经济性状遗传参数研究[J]. 内蒙古农业科技，5：19-20.

杨小艳，陈惠，邵继荣，等，2007. 川西北荞麦种间亲缘关系初步研究[J]. 西北植物学报，27（9）：1752-1758.

尹春，刘金泉，张雄杰，等，2009. 甜荞种质资源生物学性状分析[J]. 作物杂志（5）：48-51.

余霜，李光，陈庆富，2012. 中国荞麦种业发展的 SWOT 分析[J]. 种子，31（3）：84-87

岳鹏，黄凯丰，陈庆富，2012. 普通荞麦落粒性、尖果、红色茎秆的遗传规律研究[J]. 河南农业科学，41（1）：28-31

张春平，何平，何俊星，等，2010. ISSR 分子标记对金荞麦 8 个野生居群的遗传多样性分析[J]. 中草药，41（9）：1519-1522.

张春平，何平，胡世俊，等，2009. 药用金荞麦遗传多样性的 RAPD 分析[J]. 中国中药杂志，34（6）：660-663.

张艳，柴岩，冯佰利，等，2008. 苦荞和甜荞查尔酮合成酶基因的克隆及序列比较[J]. 西北植物学报，28（3）：447-451.

张以忠，陈庆富，2004. 荞麦研究的现状与展望[J]. 种子，23（3）：39-42.

张以忠，陈庆富，2008a. 几种荞麦的过氧化物酶同工酶研究[J]. 种子，27（1）：17-19.

张以忠，陈庆富，2008b. 荞麦属植物三叶期幼叶过氧化物酶同工酶研究[J]. 武汉植物学究，26（2）：213-217.

张以忠，陈庆富，2008c. 荞麦属种质资源的谷草转氨酶同工酶研究[J]. 种子，5：39-42，46.

赵钢，唐宇，王安虎，2002. 苦荞新品种西荞 1 号及其栽培技术[J]. 作物杂志（5）：25-25.

赵钢，张平，1993. 荞麦结实性的限制[J]. 国外农学：杂粮作物，2：34-35，39.

赵海霞，李成磊，白悦辰，等，2012a. 苦荞类异黄酮还原酶基因（*FtIRL*）的克隆及序列分析[J]. 食品科学，33（11）：210-214.

赵海霞，李双江，李成磊，等，2012b. 苦荞谷胱甘肽转移酶（*FtGST*）基因的克隆与序列分析[J]. 生物技术通报，（7）：70-76.

赵建栋，李秀莲，陈稳良，等，2017. 我国荞麦育种成就、问题及对策[J]. 种子，36（4）：67-71.

赵丽娟，2006. 荞麦种质资源遗传多样性分析[D]. 北京：中国农业科学院.

赵学荣，杨燕，雒晓鹏，等，2017. 苦荞查尔酮合酶基因 *FtCHS1* 启动子的克隆及分析[J]. 植物科学学报，35（4）：543-550.

赵佐成，周明德，罗定泽，等，2000. 中国荞麦属果实形态特征[J]. 植物分类学报，38（5）：486-489.

祝婷，李成磊，吴琦，等，2010. 苦荞和甜荞二氢黄酮醇 4-还原酶基因（*dfr*）的克隆及序列分析[J]. 食品科学，31（13）：219-223.

ANTONIO C, JUAN I, DANIEL J, 2019. Miralles, the critical period for yield determination in common buckwheat (*Fagopyrum esculentum* Moench)[J]. European Journal of Agronomy, 110: 125933.

CHEN Q F, 1999a. A study of resources of *Fagopyrum* (Polygonaceae) native to China[J]. Botanical Journal of the Linnean Society, 130: 54-65.

CHEN Q F, 1999b. Wide hybridization among *Fagopyrum* (Polygonaceae) species native to China[J]. Botanical Journal of the Linnean Society, 131: 177-185.

FLIS M, SOBOTKA W, ANTOSZKIEWICZ Z, et al., 2010. The effect of grain polyphenols and the addition of vitamin E to diets enriched with α -linolenic acid on the antioxidant status of pigs[J]. Journal of Animal and Feed Sciences, 19(4): 539-553.

HEO K, LEE K C, OHNISHI O, 2001. Pericarp anatomy and character evolution of Fagopyrum (Polygonaceae)[C]//Proceeding of the 8th International Symposium on Buckwheat: 256-260.

IWATA H, IMON K, TSUMURA Y, et al., 2005. Genetic diversity among Japanese indigenous common buckwheat (*Fagopyrum esculentum*) cultivars as determined from amplified fragment length polymorphism and simple sequence repeat markers and quantitative agronomic traits[J]. Genome, 48: 367-377.

KONISHI T, OHNISHI O, 2007. Close genetic relationship between cultivated and natural populations of common buckwheat in the Sanjiang area is not due to recent gene flow between them-an analysis using microsatellite markers[J]. Genes and Genetic Systems, 82(1): 53-64.

KONISHI T, YASUI Y, OHNISHI O, 2005. Original birthplace of cultivated common buckwheat inferred from genetic relationships among cultivated populations and natural populations of wild common buckwheat revealed by AFLP analysis[J]. Genes and Genetic Systems, 80(2): 113-119.

KREFT I, LUTHAR Z, 1990. Buckwheat-a low input plant [C]//Genetic Aspects of Plant Mineral Nutrition: 497-499.

KUMP B J B, 2002. Genetic diversity and relationships among cultivated and wild accessions of tartary buckwheat (*Fagopyrum tataricum* Gaertn.) as revealed by RAPD markers[J]. Genetic Resources and Crop Evolution, 49: 565-572.

LI C L, BAI Y C, LI S J, et al., 2012. Cloning, characterization, and activity analysis of a flavonol synthase gene FtFLS1 and its association with flavonoid content in tartary buckwheat[J]. Journal of Agricultural and Food Chemistry, 60(20): 5161-5168.

LI Y Q, SHI T L, ZHANG Z W, 2007. Development of microsatellite markers from tartary buckwheat[J]. Biotechnology Letters, 29(5): 823-827.

LIU K, HU Y H, WANG G, 2012. Cloning and analysis of a chalone synthase gene from *Fagopyrum tataricum*[J]. Agricultural Science Technology, 13(4): 708-710, 726.

LOGACHEVA M D, KASIANOV A S, VINOGRADOV D V, et al., 2011. De novo sequencing and characterization of floral transcriptome in two species of buckwheat (Fagopyrum)[J]. BMC Genomics(12): 30.

MA K H, KIM N S, LEE G A, et al., 2009. Development of SSR markers for studies of diversity in the genus Fagopyrum[J]. Theoretical & Applied Genetics, 119(7): 1247-1254.

MATSUI K, TETSUKA T, HARA T, 2003. Two independent gene loci controlling non-brittle pedicels in buckwheat[J]. Euphytica, 134(2): 203-208.

MUKASA Y, SUZUKI T, HONDA Y, 2007. Emasculation of tartary buckwheat (*Fagopyrum tataricum* Gaertn.) using hot water[J]. Euphytica, 156(3): 319-326.

OHNISHI O, 1991. Discovery of the wild ancestor of common buckwheat[J]. Fagopyrum, 11: 5-10.

OHNISHI O, 1995. Discovery of new *Fagopyrum* species and its implication for the studies of evolution of *Fagopyrum* and of the origin of cultivated buckwheat[J]. Proceedings of the 6th International Symposium on Buckwheat 5: 175-181.

OHNISHI O, 1998a. Search for the wild ancestor of buckwheat I . Description of new *Fagopyrum* species and their distribution in China[J]. Fagopyrum, 15: 18-28.

OHNISHI O, 1998b. Search for the wild ancestor of buckwheat III. The wild ancestor of cultivate common buckwheat and of tatary buckwheat[J]. Economic botany, 52: 123-133.

OHNISHI O, 2002. Wild buckwheat species in the border area of Sichuan, Yunnan and Tibet and allozyme diversity of wild tartary buckwheat in this area[J]. Fagopyrum, 19: 3-9.

OHNISHI O, ASANO N, 1999. Genetic diversity of *Fagopyrum homotropicum*, a wild species related to common buckwheat[J]. Genetic Resources and Crop Evolution, 46: 389-398.

OHNISHI O, KONISHI T, 2001. Cultivated and wild buckwheat species in eastern Tibet[J]. Fagopyrum, 18: 3-8.

OHNISHI O, MATSUOKA Y, 1996. Search for the wild ancestor of buckwheat II. Taxonomy of *Fagopyrum* (Polygonaceae) species based on morphology, isozymes and cpDNA variability[J]. Genes and Genetic Systems, 71: 383-390.

OHNISHI O, YUSUI Y, 1998. Search for the wild species in high mountain regions of Yunnan and Sichuan provinces of China[J]. Fagopyrum, 15: 8-15.

OHSAKO T, OHNISHI O, 2002. New Fagopyrum species revealed by morphogical and molecular analyses[J]. Genes and Genetic Systems, 73(2): 85-94.

SENTHILKUMARAN R, BISHT I S, BHAT K V, et al., 2008. Diversity in buckwheat (*Fagopyrum* spp.) landrace populations from north-western Indian Himalayas[J]. Genetic Resources and Crop Evolution, 55(2): 287-302.

SHARMA K D, BOYES J W, 1961. Modified incompatibility of buckwheat following irradiation [J]. Canadian Journal of Botany, 39(5): 1241-1246.

SHARMA T R, JANA S, 2002. Random amplified polymorphic DNA (RAPD) variation in *Fagopyrum tataricum* Gaertn. accessions from China and the Himalayan region[J]. Euphytica, 127(3): 327-333.

TAKANORI, OHSAKO, KYOKO Y, et al., 2002. Two new *Fagopyrum* (Polygonaceae) species, *F. gracilipedoides* and *F. jinshaense* form Yunnan, China[J]. Genes and Genetic Systems, 77: 399-408.

TSUJI K, OHNISHI O, 2001. Phylogenetic relationships among wild and cultivated tartary buckwheat (*Fagopyrum tataricum* Gaert.) populations revealed by AFLP analyses[J]. Genes and Genetic Systems, 76(1): 47-52.

WANG Y, CAMPBELL C, 2007. Tartary buckwheat breeding (*Fagopyrum tataricum* Gaertn.) through hybridization with its rice-tartary type[J]. Euphytica, 156: 399-405.

WANG Y, RACHAEL S, CAMBELL C, 2005. Inheritance of seed shattering in interspecific hybrids between *Fagopyrum esculentum* and *F. homotropicum*[J]. Crop Science, 45: 693-697.

WOO S, CAMPBELL C, ADACHI T, et al., 2006. Breeding barriers in interspecific hybridization between *Fagopyrum esculentum* and *F. tataricum*[J]. Korean Journal of Breeding, 38(1): 32-36.

WU Q, BAI X, ZHAO W, et al., 2017. De Novo assembly and analysis of tartary buckwheat (*Fagopyrum tataricum* Garetn.) transcriptome eiscloses key regulators involved in salt-stress response[J]. Genes, 8 (10): 1-23.

WU Q, ZHAO G, BAI X, et al., 2019. Characterization of the transcriptional profiles in common buckwheat (*Fagopyrum esculentum*) under PEG-mediated drought stress[J]. Electronic Journal of Biotechnology, 39: 42-51.

XIANG D, ZHAO G, WAN Y, et al., 2016. Effect of planting density on lodging-related morphology, lodging rate, and yield of tartary buckwheat (*Fagopyrum tataricum*)[J]. Plant Production Science, 19(4): 479-488.

YASUI Y, HIRAKAWA H, UENO M, et al., 2016. Assembly of the draft genome of buckwheat and its applications in identifying agronomically useful genes[J]. DNA Research, 23(3): 215-224.

YASUI Y, WANGY J, OHNISHI O, et al., 2001. Construction of genetic maps of common buckwheat (*Fagopyrum esculentum* Moench) and its wild relative, *F. homotropicum* Ohinishi based on amplified fragment length polymorphism (AFLP) markers[C]. Advances in Buckwheat Research, Proceedings of 8th International Symposium on Buckwheat, 225-232

YOKOSHO K, YAMAJI N, MA J F, 2014. Global transcriptome analysis of Al- induced genes in an Al-accumulating species, common buckwheat (*Fagopyrum esculentum Moench*)[J]. Plant Cell Physiology, 55(12): 2077-2091.

ZHANG L, LI X, MA B, et al., 2017. The tartary buckwheat genome provides insights into rutin biosynthesis and abiotic stress tolerance[J]. Molecular Plant, 10(9): 1224-1237.

ZHANG Z, ZHAO L J, RAMANATHA V, 2007. Assessment of genetic diversity of tartary buckwheat (*Fagoprum tataricum*) collections in China using AFLP markers[C]//Advances in Buckwheat research, Proceedings of the 10th International Symposium on Buckwheat Yangling: Northwest A & F University Press: 68-69.

ZHU H, WANG H, ZHU Y, et al., 2015. Genome-wide transcriptomic and phylogenetic analyses reveal distinct aluminum-tolerance mechanisms in the aluminum-accumulating species buckwheat (*Fagopyrum tataricum*)[J]. BMC Plant Biology, (15): 16.

第三章　荞麦种植技术

荞麦起源于中国，在中国有悠久的种植历史。在中国古代原始农业中，荞麦的种植生产占有重要的地位。一直以来，中国劳动人民都在不断地探索、改进荞麦的种植技术。如历代史书、古医书、诗词、地方志及农家谚语等对荞麦的播种、栽培技术、收获利用，以及形态等方面都已有了较为深刻的记载和描述。唐代《四时纂要·六月》中"立秋在六月，即秋前十日种，立秋在七月，即秋后十日种。定秋之迟疾，宜细详之……"记载了荞麦栽种技术的播种期。北宋论著《后山谈丛》中"中秋阴暗，天下如一；荞麦得月而秀，中秋无月，则荞麦不实"则描述了荞麦与气候和物候的关系。南宋著作《曲洧旧闻》对荞麦的形态进行了详述："荞麦，叶黄、花白、茎赤、子黑、根黄，亦具五方之色"。明代的《天工开物》对荞麦栽培技术中的轮作制度又有进一步的论述"凡荞麦南方必刈稻，北方必刈菽稷而后种"。清代的《农桑经》对荞麦种子质量及引种范围也有记载：荞麦"种陈，则出见而死，慎勿误用。其入怀而粘襟不落者，新也。又籴外种，恐非土宜"。不仅指出了存放多年的旧种子生活力降低，而且提出异地引种可能会因两地的环境条件不同而减产。清代的《救荒简易书》中载有"大子荞麦、小子荞麦、秋荞麦、六十日快荞麦、五十日快荞麦、四十日快荞麦"等多个品种，并注明了每个品种的播种和成熟时间，并强调不同时期播种要选用不同的品种。《农圃便览》中记载："六月，陈蜀秫、荞麦，虽极干，六月内必晒，若至中伏，必蛀"，提出了及时晒种防虫的办法。

这些记载是中国劳动人民在荞麦种植领域的智慧结晶，也在不断地推动着荞麦的向前发展。但是，由于我国的荞麦大多分布于偏远山区和少数民族地区，农民受教育程度低，交通、信息长期闭塞，多数地区处于长期自我发展的状态，发展落后，生产效率低，发展缓慢。据 FAO 统计，2007～2017 年，我国的荞麦平均产量仅为 858.9kg/hm^2，远低于世界其他国家的平均单产水平，表现出我国荞麦生产发展落后的一面。直到近年来，荞麦的功效成分逐渐为人们所认识和重视，市场需求量日益增加，产业逐渐壮大，荞麦的相关研究得到了各级部门的重视，荞麦的种植技术也得到了飞速发展。特别是 2011 年荞麦被纳入现代农业产业技术体系之后，围绕荞麦高产、高效、优质、生态和安全的栽培技术研究取得了较大的成绩，探索形成了与产区相适宜的荞麦高产栽培技术措施，大量相关的栽培生理过程及其增产机制得以阐释，相关技术得以研发、推广和应用。但是，由于我国的荞麦研究起步晚，相较于其他国家和国内的主要粮食作物，还存在较大的差距，今后较长时间内，继续加强和开展荞麦栽培生理及相关技术研究，仍是发展荞麦的重要任务，也必将是未来重要的课题之一。

第一节　荞麦生产制约因素与对策

一、生产制约因素

（一）重视不够，新品种推广速度慢

荞麦被视为一种小宗粮食作物和填闲补缺的救荒作物，大多种植在高坡山冈等贫瘠地区，种植分散，生产规模小，影响荞麦生产的规模效益，也制约荞麦生产的进一步发展。此外，多数种植户对于荞麦的价值认识不足，还停留在"自种自销"阶段，而没有把荞麦当成创汇商品和营养保健食品的优质原料。在荞麦的生产过程中，种植积极性不高，劳动力投入严重不足，栽培管理措施也极为粗放，导致荞麦的产量整体偏低。另外，不少荞麦种植户仍以当地传统品种或自家种为主。在长期种植生产过程中，由于缺乏系统科学知识和管理技术，造成品种混杂、退化现象极为严重，制约荞麦产量和品质的提高（刘荣甫等，2012）。目前，相关科研单位也培育出不少适合当地条件的优质荞麦品种，如现在生产上使用得比较多的苦荞新品种川荞1号、九江苦荞、西荞1号、川荞2号、凤凰苦荞、黔苦系列、黑丰1号、晋荞2号等；甜荞新品种丰甜荞1号、赤峰1号、定甜2号、信农1号、平荞2号、榆荞1号、榆荞2号、茶色黎麻道、晋荞1号等，也从国外引进了温莎（美国甜荞）、牡丹荞等一些品种，这些都极大地丰富了我国的荞麦育种资源，改善了我国长期沿用地方品种的现状，使荞麦的产量和品质都有了一个新的突破，奠定了荞麦发展的良好开端。但由于传统和习惯的作用，要推广这些高产优质新品种还需要付出相当大的努力。

（二）传统劳作、栽培技术措施落后

农民大多采用传统方式种植荞麦，广种薄收，耕作管理粗放，施肥、病虫害防治等意识淡薄，导致产量低、效益差，极大地限制了荞麦的高产稳产和产业发展。传统劳作主要体现在几个方面。①选用地方性品种或自留种。这使荞麦品种的遗传退化现象较为严重，稳定性差，不易获得高产。②喜多连作。这使土地难以得到修整，增加土壤病原微生物，病虫草害严重，影响荞麦的生长和获得丰产。③土地整理粗糙。荞麦的根系发育要求土壤有良好的结构、一定的空隙度，以利

于水分、养分和空气的贮存及微生物的繁殖。重黏土或黏土，结构紧密，通气性差，排水不良的土壤不利于荞麦的生长。深耕有利于蓄水保墒和防止土壤水分蒸发，又有利于荞麦发芽、出苗和生长发育，同时可减轻病虫草对荞麦的危害。传统管理大多翻耕后撒播或条播，一般不进行深耕，土地整理较差，出苗较低，用种量大。④施肥较少或不施肥。荞麦属耐瘠作物，但是荞麦同时也是一种需肥较多的作物。要取得高产必须提供充足的肥料以供其生长，尤其是高寒山区和土地瘠薄的地区。但是这些地区群众种植荞麦时往往不重视施肥，或过多地依赖单一的磷，不增施有机肥，导致土壤贫瘠，荞麦产量低。⑤播种密度过大。荞麦大多采用撒播，种子用量不易控制，导致田间用种量过大，基本苗过多，又不匀苗和定苗，使群体密度过大，严重影响荞麦生长和产量的提高。⑥未进行种子处理。荞麦高产不仅要有优良品种，而且要选用高质量、成熟饱满的新种子。播种前的种子处理，包括晒种、选种、浸种和药剂拌种等方法，是提高荞麦种子质量、全苗、壮苗、奠定丰产的关键。如刘建晖等（2019）以河北省蔚县为例，从荞麦的种子选择、选地整地、种子处理、苗期管理、关键期追肥、病虫防治、收获储藏等方面，针对旱寒地区栽培技术进行了阐述。⑦田间管理不到位。尤其是中耕除草、病虫害防治、灌水及花期辅助授粉等措施不到位。

（三）种植分散、缺乏统一规划、规范化种植技术推广难度大

在我国荞麦的生产中，通过历史沉淀、长期人为活动与自然选择过程，逐渐形成以秦岭为界，秦岭以北为甜荞麦，秦岭以南为苦荞麦的生产格局。总体来说，我国荞麦主要分布在内蒙古、陕西、甘肃、宁夏、山西、云南、四川、贵州，其次是西藏、青海、吉林、辽宁、河北、北京、重庆、湖南、湖北等地区。甜荞麦主要分布在内蒙古东部的库伦、奈曼、敖汉、翁牛特旗和后山的固阳、武川、四子王旗，以及山西大同、朔州，河北张家口等地的白花甜荞产区，陕甘宁相邻的定边、靖边、吴旗、志丹、安塞，宁夏盐池、固原、彭阳和甘肃环县、华池的交界的红花甜荞麦产区。苦荞麦主要分布在云南、四川相邻的大小凉山及贵州西北的毕节等地区，在青海高原、甘肃甘南、云贵高原、川鄂湘黔边境山地丘陵和秦巴山区南麓也有大量分布（冯佰利等，2005）。除四川、云南、陕西、内蒙古、陕甘宁等几个大区种植成规模以外，其他部分地区种植都比较分散，缺乏统一规划。根据各地区光热资源特点，不同地区的荞麦产量存在一定差异，光热资源丰富地区的增产潜力较大。因此，根据自然资源特点及品种的遗传潜力，将荞麦种植区域进行统一规划，适度集中，规模种植，建立和完善规范化的种植技术。一方面，可充分发挥资源优势和品种遗传潜力，增加荞麦产量，提高农民种植荞麦的生产积极性；另一方面，可发挥区域优势，形成规模效应，提高其附加值及产业化进程。

（四）科研投入少，创新机制弱

科技创新是荞麦生产发展的原动力。只有依靠科技进步，及时利用先进科学技术成果，才能有效促进荞麦种植业和加工业的健康发展。近年来，荞麦营养保健价值和经济价值得到社会各界人士的认同，各级政府部门对于荞麦产业的发展也有较多的关注，但其整体投入力度还相对有限，无论是在政策导向上还是资金投入上尚不能完全改善荞麦产业在整个农业体系中发展滞后的困境。另外，荞麦生产加工的主体主要是企业，然而我国荞麦等杂粮加工企业大部分是中小型民营企业，其只注重现实利益而缺乏对未来长远的规划，对新产品、新工艺、新设备等的研发投入甚微；与科研院所和大专院校交流合作方面也不是很紧密；新技术应用、新成果转化的创新意识也非常淡薄，这严重影响和制约了我国荞麦加工业的发展壮大。

近年来，荞麦的科研投入正在逐步加大，尤其是在"十二五"以来，国家对荞麦的科研投入较以往有了大幅度的增长。相关部门及各级地方政府对荞麦科研的力度也正在逐渐加大，尤其是 2011 年国家燕麦荞麦产业技术体系的设立，极大地稳定了荞麦的科研队伍，保障了科研经费，对荞麦产业的长足发展起到了良好的推动作用。从研究人员的队伍来说，以往荞麦的研究人员大多是兼职，有了经费，而今从事荞麦研究的专业人员队伍也在逐步扩大，研究整体水平也正稳步提升。政府-企业-学校-科研院所这种政-产-学-研合作研发的方式也正成为一种常态的研发方式，荞麦的产业链发展也朝着健康、快速的方向前进。

（五）栽培领域自主开发能力弱，基础研究有待深入

栽培生理研究公益性很强，一般难以直接进行产业化开发，商业资金很难融入荞麦栽培生理研究之中。除农用机械、化肥等产品外，多数成果难以形成物化产品，产业化开发难度大，相关企业很少投入资金进行支持。

荞麦具有较强的抗逆、耐旱、耐贫瘠等特点，在荞麦的生长过程中，荞麦的生长发育规律及其与环境的生理协同机制尚不明确。近年来，围绕荞麦的相关种植技术，包括施肥、抗旱、化学调控等方面形成了一系列的生产技术，但是这些技术内在的生理过程及其调控机制还有待阐释。相关的药用功效成分（如黄酮）形成与外在环境和栽培技术措施之间的关系、荞麦的倒伏机理等尚需探讨，荞麦的果皮发育过程、花器官发育规律，低结实率的内在生理过程等尚不清楚。这些栽培生理的研究还需要进一步深入，从而更好地为荞麦的优质高产种植措施奠定理论基础。

（六）我国荞麦与世界荞麦主产国和高产国之间有差距

在全世界种植荞麦的 35 个国家中，分析世界荞麦主产国和高产国可以发现，

近 50 年（1967～2017 年）来，我国荞麦的年平均种植面积居世界第一。但是从单产来说，我国和世界其他国家还存在一定差距。我国的荞麦近 50 年平均单产为1198.8kg/hm²，比世界荞麦主产国的巴西、美国、加拿大、波兰、俄罗斯和世界平均水平分别高 7.6%、14.8%、25.1%、14.6%、46.3% 和 18.0%（表 3-1）。但是和荞麦高产国比，相差巨大，比克罗地亚、法国、捷克共和国分别低 42.9%、47.2% 和 42.1%，这些国家的平均单产均明显高于我国荞麦平均单产。

表 3.1　我国荞麦平均单产与世界主产国和世界高产国平均单产的比较（1967～2017 年）

分类	国别	单产/（kg/hm²）
世界主产国	巴西	1114.6
	美国	1044.0
	加拿大	958.1
	波兰	1046.5
	俄罗斯	733.4
	中国	1198.8
世界高产国	克罗地亚	2098.0
	法国	2272.4
	捷克共和国	2069.2
世界平均		1015.9

资料来源：FAO。

（七）机制不健全，市场监管缺位

荞麦产品在市场上的运营监管机制还比较薄弱。为了追求高额利润，部分商家以不实的概念过度炒作其食疗保健功能，将荞麦产品的价格抬升到了一个异常的水平。有些地区的荞麦产品价格已经达到每千克几百元甚至上千元，失去了其作为食品的本来意义。此外，荞麦中生物黄酮、D-手性肌醇等功能成分的保健作用明显，消费者也较认同，但部分企业通过过分强调芦丁的高含量，甚至已经远远超过了正常的荞麦芦丁含量水平来大肆宣扬其产品的优异品质，从而达到吸引消费者购买的目的。这不仅有损消费者的合法权益，还有可能对整个荞麦产业的健康发展带来严重隐患，不利于荞麦生产的持续健康稳定发展。

二、荞麦生产发展对策

随着社会的进步和人民生活水平的不断提高，人们对食品的要求也越来越高，在满足"填饱吃好"之余，饮食结构也逐渐向"营养保健"型发展。由于荞麦特殊的食疗保健功能，近年来国内外市场对于荞麦的需求量呈上升趋势，荞麦及其加工制品在欧美、东亚、东南亚等地的市场行情极好，供不应求。我国荞麦资源丰富、品质优异，荞麦生产及市场前景十分广阔，必须加快荞麦生产发展步伐，进一步拓展荞麦生产的国内外市场，增加农民收入，促进农村经济稳定发展。在荞麦生产及综合开发利用中，优良品种选育、规范化种植、产品开发、营养功能评价及作用机制研究等方面有待进一步加强和完善，以推动我国荞麦产业的快速发展。

（一）正确评价荞麦生产的作用，提高荞麦种植地位

荞麦虽然属小宗粮食作物，但是它具有其他作物所不具备的优点和营养功能成分。我国科学家经过多年研究后，提出荞麦是 21 世纪人类的重要食品资源。国际植物遗传资源研究所也将荞麦归于"未被充分利用的作物"。随着对荞麦研究的不断深入，荞麦的营养保健功能和经济价值也得到了社会各界人士的认可和重视，加之消费者对无公害食品、绿色食品、有机食品的认同，荞麦作为绿色无污染食品源，其需求量将不断增加，这必将促进我国荞麦产业的快速发展。因此，各级政府部门、科研院所、生产企业与当地种植户要重视荞麦的生产及开发利用价值，正确评价荞麦生产在国民经济中的重要地位和作用，荞麦这一传统"救灾填荒"作物应视为能使农民脱贫致富的特色经济作物。此外，还应充分利用荞麦自身优势、地区自然优势、资源优势，尽快将其转化为商品经济优势，进而帮助农民增加收入、企业增收创汇，以及带动地方经济的发展。

（二）加强优良品种选育与规范化种植，确保优质荞麦原料

荞麦优质品种选育的主要目标是高产、优质、抗逆性强、适应性广、加工性能好等。首先，应大力加强野生荞麦资源的调查、收集和鉴定，逐步建立起我国野生荞麦资源库，从而为深入研究荞麦种间关系、各种性状的遗传规律，以及优质基因的挖掘利用提供重要基础。其次，应对名优农家品种及时进行提纯复壮，加速良种繁育。再次，还应加强国际交流与合作，积极引进国外优质品种资源，尤其对国际市场畅销的品种要积极组织力量进行多点试验示范，以扩大种植面积，形成规模。最后，在传统育种方法基础之上，应结合现代分子生物学方法和技术手段进行荞麦品种选育，培育出品质优良的荞麦品种。用不同转基因荞麦品种为亲本进行杂交，可选育出高产、高有效成分含量、抗逆性强、加工性能优异的荞麦新品种。

在荞麦的种植栽培方面，应根据荞麦主产区的地理气候条件、农业发展水平，选择适宜的种植方式和栽培模式，按照"适当集中、规模发展"的原则，实行集中连片种植，形成规模生产。荞麦在播种前要浸种催芽，使其出苗整齐。要遵循

适时播种、合理密植及合理施肥的原则，做到良法良种。荞麦一般都是种在瘦薄的中下等土地上，土壤的肥力水平是限制荞麦产量和质量的重要因素。因此，合理施用氮、磷、钾肥，是提高其产量和质量的关键。同时，还需要加强田间管理，防治病虫害，及时收获；充分利用间作、套种、混种等种植模式，有效提高荞麦的产量及土地的综合利用率；加强和扩大优质荞麦原料基地的建设，确保基地建设高质量、高标准、高起点、高效益，以促进荞麦的高产、稳产和规范化种植，为产后加工利用提供充足的优质原料。

（三）培育龙头企业，树立原料品牌意识，提升荞麦资源综合利用率

加强企业与优势荞麦原料基地农民的紧密联系，在企业利润中拿出一定比例的资金，实行工业反哺农业，改变农业和农村在资源配置和国民收入分配中所处的不利地位，保证荞麦种植户经济收入的稳定增长，稳固"公司+基地+农户"的产业发展模式，以确保荞麦食品加工原料的需求。同时，荞麦生产企业应大力加强与科研院所的交流合作，及时将相关的科研成果转化为生产力。对于荞麦生产企业而言，还应严格坚持产品质量安全，加大绿色荞麦食品与有机荞麦食品的认证力度，健全产品质量监管体系，树立品牌意识，将产品优势转化为品牌优势，并组建营销队伍，设立销售网点和专柜，利用传播媒体，进行荞麦功能性、营养性食品的展销和宣传，使之迅速进入目标人群的日常生活中，以扩大销售空间。

在加强对荞麦籽粒开发利用的同时，还应注重对荞麦根、茎、叶、花和果实的全方位、多层次综合利用。通过工艺延伸和技术改造，将荞麦原料"榨干洗净"，充分利用。围绕荞麦深加工和综合开发利用，还应积极引导和扶持有深加工能力的重点加工企业，加大投入，培育我国荞麦产品的知名品牌，有效提高我国荞麦加工制品的国际市场竞争力，进而带动我国荞麦产业的快速发展。

（四）农机农艺相结合，提高荞麦生产效率和种植化技术水平

自国家燕麦荞麦产业技术体系成立以来，与农机岗、各试验站进行联合，开发荞麦播种收获机械，形成了西南山区的小型播种机、北方的大垄双行播种机、荞麦联合收割机等播种机具，开发了相关的配套农艺参与，形成机械化标准生产技术规程，《荞麦大垄双行轻简化全程机械化栽培技术》入选2017年农业主推技术。这些技术的应用和推广，极大地提高了荞麦生产效率，深受农户的欢迎。

总之，随着人们对荞麦价值认知度的提高，以及科学研究的不断深入，荞麦的营养保健价值将会被了解得越来越清楚，荞麦的综合开发利用也将会越来越先进和全面，荞麦新产品将会成为丰富人们物质文化生活的重要组成部分，我国荞麦的生产将具有广阔的发展前景。

第二节　荞麦优质高产栽培技术

一、土壤耕作与整地

土壤的耕作有利于熟化土壤，改善理化性质，有利于农作物种子早生快发，获得优质的壮苗。改进荞麦的耕作技术，发挥耕作措施的最大效益，对实现荞麦的高产稳产具有重要的作用，且能调节培肥地力，改善土壤状况，因此精耕细作是荞麦获得高产的一项重要栽培技术措施。我国荞麦的主要产区，大多处于高海拔雨养农业的边远山区，农业生产基础设施薄弱，农田抗御自然灾害能力弱。干旱成为荞麦生长的主要威胁。荞麦常因土壤干旱而不能按时播种，或因土壤墒情不好而不能正常出苗，导致缺苗断垄。因此，秋耕蓄水，春耕保墒，提高土壤含水量，保证土壤水分供应是荞麦种植区耕作的主攻方向。在我国的西南春秋荞麦种植区，如四川凉山、贵州威宁及云南宁蒗、永胜、迪庆等地，一般土壤耕作层较浅，尤其是高寒山区缺水少肥的"火山荞"地，秋季不深耕，只结合播种进行浅耕，不利于荞麦的高产。要加深耕作层，保证土壤的蓄水保墒能力。荞麦土壤的耕作与整地一般有 3 种方式。

（一）深耕

深耕在我国传统农业生产中占据着重要的地位，也是作物高产栽培的一条重要经验和措施。深耕能熟化土壤，加厚熟土层，提高土壤肥力，既利于蓄水保墒和防止土壤水分蒸发，又利于荞麦的发芽、出苗和生长发育，同时还可减轻病、虫、杂草对荞麦的危害。农谚有"深耕一寸，胜过上粪"。深耕能破除犁底层，改善土壤物理结构，使耕作层的土壤容重降低，孔隙度增加，同时改善土壤中的水、肥、气、热状况，使耕层疏松绵软、结构良好、活土层厚、平整肥沃，使固相、液相、气相比例相互协调（左勇，2012），提高土壤肥力，使作物的根系活动范围扩大，使作物能够在土壤中吸收更多的养分和水分以满足生长发育的需要。李涛等（2003）研究发现，深耕深翻增强了土壤接纳灌溉水和自然降水的能力，从而提高了田间水分利用率，并且增强了土壤通透性，改善了根系的生长条件，有利于根系下扎和吸收深层土壤水分，一般以深耕深翻20～40cm效果最好。

在生产上，深耕结合施用有机肥料，是培肥改土的一项重要措施。马俊艳等（2011）研究发现，经深翻或施有机肥后，土壤容重显著下降、含水量增加，其中深翻＋有机肥＋秸秆（DOFS）处理效果最为明显。相对空白对照处理而言，DOFS处理的容重降低，含水量增加。施有机肥和秸秆提高了土壤有机质、全氮和速效养分含量，其中 DOFS 处理的效果最为明显，且 C/N 值增加。但是，深耕要注意逐步加深，不乱土层。深耕的时间要因地制宜，深耕又分春深耕、伏深耕和秋冬深耕，华北和西北地区以秋深耕和伏深耕为佳。在南方大多在秋种和冬种前进行深耕，有利于晒垡、通气，改善土壤的理化性质。伏深耕晒垡时间长，接纳雨水多，有利于土壤有机质的分解积累和地力的恢复。秋深耕的效果不及伏深耕，春深耕的效果最差，因春季风大，气温回升快，易造成土壤水分大量损失。同时，耕后临近播种，没有充分的时间使土壤熟化和养分的分解与积累，土壤的理化性状改善也较差。所以，在荞麦的种植过程中，根据当地的种植习惯和气候条件，尽量选择秋深耕，有利于荞麦的生长发育，促进高产的获得。从生产实际来说，伏深耕尽管效果好，但荞麦一般伏耕地较少，以秋、春深耕为主。一般情况下，土壤含水量随着深耕时间的推迟而减少，反之则增加。同时，深耕还应与耙耱、施肥、灌溉相结合，效果会更加明显。

（二）耙耱

耙与耱是两种不同的整地工具和整地方法，习惯合称耙耱。耙耱都有破碎坷垃、疏松表土、平隙、保墒的作用，也有镇压的效果。生产上有顶凌耙耱的说法，通过疏松表土阻止地表返浆水分耗散，保住地中墒，抗御春季干旱，促进幼苗生长，而且可以松土增温，促进根系的发育。土壤的耙耱要根据土壤的类型进行不同的处理，一般情况下，黏土地耕翻后要耙，砂壤土耕后要耱。黏土地耕后不耙，地表和耕作层中坷垃较多，间隙大，水分既易流失又易蒸发，保水能力差。此种条件下进行播种往往会因深浅不一、下籽不匀、覆土不严，造成荞麦出苗不整齐。严重时，会因坷垃而无法播种。因此，黏重土壤翻耕后要及时耙耱，破碎坷垃，使土壤上虚下实，蓄水保墒。秋耕地应在封冻前耙耱，破碎地表坷垃，填平裂缝和大间隙，使地表形成覆盖层，减少蒸发。耙耱保墒作用非常明显，0~10cm 经耙耱的土层土壤含水量比未进行耙耱的土壤含水量提高 3.6%，甚至更多。根据不同产区荞麦的种植时间及种植习惯，选择耕翻地耙耱的时间，保证荞麦出苗、壮苗。

（三）镇压

镇压即人畜拉石滚压土地。镇压可以减少土壤大孔隙，增加毛管孔隙，促进毛管水分上升，同时还可在地面形成一层干土覆盖层，防止土壤水分的蒸发，达到蓄水保墒、保证播种质量的目的。尽管镇压对作物生长有较好的作用，但应根据土壤类型进行选择，不可盲目镇压。镇压宜在砂壤土上进行，黏土不宜进行镇压，否则会造成土壤板结，不利出苗。

二、种子处理及播种技术

（一）种子清选与处理

荞麦高产不仅要有优良品种，而且要选用纯度、净度、发芽率高的高质量新种子。荞麦种子的寿命较短，生活力下降快，不耐贮藏。观察表明，陈化的种子内在素质（如发芽和活力指数、苗重）明显降低。荞麦种子寿命很短，发芽率每隔一年平均递减35.5%，应选用新鲜而饱满的种子（赵钢等，2003）。隔年陈种子，有可能造成大面积缺苗和弱苗。因此，播种用种宜选用新近收获的种子。新种子的种皮一般为淡绿色，隔年陈种的种皮为棕黄色。种子存放时间越长，其种皮颜色越暗，发芽率越低，甚至不发芽。

荞麦由于边开花边结实，成熟收获时仍有种子未成熟。因此，种子的成熟程度对荞麦种子的发芽和出苗具有重要的影响。新种子也会因成熟度不同而导致发芽率存在较大差异。据研究，成熟度不同的种子发芽率相差较大，发芽指数和活力指数也差异明显（赵钢等，2009）。为此，在荞麦收获时应清理未成熟种子，播种时尽量选用完全成熟的种子，这样才能保障荞麦的全苗和壮苗。

在生产过程中，播种前的种子处理是荞麦栽培中的重要技术措施，对于提高荞麦种子的质量、全苗壮苗丰产奠定良好的基础。常用的种子处理方法有晒种、选种、浸种和药剂拌种等。

1）晒种

晒种是种子处理中常用的一种方式，其成本低，方便且效果较好，能有效提高荞麦种子的发芽势和发芽率。晒种还可以改善荞麦种皮的透气性和透水性，提高种胚的生活力，促进种子后熟，提高酶的活力，增强种子的生活力和发芽力。通过晒种，能借助阳光中的紫外线可杀死一部分附着于种子表面的病菌，减少某些病害的发生。晒种宜选择播种前3～5d的晴朗天气，将荞麦种子薄薄地摊在向阳干燥的地上或席子上，于每日10时～16时连续晒2～3d。晒种时间应根据气温的高低而定。晒种时要不时翻动，使种子晒匀，然后收装待种。

2）选种

即精选种子，是将空粒、瘪粒、破粒、草籽和杂质剔除，通过选用大而饱满整齐一致的种子，提高种子的发芽率和发芽势。大而饱满的种子养分含量多、生活力强，生根多而迅速，出苗快，幼苗健壮，有提高产量的作用。荞麦选种方法有风选、筛选、水选、机选和泥选等，以水选和泥选方法比较好，比不选种的荞麦种子发芽率提高3%～7%。

①风选和筛选。生产中一般先进行风选和筛选。风选是利用种子的乘风率进行风选，借用扇车、簸箕等工具的风力，把轻重不同的种子分开，除去混在种子

里的茎屑、花梗、碎叶、杂物和空瘪粒，留下大而饱满的洁净种子。筛选是利用机械原理，选择适当筛孔的筛子筛去小籽、瘪粒和杂物。利用种子清选机同时清选几个品种时，一定要注意清选机的清理，防止种子在筛选过程中的机械混杂。②液体比重选。利用不同比重的溶液进行选种的方法，包括清水、泥水和盐水选种等。即把种子放入 30%的黄泥水或 5%的盐水中不断搅拌，待大部分杂物和碎粒浮在水面时捞去，然后把沉在水底的种子捞出，在清水中淘洗干净、晾干，以作种用，这种方法在生产中可广泛采用，效果较好。经过风选、筛选之后的荞麦种子再水选，种子发芽势和发芽率有明显提高。经过水选的种子，千粒重和发芽率都有提高，在很大程度上保证了出苗齐全、生长势强，比不选种的增产 7.2%，出苗期提前 1～2d。③人工粒选。先除尘土，后去瘪粒、碎粒和杂质，最后人工拣去石子，杂种或其他作物种子。这种方法可提高品种纯度、保证种子质量，但比较费工，除原原种和原种繁殖之外，一般大田生产较少用之。

3）浸种（闷种）

温汤浸种也有提高种子发芽率的作用。生产中用 35℃温水浸 15min 效果良好，用 40℃温水浸种 10min，能提早 4d 成熟。播种前用 0.1%～0.5%的硼酸溶液（每公顷用种需溶液 150kg）或 5%～10%的草木灰浸出液浸种，能获得良好的结果。经过浸种、闷种的种子要摊在地上晾干，然后再进行播种。同时，可采用微量元素溶液进行浸种，钼酸铵（0.005%）、高锰酸钾（0.1%）、硼砂（0.03%）和硫酸镁（0.05%）浸种也可以促进荞麦幼苗的生长和产量的提高。

4）药剂拌种

用药剂拌种，是防治地下害虫和荞麦病害极其有效的措施。药剂拌种是在晒种和选种之后，用种子量 0.5%～0.1%的五氯硝基苯粉拌种，防治疫病、凋萎病和灰腐病。也可用种子重量的 0.3%～0.5%的 20%甲基异柳磷乳油或 0.5%甲拌磷乳油拌种，将种子拌均匀后堆放 3～4h 再摊开晾干，防治蝼蛄、蛴螬、金针虫等地下害虫。

（二）播种技术

1）播种方式

在荞麦的生产过程中，播种方式对荞麦获得全苗、壮苗及苗匀有着巨大的关系。同时，不同的播种方式对荞麦的产量也有着重要的影响。我国荞麦种植区域广、面积大，产地的地形、土质、种植制度和耕作栽培水平差异很大，故播种方式也存在明显的差异，但归结起来主要有以下几种播种方式：条播、点播和撒播，各自具有不同的优势和缺点。

① 条播。条播是在生产中采用相对较多的播种方式之一，四川春荞区大部分地区采用。条播主要是畜力牵引的耧播和犁播。常用的耧有三腿耧和双腿耧。行

距 25~27cm 或 33~40cm。优点是深浅一致，落子均匀，出苗整齐，在春旱严重、墒情较差时，甚至可探墒播种，适时播种，保证全苗。也可用套楼实现大小垄种植。犁播是犁开沟，人工用手溜籽，是许多地区群众采用的另一种条播形式。犁开沟深度 5~10cm，行距 25~27cm，按播量均匀溜籽。犁播播幅宽，茎粗抗倒，但犁底不平，覆土不匀、失墒多，在早春多雨或夏播时采用。

条播下种均匀，深浅易于掌握，有利于合理密植；条播有利于荞麦地上部叶片和地下根系在田间均匀分布；能充分利用土壤养分，增强田间通风透光能力，使个体和群体都能得到良好的发育，条播还便于中耕除草和追肥田间管理，从而使得荞麦获得较高的产量。

② 点播。点播是在生产中比较精耕细作的一种播种方式，相对比较费工。点播的方法很多，主要的是"犁开沟人抓粪籽"（播前把有机肥打碎过筛成细粪，与籽拌均匀，按一定穴距抓放），这种方式实质是条播与穴播结合、粪籽结合的一种方式。犁距一般 26~33cm，穴距 33~40cm，每公顷 7.5~9.0 万穴，每穴 10~15粒。穴内密度大，单株营养面积小，穴间距离大，营养面积利用不均匀。又由于人工"抓"籽不易控制，每公顷及每穴密度偏高是其缺点。点播可用锄开穴、人工点籽，明确控制种子用量，使行距、穴距、播种深度和覆土易得以控制，利于调控种植密度大小。缺点是比较费工，大面积采用时工作量过大。同时，在土壤质地较差的地方，尤其是黏土中，点籽不宜太深，会严重影响出苗。

③ 撒播。在实际生产过程中，撒播是广大荞麦种植区农民普遍采用的一种种植方式，播种面积较大，尤其是在我国西南春秋苦荞麦种植区，如云南、贵州、四川和湖南等地使用较为广泛。一般是畜力牵引犁开沟，人顺犁沟撒种子。还有一种是开厢播，整好地后按一定距离安排开沟。如四川凉山州昭觉县，云南北部农民把这种方式叫作"丢牛路"，开厢原则，一般地为 5~10m，低洼易积水地 3×6m，缓坡滤水地为 10×20m。当土坷垃大时，还要辅以人工碎土。

采用撒播比较节本省工，劳动强度较小，播种效率高。但是，撒播容易因撒籽不均，出苗不整齐，无株行距之分，密度很难以控制，田间群体结构不合理，通风透光不良，田间管理不便，因而产量不高。同时，为了保证出苗，往往采用较大的撒种量，造成种子浪费，若遇气候较好年份，容易由于出苗率较高而使田间种植密度过大，后期产量严重的倒伏，极大地影响荞麦的产量。

据成都大学试验结果，不同播种方式对荞麦发芽率有明显的影响，撒播荞麦发芽率显著低于条播和点播。据原四川省凉山州农业试验站研究结果，苦荞麦采用条播和点播均比撒播产量高，其中条播比撒播增产 20.34%，点播比撒播增产6.89%。因此，各地应根据当地气候、土壤、劳畜力水平、种植制度和种植习惯等选择适宜于本地区的播种方式，有条件的地区尽量精耕细作，保证荞麦的高产。

2）播种量

荞麦的播种量可根据土壤肥力、品种、种子发芽率、播种方式和群体密度来确定，根据发芽试验计算播种量：播种量（kg/hm²）＝（每公顷基本苗×千粒重）/（发芽率×田间出苗率×1000×1000）。荞麦种子千粒重一般为18～24g（苦荞麦）和28～35g（甜荞麦），千粒重和发芽率均可在荞麦播种前通过种子检验求得，田间出苗率通过常年出苗率的经验数字或通过试验求得。一般苦荞麦每0.5kg种子出苗1.8万～2.2万株，播种量45～60kg/hm²为宜；甜荞麦0.5kg种子出苗1.2万～1.6万株，留苗密度为90万～120万株/hm²为宜。

3）播种深度

由于荞麦种子破土能力较差，覆土太厚出苗困难，在播种时不宜太深。播种深了难以出苗，播种浅了又易风干，播种深度直接影响出苗率的整齐度，是全苗的关键措施。掌握播种深度，一要看土壤水分，土壤水分充足时要浅播，土壤水分欠缺时宜深播；二要看播种季节，春荞麦宜深些，夏荞麦稍浅些；三要看土质，砂质土和旱地可适当深一些，但不超过6cm，黏土地则要求稍浅些；四要看播种地区，在干旱多风地区，要重视播后覆土，还要视墒情适当镇压，因种子裸露很难发芽。在土质黏重、遇雨后易板结地区，播后遇雨，幼芽难以顶土时，可用耱破板结，或像重庆丰都、石柱等地群众那样，在翻耕地之后，先撒籽，后撒土杂肥盖籽，可不覆土；五要看品种类型，不同品种的顶土能力各异。李钦元（1982）在云南省永胜县对苦荞麦播种深度与产量关系进行了3年的研究结果表明，在3～10cm内，以播深5～6cm的产量最高，为1431kg/hm²，7～8cm次之，为1211kg/hm²，3～4cm又次之，为1091kg/hm²，9～10cm产量最低，为1001kg/hm²，播种深度对产量影响明显，产量高低相差430.5kg/hm²，差值为30.1%（表3.2）。同时，甜荞麦和苦荞麦破土能力也存在差异，观察发现，甜荞麦的破土能力要稍强于苦荞麦。

表3.2 播种深度对苦荞产量的影响

深度/cm	产量/（kg/hm²）			
	1968年	1969年	1970年	平均产量
3～4	1271	1121	885	1091
0～6	1661	1451	1191	1431
7～8	1391	1311	921	1211
9～10	1121	1155	801	1001

资料来源：永胜县农业技术推广中心（云南丽江）。

三、荞麦的种植方式

通过采用间、套、混作等种植方式，提高复种指数以增加粮食产量，必将成为未来研究的重点和方向之一。由于荞麦历来种植于高寒、边远山区，地广人稀，生产条件限制，不存在与主要粮食作物（水稻、玉米、小麦）争地的情况。但随着开发的深入，荞麦市场潜力的增大，原有的种植方式和面积已不能满足市场对荞麦原料的需求。开拓新的种植方式，通过复种扩大荞麦种植面积将成为重要的解决途径之一。

事实上，我国大多数地区光热资源丰富，适合多熟种植模式的应用和推广。尤其是我国南方地区的光热资源十分丰富，而荞麦生育期短，非常适宜与其他作物进行间套轮作，利于发展多熟种植模式。在我国的多数地区，已积极开始探索和尝试，并取得了一些重要的研究成果。如在江苏地区，蒋植才等（2005）探索出青蚕豆-玉米/胡萝卜-荞麦一年四熟的种植模式，提高了复种指数，增加了单位土地面积的产出率。在马铃薯（毛春等，2012）、麦菜、西瓜玉米（孙绪刚等，1994）、食荚甜豌豆、夏大豆（叶建华，2007），杂交水稻（何建清等，2009）、小麦、烤烟（刘正伟，2000）和幼龄茶叶（江宗丽，2012）等作物上也有与荞麦进行间套轮作的报道，极大地丰富了荞麦的栽培种植制度。各地区在生产过程中可根据当地的前茬等情况，选择适合的多熟种植方式，以最大限度地利用光热资源，综合提高土地周年产出。

（一）荞麦单作

单作，也称为纯种、清种或净种，是指在同一块土地上，一个完整的植物生育期内只种植一种作物的种植方式。在我国的荞麦生产中，由于生产管理的粗放，荞麦大多采用单作的种植方式（图3.1和图3.2）。在单作这种种植方式下，荞麦在整个生长发育过程中，植株个体之间只存在种内关系，对光、温、水、肥、气等因子的竞争也仅限于种内竞争。这种种植方式的优点是荞麦群体结构单一，仅有荞麦一种作物，便于管理和机械化，有利于提高劳动生产率。缺点是在时间和空间（包括地下）上对资源的利用不充分。目前，苦荞麦和甜荞麦大面积生产上大多以单作方式进行种植。

（二）荞麦轮作

轮作是指在同一块田地上，有顺序地在季节间或年间轮换种植不同的作物或复种组合的一种种植方式。轮作是用地养地相结合的一种生物学措施，也是作物根本的栽培制度。轮作也称换茬或倒茬。荞麦对轮作换茬的茬口要求较低，大多数作物的茬口均可以生长，但为了获得高产，最好选择豆科作物，实现固氮用养地的结合。采用轮作种植方式有诸多优点：由于荞麦与其他作物对土壤中营养元素的种类和数量需求不同，通过轮作可充分利用土壤养分。同时，通过轮作可改变病原菌和害虫的生活环境，可减少和调节土壤中有害物质和气体的积累，最终减轻对荞麦的污染，有利于保证荞麦产品安全。目前，在生产区主要采用与马铃薯进行轮作的方式进行种植。

图 3.1　四川凉山地区苦荞麦单作　　　　图 3.2　内蒙古赤峰地区甜荞麦单作

（三）荞麦连作

连作是指在同一块土地上连续两季以上种植同一种作物的种植方式。在荞麦的生产中，如果连年、连季连作，将造成土壤养分偏缺，导致荞麦株高降低，千粒重下降，单株粒数减少，最终导致产量和品质下降，不利于土地的合理利用。所谓"荞子连续种，变成山羊胡"（四川凉山农谚），说明荞麦连作由于土壤养分消耗严重，两三年内地力难以恢复，会影响其产量和品质。荞麦最忌连作，生产上应该尽量避免重茬种植。高扬等（2016）研究表明，随着连作年限的增加，荞麦开花后功能叶片叶绿素和可溶性蛋白含量明显下降，MDA 和氧自由基含量上升，且连作高于轮作。SOD 活性随着连作年限的增加呈现先升高再下降趋势，POD 活性在开花前中期（开花后 7～14d）随连作年限的增加呈显著降低趋势，而在生育后期（开花后 21d 之后）随连作年限的增加呈显著升高趋势。随着连作年限的增加，荞麦籽粒产量、株高、主茎节数均降低，且均低于轮作荞麦。总之，随着连作年限的增加，叶片功能期缩短，活性氧伤害程度加剧，籽粒产量降低。研究认为，随连作年限的增加，土壤氮、磷、钾含量均降低，其中磷和钾含量降低更明显，土壤 pH 值升高，土壤碱性磷酸酶、过氧化氢酶活性下降，脲酶活性先降后升，蔗糖酶活性总体上呈降低趋势（高扬等，2014）。郭肖（2016）研究认为，连作苦荞麦幼苗期根系分泌苹果酸含量与单株粒数、酒石酸含量与百粒重、草酸含量与单株粒重、柠檬酸含量与结实率均呈显著正相关。根际细菌数量与百粒重、真菌数量与单株粒重、放线菌数量与单株粒重均呈显著正相关。株高及子叶节高度与单株粒数、主茎节数与单株粒重和百粒重、主茎分支数与单株粒数和结实率均呈显著正相关。土壤改良剂对连作苦荞麦根系形态及分泌有机酸的影响试验表明，施用 3 种土壤改良剂均能显著降低连作苦荞麦根长度、表面积、体积、节点数及根尖数，无机土壤改良剂处理最为明显，分别比对照降低 8.39%、13.22%、29.07%、25.76%和14.41%，混合土壤改良剂次之，有机土壤改良剂最弱。

（四）间作

间作是指在一个生长季内，在同一田地上分行或分带间隔种植两种或两种以上作物的种植方式。荞麦由于生育期短，与其他作物间作较为理想，全国较多地区都有与荞麦间作的生产习惯。根据不同地区栽种作物的不同，采取的间作模式存在一定的差异，种植和收获的时间也各不相同。如在陕西地区，当地群众采用糜黍与荞麦间作的方式，在保证糜黍产量的同时，又可增收一季荞麦。在生产上，还有采用烤烟、幼龄茶叶与荞麦间作的模式（刘正伟，2000；江宗丽，2012），在云南迪庆州一季大春种植区采用荞麦、马铃薯间作模式，在提高光能利用率的同时，降低马铃薯晚疫病。刘亚军等（2018）研究认为，间作荞麦能显著提高土壤速效磷、全氮和有机质含量。马铃薯+荞麦栽培增加了根际土壤细菌比例，降低了放线菌比例，间作荞麦土壤放线菌数量较单作相比显著下降 36.5%。陈静（2015）研究荞麦与甘蓝间作时发现，花荞和苦荞麦与甘蓝轮作对甘蓝根肿病发生的防治效果最好，发病率均为 20.0%，显著低于单作甘蓝的发病率（88.5%）。同时发现，与田间自然接种相比，荞麦与甘蓝轮间作时甘蓝根际微生物 PLFA 种类显著增加，苦荞麦间作=花荞间作＞花荞轮作＞苦荞麦轮作＞甘蓝单作。间作极大地丰富了荞麦的种植模式，间作时，应该尽量不选择植株过于高大的作物，避免因高大植株的遮挡，使荞麦受荫蔽严重，影响荞麦的产量。同时，间作时，荞麦种植密度不宜过大，应该尽量缩小密度以增加田间通风透光条件，有利于获得高产。

（五）套作

套作是指在前季作物生长后期于其行间播种或移栽后季作物的种植方式。在我国的作物布局中，南方光热资源丰富，多采用间套复种。因而在我国的云南、四川、贵州地区，套种苦荞麦的形式多样。常有采用荞麦与玉米、烤烟和马铃薯等作物套种形式。在部分地区，荞麦与大豆套种成为新的形式，由于大豆能够生物固氮，是良好的养地作物，可减少荞麦的施肥，达到节本增效的目的。如在成都地区，可通过与夏大豆套作，实现荞麦-大豆-荞麦的种植方式，收获两季荞麦和一季大豆，效益较高。孙绪刚等（1994）研究发现，玉米与荞麦套作的经济效益和粮食产量均优于传统的套作模式，还能改善土壤结构，实现用养结合。在生产中，套种时应该掌握几个主要的原则：①尽量缩短两种作物的共生期，选择作物时根据作物的生长习性及生育期，尽量选择共生期较短的作物，使两种作物均能获得较高的光能利用，利于获得双高产；②注意空间的搭配，在不影响生长的情况下，选择高低错位的作物进行搭配，包括地下部根系（根层不同）；③注重幅宽带比的选择，采取合适的幅宽带比来套种荞麦，既可保证荞麦的正常生长，又不至于影响与之搭配的作物，促进双高产的获得。

（六）混作

混作是指把两种或两种以上作物，不分行或同行混合在一起种植的多样性种植方式。在农业生产水平较低的地区，苦荞麦生产中还有为数不多的与其他作物混作现象。混作的作物有生育期较短的油菜、糜黍等。贵州威宁等地常用兰花籽（一种油料）与苦荞麦混作，4月中下旬混种，7月下旬混收。在生产中，混作的种植方式较为粗放，产量不高，并不值得提倡。黄前晶等（2019）研究发现，荞麦的各处理间混作均比对照表现好，增收效益率81.34%～139.96%，其中蒙混表现最好，综合效益7906.8元/hm²，增收效益率达到139.96%，其次是黑混，再次是黑间。与对照相比，各种间混作方式均有一定的推广价值，不仅提高了土地利用率，还提高了单位面积产量（表3.3）。

表3.3　荞麦大豆间混作经济效益分析（黄前晶等，2019）

处理	荞豆间混作	荞麦		大豆		荞豆综合效益/（元/hm²）	增收效益率/%
		产量/（kg/hm²）	效益/（元/hm²）	产量/（kg/hm²）	效益/（元/hm²）		
1	黑间	1256.25	3266.25	455.70	3645.60	6911.85	109.76
2	蒙间	1067.25	2774.85	400.05	3200.40	5975.25	81.34
3	黑混	1434.00	3728.40	522.30	4178.40	7906.80	139.96
4	蒙混	1100.55	2861.43	533.40	4267.20	7128.63	116.34
5	CK	1267.35	3295.11				

注：荞麦 2.6 元/kg，大豆 8 元/kg。

四、荞麦田间管理技术

（一）施肥

1）荞麦的需肥特点

在荞麦的生长发育过程中，不同的生育时期对养分的需求存在明显的差异。了解和明确荞麦的需肥规律及养分吸收分配状况，对合理掌握施肥技术，获得最佳的施肥效果，最终达到高产、优质、稳产和低成本具有重要的意义。总体来讲，相对其他粮食作物，由于荞麦生育期短，生长迅速，茎秆纤细，根系为直根系，欠发达，是一种需肥量相对较多的作物，而且时间相对比较集中。在大量元素吸收方面，胡启山（2011）研究发现，一般每生产 100kg 荞麦籽粒，约需要从土壤中吸收氮 3.3kg、五氧化二磷 1.5kg、氧化钾 4.3kg。与其他作物相比较，荞麦的元素需要量高于禾谷类作物，低于油料作物（赵钢等，2009）。根据内蒙古农业科学院研究，每生产 100kg 荞麦籽粒，需要从土壤中吸收氮 4.01~4.06kg、磷 1.66~2.22kg、钾 5.21~8.18kg，吸收比例为 1：（0.41~0.45）：（1.3~2.02）。王志远等（2001）则认为生产 100kg 荞麦籽粒的最佳施肥量为纯氮 2.84kg、五氧化二磷 3.78kg、氧化钾 3.70kg。在微量元素方面，铜、锌、铁、锰、钼和硼等元素需要量少，但不可缺少，它们对荞麦生长具有重要的影响。同时，荞麦吸收大量元素（氮、磷和钾）的数量和比例与土壤质地、栽培技术条件、气候条件及收获时间等因素具有重要的关系，对于干旱瘠薄地、高寒山地，荞麦对氮肥和磷肥的需求量一般较大，增施氮、磷肥较易获得高产。不同时期种植的荞麦施肥方式和水平存在差异。一般情况下，春苦荞麦除施足底肥外，要重视施种肥，才能满足苦荞麦对氮素营养的需求。夏荞麦生育期短，发育快，整个生育过程处在高温多雨季节，氮素吸收的高峰来得早而迅速。所以，在施足底肥的同时，在始花期追施一定量的氮肥，可满足苦荞麦中、后期的生长需要。

荞麦在各生育阶段吸收养分的数量和速度也有不同的变化趋势。苦荞麦在出苗至现蕾期的过程中，氮素吸收较为缓慢，日均吸收量为 83~86g/hm^2。现蕾后地上部生长迅速，氮素的吸收量明显增多，从现蕾至始花期日均吸收量为 230g/hm^2，约为出苗至现蕾期的 3 倍。当苦荞麦进入灌浆至成熟期时，氮素吸收量明显加快，日均吸收量达 451~1069g/hm^2。苦荞麦对氮素的吸收率也是随着生育日数的增加而逐渐提高，由苗期的 1.58%提高到成熟期的 67.72%。氮素在苦荞麦干物质中的比例则呈两头高中间低的"马鞍型"趋势，始花与灌浆期吸收的氮占 1.75%和 1.51%。由此可见，荞麦在养分吸收上有着自己独特的规律，应该根据荞麦养分吸收的变化及最大吸收来合理规划施肥，以获得更高的养分利用效率和产量。

2）施肥方式

在作物的生产过程中，往往由于需肥量大，一次施肥较难满足全生育期对养分的需要。肥效也不能很好地发挥，利用率低。因此，一般要在播种前和生长期内多次施肥。荞麦由于生育期短，生长迅速，因应以"基肥为主、种肥为辅、追肥进补""有机肥为主、无机肥为辅""氮、磷配合""基肥氮磷配合播前一次施入，追撒化肥掌握时机"的原则进行施肥，才能更好地满足荞麦的生长发育，使其在全生育期内养分得到合理的分配，并采取配套的技术，才能取得最佳收益。从施肥的时间上来看，可划分为以下几种方式：

① 基肥。基肥是在荞麦播种前，结合耕作整地施入土壤深层的基础肥料，也可称为底肥。充足的优质基肥，是荞麦获得高产的重要基础。一般情况下，基肥可以结合耕作创造深厚、肥沃的土壤熟土层，可促进根系发育，扩大根系吸收范

围。同时，基肥养分较为全面（全肥）、持续时间长，有利于荞麦的正常生长和持续生长。在具体的操作过程中，基肥一般以有机肥为主，也可配合施用无机肥。基肥是荞麦的主要养分来源，占总施肥量的 50%以上。在我国传统的种植技术中，常用的有机基肥有粪肥、厩肥和土杂肥。粪肥以人粪尿为主，是一种养分比较完全的有机肥，不仅含有较多的氮、磷、钾、钙和镁等大量元素，也含有铜、铁、锌和硼等微量元素及可能被利用的有机质。粪肥是基肥的主要来源，易分解、肥效快，当年增产效果比厩肥、土杂肥好。厩肥是牲畜粪尿和褥草或泥土混合沤制后的有机肥料，养分完全、有机质丰富，也是基肥的主要来源。厩肥因家畜种类、垫圈泥土、沤制方法不同，所含的养分有较大的差别，增产效果也各不相同。土杂肥养分和有机质含量较低，不如粪肥和厩肥。在基肥的施用过程中，结合深耕施基肥，对促进肥料熟化分解、蓄水、培肥和高产，具有较好的效果。但是在实际的生产过程中，由于农村劳动人口的减少，严重的劳动力不足，加之施用有机肥需要耗费大量的人力，使荞麦的有机肥应用普遍不足，施用基肥的传统在逐渐消退。在施用有机肥时，结合一些无机肥作为基肥，对提高荞麦产量大有好处。目前，用作基肥的有过磷酸钙、钙镁磷肥、磷酸二铵、硝酸铵、尿素和碳酸氢铵。过磷酸钙、钙镁磷肥作基肥最好与有机肥混合沤制后施用。磷酸二铵、硝酸铵、尿素和碳酸氢铵作基肥可结合秋深耕或早春耕作时施，也可在播前深施，以提高肥料利用率。

② 种肥。种肥是在播种时将肥料施于种子周围的一项措施，包括播前以肥滚籽、播种时溜肥及种子包衣等。适施种肥能弥补基肥的不足，以满足荞麦生育初期对养分的需要，并能促进根系发育。施用种肥对解决我国通常基肥用肥不多或不施用基肥的荞麦种植区苗期缺肥症极为重要，已成为我国荞麦施肥的形式之一。传统的种肥是粪肥，这是适应肥料不足而采用的一种集中施肥法，包括"粪籽""粪耧"等，如云南、贵州等地群众用打碎的羊粪、鸡粪、草木灰、炕灰等与种子搅拌一起作种肥，增产效果显著。还有的地方用稀人粪尿拌种，同样有增产作用。西南地区农民在播种前用草木灰、骨灰和灰粪混合拌种，或作盖种肥，使苦荞麦出苗迅速，根齐而健壮。以优质厩肥及牛屎、马粪混合捣碎后拌以钙、镁、磷肥作种肥，增产效果也明显。

在生产过程中，用无机肥料作种肥时间不长，但发展迅速，特别是旱瘠地通过试验、示范，发展很快，成为作物高产的主要技术措施，尤其是在主要粮食作物水稻、玉米和小麦上应用最为广泛。在荞麦上，近年来应用也较为迅速，据李钦元（1983）试验发现，用 $75kg/hm^2$ 尿素作种肥，增产苦荞麦 $1433kg/hm^2$。用 $225kg/hm^2$ 过磷酸钙作种肥，增产苦荞麦 $608kg/hm^2$。在生产中，常用作种肥的无机肥料有过磷酸钙、钙镁磷肥、磷酸二铵、硝酸铵和尿素，种肥的用量因地而异。

过磷酸钙、钙镁磷肥或磷酸二铵作种肥，一般可与荞麦种子搅拌混合施用。尿素、硝酸铵作种肥一般不能与种子直接接触，否则易烧苗，故用这些化肥作种肥时，要远离种子。

③ 追肥。追肥是在作物生长期间为调节其营养而施用的肥料。主要作用是供应作物某个时期对养分的大量需要，或者补充基肥的不足。追肥施用比较灵活，要根据作物生长的不同时期所表现出来的元素缺乏症，对症追肥。在荞麦生长过程中，由于不同的生育时期对营养元素的吸收积累是不同的，现蕾开花后，需要大量的营养元素，而土壤中的养分供应能力却很低，此时应及时补充一定数量的肥料。据李钦元（1982）在云南永胜试验，苦荞麦开花期追尿素 75kg/hm^2，比未追肥处理增产 65.4%。花期追肥有防早衰、保丰收的作用。始花期用磷、钾肥料根外追施，也有一定的增产作用。开花期喷施尿素 12.75kg/hm^2，比未喷施处理增产 16.32%；喷施磷酸二氢钾 4.5kg/hm^2，增产 19.42%，喷施过磷酸钙 112.5kg/hm^2，增产 10.76%。不过，苦荞麦的适宜追肥期因地力而异。李钦元（1982）在低肥条件下试验，苗期追肥增产效益最大，每千克尿素增产 6.3kg，比花期追肥增产 1.4 倍。贾星（2000）认为，苦荞麦追肥依出苗后幼苗长势而定，壮苗不追或少追，弱苗在苗高 7～10cm 时可追施 37.5～52.5kg/hm^2 尿素提苗肥。根外追肥应选择晴天进行，并注意肥料浓度和比例，以免烧伤苦荞麦茎叶。在生产中，荞麦的追肥一般宜用尿素等速效氮肥，用量不宜过多，以 45～75kg/hm^2 为宜，采用兑水追施。无灌溉条件的地方追肥要选择在阴雨天气进行。此外，用硼、锰、锌、钼、铜等微量元素肥料作根外追肥，也有增产效果。在追肥方式上，一般采用根外追肥或叶面喷施的方式，视生产习惯和具体情况而定。

3）施肥技术

荞麦的具体施肥量应因土壤质地、栽培条件、气候特点、收获时间和产能的不同而有所变化，但对于干旱瘠薄地和高寒山地，增施肥料是高产的基础。

① 氮肥。氮是荞麦生长发育的必需营养元素之一，是构成蛋白质、核酸、磷脂等物质的主要元素，氮素营养状况对荞麦生长发育及生理有较大影响，对其产量和品质关系影响很大。各地土壤中氮含量较低，施用氮肥都有显著的增产效果。氮肥是限制荞麦产量的主要因素，特别在瘠薄的土壤上表现更为突出。施用氮肥可以使荞麦产量成倍增长。氮素过多时会引起徒长，造成倒伏，特别是生长在水田或水分充足的土壤上的荞麦，应适当控制氮肥的施用量。安玉麟等（1989）研究发现，在旱地上通过氮磷合理配施，不仅可以提高磷肥的有效性，同时也提高了氮肥的有效性。在提高土壤供水平的同时，也提高了土壤的氮水平，为荞麦稳产奠定了良好的基础。

王永亮等（1992）研究发现，在荞麦出苗后 10d，幼苗期植株含氮量最合适范围为2.73%～2.84%，产量与含氮量之间呈抛物线关系 $y = -402.3+354.2x-62.35x^2$；边际含氮量为2.84%，低于2.73%时为氮素失调区，氮素供应不足，应补施氮肥。分析发现，施用尿素可以提高苗期含氮量，$y = 2.476+0.0498x$，即每亩增施1kg尿素可以提高植株含氮量 0.0498%。研究发现，施用氮肥对荞麦株高、分枝数、花序数、结实率、株粒数和千粒重都有明显提高，其中对千粒重影响较大。但当氮肥施用量到达一定水平后，若再增加施用量，则呈下降趋势。在施肥方式上，平衡施肥较单施氮、磷或钾肥更能提高荞麦的结实率、单株粒重、千粒重和产量。品质方面，臧小云等（2006）发现经 $100kg/hm^2$、$200kg/hm^2$ 的氮肥处理，盛花期荞麦叶片中芦丁和黄酮含量分别下降了 36%、46%和 27%、47%，成熟期分别下降了 20%、56%和 22%、52%；经 $100kg/hm^2$、$200kg/hm^2$ 的氮肥处理，盛花期荞麦茎中黄酮含量分别下降了 13%和 19%，成熟期分别下降了 31%和 28%。高氮处理对荞麦叶片黄酮含量的负效应比对茎的更为明显。$100kg/hm^2$ 的氮肥处理下，单株荞麦茎叶干物质量及芦丁和黄酮产量皆为最高。适量施用氮肥将有利于单株荞麦水平上的干物质产量和黄酮产量的提高（表3.4）。

表 3.4　不同供氮水平下单株荞麦茎叶的干物质量、芦丁和黄酮含量（臧小云等，2006）

| 生育期 | 处理 | 干物质量/（g/株） | | 芦丁/（mg/株） | | 黄酮/（mg/株） | |
		茎	叶	茎	叶	茎	叶
始花期	N0	0.22±0.03a	0.13±0.02a	0.72±0.03b	2.7±0.1b	2.8±0.2a	6.3±0.4a
	N1	0.28±0.06a	0.17±0.02a	0.92±0.05a	3.9±0.2a	3.2±0.3a	7.4±0.7a
	N2	0.25±0.03a	0.15±0.03a	0.78±0.04a	3.4±0.2a	3.1±0.2	6.9±0.5a
盛花期	N0	0.34±0.05c	0.32±0.03c	1.20±0.05c	15.3±0.2a	5.7±0.3c	23.8±0.5b
	N1	0.62±0.05	0.52±0.03	2.29±0.10a	15.8±0.6a	9.0±0.3a	27.9±0.9a
	N2	0.50±0.03b	0.40±0.03b	1.98±0.10b	10.3±0.6b	6.7±0.1b	15.8±0.7c
成熟期	N0	0.66±0.03b	0.53±0.07c	1.87±0.31b	14.6±0.6b	8.7±0.5a	24.3±0.5b
	N1	0.98±0.07a	0.98±0.20a	2.55±0.79a	21.6±1.3a	8.9±0.7a	34.8±1.5a
	N2	0.73±0.12b	0.64±0.07b	2.23±0.10a	8.8±0.6c	6.9±0.7b	14.1±1.7c

注：同列内同时期不同小写字母表示在0.05水平上差异显著。

向达兵等（2013）研究发现氮肥的施用对苦荞麦地上部农艺性状有显著的影响。随着氮肥施用量的增加，苦荞麦植株株高、茎粗及分枝数均呈先升高后降低的变化趋势。株高以 N3 处理最高，为 130.0cm，极显著高于不施氮（N1）处理，比其高 31.05%。植株茎粗则以 N2 处理最高，为 4.89cm，极显著高于不施氮肥处理，但与 N3 处理差异不显著。施氮显著增加了苦荞麦的分枝数，各施氮处理均显著高于不施氮（N1）处理，以 N2 处理最高，但与 N3、N4 处理差异不显著（表3.5）。

表 3.5　氮肥施用量对苦荞植株地上部农艺性状的影响（向达兵等，2013）

氮肥施用量/（kg/hm²）	株高/cm	茎粗/mm	分枝数
0（N1）	99.2cC	3.87cB	3.67bA
40（N2）	121.3aA	4.95aA	4.22aA
80（N3）	130.0aA	4.89aA	4.0aA
120（N4）	123.9bA	4.56bA	3.89aA

注：同列内不同小写字母表示在 0.05 水平上差异显著。下同。

　　不施氮处理的主根长、一级侧根数、根体积和主根粗均显著或极显著低于施氮处理。主根长以 N2 处理最高，为 7.75cm，显著高于 N1 和 N4 处理，比其分别高 14.31%和 11.35%。苦荞麦的一级侧根数以 N2 处理最高，极显著高于其他处理，但与 N1、N3 和 N4 之间差异不显著。根体积以不施氮处理 N1 最低，为 1.48mL，极显著低于其他处理，比施氮处理低 2.6%～20.0%。苦荞麦的主根粗也以 N2 处理最高，为 4.62cm，显著高于 N1 和 N4 处理，但与 N3 处理之间差异不显著（表 3.6）。

表 3.6　氮肥施用量对苦荞麦植株根系农艺性状的影响（向达兵等，2013）

氮肥施用量/（kg/hm²）	主根长/cm	一级侧根数	根体积/mL	主根粗/mm
0（N1）	6.78bA	24.33cB	1.48cB	4.11bB
40（N2）	7.75aA	26.54aA	1.85aA	4.62aA
80（N3）	7.22abA	24.43cB	1.61bcB	4.61aA
120（N4）	6.96bA	24.25cB	1.52cB	4.10bB

　　苦荞麦的单株粒数、单株粒重、千粒重和产量均随着氮肥施用量的增加呈先升高后降低的变化趋势。单株粒数、单株粒重和千粒重均以 N3 处理最高，分别为 92.9 粒、2.10g 和 18.3g，N3 处理的单株粒数和单株粒重均极显著高于 N1 和 N4 处理，但各处理间苦荞麦千粒重差异不显著。苦荞麦的产量以 N3 处理最高，为 2008.5kg/hm²，显著高于 N1 和 N4 处理，分别高 63.4%和 34.1%，但与 N2 处理之间差异不显著（表 3.7）。

表 3.7　氮肥施用量对苦荞麦产量及构成的影响（向达兵等，2013）

氮肥施用量/（kg/hm²）	单株粒数	单株粒重/g	千粒重/g	产量/（kg/hm²）
0（N1）	55.5bB	0.98cA	17.6aA	1229.0cC
40（N2）	91.2aA	2.09aA	18.2aA	1972.0aA
80（N3）	92.9aA	2.10aA	18.3aA	2008.5aA
120（N4）	62.1bB	1.12bA	18.2aA	1497.3bB

　　氮肥的施用增加了蛋白质含量和脂肪含量。随着氮肥施用量的增加，蛋白质和粗脂肪含量呈先升高后降低的变化趋势，两者均以 N3 处理最高，分别为 12.55%和 2.84%。N3 处理的蛋白质含量显著高于 N2 和 N4 处理，极显著高于 N1 处理，

比其高 20.1%。粗脂肪含量也以 N3 处理最高，但与其他处理差异未达显著水平。随着氮肥施用量的增加，苦荞麦的芦丁含量随着氮肥施用量的增加呈显著的减少趋势，但当氮肥施用量为 80kg/hm^2 时，再增施氮肥则变化差异不显著。苦荞麦的芦丁含量以 N1 最高，为 1.65%，比氮肥处理高 7.8%～14.6%。槲皮素含量则随着氮肥施用量的增加呈先升高后降低的变化趋势，以 N3 处理最高，但各施氮处理间的差异未达显著水平（表 3.8）。

表 3.8　氮肥施用量对苦荞麦品质的影响（向达兵等，2013）

氮肥施用量/（kg/hm^2）	蛋白质/%	粗脂肪/%	芦丁/%	槲皮素/%
0（N1）	10.45cB	2.61bA	1.65aA	0.069aA
40（N2）	11.54bA	2.71aA	1.53bAB	0.074aA
80（N3）	12.55aA	2.84aA	1.46bcB	0.075aA
120（N4）	11.53bA	2.73aA	1.44cB	0.073aA

白文明等（2019a）研究发现，随着施氮量的增加，甜荞麦籽粒中的粗蛋白含量不断增加，黄酮含量先升后降，在 180kg/hm^2 处理时达到最高，氮肥施用对荞麦直链淀粉含量、支链淀粉含量，以及脂肪含量均无显著作用。施氮处理对荞麦淀粉外观形态无明显影响，但显著提高了荞麦小粒淀粉和中粒淀粉的比例，降低了大粒淀粉的比例。施氮处理显著降低了 70～90℃荞麦淀粉的溶解度。不同氮肥处理均能提高荞麦的株高、一级分枝数、二级分枝数、单株花簇数、千粒重和单株粒数，使其产量显著上升，荞麦主茎叶片的叶绿素含量随施氮量增加先上升后降低，荞麦各器官干物质积累量与施氮量呈正相关，但在苗期和初花期，荞麦各器官干物质积累量随施氮量增加呈抛物线变化，生产上建议陕甘宁黄土高原地区荞麦生长过程中投入 180kg/hm^2 的氮肥，且注重施氮比例及时期，以此达到最佳的生产效益（白文明等，2019b）。

② 磷肥。磷是植物生长发育必需的三大营养元素之一，以多种方式参与植物体内的代谢过程，是形成细胞核和原生质、核酸及磷脂等重要物质不可缺少的成分。磷酸在有机体能量代谢中占重要地位，能促进氮素代谢和碳水化合物的积累，还能增加蜜腺的分泌作用，使植株生长健壮，增加籽粒饱满度，提高产量。在我国，一半以上的土壤供磷不足，不仅影响作物产量，而且会降低农产品品质。在荞麦的生长发育过程，各生育阶段吸收磷的数量和速度存在明显差异。研究发现，在出苗至现蕾期，磷素吸收较慢，到现蕾期随着地上部的生长，磷的吸收量逐渐增加，进入灌浆期，磷的吸收量明显加快，各生育阶段磷的吸收率随着生育进程的推移而发生变化。因此，荞麦的高产必须施用足够的磷肥以满足荞麦的正常生长发育。

在我国的土壤条件下，大部分地区土壤缺磷素，而且氮、磷比例失调。磷素缺乏已成为限制荞麦产量提高的重要因素,增施磷肥是荞麦高产的重要措施之一。据调查,1950～1985 年四川省凉山州通过推广磷矿粉拌种和施磷增氮技术后,苦荞麦平均产量提高 5 倍以上。1981 年盐源县的 400hm² 苦荞麦,施过磷酸钙 88.5kg/hm²,比不施磷肥的田块增产 12.5%。苦荞麦是喜磷作物,施磷增产已为各地群众所认识。施用磷灰石能显著提高苦荞麦产量,云南昆明、澄江等地农民施用磷肥后,苦荞麦产量较高,籽粒大而饱满,有良好的增产效果。苦荞麦增施磷肥,实行氮磷配合等施肥技术已在云南、贵州和四川等地大面积推广。徐松鹤等(2015)研究认为,适当增施磷肥对荞麦产量有显著提高。另据李钦元(1982)在云南永胜试验,在开花期根外喷施磷酸二氢钾 4.5kg/hm²,增产 19.2%。

研究发现,增施磷肥可以提高荞麦的结实率、单株粒重、千粒重和产量。一般情况下,荞麦植株全磷含量的最适范围为 0.43%～0.57%,产量与苗期植株含磷量的回归方程为 $y=67.96+100.49x-88.68x^2$;边际含磷量 0.567%,低于 0.43%时为磷失调区,磷素供应不足,应补施磷肥。施用磷肥可提高苗期含磷量,$y=0.313+0.0378x$,即每亩增施磷肥 1kg,植株苗期含磷量提高 0.0378%(王永亮等,1992)。磷还有缓解植株胁迫的作用,提高植株抵抗外界环境胁迫的能力。王宁等(2011)研究发现外源磷供应可降低根系总铝和单核铝含量,使毒性形态的铝转化为无毒形态,以及减少铝在根尖和细胞壁的积累,以缓解铝对根伸长的抑制,提高荞麦根系的抗铝毒害能力。

何佩云等(2019)研究表明,根际土壤的速效氮、速效磷、速效钾和有机质含量随磷肥施用量的增加而呈先升高后降低的趋势,均以中磷(MP)处理时达最大。根际土壤 pH 值则随磷肥施用量的增加表现为持续下降。MP 处理下,丰甜荞 1 号的根系总长度、根系体积、根系表面积显著高于其他处理,磷肥处理间的根系平均直径无显著差异。丰甜荞 1 号的株高等植物学性状和产量随磷肥用量的增加呈先升高后降低的趋势,均以 MP 处理最大,其中 MP 处理的产量为对照处理的 1.43 倍。丰甜荞 1 号籽粒中的品质随磷肥施用量的增加呈先升高后降低的趋势,黄酮含量以对照处理最大,高磷(HP)处理最低。中等用量的磷肥处理(70kg/hm²)能促进甜荞麦生长,提高产量和品质。王炎(2019)研究施磷量对甜荞麦生长及产量的影响。随生育期的推进,根际土壤中的速效磷含量大体呈先降低后略升高趋势,在开花期、灌浆期含量较低,成熟期根际土壤中铵态氮、速效磷和速效钾含量总体随施磷量的增加呈先降低后升高的趋势,且基本以中浓度磷肥处理时含量最低,根际土壤 pH 值随着施磷量的增加而降低,有机质含量则增加。根系活力、农艺性状及产量基本以中浓度磷肥处理高于其他处理。

张伟丽(2019)研究了磷肥对产量、产量构成因素、品质及淀粉理化特性的影响。结果发现,不同磷肥水平下,苦荞麦淀粉颗粒均呈现出具有光滑边缘的球形和多边形形状,其颗粒形态没有改变。随着磷肥施用量的增加,大型淀粉颗粒和小型淀粉颗粒的比例减少，中型淀粉颗粒比例增加（图 3.3），苦荞麦淀粉颗粒的中值粒径和直链淀粉含量呈现先减少后增加的趋势。不同施磷水平下，苦荞麦淀粉糊化特性呈显著差异，但呈现出不明显的规律。与不施用磷肥相比，施用磷肥下苦荞麦淀粉的凝胶焓值和相对结晶度显著增加。P2（75kg/hm^2）水平下回生率最低，溶解度和透明度最高。

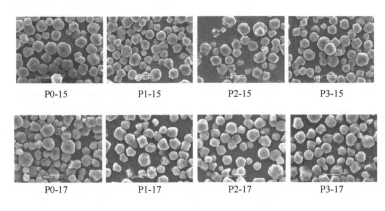

图 3.3　不同施磷水平下苦荞麦淀粉颗粒形态（张伟丽，2019）

③ 钾肥。钾在作物生长发育过程中具有重要的作用，与植物体内的许多代谢过程密切相关，如光合作用、呼吸作用和碳水化合物、脂肪、蛋白质的合成等。钾可促进酶的活化，促进光合作用和光合产物的运输，促进蛋白质合成和增强植物的抗逆性，尤其是干旱缺水时，钾能使作物叶片气孔关闭以防水分损失。荞麦对钾素的需求能力高于其他禾本科作物，在各生育阶段钾的吸收量占干物重的比例最大，高于同期吸收的氮素和磷素。从出苗到现蕾期，钾素吸收较少，始花期开始逐渐快速增加，以灌浆期最大，总体随着生育期的推进而增加，但主要集中在始花期以后。戴庆林等（1988）研究发现，从出苗到始花期的 26d 中，吸收的钾素占总吸收量的 10.36%，始花至灌浆期的 23d 中，吸收的钾素占总吸收量的 23.25%，灌浆期至成熟期的 23d 中，吸收的钾素占吸收总量的 66.39%（表 3.9）。成都大学通过"3414"试验研究发现，荞麦产量与钾肥用量之间存在显著正相关关系，可用二次回归方程 $y = 1687.95 + 17.8618x - 0.1792x^2$（$P<0.05$）表示。在我国长江流域和东南沿海一些地区，有的土壤缺乏钾素，特别是红、黄壤土。荞麦又比其他作物需钾素多，适当增施含钾素丰富的有机肥或无机肥，对提高苦荞麦产量有着重要的作用，但钾盐中的氯离子对苦荞麦有害，常引起叶斑病的发生，因此最好避免施用氯化钾，施用草木灰较适宜。苦荞麦吸收氮、磷、钾的基本规律是一致的，即前期少、中后期多，随着生物学产量的增加而增加，同时吸收氮、磷、钾的比例相对较稳定。增施钾肥对提高荞麦结实率、单株粒重、千粒重和产量有明显的效果，尤其是千粒重影响最大。

表3.9　荞麦不同生育期对钾的吸收量（戴庆林等，1998）

时期	干物重/（kg/hm²）	氧化钾		日平均吸收/（kg/hm²）	各期吸收率/%
		含量/%	总量/（kg/hm²）		
苗期	21	4.46	0.94	0.13	1.73
现蕾期	69.8	3.29	2.3	0.12	2.5
始花期	183	3.08	5.64	0.48	6.13
灌浆期	810	2.26	18.31	0.63	23.25
成熟期	1959.8	2.55	49.97	1.57	66.39
	852	0.53	4.52		

　　张伟丽（2019）研究发现，施用钾肥不改变苦荞麦淀粉颗粒形态，但改变了颗粒尺寸（图3.4，表3.10）。随着施钾量的增加，苦荞麦淀粉中直链淀粉含量先上升后下降。不同钾肥施用量之间的糊化特性和热特性存在显著差异，与其他处理相比，K1 处理（15kg/hm²）下的峰值黏度、谷值黏度、破损值、终值黏度、回生值是最大的，分别为7941cP、4799cP、3142cP、3142cP、7900cP、3101cP，较对照分别增加了 27.83%、15.36%、53.12%、13.25%、10.12%；K3 处理（135kg/hm²）下苦荞麦淀粉的凝胶焓值最高，为 10.59 J/g，较对照增加了 21.31%；随着施钾量的增加，苦荞麦淀粉糊的透明度先降低后升高。K3 处理下，苦荞麦淀粉糊的透明度最高，为 38.4%，较对照增加了 25.91%。

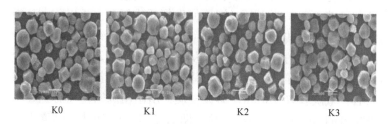

K0　　　　K1　　　　K2　　　　K3

图3.4　不同钾水平下苦荞麦淀粉颗粒形态（张伟丽，2019）

表3.10　不同施钾水平对苦荞麦淀粉颗粒粒度分布的影响（张伟丽，2019）

处理	d（0.1）	d（0.5）	d（0.9）	d（3,2）	d（4,3）	淀粉颗粒尺寸分布		
						<5µm	5~15µm	>15µm
K0	5.66±0.03b	9.44±0.01c	15.49±0.01b	8.72±0.04c	10.11±0.08bc	5.63±0.01b	83.28±0.07c	11.08±0.01c
K1	5.61±0.01b	10.29±0.02a	19.20±0.04a	9.32±0.03a	12.52±0.07a	6.31±0.04a	72.33±0.03d	21.36±0.06a
K2	5.84±0.04a	9.24±0.01d	14.37±0.05c	8.66±0.03c	9.76±0.02c	4.35±0.01d	88.29±0.05a	7.36±0.02d
K3	5.76±0.03a	9.53±0.01b	15.56±0.06b	8.82±0.03b	10.20±0.25b	5.08±0.04c	83.58±0.04b	11.34±0.01b

　　注：d（0.1）、d（0.5）和 d（0.9）表示有 10%、50%和 90%的淀粉颗粒小于该尺寸。d（3,2）表示表面积平均粒径，d（4,3）表示体积平均粒径。

④ 微肥。荞麦的正常生长发育除需要氮、磷和钾等大量元素作为养料外，还需要吸收极少量的铁、硼、砷、锰、铜、钴、钼等元素作为养料，这些需要量是极少的，但又是生命活动所必需的营养元素。在荞麦研究中，有关微量元素的研究报道较少，但某些微量元素作用十分明显，尤其是在微量元素缺乏的土壤中，施用后的增产效果显著。唐宇等（1989）在四川西昌试验表明，苦荞麦施用锌、锰、铜和硼肥时，除铜肥外，对株高、节数、叶片数、分枝数和叶面积都有明显的作用（表 3.11），而且苗期生长速度较快。同时，经锌、锰、铜和硼处理后的苦荞麦叶片中全氮、可溶性糖和叶绿素的含量有明显的增加，其中全氮较对照处理增加 0.15%~1.19%，可溶性糖较对照处理增加 0.45%~1.57%，叶绿素除硼外较对照增加 0.02%~0.13%（表 3.12）。

表 3.11　微量元素对苦荞麦幼苗生长的影响（唐宇等，1989）

处理	主茎			分枝数	叶面积比值
	株高/cm	节数	叶片数		
CK	23.6	5.0	7.1	2.06	100
锌	28.9	5.7	9.3	2.45	109
锰	35.8	6.7	10.7	2.43	112
铜	20.1	5.1	7.3	2.30	105
硼	30.4	6.5	10.2	2.27	108

表 3.12　微量元素对苦荞麦叶片全氮可溶性糖和叶绿素含量的影响（唐宇等，1989）

处理	测定项目	测定日期（月/日）						平均
		4/25	5/5	5/15	5/25	6/4	6/14	
CK	全氮	5.16	5.56	5.52	3.86	2.66	1.87	3.94
	可溶性糖	1.03	1.74	2.90	3.85	3.27	3.06	2.64
	叶绿素	0.48	0.58	0.62	0.57	0.52	0.40	0.53
锌	全氮	6.64	7.14	6.52	4.69	3.78	2.18	5.13
	可溶性糖	1.99	2.47	2.88	4.10	3.85	3.24	3.09
	叶绿素	0.53	0.81	0.75	0.72	0.64	0.46	0.65
锰	全氮	6.03	5.68	5.32	4.93	3.85	2.64	4.74
	可溶性糖	2.07	2.72	3.75	4.65	4.34	4.11	3.61
	叶绿素	0.51	0.68	0.65	0.60	0.54	0.51	0.58
铜	全氮	5.92	5.63	5.51	4.54	3.99	2.43	4.67
	可溶性糖	3.08	3.64	4.89	5.60	4.10	3.95	4.21
	叶绿素	0.48	0.63	0.61	0.62	0.55	0.43	0.55
硼	全氮	5.72	4.86	4.47	4.28	3.25	1.96	4.09
	可溶性糖	1.98	2.73	3.90	5.15	3.80	3.60	3.53
	叶绿素	0.50	0.56	0.63	0.59	0.48	0.40	0.53

　　在中等肥力条件下，杨晶秋（2003）研究结果表明，不同的微肥对苦荞麦的作用有所不同（表 3.13），施用钼肥和锰肥明显促进苦荞麦苗期的生长，壮苗指数随施用量的增加而提高，花期以后钼肥和锰肥中水平用量的作用日趋明显，即每盆分别施用钼酸铵 5mg 和硫酸锰 10mg，可明显改善苦荞麦的植株性状，但继续提高施用量，增效下降。钼肥中剂量和锰肥高剂量的干物质积累速度较快。硼肥对壮苗虽有一定作用，但差异不明显，高水平硼肥对苗期生长有一定的抑制作用。锌肥高剂量不利于苦荞苗期的生长，后期也具有明显的抑制作用，并导致干物质积累变缓。

表 3.13　试验处理及水平（杨晶秋，2003）　　　　　［单位：（mg/盆）］

肥料	a	b	c
锌肥	5.0	10.0	30.0
钼肥	0.5	5.0	20.0
硼肥	0.5	5.0	20.0
锰肥	1.0	10.0	30.0

　　在产量方面，唐宇等（1989）通过盆栽试验表明，经锌、锰、铜和硼元素处理后的苦荞麦开花数、结实率、产量都有较为明显的提高。其中株粒数增加 210～373 粒，结实率提高 8.52%～15%。锌、锰的增产效果最好，增产幅度为 82.97%～112.63%（表 3.14）。据杨晶秋（2003）试验结果，茎叶产量及籽实产量随锌肥施用量增加而降低；钼肥则与之相反，籽实产量随施用量的增加而增加，茎叶产量效应以中剂量为佳（表 3.15）。经方差分析，锌肥与钼肥对苦荞麦的效应均达显著水平，说明苦荞麦对锌肥与钼肥比较敏感，锰肥施用量增加能显著提高茎叶产量，虽然与苦荞麦籽粒产量也有一定关联，但未达到显著水平；硼肥施用量的增加对苦荞麦产量提升没有明显效果。每公斤土的微肥推荐用量为硫酸锌 1.7mg、硫酸锰 10mg、钼酸铵 1.7mg。苦荞麦对一些微量元素的反映较为敏感，施用时要慎重，当土壤元素水平达到 15mg/kg 时，锌肥施用量应不超过 1.7mg/kg。

表 3.14　微量元素对苦荞麦结实率、产量的影响（唐宇等，1989）

处理	1986 盆栽			1985 小区试验	
	单株开花数	单株粒数	结实率/%	产量/（kg/hm^2）	增产/%
CK	2780	285	10.25	910.1	0.00
锌	2637	495	25.25	1665	82.97
锰	2317	658	23.36	1935	112.63
铜	3152	796	18.77	1600	75.82
硼	2487	538	21.63	1485	63.19

表 3.15　微量元素不同施肥水平对苦荞麦产量的影响（杨晶秋，2003）　［单位：（g/盆）］

处理	茎叶产量			籽实产量			生物学产量		
	a	b	c	a	b	c	a	b	c
锌	13.63	10.36	8.57	5.03	3.18	3.32	18.66	13.54	11.86
锰	8.22	12.82	11.51	2.22	4.61	4.70	10.44	17.43	16.21
铜	11.03	10.61	10.91	3.57	4.27	3.70	14.6	14.88	14.61
硼	9.37	10.87	12.32	3.7	4.05	3.80	13.07	14.92	16.12

注：茎叶产量 $F_{Zn}=17.5**$，$F_{Mo}=14.9**$，$F_{Mn}=5.8**$（查表 $F_{0.01}=6.01$，$F_{0.05}=3.55$，$F_{0.1}=2.61$），籽实产量 $F_{Zn}=3.58*$，$F_{Mo}=6.25**$。

常庆涛（1997）研究发现，用硼、锰、锌溶液浸苦荞麦种子能显著提高产量，比对照平均增产 18.9%，而锰的增产幅度最大，达 31.5%，具体表现在株高增高，分枝位降低，一、二级分枝增多，单株实粒数增多，单株粒重增加，千粒重增加。他认为硼、锰、锌浸种增产的主要原因是叶面积增大，特别是三叶以上的叶面积增大；叶色增浓，光合作用增强。还能使根系增长，根系下扎深，从而促进植株对养分的吸收，延长生育期，增加养分吸收的时间和范围。微量元素对苦荞麦成株率有较大的提高，但对苦荞麦出苗有不良影响（表 3.16）。

表 3.16　苦荞麦经济性状与产量（钟兴莲等，1997）

品名	株高/cm	分枝位/cm	主茎节数	第一次分枝数	第二次分枝数	单株粒数			单株粒重/g	千粒重/g	小区产量/kg					公顷产量
						总粒数	实粒数	结实率/%			I	II	III	合计	平均	
蒸馏水（CK）	51.0	6.7	13.3	5.2	0.3	120.7	91.6	75.9	2.19	23.9	0.35	0.3	0.3	0.95	0.32	319.5
锌	55.6	6.9	14.3	6.2	0.4	164.6	122.3	74.3	3.20	26.2	0.4	0.3	0.4	1.1	0.37	370.5
锰	57.8	6.7	14.1	6.0	1.3	199.8	153.4	76.8	3.63	23.7	0.4	0.4	0.45	1.25	0.42	420.0
硼	51.9	5.6	13.0	4.9	1.4	152.7	119.9	78.5	2.81	23.4	0.4	0.3	0.35	1.05	0.35	349.5
处理合计	165.3	19.2	41.4	17.1	3.1		395.6		9.64	73.3						
平均	55.1	6.4	13.8	5.7	1.03		131.9		3.21	24.4						
与对照比较　增减数	4.1	-0.3	0.5	0.5	0.73		40.3		1.02	0.53						
%	8	-4	3.8	9.6	243		44		46.7	2.2						

稀土微肥也是一种微量元素肥料。据何天祥等（2008）在凉山州冕宁县分别用含稀土浓度为 100~400mg/kg 的溶液进行苦荞麦苗期处理，通过方差分析，产量结果表明，各处理间差异不显著，可能是由于冕宁县是稀土矿区，母质中稀土含量较高，故效果不显著。

苦荞麦黄酮总量方差分析结果表明，锌肥、钼肥、锰肥对茎叶黄酮总量影响显著，没有明显的交互作用，以平均值 189.6mg/盆为基准，评价各水平的效应，锌肥低剂量黄酮总量为正效应，钼肥以中剂量最佳；锰肥高剂量为好（表 3.17）；

籽粒黄酮总量受锌肥和钼肥影响较大，总量平均为 35.3mg/盆，锌肥仍以低剂量为正效应，钼肥中剂量最好。

表 3.17　苦荞麦黄酮测定（杨晶秋，2003）

处理	茎叶黄酮/（mg/盆）			子粒黄酮/（mg/盆）		
	a	b	c	a	b	c
锌	287	128	154	48	33	25
钼	181	210	178	22	42	42
硼	183	200	185	35	36	35
锰	167	171	231	35	35	36

边巴卓玛等（2017）研究表明，叶面喷施硼肥有效促进了植株进行光合作用，使其喷施后的苦荞麦的单株粒重和粒数及主茎分枝数都高于对照；喷施微肥后的苦荞麦平均产量相比对照分别增幅为 10.3% 和 3.5%（表 3.18）。

表 3.18　主要农艺性状及产量新复极差测验的多重分析表（边巴卓玛等，2017）

处理	主茎分枝	主茎节数	株高/cm	单株粒数/粒	单株粒重/g	千粒重/g	产量/（kg/亩）
A	5.3a	19.7a	186.3a	718.7a	12.8a	19.2a	213.4a
B	3.7b	20.7a	186.7a	623.3ab	12.5a	19.4a	200.1a
CK	3.3b	20.0a	178.5a	546.0b	10.1b	18.3a	193.4a

注：A 为叶面喷施硼肥；B 为叶面喷施磷酸二氢钾；CK 为喷洒等量的清水。

陕西的土壤主要缺硼、锌和锰三种微量元素，且在陕北、陕南、关中不同地区土壤中的含量也不同。其中，土壤中硼的含量是由北向南递减，锌和锰的含量则由北向南递增。在陕北施用硼增产效果较差，但施用锌和锰则增产效果明显。在陕南施用锌、锰和硼的结果则相反。可见，在荞麦上施用微肥，应先了解当地土壤微量元素的含量及其盈缺情况，然后通过试验确定施用微肥的种类、数量和方法。

⑤ 菌肥。施用菌肥，尤其是新型微生物菌剂提高苦荞麦产量与黄酮含量的研究尚少报道。史清亮等（2003）研究接种不同微生物菌剂对苦荞麦植物学性状的影响，所有供试微生物菌剂对苦荞麦均具有一定的促生助长作用，但不同的菌剂的作用是有差异的（表 3.19），其中 5 号（以磷细菌为主）、6 号（以 AMF 菌根真菌为主）、7 号（复合菌剂）菌剂的早期接种效果更明显，与灭菌草炭比较，壮苗指数增加 9.1%～18.2%，株重提高 17.6%～29.4%，叶绿素含量增加 4.8%～21.8%。

接种不同微生物菌剂对苦荞麦茎叶产量与黄酮含量的影响。盆栽试验结果表明，与空白对照比较，无论是施用灭菌草炭，还是接种微生物菌剂，其茎叶产量与茎叶黄酮含量均有明显提高，其中茎叶产量增加 16.4%～70.1%（表 3.20），而黄酮含量则成倍提高。与灭菌草炭相比，接种不同微生物菌剂，茎叶产量全部增产，增产幅度为 11.4%~62.9%，有一半菌剂的茎叶黄酮含量高于灭菌草炭，其中茎叶黄酮百分含量提高 11.0%~35.0%，茎叶黄酮总量提高 40.1%~108.3%，均以 3 号（芽孢杆菌为主）、5 号（以磷细菌为主）、6 号（以 AMF 菌根真菌为主）菌剂为好（表 3.20）。

表 3.19　接种不同生物菌剂对苦荞麦植物学性状的影响（史清亮等，2003）

处理号	处理内容	株高/cm	株叶数/个	株干重/g	壮苗指数	叶绿素含量/%
1	空白对照-CK1（不接种对照）	12.3	8.2	0.17	0.30*	1.20
2	灭菌草炭-CK2（无菌基质对照）	12.5	8.6	0.17	0.33	1.24
3	1 号菌剂（以固氮螺菌为主）	12.2	7.0	0.17	0.34	1.07
4	2 号菌剂（以径阳链霉为主）	12.3	8.2	0.17	0.34	1.25
5	3 号菌剂（以芽孢杆菌为主）	13.7	8.3	0.17	0.32	1.17
6	4 号菌剂（以硅酸盐细菌为主）	13.0	9.0	0.18	0.35	1.30
7	5 号菌剂（以磷细菌为主）	13.0	8.8	0.20	0.37	1.41
8	6 号菌剂（以 AMF 菌根为主）	15.8	8.8	0.22	0.36	1.23
9	7 号菌剂（固氮解磷解钾复合菌剂）	14.0	8.5	0.20	0.39	1.51
10	8 号菌剂（引进乌克兰菌剂）	9.0	8.2	0.16	0.35	1.19

注：壮苗指数=（茎粗/株高+根重/冠重）×茎叶重。

表 3.20　接种不同微生物菌剂对苦荞茎叶产量及黄酮含量的影响（史清亮等，2003）

处理	茎叶产量/（g/盆）	茎叶黄酮含量/%	茎叶黄酮总量/（mg/盆）	比对照增加倍数
空白对照	6.7	0.32	21.44	—
灭菌草炭	7.0	1.00	70.00	3.26
1 号菌剂	8.0	0.60	48.00	2.24
2 号菌剂	10.8	0.62	66.96	3.12
3 号菌剂	10.8	1.35	145.80	6.80
4 号菌剂	9.5	0.71	67.45	3.15
5 号菌剂	11.4	1.13	128.80	6.01
6 号菌剂	9.8	1.21	118.58	5.53
7 号菌剂	9.4	1.11	104.34	4.87
8 号菌剂	7.8	0.79	51.62	2.87

在盆栽条件下，与灭菌草炭比较，接种不同的微生物菌剂，其生物学产量全部增产，增产 13.0%~66.0%（表 3.21），黄酮百分含量虽有 1/4 的菌剂高于灭菌草炭，提高 17.3%~20.0%，黄酮总量有 3/4 的菌剂高于灭菌草炭，提高 3.3%~4.8%。分析结果还表明，施用不同的微生物菌剂具有不同的施用效果，以改善磷素供应状况为主的菌剂，自苗期开始就表现出一定的接种效果，而以固氮和防病作用为主的菌剂，则后期效果为好。与灭菌草炭相比，接种不同微生物菌剂的籽粒产量全部增产，增产 16.7%~86.7%（表 3.22），以 6 号、5 号菌剂为高，籽粒

黄酮百分含量 1/4 的菌剂高于灭菌草炭，提高幅度为 6.0%～15.0%，黄酮总量有半数的菌剂高于灭菌草炭，提高幅度达 10.9%～120.3%，以 6 号、4 号菌剂为佳。

表 3.21　接种不同微生物菌剂对苦荞麦生物学产量及其黄酮含量的影响（史清亮等，2003）

处理	生物学产量/（g/盆）	比灭菌草炭/（±%）	黄酮含量/%	黄酮总量/（mg/盆）	比灭菌草炭/（±%）
灭菌草炭	10.0	—	0.75	75.00	—
1 号菌剂	11.8	18.0	0.48	56.64	-24.5
2 号菌剂	14.9	49.0	0.52	77.48	3.3
3 号菌剂	15.2	52.0	0.88	133.76	78.3
4 号菌剂	13.8	38.0	0.62	85.56	14.1
5 号菌剂	16.6	66.0	0.73	121.18	61.6
6 号菌剂	15.4	54.0	0.90	138.60	84.3
7 号菌剂	13.8	38.0	0.68	93.84	25.1
8 号菌剂	11.3	13.0	0.60	67.80	-9.6

表 3.22　接种不同微生物菌剂对苦荞麦籽粒产量及黄酮含量的影响（史清亮等，2003）

处理	籽粒产量/（g/盆）	籽粒黄酮含量%	籽粒黄酮总量/（g/盆）
灭菌草炭	3.0	0.50	15.00
1 号菌剂	3.8	0.36	13.68
2 号菌剂	4.1	0.41	16.81
3 号菌剂	4.4	0.33	14.52
4 号菌剂	4.3	0.53	22.79
5 号菌剂	5.2	0.32	16.64
6 号菌剂	5.6	0.59	33.04
7 号菌剂	4.4	0.24	10.56
8 号菌剂	3.5	0.41	14.35

边巴卓玛等（2019）研究表明，不同施氮量下施用生物菌肥与未施用生物菌肥处理之间，产量及产量构成因子差异不显著；同清水拌种处理相比，生物菌肥拌种降低了土壤有机质含量，提高了土壤速效磷和速效钾含量。适宜浓度的生物菌肥拌种荞麦，能够提高荞麦产量，促进土壤有机质分解，进而提高土壤速效氮、速效磷和速效钾的含量。郝志萍等（2018）也认为，生物菌肥能够在一定程度上替代氮肥，减少氮肥施入量，同时还能够促进荞麦生长发育，进一步提高荞麦产量。生物菌肥拌种和喷施+不同数量的氮肥处理对春荞麦生长发育和产量的影响试验结果表明，生物菌肥对春荞麦有促生助长的作用，主要对春荞麦的产量、主茎分枝数、茎粗、单株粒数、单株粒重和千粒重有良好的促进作用。在生物菌肥拌种和喷施的基础上，在氮肥施用的一定范围内，春荞麦的产量、株高、主茎分枝

数、主茎节数、茎粗、单株粒数、单株粒重和千粒重与氮肥的施用量呈正相关，全生育期也随氮肥施用量的增加而延长（刘荣甫，2016）。

⑥ 综合施肥技术。

在荞麦的种植过程中，单一的肥料供应往往不能满足正常生长发育对养分的需求，特别是在荞麦大面积种植过程中，土壤中养分的供应往往难以均衡。因此，综合的施肥技术对大面积生产具有重要的实际应用价值。

在氮磷钾混合配施方面，黄凯丰等（2013）通过对甜荞麦品种丰甜荞 1 号研究发现，不同的氮磷钾配比对丰甜荞 1 号荞麦品种农艺性状、产量及产量构成具有重要的影响。主要表现在不同肥料处理时丰甜荞 1 号荞麦品种的主茎分枝数、主茎节数、株高表现存在明显的差异，主茎分枝数和主茎节数分别以 N2P2K0 和 N2P2K2 为最高，均显著高于其他处理，株高则以 N1P1K2、N2P1K2 和 N2P2K0，显著高于其他处理，而这三个处理之间则差异不显著（表 3.23）。

表 3.23　不同肥料处理对丰甜荞 1 号产量的影响

编号	处理	主茎分枝/个	主茎节数/个	株高/cm	单株粒数/粒	单株粒重/g	千粒重/g	亩产/kg
1	N0P0K0	4.3b	10.0b	53.6e	79.4f	2.86de	34.6b	47.05l
2	N0P2K2	3.3cd	10.0b	49.8f	67.8g	1.99g	31.4cd	75.71i
3	N1P2K2	3.0d	8.3bc	60.4b	50.6h	1.56h	29.2de	80.92g
4	N2P0K2	3.7c	9.0bc	56.6d	95.4d	3.15c	22.3f	70.93j
5	N2P1K2	4.7ab	10.7b	62.6a	116.4a	2.58ef	27.1e	88.64e
6	N2P2K2	3.0d	13.3a	60.1b	108.4c	2.59ef	32.9c	84.51f
7	N2P3K2	3.3cd	12.7ab	58.4c	80.4f	3.08c	32.6c	84.93f
8	N2P2K0	5.0a	10.0b	62.9a	115.4b	3.37b	30.5d	67.56k
9	N2P2K1	3.0d	7.0c	59.1bc	66.6g	1.29i	27.1e	78.90h
10	N2P2K3	4.3b	9.3bc	55.4d	87.6e	2.52f	28.0e	89.17e
11	N3P2K2	4.7ab	9.0bc	49.0f	89.2e	2.91d	33.5bc	105.00c
12	N1P1K2	4.0bc	8.7bc	64.0a	96.8d	2.71e	27.6e	126.66b
13	N1P2K1	3.3cd	10.3b	60.6b	105.6c	2.90d	31.5cd	100.54d
14	N2P1K1	4.3b	9.3bc	53.4e	80.0f	3.54a	36.7a	134.24a

研究发现，不同肥料配比条件下，丰甜荞 1 号单株粒数、单株粒重及千粒重存在明显差异。单株粒数以 N2P1K2 最高，显著高于其他处理，单株粒重和千粒重则均以 N2P1K1 最高，显著高于其他处理。产量方面，以 N2P1K1 处理的产量最高，为 134.24kg/hm^2，显著高于其他施肥处理。由表 3.23 还可看出，当磷钾肥施用量处于设计的中等水平（P2K2）时，施氮 3.45kg/hm^2、6.9kg/hm^2、10.35kg/hm^2 的产量分别比不施氮处理提高了 6.89%、11.62%、27.90%；当氮钾肥用量处于设计的中等水平（N2K2）时，施磷 2.3kg/hm^2、4.6kg/hm^2、6.9kg/hm^2 的产量分别比不施磷处理提高了 24.97%、19.15%、19.74%；当氮磷用量处于设计的中等水平

（N2P2）时，施钾 0.17kg/hm² 、0.34kg/hm² 、0.51kg/hm² 的产量分别比不施钾处理提高了 16.79%、25.09%、31.99%，因此，丰甜荞 1 号的高产施肥量推荐为 N3P1K3。

在施肥类型方面，赵钢等（2013）研究发现，有机肥、无机肥和有机无机复合肥处理对荞麦的产量存在明显的影响。在不同类型肥料处理下表现为有机无机复合肥＞有机肥＞无机肥＞对照，产量差异达显著水平（表 3.24）。由此说明，有机和无机混合施用一定程度上可以增加苦荞麦的产量。

表 3.24　不同肥料处理对苦荞麦产量的影响

处理	T367	T398	平均
对照	59.34d	45.60d	52.47d
有机肥	146.77b	94.66b	120.72b
有机-无机肥	151.59a	108.41a	130.00a
无机肥	129.82c	89.15c	109.49c
平均	121.88a	84.46b	

毛新华等（2004）研究发现，在荞麦的氮、磷和钾肥施用后，氮肥与磷肥为负相关，氮肥与钾肥为正相关，磷肥与钾肥为负相关。通过方程模拟，可得到三个单因子的降维方程，分别为：

氮肥（x_1）：$y_1 = 169.13 - 14.12x_1 - 7.83x_1^2$；

磷肥（x_2）：$y_2 = 169.13 + 5.80x_2 - 5.46x_2^2$；

钾肥（x_3）：$y_3 = 169.13 - 2.50x_3 + 1.61x_3^2$。

三因子对荞麦产量作用效应不同，大小依次为氮＞磷＞钾，磷钾互作＞磷氮互作＞氮钾互作，当氮、磷、钾肥分别亩施 1.85kg、263kg、8.77kg 时产量最高（表 3.25）。

表 3.25　试验组合处理及产量（毛新华等，2004）

区号	x_1/（氮肥 kg/亩）		x_2/（磷肥 kg/亩）		x_3/（钾肥 kg/亩）		y 产量/（kg/亩）
1	1	6.38	1	3.19	1	9.57	66.65
2	1	6.38	1	3.19	1	2.43	75.00
3	1	6.38	1	0.81	1	9.57	66.65
4	1	6.38	−1	0.81	−1	2.43	70.00
5	1	1.62	1	3.19	1	9.57	76.65
6	1	1.62	1	3.19	−1	2.43	100.00
7	1	1.62	1	0.81	1	9.57	80.00
8	1	1.62	1	0.81	1	2.43	81.65
9	1.682	8.00	0	2.00	0	6.00	86.65
10	−1.682	0.00	0	2.00	0	6.00	65.00
11	0	4.00	1.682	4.00	0	6.00	85.00

续表

区号	x_1/（氮肥 kg/亩）		x_2/（磷肥 kg/亩）		x_3/（钾肥 kg/亩）		y 产量/（kg/亩）
12	0	4.00	1.682	0	0	6.00	73.35
13	0	4.00	0	2.00	1.682	12.00	95.00
14	0	4.00	0	2.00	1.682	0	83.35
15	0	4.00	0	2.00	0	6.00	86.65
16	0	4.00	0	2.00	0	6.00	88.35
17	0	4.00	0	2.00	0	6.00	76.65
18	0	4.00	0	2.00	0	6.00	71.65
19	0	4.00	0	2.00	0	6.00	81.65
20	0	4.00	0	2.00	0	6.00	101.65

氮磷钾配比施肥可获得荞麦籽粒多、籽粒饱满，利于获得高产（赵永峰等，2000）。牛波等（2006）研究发现氮肥、磷肥、钾肥、有机肥及适宜配合施用可显著提高荞麦的产量。对单株产量来说，各肥料处理产量均明显高于对照，其中尤以有机肥（ORG）处理最高为4.6650g。在N、P、K配比中以全肥（ALL）处理为最高，NPK处理次之。NK配合施用应比单施N肥有较好的增产作用，但PK的配合施用与单施P、K肥相比在荞麦产量因素中并未起到增效作用（表3.26）。

表3.26　不同肥料组合对百粒重和单株产量的影响（牛波等，2006）

处理	CK	N	P	K	NK	PK	NP	NPK	ORG	ALL
百粒重	6.4362cC	3.3219cC	3.4392cC	3.3451dD	3.5479bB	3.1448eE	3.6655aA	3.5959bAB	3.6704aA	3.5414bB
单株产量	1.8950fF	2.7980eE	3.0511deDE	3.1604dDE	2.6999eE	2.8848eE	3.2070dD	3.4959cC	4.6650aA	4.0050bB

张伟丽（2019）研究发现，不同氮磷钾肥水平下，苦荞麦的主茎粒数之间均无显著差异，表明氮磷钾肥对苦荞麦主茎粒数没有显著影响；N3水平下苦荞麦的分枝粒数最高，为338.9粒，较对照增加了99.82%，其他氮肥处理间分枝粒数无显著差异，不同磷肥水平和钾肥水平下分枝粒数不存在显著差异；N1处理下苦荞麦的主茎粒重和分枝粒重最低，均为2.4g，较对照分别降低了14.29%和4%，N3处理下苦荞麦的主茎粒重和分枝粒重最高，分别为3.2g和6.8g，较对照分别增加了14.29%和172%，P3处理下主茎粒重较高，为2.9g，较对照增加了26.09%，各磷肥水平下的分枝粒重和各钾肥水平下的主茎粒重均无明显差异，但K0水平下分枝粒重反而较高；N0处理下苦荞麦的千粒重最低，为20.0g，其他氮肥处理间无明显差异，不同磷肥水平下千粒重也无明显差异，K1处理下千粒重最低，为20.0g，较对照降低了4.76%；N2处理下苦荞麦产量最高，为1490.1kg/hm²，苦荞麦产量在N0处理下最低，为950.0kg/hm²，其中N2处理较N0处理下苦荞麦增产56.85%，P3处理下苦荞麦产量最高，为1225.1kg/hm²，苦荞麦产量在P0处理下

最低，为 932.5kg/hm²，其中 P3 处理下较 P0 处理下苦荞麦增产了 31.38%，随着钾肥施用量的增加，苦荞麦产量呈随之增加的趋势，苦荞麦产量在 K0 处理下最低，为 937.6kg/hm²，K3 处理下苦荞麦的产量最高，为 1145.1kg/hm²，较对照增加了 22.12%，但不同钾肥处理下苦荞麦产量不存在显著差异。因此，适宜的肥料施用量是提高苦荞麦产量的关键措施（表 3.27）。

表 3.27　不同氮磷钾素施用量对苦荞麦产量及其构成因素的影响

处理	主茎粒数/粒	分枝粒数/粒	主茎粒重/g	分枝粒重/g	千粒重/g	产量/（kg/hm²）
N0	137.3±10.87a	169.6±70.37b	2.8±0.38ab	2.5±0.85c	20.0±0.03b	950.0±8.16c
N1	130.0±18.29a	151.3±23.30b	2.4±0.40b	2.4±0.64c	20.1±0.07a	1165.1±94.7b
N2	132.9±16.52a	204.3±25.23b	2.7±0.09ab	4.0±0.31b	20.1±0.07a	1490.1±104.9a
N3	159.9±38.51a	338.9±11.08a	3.2±0.31a	6.8±0.57a	20.1±0.11a	1135.1±68.6b
P0	119.0±12.16a	215.5±21.07a	2.3±0.19ab	3.8±0.49a	20.0±0.05a	932.5±57.38b
P1	138.4±8.20a	274.4±21.50a	2.7±0.07ab	5.0±0.33a	20.0±0.06a	1012.6±95.00b
P2	114.4±19.52a	233.8±48.93a	2.2±0.18a	4.2±0.74a	19.0±0.09a	972.5±41.93b
P3	143.4±15.56a	269.3±18.53a	2.9±0.29a	4.8±0.46a	20.0±0.07a	1225.1±26.45a
K0	139.3±19.37a	261.9±40.98a	2.7±0.20a	9.0±3.42a	21.0±0.10ab	937.6±109.7a
K1	180.1±4.95a	251.6±7.92a	2.3±0.39a	4.4±0.08b	20.0±0.02b	970.1±46.9a
K2	129.3±24.75a	261.6±39.60a	2.5±0.55a	4.7±0.42b	21.0±0.04a	1072.6±60.8a
K3	158.6±16.40a	214.6±66.19a	2.3±0.38a	4.1±1.48b	21.0±0.06a	1145.1±98.2a

肥料对苦荞麦的生长发育有显著促进作用，株高、主茎节数、一级分枝数、单株粒质量和单株粒数显著提高，使产量明显提高，以有机肥和化肥各半量处理产量最高（郭忠贤等，2017）。各肥料作用效果强弱依次为磷肥＞有机肥＞钾肥＞氮肥，适当增施磷肥可使荞麦产量显著提高。增加施肥量对营养生长，生殖生长有明显的促进作用，但只施有机肥而不施化肥对作物生育性状和产量有很大影响，相反施肥量过高，不仅不能提高作物单位面积产量，反而造成投资成本增加、肥力浪费（杨艳玲等，2018）。

施肥对荞麦的生理过程也有明显的影响。牛波等（2006）研究发现，在各处理的叶绿素含量中以 NP 处理的叶绿素含量最高，达 41.38%，比对照高 6.93%，且显著地高于其他处理，PK 处理的叶绿素含量最低，比对照低 23.37%。在光合速率中，NP、NPK、ORG、ALL 处理的光合速率较高，明显地高于其他处理，单施 N，K 处理的光合速率较低且低于对照。在蒸腾速率中，各处理的蒸腾速率均高于对照，依次为 NPK ＞P ＞ALL＞ORG＞PK＞NK＞K＞NP＞N ＞CK。由此可以看出在一定范围内多种肥料的配合施用有利于提高荞麦的光合速率和蒸腾速率，从而使植株积累有机物质速度加快，对提高产量起决定性的作用（表 3.28）。

表 3.28　不同处理对荞麦生理特性的影响（牛波等，2006）

处理	叶绿素（SPAD）	光合速率/[μmol/（m²·s）]	蒸腾速率/[mmol/（m²·s）]
CK	26.10±2.04	6.93±1.12	1.87±0.14
N	22.63±2.12	6.00±1.19	2.03±0.27
P	24.83±1.19	9.82±0.49	2.67±0.05
K	23.62±1.69	6.60±1.25	2.21±0.24
NK	21.65±1.15	9.23±0.60	2.37±0.31
PK	20.00±1.52	0.93±1.53	2.51±0.15
NP	41.38±2.25	12.97±1.14	2.19±0.21
NPK	29.53±1.89	10.33±0.57	3.00±0.12
ORG	34.20±2.15	12.93±0.58	2.54±0.09
ALL	29.57±2.02	12.27±0.62	2.57±0.16

　　在荞麦品质方面，研究发现氮磷肥、有机肥可提高荞麦蛋白质、脂肪和赖氨酸的含量，氮磷钾配施可显著提高淀粉和赖氨酸含量，全肥可以极显著地提高赖氨酸的含量。有机肥、全肥的配合施用是保证荞麦产量和品质的关键。但是，不同肥料组合对荞麦蛋白质含量、脂肪含量、淀粉含量和赖氨酸含量影响不同（表 3.29）。各处理均具有提高荞麦蛋白质含量的作用，其中以 NP 处理和 ORG 处理效果最好，分别为 13.92% 和 11.73%，与对照相比差异均达到显著水平，而其他处理虽然都提高了荞麦的蛋白质含量，但都不明显。除 P 和 NK 处理外，其他各处理均可提高荞麦的脂肪含量，以 K 处理的含量最高，与对照相比差异达到显著水平。从淀粉含量来看，各处理含量均低于对照，其中以 N 处理最低，为68.11%，与对照相比差异达到极显著水平。从赖氨酸含量来看，各处理均有提高荞麦赖氨酸含量的作用，其中 NPK、ORG、ALL 三个处理与对照相比，差异均达到显著水平（牛波等，2006）。

表 3.29　不同肥料处理荞麦品质指标含量（牛波等，2006）　　　（单位：%）

处理	蛋白质	脂肪	淀粉	赖氨酸
CK	9.30dD	2.234fF	75.42aA	0.56cC
N	9.62dD	2.765dD	68.11gF	0.57cC
P	10.63cCD	2.209fF	70.46eD	0.66bB
K	10.52cCD	3.302aA	69.29fE	0.59cC
NK	9.68dD	1.158gG	73.96cBC	0.67bB
PK	9.62dD	2.543eE	73.37dC	0.59cC
NP	13.92aA	3.103bB	73.45dC	0.68bB
NPK	10.59cCD	2.942cC	75.13aAB	0.74aA
ORG	11.73bB	2.818dD	74.54bB	0.72aAB
ALL	10.78cC	2.279fF	69.29fE	0.77aA

　　黄凯丰等（2013）分析不同氮磷钾施肥配比对荞麦籽粒品质的影响发现，不同的氮磷钾配比对荞麦的籽粒品质有显著的影响（表3.30）。不同的肥料处理下总淀粉含量为70.77%，其中以N3P2K3处理显著高于其他处理，以不施肥处理最低。直链淀粉含量以N2P2K2最高，为76.42%，显著高于其他处理，支链淀粉则以N1P2K2、N2P3K2、N3P2K2处理较高。在蛋白质含量方面，以N2P2K2和N2P2K1处理时丰甜荞1号籽粒中蛋白质的含量显著高于其余12个处理。黄酮含量以N2P0K2、N2P2K2、N1P1K2处理较高，分别为0.17%、0.17%和0.18%，显著高于其他处理。总膳食纤维、不溶性膳食纤维和可溶性膳食纤维平均分别为15.29%、11.80%和3.49%，N2P1K1处理时的总膳食纤维、不溶性膳食纤维和可溶性膳食纤维显著高于其余13个处理。适宜的氮磷钾水平可使总淀粉含量增加21.28%（N3）、0%（P0）、15.25%（K3），蛋白质含量增加6.25%（N2）、63.92%（P2）、26.33%（K2），黄酮含量增加6.25%（N2）、0%（P2）、41.67%（K2），总膳食纤维含量增加44.03%（N2）、27.13%（P2）、8.107%（K2）。

表3.30　　不同肥料处理对丰甜荞1号品质的影响　　　　　（单位：%）

编号	处理	总淀粉	直链淀粉	支链淀粉	蛋白质	黄酮	总膳食纤维	不溶性膳食纤维	可溶性膳食纤维
1	N0P0K0	62.65g	24.87f	37.78e	20.38cd	0.12c	12.67de	10.15d	2.52e
2	N0P2K2	65.73f	30.05d	35.68f	23.16b	0.16b	13.24d	11.42cd	1.82fg
3	N1P2K2	73.22cd	15.37i	57.85a	22.55bc	0.15b	13.41d	11.65cd	1.76fg
4	N2P0K2	75.85bc	40.23b	35.62f	15.63e	0.17ab	15.00cd	10.51d	4.49c
5	N2P1K2	68.70e	33.70c	35.00f	19.08d	0.12c	11.09e	8.48e	2.61e
6	N2P2K2	66.02f	17.12h	48.90cd	25.62a	0.17ab	19.07b	14.91ab	4.16c
7	N2P3K2	73.59cd	14.71i	58.88a	19.92cd	0.13c	11.84de	10.49d	1.35g
8	N2P2K0	66.31f	11.25j	55.06b	20.28cd	0.12c	17.64b	14.46b	3.18d
9	N2P2K1	66.82f	39.21b	27.61g	25.50ab	0.11d	15.49c	13.87bc	1.62fg
10	N2P2K3	76.42b	47.70a	28.72g	20.68cd	0.09d	12.49de	10.46d	2.03f
11	N3P2K2	79.72a	21.50g	58.22b	20.56cd	0.13c	17.50bc	12.36c	5.14b
12	N1P1K2	71.95d	16.45hj	55.50b	21.28c	0.18a	15.93b	11.03cd	4.90bc
13	N1P2K1	74.19c	26.78e	47.41d	23.89b	0.15b	11.97de	8.92de	3.05de
14	N2P1K1	69.65e	20.25g	49.40c	22.76bc	0.16b	26.69a	16.49a	10.2a

　　不同的施肥类型也会严重影响荞麦的营养品质，赵钢等（2013）研究发现不同的肥料类型对荞麦的淀粉含量、蛋白质、黄酮和总膳食纤维等有显著的影响。两个苦荞麦T367和T398的蛋白质含量均表现为有机-无机复合处理显著高于其余三个处理，黄酮含量以有机肥处理显著低于其余三个肥料处理，但T367与T398之间差异不显著；总膳食纤维和可溶性膳食纤维含量以有机肥处理最高，不溶性

膳食纤维含量总体以有机肥处理最低（表 3.31）。总膳食纤维和不溶性膳食纤维含量以 T367 较高，而可溶性膳食纤维含量则表现相反。

表 3.31　不同肥料处理对苦荞麦品质的影响　　　　　　（单位：%）

材料	处理	淀粉	蛋白质	黄酮	总膳食纤维	不溶性膳食纤维	可溶性膳食纤维
T367	CK	76.20b	13.06c	1.77a	17.54d	15.75a	1.79b
	有机肥	82.50a	14.07c	1.23b	19.22a	13.08b	6.14a
	有机-无机肥	82.63a	25.29a	1.83a	18.19b	16.52a	1.67b
	无机	83.85a	20.68b	1.85a	17.81c	16.39a	1.42b
	平均	81.30	18.28	1.67	18.19	15.44	2.76
T398	CK	78.23b	12.74c	1.82a	15.62c	12.66b	2.96b
	有机肥	85.67a	16.6b	1.38c	18.59b	12.78b	5.81a
	有机-无机肥	87.69a	22.59a	1.89a	17.88b	15.38a	2.50c
	无机	84.47a	22.35a	1.59b	17.54b	15.75a	1.79d
	平均	84.02	18.57	1.67	17.41	14.14	3.27

徐松鹤等（2015）认为，氮肥与钾肥、磷肥与有机肥配施有正交互作用，均可显著促进荞麦增产。N、P_2O_5、K_2O 和有机肥的最适配比为 7：1：3：1.088。最适施肥量：N 为 447.75～512.25kg/hm^2，P_2O_5 为 70.8～75kg/hm^2，K_2O 为 209.85～240.15kg/hm^2，有机肥为 76752～82656kg/hm^2。

在其他方面，前人研究发现叶面喷施大量元素钙、镁、钾显著，以及微量元素硼、锰、钼可显著提高甜荞麦丰甜荞 1 号单株粒数、结实率及产量，以及籽粒蛋白含量（王淑敏，2014）。陈文晋等（2015）对甜荞麦叶面喷施组合微量元素，在适当浓度下可显著提高甜荞麦叶片酶活性、叶绿素含量及产量。边巴卓玛等（2017）也发现叶面喷施硼元素有效促进了苦荞麦植株光合作用，提高了单株粒重、粒数、主茎分支数，达到了增产效果。田秀英等（2008）认为适量施硒显著提高株高，地上部干重和总干重，同时对苦荞麦具有明显的增产和改善营养与保健品质的作用。氮肥与钾肥、磷肥与有机肥配施有正交互作用，均可显著促进荞麦增产（徐松鹤等，2015）。在施用有机肥的基础上，添加氮肥和磷肥可以有效地提高农艺性状，增加干物质、产量和水分利用效率，且随施氮量的增加而增加（赵鑫等，2016）。适当增加磷肥施用量，保持氮有机比为 1：140，可提高荞麦种子可溶性糖和蛋白质含量（Xu et al.，2016）。

（二）播期、密度调节技术

1）播期

荞麦由于其独特的遗传特性，其生育期相对其他作物较短，适应性强，在高寒山区、民族地区和边远地区具有明显的生产优势。经过历史的积淀，逐渐形成了固定的生产方式，播期也基本固定下来。播种适期不仅可以保证发芽出苗所需的各种条件，而且使荞麦各个生育时期处于最佳的生育环境，使荞麦生育良好，高产优质。在生产中，通过研究发现，播期对荞麦的生长发育，产量及品质都有明显的影响，播种过早或过晚都会影响荞麦的产量和品质。

李静等（2013）通过研究发现，播种期影响荞麦的生育期长短（表 3.32），早播苗期气温低，营养生长期长，营养体大。开花期延长，养分主要消耗于营养生长。高海拔地区早播，温度过低出苗差，土壤干旱，幼苗不整齐，造成缺苗，生长势弱，难于获得高产。晚播使整个生育期处在高温和多雨季节，生长发育快，营养生长期短，营养体小。开花和灌浆期处于比较凉爽的气候条件下，虽然结实率较高，但开花期短，单株结实少，且易受早霜和大风之害，产量也低。

表 3.32　不同播期对荞麦生育期的影响（李静等，2013）

品种	播种期	日期	出苗期	花期期	成熟期	播种至出苗期天数	出苗至花期天数	花期至成熟期天数	生育期天数
	B1	2/21	3/6	4/6	5/12	14	31	36	81
	B2	3/2	3/8	4/5	5/12	6	28	37	71
A1	B3	3/12	3/20	4/9	5/14	8	20	35	63
	B4	3/22	3/27	4/12	5/19	5	16	37	58
	B5	4/1	4/5	4/18	5/27	4	13	39	56
	B1	2/21	3/9	4/15	5/16	17	37	31	85
	B2	3/2	3/17	4/14	5/17	15	28	33	76
A2	B3	3/12	3/26	4/17	5/19	14	22	32	68
	B4	3/22	4/3	4/21	5/21	12	18	30	60
	B5	4/1	4/5	4/23	5/29	4	18	36	58

注：A1 为温莎；A2 为西荞 1 号。

曹丽霞等（2019）研究表明，选用甜荞麦品种日本大粒和苦荞麦品种冀苦荞 1 号 2 个荞麦品种，设 5 月 11 日（B1）、5 月 18 日（B2）、5 月 25 日（B3）、6 月 2 日（B4）、6 月 9 日（B5）5 个播期，对 2 个品种进行连续 3 年（2013～2015 年）播种试验。试验结果表明，播期对甜荞麦日本大粒和苦荞麦冀苦荞 1 号的农艺性状和产量都有一定影响，综合评价确定日本大粒和冀苦荞 1 号在冀北坝上地区的最适播期均为 5 月中下旬（5 月 11 日～5 月 25 日）。适宜的播种期有利于荞麦的增产（任迎萍等，2019；张凌宇，2018）。

播种时间的早晚对荞麦的生长及主要经济性状也有显著的影响。据李静等（2013）研究发现，随着播期的延迟，荞麦株粒数总体呈现先升高后降低的趋势（表 3.33）。A1 的株粒数差异显著，以 B3 处理株粒数最高，为 127 粒/株，以 B5处理株粒数最低，为 93 个/株，其余表现为 B2＞B1＞A4。A2 以 B2 处理株粒数最高，为 200 粒/株，以 B5 处理株粒数最低，为 155 粒/株，与 B1、B3 和 B4 处理差异显著。A1 的千粒重差异不显著，以 B2 处理最高，为 31.36g，以 B5 处理最低，为 30.40g，两者相差 0.96g。A2 以 B2 处理最高，为 19.97g，以 B5 处理最低，为 17.76g，与 B1、B3 和 B4 处理差异不显著。

表 3.33　播期对荞麦产量及其构成的影响（李静等，2013）

品种	播期	株粒数	千粒重/g	产量/（kg/hm²）
	2/21	110b	30.61a	1515.2b
	3/2	115b	31.36a	1622.9b
A1	3/12	127a	31.09a	1776.8a
	3/22	97c	31.07a	1356.2c
	4/1	93c	30.40a	1272.2c
	2/21	189a	18.73ab	2124.0b
	3/2	200a	19.97a	2696.0a
A2	3/12	177b	17.90b	2138.6b
	3/22	169b	18.43b	2101.4b
	4/1	155b	17.76b	1858.1c

播期影响荞麦的主要经济性状，进而影响荞麦的产量。试验表明，各地荞麦产量随着播期的推迟呈先升高后降低的变化趋势，以最适播期产量最高（表 3.33）。吴燕等（2004）研究认为，播期对荞麦产量有显著的影响，辽宁地区以 8 月 1 日产量最高。李静等（2013）通过甜荞麦和苦荞麦的播期试验发现，随着播期的推迟，荞麦产量呈现先升高后降低的变化趋势。A1 以 B3 处理产量最高，为 1776.8kg/hm²，显著高于其他播期处理，以 B5 处理最低，为 1272.2kg/hm²，与 B1、B2 和 B3 处理差异均达显著水平。A2 产量以 B2 播期最高，为 2696.0kg/hm²，B5 处理最低，其次表现 B3>B1>B4。分析 A1 和 A2 产量可以看出，任何播期条件下 A2 产量均明显高于 A1，比其高 20.4%～66.1%。吴燕等（2004）的苦荞麦播期试验同样表明，适时播种产量最高，早播或晚播都会使产量下降（表 3.34）。

表 3.34　苦荞麦不同播期各小区产量测定结果（吴燕等，2004）

播期	重复/kg			小区平均/（kg）	产量/（kg/hm²）
	1	2	3		
7.22	6.3	6.6	6.35	6.42	1901
7.27	6.6	7.0	6.55	6.72	2001
8.1	7.3	6.9	6.80	7.00	2101
8.6	5.75	5.55	6.00	5.77	1701

常庆涛等（2015）研究认为，不同播期对荞麦生育期、株高和主茎节数均有较大影响。春荞麦株高随着播期的延迟呈先下降后上升的趋势，主茎节数呈上升的趋势，主茎分枝数、单株粒数、单株粒重、千粒重及产量均呈下降的趋势，各

播期处理产量在 165.0～997.0kg/hm²，其中 A1（3 月 21 日）处理产量最高，为 997.0kg/hm²。

在荞麦品质方面，尚爱军等（1999）研究发现，播期对荞麦籽粒蛋白质及其组分含量有显著影响。在适播期，荞麦籽粒蛋白质及其组分含量较低，早播和晚播则提高，晚播尤甚，但早播和晚播由于籽粒产量较低，蛋白质产量也相应较低。在荞麦优质栽培方面，播期以比当地最适播期略早为宜，以使籽粒产量、蛋白质及其组分含量、蛋白质产量均较高（表 3.35 和表 3.36）。戴丽琼（2011）研究也发现，播期对荞麦品质有显著的影响，荞麦籽粒中可溶性糖含量随播期的推迟而增加，不同处理含量为 8.97%～13.28%，籽粒中淀粉与蛋白质含量随播期的推迟而减少。不同处理籽粒中淀粉含量为 55.78%～71.12%，蛋白质含量为 8.42%～10.65%。杨修仕等（2017）研究也认为随着播期的延迟，荞麦的产量均呈先上升后下降的趋势，蛋白质和总黄酮含量均呈下降的趋势。

表 3.35　甜荞麦不同播期籽粒蛋白质含量、籽粒产量和蛋白质产量

播期（月/日）	籽粒蛋白质含量/%	差异显著性		籽粒产量/（kg/hm²）	蛋白质产量/（kg/hm²）
		5%	1%		
B4（7/16）	10.83	a	A	1128.3	122.25
B1（6/1）	9.67	b	B	1313.25	127.05
B2（6/16）	9.38	b	BC	1470.19	137.85
B3（7/1）	8.59	c	C	1646.70	141.45

表 3.36　苦荞麦不同播期籽粒蛋白质含量、籽粒产量和蛋白质产量

播期（月/日）	籽粒蛋白质含量/%	差异显著性		籽粒产量/（kg/hm²）	蛋白质产量/（kg/hm²）
		5%	1%		
B4（7/16）	8.02	a	A	1715.25	137.55
B1（6/1）	7.79	b	B	1966.80	153.15
B2（6/16）	7.69	b	B	2216.85	170.55
B3（7/1）	6.86	c	C	2905.05	199.35

选择适宜的播期，应根据各地的气候条件、种植制度及品种的生育期来确定。一是在终霜前后 4～5d，即冷尾暖头播种，二是开花结实期处于当地阴雨天较多，空气相对湿度 80%～90%，温度 18～22℃的阶段，有利于荞麦的开花结实。播种应掌握"春荞霜后种，花果期避高温；秋荞早种霜前熟"的原则。适宜播期由于充分利用当地光、热、水资源，有利于荞麦生长发育获得最佳产量。荞麦的种植，除了需要考虑光、温、水等条件外，其当地的种植习惯及海拔也是主要的考虑因素。如在四川凉山地区，由于该地区气候复杂，苦荞麦播种时间差别很大。低海拔地区在 7 月播种，云南、贵州的秋荞麦主要在 1700m 以下的低海拔山区种植，

一般在 8 月上中旬播种。重庆石柱、丰都一带的农谚为"处暑动荞，白露见苗"，一般在 8 月下旬播种。云南西南部平坝地区及广西、广东和海南一些地方的冬荞麦，一般在 10 月下旬至 11 月上中旬播种。若是春荞麦，海拔 1700～3000m 的高寒山区，苦荞麦的适宜播期为 4 月中下旬至 5 月上旬。海拔不同，播期有异，确定播期的原则是"春荞霜后种，秋荞霜前收"。

2）种植密度

在作物的生产过程中，调节种植密度是获得高产的重要途径之一。种植密度不同，单位面积的有效株数存在差异，植株的个体发育和群体发育也存在明显不同。在荞麦的种植过程中，往往由于播种量过大（部分地区每亩播种量达 10kg 以上）而群体密度过高，个体发育受限，倒伏严重。胡继勇（2003）研究发现，苦荞麦的成株率与基本苗的直线回归方程为 $y=87.5-3.59x$（图 3.5）。每公顷基本苗每增加万株时，成株率减少 3.59 百分点。苦荞麦与其他作物一样，对于个体和群体的关系都有自动调节的功能，有相对稳定的群体密度，成株和成粒构建群体的产量。试验结果表明，当每公顷基本苗在 150 万株以下时，其成株率均在 50%以上，而且随着基本苗的减少，成株率不断加大。而当每公顷基本苗在 150 万株以上时，其成株率在 50%以下。

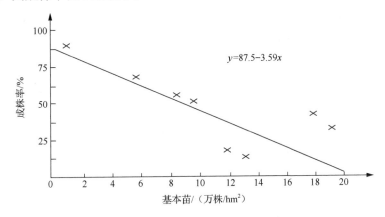

图 3.5　苦荞麦成株率与基本苗相关图（胡继勇，2003）

在不同的种植密度条件下，田间通风透光条件也会存在巨大差异。成都大学通过对西荞 1 号研究发现，随着种植密度的增加（6 万～15 万株/hm²），苦荞麦群体透光率呈明显下降的趋势。冠层底部（距地面 0cm）和冠层中部（距地面 50cm）表现趋势基本一致。距地面 0cm 和 50cm 处透光率均以低密度处理（6 万株/hm²）最高，分别为 20.1%和 38.9%，分别比最高密度处理高 3.1 倍和 2.4 倍。由此可以看出，种植密度过大，会影响苦荞麦下层群体的透光，植株下层叶片光合效率将受到影响，不利于植株个体的生长和发育（图 3.6）。

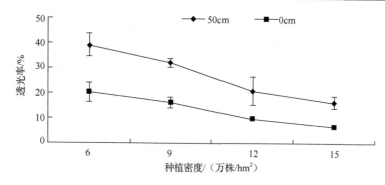

图 3.6　不同种植密度对苦荞麦群体透光率的影响

在农艺性状方面，种植密度对苦荞麦植株地上部和地下部农艺性状有显著影响。

成都大学研究发现，种植密度的增加使地上部株高和节间长度呈显著增加的趋势，各密度处理均以最高密度处理（D4）最高，分别为 115.2cm 和 4.85cm，极显著高于其他处理。D2 和 D3 株高和节间长差异不明显，但均极显著高于低密度 D1。分析茎粗和节数可以发现，苦荞麦主茎节数和茎粗均以低密度处理（D1）最高，分别为 17.7cm 和 5.12cm，极显著高于其他处理，D2 处理表现次之，均显著于 D3 和 D4 处理，D3 与 D4 之间差异未达显著水平。地下部主根长、一级侧根数和根体积均随着种植密度的增加呈逐渐下降的变化趋势。通过方差分析可以发现，一级侧根数和根体积均以 D1 最高，分别为 26.13 和 1.93mL，显著高于其他处理，比 D4 高 7.7%和 28.7%。主根长和主根粗均以 D4 处理最低，分别为 6.95cm 和 4.07cm，显著低于 D1 处理和 D2 处理，但 D1、D2 和 D3 处理之间差异不显著（表 3.37 和表 3.38）。

表 3.37　不同种植密度对苦荞麦植株地上部农艺性状的影响

种植密度/（万株/hm²）	株高/cm	主茎节数	节间长度/cm	茎粗/cm
D1（6）	105.4cC	17.7aA	3.69cC	5.12aA
D2（9）	108.4bB	16.9abA	4.15bB	4.49bB
D3（12）	109.3bB	16.4bA	4.24bB	4.21cB
D4（15）	115.2aA	16.0bA	4.85aA	4.18cB

注：表中不同大写字母的值差异达 0.01 显著水平，小写字母的值差异达 0.05 显著水平，下同。

表 3.38　不同种植密度对苦荞麦植株根系农艺性状的影响

种植密度/（万株/hm²）	主根长/cm	一级侧根数	根体积/mL	主根粗/cm
D1（6）	7.73aA	26.13aA	1.93aA	4.63aA
D2（9）	7.33aA	25.73bA	1.67bB	4.64aA
D3（12）	7.23abA	24.73cB	1.53bcB	4.64aA
D4（15）	6.95bA	24.27dB	1.50cB	4.07bB

　　荞麦的产量是由单位面积的有效株数、株粒数和千粒重组成的。合理密植有利于充分有效地利用光、水、气、热和养分，协调群体与个体之间的关系，在保证个体健壮地生长发育的前提下，群体能最大限度地得到发展，使单位面积上的株数、粒数和粒重得到协调发育，最终获得高产。个体的数量、配置、生长发育状况和动态变化决定了荞麦群体的结构和特性，决定了群体内部的环境条件。群体内部环境条件的变化直接影响了荞麦个体的生长发育。当种植密度较小时，植株个体发育条件相对较好，个体可以得到充分发育，有利于株高的增加，分枝数的增加，开花结实率提高。刘杰英（2002）研究发现，苦荞麦每公顷株数由 75 万株增加到 135 万株时，苦荞麦株高、主茎节数、一、二级分枝、结实率、单株粒重呈下降趋势，反之则呈上升趋势。单位面积种植密度的变化，对株高、分枝数、花序数、粒数和粒重等有着重要的影响。产量以 105 万粒/hm^2（基本苗 111 万株/hm^2）为最高。因此，只有苦荞麦群体结构趋于合理，使单位面积上的群体与个体、地上部分与地下部分、营养生长与生殖生长得到健康协调发展，并使群体与个体发育达到最大限度的统一，才能获得苦荞麦丰产。成都大学研究也发现，苦荞麦结实率随着种植密度的增加呈明显的下降趋势，而败育率则表现相反（图 3.7）。通过分析发现，低密度处理的结实率最高，为 62.0%，明显高于其他处理，分别比 D2、D3 和 D4 处理高 7.3%、15.7% 和 23.0%。败育率则以 D1 处理最低，为 35.4%，其次表现为 D2、D3 和 D4 处理。

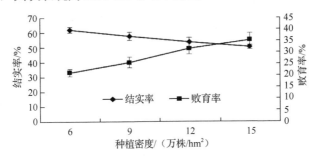

图 3.7　不同种植密度对苦荞麦结实率和败育率的影响

　　王迎春等（1998）对秋荞（甜荞麦）的产量构成因素与产量关系进行了研究，研究表明公顷株数与株粒数、粒重皆呈极显著负相关，株粒数与粒重呈极显著正相关。单产与株粒数、粒重皆呈极显著正相关，而与公顷株数呈显著负相关。由此说明，适宜的种植密度力争较多的株粒数和较高的粒重对增产都具有显著作用，而增加株粒数对增产作用尤为显著。偏相关分析表明（表 3.39），各产量构成因素间都存在一定相互抑制作用，公顷株数与株粒数呈极显著负偏相关，与粒重呈显著负相关，株粒数与粒重间的偏相关不显著。单产与株数和结实数间偏相关均为极显著正值，而单产与粒重间偏相关未达显著水平。由此可见，密度对株粒数和粒重影响较大，通过合理密植等栽培措施，协调好各产量因素之间关系，对提高产量有显著效果。

表 3.39　苦荞麦单产与产量构成因素的相关系数（王迎春等，1998）

项目	株数（x_1）	株粒数（x_2）	千粒重（x_3）	产量（y）
株数（x_1）		-0.9517**	-0.4857**	0.9663**
株粒数（x_2）	-0.6731**		-0.1739	0.9955**
千粒重（x_3）	-0.8686**	0.8494**		0.2416
产量（y）	-0.4552**	0.9634**	0.7813**	

注：左下角为简单相关系数，右上角为偏相关系数。*代表 5%显著水平，**代表 1%极显著水平。

据胡继勇（2003）报道，不同播种量（15 万～330 万株/hm²）所造成的种植密度不同，其产量也异，但产量呈抛物线型，中间高两头低（表3.40）。种植密度为 195 万株/hm² 时，产量最高，达 1435.5kg/hm²，宁蒗地区夏播苦荞麦最适的播种量应在 87～108kg/hm²，基本苗 105 万～195 万株/hm² 能获得最好产量。钟林等（2012）研究也发现，种植密度对荞麦产量有明显的影响。4 万苗/亩、8 万苗/亩、12 万苗/亩的产量都与 16 万苗/亩的产量在 5%的水平上有显著差异，其余各播种密度产量间没有显著差异。说明荞麦在一定种植密度范围内能自我调节，种植密度小，加上土壤肥力充足，荞麦就多分枝，植株健壮，多结籽粒，达到高产；种植密度大，荞麦的分枝就会少一些，但植株群体长势好，同样也达一定的高产量。但是如果种植密度过大，就会导致荞麦植株瘦弱，个体长势不好反而影响产量。凉山地区荞麦种植密度在 4 万～12 万苗/亩都能有较高的产量。

表 3.40　苦荞麦不同播种量的产量（胡继勇，2003）

种植密度/（万株/hm²）	基本苗/（万株/hm²）	一级分枝/个	株粒数/粒	实际产量/（kg/hm²）
15	18.0	2.8	171	990.0
60	70.5	2.0	159	1120.5
105	117.0	1.8	157	1269.0
150	150.0	3.2	168	1185.0
195	187.5	2.4	161	1435.5
240	225.0	2.6	149	1371.0
285	276.0	1.8	88	1176.0
330	294.0	3.8	155	1194.0
平均144	167.4	2.6	151	1218.0

在产量及产量构成方面，成都大学研究也发现，苦荞麦产量显著受种植密度及品种的影响。中等密度处理产量最高，显著高于低密度和高密度，比其高10.4～15.4。不同种植密度间差异达显著水平（图 3.8）。产量构成方面，苦荞麦单株粒数随种植密度的增加呈显著下降的变化趋势，两年的变化趋势基本一致。不同种植密度对百粒重无显著影响，但密度增加显著提高有效株数（表 3.41）。

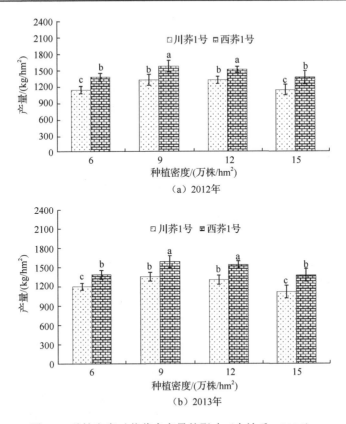

图 3.8 种植密度对苦荞麦产量的影响（向达兵，2016）

表 3.41 种植密度对干物质、产量及产量构成的影响（向达兵，2016）

年份	品种	密度/（万株/hm²）	干物重/g	单株粒数	百粒重/g	有效株数/m²
		6	290.1	102.2b	2.1	53.7
	川荞 1 号（A）	9	320.1	89.9d	2.11	78.5
		12	401.3	85.2e	2.06	99.3
		15	396.8	78.7f	2.04	129.1
		6	322.0	119.0a	2.16	54.2
	西荞 1 号（B）	9	367.9	100.1b	2.09	81.3
		12	430.1	95.7c	2.06	100.7
2012		15	422.5	82.1ef	2.01	132.3
	川荞 1 号		352.1b	89.0b	2.09a	90.2a
	西荞 1 号		385.6a	99.2a	2.08a	92.1a
		6	306.1c	110.6a	2.15a	54.0d
		9	344.0b	95.0b	2.10a	79.9c
		12	415.7a	90.5c	2.06a	100.0b
		15	409.7a	80.4d	2.03a	130.7a

续表

年份	品种	密度/（万株/hm²）	干物重/g	单株粒数	百粒重/g	有效株数/m²
	A		46.15**	13.92*	1.03ns	0.94ns
F 值	B		115.26**	20.98*	7.22ns	745.44**
	A×B		0.69ns	9.23**	0.098ns	1.67ns
		6	303.9	108.9b	2.15	54.1
	川荞 1 号（A）	9	335.6	91.0e	2.13	79.7
		12	416.3	86.87f	2.10	100.5
		15	401.8	80.53g	2.06	131.9
		6	342.1	123.2a	2.14	55.71
	西荞 1 号（B）	9	417.5	102.2c	2.09	83.8
2013		12	472.8	97.5d	2.08	107.1
		15	466.7	84.87f	2.03	133.7
	川荞 1 号		364.4b	91.8b	2.11a	91.6a
	西荞 1 号		424.8a	101.9a	2.09a	95.1a
		6	323.0c	116.1a	2.15a	54.9d
		9	376.6b	96.6b	2.11a	81.8c
		12	444.6a	92.2c	2.09a	103.8b
		15	434.3a	82.7d	2.05a	132.8a
	A		44.35**	23.53*	5.46ns	9.08ns
F 值	B		38.55**	45.29**	6.68ns	243.80**
	A×B		2.53ns	6.02**	0.032ns	2.53ns

注：ns 为不显著，*为 5%显著水平，**为 1%显著水平；不同小写字母表示 5%显著水平。

母养秀等（2018）研究发现，在生育期降水较多的 2014 年，随着密度的增加，株高增高，茎粗变粗，主茎节数增多，单株粒数、单株粒重、千粒重和受精结实率均呈下降趋势，产量呈增加趋势。在降雨较少的 2015 年和 2016 年，随着密度的增加，主茎节数、单株粒数、单株粒重及千粒重呈先增加后降低的趋势，受精结实率随着密度的增加呈下降趋势，产量呈先增加后下降的趋势。从增产的角度看，荞麦在宁南山区的适宜播种密度为 6 万株/hm²。李春花等（2018）认为通过密度调控可控制杂草的变化。同一密度中随着行距的增大，杂草数和鲜质量增加，而在同一行距中随着密度的增加，杂草数和鲜质量多数表现为减少。荞麦产量在种植密度 B2 和行距 A3 时达到较高，为 2596.7kg/hm²。在 B2 和 B3 同一种植密度下，行距 A4 的产量与行距 A3 没有显著差异，但后者抑制杂草效果更显著。表明选择适宜的种植密度和行距有利于控制田间杂草的生长，促进荞麦高产稳产。靳建刚等（2019）认为，不同种植密度下晋荞麦 6 号的分枝数、茎粗、单株粒质量、单株粒数存在显著性差异。不同种植密度下晋荞麦 6 号产量差异显著，且随种植密度的增加呈现先增加后减少的趋势，其中密度在 105 万株/hm² 时产量最高，

达 1964.0kg/hm²。生产上建议将晋荞麦 6 号种植密度控制在 105 万~120 万株/hm²
为宜。

不同的种植密度对荞麦的品质也有明显的影响。据张雄（1996）研究，苦荞
麦种植密度对籽粒产量的影响同对蛋白质含量的影响变化不同。这是因为苦荞麦
属淀粉质种子，在适宜密度范围内，产量较高，籽粒内氮素被稀释，相对籽粒蛋
白质含量下降。苦荞麦种植密度可以调节籽粒蛋白质及其组分含量。在高密和稀
植时含量较高，高密尤甚。但密度过大或过小时，因籽粒产量下降而导致蛋白质
产量也相应下降。因此，除了纯粹以改善品质为目的外，在生产上不宜采取高密
或稀植栽培来获得品质的改善。在陕西榆林地区进行苦荞麦优质栽培时，密度以
90 万~120 万株/hm² 为宜，以 90 万株/hm² 为最佳，因为在此密度下籽粒产量、
蛋白质含量均显示最优水平（表 3.42 和表 3.43）。

表 3.42　苦荞麦不同密度的籽粒蛋白质含量群体籽粒和蛋白质产量（张雄，1996）

| 密度水平/(万株/hm²) | 籽粒蛋白质含量/% | 差异显著性 | | 籽粒产量/(kg/hm²) | 蛋白质产量/(kg/hm²) |
		5%	1%		
150	8.36	a	A	2876.70	240.45
120	8.17	b	AB	3063.60	250.20
90	8.09	b	B	3170.10	256.20
30	7.82	c	C	3139.95	245.55
60	6.56	d	D	3270.00	214.50

表 3.43　苦荞麦种植密度与籽粒蛋白质组分（张雄，1996）

| 密度水平/(万株/hm²) | 清蛋白含量/% | 差异显著性 | | 球蛋白含量/% | 差异显著性 | | 醇溶蛋白含量/% | 差异显著性 | | 密度水平/(万株/hm²) | 谷蛋白含量/% | 差异显著性 | |
		5%	1%		5%	1%		5%	1%			5%	1%
150	1.93	a	A	1.74	a	A	0.31	a	A	150	1.70	a	A
120	1.89	a	A	1.69	a	A	0.28	ab	AB	120	1.68	a	A
90	1.80	a	AB	1.67	a	A	0.25	b	AB	90	1.55	b	B
30	1.65	b	B	1.48	b	B	0.22	b	B	60	1.54	b	B
60	1.17	c	C	1.13	c	C	0.17	c	B	30	1.50	b	B

在荞麦的生产中，种植密度随着地区生态气候条件、土壤肥力条件及当地种
植习惯存在明显的差别。影响荞麦种植密度的因素较多，主要有以下几个方面。
①播种量。播种量对荞麦产量有着重要影响。播种量大，出苗太密，个体发育不
良，单株生产潜力不能充分发挥，单株产量很低，群体产量不能提高。反之，播
种量小，出苗太稀，个体发育良好，单株生产力得到充分发挥，单株生产力虽然
很高，但由于单位面积上株数有限，群体产量同样不能提高。所以，根据地力、
品种、播期确定适宜的播种量，是确定苦荞麦合理群体结构的基础。②土壤肥力。

土壤肥力影响荞麦分枝、株高、节数、花序数、小花数和粒数。在肥沃的土壤上，荞麦植株可以得到充分发育，但在瘠薄的土壤上，荞麦植株生长却受到限制。肥沃地荞麦产量主要靠分枝，瘠薄地主要靠主茎。一般肥沃土壤适合稀播，贫瘠土壤适合密播，中等肥力的土壤播种密度居中。李钦元（1982）对不同肥力地块苦荞密度及产量调查后指出，只有在肥地应当控制密度，瘦地加大密度，中肥地提高密度，苦荞麦才能创造合理的群体结构。③播期。荞麦生育期可塑性大，同一品种的生育日数因播期而有很大的差异，其营养体和主要经济性状也随着生育日数而变化。同一地区春荞麦营养体较夏荞麦营养体大，春荞麦留苗密度应小于夏荞麦。④品种特性。荞麦因品种不同，其生长特点、营养体大小和分枝能力、结实率有很大差别。一般生育期长的晚熟品种营养体大、分枝能力强，留苗要稀；生育期短的早熟品种则营养体小、分枝能力弱，留苗要稠。例如，凤凰苦荞生育期长、植株高大、分枝能力强，留苗宜稀，每公顷留苗 45 万左右即可。西荞 1号品种生育期短、植株较矮、分枝能力弱，留苗宜密，每公顷适宜的留苗密度为60 万～75 万株。⑤播种方式。荞麦因播种方式不同，荞麦的个体生长发育也不同。条播植株营养体较大，能充分利用土壤养分，田间通风透光好，留苗密度相对较稀。点播植株穴内密度大，植株发育不良，分枝和结实受到影响，密度难于控制，相对留苗较多。撒播植株出苗不均匀，靠植株自然消长调节群体，留苗密度要大。⑥种植目的。生产上也可根据种植的目的，确定适宜的种植密度。

　　在不同的地区，荞麦的适宜种植密度不同，各地区可根据当地自然环境条件进行试验研究，最终确定适宜于本地区的种植密度。

（三）化学调控技术

　　荞麦在生长发育过程中，除了要求适宜的温度、光照、氧气等环境条件外，还需要一定的生理活性物质来调节作物的生长。这类物质的极少量存在就可以调节和控制荞麦的生长发育及各种生理活动。这类物质称为植物生长物质，包括植物激素和植物生长调节剂。植物激素和植物生长调节剂种类很多，在其他主要粮食作物上研究和应用较为广泛，但关于荞麦的研究较少。

　　研究发现，多效唑处理对荞麦植株生长发育有明显的影响（表 3.44），用不同浓度的多效唑处理苦荞麦，两个苦荞麦品种的植株性状发生了明显的变化。与对照相比，随着处理浓度的增加，植株高度逐渐降低，用 100mg/kg 的多效唑进行处理可使植株高度比对照降低 15～18cm，200mg/kg 的处理可使植株高度比对照降低 22～26cm，而 300mg/kg 的处理可使植株高度比对照降低 40～44cm。随着处理浓度的增加，苦荞麦植株的茎秆也逐渐加粗，这将有助于增强苦荞麦的抗倒伏能力。苦荞麦植株的株粒数和株粒重受处理浓度的影响明显，随着处理浓度的增加，株粒数和株粒重均得到提高，以 200mg/kg 的处理效果最佳；用 300mg/kg 的处理，由于植株的高度降低幅度大，生物学产量明显减少，植株的株粒数和株粒重受到影响。试验还表明用浓度 100mg/kg 和 200mg/kg 的处理，两个苦荞麦品种的结实率均有一定程度的提高，但以 200mg/kg 的处理结实率的提高最为显著，九江苦荞和额土的结实率分别比对照提高 7.3% 和 10.52%。

表 3.44　多效唑对苦荞麦植株性状的影响（赵钢，2003a）

品种	处理浓度/ （mg/kg）	株高/ cm	茎粗/ mm	主茎节数/ 个	一级分枝/ 个	株粒数/ 粒	株粒重/ g	千粒重/ g	结实率/ %
九江 苦荞	0（CK）	106.4	4.1	14.1	2.71	87.1	1.80	20.7	27.1
	100	90.7	4.3	13.7	2.93	92.7	1.89	20.4	27.4
	200	83.5	4.4	13.5	3.43	116.3	2.40	20.6	29.1
	300	66.1	4.6	12.9	3.64	83.9	1.75	20.8	26.7
额土	0（CK）	112.3	4.4	15.3	3.17	92.5	1.98	21.4	32.3
	100	94.5	4.5	15.0	3.39	101.3	2.15	21.2	33.9
	200	87.1	4.7	14.5	3.83	120.7	2.60	21.5	35.7
	300	68.6	5.1	14.1	3.87	107.5	2.32	21.6	32,6

姚自强等（2004）研究表明：用矮壮素和多效唑浸种处理的苦荞麦植株高度明显降低，在五叶期株高比对照（12.7cm），矮 5.1～1.2cm，多效唑浸种尤为明显，比对照矮 5.1～4.2cm。浸种处理分枝位比对照（8.2cm）降低 0.4～4.9cm，矮壮素浸种效果明显，降低幅度在 4cm 以上。一级分枝数增加，而二级分枝数有些减少（表 3.45）。浸种处理的平均株粒数为 605.1 粒，变动为 632.4～582.3 粒，比对照 639.2 粒少 34.1 粒；浸种处理的单株成粒数平均为 507 粒；变动为 523.3～499.8 粒，比对照 496 粒多 3.5 粒；由于成粒率平均增加 7.98%，株粒重浸种处理比对照平均增重 0.34g，矮壮素 200mg/L 处理尤为显著，增加 0.54g，千粒重浸种处理与对照差异不大，仅 0.3g（表 3.44）。

表 3.45　矮壮素、多效唑浸种对苦荞麦分枝性状的影响（姚自强等，2004）

处理		分枝位/cm	一级分枝/个	二级分校/个
清水（CK）		8.2	6.3	3.1
矮壮素	200ppm	3.9	6.3	7.3
	100ppm	3.3	7.9	5.4
多效唑	200ppm	7.8	7.0	1.9
	100ppm	6.0	7.4	0.3

王宏信等（2017）的研究表明，以不同浓度的赤霉素、6-BA、IAA 浸种 24h，对金荞麦种子发芽和幼苗生长的各项指标均显著增加，其中以适当浓度的赤霉素效果最佳。宋毓雪等（2018）研究也发现适宜的赤霉素、PPP333 和萘乙酸（NAA）处理能提高甜荞麦的产量，三种植物生长调节剂间同时存在一定的协同作用和拮

抗作用。Wang 等（2015）的研究表明，木质素含量与普通荞麦的抗倒伏性密切相关，木质素含量越高，普通荞麦的抗倒伏性越强。烯效唑通过提高秆的木质素含量及其相关酶活性显著降低倒伏的风险，显示效果最好的浓度为拌种 200mg/kg，叶面喷施 75mg/L。在苗生长方面，向达兵等（2018）研究表明，采用 1000mg/kg 内生菌多糖浸种最有利于提高苦荞麦出苗率和幼苗素质。

在产量方面，Sun 等（2012）的研究发现，外源水杨酸（SA）处理可显著提高苦荞麦芦丁含量，且芦丁生物合成相关基因的基因表达模式受 SA 调控。Li 等（2017）的研究表明，应用 0.5mg/L 乙烯利诱导毛状根产生花青素的效果明显优于其他浓度（0mg/L、1mg/L 和 2mg/L）乙烯利诱导毛状根产生花青素的效果。这些数据表明，花青素生物合成可能在荞麦对乙烯胁迫的响应中发挥重要作用。王淑敏（2014）研究发现，叶面喷施适当浓度的脱落酸、赤霉素、2,4-D 提高了甜荞麦丰甜荞 1 号结实率和产量，并促进了籽粒中总黄酮和芦丁含量的提高。赵钢等（2015）的研究表明，一定浓度的赤霉素促进了苦荞麦株高增加，NAA 和多效唑显著降低了苦荞麦株高；低浓度的赤霉素和多效唑提高了苦荞麦产量，对川荞 2 号品质也有一定的提高作用。郭肖等（2015）的研究表明，适宜浓度的外源多效唑喷施苦荞麦可提高产量，经不同浓度的多效唑处理发现株高对苦荞麦产量影响最大，其次是主茎分支数和主茎节数。刘星贝（2017）的研究表明，烯效唑能有效减少甜荞麦倒伏概率，而赤霉素则促进倒伏的发生。同时，烯效唑浸种处理显著提高了甜荞麦各品种的产量、单株粒数等。赵钢等（2003）研究发现，现蕾期叶面喷施多效唑对苦荞麦产量有明显的影响（表 3.46），用 100mg/kg 对两个苦荞麦品种进行处理，产量分别比对照增加 6.40% 和 5.90%，用 200mg/kg 对两种苦荞麦品种进行处理，产量分别提高 28.50% 和 20.96%，具有显著的增产效果。值得注意的是，用 300mg/kg 的多效唑对两种苦荞麦品种进行处理，九江苦荞比对照减产 3.62%，与 200mg/kg 的处理组合相比，减产达 25%；额土较对照增产 8.73%，而与 200mg/kg 的处理组合相比，减产 10.11%。多重比较发现，施药浓度为 200mg/kg 的产量与 300mg/kg 的产量差异不显著，与对照组相比差异达 5% 的显著水平，故 200mg/kg 为最优浓度。姚自强等（2004）研究发现，矮壮素、多效唑浸种荞麦籽粒性状出现明显差异，总粒数、成熟数和成粒率增加，荞麦平均产量为 1484.25kg/hm^2（表 3.47 和表 3.48），比对照清水浸种处理增产 3%，矮壮素浸种的增产幅度较大，平均增产 4.85%，200ppm 处理增产为 5.78%。多效唑浸种处理增产仅 1% 左右，效果不显著（赵钢等，2003）。处理平均产量为 1481.25kg/hm^2，增产 39.25kg/hm^2，增产幅度 2.65%。何天祥等（2008）对凉山州冕宁县荞麦研究发现，配制成各处理的烯效唑浸种 36h，并设置清水处理作对照，浸种 0.5kg，各处理间产量为 1175～1667kg/hm^2，处理 10g/kg 产量最高，较对照增产 25.79%，但方差分析表明各处理间差异不显著。因此，激素及生长调节剂的使用应根据种类和当地生产状况进行试验研究，根据效果显著与否决定是否采用。

表 3.46 多效唑对苦荞麦产量的影响（赵钢等，2003a）

品种	处理浓度/ (mg/kg)	重复 I	重复 II	重复 III	平均数	折合产量/ (kg/hm²)	比对照增产量/ (kg/hm²)	增产幅度/ %
九江苦荞	0（CK）	1.37	1.41	1.33	1.38	1380.0		
	100	1.40	1.52	1.47	1.46	1463.3	83.3	6.40
	200	1.71	1.85	1.76	1.77	1773.3	393.3	28.50
	300	1.34	1.36	1.29	1.33	1330.0	−50	−3.62
额土	0（CK）	1.57	1.47	1.54	1.53	1526.7		
	100	1.60	1.67	1.58	1.62	1616.7	90.0	5.90
	200	1.86	1.78	1.90	1.85	1846.7	320.0	20.96
	300	1.64	1.63	1.71	1.66	1660.0	133.3	8.73

表 3.47 矮壮素、多效唑浸种对苦荞麦籽粒性状的影响（姚自强等，2004）

处理		株粒数			株粒重/g	千粒重/g
		总粒数	成粒数	成粒率/%		
清水（CK）		639.2	496.0	77.6	7.96	17.1
矮壮素	200ppm	632.4	523.3	82.75	8.80	17.8
	100ppm	612.4	502.9	82.12	8.27	17.5
多效唑	200ppm	593.1	499.8	84.27	7.98	17.1
	100ppm	582.3	502.0	86.21	8.14	17.2

表 3.48 矮壮素、多效唑浸种对苦荞产量的影响（姚自强等，2004）

处理		小区产量					单产/ (kg/hm²)	比较	
		I	II	III	合计	平均		较对照增加/ (kg/hm²)	较对照增幅/%
清水（CK）		1.44	1.48	1.405	4.325	1.44	1441.50		
矮壮素	200ppm	1.51	1.55	1.51	4.57	1.525	1524.75	83.25	5.786
	100ppm	1.55	1.43	1.51	4.49	1.495	1497.00	55.5	3.85
多效唑	200ppm	1.43	1.55	1.40	4.38	1.46	1460.25	18.75	1.30
	100ppm	1.465	1.455	1.44	4.36	1.455	1455.00	13.5	0.93

　　在抗倒伏方面，刘星贝（2017）系统研究了化学调控对甜荞麦抗倒伏的影响及其机理，认为烯效唑和赤霉素对甜荞麦的倒伏习性、产量及产量构成因素、力学特性、形态特性、解剖结构、糖氮代谢、木质素含量、木质素合成关键酶活性及木质素合成关键酶基因表达量有显著影响。当烯效唑浸种浓度为 80mg/L，对甜荞麦茎秆的优化作用最明显，因此，在此浓度处理下，茎秆形态最优，机械强度最强，木质素代谢最旺盛，能够增加甜荞麦的抗倒伏能力，减少倒伏发生的概率，

增加产量。

在品质方面，Zhao 等（2015）发现外源多糖诱导子对荞麦芽的生长和功能代谢物的积累有明显的刺激作用，其刺激效果主要取决于多糖的种类及其处理剂量，且真菌多糖处理刺激苯丙烷类通路而产生的生物黄酮类化合物的积累。应用特定的真菌诱导剂可以提高苦荞麦芽的营养和功能品质。

（四）田间管理

在荞麦的生长过程中，田间管理十分重要。农谚有"三分种，七分管"，根据苗情，搞好田间管理，是荞麦获得高产的重要环节。在荞麦播种后，全苗是荞麦生产的基础，也是苦荞麦苗期管理的关键和重点。保证荞麦全苗和壮苗，除播种前做好整地保墒、防治地下害虫的工作外，出苗前后的不良气候，也容易造成缺苗现象，因此要采取积极的保苗措施。播种时遇干旱要及时镇压。据调查，在干旱条件下苦荞麦播种后及时镇压可提高产量 12%～17%；播种后若遇大雨造成地表板结，造成缺苗断垄，要注意破除地表板结，在雨后地面稍干时浅耙，以不损伤幼苗为度。低洼地、陡坡地荞麦播种前后应做好田间的排水工作，防止田间积水。一般可根据坡度或地面径流的大小、出水方向和远近开出排水沟，沟深 30～40cm，沟宽 50cm，水沟由高逐渐向低。雨水小的地方，可采用开厢播种技术，方便排水。

中耕除草是保证荞麦高产的又一重要管理措施，在荞麦第一片真叶出现后进行。中耕有疏松土壤、增加土壤通透性、蓄水保墒、提高地温、促进幼苗生长的作用，也有除草增肥之效。据刘安林（1985）在内蒙古武川测定，中耕一次能提高土壤含水量 0.12%～0.38%，中耕两次能提高土壤含水量 1.23%，中耕锄草能明显地促进苦荞麦个体发育。据调查，中耕锄草两次、一次比不中耕的苦荞麦单株分枝数增加 0.49～1.06 个，粒数增加 16.81～26.08 粒，粒重增加 0.49～0.8g，增产 38.46%和 37.23%。中耕除草次数和时间根据地区、土壤、苗情及杂草多少而定。春荞麦 2～3 次，夏、秋荞麦 1～2 次。第一次中耕在幼苗第一片真叶展开后结合间苗疏苗进行。西南春秋苦荞麦产区气温低、湿度大、田间杂草多，中耕除草除提高土壤温度外，主要是铲除田间杂草和疏苗。第一次中耕后 10～15d，视气候、土壤和杂草情况再行第二次中耕。土壤湿度大、杂草又多的苦荞麦地可再次进行。在苦荞麦封垄前，结合培土进行最后一次中耕。中耕深度 3～5cm。中耕锄草的同时进行疏苗和间苗，去掉弱苗、多余苗，减少幼苗的拥挤，提高苦荞麦植株的整齐度和结实株率。中耕除草的同时要注意培土。南方苦荞麦产区在现蕾始花前，株高 20～25cm 时，把行间表土提壅茎基，称"壅蔸"。培土壅蔸可促进苦荞麦根系生长，减轻后期倒伏，提高根系吸收能力和抗旱能力，有提高产量的作用。云南永胜县培土壅蔸的苦荞麦产 3503kg/hm²，比不培土壅蔸（233kg/hm²）

增产 33%。厢式撒播苦荞麦田，难于人工中耕除草，常用生物竞争的原理来控制杂草危害，当苦荞麦进入始花期时，追施 37.5～75.0kg/hm^2 尿素，以加快苦荞麦生长和封垄速度，使杂草在苦荞麦遮蔽下逐渐死亡。

由于荞麦是抗旱能力较弱、需水较多的作物，特别是持续干旱对荞麦影响较大。据研究，每形成 1g 干物质需要消耗 363～646g 水。在全生育期中，以开花灌浆期需水最多。我国春荞麦多种植在旱坡地，常年少雨或旱涝不均，缺乏灌溉条件，生育依赖于自然降水，对苦荞麦产量影响很大。夏荞麦产区有灌溉条件的地区，在苦荞生长季节，除了利用自然降水外，苦荞麦开花灌浆期如遇干旱，通过灌水以满足苦荞麦的需水要求，可以提高苦荞麦的产量。灌水时以畦灌、沟灌为好，但要轻灌、慢灌，以利于根系发育和增加结实率。在低洼和多雨地方，要注意开沟、及时排水。

五、荞麦栽培技术研究进展

1）通过光调控、改善植株光合生理、延长或增强籽粒灌浆是增产的有效途径

近年来，大量研究关注荞麦的籽粒灌浆，明确灌浆期对籽粒重量的贡献（孔德章，2016；宋毓雪，2015）。发现在籽粒灌浆过程中源库不协调，光合产物不足是限制荞麦产量增加的重要原因（杨武德等，2002；赵权等，2017）。不同的品种具有不同的光合能力（汪灿等，2013），特别是花后光合能力的差异是影响产量的关键（Xiang，2019），高产的品种具有较高的灌浆起始势和较低的达最大灌浆速率的时间（Liang，2016），这些成为调控荞麦产量的重要途径。

2）环境条件的刺激可有效改变荞麦的产量性状和品质

光照强度的降低会显著降低苦荞麦产量和籽粒黄酮含量（王安虎，2009），通过长光照处理能提高苦荞麦的单株粒重、总膳食纤维、蛋白质、总淀粉和黄酮含量，且显著增加根茎叶中 ACC 含量（时政等，2018）。Michiyama 等（2005）也发现长光照处理会增加了株高、主茎节数、花簇数和花数，但降低了花簇数、种子数和花数的增长率和结实率。在低强度的紫外照射时也可有效提高苦荞麦灌浆期叶片的叶绿素含量和净光合速率，提高叶片和种子的黄酮含量（连哲，2014）。在 UV-B 处理研究上较多，主要集中在处理会影响水分利用，使光合速率在发育早期下降，总生物量、最终籽粒产量、千粒重和光合色素含量等下降等方面（Gaberščik et al.，2002；Germ et al.，2013；Yao et al.，2006）。合理的种植密度可改善荞麦群体的光环境，形成良好的株型结构，增加抗倒伏能力（Xiang et al.，2016），茎秆强度、木质素等关键性状指标是影响其抗倒伏性能的重要参数（Xiang et al.，2019）。

3）逆境胁迫生理过程初步明确

研究发现干旱胁迫会抑制胚根发育，降低了种子的相对发芽率、发芽势和发芽指数（李静舒，2014；贾婷，2012）。干旱胁迫下 SOD、POD 和 CAT 等抗氧化酶活性增加，叶片相对含水量下降，叶片脯氨酸和可溶性蛋白含量显著升高，随着胁迫强度和胁迫时间的延长，叶绿素含量逐渐下降，SOD、POD 和 CAT 活性均呈现先升后降趋势，MDA 含量呈现上升趋势（巩巧玲等，2009；陈鹏等，2008；赵丽丽等，2016）。适度的干旱胁迫会增加苦荞麦各器官的总黄酮含量，提高种子品质（谭茂玲等，2015；Zhou et al.，2015）。

4）外源调节物质改善荞麦生理代谢，影响生长发育和产量品质

大量研究表明，喷施多效唑能显著降低荞麦株高，减少倒伏，缩短生育期，提高荞麦的产量（赵钢等，2015；郭肖等，2015；刘星贝，2017；Wang et al.，2015）。叶面喷施脱落酸、赤霉素、2，4-D 能提高籽粒中总黄酮的含量（王淑敏，2014），通过 α-萘乙酸液浸种能促进出苗和幼苗的生长，N6-苄基腺嘌呤能促进根、叶生长（李海平等，2009；戴红燕等，2006）。外源水杨酸处理可显著提高苦荞麦芦丁含量，且芦丁生物合成相关基因的基因表达模式受水杨酸调控（Sun et al.，2012）。内生菌多糖能提升苦荞麦的发芽率，改善苗的素质。用其对苦荞麦种子进行处理，也可以改善种子的出芽率、促进芽的鲜重增加，黄酮含量提高（Zhao et al.，2015；Zhong et al.，2016）。

第三节　荞麦机械化种植技术

种植荞麦的地区大多受地形条件的限制，土块较小，交通落后，机械化实施难度大。因此，荞麦的机械化栽培仍处于空白或起步阶段，尤其是南方苦荞麦种植区，荞麦机械化难度更大。在生产中，荞麦的播种方式以条播、穴播、撒播为主，多年来主要依靠畜力或人力耕地，经过撒肥、撒种、耕地、糖地等多道工序，收获则完全采用人工收获，耗时费力，效率低下。尽管北方甜荞麦种植区由于地形较南方平坦，可采用机械耕地，但从总体上说，荞麦的机械化程度仍远远落后于其他作物。由于缺乏新型播种收获机械，限制了荞麦生产力水平的提高。

播种机械化是农业机械化过程中最复杂，也是最艰巨的工作。播种机械所面对的播种方式、作物种类、品种等变化繁多，这就需要播种机械有较强的适应性和能满足不同种植要求的工作性能。机械播种是确保苗全、苗壮、夺取高产的关键作业，也是农机与农艺相结合的重要措施之一。播种机按播种方法分为撒播机、条播机和点播机。播种机类型很多，结构多种多样，但其基本构成相同。播种机基础部分一般包括机架、开沟器、排种器、种箱、行走装置、传动装置，其次是

排肥器、肥箱、覆土镇压机构等。国内外精密播种机的通用性、适应性、功能多样性不断提升，除基本结构外，还附带耕整地装置、起垄装置、洒水喷药装置、划线器等，能一次性完成耕整地、灭茬、播种、施肥、覆土镇压、农药喷洒等作业程序，效率极高且节约成本。

"十三五"以来，国家燕麦荞麦产业技术体系新增荞麦机械化岗，主要围绕荞麦的机播和机收问题开展系统研究，力争在播种机和收获机上取得突破。在此之前，各地区围绕荞麦的机械化，也进行了一些积极的探索，北方地区（陕西靖边）农广校在荞麦机械化栽培方面进行积极的探索和研究，并取得了一系列的研究成果（王树宏等，2011）。主要通过对多功能播种机和履带式谷物联合收割机进行改进，并结合农艺技术措施，克服了荞麦籽粒小、播种机不易播种、结实位低不易机收、种植地块有坡度等困难，先后在靖边县镇靖乡榆沟村、宁条梁镇西园则村等地试种试收 500 余亩，成功实现了荞麦机播机收机械化作业。成都大学也在西南地区对荞麦小型机械播种进行了研究，发现机械播种深度及覆土对荞麦苗的素质影响较为显著。播深 4cm 时有利于培育荞麦壮苗，播深 2cm 时表现为出苗率差、基本苗和成苗率低，根系活力、茎粗小、干物重、单株叶面积及叶绿素含量下降，而播深 6cm 时地中茎过长导致出苗率下降，株高、干物重、单株叶面积、茎粗和叶绿素含量均降低；覆土有利于提高荞麦的出苗率和根系活力，增加干物重，适度增加地中茎，幼苗素质较不覆土高。在机械播种后进行荞麦苗素质评价时，应选择株高、根系活力、总干物重、根干重、茎粗、单株叶面积、地中茎长度适中和子叶节长度等指标，能够准确地反映荞麦苗素质。

在机械播种过程中，涉及较多的技术和操作要点，现就目前研究已形成的主要机械栽培技术要点作一简要介绍。

一、品种选择

采用机械播种时应该选择荞麦籽粒较大的品种。因为在荞麦的机械播种过程中，由于荞麦籽粒较小，播种时播种量不易控制。若选择的荞麦种子较小，则可加入颗粒状肥料来调节荞麦的播种量，此法既调节了播种量又可施入种肥，可谓一举两得。但是在肥料的选择上，应该选择不影响荞麦种子出苗的种肥。在品种的选择上，优先选择种子颗粒大的品种，陕西地区选择榆荞 4 号、榆荞 3 号，该品种需肥水平高，粒大高产，有利于播种；如果选用当地传统品种，因荞麦种子颗粒小，需加大颗粒肥料使用量，才能调整播种密度，会造成肥料的浪费。另外，榆荞 4 号、榆荞 3 号结实位比当地传统品种高，有利于机械收割（王树宏等，2011）。苦荞麦种植区可选择适应性广、粒大的苦荞麦种子，如四川地区则可选择川荞系列、西荞系列或当地颗粒较大的品种进行机播。

二、地块选择

王树宏等（2011）在研究荞麦机播时，采用了 90 马力大型拖拉机作牵引动力，同时配备旋耕机、播种机，使糖排，耕地、播种、施肥、糖地一次性作业完成，播种宽度 2.3m，适宜在坡度 15°以下，地块面积 3 亩以上，无起伏状山丘、深坑洼地的地块作业。与小型机械相比，其对坡度要求放宽，可适宜机播地块增加，但面积越大越好。但是在南方丘陵区或高山地区，由于受地形的制约，大型机械则不适宜发展，应该着力探索和发展小型机械，以适应当地的需要。

三、种植方式

常用的机械化直接播种方法有撒播、条播、穴播（点播）、精密播种、铺膜播种、免耕播种等。撒播是将种子按要求的播量漫撒在地面的播种方式。这种播种方式导致种子分布不均、消耗量大、覆土困难、出苗不齐，一般作物播种很少使用这种方法，多用于蔬菜的育苗移栽和大面积种草、植树造林的飞机撒播等。条播是指将种子按要求的行距、播量和播深，均匀成条带地播入土壤中，播种机排出种子形式为均匀的种子流，有窄行条播、宽行条播、带状条播、精量条播等形式。这种播种方式会使种子分布均匀、出苗整齐、便于田间管理，农作物应用较广泛，小麦、谷子、高粱、油菜等作物多以条播为主（图 3.9）。穴播（点播）是按照要求的行距、穴距、穴粒数、播深等，将种子定点投入种穴（种沟）内的方式，主要应用在玉米、棉花、花生等作物上。精密播种是穴播的高级形式，即按精确的粒数、间距、行距、播深将种子播入土壤中，可大量节约用种。铺膜播种是指在播种时先铺好地膜，再在地膜上播种的一种作业方式。免耕播种是指在前茬作物收获后，不进行耕整地便直接播种的方式，是一种保护性耕作方式。

图 3.9　采用条带机播后苦荞麦苗期长势图（左图为凉山美姑县，右图为成都金堂县）

从荞麦的种子特性及农艺措施来看，其机械播种当以条播为宜。荞麦机械化条播在播深一致性、播种均匀性、出苗均匀性、漏播率等方面均优于人工撒播。此外，机播使植株在田间一般成条带分布，通风、透光，群体性状较好，增强光合作用的同时使水、肥、气等更趋协调，有效增加穗数、提高千粒重，进而增加产量。宁夏回族自治区的研究人员在宁夏中部干旱带的同心县使用 2BSF-7 改制型条播机播种、采用统一设计多点布置方法研究荞麦机械化栽培技术，结果表明，荞麦机械化播种技术比常规露地人工种肥撒播种植平均增产 259.4kg/hm² （丁孝义，2013）。赤峰市农牧科学研究院自行研制的大垄双行荞麦播种机，实现了荞麦大垄双行栽培模式的机械化播种，示范应用证明，机械播种实现荞麦增产 15%～20%，节本增效 35%以上，并且便于中耕除草和机械收割。荞麦机播播深基本上深浅一致，也使种子均能处在良好的发芽出苗种床中，因而出苗早，出苗快，出苗率高，这有利于作物争抢农时，延长生育期，从而为作物籽粒饱满、夺取高产创造先决条件。

四、适时抢墒播种

荞麦机械播种时，若将配套旋耕机翻地、播种机播种、施肥、耙糖覆土平地，四道工序一次完成，土块细碎，能减少土壤水分消耗，失墒较轻，而且速度快，效率高，保墒抢种不误农时，能极大缓解因干旱造成的土壤失墒情况。

（一）荞麦农机现状

目前，国内市场上能用于荞麦播种或者经过简单改进便可用于荞麦播种的播种机多种多样，各地区需结合当地的耕地条件和农艺要求，播种荞麦的品种、亩播量、播种深度，所用化肥种类、播量、施肥深度，行距，以及播种时土壤的含水率、土壤类型等农艺要求和配套拖拉机、收割机等条件，综合选择通用性能好、适用范围广的播种机。播种机应排种稳定，播量、播深、行距等准确、可调，不损伤种子，且安全性能良好可靠。国内外生产播种机的企业较多，如约翰迪尔播种机、农哈哈播种机、宁联播种机、布谷播种机等，各地可结合实际选用各种型号、品牌的播种机。一般情况下，单块耕地面积大于 5 亩的地区适宜选择工作幅宽在 2m 以上的较大型播种机，如约翰迪尔 1590 免耕播种机、农哈哈 2BMFS-8/16 免耕施肥播种机、宁联 2BMYF-8/8 免耕施肥播种机、布谷 2BX-18 播种机等；单块耕地面积为 1～5 亩的地区，适宜选择工作幅宽为 1～2m 的中型播种机，如农哈哈 2BX-6 播种机、宁联 2BYF-4 播种机、豪丰 2BJY-6 精量播种机、奥龙 2BMYF-6/6 旋耕施肥播种机等；单块耕地面积在 1 亩以下的地区，适宜选择 2～5 行、工作幅宽在 1m 以下的小型播种机，如兴谷 2BDJ-2-7 播种机、顺成 2BSF-5A 型播种机、豪丰 2BJM-2（4）型播种机、川龙 ZBTF-2 播种机。

（二）荞麦农机的新突破

　　各地区也在积极研发荞麦专用播种机，利用大宗作物播种机械进行优化，筛选适合荞麦的播种机械。如内蒙古赤峰市农牧科学研究院设计了 2BF-3 大垄双行荞麦播种机，采用 45～50cm 大垄距种植，一垄双行，行距 8～10cm，种肥分施。整机重量 150kg，配套动力≥8.9kW，不需要动力输出，可使机播量精确且可调，播深一致可调，排种均匀性变异系数、各行排种量一致性变异系数、总排量稳定性变异系数、种子破损率分别为 28.1%、1.4%、0.5%、0.1%，均较大幅度小于标准值，机具的通过性满足农艺要求（卜一等，2016）。贵州省威宁县板底乡雄英村采用大垄双行荞麦播种机耕作播种取得了成功。成都大学发明了"一种小型苦荞麦播种机"（ZL201420047847.0），该播种机包括机架、地轮、种箱、排种器、传动系统和开沟器，机架采用钢管等焊接而成，地轮升降调节总成连接在机架的左部，可自由调节地轮高度适应地形需要，种箱、排种器和开沟器由上至下依次连接并装置在机架的右部，传动系统连接在排种器和地轮间传动。该小型苦荞麦播种机结构紧凑，尺寸小巧，重量轻，拆卸和搬运十分方便，仅需以微耕机为动力，可广泛应用丘陵山区等复杂地形。四川省农业机械研究设计院也研发了"一种丘陵山区荞麦多功能播种施肥机"（ZL201520120490.9），该播种机包括机架、挂接调整机构、地轮总成、传动系统、一体式排种器、开沟器及覆土器，机架包括前机架和后机架，前机架通过螺栓与后机架连接成一体，传动系统包括驱动部分、中间传动部分和从动部分，挂接调整机构、地轮总成、驱动部分和中间传动部分均安装在前机架上，一体式排种器、开沟器、覆土器和从动部分均安装在后机架上。该机结构紧凑、尺寸小巧，拆卸、组装及搬运都非常方便，可同时完成开沟、播种、施肥、覆土等多项作业，还可兼顾播种玉米、大豆等作物，能广泛应用于丘陵山区，以解决目前西南区苦荞麦播种机械缺乏的问题，并通过生产试验，均获得了成功，正进行大面积推广应用。

　　李明生等（2019）为优化荞麦播种机外槽轮式排种器的最佳排种性能参数，基于离散单元法对荞麦播种机排种器进行数值模拟，发现当凹槽半径为 $3×10^{-3}$m，槽数为 20，槽轮转速为 58.58r/min 时，排种器能够满足三种荞麦种子的最大播量要求（图 3.10）。台架试验结果表明，台架试验与仿真试验的排量相对误差为 2.93%～9.90%，荞麦排种器的排量随槽轮转速的增加而增加，总体线性度相关系数 R^2>0.98（图 3.11）。

　　成都大学研究团队在荞麦播种机具方面做了大量工作。采用模块化设计思想对播种单体及整机进行布局建模。重点对丘陵山地专用荞麦播种机的三角橡胶履带行走系统、链传动系统及排种器、排肥器、开沟器、地轮、镇压轮等的结构参数进行了设计计算。运用测量臂技术和逆向工程技术对苦荞麦种子进行精准建模，应用颗粒离散元理论对排种器播种情况进行仿真，验证排种器性能是否达到设计要求。结果表明，采用外槽轮式排种器能满足条播苦荞麦的农艺参数要求。

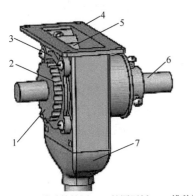

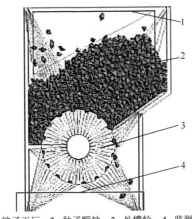

1. 排种轮；2. 排种轮挡圈；3. 挡圈压板；4. 排种器盒
体；5. 种刷；6. 排种轴；7. 落种管连接件

1. 粒子工厂；2. 种子颗粒；3. 外槽轮；4. 监测区域

图 3.10　荞麦排种器结构图　　　　图 3.11　仿真过程

针对丘陵山地地形条件，选用 15kW 拖拉机作为动力源，为匹配拖拉机运动参数和结构参数，设计计算三角橡胶履带行走系统主要参数，验证驱动轮运动速度以匹配拖拉机（图 3.12 和图 3.13）。根据课题组提供的荞麦种子及其农艺参数要求，重点设计计算外槽轮式排种器结构参数，确定两种不同结构参数的排种器。通过颗粒离散元分析法对不同结构参数在 35r/min、45r/min、55r/min 转速下的播种量进行了模拟，最后确定排种器主要结构参数为直径 60mm，最大工作长度为 30mm，凹槽半径 4mm，槽数为 20 槽的外槽轮式排种器。结合丘陵山地况，设计双圆盘开沟器，选用外槽轮式排肥器，确立了以地轮-种箱-肥箱的链传动作为播种机的传动系统。完成了整机结构参数设计与计算。

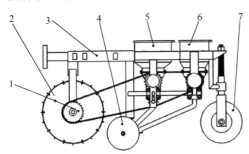

1. 链轮主动轮；2. 地轮；3. 机架；4. 开沟器
5. 肥箱；6. 种箱；7. 镇压轮

图 3.12　播种单体结构简图　　　　图 3.13　丘陵山地荞麦播种机三维模型

（三）机械条播作业技术要求

机械条播效率高、速度快，可适时结合天气抢墒播种。机械条播应做到播量稳定、播深一致、种子分布均匀且破损率低、行距一致且各行播量一致。播前要进行机械与地块检查，做到心中有数，确保作业质量和机械安全。播种时尽量匀速作业，必须停车时应减缓速度，作业过程中防止倒退。此外，在地头转弯时，应切断排种器和排肥器动力，避免浪费种子和肥料。播种作业时操作人员应时刻注意观察开沟、排种、播肥是否正常，种肥箱余量等情况，确保高质量作业。作业完成后及时清理种肥箱，以防止不同品种混杂、剩余肥料腐蚀机器，避免浪费，还需及时去除开沟器、覆土器、地轮等零部件上粘连的泥土杂物，并检测播种的安全状况。

1. 播种量

检测播种量一般有米间粒数法和地块核对法，实际播量不得高于或低于计划播量的4%。

（1）米间粒数法。作业中将开沟器和覆土环抬起或将输种管从开沟器中抽出，使种子直接落于地面。检查每米长度内种子粒数，与计划相比之差。每次随机检查三点，按式（3-1）计算。

$$C = \frac{Q \times M}{G} \times b \qquad (3\text{-}1)$$

式中，C 为计划米间粒数；Q 为计划播种量，kg/hm^2；M 为行距，m；G 为千粒重，kg；b 为净度，%。

（2）地块核对法。播完一个地块后（一个小区），根据实际面积和实播种、肥量按式（3-2）计算公顷实播误差。

$$P = \frac{Q - Q_1}{Q} \times 100\% \qquad (3\text{-}2)$$

式中，P 为播种（肥）误差，%；Q 为计划播中（肥）量，hg/hm^2；Q_1 为实际播种（肥）量，kg/hm^2。

2. 播种深度

在确定的每个检测区内截取包含基点的长度为 1m 的区域测量播种深度，测种子上部覆盖土层的厚度，每行测定三点。计算播种深度为 $h\pm1$cm（播种深度小于 3cm 时，$h\pm0.5$cm）范围内的点数占测定总点数的百分比，其中 h 为当地农艺要求的播种深度。五个测区的平均值为最终播种深度合格率，播种深度合格率应大于 70%。有研究指出，适宜机播深度及覆土厚度提高苦荞麦幼苗素质，西南丘陵山区苦荞麦采用 4cm 播深和覆土最有利于提高苦荞麦幼苗的素质（向达兵等，2014）。不同播种机的开沟深度调节方式都不一样，播种前当仔细阅读说明书，详细了解播种深度调节方法，播种时在田间结合实际情况实时调控，以保证最佳播种深度。

3. 晾籽率

$$Jt = \frac{\sum X}{20 \times N} \times 100\% \qquad (3-3)$$

式中，Jt 为晾籽率，%；X 为晾籽长度，m；N 为播种行数。

在确定的每个检测区域内，截取包含等分点、长度为 20m 的区域测量晾籽长度，按式（3-3）计算晾籽率，五个测区的平均值为最终晾籽率。晾籽率应不超过 2%。

五、荞麦机收

由于荞麦具有特殊的收获特性，其籽粒成熟度极不一致，且成熟籽粒极易脱落，使荞麦机械化收获难度大。国外多通过改造谷物联合收获机来实现机械化收获。荷兰通过更换大豆联合收获机的脱粒凹板、降低滚筒和清选风机转速，实现荞麦机械化收获。美国康奈尔大学研究认为两段联合收获不仅可以降低收获损失，还可使籽粒充分后熟，是荞麦的最佳收获方式。目前荞麦专用联合机尚未见报道，但各地区对收获机进行诸多积极的尝试。

荞麦的收获方式主要分一次性机械化联合收获和分段收获两种。荞麦分段收获的适收期一般为全株有 70% 的籽粒成熟时（李占成，2017）。一次性机械化联合收获的适收期为全株有 80%～90% 的籽粒成熟，且茎秆呈红棕色（Strakǎas，2010）。黄小娜等（2018）在对国内外荞麦种植和收获方式综述的基础上，从理论研究和实际生产应用的角度出发，对荞麦收获机械的研究现状和技术优缺点进行了总结和分析，并对荞麦收获机械的发展方向进行了展望。她认为目前荞麦一次性机械化联合收获大多是对现有的谷物联合收获机进行参数调整和结构改造后用于荞麦收获。这类联合收获机在进行荞麦收获作业时存在割台落粒损失严重，收获籽粒含杂率高且有大量秕粒、破碎粒，造成收获损失率高、收获作业质量差等问题。分段收获是将荞麦在适收期割倒后晾晒一定时间，让荞麦籽粒充分后熟，降低茎秆和籽粒的含水率，然后再进行脱粒、清选等收获作业，可改善荞麦收获籽粒的质量和品质。分段各环节作业宜在清晨进行，此时空气湿度大，籽粒不易掉落（李占成，2017）。分段收获方式主要有人工收获、半机械化收获和两段机械化联合收获三种。在不同的种植地区，荞麦的生长特性和收获技术要求也有所不同。如在高寒地区，荞麦成熟时会有大量叶片掉落或者荞麦在成熟期易受到霜冻，采用一次性机械化联合收获的效果较好，而在气候温暖的荞麦种植区，由于荞麦成熟时其植株茎秆和叶片含水率较高，宜采用两段机械化收获方式（Bjorkman et al.，2002）。Strakǎas 等（2010）对荞麦进行了割前脱粒一次性联合收获和传统一次性联合收获的对比试验研究，采用芬兰 Sampo Rosenlew 公司生产的 SR500 联合收割机加梳脱装置（其梳脱滚筒转速为 340r/min，脱粒滚筒转速为 600r/min，风机转速为 2500r/min），研究发现割前脱粒一次性联合收获每收 1hm² 荞麦，其产量是传统一次性联合收获的三倍，燃料消耗降低了 40%，收获成本减少了 40 欧元（李占成，2017）。

　　王树宏等（2011）在荞麦收获时，采用的是自走履带式谷物收割机，收获效果较好，每小时可收获 6～8 亩，填补了荞麦机械化收获的空白。机收荞麦每亩需60 元，而人工收获每亩需 130 元（收割 100 元、打场归仓 30 元），每亩可节省开支 70 元，深受农民喜爱。山西大同雁门清高食业有限公司用"谷神"轮式收割机收割苦荞麦，每亩收割费用 20 元。2016 年陕西省定边县对"西农 9976"进行机械化栽培技术试验示范，用了精量匀行抗旱沟播技术、宽窄行（大垄双行）精量抗旱沟播技术，核心试验示范区面积 1800 亩。荞麦精量匀行抗旱沟播技术示范田平均亩产 154.0kg，荞麦精量宽窄行（大垄双行）抗旱沟播技术示范田平均亩产155.3kg，分别较当地人工撒播栽培方式（133.8kg/亩）增产 15.10% 和 16.07%，取得了较好的成绩。凉山地区采用金阳豹 4LYZ-2.0 型联合收割机，针对苦荞麦的生长特点作了多项专门设计改进，每小时可收割苦荞麦 5～6 亩，效率是人工收割的50 倍，一次性完成收割脱粒工序，解决了困扰苦荞麦的"人工收割就地堆码、等待后熟霉变隐患严重"重大食品安全难题。同时，减少二次作业环节，避免了搬运中的损失，间接增加了近 10% 的产量，但收割机在割台系统和荞秆的后处理等方面还有很大的改进空间。

　　在机械收获方面，成都大学荞麦研究团队在收获机的结构设计建模优化与脱粒滚筒力学分析方面做了大量工作，设计了荞麦脱粒装置的机械结构（图 3.14 和图 3.15），装配并加载动力源，排除干涉。按结构组成将脱粒装置分为脱粒滚筒和凹板筛两部分，其中脱粒滚筒所包含脱粒齿杆、齿杆连接盘、滚筒中心轴三部分，脱粒齿杆由齿杆、脱粒齿两个元件组成，凹板筛由筛条、栅格组成，先设计各个零部件的结构并建模，再装配成整体；凹板筛结构虽然相对简单，但是结构设计和建模过程也难以一次完成，需要分别完成后再组装。为减轻质量，对脱粒装置关键核心部件进行拓扑优化，其中滚筒中心轴的最小轴径为 30mm，部分采用钢管，筛条间距为 30mm，筛条间孔宽 10mm，包角值为 210°。

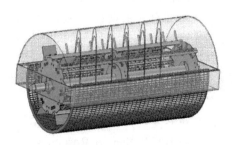

图 3.14　荞麦脱粒装置虚拟样机结构简图

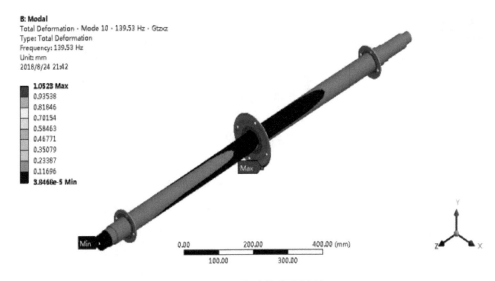

图 3.15　脱粒滚筒十阶振型

　　脱粒滚筒中心轴作为脱粒滚筒的核心部件，起着承载和传递发动机输入扭矩的作用，其结构强度和安全性对于脱粒装置有着举足轻重的影响，故设计将轴在极限工况下的应力应变情况和安全系数单独输出，以求证其是否满足要求。从 ANSYS workbench 求解结果来看，其最大变形量为 0.022607mm，发生在滚筒中心轴中部与齿杆加强盘连接边缘部分。

　　成都大学荞麦研究团队构建了苦荞麦植株与籽粒三维模型，提出了一种以离散元法为基础的荞麦麦穗建模方法，同时研制出了小麦麦穗仿真软件。在此基础上对荞麦植株进行完整建模方法研究，建模时将荞麦植株分为麦穗、茎秆与叶片三部分（图 3.16）。主要研究茎秆与叶片建模方法，可将可变形的叶片看作弹簧-质点模型，由球颗粒表示质点，球颗粒与球颗粒之间由一些虚拟弹簧相连。确定叶片形状时以叶脉为骨架，多条平行叶脉组成整个叶片，拟使用三次 Bezier 曲线描述其形状。用逆向工程软件 Geomagic 对荞麦果实的 3D 扫描点云图进行拼接，生成荞麦果实模型，经过平滑处理后导入网格划分软件，划分网格。

　　在上述工作基础上，建立包括接触检测方法和运动计算方法等在内的荞麦植株脱粒过程的分析计算方法。采用两种方法进行接触检测，分别为不使用网格的接触检测方法与使用网格的接触检测方法。当计算的荞麦植株数量比较多时，对两种方法进行比较。当植株之间、植株与机械部件之间接触时，采用线性黏弹性接触力学模型计算其接触作用力，根据作用在计算荞麦植株上的合力与合力矩，采用牛顿第二定律和欧拉动力学方程求解其运动。使用线性黏弹性连接力学模型计算荞麦植株的内部连接力（包括麦粒与穗轴、穗轴与穗轴、穗轴与节间、节间与节间等），并给出了荞麦植株的断裂准则与断裂后的处理方法。

图 3.16　荞麦植株及籽粒模型构建

　　根据上述建模方法与脱粒过程分析计算方法，编写荞麦植株脱粒仿真程序。在 Windows 平台下使用面向对象的开发方法研制了仿真程序，对荞麦植株脱粒过程的仿真计算及前端显示与性能进行分析。最后，对荞麦植株脱粒仿真程序进行了系统测试，包括将生成的荞麦植株模型与真实的荞麦植株进行对比，测试荞麦植株在脱粒机中的运动过程、叶片的变形效果、荞麦果实颗粒的运动轨迹、速度、破损率、脱粒效果与断裂效果及含杂情况。得出相关数据，利用正交试验设计等方法，得出荞麦脱粒装置最佳的脱粒性能参数，为荞麦植株脱粒的进一步研究打下了基础。

　　对离散元 Analyst 模块的分析结果进行总结，优化调整滚筒转速、凹板筛间隙、脱粒齿布局等参数。制作出脱粒装置样机，进行台架脱粒性能试验，使荞麦脱粒装置的结构与脱粒性能优化，以达到低损，低含杂，高脱净率的目的。对样机进行基于响应面法的最佳脱粒性能参数正交试验设计，得到最优组合参数。

　　因此，荞麦机播机收技术的推广应用，对于进一步减轻农民劳动强度，提高生产效率、降低生产成本，促进农民增收、农业增效具有十分重要的意义。

第四节　荞麦的收获与贮存

　　荞麦与其他粮食作物一样，收获与贮存至关重要，收获时期的把握与贮存的好坏直接关系到荞麦的产量高低和品质的好坏。但是荞麦又不同于其他粮食作物，由于荞麦具有无限生长特性，边开花边结实，同株上籽粒成熟不一致，结实后期早熟籽粒易落，掌握适时收获是高产荞麦丰收不可忽视的最后一环。若收获时期掌握不好，极易造成荞麦籽粒的损失，严重影响荞麦的产量。生产实践中因收获失误一般会减产 30%～50%。

　　荞麦种子无休眠期，若储存不当，很容易导致籽粒生活力下降，难以保证其原有的品质。通常认为，从荞麦种子生理成熟后，劣变就已开始，劣变过程中，种子内部将发生一系列生理生化变化，变化的速度取决于收获、加工和贮藏条件。

劣变的最终结果导致种子生活力下降，发芽率、幼苗生长势及植株生产性能的下降。因此，由于不同荞麦品种籽粒的化学组成、形态、结构和收获时期的不同，要根据不同地区或品种的特点，灵活地采用不同的储存方法，从而保证其营养品质，使其能够长期安全地储存。

一、收获

由于荞麦的开花期较长，一般为 20～40d，籽粒成熟时间极不一致，在同一植株上可以同时看见完全成熟的种子和刚刚开放的花朵，成熟时有诸多未花未形成籽粒（图 3.17 和图 3.18）。成熟的种子受风雨及机械振动极易脱落，导致荞麦减产。因此及时和正确的收获是荞麦获得高产的关键。一般以植株 70%籽粒呈现本品种成熟色泽为成熟期（即全株中下部籽粒呈成熟色，上部籽粒呈青绿色，顶花还在开花），此时即可收获。过早收获，大部分籽粒尚未成熟，过晚收获，籽粒将大量脱落，从而影响产量。

图 3.17　苦荞麦灌浆、成熟时花果同期图片（左图表示灌浆时未形成籽粒部分；右图成熟时未形成籽粒部分；图中箭头表示未形成籽粒有效籽粒的部分）

图 3.18　甜荞麦灌浆、成熟时花果同期图片

成熟时甜荞麦和苦荞麦植株的表现不同，不同品种的表现也不相同，包括其种子、茎秆和叶片等。种子颜色与荞麦品种有关，苦荞麦种子一般为黑褐色、黄

褐色或灰褐色，甜荞麦一般为褐色。未成熟种子颜色也与品种、成熟度有关，苦荞麦多为绿色，甜荞麦为白色、浅红色等。成熟的苦荞麦种子呈三棱锥状，花被宿存或脱落，下部膨大、上部渐狭，具三棱脊，棱脊间纵向收缩，棱脊圆钝，明显突起，表面粗糙无光泽，具皱纹网状纹饰；甜荞麦成熟种子呈卵圆三棱锥状，花被宿存。中部膨大，具三棱锥，棱脊尖锐，表面光滑具光泽。荞麦的茎直立，高 60~150cm，最高可达 200~300cm。茎粗一般为 0.4~0.6cm，茎为圆形，稍有棱角，幼茎为实心，成熟时呈空腔。茎的颜色为绿色、红色和浅红色，其中，苦荞麦的茎多为绿色，甜荞麦的茎多带红色，颜色的变化与品种、光照环境相关，且随着生长时期发生变化。节处略弯曲，向阳面多呈红色，背阴面呈绿棕色，成熟时变成褐色。茎节膨大而有茸毛，茎节将主茎和分枝分隔成间，节间长度和粗细取决于茎上节间的位置。一般说，茎中部节间最长，向上、下两端节间长度逐渐缩短，植株上部由茎节间逐渐过渡到花序的节间。因生长势不同，从茎节叶腋处长出数量不等的分枝，在茎中、下部节上长出的侧生旁枝为一级分枝，在一级分枝的叶腋处长出的分枝为二级分枝，在良好的栽培条件下，还可以在二级分枝上长出三级分枝。荞麦叶片形状受所处环境所影响，同一植株上，因生长部位不同，受光照不同，叶形也是不断变化的，植株基部叶片呈卵圆形，中部叶片类似心脏形，叶面积较大，顶部叶片逐渐变小，叶柄也逐渐缩短，上部叶片有短叶柄或无叶柄。不同时期，植株的叶片大小和形状也是不一样的，叶片刚展开到生长增大过程中，形状为戟形；当叶片完全展开成熟时，形状近似心形。甜荞麦与苦荞麦叶形态有明显差异。甜荞麦近肾形，两侧极不对称，其长径为 1.4~2cm，横径为 2~3cm；苦荞麦略呈圆形，两侧稍不对称，长径为 1.2~1.8cm，横径为 1.5~2.5cm；甜荞麦与苦荞麦的子叶管形态也不同。甜荞麦长径与横径几乎相等，并有明显的膜质鞘；苦荞麦长径较横径长 1/3~1/2。膜质鞘较窄，子叶管被毛。

　　荞麦收获时应尽量在露水干后的上午进行，割下的植株应就近码放（图 3.19），西南区苦荞麦一般是刈割后将荞麦上部紧靠在一起，茎基部向四周分开，形成锥形竖立田间，待风干 5~6d 以后，在田间进行脱粒，脱粒前后尽可能减少倒运次数，晴天脱粒时，籽粒应晾晒 3~5 个太阳日，充分干燥后贮藏。通过净选工序筛出秕粒和后熟的青籽也应收藏起来，除农家用作饲料外，也可用作酿造、提取药物或色素等的工业原料，不应废弃。

　　在种子收获阶段，其后熟对其产量品质也有较大的影响，在前 21d，种子千粒重呈先增加后降低的变化趋势（范昱等，2018）。西荞 1 号种子的千粒重由刚收获时的 16.35g 迅速上升到 21d 时的 18.10g，黑丰 1 号种子的千粒重由 15.70g 上升到 18.49g。苦荞麦种子单株粒重在前 14d 内单株产量无较显著变化，在 21d 时较刚收获时的单株产量却明显增加，西荞 1 号和黑丰 1 号的单株产量分别上升了 13.46% 和 18.70%（表 3.49）。

图 3.19　西南区荞麦脱粒前的堆放（后熟）晾晒方式

表 3.49　苦荞麦种子后熟过程千粒重和单株粒重变化（范昱等，2018）

后熟时间	千粒重/g		单株粒重/g	
	西荞 1 号	黑丰 1 号	西荞 1 号	黑丰 1 号
0d	16.35±0.12d	15.70±0.49c	1.81±0.09b	1.91±0.075b
7d	17.00±0.09c	17.27±0.35b	1.90±0.04ab	2.04±0.05b
14d	17.45±0.06b	17.81±0.12ab	1.92±0.11ab	2.09±0.21ab
21d	18.10±0.16a	18.49±0.24a	2.20±0.03a	2.46±0.003a
28d	17.15±0.17bc	18.15±0.03ab	1.86±0.15ab	2.18±0.15ab

注：同列数据后不同字母表示差异达 0.05 显著水平，下同。

　　研究发现，后熟时间显著影响西荞 1 号和黑丰 1 号种子总黄酮及主要组分的含量，且都呈先上升后下降的变化趋势（表 3.50）。其中，总黄酮含量在 0～7d 时没有明显变化，而在 7～14d 时迅速上升，在 14d 时含量达到最大，分别为 2.39% 和 2.38%，但是随着后熟时间的延长，苦荞麦的总黄酮含量呈现下降趋势。分析发现，不同的品种种子内芦丁到达峰值的时间有差异，但含量较为接近，说明苦荞麦籽粒芦丁含量在后熟过程中变化较为缓慢，黑丰 1 号总体上没有呈现显著的差异，而西荞 1 号上在第 21d 时显著升高；西荞 1 号的槲皮素含量在第 14d 达到最高（0.35%），而黑丰 1 号在第 7d 时就达到最高（0.32%），且均显著高于未后熟处理；种子内的山柰酚含量同在第 14d 时达到最高，分别为 0.041% 和 0.040%，虽然前期不同品种的山柰酚含量并不一致，但在后期含量均基本趋于稳定。

表 3.50　苦荞麦种子后熟过程总黄酮、芦丁和槲皮素、山柰酚含量变化

（范昱等，2018）　　　　　　　　　　　　（单位：%）

后熟时间	总黄酮		芦丁		槲皮素		山柰酚	
	西荞1号	黑丰1号	西荞1号	黑丰1号	西荞1号	黑丰1号	西荞1号	黑丰1号
0d	2.05±0.01b	2.06±0.06b	1.49±0.03b	1.52±0.08a	0.22±0.01d	0.27±0.01b	0.032±0.001c	0.036±0.001a
7d	2.14±0.03b	2.17±0.02b	1.68±0.04ab	1.68±0.13a	0.24±0.005cd	0.32±0.03a	0.033±0.001bc	0.039±0.004a
14d	2.39±0.06a	2.38±0.06a	1.70±0.12ab	1.84±0.05a	0.35±0.01a	0.23±0.01bc	0.041±0.003a	0.040±0.003a
21d	2.16±0.06b	2.24±0.02ab	1.88±0.18a	1.82±0.04a	0.28±0.01b	0.18±0.01c	0.038±0.002ab	0.038±0.001a
28d	1.98±0.07b	2.14±0.08b	1.65±0.08ab	1.68±0.13a	0.26±0.004bc	0.18±0.01c	0.038±0.001ab	0.037±0.001a

总之，目前无法完全解决荞麦收获损失问题，收获应抢在晴天早晨露水未干时进行，轻放成笼状，晾晒 8～4d，促进后熟后轻运暴晒，脱粒。通过筛选、风选、除去杂质、瘪粒、晾晒、风干（吕万儒，1991）。收获期应注意气象预报，特别是大风天气，防止落粒和倒伏造成的减收损失。荞麦种子入库的含水量以 9%～12%为宜，不得超过 15%。

二、贮存

由于荞麦比一般禾谷类作物含有较高的脂肪和蛋白质，对高温的抗性较弱，遇高温会造成蛋白质变性，品质变劣，生活力、发芽力下降，故荞麦的贮藏条件要求较高，对仓库的要求具有良好的防潮、隔热性能，又要求仓房具有良好的通风性能和良好的密闭性能。此外荞麦收获后要及时脱粒晾晒、降低籽粒含水量，一般苦荞麦籽粒的含水量降至 13%以下才可入库，适宜低温贮存。

荞麦的储藏与气象条件的关系也较为密切，在我国西北地区气候较为干燥地区储藏较为容易，而南方地区的湿度比较大，尤其是夏季，高温潮湿极易导致大量霉菌孢子，使种子的胚芽变质。种子的生命活动也影响仓库内环境的变化，同时外界环境也会影响种子堆温度和湿度的变化，为了安全贮藏种子，在存放期间要定期检查影响种子安全贮藏的各种因素，以便及时处理。

一般情况下，储藏种子的仓库可分为普通贮藏库、冷藏库，以及以保存种质资源为目的的种质资源库。用于贮藏种子的库房，应具备防水、防鼠、防虫、防菌、通风、防火等基本条件。普通库多利用换气扇调节温度和湿度，应选择在地势较高、气候较为干燥、冬暖夏凉、周围无高大建筑的场地，建造时坐北朝南，要有良好的密封和通风换气性能；绝对不能在雨雪天气时因地面积水或有其他水源与种子接触。入库前的荞麦，应根据荞麦的特点及用途、质量及存放时间、气候条件等，采用灵活的贮藏方式，或散装堆放，或用各式仓库，达到长期安全贮藏的目的。

在荞麦种子的贮藏过程中，要注意对种子的观察，若遇水打湿种子、发热、霉变及虫害时，应该及时处理，以免造成种子的损失。若遇到雨水等打湿荞麦种子，会造成种子呼吸作用加强，附着的微生物增加，容易发热和霉变。一般情况下，最好采用强烈阳光暴晒或烘干。暴晒和烘干不仅降低荞麦含水量，同时还能灭菌。遇到种子发热时，应及时进行暴晒或烘干，若无条件时应及时进行摊晾，降低温度，散失水分。若荞麦种子发生霉变，则品质会降低，气味变劣。应及时处理，单独存放，另作处理。发生虫害时，应及时清理仓库，杜绝虫源。最好在收获后及时进行暴晒，防治虫害的发生，在有条件的地区也可采用熏蒸剂杀虫，但应注意保证药剂的安全，避免对人体造成危害。

在具体操作过程中，需要做好以下几个方面的工作。

（一）种子入库前准备

种子入库前需做好两方面的准备，即种子的准备和仓库的准备。入库的种子必须达到入库标准方能入库。国家技术监督局于 1996 年、1999 年发布的农作物质量标准（GB 4404.1～2—1996、GB 4407.1～2—1996、GB 16715.1～2—1996、GB 16715.2～5—1999、GB 4404.3～5—1999）规定以品种纯度指标为划分种子质量级别的依据。指标主要包括净度、发芽率、水分，如其中一项达不到指标即为不合格种子，必须重新处理，经检验合格后才能入库贮藏。对于荞麦，入库前纯度应不低于 96%（良种，如为原种，则应高于 99%），净度不低于 98.0%，发芽率不低于 85%，水分不高于 13.5%。荞麦种子在入库前，不仅要按不同品种严格分开，还应根据产地、收获季节、水分及纯净度等情况分别堆放和处理。种子入库前的分批，对保证种子播种质量和长期安全贮藏都十分重要。

（二）仓库的准备

仓库准备工作包括仓库全面检查、清仓、消毒和计算仓容等。仓库使用前需要做全面检查，确定仓库是否安全、门窗是否齐全、关闭是否灵便、紧密，防鼠等。清仓主要是将仓内的异品种种子、杂质、垃圾等全部清除，同时还要进行清理仓具、剔刮虫窝、修补墙面、嵌缝粉刷等。消毒的方法主要有喷洒和熏蒸两种，均需注意安全。荞麦在贮存时，对仓库的要求较高，不仅要求仓库具有良好的防潮、隔热性能，而且要求仓库在需要通风时具有良好的通风性能，需要密闭时具有良好的密闭性能（闫东生，2016）。荞麦仓库要进行定期清洁，控制有害生物。荞麦适于低温贮存，尽可能单独贮藏。与其他产品共同贮藏时，应在仓库内划出特定区域，并采取必要的包装、标签等措施，确保和其他产品的识别（闫东生，2016）。

种子入库是在质量检验、清选分级和干燥的基础上进行的。入库前还须做好标签和卡片，标签上注明荞麦品种和等级等。卡片应在包装封口前填写好装入种子袋内，或放在种子囤、堆内。卡片填写内容包括作物、品种、纯度、发芽率、含水量、生产年月等。入库时，必须过磅等级，然后按种子类别和级别分别堆放。种子堆放的形式包括袋装贮藏和散装贮藏两种。

（三）荞麦贮藏期间的变化

荞麦贮藏过程中，基本上处于低温干燥密闭状态，生理活动非常微弱，但由于种子本身的特性和环境条件的影响，种子温度、含水量不断发生变化，如果管理不当，还会发生结露、发热、霉变、结块等现象。荞麦和其他种子一样，在贮藏过程中逐渐衰老，如果不是突发性的原因造成种子的突然死亡，种子生命力的丧失应该看成是种子衰老逐渐加深和积累的结果。实际生产表明荞麦在贮藏过程中，发芽率下降十分严重，这与荞麦种子形态结构与生理生化发生的一系列变化密切相关。目前关于荞麦种子衰老的机理尚不清楚，主要可能包括细胞膜变化、大分子核酸、酶等的变化，以及有毒物质积累、亚细胞结构破坏等。总之，荞麦衰老过程是一个从量变到质变的过程，随着衰老程度的不同表现出不同的特点。

要了解荞麦种子的贮藏特性，就有必要进行种子耐藏性的预测。种子耐藏性的预测是根据高活力的种子能提高耐藏性这一原理进行的。因此，荞麦的耐藏性也可以通过测定荞麦种子的活力水平确定。目前认为较为有效的测定种子活力的方法主要是加速老化试验，此法适应性广。原理是采用高温（40～50℃）、高湿（相对湿度 95%～100%）处理种子，使种子快速老化劣变。种子老化结束后进行标准发芽试验，高活力种子经老化处理后仍能正常发芽，低活力种子则产生不正常幼苗或全部死亡。

荞麦贮存过程中其食用及营养品质也有少量报道。徐宝才等（2001）研究了不同温、湿度条件下，贮藏不同时间后，苦荞麦籽粒中的游离脂肪酸、芦丁、叶绿素含量的变化。荞麦籽粒于 25℃时贮藏 12 个月，不同水分活度间的脂肪酸含量差别不明显。Ohinata 等（1997）研究发现荞麦粉在 Aw＞0.28、25℃条件下保存 1 个月，油脂中的游离脂肪酸含量由 7.1%上升至 15%以上，而在 Aw＜0.25 的条件下，增加不明显，说明荞麦籽粒较荞麦粉稳定，较易保存。不同贮存温度对荞麦籽脂肪酸的影响也不明显。荞麦籽粒中不同种类脂肪酸在不同水分活度条件下其含量变化也有一定的差异，原因可能是不同水分活度下，酯酶活性不同，分解产生的脂肪酸种类也会不同。由于荞麦中存在脂肪氧合酶，贮藏过程中产生的游离脂肪酸，尤其不饱和脂肪酸，易被氧化产生饱和、不饱和醛，这也是荞麦风味质变的主要原因。因此，选择适当贮存方法，有利于荞麦品质的稳定。荞麦贮存过程中另一个重要的营养指标芦丁的变化，主要与荞麦贮存时的水分活度有关。在高水分活度下，荞麦中芦丁降解迅速。贮存前，通过水热处理，芦丁含量有所下降，但其贮存过程中含量几乎保持不变。这些现象的发生，可能与荞麦中存在的芦丁降解酶特性有关。

荞麦种子色度受贮藏时间、温度和含水量等因素的影响。叶绿素的损失和褐变的产生是荞麦种子颜色变化的主要原因。随着温度升高、贮藏时间的增长，叶绿素的含量逐渐下降，褐变程度迅速增加，造成粒色改变。温度较高、湿度相对较大的贮藏条件导致叶绿素损失加快，粒色变深，而在低温、低相对湿度环境下，则不明显。王若兰等（2008）研究了苦荞麦在不同储藏条件下色度的变化规律。将含水量为 12%、14%、16% 的苦荞麦，分别进行常规包装、真空包装后在 10℃、25℃、30℃、40℃ 的条件下储藏 80d，每 20d 测定一次苦荞麦的色度。结果表明，储藏温度和荞麦含水量对荞麦色度的变化影响较大，而储藏时间和包装条件对色度变化的影响不明显。在储藏温度为 40℃、苦荞麦含水量为 16% 时，储存 20d后苦荞麦的颜色变化最明显，荞麦米失去原有的淡绿色，向红褐色变化。这说明苦荞麦在干燥（含水量为 12%）、低温环境条件下储藏，有利于苦荞麦原色度的保持。

贮存过程中荞麦中的香气成分也会发生显著变化。荞麦的独特气味是来源于其含有的挥发性化合物，包括醇、醛、酮、酯、醚、芳香碳水化合物等。这些成分被认为是通过脂肪和脂肪酸的氧化降解或许多氨基酸与羰基化合物间的美拉德反应作用形成的。研究发现，室温下贮藏时间较长的荞麦样品中挥发性物质明显下降。这与荞麦中脂类物质有着密切关系。荞麦中脂肪的酶或非酶氧化产生饱和或不饱和醛等次级代谢物质是其风味变质的主要原因。荞麦籽粒中的脂肪酸主要有软脂酸、硬脂酸、油酸、亚油酸、亚麻酸、花生酸、二十二（碳）烷酸和二十四（烷）酸。不同荞麦品种间油酸和亚油酸含量的显著差别表明，亚油酸为高度不饱和酸，比油酸更易被氧化，所以高含量亚油酸的荞麦品种更难保存。制粉后的荞麦挥发成分损失更快。徐宝才等（2001）研究表明从粉碎到分析短短 15min内，就足以损失 50%。

种子存放年限对种子的生活力有较大影响，主要是随着储存时间的增加，酶蛋白逐渐发生变性，胚乳内的养分也有所减少，从而导致发芽质量下降。随着存放年限的增加，不仅发芽率逐年降低，而且幼苗的质量与活力也大为降低，见表 3.51。

表 3.51　存放年限对荞麦种子发芽率及幼苗生长的影响

储存年限	发芽率/%	苗重/（mg/株）	活力指数	活力指数/%
新种子	96.1	123	6543	100
1 年	88.3	106	4056	62
2 年	86.2	103	3038	47
3 年	77.2	68	2006	31

（四）具体技术要点

（1）适时收，干燥除杂。荞麦收获后要及时脱粒晾晒，除去空粒、瘪粒、破粒、和杂质，降低籽粒含水量，直到低于13%方可入库。

（2）低温密闭，适时通风。由于荞麦种子的蛋白质、脂肪含量较高，贮藏时对仓库要求较高，既要求仓库具有良好的防潮、隔热性能，又要求有良好的通风和密闭性能。我国大多数荞麦在晚秋收获，收获干燥后，贮存于低温密闭防潮的仓库，保证种子的安全贮藏。贮藏期间要进行严格管理，如发现种子发热，要及时通风除热散湿。

（3）合理堆放。入库的荞麦应根据荞麦的特点、不同质量、用途、贮存时间和气候条件灵活运用不同的贮存方式。大量种子贮藏时，可采用散装堆放，要求仓库不仅防潮、隔热、密闭，还要求具有通风、防虫、防鼠、防雀的性能。还可用麻袋、草袋、编织袋等装好，堆垛存放，这种方法有利于通风降温、降湿，能较好地保持荞麦的洁净和纯度，但占用仓库面积大，一般只作临时性存放。

第五节　荞麦绿色有机种植技术

有机食品通常是指产自有机农业生产体系，根据有机农业的生产要求和相应的标准生产、加工的，并通过独立的第三方认证机构认证的一切可食用产品（于千等，2004）。有机食品是用于加工食品的原料在生产过程中遵循自然规律和生态学原理，采用有益于生态和环境的可持续发展的农业技术，不使用合成的农药、肥料、除草剂和生长调节剂等物质，并在加工过程中不使用化学合成的或基因工程生产的食品添加剂、加工助剂等物质，可供人类食用的产品。目前，全球的有机农业面积已经超过2400万 hm^2，有机产品总销售额达到了500亿美元，国际市场有机食品的占有率将以15%～20%的年增长率发展。然而，有机食品在中国食品市场的占有份额不足0.2%，中国的有机食品发展远远落后于世界发达国家。

有机农业的操作规范极其严格，对大气、土地、水质等环境指标要求较一般的操作规范要高。有机食品原料的产地要求选择在生态环境条件良好，远离污染源并具有可持续生产能力的农业生产区域；原料的灌溉用水要求干净，符合灌溉用水的要求，原料基地与交通干线、工厂和城镇之间应保持一定的距离，附近及上风口或河流的上游没有污染源。有机食品在生产中强调采用农业内部循环的方式培肥土壤；采用生态调控、农业技术措施和物理等方法控制病虫害；生产过程中强调采用有益于生态环境的技术，降低资源消耗，解决生物多样性减少、土壤肥力下降、农业环境污染等问题。这些技术的应用，避免了农药残留，提高了食品的安全卫生质量，使生产出的食品品质更优。

由于我国的荞麦主要栽培在贫困的边远山区，地广人稀，很少或完全不使用化肥、农药，加之空气等环境质量较好。这类地区的荞麦，只要对其生产和管理方法进行规范，注意过程的管理、控制，通过认证，非常容易有机化。因此，发展荞麦这种有机食品具有独特的优势。

一、发展荞麦有机食品应具备的条件

由于有机食品对产地环境、生产加工技术和条件的要求较高，通常需要具备以下几个条件：

（1）荞麦原料必须来自已经建立或正在建立的有机农业生产体系（又称有机农业生产基地），或采用有机方式采集的野生天然产品。

（2）要求荞麦的原产地无任何污染，种植过程中不使用任何化学合成的农药、肥料、除草剂和生长调节剂等。

（3）荞麦产品在整个生产过程中必须严格遵循有机食品的加工、包装、贮藏、运输等要求和标准，在生产加工过程中不使用任何化学合成的食品防腐剂、添加剂和人工色素等，并不采用有机溶剂提取。

（4）在荞麦的生产加工中不采用基因工程获得的生物及其产物。

（5）荞麦的贮藏、运输和销售过程中未受有害化学物质的污染。

（6）荞麦产品必须符合《中华人民共和国食品卫生法》的要求和食品行业质量标准。

（7）荞麦生产者在有机食用的生产加工和流通过程中，有完善的跟踪审查体系和完整的生产、加工和销售档案记录。

（8）必须通过独立的有机食品认证机构的认证。

二、荞麦有机栽培的基本要求

（一）生产基地的基本要求

1. 基本要求

禁止在有机生产体系或有机产品中引入或使用转基因生物及其衍生物，包括植物、动物、种子、繁殖材料、肥料、土壤改良物质、植物保护产品等农业投入物质。存在平行生产的农场，常规生产部分也不得引入或使用转基因生物。

选择有机种子或种苗。采用作物轮作和间套作等形式以保持区域内的生物多样性，保持土壤肥力。限制使用人粪尿，禁止使用化学合成肥料和城市污水污泥。

采取积极的、切实可行的措施，防止水土流失、土壤沙化、过量或不合理使用水资源等，在土壤和水资源的利用上，应充分考虑资源的可持续利用。提倡运用秸秆覆盖或间作的方法避免土壤裸露。应重视生态环境和生物多样性的保护，重视天敌及其栖息地的保护。充分利用作物秸秆，禁止焚烧处理。基本要求可归结为如下几点：

（1）种植荞麦的周围没有明显和潜在的污染源，尤其是没有化工类企业、水泥厂、石灰厂、矿场等。

（2）种植荞麦的地方有清洁的灌溉水源，清洁水源可以通过水生植物净化获得。

（3）荞麦种植基地周围或基地内有较丰富的有机肥源。

（4）基地的经营者有良好的生产技术基础，也可以通过培训取得技术经验。

（5）种植荞麦的土壤背景状况较好，最好没有严重的化肥、农药和重金属污染的历史。

（6）种植基地地块离交通要道要有一定的距离，且距离内没有明显的尘土污染。

（7）若荞麦有机种植基地较大，则要有足够的劳动力资源。

（8）新开垦的基地要有长期使用权，同时要考虑其可耕性的好坏，有适应的生产条件。

2. 产地环境

为了确保荞麦有机食品产品质量，有机原料产地环境监测（土壤、大气、水质）的各项检测结果都应该在标准允许的范围之内。评价方法采用单项污染指数法。为了促进生产者增施有机肥，提高土壤肥力，规定转化后的耕地土壤肥力要达到土壤肥力分级的1、2级指标。产地的环境质量应符合以下要求：

（1）土壤环境质量符合《土壤环境质量 农用地土壤污染风险管控标准（试行）》（GB 15618—2018）中的规定。

（2）农田灌溉用水水质符合《农田灌溉水质标准》（GB 5084—2021）的规定。

（3）环境空气质量符合《环境空气质量标准》（GB 3095—2012）中二级标准的规定。

3. 环境污染物分析

第一次申请认证的基础或在检查时怀疑被检查地块可能使用禁用物质或过去曾经使用过禁用物质而受到污染时。应对土壤、水和作物进行取样，分析禁用物质和污染物的残留状况，对于临近工业区的生产基地，应采集大气样品进行污染物分析，污染物浓度必须低于我国相应的环境质量标准和食品卫生标准规定的浓度。

（二）荞麦有机原料生产和管理的要求

1. 缓冲隔离带

若荞麦有机种植的地块可能受到邻近的常规地块或其他污染源的污染，则可以在有机种植地块和常规地块或其他污染源间设置缓冲地带或物理障碍，保证有机种植地块不受污染。在设置缓冲地带时，在其间至少要留出 8m 的隔离带，并且此隔离带的作物生产管理与荞麦有机种植地块种相同，但不能作为有机荞麦原料来进行收获。若有天然的灌木隔离带，则更为理想。

2. 转换期

将荞麦的常规生产体系转变为有机生产体系时，需要一定的转换期，经过转换期后播种或收获的荞麦原料，可作为有机产品销售。若转换时间仅一年，则这一年期间生长的荞麦原料仅作为有机转换作物销售。转换期一般从申请认证之日开始计算，荞麦这种一年生作物的转换期不少于两年，若是多年生荞麦则不少于三年。土地是新开垦地或撂荒多年的也至少需要经历一年的转换期。同时，若已通过有机认证的农场一旦回到常规生产方式，则需要重新经过有机转换才有可能再次获得有机认证。

3. 荞麦品种的选择

不同国家对种子的规定存在一定的差异，但均有明确的要求。我国规定从 2005 年 1 月 1 日起就禁止使用非有机种子，但在生产者有证据证明，至少在两个种子销售商处无法购得有机种子的情况下，可以例外。在荞麦的生产中，使用种子的要求必须符合国家相关标准。种子质量应符合《粮食作物种子　第 3 部分：荞麦》（GB 4404.3—2010）的规定。在种子的选择上，应该根据地区的土壤和气候环境特点，选择对病虫害具有抗性的荞麦品种，同时充分考虑保护荞麦种子的遗传多样性，以更好地抵抗灾害。荞麦播种前应该剔除带病和有虫蚀的种子．必要时用温水、盐水、石灰水等物理方法处理种子，杀死病菌和虫卵。严禁使用化学药品等禁用物质来处理荞麦种子。若出现转基因荞麦品种或繁殖材料，则也应禁止使用。

4. 有机荞麦种植方式和培肥地力

在荞麦的有机生产系统中，为了保持和改善土壤的肥力，减少病虫害和杂草的发生，必须根据当地的生产实际制订荞麦的轮作计划。在轮作中，尽可能将豆科作物包括在内的至少 3 种作物进行轮作，如草皮、覆盖作物、绿肥、间作其他作物等。轮作和培肥地力可有机结合，优先选择来自本生产系统内的有机物，尽可能将本系统内的所有有机质归还土壤，尽可能减少对农场外肥料的依赖。

5. 有机荞麦生产的病虫害防治及污染控制

在有机荞麦的生产系统中，应该尽可能地采用包括农业措施、生物及物理防治的方法。通过如翻耕、灌水、轮作等，创造不利于害虫生存而利于害虫天敌生存的环境，利用引诱、捕杀、隔绝等物理方法，通过人工、机械和生物除草等，进行病虫害的防治，禁止使用化学除草剂和基因工程产品防治杂草。在污染控制方法应避免农业生产活动对土壤或荞麦的污染及破坏，如机械作业前充分清洗，地膜等聚乙烯或聚碳酸酯类产品使用后及时从土地中清除，禁止使用植物生长调节剂等。

6. 有机荞麦农药及肥料使用要求

在有机荞麦的生产中，允许使用有机食品标准或规范规定的农药类产品。有机荞麦在不能满足有效控制病虫害的情况下，允许使用以下农药及方法：①中等毒性以下植物源杀虫剂、杀菌剂和增效剂，如除虫菊素等；②在害虫捕捉器中可使用昆虫信息素及植物源引诱剂来捕杀害虫；③允许使用矿物油和植物油制剂；④使用矿物源农药中的硫制剂、铜制剂；⑤经专门机构核准，允许有限度地使用活体微生物及其制剂，如杀螟杆菌等；⑥经专门机构核准，允许有限度地使用农用抗生素，如多抗霉等；⑦禁止使用有机合成的化学杀虫剂、杀菌剂、除草剂和植物生长调节剂；⑧禁止使用生物源、矿物源农药中混配有机合成农药的各种制剂；⑨禁止使用基因工程品种（产品）及制剂。

在有机荞麦的生产过程中，肥料的使用也较为严格。允许使用的肥料种类主要有：①就地取材、就地使用的农家肥，这种肥料含有大量的生物物质、动植物残体、排泄物和生物废物等物质，包括堆肥、厩肥、沼气肥、绿肥和作物秸秆肥等；②以各类秸秆和落叶为主要原料，并与人畜粪便和少量泥土混合堆制，经微生物分解而成的堆沤肥；③猪、牛、马、羊等的粪尿为主，与秸秆等堆积并经微生物作用而形成的厩肥；④在沼气池中，厌氧条件下经微生物发酵取得沼气后的副产物，由沼气水肥和沼气渣肥两部分组成的沼气肥。

7. 质量控制及过程管理

在荞麦有机产品的生产、加工、经营期间，生产者应有合法的土地使用权和合法的经营证明文件。有机生产、加工、经营管理体系的文件应包括：

（1）生产基地或加工、经营等场所的位置图。

（2）有机生产、加工、经营的质量管理手册。

（3）有机生产、加工、经营的操作规程。

（4）有机生产、加工、经营的系统记录。

生产者除具有相应资质和证明文件外，为保证有机生产完整性，生产者必须建立完善的内部质量保证体系即内部管理体系，以实施从田间到餐桌的全过程控制。保存能追溯实际生产全过程的详细记录（如地块图、农事活动记录、加工记录、仓储记录、出入库记录、销售记录等），以及可跟踪的生产批号系统。这些记录具有充分的衔接性和完整性，以便对生产过程进行跟踪审查。当发现不合格的产品时，可以明确生产的责任，及时查明原因。

三、荞麦有机栽培技术基本要点

（一）农场准备

农场应边界清晰，所有权和经营权明确；也可以是多个农户在同一地区从事农业生产，这些农户都愿意根据标准开展生产，并且建立了严密的组织管理体系。建立完善的追踪系统，保存能追溯实际生产全过程的详细记录，如地块图、农事活动记录、仓储记录、出入库记录等。建立可跟踪的生产批号系统。

苦荞麦有机种植需建立并保护记录。记录至少保存 5 年，主要包括以下内容：

（1）土地、作物种植历史记录及最后一次使用禁用物质的时间及使用量。

（2）种子、种苗等繁殖材料的种类、来源、数量等信息；种子选用应通过国家或地方审定并在当地示范成功的优质、高产、抗病的荞麦良种。种子质量应符合《粮食作物种子　第 3 部分：荞麦》（GB 4404.3—2010）的规定。

（3）施用堆肥的原材料来源、比例、类型、堆制方法和使用量。

（4）控制病、虫、草害而施用的物质的名称、成分、来源、使用方法和使用量。

（5）加工记录，包括原料购买、加工过程、包装、标识、贮存、运输记录。

（6）加工厂有害生物防治记录和加工、贮存、运输设施清洁记录。

（7）原料和产品的出入库记录，所有购货发票和销售发票。

（8）标签及批次号的管理。

对农场进行环境评价，应由当地农业部门或环保部门按以下标准进行：

（1）土壤环境质量符合《土壤环境质量　农用地土壤污染风险管控标准（试行）》（GB 15618—2018）中的规定。

（2）农田灌溉用水水质符合《农田灌溉水质标准》（GB 5084—2021）的规定。

（3）环境空气质量符合《环境空气质量标准》（GB 3095—2012）的规定。

在有机生产过程中应随时监控环境、气候的变化，与当地环保部门保持经常性联系，了解可能的污染源，特别是在城市化进程中，各种建设设施对有机基地的影响。

（二）荞麦种植农户培训

在荞麦播种之前，根据《有机食品认证标准》结合传统农业技术，编制《荞麦有机生产管理技术方案》《有机质量管理手册》《有机作业规程和有机记录表格》，并对基地种植农户进行必要的业务培训。

按照基地的分布区域、种植面积及当地农家肥来源等情况，采集当地不同的鸡粪、羊粪、牛粪、猪粪等农家肥进行检测，制定出合格的农家肥品种和农家肥制备技术要求，指导农户做好生产前准备，为农户生产进行了前期技术服务和指导，使其能严格按照有机管理系统进行管理。有条件的地区，可培训自己的农民专家能手，专用技术指导员等，以规范有机荞麦的种植过程。

（三）荞麦的收获及检测

按当地气候条件及实际生长情况确定收获期，及时进行收获，避免营养物质倒流损失。脱粒时，禁止在沥青路面或已被化工、农药、工矿废渣、废液污染过的场地上脱粒、碾压和晾晒。在包装时，应该在收获期应统一分发符合有机标志图案的标准包装袋，详细记录收获信息：收获地块、收获人、收获时间、品种、施肥记录、病虫害防治记录等。注意在包装和运输过程中可能的污染源。最后对收获的苦荞麦进行抽样检测，使其完全达到有机食品的标准。

四、目前已认证的荞麦有机基地

近年来，随着荞麦市场的日益扩大，企业日渐重视有机基地建设，加之荞麦种植区处于高寒山区，生态气候条件较好，为有机基地建设提供了较好的条件。在与成都大学合作的企业中，四川环太实业有限责任公司、西昌市正中食品有限公司、甘肃西北大磨坊食品工业有限公司、四川强劲奥林食品饮料有限公司等均建设了有机基地，目前已形成有机荞麦原料种植基地上万亩，形成了公司＋基地＋农户的订单模式，使产销得以良性循环。有机基地的建立，对稳定原料供应和原料质量，提高苦荞麦原料的附加值具有重要的作用。

参 考 文 献

安玉麟，刘安林，范计珍，等，1989. 氮磷配合施用对荞麦产量和蛋白质含量的影响[J]. 内蒙古农业科技，5: 25-26.

白文明，2019. 氮肥对甜荞产量与品质及籽粒淀粉合成关键酶活性的影响[D]. 杨凌：西北农林科技大学.

白文明，张伟丽，侯亚方，等，2019. 不同氮肥处理对荞麦干物质积累、农艺性状及产量的影响[J]. 中国农业大学学报，24（2）：38-47.

边巴卓玛，马瑞萍，卓玛，2019. 不同施氮量下生物菌肥对西藏荞麦生长和土壤养分的影响[J]. 中国农学通报，35（32）：79-83.

边巴卓玛，索朗措姆，2017. 荞麦叶面喷施硼肥和磷酸二氢钾肥效试验初探[J]. 西藏农业科技，39（3）：38-41.

卜一, 唐超, 李尽朝, 等, 2016. 大垄双行荞麦播种机的研制[J]. 干旱地区农业研究, 34 (3)：281-284.

曹丽霞, 赵世锋, 周海涛, 等, 2019. 冀北坝上地区荞麦品种的适宜播期分析[J]. 作物杂志, 6：1-5

常庆涛, 刘荣甫, 赵钢, 等, 2015. 播期与品种对荞麦生长发育及产量的影响[J]. 安徽农业科学 (13)：29-30.

陈静, 2015. 荞麦与甘蓝间作对甘蓝根肿病防治效果的研究[D]. 重庆：西南大学.

陈鹏, 张德玖, 李玉红, 等, 2008. 水分胁迫对苦荞幼苗生理生化特性的影响[J].西北农业学报 (5)：204-207.

陈文晋, 盛晋华, 张雄杰, 2015. 不同营养元素混合喷施对甜荞生理指标、产量的影响[J]. 河南农业科学, 44 (4)：
　　21-26.

戴红燕, 王安虎, 华劲松, 等, 2006. 植物生长调节剂浸种对苦荞麦幼苗的影响[J]. 种子 (9)：24-26, 29.

戴丽琼, 2011. 农艺措施对荞麦产量和品质形成的影响[D]. 呼和浩特：内蒙古农业大学.

戴庆林, 任树华, 刘基业, 等, 1988. 半干旱地区荞麦吸肥规律的初步研究[J]. 内蒙古农业科技, 4：11-13

丁孝义, 2013. 荞麦机械化栽培技术研究[J]. 现代农业科技, 9：9, 12

范昱, 王红力, 何凤, 等, 2018. 后熟对苦荞子粒营养品质的影响[J]. 作物杂志, 1：96-101.

冯佰利, 姚爱华, 高金峰, 等, 2005. 中国荞麦优势区域布局与发展研究[J]. 中国农学通报, 21 (3)：375-377.

高扬, 高小丽, 张东旗, 等, 2014. 连作对荞麦产量、土壤养分及酶活性的影响[J]. 土壤, 46 (6)：1091-1096.

高扬, 高小丽, 张东旗, 等, 2016. 连作荞麦叶片衰老与活性氧代谢研究[J]. 西北农林科技大学学报 (自然科学版),
　　44 (2)：28-34.

巩巧玲, 冯佰利, 高金锋, 等, 2009. 干旱胁迫对荞麦幼苗活性氧代谢的影响[J]. 华北农学报, 24 (4)：153-157.

郭肖, 2016. 土壤改良剂对不同基因型苦荞连作下根际特性的影响[D]. 贵阳：贵州师范大学.

郭肖, 宋毓雪, 张余, 等, 2015. 多效唑对苦荞主要农艺性状和产量的影响[J]. 上海农业学报, 31 (6)：78-82.

郭忠贤, 王慧, 杨媛, 等, 2017. 肥料对苦荞麦产量和品质的影响[J]. 山西农业科学 (2)：234-236.

郝志萍, 吕慧卿, 高翔, 2018. 生物菌肥促进荞麦生长发育和产量提高[J]. 农业工程技术, 38 (26)：10-11.

何建清, 罗春华, 2009. 杂交水稻制种-荞麦种植模式与栽培技术[J]. 作物杂志, 6：75-77.

何佩云, 黄小燕, 王雨, 等, 2019. 磷肥用量对甜荞 Fagopyrum esculentum 根系形态、产量及品质的影响[J]. 福建
　　农业学报, 34 (9)：1003-1008.

何天祥, 王安虎, 李大忠, 等, 2008. 稀土肥料对秋苦荞麦生长发育及产量的影响[J]. 西昌学院学报 (自然科学版),
　　3：15-16.

胡继勇, 2003. 苦荞的品种量与产量相关性研究[J]. 荞麦动态 (1)：18-19.

胡启山, 2001. 荞麦施肥少, 施肥贵在巧[J]. 科学种养, 1：15.

黄前晶, 赵亮, 呼瑞梅, 等, 2019. 荞麦大豆间混作试验研究[J]. 农业科技与信息 (11)：5-6.

黄小娜, 张卫国, 党威龙, 等, 2018. 荞麦收获机械研究现状及发展趋势[J]. 农业机械, 10：84-90.

贾婷, 2012. 干旱胁迫对荞麦种子萌发及苗期生理特性的影响[D]. 雅安：四川农业大学.

贾星, 2000. 科技增粮奠基础, 结构调整促增收：攀西增粮工程课题实施 5 年总结[J].西昌农业科技, 3：10-13.

江宗丽, 2012. 幼龄茶园间作荞麦技术[J]. 中国茶业, 2：22-23.

蒋植才, 钱忠贵, 钱厚根, 2005. 青蚕豆-玉米/胡萝卜-荞麦一年四熟高效栽培技术[J]. 上海蔬菜, 3：48.

靳建刚, 田再芳, 2019. 不同种植密度对晋荞麦 6 号农艺性状及产量的影响[J]. 山西农业科学, 47 (7)：1182-1184.

孔德章, 宋毓雪, 王雨, 等, 2016. 甜荞不同花期剪花处理对籽粒灌浆特性的影响[J]. 安徽农业大学学报, 43 (3)：
　　414-419.

李海平, 任彩文, 2009. 赤霉素浸种对苦荞种子萌发生理特性的影响[J]. 山西农业科学, 37 (2)：19-21.

李静, 刘学仪, 向达兵, 等, 2013. 不同播期对荞麦生长发育及产量的影响[J]. 河南农业科学, 42 (10)：15-18.

李静舒, 2014. 温度和干旱胁迫对荞麦种子萌发的影响[J]. 山西农业科学, 42 (11)：1160-1162, 1168.

李明生, 叶进, 李登, 等, 2019. 基于离散单元法的荞麦播种机排种器设计与试验[J]. 西南大学学报 (自然科学版),
　　41 (4)：78-85.

李钦元, 1982. 高寒山区荞子高产栽培技术的探讨[J]. 云南农业科技, 4：42-45.

李钦元, 1983. 羊坪公社荞麦肥料试验初步总结[J]. 云南农业科技, 3：30-31.

李涛, 李金铭, 赵景辉, 等, 2003. 深耕对小麦发育及节水效果影响的研究[J]. 山东农业科学, 3：18-20.

李占成, 2017. 晋北旱作区荞麦高产高效集成栽培技术[J]. 中国农业信息 (3)：83-84.

连哲, 2014. 苦荞现蕾期不同强度紫外线对其主要生理特性的影响[J]. 北京农业 (3)：108-109.

刘建晔，康瑞芳，2019. 旱寒地区荞麦栽培技术[J]. 种子科技，37（5）：62-62.

刘杰英，2002. 旱地荞麦播量试验初报[J]. 荞麦动态（1）：21-22.

刘荣甫，常庆涛，陈学荣，等，2012. 江苏省荞麦产业发展现状与对策[J]. 现代农业科技（6）：389-390，396.

刘荣甫，常庆涛，马小凤，等，2016. 生物菌肥在春荞麦上的应用效果研究[J]. 农业科技通讯（11）：113-116.

刘星贝，2017. 烯效唑和赤霉素浸种对甜荞抗倒伏性能的影响及其机理研究[D]. 重庆：西南大学.

刘亚军，李越，马琨，何文寿，2018. 马铃薯与蚕豆、荞麦间作对土壤的影响[J].江苏农业科学，46（21）：79-83.

刘正伟，2000. 小麦-烤烟‖荞麦模式栽培. 云南农业科技，5：22-24.

吕万儒，1991. 荞麦种子的选留与贮藏技术[J]. 种子世界（10）：30.

马俊艳，左强，王世梅，等，2011. 深耕及增施有机肥对设施菜地土壤肥力的影响[J]. 土壤与肥料，24：186-190.

毛春，蔡飞，程国尧，等，2012. 马铃薯套作秋播苦荞栽培试验研究[J]. 现代农业科技，8：61-62.

毛新华，石高圣，倪松尧，2004. 氮肥、磷肥、钾肥与荞麦产量关系的研究[J]. 上海农业科技，4：52-53.

母养秀，杨利娟，张久盘，等，2018. 种植密度对荞麦受精结实率及产量的影响[J]. 湖北农业科学，2018，57（2）：32-34.

牛波，冯美臣，杨武德，2006. 不同肥料配比对荞麦产量和品质的影响[J]. 陕西农业科学，2：8-10.

任迎萍，鲁峰，蒋伊泽，2019. 盐池县气象条件对不同播期和不同土壤质地荞麦生育期及产量的影响[J]. 现代农业科技（6）：6，10.

尚爱军，张雄，柴岩，1999. 播期对荞麦籽粒蛋白质及其组分含量的影响[J]. 榆林高等专科学校学报，9（4）：49-51.

时政，黄凯丰，2018. 不同光照强度对苦荞产量和品质的影响[J].成都大学学报（自然科学版），37（2）：150-154.

史清亮，陶运平，杨晶秋，等，2003. 苦荞接种微生物菌剂的试验初报[J]. 荞麦动态，1：20-23

宋毓雪，2015. 普通荞麦籽粒灌浆过程生理生化特性初探[D]. 贵州：贵州师范大学.

宋毓雪，王雨，孔德章，等，2018. 不同植物生长调节剂对苦荞产量的影响[J]. 四川农业大学学报，36（3）：292-296.

孙绪刚，黄爱斌，王广才，等，1994. 麦菜、西瓜玉米、荞麦套作栽培模式[J]. 中国西瓜甜瓜，2：13-14.

谭茂玲，廖爽，万燕，等，2015. 干旱胁迫对苦荞麦农艺性状、产量和品质的影响[J]. 西南师范大学学报（自然科学版），40（10）：88-93.

唐宇，任建川，卢昌平，1989. 微量元素拌荞麦种的效果[J]. 作物杂志，11：24-25.

田秀英，王正银，2008. 硒对苦荞产量、营养与保健品质的影响[J]. 作物学报，7：1266-1272.

汪灿，阮仁武，易泽林，2013. 重庆市主要荞麦品种秋播光合生理指标分析[J]. 种子，32（3）：91-94.

王安虎，2009. 不同光照强度对苦荞主要生理特性的影响[J]. 安徽农业科学，37（21）：9920-9921，9924.

王宏信，杨素丹，刘红梅，2017. 不同植物生长调节剂对金荞麦种子萌发及幼苗生长的影响[J]. 种子，36（5）：19-22.

王宁，郑怡，王芳妹，等，2011. 铝毒胁迫下磷对荞麦根系铝形态和分布的影响[J]. 水土保持学报，25（5）：168-171.

王若兰，宋卫军，晋雷鸣，2008. 储藏过程中苦荞麦色度变化的研究[J]. 食品科学（8）：228-232

王淑敏，2014. 不同叶面肥对荞麦生长发育及产量和品质的影响[D]. 呼和浩特：内蒙古农业大学.

王树宏，杜建军，2011. 荞麦机播机收技术要点[J]. 农民科技培训，3：38-38.

王炎，2019. 不同耕作方式及施肥量对甜荞产量的影响[D]. 贵阳：贵州师范大学.

王迎春，叶爱莲，郭金平，1998. 南方地区秋荞高产栽培技术[J]. 上海农业科技（1）：35-36

王永亮，刘基业，戴庆林，1992. 荞麦植株氮磷含量与施肥指标的研究[J]. 华北农学报，7（2）：71-76

王志远，毛从义，2011. 对荞麦养分吸收及平衡施肥的初探[J]. 青海农技推广，3：58-59.

向达兵，赵江林，胡丽雪，等，2013. 施氮量对苦荞麦生长发育、产量及品质的影响[J]. 广东农业科学，40（14）：57-59

向达兵，赵江林，马成瑞，等，2018. 内生真菌多糖浸种对苦荞出苗及幼苗素质的影响[J]. 广东农业科学，45（11）：1-6.

向达兵，邹亮，彭镰心，等，2014. 适宜机播深度及覆土厚度提高苦荞幼苗素质[J]. 农业工程学报，30（12）：26-33.

徐宝才，李丹，丁霄霖，2001. 荞麦贮藏过程中的品质变化[J]. 食品科学（3）：53-56

徐松鹤，任琴，曹兴明，2015. 不同肥料配施方案对荞麦产量的影响[J]. 河南农业大学学报，49（5）：616-621.

闫东生，2016. "救灾"作物荞麦的田间管理技术及收获贮藏[J]. 农民致富之友（16）：201.

杨晶秋，2003. 微肥对苦荞影响初报[J]. 荞麦动态（2）：17-19.

杨武德，郝晓玲，杨玉，2002. 荞麦光合产物分配规律及其与结实率关系的研究[J]. 中国农业科学（8）：934-938.

杨修仕，郭忠贤，郭慧敏，等，2017. 播期和播量对荞麦产量及主要品质的影响[J]. 作物杂志（1）：88-93.

杨艳玲，高彩梅，2018. 旱地荞麦肥料配比试验效果分析[J]. 陕西农业科学，64（9）：20-21.

姚自强，钟兴莲，彭大让，等，2004. 矮壮素、多效唑浸种对苦荞植株性状和产量的影响[J]. 荞麦动态（1）：24-26

叶建华，2007. 食荚甜豌豆-夏大豆-荞麦高产高效栽培模式[J]. 农技服务，24（9）：22.

于千，宋延斌，尹延斌，2004. 有机食品的生产加工与认证[M]. 杨凌：西北农林科技大学出版社.

臧小云，刘丽萍，蔡庆生，2006. 不同供氮水平对荞麦茎叶中黄酮含量的影响[J]. 南京农业大学学报，29（3）：28-32.

张凌宇，2018. 播期和追肥方式对甜荞农艺性状与品质的影响[D]. 呼和浩特：内蒙古农业大学.

张伟丽，2019. 氮磷钾素对苦荞产量性状及其淀粉理化特性的影响[D]. 杨凌：西北农林科技大学.

赵钢，陕方，2009. 中国苦荞[M]. 北京：中国科学出版社.

赵钢，谭茂玲，万燕，等，2015. 不同植物生长调节剂处理对苦荞产量和品质的影响[J]. 上海农业学报，31（5）：79-82.

赵钢，唐宇，王安虎，2003. 多效唑对苦荞产量的影响[J]. 杂粮作物（1）：38-39.

赵钢，唐宇，王安虎，2003. 无公害苦荞麦生产技术[J]. 农业环境与发展，20（3）：7-8.

赵丽丽，王普昶，陈超，等，2016. 持续干旱对金荞麦生长、生理生态特性的影响及抗旱性评价[J]. 草地学报，24（4）：825-833.

赵权，刘昌敏，张余，等，2017. 减库对荞麦籽粒灌浆特性及产量的影响[J]. 华南农业大学学报，38（2）：38-42.

赵鑫，邓妍，陈少峰，等，2016. 氮磷肥配施对旱地苦荞产量及水肥利用效率的影响[J]. 华北农学报，31：350-355.

赵永峰，穆兰海，常克勤，等，2000. 不同栽培密度与N、P、K配比精确施肥对荞麦产量的影响[J]. 内蒙古农业科技，4：61-62.

钟林，熊仿秋，刘纲，等，2012. 荞麦品种、播期、密度、施肥多因素正交旋转试验[J]. 农业科技通讯（6）：52-55.

钟兴莲，姚自强，1997. 微量元素浸种对苦荞植株性状和产量的影响[J]. 荞麦动态，2：22-26.

左勇，2012. 农作土壤深耕深松机械化技术[J]. 湖南农机，39（1）：1-2.

BJORKMAN T, 2002. How to harvest buckwheat [R]. Ithaca: Cornell University.

GERM M, BREZNIK B, DOLINAR N, et al., 2013. The combined effect of water limitation and UV-B radiation on common and tartary buckwheat[J]. Cereal Research Communications, 41(1): 97-105.

LI X H, THWE A A, CHANG H P, et al., 2017. Ethephon-induced phenylpropanoid accumulation and related gene expression in tartary buckwheat (*Fagopyrum tataricum* (L.) Gaertn.) hairy root[J]. Biotechnology & Biotechnological Equipment, 31(2): 304-311.

LIANG C G, SONG Y X, GUO X, et al., 2016. Characteristics of the grain-filling process and starch accumulation of high-yield common buckwheat 'cv. Fengtian 1' and tartary buckwheat 'cv. Jingqiao 2'[J]. Cereal Research Communications, 44(3): 393-403.

MICHIYAMA H, TSUCHIMOTO K, TANI K I, et al., 2005. Influence of day length on stem growth, flowering, morphology of flower clusters, and seed-set in buckwheat (*Fagopyrum esculentum* Moench)[J]. Plant Production Science, 8(1): 44-50.

OHINATA H, KARASAWA H, MURAMATSU N, et al., 1997. Properties of buckwheat lipase and depression of free fatty acid accumulation during storage[J]. Nippon Shokuhin Kogaku Kaishi, 44: 590-593

STRAKĂAS A, KUCINSK V, 2010. Analysis of energetic and economics indexes of buck wheat harvesting technologies[J]. Zemes Ukio Inzinerija, Mokslo Darbai, 42(4): 29-43.

SUN Z, HOU S, YANG W, et al., 2012 Exogenous application of salicylic acid enhanced the rutin accumulation and influenced the expression patterns of rutin biosynthesis related genes in *Fagopyrum tartaricum* Gaertn leaves[J]. Plant Growth Regulation, 68(1): 9-15.

WANG C, HU D, LIU XB, et al., 2015. Effects of uniconazole on the lignin metabolism and lodging resistance of culm in common buckwheat (*Fagopyrum esculentum* M.)[J]. Field Crops Research, 180: 46-53.

XIANG D B, MA C R, SONG Y, et al., 2019. Post-anthesis photosynthetic properties provide insights into yield potential

中国荞麦研究

of tartary buckwheat cultivars[J]. Agronomy, 9(3): 149.

XIANG D B, SONG Y, WU Q, et al., 2019. Relationship between stem characteristics and lodging resistance of tartary buckwheat (*Fagopyrum tataricum*)[J]. Plant Production Science, 22(2): 201-210.

XIANG D B, ZHAO G, WAN Y, et al., 2016. Effect of planting density on lodging-related morphology, lodging rate, and yield of tartary buckwheat (*Fagopyrum tataricum*)[J]. Plant Production Science, 19(4): 479-488.

XU S H, REN Q, CAO X, et al., 2016. Effect of different fertilization patterns on buckwheat seed quality[J]. Agricultural Science and Technology, 1(3): 615.

YAO Y, XUAN Z, LI Y, et al., 2006 Effects of ultraviolet-B radiation on crop growth, development, yield and leaf pigment concentration of tartary buckwheat *(Fagopyrum tataricum)* under field conditions[J]. European Journal of Agronomy, 25(3): 215-222.

ZHAO J L, ZOU L, ZHONG LY, et al., 2015. Effects of polysaccharide elicitors from endophytic *Bionectria pityrodes* Fat6 on the growth and flavonoid production in tartary buckwheat sprout cultures[J]. Cereal Research Communication, 43: 661-671.

ZHONG L Y, NIU B, TANG L, et al., 2016. Effects of polysaccharide elicitors from endophytic *Fusarium oxysporum* Fat9 on the growth, flavonoid accumulation and antioxidant property of *Fagopyrum tataricum* sprout cultures[J]. Molecules, 21: 1590.

ZHOU X, HAO T, ZHOU Y, et al., 2015. Relationships between antioxidant compounds and antioxidant activities of tartary buckwheat during germination[J]. Journal of Food Science and Technology, 52(4): 2458-2463.

第四章 荞麦病虫草害与防治

伴随着荞麦种植面积的不断扩大、生态条件的变化，以及防控措施不当等原因，荞麦病虫草害的发生和危害程度也逐渐加重，其总体趋势表现为发生种类增多、区域扩大、频率增高、持续时间延长、危害程度趋重，严重影响我国荞麦种植业的健康发展。因此，大力加强对荞麦种植生产过程中主要病虫草害的基本特点、发生规律、危害途径及其相应防控措施等方面的基础应用研究，对提升荞麦的产量与品质，保障粮食安全，促进我国荞麦产业快速健康发展具有重要意义。

第一节 荞麦主要病害及其防治

目前已发现的荞麦病害有真菌性病害、病毒性病害、细菌性病害和线虫性病害，其中以真菌性病害为主，有 30 余种，分属 22 个属。另据报道，危害荞麦的病毒病有 18 种，而荞麦的细菌病害和线虫病害则相对较少（任长忠等，2015）。

一、荞麦真菌病害及其防治

荞麦真菌病害在荞麦播种出苗到成熟收获各个阶段均可发生，严重时可导致缺苗断垄，减产失收。据统计，我国荞麦主产区的真菌病害主要有荞麦立枯病、轮纹病、叶斑病、霜霉病、褐斑病、白霉病、白粉病、黑斑病、斑枯病、根腐病和灰霉病等（赵钢等，2015；罗晓玲等，2016；刘军秀等，2019）。

在我国不同的荞麦主产区，真菌性病害种类和危害程度各异，其中立枯病、轮纹病、叶斑病、褐斑病、黑斑病是南北方荞麦产区均较常见的真菌病害。

调查研究表明，叶斑病在呼和浩特、武川、乌兰察布、赤峰、通辽、张家口、白城、榆林、榆次、大同、西宁等多个北方荞麦产区均有发现，其中呼和浩特、武川、乌兰察布、赤峰和西宁等地发生相对较重。在通辽、新疆奇台等地区，立枯病为主要真菌病害。山西榆次地区的褐斑病发生较为严重，而陕西榆林地区的荞麦轮纹病发病较严重。

南方荞麦产区的真菌病害发病情况如下，在安宁、嵩明、香格里拉、宣威、泰兴、贵阳、凉山等多个荞麦产区均发生轮纹病和褐斑病害，其中，安宁、嵩明、香格里拉和泰兴等产区轮纹病发生较严重。昆明、贵阳和成都等地，在荞麦幼苗时期立枯病害的发生较为严重。

（一）荞麦立枯病及其防治

1. 症状

荞麦立枯病俗称腰折病，是荞麦苗期的主要真菌病害。在荞麦的种子萌发至苗期均可以发病，主要发生在荞麦苗期（图 4.1）。荞麦种子在萌发出土时感染立枯病菌，主要造成烂根、烂芽和缺苗断垄等现象。荞麦幼苗感染立枯病菌后，病苗茎基部出现赤褐色病斑，逐渐扩展到茎的四周，病斑逐渐干枯萎缩，重者会露出木质部。染病幼苗的根系会变褐色，阴雨潮湿天气病斑会逐渐形成小菌核。子叶受害后可出现不规则黄褐色病斑，而后病部破裂脱落穿孔，边缘残缺，进而影响荞麦的正常生长与发育，严重时引致死亡（卢文洁等，2013；唐晓慧，2018）。

图 4.1　荞麦幼苗感染立枯病的症状

2. 病原

荞麦立枯病的病原为立枯丝核菌 *Rhizoctonia solani*，为半知菌类丝核菌属真菌。该菌分为三大群，其中一群是多核的立枯丝核菌，具 3 个或 3 个以上的细胞核，菌丝较大型，直径 6～10μm，其有性态为瓜亡革菌 *Thanatephorus cucumeris*（Frank）Donk。在土壤中形成薄层蜡质状或白粉色网状至网膜状子实层，产生的担子桶形至亚圆筒形，比支撑担子的菌丝略宽一些，担子具 3～5 个小梗，其上着生担孢子；担孢子椭圆形至宽棒状，基部较宽，大小为（7.5～12）μm×（4.5～5.5）μm，担孢子能重复萌发，在担子上形成 2 次担子（图 4.2）。该菌由单一菌丝尖端的分枝密集而形成或是由尖端紧密地和菌丝密集而形成菌丝结。菌丝融合群不同，在形态、病理、生理和生态方面也不完全相同。

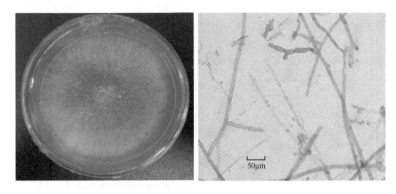

图 4.2 荞麦立枯病病原菌菌落及菌丝显微形态

3. 生物学特性

荞麦立枯丝核菌在 15～35℃均能生长，适宜温度为 25～30℃，于 28.5℃时生长最快（图 4.3）。

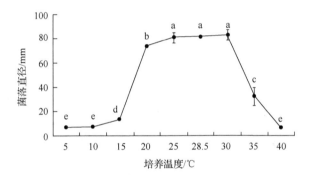

图 4.3 温度对荞麦立枯丝核菌菌丝生长的影响

注：图中字母 a、b、c、d、e 表示在 $P < 0.05$ 水平上有显著差异，下同。

当荞麦立枯丝核菌的 pH 值为 4～12 时，菌丝均能生长；当 pH 值为 6～8 时，菌丝生长速度较快（图 4.4）。

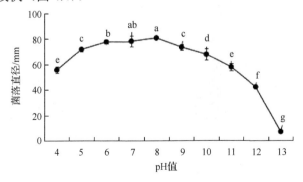

图 4.4 不同 pH 值对荞麦立枯丝核菌菌丝生长的影响

荞麦立枯丝核菌菌丝体及菌核的致死条件为52℃处理10min（图4.5和图4.6）。

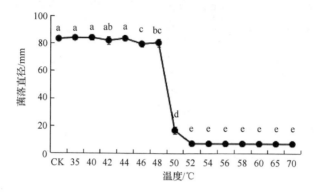

图4.5　不同温度处理10min对荞麦立枯丝核菌菌丝生长的影响

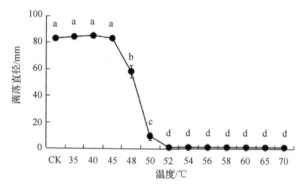

图4.6　不同温度处理10min对荞麦立枯丝核菌菌核生长的影响

荞麦立枯丝核菌菌丝在黑暗条件较光照下的生长速度更快（图4.7）。

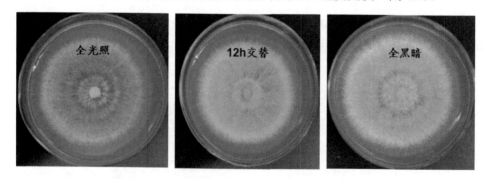

图4.7　不同光照时间对荞麦立枯丝核菌菌丝生长的影响

可溶性淀粉和酵母提取物有利于荞麦立枯丝核菌菌丝生长（图4.8），而乳糖、半胱氨酸对其菌丝的生长有一定抑制作用（图4.9）。

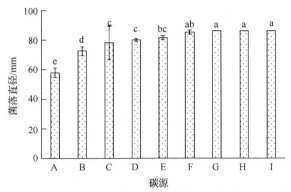

A. α-乳糖；B. D-果糖；C. D-半乳糖；D. 葡萄糖；
E. 麦芽糖；F. 苦荞粉；G 空白；H. 蔗糖；I. 可溶性淀粉。

图 4.8　不同碳源对荞麦立枯丝核菌生长的影响

注：图中字母 a、b、c、d、e 表示在 $P < 0.05$ 水平上有显著差异。

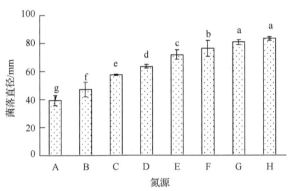

A. L-半胱氨酸；B. 尿素；C. 空白；D. 蛋白胨；
E. 苦荞粉；F. 硝酸钾；G. 丙氨酸；H. 酵母提取物。

图 4.9　不同氮源对荞麦立枯丝核菌生长的影响

注：图中字母 a、b、c、d、e、f、g 表示在 $P < 0.05$ 水平上有显著差异。

4. 发病规律

立枯丝核菌以菌丝体或菌核在土中越冬，可在土中腐生 2～3 年。立枯丝核菌菌丝能直接侵入寄主，主要通过水流、农具等进行传播。该病菌的发育适温为 25～30℃，适宜 pH 值为 6～8。播种过密、间苗不及时、温度过高易诱发该病。除危害荞麦外，该病菌还可危害玉米、小麦、大豆、棉花、马铃薯、花生及瓜果蔬菜等多种农作物。

5. 防治方法

荞麦立枯病的防治方法如下。①选用抗病能力强的优良品种。②深耕轮作，秋收后及时清除病残体并进行深耕，可将土壤表面的病菌埋入深土层内，减少病菌侵染。合理轮作，适时播种，精耕细作，促进幼苗生长健壮，增强抗病能力。③药剂拌种，用50%的多菌灵可湿性粉剂250g，拌种50kg效果较好；还可用40%的五氯硝基苯粉剂拌种或搓种，100kg种子加0.25~0.50kg药剂拌种。④喷药防治，提倡施用移栽灵混剂，杀菌力强，且能促进植物根系对不良条件的抵抗力，幼苗在低温多雨情况下发病较重。发病初期喷淋20%甲基立枯磷乳油（利克菌）1200倍液或30%生乳油1000倍液、5%井冈霉素水剂1000倍液、95%噁霉灵精品4000倍液，或者生姜、花椒、辣椒等乙醇提取物（4.0g/L），都有较好的防病作用。

（二）荞麦轮纹病及其防治

1. 症状

荞麦轮纹病的主要危害部位为叶片，发病初期，受感染的荞麦叶片上出现黄褐色圆形或近圆形病斑。随着病情的发展，病斑逐渐扩大，形成同心轮纹，并在病斑中央及轮纹线上散生出许多暗褐色小点，其为病原菌的分生孢子器。发病后期，多个同心轮纹病斑易连成片，严重时，轮纹病斑易穿孔脱落，造成叶片枯死（图4.10）。

图4.10　荞麦轮纹病发病症状

2. 病原

荞麦轮纹病的病原为草茎点霉 *Phoma herbaum*，属半知菌亚门真菌。病原菌在马铃薯葡萄糖琼脂（potato dextrose agar，PDA）培养基上的菌落为近圆形，25℃恒温培养5d后的菌落直径可达到64mm。菌丝呈灰绿色，毛毡状。该病原菌在PDA培养基上培养至一定时期后可产生少量的分生孢子器，分生孢子器多为球形、扁球形，直径为120~140μm，高80~110μm，具有孔口，遇水后从孔口喷射出分生孢子（图 4.11）。分生孢子单胞、无色，椭圆形、短棒状，大小为（5～9）μm×（2～3.5）μm（卢文洁等，2017）。

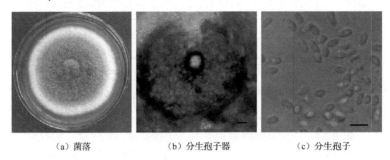

（a）菌落　　　　　　（b）分生孢子器　　　　　　（c）分生孢子

图 4.11　荞麦轮纹病病原菌菌落、分生孢子器及分生孢子形态

3. 生物学特性

荞麦轮纹病病原菌草茎点霉菌丝在 15～35℃均能生长，适宜的温度范围为 20～28℃；最适温度为 25℃，此时菌丝生长最快，且菌落致密（图 4.12）。

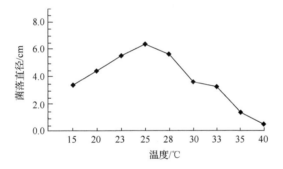

图 4.12　温度对荞麦轮纹病病原菌菌丝生长的影响

荞麦轮纹病病原菌在 pH 值为 4～12 时菌丝均能生长，适宜生长 pH 值为 4～6，最适 pH 值为 6（图 4.13）。

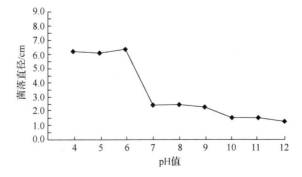

图 4.13　不同 pH 值对荞麦轮纹病病原菌菌丝生长的影响

荞麦轮纹病病原菌菌丝体的致死条件为 53℃处理 10min（表 4.1）。

表 4.1　不同温度处理 10min 对荞麦轮纹病病原菌菌丝生长的影响

温度/℃	35	40	45	50	51	52	53	54	55	60
菌丝生长情况	+	+	+	+	+	+	−	−	−	−

注："+"生长出菌丝；"−"未生长出菌丝。

荞麦轮纹病病原菌菌丝在以葡萄糖为碳源的培养基中生长最快，其次为 D-果糖、蔗糖、D-半乳糖，生长速度中等。在可溶性淀粉中生长最慢，不适宜该病菌菌丝生长（图 4.14）。该病原菌菌丝在以蛋白胨、牛肉浸膏、胱氨酸、苯丙氨酸为氮源的培养基中生长较快，在硝酸钾、硫酸铵、氯化铵和硝酸钠中生长速度中等，在尿素中生长最慢，基本停止生长（图 4.15）。

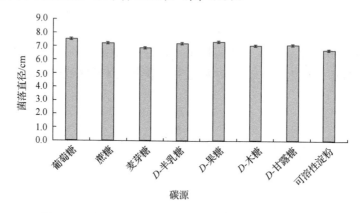

图 4.14　不同碳源对荞麦轮纹病病原菌菌丝生长的影响

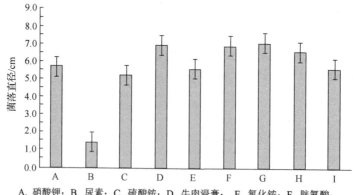

A. 硝酸钾；B. 尿素；C. 硫酸铵；D. 牛肉浸膏；E. 氯化铵；F. 胱氨酸；
G. 蛋白胨；H. 苯丙氨酸；I. 硝酸钠。

图 4.15　不同氮源对荞麦轮纹病病原菌菌丝生长的影响

4. 发病规律

病原菌以菌丝体和分生孢子器在病株残体上越冬，成为翌年的初侵染菌源，后借风雨进行传播。该病菌在苦荞麦品种和甜荞麦品种上均有侵染危害，一旦发生，将导致荞麦提早萎黄枯干、植株生长缓慢，品质下降，产量降低。一般6～9月为荞麦轮纹病害发病高峰期，在偏酸性的土壤环境中较易发生。除引起荞麦轮纹病外，草茎点霉还能引起地黄轮纹病，以及玄参、紫花豌豆、蒲公英、多年生豆科牧草的病害。

5. 防治方法

荞麦轮纹病的防治方法如下。①选用抗病能力强的优良品种。②在荞麦收获后要及时清除病残体和枯死的落叶，减少越冬病原的数量。③在种植时要实施倒茬轮作，减少发病率；播种前提前对种子进行处理，方法为在冷水中浸泡处理4h，再在温水中浸泡处理5h，捞出晾干后再播种，以减少种子带菌。④化学防治的主要方法是在播种前使用种子量4‰的五氯硝基苯拌种，并在该病的发病初期交替使用36%的甲基硫菌灵悬浮剂、80%的代森锰锌可湿性粉剂500～800倍液喷雾防治该病。

（三）荞麦叶斑病及其防治

1. 症状

荞麦叶斑病主要危害叶片。发病初期，荞麦叶片上出现中央灰白、外围紫红色的坏死斑，后期发展为大小不一的近圆形轮纹状病斑，病斑边缘不明显，病斑中央浅褐色，四周褐色，外围有褪绿晕圈，发病严重时病斑融合，叶片黄化枯死（图4.16）。病斑上可出现黑色小粒点，为病原菌的分生孢子器。

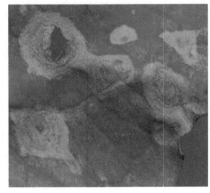

图4.16　荞麦叶斑病发病症状

2. 病原

荞麦叶斑病的病原为荞麦派伦霉 *Peyronellaea calorpreferensi*，又名 *Didymella heteroderae*，属半知菌亚门真菌。荞麦派伦霉（图 4.17）在 PDA 培养基 25℃暗培养 3d 后的菌落直径可达到 4.0cm，菌落呈圆形；前 3d 时菌落为白色，第 4d 起菌落变为灰黑色；分生孢子器未成熟时呈梨形，大小为（55～63）μm×（86～98）μm，成熟后近球形，具孔口，直径 96～118μm；分生孢子卵圆形至椭圆形，两端钝圆，无色，单胞，有两个油点 4.7μm×2.8μm（田小曼等，2017）。

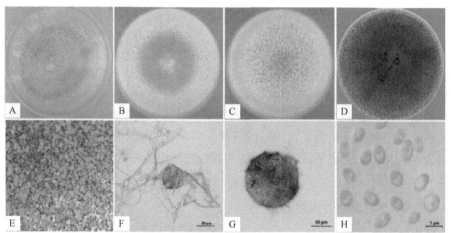

A. PDA 培养基上菌落形态（5d）；B. OM 培养基上菌落形态（黑暗 5d）；C. OM 培养基上菌落形态（光照 5d）；D、E. PDA 培养基上分生孢子团（10d）；F. 未成熟的分生孢子器；G. 成熟的分生孢子器；H. 分生孢子。

图 4.17　荞麦派伦霉菌落菌丝、分生孢子器及分生孢子形态

3. 发病规律

病菌以菌丝体和分生孢子在病株残体上越冬，翌年产生分生孢子，通过风雨进行传播蔓延。该病害在 6～9 月较易发生，其中 8 月为病害高发期。该病害一旦发生，其发展迅速，可导致大面积荞麦发病叶片干枯死亡，品质下降，产量降低，严重影响荞麦种植生产。

4. 防治方法

荞麦叶斑病的防治方法如下。①选用抗病能力强的优良品种。②收获后注意清除病残体，以减少菌源。③必要时喷洒 40%百菌清悬浮剂 600 倍液或 50%多菌灵可湿性粉剂 800 倍液、50%腐霉利（速克灵）可湿性粉剂 1000 倍液。

（四）荞麦霜霉病及其防治

1. 症状

荞麦霜霉病主要侵害荞麦叶片。发病初期，受害的叶片正面可见不规则形失绿病斑，其边缘界限不明显，扩展后由于受叶脉限制，呈现多角形病斑；后期叶面病斑多呈不规则形，黄褐色（图4.18）。叶片（病斑）背面可见白色至灰白色霜状霉层，即该病原菌的菌丝体及其孢子囊。叶片自下而上发病，受害严重时，叶片卷曲枯黄，最后枯死，导致叶片脱落，造成荞麦减产。

图4.18　荞麦霜霉病发病症状

2. 病原

荞麦霜霉病的病原是荞麦霜霉菌 *Peronospora ducometi*，属半知菌亚门真菌。孢囊梗自气孔伸出，单枝或多枝，无色，（264～487）μm×（7.0～10.5）μm，基部不膨大，主轴占全长 2/3～3/4，上部叉状分叉 4～7 次，末枝直，长 4.6～16μm。孢子囊椭圆形或近球形，具乳突，无色或淡褐色，（16～21）μm×（14～18）μm，平均 18.6μm×16.3μm。孢子球形，黄褐色或黑褐色，外壁平滑，成熟后不规则皱缩，直径 25～30μm（刘惕若等，1982；Zimmer，1984；Zimmer et al.，1987）。

3. 发病规律

霜霉菌以卵孢子在土壤中、病残体或种子上越冬，或以菌丝体潜伏在茎、芽或种子内越冬，成为次年病害的初侵染源，生长季由孢子囊进行再侵染。在中国南方温湿条件适宜的地区可周年进行侵染。霜霉菌主要靠气流或雨水传播，有的也可以靠介体昆虫或人为传播。

4. 防治方法

荞麦霜霉病的防治方法如下。①选用抗病能力强的优良品种。②耕作栽培措施。荞麦收获后，清除田间病残植株，并进行深翻，将枯枝落叶等带病残体翻入深土层内，以减少来年的侵染。实行轮作倒茬，减少病原。加强田间苗期管理，促进植株生长健康，提高自身的抗病能力。③药剂防治。可用 40%的五氯硝基苯或 70%的敌磺钠粉剂 800～1000 倍液，用量为荞麦种子重量的 0.5%。也可在植株发病初期，用甲霜·锰锌 800～1000 倍液、代森锌 500～600 倍液或 75%百菌清800 倍液。

（五）荞麦白霉病及其防治

1. 症状

荞麦白霉病主要危害荞麦叶片。初发病时在叶面产生浅绿色或黄色无明显边缘的病斑，叶斑近圆形、不规则形，黄绿色至黄褐色，病健交界不明显，后期病斑常干缩穿孔，潮湿下叶面生白色霉状霉层（图 4.19）。

图 4.19　荞麦白霉病发病症状

2. 病原

荞麦白霉病的病原为异形柱隔孢 *Ramularia anomala*，属半知菌亚门真菌。该病菌子实体生在叶背，子座仅数个细胞，分生孢子梗无色，密集，无隔膜，顶端偶尔分枝，无膝状节，顶端圆形，大小为（14～55）μm ×（2～3）μm；分生孢子梗 2～15 根簇生，椭圆卵形。数个串生，单胞端尖，无色透明，最上部的分生孢子顶端呈钝圆形，大小为（11～15）μm ×（3～4）μm，见图 4.20（李琼等，2011）。

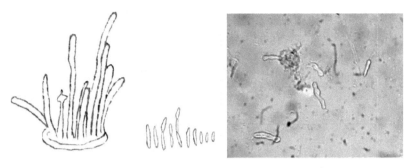

（a）分生孢子梗　　　　　　　　　　　　　（b）分生孢子

图 4.20　荞麦白霉病病原菌分生孢子梗及分生孢子形态

3. 生物学特性

荞麦白霉病病原菌在供试培养基上均能生长。在番茄培养基和植物煎汁培养基上生长得最好，其次是 PDA 培养基，在水琼脂培养基上长势较差，菌落稀薄（表 4.2）。

表 4.2　培养基对菌落生长的影响

培养基	菌落平均直径/mm					差异显著性
	重复 1	重复 2	重复 3	重复 4	平均值	0.01
胡萝卜	50.00	50.00	50.00	50.00	50.00	C
水琼脂	14.00	13.00	13.00	13.00	13.25	E
PDA 培养基	63.00	62.00	62.00	61.00	62.00	B
番茄	74.00	76.00	72.00	75.00	74.25	A
植物煎汁	73.00	75.00	75.00	73.00	74.00	A

注：表中字母 A、B、C、E 表示在 $P < 0.01$ 水平上有显著差异。

荞麦白霉病病原菌菌丝在 4～30℃均能生长，最适温度为 20℃，此时菌丝生长最快，且菌落致密（表 4.3）。

表 4.3　温度对菌落生长的影响

温度/℃	菌落平均直径/mm					差异显著性
	重复 1	重复 2	重复 3	重复 4	平均值	0.01
4	30.00	27.00	23.00	25.00	26.25	E
15	80.00	76.00	76.00	77.00	77.25	B
20	89.00	90.00	90.00	90.00	89.75	A
25	66.00	65.00	65.00	66.00	65.00	C
30	60.00	58.00	59.00	55.00	58.00	D
37	0	0	0	0	0	F

注：表中字母 A、B、C、D、E、F 表示在 $P < 0.01$ 水平上有显著差异。

荞麦白霉病病原菌菌丝在 pH 值为 3～9 均能生长，在 pH 值为 5～6 的环境中生长最好。在 pH 值为 3～4 的强酸性环境中菌落生长速度相对较慢（表 4.4）。

表 4.4　pH 对菌落生长的影响

pH 值	菌落平均直径/mm					差异显著性
	重复 1	重复 2	重复 3	重复 4	平均值	0.01
3	41.00	42.00	40.00	43.00	41.50	F
4	57.00	58.00	57.00	59.00	57.75	D
5	81.00	82.00	83.00	80.00	81.50	A
6	85.00	87.00	82.00	82.00	84.00	A
7	80.00	79.00	70.00	78.00	76.75	B
8	71.00	74.00	69.00	70.00	71.00	C
9	62.00	64.00	63.00	65.00	63.50	E

注：表中字母 A、B、C、D、E、F 表示在 $P<0.01$ 水平上有显著差异。

荞麦白霉病病原菌菌落的形态和生长速度跟光照条件有很大关系。在无光照情况下，菌落生长较有光照条件下好；在全黑暗条件下，菌落生长速度最快；在光照交替情况下，菌落出现底部裂纹的菌落形态，生长速度介于全光照和全黑暗之间（表 4.5）。

表 4.5　光照对菌落生长的影响

光照时间	菌落平均直径/mm					差异显著性
	重复 1	重复 2	重复 3	重复 4	平均值	0.01
全光照 24h	55.00	65.00	60.00	64.00	61.00	C
全黑暗 24h	86.00	82.00	84.00	87.00	84.75	A
黑暗 12h/12 光照	72.00	75.00	74.00	72.00	73.25	B
黑暗 72h/72 光照	71.00	72.00	70.00	71.00	71.00	B

注：表中字母 A、B、C 表示在 $P<0.01$ 水平上有显著差异。

4. 发病规律

在南方荞麦主产区，该病终年存在，病部产生的分生孢子借风雨或水滴溅射辗转传播，不存在越冬问题。在北方荞麦主产区，该病菌则以菌丝体和分生孢子随病残体遗落土表越冬。翌年以分生孢子进行初侵染，病部产生的孢子又借气流及雨水溅射传播进行再侵染。湿度是该病发生扩展的决定性因素，雨水频繁的年份发病重。

5. 防治方法

荞麦白霉病的防治方法：①选用抗病能力强的优良品种；②施用充分腐熟的

有机肥；③适当密植，避免过量浇水；④药剂防治。喷洒 75%百菌清可湿性粉剂 600 倍液或 50%福·异菌（灭霉灵）可湿性粉剂 800 倍液或 40%多·硫（好光景、灭病威）悬浮剂 600 倍液、50%腐霉利可湿性粉剂 2000 倍液，隔 7～10d 喷施 1 次，连续防治 2～3 次。

（六）荞麦褐斑病及其防治

1. 症状

荞麦的整个生长期均可发生褐斑病，受害部位为叶片。发病初期，受感染的叶片上产生中央灰绿色至褐色的病斑，近圆形或不规则形，边缘深褐色，微具轮纹，后期在病斑上形成黑色小粒点，为病原菌的分生孢子器。严重时病斑连成一片呈不规则形，叶片早枯，有的脱落。叶背病斑在潮湿条件下密生灰褐色或灰白色霉层，即病原菌分生孢子梗和分生孢子（图 4.21）。

图 4.21　荞麦褐斑病发病症状

2. 病原

荞麦褐斑病的病原为荞麦壳二孢 *Ascochyta fagopyri* 和称荞麦尾孢 *Cercospora fagopyri*，属半知菌亚门真菌。病斑上的分生孢子梗浅色至淡褐色，单生或 2～12 根丛生，1～5 隔膜，屈膝状，1～5 个膝状节，不分枝，大小为（53.8～160.3）μm×（30.8～5.5）μm。分生孢子顶生，披针形端尖，基部平截，无色，具孢痕，1～9 个隔膜，大小为（70～142）μm×（2.1～3.4）μm，20℃时分生孢子萌发率高（孟有儒等，2004）。

3. 发病规律

病原菌随病残体越冬，第二年产生分生孢子，随风雨进行传播扩散，7～8 月多发。

4. 防治方法

荞麦褐斑病的防治方法：①选用抗病能力强的优良品种；②收获后注意清除病残体，以减少菌源，并及时深耕，将表土翻入深处；③药剂防治。必要时喷洒36%甲基硫菌灵悬浮剂 600 倍液或 50%多菌灵可湿性粉剂 800 倍液、50%腐霉利湿性粉剂 1000 倍液。

（七）荞麦白粉病及其防治

1. 症状

荞麦白粉病最初发生在下部将近成熟的叶片表面，严重时可造成全株发病。发病初期叶表面或背面出现白色近圆形病斑，呈星点状分布，病斑上面有一层白色粉状霉层，叶片逐渐褪绿或表面出现皱缩现象；后期病斑向四周扩展，形成边缘不明显的连片白粉，最终导致整个叶片甚至全株布满白粉，病叶变黄、变褐，甚至枯死（图 4.22）。

图 4.22　荞麦白粉病发病症状

2. 病原

荞麦白粉病的病原菌为蓼白粉菌 *Erysiphe polygoni*（有性形态），属子囊菌亚门、核菌纲、白粉菌目、白粉菌属。荞麦白粉病由半知菌亚门的荞麦粉孢菌（*Oidium buckwheat* Thüm.）（无性形态）侵染所引起。病菌菌丝具分隔，无色。无性态的分生孢子梗与菌丝垂直，丝状，较短，无分枝，大小为（80～120）μm×（12～14）μm，顶生分生孢子。分生孢子串生，由上而下依次成熟，无色，单胞，圆筒形，大小为（30～32）μm×（13～15）μm。病菌生长适宜温度22～28℃。分生孢子萌发适宜温度23～25℃，适宜相对湿度60%～80%。在相对湿度20%以下仍有少数孢子可以萌发，但在相对湿度100%或水滴中却极少能萌发。病菌属专性外寄生菌，全部菌丝体长在寄主表面，以吸器伸入寄主表皮细胞内吸取养分。病菌存在生理分化现象，有许多不同致病型的生理小种，它们对不同寄主的致病力差异很大。病菌寄主范围广，除荞麦外，还能侵染茄科、染葫芦科、菊科等100多种植物。

3. 发病规律

该病菌随荞麦病株、病叶落入土中，以子囊孢子在土壤中越冬，翌年再随风雨、昆虫传播危害。分生孢子萌发的最高温度为32℃，适宜温度为23～25℃，最低温度为7℃，适宜相对湿度为60%～80%。

4. 防治方法

荞麦白粉病的防治方法：①选用抗病能力强的优良品种；②药剂防治。该病害发病初期可选用75%百菌清600倍液或50%托布津500倍液、70%甲基硫菌灵500倍液、20%三唑酮乳油400倍液，在发病初期喷雾防治，每隔7d防治1次，连续防治2～3次，均有良好的防治效果。

（八）荞麦黑斑病及其防治

1. 症状

荞麦黑斑病主要危害荞麦叶片。病斑褐色，有轮纹。该病原菌有时随荞麦褐斑病病原菌后侵入，在褐斑病病斑的周围引起具有轮纹的褐斑。该病害在北方春荞麦产区9月易发生，在南方秋冬荞麦产区6月可见。

2. 病原

荞麦黑斑病的病原为链格孢 *Alternaria tenuis*，属半知菌亚门真菌。分生孢子梗分枝或不分枝，淡榄褐色至绿褐色，稍弯曲，顶端孢痕多个，大小为（5～125）μm×（3～6）μm。分生孢子10个呈长链生，有喙或无，椭圆形至卵形或圆筒形至倒棍棒形，平滑或有瘤，具横隔膜1～9个，纵隔膜0～6个，淡榄褐色至深榄褐色，大小为（7～70.5）μm×（6～22.5）μm，喙长（1～58.5）μm×（1.5～7）μm。该病菌寄生性不强，但寄主范围很广。

3. 发病规律

黑斑病病原菌以菌丝体和分生孢子在病残体上或随病残体遗落土中越冬，翌年产生分生孢子进行初侵染和再侵染。该菌寄生性不强，但寄主种类多，分布广泛，在其他寄主上形成的分生孢子也是该病的初侵染和再侵染来源。一般成熟老叶易感病，雨季或管理粗放、植株长势差，利于该病的发生和扩展。

4. 防治方法

荞麦黑斑病的防治方法如下。①选用抗病能力强的优良品种。②按照施肥要求，充分施足基肥，适时追肥，并在荞麦生长期及时用磷酸二氢钾，或硼、钼、锰等微量元素进行根外追肥，提高植株抗病能力。③药剂防治。发病初期可喷洒75%百菌清可湿性粉剂 600 倍液或 50%异菌脲可湿性粉剂 1000 倍液、50%腐霉利可湿性粉剂 1500 倍液、70%代森锰锌可湿性粉剂 500 倍液等，隔 7～15d 施用 1 次，防治 2～3 次。

（九）荞麦斑枯病及其防治

1. 症状

荞麦斑枯病主要危害荞麦叶片。病斑呈圆形至卵圆形，褐色，四周有淡黄色晕圈。病斑中心灰白色，病斑大小 5～10mm，轮纹不明显，中间褪色部分生有小黑粒点，即该病原菌的分生孢子器。

2. 病原

荞麦斑枯病的病原为蓼属壳针孢 *Septoria polygonorum*，属半知菌亚门真菌。分生孢子器散生，褐色，壁薄；分生孢子梗短；分生孢子线形，无色，多胞。

3. 发病规律

该病菌以菌丝体或分生孢子器在荞麦病残体上越冬。翌年条件适宜时，分生孢子器吸水后，溢出分生孢子，借风雨传播蔓延，进行初侵染。经几天潜育显症后，又产生新的分生孢子进行再侵染。在高温高湿条件下，荞麦斑枯病较易发生。

4. 防治方法

荞麦斑枯病的防治方法如下。①选用抗病能力强的优良品种。②加强田间管理，及时拔除杂草，必要时使用除草剂灭草。③药剂防治。发病初期开始喷洒 75%百菌清可湿性粉剂 600 倍液或 70%代森锰锌可湿性粉剂 500 倍液、50%多菌灵可湿性粉剂 600 倍液。

二、荞麦病毒病害及其防治

1. 症状

荞麦病毒病的发生年份与蚜虫的发生密切相关。蚜虫是该病的传媒，受侵染的植株出现矮花、卷叶、萎缩等症状，叶缘周围呈灼烧状。叶边缘不整齐，叶片凹凸不平，叶面积缩小近 1/3（图 4.23）。

图 4.23　荞麦病毒病发病症状

2. 病原

荞麦病毒病由多种病毒侵染引起，已报道的主要有烟草花叶病毒（tobacco mosaic virus，TMV）和巨细胞病毒（cytomegalovirus，CMV）两种病毒。TMV 病毒的寄主范围较广，有 36 科 200 多种植物可被侵染，并且是一种抗性极强的植物病毒，主要通过汁液接触传染，土壤也可传播。CMV 病毒寄主范围也很广，有 39 科 117 种植物能被侵染，由汁液、蚜虫传播。

3. 发病规律

荞麦蚜虫是植物病毒的主要传播者。高温、干旱条件下，蚜虫危害重，植株长势弱，以及重茬等，容易引起该病害的发生。该病毒可通过摩擦、人工除草等作业时接触传播，也可通过蚜虫、机械传播。

4. 防治方法

荞麦病毒病的防治方法如下。①选用抗病能力强的优良品种。②喷施叶面复合肥料，增强植株抗病性，缓解和减轻病毒的危害。③药剂防治。采用 70%吡虫啉水分散粒 4000 倍液剂杀灭病毒传媒蚜虫，早发现，及早防治。还可选用病毒灵

300 倍液喷施叶面，以防止病毒病在相邻叶片上和植株间的摩擦感染。

三、荞麦线虫病害及其防治

近年来，随着我国荞麦种植面积的增加，荞麦根结线虫病呈逐年加重趋势，严重影响荞麦的产量与品质。据调查统计，在我国西南地区，荞麦根结线虫是近年危害荞麦的重要病原之一。荞麦受根结线虫危害后，植株矮小、发黄、结实率降低，产量减少 5%～10%（何成兴等，2016）。此外，荞麦受害后，还可以造成复合侵染，加剧其他土传真菌和部分细菌性病害的发生。

1. 症状

根结线虫主要危害植株根部，尤其以侧根和须根受害严重，新根上根结单个或呈念珠状串生，须根稀疏；老根重复侵染，形成较大的不规则瘤状突起，初期呈白色，后期变黑，腐烂，易脱落，裸露出白色的木质部。在显微镜下，剥开根结或瘤状突起，可见白色、球形或洋梨形根结线虫雌虫，或有线形雄虫或幼虫从根部游离出来。植株地上部的症状可因根部受害程度不同表现差异，受害轻时植株地上部症状不明显，但受害重时造成发育不良，生长衰弱，矮化、叶片褪绿黄化，并枝叶稀疏，结实少而小，最后整株死亡。发病严重的地块，发病株达 90%，缺行断垄现象十分严重（图 4.24）。

图 4.24　荞麦根结线虫病发病症状

2. 病原

荞麦根结线虫病的病原为线虫门异皮总科根结线虫属 *Meloidogyne*。目前已知根结线虫的种类有 81 种。根结线虫的形态为雌雄异形，雌虫成熟后膨大呈梨形或柠檬形，虫体白色；雄虫线状，尾端钝圆，无色透明。幼虫呈细长蠕虫状（何成兴等，2016）。

何成兴等（2016）报道，在我国西南地区，危害荞麦的根结线虫种类主要有南方根结线虫 *Meloidogyne incognita*、爪哇根结线虫 *Meloidogyne javanica* 和花生根结线虫 *Meloidogyne arenaria* 3 种（图4.25），其中南方根结线虫为优势种群（表4.6）。

 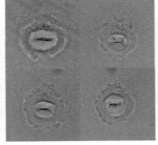 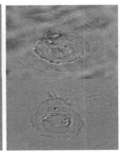

（a）南方根结线虫　　　　　（b）爪哇根结线虫　　　　　（c）花生根结线虫

图4.25　荞麦根结线虫会阴花纹

表4.6　我国西南部分地区荞麦根结线虫种类

地区	样本编号	采集地点	根结线虫种类
云南	A	昆明市石林县云烟庄园	南方根结线虫和爪哇根结线虫混合种群
	B1	楚雄州姚安县前场镇	南方根结线虫
	B2	楚雄州大姚县石羊镇	南方根结线虫
	C1	大理州鹤庆县朵美乡	南方根结线虫
	C2	大理州洱源区邓川街道	南方根结线虫
	D1	曲靖市马龙区旧县街道	南方根结线虫
	D2	曲靖市宣威市落水乡	南方根结线虫
	D3	曲靖市师宗县雄壁镇	南方根结线虫
	E	玉溪市元江县因远镇	爪哇根结线虫
	F1	文山州砚山县八嘎乡	爪哇根结线虫
	F2	文山州马关县城周边	爪哇根结线虫和花生根结线虫混合种群
	F3	文山州马关县仁和镇	爪哇根结线虫
	G	普洱市墨江县通关镇	南方根结线虫和爪哇根结线虫混合种群
	H	红河州泸西县三塘乡	南方根结线虫和爪哇根结线虫混合种群
	I	普洱市墨江县通关镇	南方根结线虫
四川	J	凉山州冕宁县回坪乡	南方根结线虫
	K	凉山州昭觉县达洛乡	南方根结线虫
贵州	L	六盘水市盘州市红果街道	南方根结线虫

3. 发病规律

根结线虫常以 2 龄幼虫或卵随病残体遗留在土壤中和粪肥越冬，可存活 1～3 年。初侵染虫态是 2 龄幼虫，翌年条件适宜，越冬卵孵化为幼虫，继续发育并侵入寄主，刺激根部细胞增生，形成根结。线虫发育至 4 龄时交尾产卵，雄虫离开寄主进入土中，不久即死亡。卵在根结里孵化发育，2 龄后离开卵壳，进入土中进行再侵染或越冬。在土壤温度为 25～30℃，土壤持水量为 40% 左右时，病原线虫发育快；10℃ 以下幼虫停止活动，55℃ 经 10min 线虫死亡。地势高燥、土壤质地疏松、盐分低的环境适宜线虫活动，有利发病，连作地发病重。

4. 防治方法

荞麦线虫病害的防治方法如下。①选用抗病能力强的优良品种。②合理轮作。一般与禾本科作物轮作 2～3 年，尤其是水旱轮作效果更好。③秋播荞麦时，尽量选择前作为玉米的田块，减轻根结线虫的危害。④田间管理。收获后彻底清除病残体、田间杂草，耕翻晒土；条件允许可灌水淹地，使线虫丧失侵染力；施用腐熟有机肥，增施磷肥、钾肥，提高作物抗病能力。⑤药剂防治。近年推广的高效低毒杀菌剂有棉隆、威百亩、硫酰氟、杀线威、氯唑磷、灭克磷，以及植物源杀虫剂植安灵等。

第二节　荞麦主要虫害及其防治

据文献记载，可危害荞麦的昆虫有 60 多种，分属 3 纲 8 目 20 余科，其中以鳞翅目、鞘翅目昆虫为主，直翅目、同翅目、半翅目和双翅目昆虫也占一定比例。另外，蛛形纲真螨总目的红蜘蛛，以及腹足纲异鳃目的蛞蝓也可危害荞麦。据 2010～2013 年全国荞麦主产区虫害调查表明，危害荞麦的虫害主要分为食叶性害虫、吮吸性害虫、蛀茎性害虫、地下害虫 4 类，主要包括钩翅蛾、草地螟、黏虫、蚜虫、蝗虫、白粉虱、红蜘蛛、双斑萤叶甲、黄曲跳甲、甜菜夜蛾、斜纹夜蛾、地老虎、金龟子等。

荞麦虫害发生危害的种类因地区间地缘、生态、气候等多重因素，差异很大。正常情况下，荞麦受害后，轻者营养传导受阻、生长发育缓慢、减产；重者造成缺苗断垄、毁种重播，甚至整株连片枯死、绝收。

全国不同荞麦产区的害虫种类、危害时期、危害程度差异很大。这主要与纬度、积温、降水、风速、海拔等自然因子和耕作制度，以及前茬作物和播种时期有较大关联。另外，荞麦害虫的消长与周边自然生态环境也有密切关系。

西南荞麦产区特有的地理位置、栽培方式、粗放的管理习俗，导致其害虫种类相对较多，危害较重。常年发生的害虫主要有荞麦钩翅蛾、黏虫、草地螟、甜菜蚜、小绿叶蝉、大青叶蝉、白粉虱、飞蝗、短肩棘缘蝽、黄曲条跳甲、二纹柱萤叶甲、多黑蚤跳甲等（杨经萱等，2000；罗晓玲等，2016），见表4.7和表4.8。

表4.7　四川省凉山州荞麦主要害虫种类、危害情况

害虫名称	危害虫态	危害方式	危害程度	发生时期
小地老虎	幼虫	啃食	+++	苗期
蛴螬	幼虫	啃食	++	苗期
蚜虫	成、若蚜	刺吸	+++	苗期、成株期
二纹柱萤叶甲	成、幼虫	啃食	+++	成株期
蓟马	成、若虫	吸食	++++	成株期
红蜘蛛	成、若螨	吸食	++	成株期

表4.8　2013～2015年四川省凉山州荞麦种植区的虫害危害率　　（单位：%）

害虫名称	昭觉	美姑	冕宁	越西	盐源	普格
小地老虎	13.3	4.3	8.6	6.7	26.3	6.7
蛴螬	0.86	2.6	10.2	9.4	16.8	5.2
蚜虫	16.4	6.5	0.4	0.8	8.9	12.7
二纹柱萤叶甲	26.4	26.7	18.7	20.4	13.9	24.5
蓟马	53.3	31.2	47.5	41.2	51.2	88.5
红蜘蛛	0.7	0.5	0	0	0.4	6.7

西北荞麦产区由于其土壤瘠薄、干旱少雨等地理特征，害虫整体危害较轻。发生较多的害虫主要有双斑长跗萤叶甲、大青叶蝉、小绿叶蝉、白粉虱、甜菜蚜、荞麦钩翅蛾和土蝗。

华北、东北荞麦产区发生的害虫主要有双斑长跗萤叶甲、龟象、大青叶蝉、甜菜蚜、小绿叶蝉、白粉虱，以及黏虫、草地螟、土蝗和朱砂叶螨等。

总体来看，西南地区害虫种类多，危害较重；西北、华北、东北较西南荞麦产区害虫种类少，危害相对较轻。

一、荞麦钩翅蛾及其防治

钩翅蛾（*Spica parallelangula* Alpheraky）属于鳞翅目钩蛾科，主要分布在我国的云南、贵州、四川、陕西、宁夏、新疆、甘肃等省（自治区）。钩翅蛾的寄主包括荞麦、大黄、萹蓄、酸模、叶蓼等蓼科植物（马永年，2007；谢成君等，2010）。

1. 形态特征

成虫体长10～13mm，翅展30～3mm。头及胸腹部和前翅均淡黄色，肾形纹明显，顶角不呈钩状突出，从顶角向后有一条黄褐斜线，有 3 条向外弯曲的 ">"
形黄褐线。后翅黄白色。中足胫节有 1 对距，后足胫节有 2 对距。卵椭圆形、扁
平，表面颗粒状。幼虫体长 20～30mm，污白色，背面有淡褐色宽带，有腹足 4
对，尾足 1 对，有少数趾钩。蛹体长约 11mm，红褐色，梭形，两端尖。臀棘上
有 4 根刺。

2. 生活习性

成虫昼伏夜出，白天在荞麦叶背栖息，晚上取食，补充营养、交配、产卵，
午夜时分停止活动。卵集中产于植株第 3～5 片真叶背面，卵粒平铺、圆形、块产，
每块 30～50 粒，最多每块可达 130 粒。卵表面被有一层白色绒毛。成虫具很强的
趋光性。

3. 发生规律

陕西延安、定边，宁夏固原、宁南山区、隆德，甘肃陇南等地 1 年 1 代，以
蛹越冬。6 月下旬至 8 月中旬为成虫羽化期，7 月中旬最盛。成虫寿命 10～15d。
羽化后即行交尾产卵。成虫有趋光性。7 月下旬至 8 月上旬为产卵期，卵期 7～10d，
成虫把卵产在叶片背面，卵数十粒至百余粒排列成块，上覆有白色长毛。8 月上
中旬进入孵化盛期，初孵幼虫喜群居，后分散危害，幼虫活泼，稍触动即吐丝下
垂，幼虫期 25～28d，幼虫共 5 龄，老熟幼虫入土化蛹越冬，盛期在 9 月中下旬。

4. 危害特点

初孵幼虫集中于卵块附近，主要危害荞麦嫩叶叶肉。2 龄后分散危害，取食
叶肉及下表皮，残留上表皮，叶片受害处呈窗膜状和孔洞，后幼虫吐丝卷叶，藏
在其中，把叶片食穿。3 龄后食量猛增，沿叶缘吐丝将叶片卷成饺子形，白天隐
藏其中，夜晚危害，黎明时分停止取食，再行卷叶隐藏。幼虫不仅危害叶片，还
危害花和籽粒，对产量和品质影响很大。老熟幼虫入土层后在 5～25cm 土层中作
室化蛹越冬。一般受害株率 20%～30%，减产 25%左右，受害严重时可致荞麦减
产 40%以上。

5. 防治方法

荞麦钩翅蛾的防治方法如下。①做好害虫预测预报。利用钩翅蛾的趋光性，
在荞麦集中成片地区架设黑光灯诱集成虫，并通过蛾聚集数量、雌蛾抱卵量和卵
发育情况，指导防治工作。②秋收后及时深耕，消灭越冬蛹。③成虫发生期用灯
光诱杀蛾子。④药剂防治。一般年份，尽量选用植物源、矿物源或微生物杀虫剂，
如苏云金芽孢杆菌（*Bacillus thuringiensis*，Bt）杀虫剂，避免危及蜜源昆虫和产

生农药残留问题。聚集暴发时，可选用阿维菌素等无公害型杀虫剂，迅速剿灭害虫，把损失降到最低。

二、荞麦草地螟及其防治

草地螟（*Loxostege sticticalis* Linnaeus）属于鳞翅目螟蛾科，别名网锥额野螟、甜菜网螟、黄绿条螟等。草地螟是一种杂食性害虫，可危害荞麦、甜菜、苜蓿、大豆、马铃薯、亚麻、向日葵、胡萝卜、葱、玉米、高粱、蓖麻等。草地螟在我国的东北、华北、西北和西南地区均有分布。

1. 形态特征

成虫淡褐色，体长 8~12mm，翅展 20~26mm，触角丝状，前翅灰褐色，具暗褐色斑点，沿外缘有淡黄色点状条纹，翅中央稍近前缘有一淡黄色斑，顶角内侧前缘有不明显的三角形浅黄色小斑，后翅淡灰褐色，沿外缘有 2 条波状纹。卵椭圆形，长 0.8~1.2mm，乳白色，一般 3~5 粒或 7~8 粒串状黏在一起，呈复瓦状的卵块。幼虫体长 19~21mm，共 5 龄，老熟幼虫 16~25mm，1 龄淡绿色，体背有许多暗褐色纹，3 龄幼虫灰绿色，体侧有淡色纵带，周身有毛瘤；5 龄多为灰黑色，两侧有鲜黄色线条。蛹长 14~20mm，淡黄色，背部各节有 14 个赤褐色小点，排列于两侧，尾刺 8 根。

2. 生活习性

成虫白天在草丛或作物地中潜伏，在天气晴朗的傍晚，成群随气流远距离迁飞，飞翔力弱，喜食花蜜。卵多产于野生寄主植物的叶茎上，常 3~4 粒在一起，以距地面 2~8cm 的茎叶上最多。初孵幼虫多集中在枝梢上结网躲藏，取食叶肉。幼虫有吐丝结网习性。草地螟幼虫共 5 龄，3 龄前多群栖网内，3 龄后则分散栖息。在虫口密度大时，常大批从草滩向农田爬迁危害。一般春季低温多雨不适发生，如在越冬代成虫羽化盛期气温较常年高，则有利于发生。孕卵期间如遇环境干燥，又不能吸食到适当水分，产卵量减少或不产卵。天敌有寄生蝇、寄生蜂、白僵菌、红僵菌、步甲等 70 余种。

3. 危害特点

初龄幼虫取食叶肉组织，残留表皮或叶脉。3 龄后可食尽叶片，使叶片呈网状。大发生时也危害花和幼苗，能使作物绝产。每年发生 1~4 代，以老熟幼虫在土中作茧越冬。在东北、华北、内蒙古主要危害区一般每年发生 2 代，以第 1 代危害最严重。越冬的成虫始见于 5 月中、下旬，6 月为盛发期。6 月下旬至 7 月上旬是严重危害期。第 2 代幼虫发生于 8 月上中旬，一般危害不大。草地螟是一种间歇性暴发成灾的害虫。

4. 防治方法

荞麦草地螟的防治方法如下。①做好预测预报工作，准确预报是适时防治草地螟的关键。防治应在卵孵化始盛期后 10d 左右进行为宜。②药剂防治应在幼虫 3 龄之前。当幼虫在田间分布不均匀时，一般不宜全田普治，应在认真调查的基础上实行挑治。还要特别注意对田边、地头草地螟幼虫喜食杂草的防治。这样既可降低防治成本，提高防效，又可减轻药剂对环境的污染。当田间幼虫密度大且分散危害时，应实行联防，大面积防治。③防治策略以药剂防治幼虫为主，结合除草灭卵，挖防虫沟或打药带阻隔幼虫迁移危害。④防治后需要对不同类型防治田进行防效调查。防治田于防后 3d，封锁带、隔离沟于药剂失效开始，检查幼虫密度并与防前同一类型田的虫量对比，计算防效。若幼虫密度仍大于 30 头/m^2，则须进行再次防治。

三、荞麦黏虫及其防治

黏虫（*Mythimna seperata* Walker）属鳞翅目夜蛾科，又称剃枝虫、行军虫，俗称五彩虫、麦蚕，是一种以危害粮食作物和牧草的多食性、迁移性、暴发性大害虫。除西北局部地区外，其他各地均有分布。大发生时可把作物叶片食光，而在暴发年份，幼虫成群结队迁移时，几乎所有绿色作物被掠食一空，造成大面积减产或绝收。

1. 形态特征

成虫体长 17～20mm，翅展 36～45mm，呈淡黄褐至淡灰褐色，触角丝状，前翅环形纹圆形，中室下角处有一小白点，后翅正面呈暗褐色，反面呈淡褐色，缘毛呈白色。卵半球形，直径 0.5mm，白至乳黄色。幼虫 6 龄，体长 35mm 左右，体色变化很大，密度小时，4 龄以上幼虫多呈淡黄褐色至黄绿色不等，密度大时，多为灰黑至黑色。头黄褐色至红褐色。有暗色网纹，沿蜕裂线有黑褐色纵纹，似"八"字形，有 5 条明显背线。蛹长 20mm，第 5～7 腹节背面近前缘处有横脊状隆起，上具刻点，横列成行，腹末有 3 对尾刺。

2. 生活习性

成虫有迁飞特性，从北到南一年可发生 2～8 代，3、4 月由长江以南向北迁飞至黄淮地区繁殖，4、5 月危害麦类作物，5、6 月先后化蛹羽化为成虫危害，后又迁往东北、西北和西南等地繁殖危害，6、7 月危害荞麦、小麦、玉米、水稻和牧草，7 月中下旬至 8 月上旬化蛹羽化，成虫向南迁往山东、河北、河南、苏北和皖北等地繁殖。成虫对糖醋液和黑光灯趋性强，幼虫昼伏夜出危害，有假死性和群体迁移习性。黏虫喜好潮湿而怕高温干旱，相对湿度75%以上，温度23~30℃，利于成虫产卵和幼虫存活。但雨量过多，特别是遇暴风雨后，黏虫数量又显著下降。在荞麦苗期，卵多产在叶片尖端，边产卵边分泌胶质，将卵粒粘连成行或重叠排列粘在叶上，形成卵块。

3. 危害特点

黏虫成虫，是一种远间隔迁飞，暴食性害虫，危害荞麦、麦类、玉米、谷子、青稞等作物，主要以幼虫咬食叶片，大发生时将荞麦叶片吃光，造成减产，甚至绝收。特别是前作为麦田，荞麦播迟的田块，稍不留意，因苗小棵少，可迅速全田被毁。

4. 防治方法

荞麦黏虫的防治方法如下。①从黏虫成虫羽化初期开始，用糖醋液或黑光灯或枯草把可大面积诱杀成虫或诱卵灭卵。②黏虫天敌有蛙类、鸟类、蝙蝠、蜘蛛、线虫、螨类、捕食性昆虫、寄生性昆虫、寄生菌和病毒等多种。其中，步甲可捕食大量黏虫幼虫，麻雀、蝙蝠可捕食大量黏虫成虫，瓢虫、食蚜虻和草蛉等可捕食低龄幼虫，根据当地天敌情况充分利用。③药剂防治。在幼虫 3 龄以前，每公顷用灭幼脲 1 号有效成分 15~30g，或灭幼脲 3 号有效成分 5~10g，加水后常量喷雾或超低容量喷雾，也可用 90%敌百虫 1000 倍液或 80%敌敌畏 1000 倍液，或50%辛硫磷乳油 1500 倍液，或 25%氧乐氰乳油 2000 倍液均匀喷雾。

四、荞麦蚜虫及其防治

蚜虫（*Aphis fabae* Scopoli）属同翅目蚜科，又名甜菜蚜、蜜虫、腻虫，是世界广布性害虫，主要危害荞麦、甜菜、蚕豆、玉米等农作物。蚜虫是一种周期性、多食性的种类，寄主非常广泛，在我国荞麦产区蚜虫是荞麦的重要害虫之一，广泛分布于全国各地。

1. 形态特征

体长 1.5~4.9mm，多数约 2mm。触角 6 节，少数 5 节，罕见 4 节，感觉圈圆形，罕见椭圆形，末节端部常长于基部。眼大，多小眼面，常有突出的 3 小眼面眼瘤。喙末节短钝至长尖。腹部大于头部与胸部之和。前胸与腹部各节常有缘瘤。腹管通常管状，长常大于宽，基部粗，向端部渐细，中部或端部有时膨大，顶端常有缘突，表面光滑或有瓦纹或端部有网纹，罕见生有或少或多的毛，罕见腹管环状或缺。尾片圆锥形、指形、剑形、三角形、五角形、盔形至半月形。尾板末端圆。表皮光滑，有网纹或皱纹或由微刺或颗粒组成的斑纹。体毛尖锐或顶端膨大为头状或扇状。有翅蚜触角通常 6 节，第 3 或第 3 和第 4 节，或第 3～5 节有次生感觉圈。前翅中脉通常分为 3 支，少数分为 2 支。后翅通常有肘脉 2 支，罕见后翅变小，翅脉退化。翅脉有时镶黑边（郭荣华等，1999）。

2. 生活习性

蚜虫繁殖力强，全国各地均有发生。华北地区每年可发生 10 多代，长江流域一年可发生 10～30 代，多的可达 40 代。只要条件适宜，可以周年繁殖和危害。主要以卵在越冬作物上越冬，温室等保护设施内冬季也可繁殖和危害。蚜虫还可产生有翅蚜，在不同作物、不同设施和地区间迁飞，传播速度快。蚜虫繁殖的适宜温度是 18～24℃，25℃以上抑制发育，空气相对湿度高于 75%不利于蚜虫繁殖。因此，在较干燥季节危害更重。北方等地常在春末夏初及秋季各有一个危害高峰。蚜虫对黄色、橙色有很强的趋向性。但银灰色有避蚜虫的作用。

3. 危害特点

蚜虫为刺吸式口器的害虫，常群集于叶背、茎秆、心叶、花序上，刺吸汁液，使叶片皱缩、卷曲、畸形，严重时引起枝叶枯萎甚至整株死亡。嫩茎和花序受害，影响生长、开花和结实。蚜虫分泌的蜜露还会诱发煤污病、传播病毒病并招来蚂蚁危害等。

4. 防治方法

荞麦蚜虫的防治方法如下。①物理防治。在荞麦生长期间，清除田间及周围杂草阻断食料，结合田间管理，拔除有蚜中心株，防治有翅蚜的迁飞和传播繁殖危害。播种前用药土覆盖，喷一次芽前除草剂。合理密植，增加田间的通风透光度。②黄色板诱杀蚜虫。利用蚜虫对黄色有很强的趋性，生产中可制作大小15×20mm 的黄色纸板，最好在纸板上涂一层凡士林或防治蚜虫常用的农药，插或挂于荞麦行间与荞麦持平。有翅蚜一见到黄板，便纷纷降落其上，黄板引诱满蚜虫后要及时更换，药物黄板使蚜虫触药即死，大大减少了有翅蚜既向荞麦传播病毒又直接取食荞麦汁液的双重危害。③植物灭蚜和驱蚜。把辣椒加水浸泡一昼夜，过滤后喷洒；把桃叶加水浸泡一昼夜，加少量生石灰过滤后喷洒；把烟草磨成细粉，加少量生石灰撒施，均可收到良好的防治效果。④消灭越冬虫源。荞麦地附近的枯草和荞麦收获后的残株病叶，都是蚜虫的主要越冬寄主。因此，在冬前、冬季及春季要彻底清洁田间和荞麦地附近的杂草，消灭虫源，提高防治效果。⑤利用蚜虫天敌的自然控制作用。通过对西南、华北、西北荞麦部分地区调查发现，各地都有蚜虫的天敌异色瓢虫、多异瓢虫、食蚜蝇及蚜茧蜂的分布，这些天敌对蚜虫有不可替代的自然控制作用。因此，在生产中对天敌应注意保护并加以利用，使蚜虫的种群控制在经济危害水平之内。在使用化学农药进行防控时，应避开天敌的高峰期。⑥化学防治。目前，荞麦生产中，完全不用农药、化肥还难以做到，但必须严格控制使用，允许有限度地使用高效、低毒、低残留的有机化学农药，严格使用剧毒、高毒、高残留及具有"三致（致癌、致畸、致突变）"作用的农药。提倡使用高效、低毒、低残留农药的精准用药及减量化技术，并与其他防治措施配合使用，对化学农药进行科学筛选、试验，并优化组合。严格农药安全使用标准，特别是要严格掌握作物收获前农药使用的安全间隔期。

五、荞麦白粉虱及其防治

白粉虱（*Trialeurodes vaporariorum* Westwood）主要危害荞麦、燕麦、花卉、果树、药材、牧草、烟草、黄瓜、菜豆、茄子、番茄、辣椒、冬瓜、豆类、莴苣等 600 多种植物，是一种世界性害虫。该虫于 1975 年在北京被发现，之后遍布全国，是温室、大棚内种植作物的重要害虫。

1. 形态特征

成虫体长 1.4～4.9mm，淡黄白色或白色，雌雄均有翅，全身披有白色蜡粉，雌虫体型大于雄虫，其产卵器为针状。卵长椭圆形，长 0.2～0.25mm，初产淡黄色，后变为黑褐色，有卵柄，产于叶背。若虫椭圆形、扁平。淡黄色或深绿色，体表有长短不齐的蜡质丝状突起。蛹椭圆形，长 0.7～0.8mm。中间略隆起，黄褐色，体背有 5～8 对长短不齐的蜡丝。

2. 危害特点

在北方温室一年发生 10 余代，冬天室外不能越冬，华中以南以卵在露地越冬。成虫羽化后 1～3d 可交配产卵，平均每雌虫产卵 142.5 粒。也可孤雌生殖，其后代为雄性。成虫有趋嫩性，在植株顶部嫩叶产卵。卵以卵柄从气孔插入叶片组织中，与寄主植物保持水分平衡，极不易脱落。若虫孵化后 3d 内在叶背做短距离行走，当口器插入叶组织后开始营固着生活，失去爬行的能力。白粉虱繁殖的适宜温度为 18～21℃。春季随秋苗移植或温室通风移入露地。大量的成虫和幼虫密集在叶片背面吸食植物汁液，使叶片萎蔫、退绿、黄化甚至枯死，还分泌大量蜜露，引起霉污病的发生，覆盖、污染叶片和果实，严重影响光合作用，同时白粉虱还可传播病毒，引起病毒病的发生。

3. 防治方法

白粉虱在一些地区发生情况重、代数多、抗性强，特别是露地生产田，一旦控制不当，用药后容易反复发生，所以按要求用药在生产中是十分关键的技术。①使用高效氯氟氰菊酯、菊马乳油、氯氰锌乳油、甲氰菊酯、联苯菊酯等喷雾，一周内连续喷雾 2～3 次效果很好。目前在生产中使用较多的生物药剂有 0.12%藻酸丙二醇酯、24.5%烯啶噻啉，可杀死虫卵，而且持效期长，30%啶虫脒防治效果也很好。②成虫对黄色有较强的趋性，可用黄板诱捕成虫并涂以粘虫胶诱杀成虫，但不能杀卵，易复发。

六、荞麦朱砂叶螨及其防治

朱砂叶螨（*Tetranychus cinnabarinus* Boisduval）属于蜱螨目叶螨科，别名红蜘蛛、红叶螨，分布在全国各地，主要危害荞麦、玉米、高粱、粟、豆类、棉花、向日葵、桑树、柑橘、黄瓜等。

1. 形态特征

雌成螨体长 0.48～0.55mm，宽 0.32mm，椭圆形，体色常随寄主而异，多为锈红色至深红色，体背两侧各有 1 对黑斑，肤纹突三角形至半圆形。雄成螨体长 0.35mm，宽 0.2mm，前端近圆形，腹末稍尖，体色较雌成螨浅。卵长 0.13mm，球形，浅黄色，孵化前略红。幼螨有 3 对足，若螨 4 对足，与成螨相似。

2. 生活习性

一年生 10～20 代（由北向南逐增），越冬虫态及场所随地区而不同，在华北以雌成螨在杂草、枯枝落叶及土缝中越冬；在华中以各种虫态在杂草及树皮缝中越冬；在四川以雌成螨在杂草或豌豆、蚕豆等作物上越冬。翌春温度达 10℃以上，即开始大量繁殖。3～4 月先在杂草或其他寄主上取食，每雌产卵 50～110 粒，多产于叶背。卵期 2～13d。幼螨和若螨发育历期 5～11d，成螨寿命 19～29d。可孤雌生殖，其后代多为雄性。朱砂叶螨发育起点温度为 7.7～8.8℃，适宜温度为 25～30℃，适宜相对湿度为 35%～55%，因此在高温低湿的 6～7 月危害重，尤其干旱年份易于大发生。温度达 30℃以上和相对湿度超过 70%时，不利其繁殖，暴雨有抑制作用。朱砂叶螨的天敌有 30 多种。

3. 危害特点

幼螨和前期若螨不甚活动，后期若螨则活泼贪食，有向上爬的习性。先危害下部叶片，而后向上蔓延。繁殖数量过多时，常在叶端群集成团，滚落地面，被风刮走，向四周爬行扩散。若螨、成螨群聚于叶背吸取汁液，使叶片呈灰白色或枯黄色细斑，严重时叶片干枯脱落，并在叶上吐丝结网，严重影响荞麦植株的生长发育。

4. 防治方法

荞麦朱砂叶螨的防治方法如下。①农业防治。铲除田边杂草，清除残株败叶。②应注意保护天敌，发挥天敌的自然控制作用。③药剂防治。当前 1.8%农克螨乳油 2000 倍液对朱砂叶螨和二斑叶螨的防治效果极好，持效期长，并且无药害。此外，可采用 20%甲氰菊酯乳油 2000 倍液、20%四聚乙醛乳油 2000 倍液、20%双甲脒乳油 1000～1500 倍液、10%联苯菊酯乳油 6000～8000 倍液、10%吡虫啉可湿性粉剂 1500 倍液、1.8%爱福丁（BA-1）乳油抗生素杀虫杀螨剂 5000 倍液、15%哒螨灵（扫螨净、牵牛星）乳油 2500 倍液、20%复方浏阳霉素乳油 1000～1500 倍液，防治 2～3 次。

七、荞麦双斑萤叶甲及其防治

双斑萤叶甲（*Monolepta hieroglyphica* Motschulsky）又名二斑萤叶甲，属于鞘翅目叶甲科，分布范围广，北起黑龙江、内蒙古，南至广西、云南、四川、贵州，东接朝鲜北境，西达宁夏、甘肃，主要危害荞麦、粟、高粱、大豆、花生、玉米、马铃薯、向日葵等。

1. 形态特征

成虫体长 3.6～4.8mm，宽 2～2.5mm，长卵形，棕黄色具光泽，触角 11 节丝状，端部色黑，长为体长 2/3；复眼大卵圆形；前胸背板宽大于长，表面隆起，密布很多细小刻点；小盾片黑色，呈三角形；鞘翅布有线状细刻点，每个鞘翅基半部具 1 个近圆形淡色斑，四周黑色，淡色斑后外侧多不完全封闭，其面后黑色带纹向后突伸呈角状，有些个体黑带纹不清或消失。两翅后端合为圆形，后足胫节端部具 1 长刺；腹管外露。卵椭圆形，长 0.6mm，初棕黄色，表面具网状纹。幼虫体长 5～6mm，白色至黄白色，体表具瘤和刚毛，前胸背板颜色较深。蛹长 2.8～3.5mm，宽 2mm，白色，表面具刚毛。

2. 生活习性

河北、山西一年 1 代，以卵在土中越冬。翌年 5 月开始孵化。幼虫共 3 龄，幼虫期 30d 左右，在 3～8cm 土中活动或取食作物根部及杂草。7 月初始见成虫，一直延续到 10 月，成虫期 3 个多月，初羽化的成虫喜在地边、沟旁、路边的苍耳、刺儿菜、红蓼上活动，约经 15d 转移到荞麦、豆类、玉米、高粱、粟上危害，7～8 月进入危害盛期，大田收获后，转移到十字花科蔬菜上危害。成虫有群集性和弱趋光性，在植株上自上而下地取食，日光强烈时常隐蔽在下部叶背或花穗中。成虫飞翔能力弱，一般只能飞 2～5m，早晚气温低于 8℃或风雨天喜躲藏在植物根部或枯叶下，气温高于 15℃时成虫活跃，成虫羽化后经 20d 开始交尾，将卵产在田间或菜园附近草丛中的表土下或寄主的叶片上，卵散产或数粒黏在一起，卵耐干旱，幼虫生活在杂草丛下表土中，老熟幼虫在土中做土室化蛹，蛹期 7～10d。干旱年份发生重。

3. 危害特点

以成虫群集危害荞麦、豆类、玉米、高粱、粟、向日葵、马铃薯、十字花科蔬菜、杨、柳等植物的叶片、花丝等。将危害植物的叶片吃成孔洞或残留网状叶脉，顺叶脉取食叶肉。发生始期群集点片危害，发生量大时扩散迁移危害。由于此害虫具有短距离迁飞的习性，相邻的农田同时发生时，其中一块地进行防治而其他地不防治，则过几天防治过的地又呈点片发生，防治难度加大，危害程度更重。

4. 防治方法

荞麦双斑萤叶甲的防治方法如下。①及时铲除田边、地埂、渠边杂草，秋季深翻灭卵，均可减轻受害。②发生严重的可喷洒 50%辛硫磷乳油 1500 倍液，每亩喷兑好的药液 50L。③干旱地区可选用 27%杀螟丹粉剂，每亩用药 2kg，采收前 7d 停止用药。

八、荞麦甜菜夜蛾及其防治

甜菜夜蛾（*Spodoptera exigua* Hübner）属于鳞翅目夜蛾科，是一种世界性顽固害虫，已知寄主 171 种之多，主要危害十字花科、茄科作物及豆类、菠菜、芦笋、葱等蔬菜，还有许多大田作物、药用植物等。该虫分布很广，在 57°N～40°S 均有分布，在我国长江流域、西南及北方各省（自治区）均有发生。

1. 形态特征

成虫体长 10～14mm，翅展 25～34mm。体灰褐色。前翅中央近前缘外方有肾形斑 1 个，内方有圆形斑 1 个。后翅银白色。卵圆馒头形，白色，表面有放射状的隆起线。幼虫体长约 22mm，体色变化很大，有绿色、暗绿色至黑褐色，腹部体侧气门下线为明显的黄白色纵带，有的带粉红色，带的末端直达腹部末端，不弯到臀足上去。蛹体长 10mm 左右，黄褐色。

2. 生活习性

甜菜夜蛾的卵多产在荞麦叶中上部，呈块状，卵粒少则几粒，多则百粒以上。初产卵乳白色，后变淡黄色，近孵化时呈灰黑色，一般卵期 2～5d，室温 32.2℃时，卵块经 36h 左右孵化完毕，清晨 7 时前孵化最多，初孵幼虫啮食卵壳仅留茸毛，多数群集静伏卵处，一旦受惊便潜逃或吐丝飘移至邻株，多在叶尖 3～5cm 幼嫩部位开始取食，孵后 1d 左右从啮食荞麦嫩叶，残留白色透明外表皮。幼虫昼伏夜出，下午 6 时开始外出活动，凌晨 3～5 时活动虫量最多，晴天清晨随光照强弱提前或推迟潜入荞麦阴凉处，低龄幼虫食量小，随虫龄增加，食量大增，抗药性增强，4、5 龄幼虫常将荞麦叶片吃成缺刻，甚至吃光。幼虫具多食性，畏强光，具有转株取食、假死性和喜旱惧湿习性，老熟幼虫在浅土层内化蛹，蛹期 5～9d。成虫具趋光性和趋化性，对黑光灯趋性强，趋化性较弱，白天潜伏草丛或荞麦叶背面，受惊后可短距离频繁迁飞，夜间 20～23 时活动最盛，进行交尾、产卵。

3. 危害特点

初龄幼虫在叶背群集吐丝结网，食量小，3 龄后，分散危害，食量大增，昼伏夜出，危害叶片成缺刻，严重时，可吃光叶肉，仅留叶脉，甚至剥食茎秆皮层。幼虫可成群迁飞，稍受震扰吐丝落地，有假死性。3～4 龄后，白天潜于植株下部或土缝，傍晚移出取食危害。在西南一年发生 6～8 代，华北一年 3～4 代，华南、西南 7～8 月发生多，高温、干旱年份更多，常与斜纹夜蛾混发，对荞麦生产威胁甚大。

4. 防治关键技术

荞麦甜菜夜蛾的防治方法如下。①结合田间管理，及时摘除卵块和虫叶，集中消灭。②此虫体壁厚，排泄效应快，抗药性强，防治上一定要及早防治，在初卵幼虫未发生危害前喷药防治。在发生期每隔 3～5d 田间检查一次，发现有点片的要重点防治。喷药应在傍晚进行。药剂使用氟虫脲、氟啶脲、氯氰·毒死蜱、丙溴·辛硫磷 1000 倍，或灭多威、溴虫腈 1500 倍，及时防治，将害虫消灭于 3 龄前。对 3 龄以上的幼虫，用 20%虫酰肼 1000～1500 倍液喷雾，每隔 7～10d 喷一次。也可选用 50%高效氯氰菊酯乳油 1000 倍液加 50%辛硫磷乳油 1000 倍液，或加 80%敌敌畏乳油 1000 倍液喷雾，防治效果均在 85%以上。

九、荞麦地下害虫及其防治

1. 地下害虫种类

荞麦地下害虫种类很多，主要有蝼蛄、蛴螬、金针虫、地老虎。在中国各地均有分布。发生种类因地而异，一般以旱作地区普遍发生。荞麦受害后轻者萎蔫，生长迟缓，重的干枯而死，造成缺苗断垄，以致减产。有的种类以幼虫危害，有的种类成虫、幼（若）虫均可危害。危害方式可分为 3 类：长期生活在土内危害植物的地下部分；昼伏夜出在近土面处危害；在地上地下均可危害。

2. 防治方法

防治荞麦地下害虫要采取地上与地下防治相结合、幼虫和成虫防治相结合、播种期与生长期防治相结合的策略，因地制宜地综合运用农业防治、化学防治和其他必要的防治措施，达到保苗和保产的效果。①农业措施。合理轮作，做好翻耕暴晒，减少越冬虫源，是最有效的方法。加强田间管理，清除田间杂草，减少地下害虫食物来源。②物理措施。利用地下害虫（如地老虎、沟金针虫、蝼蛄等）的趋光性，采用灯光诱杀，在开始盛发和盛发期间在田间地头设置黑灯光，诱杀成虫，减少田间卵量。③药剂防治。播种或定植时每亩用 5%辛硫磷颗粒剂 1.5～2.0kg 拌细干土 100kg 撒施在播种田中，然后播种。严重时可用 50%辛硫磷乳油1000 倍液，灌根防治。

第三节　荞麦主要杂草及其防除

荞麦在生长过程中易受到多种杂草的危害，目前已发现的荞麦草害有 22 科59 种，其中以禾本科杂草和阔叶类杂草两类为主。禾本科杂草主要有狗尾草、野稷、马唐、虎尾草、牛筋草、芦苇、旱熟禾、茅等。阔叶类杂草主要有藜、红蓼、卷茎蓼、水蓼、刺藜、长裂苦苣菜、猪毛菜、打碗花、田旋花、反枝苋、马齿苋、萹蓄、土大黄、荠菜、三叶鬼针草、长叶紫菀、风轮菜、宝盖草、天蓝苜蓿、大野碗豆菜、龙葵、曼陀罗、苍耳、苋菜、土荆芥、黄花蒿、艾蒿、草地风毛菊、蒲公英等。由于生态条件、耕作栽培制度的差异，南北主产区荞麦田杂草的种类和组成差别也较大（罗晓玲等，2015；任长忠等，2015）。

一、荞麦地主要杂草

（一）狗尾草

狗尾草 *Setaria viridis* (L.) P. Beauv.，属禾本科，又称绿狗尾草、谷莠子，主要分布于东北、华北及西北地区。狗尾草为常见主要杂草，发生极为普遍，主要危害荞麦、麦类、粟、玉米、棉花、豆类、花生、薯类、蔬菜、甜菜、马铃薯等旱作物。

生物学特性和发生规律　一年生草本植物。种子繁殖，种子萌发的温度范围为 10～38℃，适宜温度 15～30℃。种子出土适宜深度为 2～5cm，土壤深层未发芽的种子可存活 10d 以上。在我国北方 4～5 月出苗，以后随浇水或降水还会出现出苗高峰，6～9 月为花果期。单株可结数千至上万粒种子。种子借风、灌溉水及收获物进行传播。种子经越冬休眠后萌发。适生性强、耐旱、耐贫瘠，在酸性或碱性土壤上均可生长。生于农田、路边、荒地。

（二）马唐

马唐 *Digitaria sanguinalis* (L.) Scop，属禾本科，又称抓地草、鸡爪草、须草。在全国均有分布，以秦岭、淮河以北地区发生面积最大。马唐为旱地作物恶性杂草，发生数量、分布范围在旱地杂草中均居首位，以作物生长的前中期危害为主。

（三）藜

藜 *Chenopodium album* L.，属藜科，又名灰菜、灰条菜、落藜，分布于全球温带、热带及中国各地，生长于海拔 50～4200m 的地区。主要危害荞麦、小麦、棉花、花生、玉米、粟、高粱、豆类、薯类和蔬菜等旱作物和果树，常形成单一群落。藜也是地老虎和棉铃虫的寄主。

生物学特性和发生规律　一年生草本。种子繁殖，种子发芽的最低温度是 10℃，最适温度为 20～30℃，适宜土层深度在 5cm 以内。适应性强、抗寒、耐旱，喜肥、喜光。在华北及东北地区 3～5 月出苗，6～10 月开花结果，种子落地或借外力传播。每株可结种子 2 万多粒。

（四）野稷

野稷 *Panicum miliaceum* L. var. *ruderale* kitag，属禾本科，又称野糜子。多生于旱作物田间，以及果园、菜地、路边及休闲地。

生物学特性和发生规律　一年生草本植物。花果期为 6～9 月。种子繁殖，种子渐次成熟落地，经冬季休眠后萌发。

（五）虎尾草

虎尾草 *Chloris virgata* Swartz，又名棒槌草、刷子头、盘草。在全国各地均有分布，多群生。主要危害旱作物，生于农田、路旁或荒地，以沙质地居多，果园苗圃受害较重。

生物学特性和发生规律　一年生草本。种子繁殖。华北地区 4～5 月出苗，花期 6～7 月，果期 7～9 月，借风力和黏附动物体传播。

（六）猪毛菜

猪毛菜 *Salsola collina* Pall.，属藜科。猪毛菜分布于东北、华北、西北、西南、河南、山东、江苏、西藏等地；朝鲜、蒙古、巴基斯坦、中亚、苏联东部及欧洲等国家均有分布。

生物学特性和发生规律　一年生草本。种子繁殖。5 月开始返青，7～8 月开花，8～9 月果熟。果熟后，植株干枯，于茎基部折断，随风滚动，从而散布种子。猪毛菜适应性、再生性及抗逆性均强，为耐旱、耐碱植物，有时成群丛生于田野路旁、沟边、荒地、沙丘或盐碱化沙质地，为常见的田间杂草。

（七）长裂苦苣菜

长裂苦苣菜 *Sonchus brachyotus* DC.，属菊科，又称苣荬菜、取荬菜、甜苣菜、甜芭英，全国各地均有分布。主要危害荞麦、小麦、燕麦、玉米、胡麻、蔬菜、马铃薯、果树等作物，常以优势种群单生或混生危害。

生物学特性和发生规律　多年生草本植物。以地下根茎繁殖为主，种子也可繁殖。以根茎或种子越冬。我国中北部地区，4～5 月出苗，6～10 月为花果期，7 月种子开始渐次成熟。根茎多分布在 5～20cm 的土层中，耕翻土地切断的根茎可以长成新的植株。种子有冠毛，可随风传播。种子经越冬休眠后萌发。

（八）卷茎蓼

卷茎蓼 *Polygonum convolvulus* L.，属蓼科，又称荞麦蔓、野荞麦秧、旱辣蓼，分布于东北、华北地区及陕西、甘肃、新疆等地。主要危害小麦、大麦、大豆等旱作物，是农田恶性杂草，常混生于各类作物中。该草出苗早，密度大，生长快，不仅消耗地力和遮光，而且缠绕作物，引起倒伏，影响机械收割。种子混入作物种子中，降低粮食的品质。

生物学特性和发生规律　一年生草本植物。种子繁殖，种子发芽适宜温度15～20℃。种子出土深度在 6cm 以内，土壤深层未发芽的种子可存活多年。4～5 月出苗，6～7 月开花，8～9 月成熟。一株卷茎蓼可结数百至数千粒种子，成熟的种子在全株枯死后才脱落，易混入作物种子中。种子通过机械收割、风力、灌溉水及混入收获物中传播。种子经越冬休眠后萌发。适生于耕地、田边、地头及沟渠旁。

（九）打碗花

打碗花 *Calystegia hederacea* Wall.，属旋花科，又称小旋花、喇叭花。全国各地均有分布。适生于湿润而肥沃的土壤，亦耐贫瘠干旱。主要危害荞麦、小麦、玉米、棉花、蔬菜、豆类、薯类和果树等。发生普遍，常成片生长，形成优势种群或单一群落危害。打碗花消耗地力强，缠绕荞麦，抑制其生长，不仅影响产量，而且妨碍机械收割。打碗花是小地老虎的寄主。

生物学特性和发生规律　多年生草本植物。以地下根茎和种子繁殖。田间以无性繁殖为主，地下茎质脆易断，每个带节的断体都能长出新的植株，根茎可伸展到 50cm 深的土壤中，绝大多数集中在 30cm 以内的耕作层中。华北地区 4～5 月出苗，花期 7～9 月，果期 8～10 月。单株可结数百至数千粒种子，种子成熟后不易脱落，因而易混入收获物中传播，夏秋季根茎产生新的越冬芽，冬前地上部枯死。

（十）田旋花

田旋花 *Convolvulus arvensis* L.，属旋花科，又称箭叶旋花、中国旋花，分布于东北、西北、华北地区及河南、山东、四川、江苏、西藏、内蒙古等地，为常见主要杂草。主要危害小麦、玉米、棉花、豆类、蔬菜和果树等，是小地老虎和盲蝽的寄主。

生物学特性和发生规律　多年生草本植物。以根茎和种子繁殖，地下根状茎横走，在我国中北部地区，根芽 3～4 月出苗，种子 4～5 月出苗，5～8 月陆续现蕾开花，6 月以后果实渐次成熟，9～10 月地上茎叶枯死。种子主要通过灌水及混杂于收获物中传播。

（十一）反枝苋

反枝苋 *Amaranthus retroflexus* L.，属苋科，又称野苋菜、西风谷、人苋菜，分布于华北、东北、西北、华东、华中及贵州和云南等地。主要危害棉花、花生、豆类、薯类、麦类、玉米、蔬菜、果树等。

生物学特性和发生规律　一年生草本。种子繁殖。华北地区早春萌发，4 月初出苗，4 月中旬至 5 月上旬为出苗高峰期，7～8 月花期，8～9 月果期，种子渐次成熟落地，经越冬休眠后萌发。种子发芽的适宜温度为 15～30℃。适宜土层深度在 2cm 以内。

（十二）马齿苋

马齿苋 *Portulaca oleracea* L.，属马齿苋科，全国各地均有分布，在肥沃的土地危害较重，为秋熟旱作物田的主要杂草。

生物学特性和发生规律　一年生草本植物，春夏季都有幼苗的发生，盛夏开花，夏末秋初果熟。果实种子量极大。

（十三）刺藜

刺藜 *Chenopodium aristatum* L.，属藜科。分布于东北、华北、西北及山东、河南、四川等地。多生于沙地农田，对蔬菜、果树等作物危害较重。

生物学特性和发生规律　一年生草本。种子繁殖，种子量极大。华北地区早春萌发，5 月中旬出苗，7～8 月花期，8～9 月果期，种子渐次成熟落地，经越冬休眠后萌发。

（十四）萹蓄

萹蓄 *Polygonum aviculare* L.，属蓼科，又称地蓼、扁竹、猪牙菜、踏不死。全国各地均有分布，以东北、华北地区发生较为普遍。主要危害麦类、棉花、豆类、蔬菜和果树等旱地作物。

生物学特性和发生规律　一年生草本植物。种子繁殖，种子萌发适宜温度 10～20℃，种子出土深度 4cm 以内。在我国中北部地区集中于 3～4 月出苗，6～9 月开花结果。种子成熟后即可脱落，借风及灌溉水及收获物传播。种子落地经越冬休眠后萌发。适生性强，在酸性和碱性土壤均可生长。生于耕地、田边、地头、道路旁和沟渠旁。

（十五）红蓼

红蓼 *Polygonum orientale* L.，属蓼科，又名东方蓼。除西藏外，广泛分布于中国各地，野生或栽培。生沟边湿地、村边路旁。原产于中国、澳大利亚。朝鲜、日本、俄罗斯、菲律宾、印度，以及欧洲、大洋洲的其他一些国家也有分布。部分小麦、大豆、马铃薯、甜菜等作物受害也较重。

生物学特性和发生规律　一年生草本，茎直立，多分枝，高 1～3m，密生长毛。叶互生，具长柄；叶片卵形或宽卵形，先端渐尖，基部圆形或浅心形，全缘，两面疏生长毛；托叶鞘桶状或杯状，下部膜质，褐色，上部草质，绿色；花穗红色，总状花序顶生或腋生，下垂；瘦果近圆形，扁平，两面微凹，先端具小柱状突起，黑褐色，有光泽。种子繁殖。喜温暖湿润的环境，喜光照充足，宜植于肥沃、湿润之地，也耐瘠薄，适应性强。花期 6～9 月，果期 8～10 月。

（十六）土大黄

土大黄 *Rumex madaio* Makino，属蓼科，又名红筋大黄、金不换、血三七、化雪莲、鲜大青，分布于我国的四川、贵州、江苏、福建、湖南、云南等地。

生物学特性和发生规律　多年生草本。根肥厚且大，黄色；茎粗壮直立，高约 1m，绿紫色，有纵沟；叶长大，具长柄；托叶膜质；叶片卵形或卵状长椭圆形，长 15～30cm，宽 12～20cm，先端钝圆，基部心形、全缘，下面有小瘤状突起；茎叶互生，卵状披针形，至上部渐小，变为苞叶；圆锥花序，花小，紫绿色至绿色，两性，轮生而作疏总状排列；种子 1 粒。原生于野山坡边，喜湿润环境，耐寒也耐干旱，以肥沃的砂质壤土栽培为佳。

（十七）风轮菜

风轮菜 *Clinopodium chinensis* O. Kze.，属唇形科，又名风轮草、蜂窝草、落地梅花、九塔草、红九塔花、野凉粉草、苦刀草等，分布于贵州、云南等地，在我国东北至西南地区也有分布。

生物学特性和发生规律　多年生草本，高 20～60cm。茎四方形，多分枝，全体被柔毛；叶对生，卵形，长 1～5cm，宽 5～25cm，顶端尖或钝，基部楔形，边缘有锯齿；花密集成轮伞花序，腋生或顶生；苞片叶状，线形；花萼筒状，外被粗毛；花冠淡红或紫色，基部筒状，上唇 2 裂，半圆形，下唇 3 裂；雄蕊 4；花柱着生于子房底，伸出花冠外，2 裂；小坚果，棕黄色。花期 7～8 月。果期 9～10 月。生于山野草坡、路旁。

二、荞麦地杂草防除技术

近年来，随着农业生产的发展和耕作制度的转变，荞麦地杂草的发生也出现了很多变化。农田水肥的不断提高，使杂草滋生蔓延的速度也不断加快，生长量大，如山西省右玉县，荞麦地大量的芦苇滋生；内蒙古自治区武川县，大量的稗草滋生；四川省凉山州荞麦地的辣子草、藜、马唐、车前草等杂草长势较快，严重影响荞麦的生长（表 4.9）。目前，不同地区、不同地块荞麦的栽培方式、管理水平和肥水差别比较大，在荞麦地杂草防治中应区别不同情况，选用不同的防治措施。

表 4.9　凉山州荞麦地杂草相对多度表（罗晓玲等，2015）

杂草名称	相对多度	田间频率/%	田间均度	田间密度/（株/m²）	田间盖度	田间高度/cm
辣子草	32.5	100	77.8	146.6	13.10	11.8
酸模叶蓼	19.7	100	70.8	22.4	12.85	9.4
马唐	19.4	100	68.1	31.5	10.83	4.6
尼泊尔蓼	19.0	100	68.1	31.5	6.55	23.3
光头稗	15.3	87.5	66.7	19.1	4.41	12.7
凹头苋	14.5	87.5	48.6	18.7	2.64	11.5
三叶鬼针草	13.1	75	39.6	18.3	2.27	15.2
荠	11.2	75	36.1	17.1	8.94	14.1
鸭跖草	10.9	75	37.5	17.5	3.65	7.8
繁缕	10.5	75	40.2	19.1	1.51	22.4
藜	10.5	75	31.9	18.2	5.42	8.6
拉拉藤	9.5	75	34.7	16.3	4.03	6.4
绢毛匍匐委陵菜	6.5	62.5	29.1	15.4	3.02	21.7
黄花蒿	6.2	62.5	26.3	14.8	2.64	17.5
风轮菜	5.7	62.5	25	11.2	2.02	35.2
半夏	5.6	62.5	27.7	8.6	2.39	5.1
腺梗豨莶	4.9	62.5	20.8	7.3	0.88	26.3
鼠曲草	4.6	62.5	22.2	3.2	1.39	16.2
雀稗	3.7	50	18.1	2.6	0.63	129
酢浆草	3.4	50	15.2	2.1	0.38	6.4
车前草	3.3	50	15.2	1.3	0.63	12.7
金色狗尾草	3.2	50	13.8	1.7	0.50	21.3
印度蔊菜	3.1	50	12.5	1.8	0.38	33.1
千金子	3.1	50	11.5	1.9	0.63	18.9
野燕麦	3.0	50	11.1	1.6	0.88	35.3
土荆芥	3.0	37.5	18.1	1.2	0.38	26.3
狗牙根	2.9	37.5	13.8	2.9	0.38	22.6
苦菜	2.7	37.5	12.5	2.4	0.38	11.7
桃叶蓼	2.7	37.5	13.8	1.9	0.38	15.8
蚤缀	2.5	37.5	11.1	1.3	0.25	29.6
蒲公英	2.4	37.5	11.1	0.9	0.38	15.4
碎米莎草	2.3	37.5	8.3	2.4	0.38	13.4
地锦	2.3	37.5	8.3	1.7	0.38	8.3
广布野豌豆	2.2	37.5	8.3	1.1	0.38	5.2
野薄荷	2.1	37.5	6.9	1.4	0.38	8.1
反枝苋	1.7	25.0	6.9	0.9	0.13	11.6

续表

杂草名称	相对多度	田间频率/%	田间均度	田间密度/（株/m²）	田间盖度	田间高度/cm
饭包草	1.7	25.0	6.9	0.7	0.13	6.2
荔枝草	1.7	25.0	6.9	0.7	0.13	10.5
播娘蒿	1.7	25.0	6.9	0.9	0.25	7.5
田野千里光	1.7	25.0	6.9	0.9	0.13	6.3
艾蒿	1.7	25.0	6.9	0.6	0.13	31.3
刺儿菜	1.7	25.0	6.9	0.5	0.13	12.6
打碗花	1.7	25.0	6.9	0.4	0.25	40.1
牛毛毡	1.7	12.5	12.5	1.6	0.25	2.2
小繁缕	1.6	25.0	5.5	0.8	0.13	23.4
止血马唐	1.6	25.0	5.5	0.8	0.13	19.6
婆婆纳	1.6	25.0	5.5	0.9	0.13	5.3
小鱼眼草	1.6	25.0	5.5	0.4	0.25	9.7
牛繁缕	1.5	25.0	5.5	0.8	0.13	31.5
笔管草	1.2	12.5	6.9	0.4	0.13	9.5
天蓝苜蓿	1.2	12.5	6.9	0.4	0.13	24.2
泽漆	1.1	12.5	5.6	0.2	0.13	18.4
泥花草	1.1	12.5	5.5	0.4	0.13	5.5
泥胡菜	0.9	12.5	4.2	0.2	0.13	12.3
夏枯草	0.9	12.5	4.2	0.2	0.13	16.7
宝盖草	0.9	12.5	4.2	0.3	0.25	14.6
雾水葛	0.9	12.5	4.2	0.3	0.13	6.0
萤蔺	0.8	12.5	2.8	0.3	0.13	13.3

荞麦地除草应遵循预防为主、综合防除的策略，运用生态学的观点，从生物、环境关系的整体出发，本着安全、有效、经济、简易的原则，因时因地制宜，合理运用农业、生物、化学、物理的方法，以及其他有效的生态手段，把杂草控制在不足以造成危害的水平，以实现优质高产和保护人畜健康的目的。

（一）农业措施防除

（1）轮作倒茬。通过不同的作物轮作倒茬，可以改变杂草的适生环境，创造不利于杂草生长的条件，从而控制杂草的发生。

（2）合理耕作。采取深浅耕相结合的耕作方式，既控制了荞麦田杂草，又省工省时。播前浅耕 10cm 左右，可使在表层土的杂草种子集中萌发整齐，化学除草效果好。在多年生杂草重发区，冬前深翻，使杂草地下根茎暴露在地表而被冻死或晒死。常年精耕细作的田块多年生杂草较少发生。

（3）施用充分腐熟的农家肥。农家堆肥中常混有很多杂草种子，因此，肥料必须经过高温腐熟，以杀死杂草种子，充分发挥肥效。

（4）加强田间管理。可在荞麦封垄前人工除草一次，以苗压草，充分发挥生态控制效应。

兰景宇（2016）研究了不同播种密度、不同播期对荞麦田杂草的影响。结果发现，当播种密度（行间距）为 35cm 时，播种 30d 和 50d 后控草效果较好，株数防效分别达到 24% 和 48%，鲜重防效为 45.9%，其较行距为 40cm 和 45cm 的防效好。产量测定结果表明，行间距为 35cm 时，与不除草对照相比，其产量增加了约 14.9%（表 4.10）。

表 4.10　不同播种密度对荞麦田杂草的防效

| 密度 | 播种后 30d | | 播种后 50d | | 鲜重/ | 鲜重防效/% | 千粒重/g | 产量/ |
（行间距）/cm	株数/株	株数防效/%	株数/株	株数防效/%	g			（kg/亩）
45	52.5	12.2	47.3	22.6	27.7	31.9	19.8	63.8
40	54.0	9.3	60.0	1.6	33.7	17.2	20.3	68.6
35	45.5	24.0	34.0	48.0	21.9	45.9	21.6	72.9
CK1	4.0	93.3	5.5	90.9	7.6	81.2	22.3	98.3
CK2	59.8	—	91.0	—	40.6	—	21.8	63.2

在播期为 6 月 5 日、6 月 15 日时，播种 30d 后调查结果表明，其没有控草作用。而 6 月 10 日播种，30d 和 50d 后调查株数防效最高，分别为 7.6% 和 20.4%。收获后产量测定结果表明，6 月 10 日播种的荞麦产量最高，较不除草的产量增加了 12.9%（表 4.11）。

表 4.11　不同播期对荞麦田杂草的防效

| 播期 | 播种后 30d | | 播种后 50d | | 鲜重/ | 鲜重防效/% | 千粒重/g | 产量/ |
	株数/株	株数防效/%	株数/株	株数防效/%	g			（kg/亩）
6 月 5 日	52.3	-10.3	55.0	3.7	22.2	26.4	18.9	61.5
6 月 10 日	40.3	7.6	45.5	20.4	18.1	55.3	21.5	68.7
6 月 15 日	48.5	-2.2	54.0	5.7	25.5	34.2	19.3	62.3
CK1	10.8	77.4	10.5	81.7	5.8	86.8	22.4	91.7
CK2	47.5	—	57.3	—	38.7	—	18.6	60.8

（二）化学除草剂

对荞麦田除草，目前主要采用机械或人工除草的方法，劳动强度大，成本高。有的地区也通过一些栽培管理措施，如荞麦封垄前进行促水、促肥，增强荞麦的生长势来抑制杂草生长的方法，降低杂草危害，但除草效果有限。化学除草以其省工、省时、防效高的优势，目前在很多作物上应用，在荞麦上还少应用。化学除草分苗前和苗后两个阶段。

荞麦苗前除草，即在播种后出苗前使用除草剂，优点是可以将杂草防除于萌芽期和造成危害之前，由于早期控制了杂草，可以推迟或减少中耕次数；同时，在播种出苗前，地中没有作物，施药较为方便，对于北方便于机械化操作；加之，荞麦尚未出土，可选择的苗前除草剂，对荞麦较为安全，除草剂成本也相对较低。缺点是除草剂使用剂量与防效受土壤质地、有机质含量、土壤 pH 值影响；同时，施药后遇下雨可能将某些除草剂淋溶到荞麦种子上而产生药害；苗前除草剂土壤处理，土壤必须保持湿润才能使除草剂发挥作用，在干旱的荞麦地苗前施药，除草效果相对较差。

荞麦苗期除草，即在荞麦苗 2～3 叶期喷施除草剂，优点是受土壤类型、土壤湿度的影响相对较小，根据杂草种类、密度施药，针对性较强。缺点是：有很多除草剂选择性较强、杀草谱较窄；施药时对荞麦幼苗敏感或对周围作物易造成飘移；多数除草剂对荞麦幼苗易产生药害，特别是干旱少雨、空气湿度较小和杂草生长缓慢的情况下，除草效果较差。在苗后只能喷施针对禾本科杂草的除草剂，目前还没有苗期使用的针对阔叶杂草的除草剂。在荞麦实际栽培过程中，由于荞麦撒播或条播后，气候适宜，荞麦生长很快，其根系自身就能分泌抑制杂草生长的化学物质，因此，通常不建议苗期使用防除阔叶杂草的除草剂。

1. 苗前荞麦地使用的化学除草剂

乙草胺（用量为 1200～1500mL/hm^2）、速收（用量为 75～150g/hm^2）是荞麦田苗期较好的除草剂，对阔叶杂草和禾本科杂草均有较好的防除效果，对阔叶杂草的防除率可达 90%，对禾本科杂草的防除率可达 95%以上，且对荞麦有较高的安全性。利谷隆、甲草胺、噻唑隆等除草剂也可用于荞麦田苗期除草，荞麦田苗前禁止使用二甲戊灵、氟乐灵等除草剂（崔东亮，2001）。

（1）禾耐斯，通用名称为乙草胺。90%禾耐斯（乳油）是美国孟山都公司研制生产，并流行世界的除草剂之一。同时，也是迄今为止活性最高的一种旱地土壤处理或播后苗前土表封闭的选择性除草剂，以其高效、低毒、安全、低成本成为世界上土壤处理除草剂的主要品种。可防除一年生禾本科杂草，如稗、狗尾草、马唐、牛筋草、早熟禾、看麦娘、千金子、野黍、画眉草等；对荠、苋、藜、龙葵、马齿苋、鸭跖草、繁缕、菟丝子等也有很好的防效。在土壤中的持效期一般为 8～10 周，施用禾耐斯后再长出的杂草多是零星分布，同时因为被作物覆盖，不会形成草害。

（2）速收是日本住友化学株式会社研究开发的一种接触褐变型苗前土壤处理除草剂，残留期短，对后茬作物非常安全。对一年生阔叶杂草和部分禾本科杂草，用低剂量即可表现出很好的防治效果。速收是一种杀草谱很广的土壤接触型除草剂，杂草发芽时，幼芽接触药剂处理层就会枯死。为了保证杀草效果，药剂喷洒后要注意不要破坏药土层。

（3）金都尔，通用名称为异丙甲草胺，是先正达公司研发的一种选择性芽前除草剂，主要通过萌发杂草的芽鞘、幼芽吸收而发挥杀草作用。金都尔对多种单子叶杂草、一年生莎草及部分一年生双子叶杂草有高度防效，如稗、马唐、千金子、狗尾草、牛筋草、蓼、苋、马齿苋、碎米莎及异型莎草等。金都尔在田间的持效期为50~60d，有足够的时间控制封行前的杂草。施药12周后一般不会给后茬作物带来不利影响。

施用一定浓度的金都尔（96%精异丙甲草胺乳油）除草剂，低用量下对荞麦出苗率的影响很小。随着浓度的不断增大，该除草剂对荞麦出苗率、株高、鲜重的影响也逐渐增大。当浓度为80mL/亩时，荞麦苗株高和鲜重分别达到最高值（表4.12）。

表4.12　金都尔对荞麦出苗率、株高、鲜重的影响

处理	出苗率/%	株高/cm	鲜重/g
40/（mL/亩）	93.2±1.78	11.49±0.03	3.56±0.19
60/（mL/亩）	94.3±3.09	11.37±0.19	3.56±0.19
80/（mL/亩）	92.8±3.55d	13.74±0.33	3.91±0.44
100/（mL/亩）	70.6±0.29	11.09±0.29	2.58±0.41
120/（mL/亩）	56.1±3.5	10.67±0.15	1.75±0.08
CK1	—	14.11±0.22	4.89±0.13
CK2	93.0±1.5	11.28±0.12	3.45±0.09

金都尔对荞麦田杂草防治效果见表4.13。

表4.13　施药30d后对荞麦田杂草的防效

处理	禾本科杂草		阔叶杂草	
	株数/株	株数防效/%	株数/株	株数防效/%
40/（mL/亩）	3.8b	83.7	27.7	34.7
60/（mL/亩）	1.8	92.8	6.7	84.1
80/（mL/亩）	0.8	97.1	5.7	85.3
100/（mL/亩）	3.0	87.3	22.3	47.0
120/（mL/亩）	6.5	73.7	28.3	37.5
CK1	6.5	73.7	6.7	84.8
CK2	24.8	—	42.0	—

施用一定浓度（60~80mL/亩）的金都尔30d后，荞麦田中无论是杂草数量还是防治效果都较对照有显著差异，防效较好。

施用金都尔50d后，荞麦田中杂草数量及防治效果都较对照有明显差异（表4.14）。在平均株数和防治效果上，以80mL/亩的施用剂量较为理想，其对阔叶草的防效达到了74.2%，对禾本科杂草的防效高达86.9%；在鲜重和鲜重防效上最高也达到了93.5%。综合而言，金都尔的施药浓度控制在60~80mL/亩时，其对荞麦田杂草的防效较好（兰景宇，2016）。

表 4.14　施药 50d 后对荞麦田杂草的防效

| 处理 | 禾本科 | | 阔叶草 | | 鲜重/ | 鲜重防效/% | 千粒重/g | 产量/ |
	株数/株	株数防效/%	株数/株	株数防效/%	g			（kg/亩）
40/（mL/亩）	7.5	71.9	46.5	43.0	40.8	70.7	20.1	144.5
60/（mL/亩）	4.0	85.0	25.8	68.5	14.0	89.9	20.0	141.6
80/（mL/亩）	3.5	86.9	21.0	74.2	9.0	93.5	21.8	167.9
100/（mL/亩）	5.0	81.3	42.5	47.8	30.2	78.2	20.6	117.2
120/（mL/亩）	9.0	66.3	64.5	20.8	61.8	55.6	18.2	98.9
CK1	3.8	85.9	21.0	81.6	10.0	92.8	22.6	168.6
CK2	26.8	—	81.5	—	139.0	—	19.7	127.6

2. 苗期荞麦地使用的化学除草剂

可以利用精喹禾灵和精吡氟千草灵除荞麦田禾本科杂草，防效达 95% 以上，而且可以增加产量。荞麦苗期禁止使用的除草剂有噁草酮（一遍净）、莠去津、豆轻闲、双草醚、烟嘧磺隆、玉乐宝、百草枯、玉草克、使它隆、立清乳油、苯磺隆、二甲四氯等。

（1）精喹禾灵又名精禾草克，是一种芳基苯氧基丙酸类选择性、内吸传导型除草剂。在禾本科杂草与双子叶作物之间有高度选择性，茎叶可在几小时内完成对药剂的吸收作用，在植物体内向上部和下部移动。药剂对一年生杂草在 24h 内可传遍全株，使其坏死。一年生杂草受药后，2～3d 新叶变黄，停止生长，4～7d 茎叶呈坏死状，10d 内整株枯死。多年生杂草受药后，药剂迅速向地下根茎组织传导，使之失去再生能力。精禾草克主要用于大豆、棉花、花生、甜菜、番茄、甘蓝、葡萄等作物田，防除稗草、马唐、牛筋草、看麦娘、狗尾草、野燕麦、狗牙根、芦苇、白茅等一年生和多年生禾本科杂草。精禾草克属于低毒除草剂。

（2）精吡氟禾草灵又名精稳杀得，是一种内吸传导型茎叶处理除草剂，是脂肪酸合成抑制剂，通过叶面迅速吸收，水解成吡氟禾草灵并通过韧皮部和木质部传输，富集在多年生杂草的根茎和匍匐枝，和一年生和多年生杂草的分裂组织。适用范围广，目前在大豆、花生、油菜、马铃薯等 60 多种作物上可安全使用。对禾本科草具有较强的选择性，对阔叶作物安全性高，可防除稗、野燕麦、狗尾草、金狗尾草、牛筋草、看麦娘、千金子、画眉草、雀麦、大麦、黑麦、稷、早熟禾、狗牙根、双穗雀稗、假高粱、芦苇、野黍、白茅、匍匐冰草等一年生和多年生禾本科杂草，也可防除出苗后不同生育期的杂草。精稳杀得是一种高效、低毒、低残留除草剂，对后茬作物安全。

兰景宇（2016）采用茎叶处理除禾本科草的方法研究了几种除草剂对荞麦田杂草的防除效果（表 4.15）。结果表明，几种除草剂对禾本科草都具有很好的防除效果，其中最好的是威马，施药 30d 后的株数防效可达 90%，鲜重防效达到 100%；其次是精禾草克，对禾草的株数防效和鲜重防效分别为 80% 和 98.8%；精稳杀得和烯草酮防效稍低，但其防效也均在 70% 以上。

表 4.15　茎叶处理防除禾本科草的除草剂对荞麦田杂草的防除效果（施药后 30d）

处理	株数防效/%			鲜重防效/%			产量/（kg/亩）	千粒重/g
	禾草	阔草	总草	禾草	阔草	总草		
不除草（CK1）	3.3	33.3	36.7	31.0	136.7	167.7	70.6	24.3
人工除草（CK2）	—	—	—	—	—	—	70.9	23.4
精稳杀得	70.0	33.0	36.4	77.4	65.9	68.0	66.3	24.7
精禾草克	80.0	29.0	33.6	98.9	76.8	80.9	91.6	25.1
威马	90.0	48.0	51.8	100.0	34.1	46.3	102.7	25.4
烯草酮	70.0	58.0	59.1	97.8	60.0	67.0	70.7	24.6

注：禾草为禾本科杂草，阔草为阔叶杂草；"不除草 CK1"行数据为 $1m^2$ 内的杂草株数（株）和鲜重（g）。

此外，从产量指标来看，威马和精禾草克处理后的荞麦产量也明显高于人工除草后的荞麦产量，其分别为 66.3kg/亩、91.6kg/亩，与人工除草对照相比也有明显增加，而千粒重显示与人工除草没有明显差异，表明处理后的荞麦种子饱满程度和对照相比无差别。

（三）荞麦地化学除草剂使用技术及注意事项

1. 对症下药

要做到对症下药，首先要弄清楚防除田块中杂草种类。如果田间禾本科杂草分布较多，可以使用精稳杀得和精禾草克等作为防除禾本科杂草的除草剂。还要了解除草剂的适用作物，不能误用，禁止使用对荞麦有毒害作用的除草剂。

（1）部分除草剂对荞麦幼苗毒害较重，如一遍净、40% 立清乳油、二甲四氯、莠去津、百草枯、玉乐宝、玉草克处理区域内几乎没有荞麦苗，甚至是没有任何杂草。

（2）部分除草剂对荞麦幼苗有轻微毒害作用，如田普、氟乐灵、苯磺隆、使它隆、烟嘧磺隆。其中，经田普、氟乐灵、麦草畏、高效氟吡甲禾灵、氟唑氯吡嘧和氯吡嘧磺隆处理后，相关处理区内部分荞麦能够出苗，但是幼苗畸形、矮小、叶片变黄。

（3）部分除草剂致使荞麦苗生长异常，如经豆轻闲、双草除处理后的荞麦幼苗虽未表现出受害状，但是其成株期叶片较大，植株较高，异常生长，开花延迟。

（4）部分除草剂对荞麦幼苗毒害较轻，丙炔噁草酮（稻思达）药害症状表现为植株矮小，出苗不全，叶片稍微发黄；草除灵、硝磺草酮、阔草枯处理后荞麦植株表现不明显畸形，矮小，叶片发黄。

（5）荞麦田禁止使用的除草剂有田普、氟乐灵、一遍净、莠去津、豆轻闲、双草除、烟嘧磺隆、玉乐宝、百草枯、玉草克、使它隆、立清乳油、苯磺隆、二甲四氯等。

2. 适量用药

用好除草剂的标准就是用最少的药量达到最好的防除杂草的效果和对环境影响最小，即高效、安全、经济。因此，使用除草剂时，必须按照使用说明，准确称量，均匀喷洒。用药量过多，不仅浪费药物，而且极易对作物造成伤害。虽防除了杂草，却达不到增产的目的。相反，若用药量不足，防除杂草的效果较差、不彻底，甚至最终造成草荒，同样也达不到增产的目的。在达到预期防效的同时，要用尽量少的使用药剂量。

3. 适时用药

生长期叶面施药，必须选择在荞麦安全期（苗期）和杂草敏感期（1～3 叶期），这时草龄小，抗药性弱，对作物安全性高。过早或偏晚施药都会降低药效，甚至会产生药害。

4. 了解环境

要用好除草剂，还必须注意环境因素，如光、温度、降水和土壤性质等对药效的影响。因为杂草、除草剂和环境因素三者是互相制约的。

有些除草剂的药效和光照有关，在有光照的条件下易发生光解和挥发。

温度不仅影响杂草的发生和生长，而且还影响除草剂的药效。一般来说，温度高有利于除草剂药效的发挥，除草剂见效快。但是，在温度 30℃以上时施药，也增加了出现药害的可能性，所以施药时必须根据具体情况而定。

无论是苗前土壤施药还是生长期茎叶喷雾，土壤湿度均是影响药效高低的重要因素。苗前施药，若表土层湿度大，易形成严密的药土封杀层，且杂草种子发芽出土块，因此防效高。若生长期土壤潮湿，杂草生长旺盛，利于杂草对除草剂的吸收和在体内运转，因此药效发挥快，除草效果好。

土壤有机质和团粒结构状况对土壤处理类除草剂的除草效果影响较大。一般来说，土壤有机质含量高的土壤颗粒细，对除草剂吸附量大，且土壤微生物量大、活动旺盛，易被降解，在推荐用药剂量下对作物安全，但是除草效果差，可适当增加用量。沙质土壤颗粒粗，有机质含量低，对药剂的吸附能力小，药剂分子在土壤颗粒间多为游离状态，活性强，容易发生药害。用药量可适当减少。多数除草剂在碱性土壤中能够保持稳定，不易降解，残效期长，容易对后茬作物产生药害，若对碱性土壤施药，用药量可减少，并尽量提早施药期。

5. 合理混用

对于荞麦田除草，由于荞麦幼苗对很多除草剂敏感，为了降低药害，扩大除草范围，提高防除效果，可考虑除草剂的混用。尤其是苗前土壤喷雾使用的除草剂应是选用的重点，因其在降低用药量的同时，能扩大杀草谱，增加防效，可将杂草消灭在萌芽和幼苗期。

6. 正确使用

施药时要均匀稀释除草剂，最好用二次稀释法，先配成母液，再稀释成药液。喷施要均匀，做到不重喷、不漏喷，达到着药均匀一致。要在无风或微风时喷洒除草剂，以免药液漂移到相邻地块而引起其他作物产生药害。喷药结束后，应注意把喷雾器冲洗干净，以免引起不良后果。施药后45d内不宜中耕松土，也不宜漫灌，以保护药膜层，提高药效。除草剂要随配随用，不可久放，以免降低药效。

参 考 文 献

崔东亮，2001. 禾耐斯与速收对荞麦的安全性和药效研究[D]. 太谷：山西农业大学.

郭荣华，石万成，1999. 荞麦甜菜蚜的发生与危害研究[J]. 西南农业大学学报，21（1）：52-54.

何成兴，王群，卢文洁，等，2016. 西南部分地区荞麦根结线虫种类与地理分布[J]. 植物保护，42（3）：208-211.

兰景宇，2016. 荞麦田除草剂筛选及除草剂金都尔对土壤质量的影响[D]. 呼和浩特：内蒙古农业大学.

李琼，杨子祥，李瑞涛，等，2011. 昭通市荞麦白霉病的病原鉴定和生物学特性研究[J]. 云南农业大学学报，26（2）：168-172.

刘军秀，马宁，贾瑞玲，等，2019. 荞麦主要病害的症状以及防治措施探析[J]. 农业技术与装备，351（3）：80-81.

刘惕若，白金铠，1982. 黑龙江省霜霉菌一[J]. 黑龙江八一农垦大学学报，2：1-15.

卢文洁，孙道旺，何成兴，等，2017. 云南荞麦轮纹病的发生及病原菌鉴定[J]. 中国农学通报，33（9）：154-158.

卢文洁，王莉花，周洪友，等，2013. 荞麦立枯病的发病规律与综合防治措施[J]. 江苏农业科学，41（8）：138-139.

罗晓玲，熊仿秋，钟林，等，2015. 凉山州荞麦田杂草调查[J]. 西昌学院学报（自然科学版），29（2）：13-15.

罗晓玲，钟林，熊仿秋，等，2016. 凉山州荞麦主要病虫害危害情况及防治[J]. 西昌农业科技，2：8-9.

马永年，2007. 荞麦钩翅蛾在环县的发生与防治[J]. 甘肃农业科技，7：57-59.

孟有儒，李万苍，李文明，2004. 荞麦褐斑病菌及其生物学特性[J]. 植物保护，30（6）：87-88.

任长忠，赵钢，2015. 中国荞麦学[M]. 北京：中国农业出版社.

唐晓慧，2018. 立枯丝核菌Rs-1生物学特性及其代谢物对苦荞种子萌发生长影响的研究[D]. 成都：成都大学.

田小曼，李朝红，2017. 荞麦派伦霉叶斑病病原学研究[J]. 西北农业学报，26（10）：1544-1549.

魏景超，1979. 真菌鉴定手册[M]. 上海：上海科技出版社.

谢成君，刘普明，杨东宏，2010. 宁南山区荞麦钩翅蛾发生程度预报研究[J]. 植物保护，36（2）：127-129.

杨经萱，郭荣华，2000. 凉山州荞麦病虫害及天敌名录初报[J]. 西昌农业高等专科学校学报，14（4）：4-6.

赵钢，彭镰心，向达兵，2015. 荞麦栽培学[M]. 北京：科学出版社.

ZIMMER R C，孙承钧，1987. 荞麦幼苗上霜霉病的新综合病症[J]. 国外农学-杂粮作物，5：54.

ZIMMER R C, 1984. Incidence and severity of downy mildew of buckwheat in Manitoba in 1979 and 1980[J]. Canadian Plant Disease Survey, 64: 25.

第五章　荞麦的营养与功能

中国是东亚地区最早发现荞麦食用与医疗价值并大规模种植荞麦的国家。《诗经·陈风·东门之枌》中"视尔如荍，贻我握椒"，就是描述成片种植的荞麦开花的情景，说明在公元前 1066～公元前 771 年的西周时期我国已有栽培荞麦。《神农书》《齐民要术》均记载有荞麦的栽培技术和食用方法，到唐代的《四时纂要》有关荞麦记述更为详尽。特别在唐诗"独出门前望田野，月明荞麦花如雪"（白居易《村夜》）和"日暮飞鸦集，满山荞麦花"（温庭筠《题卢处士山居》）中更是生动地描述了当时连片大面积种植荞麦的景象。1960 年甘肃武威磨嘴子东汉墓和1979 年陕西省咸阳市的西汉墓中均出土了荞麦实物，进一步证实荞麦在我国汉代已是常栽培作物。在 16 世纪我国引进马铃薯、玉米等高产作物后，荞麦在我国粮食结构中的地位逐步下降，但直到 20 世纪在西南山区大面积种植马铃薯、玉米以前，边远山区仍然以豆类、苦荞麦为主食，特别是彝族地区至今仍以苦荞麦为主食，并保存了非常丰富的苦荞麦文化。荞麦自 8 世纪从中国先后传入朝鲜、日本和东南亚各国，13～14 世纪又经西伯利亚传入俄罗斯、土耳其直至欧洲，极大丰富了世界粮食资源。目前，我国是荞麦种植和出口大国，据不完全统计甜荞麦种植面积 70 万～80 万 hm^2，苦荞麦种植面积约 50 万 hm^2，主要分布在云南、贵州、四川及西藏等区域（赵钢等，2015）。据中国海关统计，历年出口日、韩等国的苦荞麦约 1 万吨，其中日本太阳会社每年从我国四川进口 5000 吨苦荞原粮。中国苦荞麦种植主要集中在西南高原春秋荞麦区（云贵川高原、青藏高原、甘肃甘南等），占全国产量的80%，是当地的主要粮食或饲料，也是西南山区经济收入的重要来源。荞麦是传统的食药两用资源，早在《备急千金要方》中已有记载。由于饮食结构的改变，荞麦的作用地位也随之演变。因此本章主要介绍荞麦中营养与功能成分，以及其相应的分离纯化、检测方法，为荞麦开发与质量评价提供参考。

第一节　荞麦的营养成分

一、淀粉

荞麦中的淀粉主要存在于胚乳细胞中，含量为 60%～70%（杜双奎等，2003），与品种、地区、气候等有关。淀粉作为荞麦中含量最高的成分，其结构、特性等成为影响荞麦品质的主要因素之一。不同产地荞麦种子的淀粉含量有差异，四川的甜荞麦、苦荞麦种子的淀粉含量均在 60%以下，而陕西则略高，甜荞麦种子的淀粉含量为 67.9%～73.5%，苦荞麦种子的淀粉含量为 63.6%～72.5%（宋金翠，2004）。荞麦淀粉以支链淀粉为主。甜荞麦中直链淀粉含量为 25.8%～32.7%，支链淀粉含量为 67.3%～74.2%；苦荞麦中直链淀粉含量为 28.5%～33.4%，不同文献报道荞麦中直链淀粉含量差异较大，主要与其所用材料来源和检测方法有关。

荞麦淀粉颗粒为多角形或球形，多角形颗粒比例较高。总体来看，甜荞麦淀粉的颗粒较小且差异不大，粒径为 1.4～14.5μm（张国权等，2009）。郑君君等（2009）选取了中国较有代表性的 5 种甜荞麦和 4 种苦荞麦，分析其淀粉颗粒特性后发现，荞麦淀粉多呈多边形，有少量球形和椭圆形，且球形和椭圆形的淀粉颗粒粒度多小于多边形，其中苦荞麦中的球形和椭圆形淀粉更少，不过，在淀粉颗粒粒度大小方面，甜荞麦和苦荞麦没有明显差异，均在 2～14μm，平均为 6.5μm。甜荞麦和苦荞麦淀粉表面都存在一些缺陷，主要表现为一些很小的空洞（直径一般在 0.1μm 左右）。一些大的淀粉颗粒表面的中心还存在内凹现象，荞麦淀粉扫描电镜图见图 5.1（郑君君，2009；刘航等，2012）。高温高压处理后淀粉颗粒形态发生显著变化，70℃时淀粉糊化明显（图 5.2）。荞麦淀粉的糊化曲线与小麦相似，苦荞麦淀粉在 80℃有最高溶解度，达 3.6%，甜荞麦淀粉则在 60℃有最高溶解度，为 4.7%。苦荞麦淀粉膨胀过程与绿豆相似，为典型的二段膨胀，属限制型膨胀淀粉。甜荞麦淀粉的膨胀曲线与小麦淀粉相似。荞麦淀粉的冻融析水率高于小麦和绿豆但低于大米；荞麦淀粉与参照物的透光率高低顺序为苦荞麦<大米<甜荞麦<绿豆<小麦（周小理等，2009）。另有研究显示，苦荞麦淀粉与玉米淀粉的 X 射线衍射图的特征峰所对应的衍射角和凝沉趋势基本一致，但具有较高的黏度。荞麦淀粉的透光率和黏度也受品种的影响，而且淀粉透光率与直链淀粉的含量成反比。甜荞麦淀粉聚合度高于繁穗苋、小麦和藜麦淀粉。甜荞麦淀粉结晶度为 24.9%、38.0%和 38.315%～51.3%，不同文献报道差异较大的原因可能更多来自其定量方法。

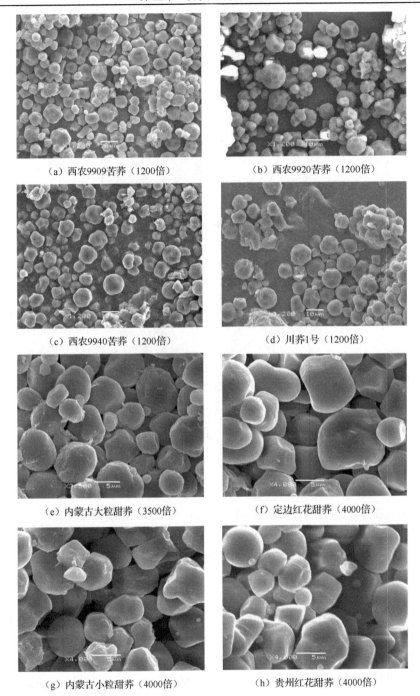

（a）西农9909苦荞（1200倍）　　　　　　（b）西农9920苦荞（1200倍）

（c）西农9940苦荞（1200倍）　　　　　　　　（d）川荞1号（1200倍）

（e）内蒙古大粒甜荞（3500倍）　　　　　　（f）定边红花甜荞（4000倍）

（g）内蒙古小粒甜荞（4000倍）　　　　　　（h）贵州红花甜荞（4000倍）

图 5.1　不同品种荞麦淀粉扫描电镜图（郑君君，2009；刘航等，2012）

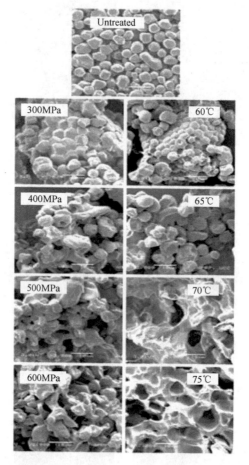

图 5.2　高温高压处理对淀粉的影响（引自 Zhu，2015）

　　孙思邈在《备急千金要方》中首次记述："荞麦，味酸微寒无毒，食之难消，久食动风，令人头眩。"荞麦"食之难消"体现了荞麦中淀粉消化慢的特点。现代研究表明，荞麦慢速消化淀粉、抗性淀粉比例高于玉米淀粉、小麦淀粉和大米淀粉。荞麦耐饥饿、降糖作用可能与此直接相关。研究表明，慢速消化淀粉对肥胖及相关代谢失调疾病有预防作用，可以改善机体糖脂代谢，苦荞麦淀粉能改善小鼠血液生化指标，调节高脂饮食引起的代谢紊乱。过去淀粉类物质通常被认为无功能活性，但随着肠道菌群理论的发展，大量文献表明抗性淀粉因不能被人体直接消化吸收，可作为肠道微生物利用的对象，同时发酵产生的短链脂肪酸可影响人体食欲以及糖脂代谢，从而使抗性淀粉具有改善机体功能的特性。荞麦淀粉的消化速度一方面取决于其自身结构特性，也受荞麦中小分子物质如黄酮类成分等的影响。淀粉与黄酮等小分子物质复合后，其消化速度显著下降，可更多地被肠道微生物所利用，产生生理效应。应注意的是，荞麦淀粉"食之难消"一方面可调控糖脂代谢，有效防止糖尿病、肥胖等发生，另一方面也表明食用过量的荞麦对人体会产生不良效应，因此，如何平衡两者关系仍需深入研究。同时，淀粉作为荞麦中含量最高的食用成分，其对黄酮等功能成分体内代谢及活性发挥的影响也应引起研究者的注意。

二、蛋白质

荞麦中蛋白质含量为 8.51%～18.87%（Krkoškova et al.，2005），普遍高于常见的谷物，如大米、小米、小麦、高粱、玉米面粉等（惠丽娟，2008）。荞麦蛋白主要由清蛋白和球蛋白，以及少量醇溶蛋白和谷蛋白组成（Krkoškova et al.，2005），更接近于豆类植物蛋白（杜双奎等，2003）。荞麦蛋白质中富含 18 种氨基酸，其中人体所需的 8 种必需氨基酸组成合理、比例适宜、赖氨酸含量高于其他谷物，氨基酸组成符合 WHO/FAO 推荐标准（阮景军等，2008）。对氨基酸的化学评分，甜荞麦为 63，苦荞麦为 55，金荞麦为 86，明显高于小麦（38）、大米（49）和玉米（40）（杜双奎等，2003）。荞麦和大宗粮食作物的 8 种必需氨基酸含量见表 5.1。朱慧等（2010）通过 Osboren 分类法提取得到荞麦清蛋白、球蛋白、醇溶蛋白和谷蛋白，并对 4 种蛋白组分进行氨基酸组成分析，发现荞麦清蛋白中必需氨基酸和半必需氨基酸除色氨酸和蛋氨酸外，其余均高于 FAO/WHO 推荐的成人需要量，且其中苏氨酸、蛋氨酸、赖氨酸和组氨酸含量高于儿童需要量；球蛋白中的氨基酸组分类似清蛋白，其中缬氨酸、组氨酸、异亮氨酸含量高于儿童需要量；醇溶蛋白的各种氨基酸含量都偏低；谷蛋白的氨基酸组成中蛋氨酸含量与成人需要量相仿，缬氨酸和组氨酸的含量均高于儿童需要量。赖氨酸是人体必需氨基酸之一，能促进人体发育，增强免疫功能，并有提高中枢神经组织功能的作用。赖氨酸在谷物中含量低，且在加工过程中容易损失，因而是谷类蛋白的第一限制性氨基酸。荞麦蛋白质中富含赖氨酸，通过搭配食用，可很好地补充其他谷物营养。

表 5.1　荞麦和大宗粮食 8 种必需氨基酸含量比较（张美莉等，2004）　（单位：%）

品种	苏氨酸	缬氨酸	蛋氨酸	亮氨酸	赖氨酸	色氨酸	异亮氨酸	苯丙氨酸
甜荞麦种子	0.2736	0.3805	0.1504	0.4754	0.4214	0.1094	0.2735	0.3864
苦荞麦种子	0.4173	0.5493	0.1834	0.757	0.6884	0.1876	0.4542	0.5431
小麦	0.328	0.454	0.151	0.763	0.262	0.122	0.384	0.487
大米	0.288	0.403	0.141	0.662	0.277	0.119	0.245	0.343
玉米	0.347	0.444	0.161	1.128	0.251	0.053	0.402	0.395

荞麦蛋白具有显著的生理效应。荞麦蛋白提取物对机体内的脂质过氧化物有一定的清除作用（田秀红，2009）。荞麦蛋白质能增加胆汁排泄、减少胆结石形成

（Kato et al.，2000）；通过减少癌细胞增殖达到抑制结肠癌的发病率，但对抑制结肠腺瘤的发病率无显著作用（Liu et al.，2001）。荞麦蛋白可通过降低动物血清中雌二醇含量，降低乳腺癌的发病率（Kayashita et al.，1999）。郭晓娜等（2011）研究了苦荞麦蛋白对 Bcap37 乳腺癌细胞的抑制作用机理，发现苦荞麦蛋白通过上调抑癌基因蛋白 Fas 的表达，下调癌基因蛋白 bcl-2 的表达减缓 Bcap37 细胞的增殖，并且这种抑制作用存在时间和剂量效应。荞麦蛋白具有显著的降脂功效。Kayashita 等（1997）发现荞麦蛋白与其他植物蛋白相比，有更强的降低胆固醇的效果，特别是降低低密度脂蛋白的作用。Kayashita 等（1996，1997）通过喂食高胆固醇饲料的方法诱导小鼠高胆固醇模型，分别比较了荞麦蛋白提取物、大豆蛋白及酪蛋白对高胆固醇症状的效果，给患有高胆固醇症的小鼠分别喂食 3 种蛋白 3 周后，发现 3 组样本在食量、生长方面均无差异，分别测定 3 组样本血液及肝脏中的胆固醇含量，结果发现食用荞麦蛋白提取物的小鼠其血液中胆固醇含量及肝脏中胆固醇含量均显著低于大豆蛋白组和酪蛋白组。采用同样的方法测定了荞麦蛋白对体内甘油三酯、葡萄糖-6-磷酸脱氢酶的影响，结果发现荞麦蛋白提取物能降低肝脏中甘油三酯的含量，并抑制肝脏中葡萄糖-6-磷酸脱氢酶的活性及脂肪酸的合成，同时喂食荞麦蛋白提取物的小鼠其血液中甘氨酸和精氨酸的含量均高于喂食大豆蛋白和酪蛋白的实验组，因此推测这两种氨基酸可能与降低体内脂肪含量有关。左光明等（2010）利用高脂饲料诱导小鼠高脂血症模型，分别研究了苦荞麦蛋白中清蛋白、球蛋白及谷蛋白的降血脂及抗氧化功能，结果发现，苦荞麦蛋白各组分均有不同程度的降血脂及体内抗氧化功能，其中清蛋白降血脂及抗氧化功能最强，其次为球蛋白，谷蛋白最弱。清蛋白能显著降低血清中总胆固醇、甘油三酯、低密度脂蛋白胆固醇的含量，提高高密度脂蛋白胆固醇含量，此外还能显著降低血清和肝脏脂质过氧化产物丙二醛含量，增强超氧化物歧化酶、谷胱甘肽氧化物酶活性。最近研究报道喂食荞麦蛋白能显著改善高脂饮食小鼠血液生理生化指标，具有防止相关代谢综合征发生的潜力（Zhang et al.，2017）。

通过蛋白质组学技术可以对荞麦中的所有蛋白质种类进行鉴定和分析。Nalecz 等（2009）基于二维凝胶电泳技术（2D-PAGE）对甜荞麦的醇溶蛋白组分进行分析，在二维凝胶上共分离到 29 个醇溶蛋白的蛋白点，并对这些醇溶蛋白组分的等电点和分子量进行计算。Kamal 等（2011）对甜荞麦种子胚和胚乳的蛋白质组进行了对比分析，胚和胚乳总蛋白经 SDS-PAGE 分离，然后从电泳凝胶中回收蛋白质条带，并利用 LC-ESI-TOF-MS/MS 进行分析和鉴定，共有 67 种蛋白质被鉴定到，这些蛋白质主要参与种子的代谢途径。研究中发现了一种在叶绿体/淀粉质体中组织特异表达的重要酶——颗粒结合淀粉合成酶Ⅰ，这为甜荞麦种子中聚糖和淀粉的生物合成调控机制的研究提供了新的线索。此外，还鉴定到几种过敏原蛋白，如 11S 球蛋白和 13S 球蛋白，表明甜荞麦也具有与其他谷物类似的致敏性。Hashiguchi 等（2018）对比分析了 5℃储藏 5 个月、5℃储藏 10 个月、15℃储藏 5 个月、15℃储藏 10 个月和 25℃储藏 5 个月的甜荞麦种子蛋白质组，分别鉴定到 30 种、76 种、52 种、14 种和 61 种差异蛋白质。针对差异蛋白质的功能注释和分析表明，5℃储藏 5 个月的甜荞麦种子蛋白质组与其他组在整体上具有较大差异，而在较高温度下储存较长时间会影响碳水化合物代谢、内源基因表达和蛋白质稳态等。此外，随着贮藏时间的延长，颗粒结合淀粉合成酶 I 和 13S 球蛋白等蛋白质的丰度持续降低。Wang 等（2019）对苦荞麦种子蛋白质组（带壳）进行了分析，基于二维液相色谱分离（2D-LC）和串联质谱鉴定（MS/MS），在苦荞麦种子中共鉴定到 3363 种蛋白质，实现了对苦荞麦种子蛋白质组的高通量鉴定。通过生物信息学分析工具，对鉴定到的蛋白质进行亚细胞定位分析，发现苦荞麦种子蛋白质主要分布于叶绿体（1342 种，40%）、细胞质（842 种，25%）和细胞核（543 种，16%）。蛋白质功能注释和分类显示，苦荞麦种子蛋白质主要参与代谢过程、细胞内过程和单组织过程，分别为 1262 种、961 种和 721 种；主要涉及结合功能和催化活性，分别为 1518 种和 1260 种。进一步的通路富集结果显示，苦荞麦种子蛋白质主要涉及核酸代谢、呼吸作用和能量代谢、蛋白质合成和代谢等代谢通路和过程。

蛋白质的翻译后修饰对其结构和功能具有重要的影响。因此，在蛋白质组学分析中，除了关注蛋白质的种类和含量，还需要关注蛋白质的修饰状态。Geng 等（2019）基于高通量修饰组学分析流程，对苦荞麦种子的磷酸化修饰蛋白质组和 N-糖基化修饰蛋白质组进行了深入分析，共在苦荞麦种子中鉴定到 1670 种磷酸化修饰蛋白（包含 2613 个磷酸化修饰位点）、285 种 N-糖基化修饰蛋白质（包含 404 个 N-糖基化修饰位点）。基因序列分析显示，在苦荞麦种子中鉴定到的磷酸肽/糖肽具有一定的序列特征，共发现 12 种磷酸化修饰基序和 2 种 N-糖基化修饰基序，为进一步深入理解苦荞麦蛋白质磷酸化和 N-糖基化修饰过程提供了重要信息。亚细胞定位分析显示，苦荞麦种子磷酸化和 N-糖基化修饰蛋白主要分布于细胞核、叶绿体和细胞质，这可能与这些细胞器中较强的生命活动密切相关。功能注释和通路富集分析显示，苦荞麦种子磷酸化蛋白质主要参与物质转运、能量代谢、氨基酸合成与代谢、信号传导等通路，苦荞麦 N-糖蛋白质主要参与修饰调控过程、主要涉及催化活性功能。这些关于荞麦种子的蛋白质组学研究，为荞麦种子萌芽、贮藏过程中营养物质的降解与代谢、黄酮等功能性成分的合成与调控等研究提供了重要信息。

三、脂肪及类脂

荞麦的脂肪含量为 1%～3%。荞麦脂肪主要含 9 种脂肪酸，其中以不饱和脂肪酸油酸和亚油酸含量最高。饱和脂肪酸中棕榈酸含量最高。苦荞麦油脂的不饱和脂肪酸含量占脂肪的 83.2%，甜荞麦则占 81.8%，而且甜荞麦油脂中还含有亚麻酸。苦荞麦川荞 1 号麸皮中的脂肪含量及组成的测定分析表明，其同样含有 9 种脂肪酸，其中不饱和脂肪酸含量可达 80.05%。而不饱和脂肪酸中含有油酸 39.91%、亚油酸 35.80%。荞麦中脂肪酸的含量与产地、部位有关。北方荞麦的油酸、亚油酸含量高达 80% 以上，而西南地区如四川荞麦含油酸、亚油酸 70.8%～76.3%（王红育等，2004）；彭镰心等（2009）采用 GC-MS 技术，对不同品种苦荞麦心粉、皮粉中脂肪酸进行定量分析，结果表明苦荞麦麸皮中油酸、亚油酸含量分别达 620.6mg/100g、818.7mg/100g，而苦荞麦粉中含量分别为 257.2mg/100g、281.6mg/100g。

不饱和脂肪酸已被证实有多种生理活性，包括调节血脂、降低血清胆固醇、调节免疫力、降低心血管疾病发病率等。流行病研究表明，在经常食用橄榄油的国家，心血管疾病发病率较低。原因是油酸具有降低血清胆固醇水平的作用（Baggio et al.，1988），并能提高超氧化物歧化酶活性（Artemis et al.，1999）。亚油酸在体内通过加长碳链可合成花生四烯酸（王红育等，2004），后者不仅能软化血管，稳定血压，降低血清胆固醇和提高高密度脂蛋白含量，而且是合成对人体生理调节方面起必需作用的前列腺素和脑神经组分的重要成分之一（王敏等，2004）。苦荞麦胚油提取物被证实对实验性高脂血症大鼠具有较好的降脂和抗氧化作用（王敏等，2006）。研究发现与高脂模型组相比，苦荞麦胚油可显著降低血清及肝脏中的甘油三酯和总胆固醇的水平，并随着剂量上升效果增强。在相同剂量下，对总甘油三酯的降低作用强于总胆固醇。另外，结果还显示，苦荞麦胚油提取物还可以有效地抑制肝脏中脂质过氧化物丙二醛的生成，其抑制作用可能与其中高含量的油酸和亚油酸有关。

四、矿物质元素

荞麦的矿物质含量十分丰富，荞麦中的钾、镁、铜、铬、锌、钙、锰、铁等含量都大大高于禾谷类作物，还含有硼、碘、钴、硒等微量元素。荞麦和大宗粮食的矿物元素含量比较见表 5.2。矿物元素分布受产地、植株部位影响较大，品种间差异较少。

表 5.2　荞麦和大宗粮食的营养成分比较

品种	维生素 B₁/(mg/g)	维生素 B₂/(mg/g)	芦丁/%	烟酸/(mg/g)	钾/%	钠/%	钙/%	镁/%	铁/%	铜/(mg/kg)	锰/(mg/kg)	锌/(mg/kg)
甜荞麦种子	0.08	0.12	>0.095 0.21	2.7	0.29	0.032	0.038	0.14	0.014	4	10.3	17
苦荞麦种子	0.18	0.5	3.05	2.55	0.4	0.033	0.016	0.22	0.086	4.59	11.7	18.5
小麦粉	0.46	0.06	0	2.5	0.195	0.0018	0.038	0.051	0.0042	4	—	22.8
大米	0.11	0.02	0	1.4	1.72	0.0072	0.009	0.063	0.024	2.2	—	17.2
玉米	0.31	0.1	0	2	0.27	0.0023	0.022	0.06	0.0016	—	—	—

资料来源：赵钢，2010。

　　钙是机体骨骼和牙齿的重要组成部分，人体缺钙可导致骨质疏松、骨质软化及小儿佝偻病，而荞麦的钙含量较高，可以作为天然钙质的良好来源。荞麦的镁含量很高，一般是小麦和大米的 3～4 倍，镁能抑制癌症的发展，帮助血管舒张，维持心肌正常功能，加强肠道蠕动，促进胆汁分泌，促进机体排除废物（贾玮玮等，2009），减少血液中胆固醇的含量，预防动脉硬化、心肌梗死、高血压等心血管疾病的发生（王红育等，2004）。此外，荞麦的铁含量是小麦粉的 3 倍以上，锌含量是其 1.5 倍以上，锰含量是其 1.4 倍以上，硅含量达 5 倍以上，锂含量达 5 倍以上，可见荞麦食品对某些矿物质缺乏地区儿童的生长发育具有良好的预防和治疗作用（王红育等，2004）。

　　硒是世界卫生组织确定的人体必需的微量元素，而且是该组织目前唯一认定的防癌抗癌元素，对大肠癌、肺癌及前列腺癌都有抑制作用（田秀红等，2008）。苦荞麦中含有其他谷类作物缺乏的天然有机硒，甜荞麦中高达 0.431%。硒在人体内可形成金属—硒—蛋白复合物，有助于排解人体中的有毒元素，调节机体免疫功能（宋金翠，2004）。还有报道指出，苦荞麦中含有丰富的三价铬，铬在体内构成的葡萄糖耐量因子（GTF）可增强胰岛素功能，改善葡萄糖耐量（宋金翠，2004）。

　　苟君波等（2011）采用原子吸收光谱法测定了 28 种荞麦种子中的铁、锰、锌、铜、钙、镁、钼、镉、硒。吕琳琳等（2009）采用微波消解-ICP-AES 法测定荞麦、燕麦、大麦中的铜、锌、铁、锰、钠、钙 6 种元素。刘清等（2007）等采用原子吸收分光光度法及原子荧光分光光度法测定了荞麦茎、叶、花中的铜、铁、锌、钙、锶、硒、锰、铅、砷、汞、镉的含量。祝优珍等（2009）等火焰原子吸收光谱法测定了灰荞麦、黑荞麦和白荞麦颗粒的不同层次样品中的铁、锌、铜、铬、锰、镍的含量。姜忠丽等（2008）采用高压消化罐-ICP-AES 法测定了苦荞麦中的铁、铬、汞、铅、铜、锌、砷、镉、钙、镁、锡、钼、硒的含量；王建波（2010）等采用 ICP-MS 法测定了苦荞茶中的铜、铅、镉、钴、镍的含量。国内对于荞麦中微量元素分析并不少见，但尚不全面。

Peng 等（2014a）采用微波消解 ICP-OES 法对不同产地的苦荞麦、甜荞麦不同部位所含的 26 种微量元素的含量进行测定,结果表明苦荞麦与甜荞麦的微量元素含量差异不大,荞麦不同部位微量元素含量差异较大,其中通过聚类分析、主成分分析,根、茎、叶中的微量元素含量能明显分开。不同厂家生产的苦荞茶与同一厂家生产的不同类型苦荞茶（全株茶、全胚茶、全皮茶等）微量元素含量差异也较大,说明荞麦的产地来源、部位是其微量元素差异的主要原因之一。

五、维生素

维生素是人和动物为维持正常的生理功能而必须从食物中获得的一类微量有机物质,在机体生长、代谢、发育过程中发挥着重要的作用。维生素是人体必不可少的有机化合物,若饮食中长期缺失,就会引起生理机能障碍而发生某种疾病。因此,维生素对膳食平衡构建、机体健康改善等均有重要意义。荞麦中含有较丰富的维生素,如维生素 B_1、维生素 B_2、维生素 E 等,尤其含有其他谷物中所没有的芦丁（维生素 P）。荞麦和大宗粮食的维生素含量比较见表 5.2。由荞麦籽粒的不同部位、不同制粉方式所制成的粉,维生素含量差异较大。一般来说,外层粉的维生素含量高,心粉的维生素含量较低（魏益民,1995）。

芦丁,是荞麦中主要的黄酮类化合物,占苦荞麦中黄酮总量的80%以上。芦丁及其苷元槲皮素具有广泛的生理活性,包括抗氧化、抗炎、抗肿瘤、防治心脑血管疾病等,因此苦荞麦在膳食中具有重要地位。苦荞麦中的芦丁含量极高,心粉中约为 0.8%,麸皮中约为 4.0%,花中含量最高,其次是叶。苦荞麦中存在芦丁降解酶,遇水可将其酶解为槲皮素,因此不同加工工艺生产的苦荞麦产品,芦丁和槲皮素含量差异巨大,如全胚茶富含芦丁,而全株茶、全皮茶等富含槲皮素。芦丁、槲皮素代谢差异较大、生理活性不相同,如何针对不同人群开发相应的苦荞麦产品,还有赖于科研人员的进一步研究。

六、膳食纤维

膳食纤维作为不能被人体内源性消化酶消化吸收的糖类,被称作"第七营养素",具有减少血糖、血脂的吸收和改善血糖的作用,对肥胖的发生和预防起重要作用。荞麦中膳食纤维含量丰富,籽粒中的膳食纤维含量为 3.4%～5.2%（尹礼国等,2002）。苦荞麦粉的膳食纤维含量约 1.62%,比玉米粉高 8%,分别是小麦和大米的 1.7 倍和 3.5 倍（张美莉等,2004）。荞麦种子的总膳食纤维中有 20%～30% 是可溶性膳食纤维。

荞麦纤维具有降低血脂的功效，特别是对血清总胆固醇和低密度脂蛋白胆固醇的含量有明显的降低作用（王荣成，2005），可能与膳食纤维改善了肠道微生态有关。研究证明，荞麦中富含的膳食纤维也能发挥一定的抗肿瘤作用。大量膳食纤维能刺激肠道的蠕动，加速粪便排泄，减少肠道内致癌物质的浓度，从而降低结肠癌和直肠癌的发病率（贾玮玮等，2009）。另外，荞麦纤维还有降血糖和改善糖耐量的作用（王荣成，2005）。

膳食纤维虽不能被人体内源性消化酶消化吸收，却是肠道中微生物的重要营养来源，因此，肠道菌群理论已成为研究膳食纤维防控肥胖及肥胖引起的慢性疾病的有效手段。人体中定居着大量的微生物，且数目超过人体细胞数，其中肠道是微生物定殖最多的场所。在肠道微生物中，细菌约占90%，主要由9门组成，其中厚壁菌门（Fimicutes）和拟杆菌门（Bacteroidetes）相对丰度最高（Khan et al.，2014）。肠道菌群在调节宿主营养传感、食欲和饱腹调节中有重要的地位，可通过肠道-脑轴双向调节，改变宿主饮食习惯与代谢；同时，宿主特殊的营养摄入，也有利于能利用该营养的微生物数量的增加。肠道微生物与食物共同产生的代谢物通过肠道或外周组织调节神经系统、食欲系统、胆汁酸信号等影响宿主代谢。这些代谢物主要包括短链脂肪酸（SCFAs）、胆汁酸、GABA、多巴胺、去甲肾上腺素等（Perry et al.，2016；den Besten et al.，2015；Fetissov，2017；van de Wouw et al.，2017）。肠道菌群对宿主肥胖及由其引起的相关代谢疾病的作用机理，大多是基于动物模型，其中主要包括以下两方面。①能量吸收理论。该理论主要认为肠道菌群能帮助宿主消化吸收自身不能分解的食物，如纤维、抗性淀粉等不能被宿主存在的酶所消化，而微生物能将其发酵产生SCFAs，通过结肠黏膜吸收，成为合成脂肪和糖的原料，使机体提高约10%的能量（Backhed et al.，2007；Ley et al.，2006）。Schwiertz等（2010）发现肥胖者粪便中SCFAs含量比消瘦者高20%，其中丙酸含量高41%，丁酸含量高29%。另外，产甲烷古菌能改善细菌发酵膳食多糖的效率，能促使肠道细菌优先利用食物中的多糖及影响宿主能量平衡。但要注意的是，流行病学数据表明，增加膳食纤维的摄入对肥胖发展有保护作用，因此，肠道菌群对能量吸收的增加，可以通过低密度营养食品的摄入或SCFAs的其他作用而平衡。②对脂肪代谢的调控。肠道菌群可以调节宿主脂肪存储基因的表达活性，调控宿主肝脏脂肪的积累（Backhed et al.，2007）。

不同纤维类型摄入对微生物组成结构的影响仍不明确，因此明确荞麦膳食纤维结构类型及其调控肠道菌群机理机制，可为膳食预防肥胖等慢性疾病发生提供更多的科学依据，是荞麦研究的重要方向之一。

第二节　荞麦的功能成分

荞麦的功能成分包括酚酸类化合物、黄酮类物质、荞麦多糖与糖醇、蛋白与多肽类及其他活性成分。本节重点介绍荞麦中功能活性成分的研究进展，为研究荞麦生理作用提供基础。

一、酚酸类化合物

荞麦中的酚酸类化合物主要是苯甲酸衍生物和苯丙素类化合物。这些酚酸包括没食子酸、香草酸、原儿茶酸、咖啡酸等。酚酸类化合物具有很好的生理活性，如抗氧化、抗菌、降低胆固醇、促进脑蛋白激酶等。甜荞麦中富含酚酸类化合物，而苦荞麦中酚酸类化合物相对较低。徐宝才等（2002）对苦荞麦籽粒不同部位的分析测定发现，苦荞麦籽粒中的酚酸类化合物主要包括原儿茶酸、阿魏酸、对羟基苯甲酸等 9 种化合物，其总含量为 94.6～1754.33mg/kg。在苦荞麦籽粒壳、麸皮、外层粉和内层粉等不同结构物料中，麸皮的酚酸类化合物含量最高，苦荞麦壳次之，内层粉的含量最低。荞麦多酚的协同作用往往会产生更好的效果。用含胆固醇的高脂饲料喂雄杂交兔，辅以荞麦多酚，结果表明血液中丙二醛、β-脂蛋白、胆固醇和甘油三酯降低；肝脏中抗坏血酸自由基和血液中苯乙酸睾丸素含量增加，其作用效果均明显高于单一化合物——芦丁。酚酸类化合物大多具有抗氧化活性，是一种安全和有效的抗氧化剂，因此也被认为是荞麦中重要的营养保健功能因子。自由基的产生与清除处于动态平衡，一旦平衡被破坏，就会发生疾病，如动脉粥样硬化、肝病、糖尿病、癌症等。

儿茶素具有抗氧化、降低胆固醇、抗肿瘤、抗菌和抑制血管紧张素转换酶（ACE）等作用（徐先祥，2012）。在研究了多种食物资源的 ACE 抑制活性后发现，荞麦粉的 ACE 抑制作用极为强烈。虽然荞麦种子的 ACE 抑制活性从外层到内层逐渐增加，但是许多营养成分含量却是外层比内层高，所以人们认为可能是外层粉中含量较高的三肽和儿茶素增强了其 ACE 抑制活性。阿尔茨海默病已逐渐成为影响老年人健康生活的重要疾病，并成为重大社会问题。其中，由脑血管障碍引起的阿尔茨海默病占有很大的比例。阿尔茨海默病患者在病症出现前，有 β-淀粉状蛋白的蓄积；在病症出现时，β-淀粉状蛋白是阿尔茨海默病患者老人斑的主要成分。目前已证实，植物来源的儿茶素是 β-淀粉状蛋白毒性的抑制物质。因此，作为儿茶素重要食物来源的荞麦，可能是老年食品的良好选择。

原儿茶酸的生物活性表现为抗哮喘、止咳、抗心律失常、抗疱疹病毒等。原儿茶素也具有良好的抗氧化活性；咖啡酸具有抗菌和抗病毒作用。阿魏酸具有抗菌、抗病毒、抗氧化、抗辐射作用，同时具有抗血小板聚集，抑制血小板 5-羟色胺释放，抑制血小板血栓素 A2（TXA2）的生成，增强前列腺素活性，镇痛，缓解血管痉挛等作用。该物质也是常用中药阿魏、当归、川芎、升麻、酸枣仁等的主要有效成分之一。

二、黄酮类物质

苦荞麦中的黄酮类成分主要包括芦丁、槲皮素、山柰酚等，其中芦丁含量最高，占 80% 以上。槲皮素在天然苦荞麦中主要以苷的形式，即芦丁的形式存在，而极少以游离槲皮素的形式存在。然而在加工过程中，由于芦丁降解酶的存在（Yasuda et al., 1994），苦荞麦接触水后可在短时间内将芦丁降解为槲皮素，因此苦荞麦制品中的黄酮类成分往往同时存在芦丁与槲皮素，两者含量与加工工艺密切相关。因此，充分利用这一特性，可加工生产富含不同黄酮种类的苦荞麦产品。例如，苦荞"籽粒茶"（以苦荞麦种子为原料，通过蒸煮、浸泡、干燥、脱壳、炒制等工艺完成）中芦丁含量高而槲皮素含量低，反之，在"节节茶"（以麸皮，或麸皮、根茎叶种子等复合原料组成，通过打粉、挤压成型、炒制等工艺完成）中槲皮素含量高而芦丁含量低。实际生产中应根据产品类型，结合芦丁、槲皮素的生物活性、口感等因素进一步优化工艺，从而开发口感、保健功能俱佳的苦荞麦产品。

槲皮素是芦丁的苷元，是植物中存在最多的黄酮类成分之一，存在于蔬菜、水果、茶叶中，具有广泛的生理活性。黄酮类成分具有抗炎、抗氧化等作用，另外，一般认为黄酮对肥胖及其引起的多种疾病有效（Gil-Cardoso et al., 2016），因此近年来其作用机制研究成为热点。大量文献报道芦丁、槲皮素能改善高脂饮食小鼠糖脂代谢及非酒精性脂肪肝的形成（Nakamura et al., 2008；Porras et al., 2016），但这些报道结果尚存在争议。Kobori 等（2011）研究表明，0.05% 槲皮素喂养 20 周能降低高糖、高脂、高胆固醇饮食诱导小鼠的体重、脂肪、血糖、TNF-α、血浆和肝脏中胆固醇、甘油三酯等指标含量，增加谷胱甘肽过氧化物酶 1（*Gpx1*）、过氧化物酶体增殖物激活受体-α（PPARα）表达，抑制 *PPARγ* 转录因子（*Pparg*）等，槲皮素通过改善氧化应激和 PPARα 表达改善肝脏中脂肪积累。Jung 等（2013）也报道 0.25% 槲皮素能降低高脂饮食小鼠体重，血清胆固醇和甘油三酯等指标，同时改变肝脏中 *Fnta*、*Pon1*、*Pparg*、*Aldh1b1*、*Apoa4*、*Abcg5*、*Gpam*、*Cd36*、*Fdft1* 和 *Fasn* 的基因表达。Stewart 等（2009）报道用 1.2% 槲皮素喂养 8 周不能改善高脂饮食诱导的胰岛素抵抗。Hsu 等（2009）研究表明芦丁具有降低高脂饮食大鼠体重、脂肪、肝重，改善甘油三酯、胆固醇、高密度脂蛋白和低密度脂蛋白等脂质代谢指标含量及肝脏中谷胱甘肽过氧化物酶等酶的含量。Zhang 等（2017）比较了苦荞麦蛋白、芦丁、槲皮素降脂活性，结果表明芦丁影响甘油三酯含量，但对胆固醇、高密度脂蛋白、低密度脂蛋白无显著改善，而苦荞麦蛋白至少是苦荞麦降脂功能成分之一。Nakamura 等（2008）的实验结果表明，连续 22d 用芦丁干预降低了血液中硫代巴比妥酸反应物（TBARS）含量，但对大鼠血清和肝脏中脂质代谢相关参数无影响。苦荞麦中的芦丁含量为甜荞麦的 10～100 倍，但有研究表明苦荞麦和甜荞麦对血清胆固醇影响无显著差异，因此推测苦荞麦的作用有可能由其他成分引起而并非芦丁（Gunilla et al.，2011）。因此，这些不同的研究结果表明芦丁、槲皮素的作用机制仍受复杂因素的影响，包括食品基质、动物模型、饲养时间等。芦丁、槲皮素通过饮食干预糖脂代谢的主要研究报道见表 5.3。上述研究中大多采用传统药理学方法或分子生物学技术研究黄酮单体或提取物的降脂活性，动物模型及实验结果更适合用于解释黄酮类化学药物或富含黄酮类的生药作用机制，对于存在于苦荞麦等复杂基质食品中的黄酮类成分，其体内代谢过程及生理效应仍需更多的证据。

表 5.3　芦丁、槲皮素对肥胖的影响

实验动物	时间	干预方式	干预结果	参考文献
C57BL/6J 小鼠	20 周	高脂、高胆固醇、高糖饮食中添加 0.05% 槲皮素对比高脂饮食，自由饮食	体重、脂肪下降 血糖、血浆 TG、TC、胰岛素、TNF-α 及肝脏 TG、TC、TBARS 下降 肝脏中总谷胱甘肽下降 肝脏中 *Pparg*、*Cd36*、*Srbpf1*、*Fasn*、*Ucp2*、*Gck* 表达下降 肝脏中 *Pparα*、*Gpx1*、*Cat*、*Pck1* 上升	Kobori et al.，2011
C57BL/6J 小鼠	9 周	高脂饮食中添加 0.25% 槲皮素对比高脂饮食	体重、附睾脂肪、附睾脂肪垫中的脂滴大小下降 血清 TC、TG、游离胆固醇、TBARS 下降 肝重、肝脏脂肪、肝脏 TG 下降 肝脏中 *Aldh1b1*、*Apoa4*、*Pparg*、*Abcg5*、*Gpam*、*Cd36*、*Fasn*、*Fdft1*、*CD36*、*CEBPα*、*FAS* 下降 肝脏中 *Cyp2c50*、*Fnta*、*Pon1*、*Pparα*、*Abcg5*、*Pon1* 下降	Jung et al.，2013
C57BL/6J 小鼠	8 周	高脂饮食中添加 1.2% 槲皮素对比高脂饮食，自由饮食	血清胰岛素下降 槲皮素未能改变胰岛素抵抗	Stewart et al.，2009
C57BL/6J 小鼠	8 周	高脂饮食中添加 0.8% 槲皮素对比高脂饮食，自由饮食	plasma IFN-γ、IL-1α、IL-4 下降	Stewart et al.，2008
Wistar 大鼠	8 周	高碳水化合物高脂饮食 8 周后添加 0.08% 槲皮素对比高碳水化合物高脂饮食，自由饮食	肝重、腹部脂肪、附睾脂肪等下降 血糖下降 血浆 TG 上升 改善心脑血管结构与功能，降低收缩压 血浆 ALT、ALP、LDH 下降 肝脏和心脏中 Nrf2、HO-1、NF-κB 及肝脏中 caspase-3 下降 肝脏和心脏中 CPT-1 上升	Panchal et al.，2012

续表

实验动物	时间	干预方式	干预结果	参考文献
Hamsters	8 周	每公斤饲料中添加 8.2mmol 槲皮素，自由饮食	体重、血浆 TC、TG 未发生显著变化，HDL-C 上升	Zhang et al., 2017
Hamsters	8 周	每公斤饲料中添加 8.2mmol 槲皮素，自由饮食	体重、血浆 TC、HDL-C 未发生显著变化，TG 下降	Zhang et al., 2017
C57BL/6J 小鼠	16 周	高脂饮食中添加 0.05%槲皮素对比高脂饮食，自由饮食	体重、肝重、附睾脂肪下降空腹血糖、空腹胰岛素、ALT、TG、IL-6 下降，显著改善非酒精性脂肪肝形成，粪便乙酸、丙酸、丁酸上升，重塑肠道菌群	Porras et al., 2016
Wistar 大鼠	8 周	高碳水化合物高脂饮食 8 周后添加 0.16%芦丁对比高碳水化合物高脂饮食，自由饮食	体重、腹部脂肪下降，血浆胰岛素、TC、TG、非脂化脂肪酸下降，血浆抗氧化上升，血浆 ALT、AST、ALP、LDH 下降，改善心脑血管结构与功能	Panchal et al., 2011
Wistar 大鼠	8 周	高脂饮食 4 周后添加 0.005%或 0.01%芦丁对比高脂饮食	肝重、肾周脂肪、附睾脂肪下降，血糖无显著变化，血清 TC、LDL（高剂量时）、瘦素（leptin）、胰岛素（高剂量时）下降，肝脏 TC、TG 下降，HDL 上升，改善肝脏细胞脂变	Hsu et al., 2009

长期以来，人们认为多酚类成分（酚酸、黄酮等）有利于改善冠心病、动脉粥样硬化、代谢综合征等人体健康。植物中的黄酮多以糖苷的形式存在，黄酮与糖的结合形式、糖的类型等均影响黄酮的生理活性。过去普遍认为多酚的消化吸收主要发生在小肠部位。近年来随着肠道微生物理论的发展，逐渐认为多酚代谢与其存在形态有关，结合多酚需要在肠道微生物产生的一系列酶的作用下经游离、转化等过程后被人体代谢利用，而多酚代谢物对肠道微生物的多样性有明显影响（潘亚平等，2013）。肠道菌群产生的 β-葡萄糖苷酶、β-葡萄糖醛酸苷酶可参与黄酮类成分的去糖基化，同时，黄酮在体内通过水解、还原、去酮基、脱羟基反应等生成酚酸，其活性仍需进一步阐明。细枝真杆菌 Eubacterium ramulus 和解黄酮梭菌 Clostridium orbiscindens 是目前两种研究较为系统的能转化黄酮的肠道微生物（Schneider et al.，2000；Schoefer et al.，2003）。因此，肠道菌群的参与影响黄酮类成分的代谢及功能活性。Gil-Cardoso 等（2016）在总结黄酮、肠道炎症、肠道屏障、肠道菌群关系中提出黄酮能改变肠道菌群结构，含黄酮的食物在防控代谢失调中极具潜力，但其机理研究鲜有报道，多是集中在研究黄酮调节肠道炎症因子、肠道屏障及肠道菌群对黄酮的代谢吸收影响等方面；黄酮对肥胖的干预主要集中在抵抗氧化应激、肠道炎症两方面，随着肠道菌群理论的发展，有必要从新的角度认识黄酮作用途径。目前黄酮类的肠道微生物转化已有较多研究报道，但其转化产物的生理活性却少有报道，且不容忽视。例如，Steed 等（2017）报道黄酮类成分的微生物转化产物脱氨基络氨酸（DAT）具有抗流感病毒感染。芹菜素在细枝真杆菌的作用下生成对羟基苯丙酸和间苯三酚，间苯三酚可以进一步降解

为乙酸和丁酸（Schneider et al.，2000）。芦丁、槲皮素及其糖苷、金丝桃苷等在肠道微生物的转化下，最后的主产物为3，4-二羟基苯乙酸（DOPAC）（Murota et al.，2018）。人体中产气荚膜梭菌 *Clostridium perfringens*、脆弱拟杆菌 *Bacteroides fragilis*可转化槲皮素生产3,4-二羟基苯乙酸（Peng et al.,2014b）。目前报道 DOPAC 具有抑制单核细胞中促炎细胞因子的分泌、抑制晚期糖基化终产物的形成和氧化应激诱导的神经元细胞死亡、抑制过氧化氢诱导的大鼠正常肝细胞的细胞毒性等多种活性（Monagas et al.，2009；Verzelloni et al.，2011）。因此，DOPAC 有可能是促进槲皮素糖苷类物质健康效应的重要物质。值得注意的是，目前研究黄酮活性的报道大多是以黄酮提取物或单体为研究对象，而研究黄酮存在于植物基质时的功能活性较少。唾液、胃液、小肠、大肠对黄酮的消化吸收受植物中淀粉等大分子的影响，因此，研究单体黄酮及存在于不同基质中黄酮的活性差异对富含黄酮品种的开发利用具有实际的指导意义。

三、荞麦多糖与糖醇

（一）荞麦多糖

多糖又称多聚糖（polysaccharide），是由单糖缩合成的多聚物。多糖是一类重要的生物活性物质，且在植物中分布广泛。植物多糖具有免疫调节、抗肿瘤、抗衰老、降血糖、降血脂等多种生物活性，广泛地应用于保健食品、医药和临床上，成为食品科学、天然药物、生物化学与生命科学研究领域的热点。植物多糖的分子量从几万到百万以上，主要由葡萄糖、果糖、半乳糖、阿拉伯糖、木糖、鼠李糖、甘露糖、糖醛酸等单糖以一定的比例聚合而成。不同植物多糖的分子量依其组成存在差异。颜军等（2011）采用水提醇沉法结合 DEAE-纤维素柱层析分离纯化，获得 3 个苦荞麦多糖组分 TBP-1、TBP-2 和 TBP-3。TBP-1、TBP-2 是由葡萄糖组成的均一多糖，其分子量分别为 167967Da、567539Da，而 TBP-3 是由甘露糖、鼠李糖、葡萄糖醛酸、葡萄糖、半乳糖、阿拉伯糖等组成的杂多糖，分子量高达 835128Da。

越来越多的研究证明，多糖具有复杂的、多方面的生物活性和功能，特别是对机体免疫功能的作用。

1. 免疫调节作用

荞麦多糖具有增强免疫、抗肿瘤的作用。经过学者多年的研究，多糖抗肿瘤大多不直接作用于肿瘤细胞，而是通过激活机体的免疫系统起作用，即促进淋巴细胞、巨噬细胞的成熟、分化和繁殖，促进各种细胞因子的生成，最终抑制肿瘤细胞的生长或导致肿瘤细胞的凋亡。

2. 保肝护肝

荞麦多糖具有保肝护肝的作用。四氯化碳、对乙酰氨基酚、硫代乙酰胺损伤肝脏的生化机制不同。一般认为，四氯化碳损伤肝组织的机制是其经肝细胞色素 P450 代谢激活后生成三氯甲基（·CCl$_3$）自由基，引起生物膜脂质过氧化，造成膜结构和功能损伤，蛋白质等物质合成代谢发生障碍。大剂量对乙酰氨基酚经肝细胞色素 P450 代谢后，生成的半醌自由基过多使肝内谷胱甘肽（GSH）消耗，并与肝细胞蛋白质进行共价结合，引起肝细胞坏死。硫代乙酰胺损伤肝细胞机制可能是损害了细胞膜结构和功能。

曾靖等（2005）开展了荞麦多糖对小鼠实验性肝损伤保护作用的研究。结果显示，荞麦多糖对四氯化碳、对乙酰氨基酚致肝损伤小鼠血清谷丙转氨酶（SGPT）活性的升高具有明显的拮抗作用，因此其对四氯化碳、对乙酰氨基酚所致小鼠急性肝损伤均有明显的保护作用，但对硫代乙酰胺致小鼠肝损伤血清谷丙转氨酶（SGPT）活性无影响。

3. 改善睡眠

荞麦多糖具有改善睡眠质量的作用。赖芸等（2009）采用荞麦多糖对小鼠睡眠功能和自发活动的影响进行了研究。实验结果表明，荞麦多糖有明显抑制昆明种小鼠自发活动的作用，可使小鼠的自发活动明显减少，明显减少大波、中波出现次数。荞麦多糖还能明显加快阈上剂量戊巴比妥钠小鼠的入睡时间，可增强阈下剂量戊巴比妥钠的催眠时间和增加小鼠入睡动物数。荞麦多糖对小鼠睡眠的影响与戊巴比妥钠有协同作用，且剂量越大，作用越明显。提示荞麦多糖有明显的中枢抑制作用，同时与戊巴比妥钠有协同的中枢抑制作用。不过，到现在为止，对荞麦多糖的药理学作用研究不足，其主要药理学作用及作用机制尚不清楚。由于多糖结构复杂，即使组成相同的多糖，也可能因其螺旋结构的不同，具有不同的吸收、分布和活性，因此，阐明荞麦多糖的主要药理学作用及其作用机制与荞麦多糖的化学研究是息息相关的。但当前对荞麦多糖的化学研究很少，其有效活性成分还未见报道。

（二）荞麦糖醇

D-手性肌醇（DCI）是一种水溶性肌醇（环己六醇）的立体异构体，具有降血糖活性。荞麦糖醇是荞麦种子发育成熟过程中所积累的具有降糖作用的 DCI 及其单半乳糖苷、双半乳糖苷和三半乳糖苷的衍生物。DCI 及其半乳糖苷对人体健康非常有利，尤其是对 2 型糖尿病有疗效。此外，荞麦中还含有山梨醇、肌醇、木糖醇、乙基-*β*-芸香糖苷，这些成分都是对人体健康有利的物质。

肌醇共有 9 种同分异构体，其中以 *D*-手性肌醇最受关注。Ostlund 等（1993）研究发现，2 型糖尿病患者可能由于代谢紊乱，*D*-手性肌醇流失太快，患者尿液

中 D-手性肌醇含量高于正常人数倍，而血液中的含量又远低于正常水平。正常人尿液中的肌醇与 D-手性肌醇的比例一般小于 5，而在糖尿病患者尿液中两者比例远远超过 5。Sun 等（2002）发现不但糖尿病患者的尿液中存在中肌醇与 D-手性肌醇比例失调的现象，在肝脏、肾脏和肌肉中也存在类似情况。Ortmeyer（1993）的研究表明，D-手性肌醇并不是通过提高血液中胰岛素水平来降低血糖浓度的，而是通过提高胰岛素的敏感性来达到降低血糖浓度的目的。Sanchez-Arias（2002）等进行了有关 D-手性肌醇降低实验性糖尿大鼠血糖机制的研究，证实 STZ 大鼠糖基化磷脂酰基醇酯（glycosyl phosphatidyl-inositol，GPI）依赖的胰岛素信号途径受损。从 STZ 大鼠分离的肝细胞与对照组相比 GPI 水平较低。STZ 诱导糖尿病大鼠也阻断了对胰岛素反应的 GPI 的水解，从而减少 DCI-IPG 的释放，而 DCI-IPG 具有激活控制葡萄糖氧化和非氧化代谢关键酶的作用。

边俊生等（2007）以荞麦麸皮为原料，用乙醇提取，经过高压水解、活性炭脱色、离子交换树脂纯化、浓缩，得到荞麦 D-手性肌醇提取物（TBBEP），D-手性肌醇含量可达 22%。相关动物药理试验表明，苦荞麦提取物可能提高了胰岛素的敏感性，效果最好的一组小鼠血糖降低了 38%。陕方等（2006）研究了苦荞麦不同提取物对糖尿病模型大鼠血糖的影响。将苦荞麦麸皮不同浓度的乙醇溶液提取物用于链脲霉素诱发的糖尿病模型大鼠，富含黄酮和富含 D-手性肌醇的两种提取物对糖尿病模型大鼠血糖的影响不同（表 5.4）。富含黄酮提取物（低 D-手性肌醇含量）的作用不及富含 D-手性肌醇（低黄酮含量）的提取物的作用明显。

表 5.4　不同 D-手性肌醇和总黄酮含量对其降糖效果的影响（陕方等，2006）

组别	剂量/（g/kg）	血糖（2.5h）	血糖（5h）
空白对照	—	312.3±53.5	282.6±34.4
二甲双胍	0.2	261.1±45.7*	185.6±78.8**
提取物 A（3.01%D-手性肌醇+0.26%总黄酮）	5.0	277.0±35.3	247.5±27.4*
提取物 B（0.24%D-手性肌醇+45.3%总黄酮）	5.0	311.8±41.2	258.6±15.7

*与对照组相比，具有显著差异（$P<0.05$）。

**与对照组相比，具有极显著差异（$P<0.01$）。

四、蛋白质与多肽类

荞麦蛋白的氨基酸组成较为均衡，富含 8 种人体必需氨基酸，具有很高的生物价值。多肽是由蛋白质中天然氨基酸以不同组成和排列方式构成的，从二肽到复杂的线性或环性结构的不同肽类的总称，其中可调节生物体生理功能的多肽称为功能肽或生物活性肽。荞麦活性肽往往可能具有比荞麦蛋白更好的理化性质，无抗原性，不会引起免疫反应；黏度随温度变化不大，可直接由肠道吸收，吸收速度快，吸收率高等。荞麦蛋白或多肽具有抗氧化、抗衰老和抗疲劳、调节血脂和血糖、抗肿瘤等作用。

（一）抗氧化活性

李红敏等（2006）分别采用木瓜蛋白酶、复合蛋白酶（Protamex）、碱性蛋白酶（Alcalase）、复合风味蛋白酶（Flavourzyme）及中性蛋白酶（Neutrase）来酶解荞麦蛋白，并以亚油酸-硫氰酸铁法测定多肽液的抗氧化活性，研究了荞麦多肽液的抗氧化活性。发现不同的蛋白酶酶解得到的多肽液浓度和抗氧化活性均有所不同。其中，以复合蛋白酶酶解液的多肽含量浓度最高，达到 7.82mg/mL，而复合风味蛋白酶酶解液的多肽含量最低，只有 2.08mg/mL。不过，食品级碱性蛋白酶的酶解液多肽浓度虽然不是最高的（5.87mg/mL），但其抗氧化活性却高达31.15%。这说明抗氧化活性不仅与多肽的含量有关，而且多肽的种类等对其影响甚至更加明显。

Tang 等（2009）将荞麦蛋白进行酶解处理后，研究了其水解产物的抗氧化活性，结果发现水解后得到的荞麦多肽具有极强的清除 DPPH 自由基（1,1-二苯基-2-三硝基苯肼自由基）的能力，同时还有较强的抗氧化性，能有效抑制亚油酸过氧化。研究还表明荞麦水解物的抗氧化活性与其所含的多酚含量有密切联系，而荞麦蛋白中通常复合有丰富的多酚类物质。

丰凡（2007）采用酶法水解荞麦蛋白得到荞麦多肽，经隆丁快速测定法分级显示多肽分子量均小于 2300Da。通过与荞麦蛋白对比发现，荞麦多肽的抗氧化活性明显优于荞麦蛋白，其中羟基自由基清除率为 45.4%，ABTS（2,2-联氮-双-3-乙基苯并噻唑琳-6-磺酸）自由基清除率为 99.05%，超氧阴离子清除率为 80.33%，DPPH 自由基清除率为 46.6%，亚油酸氧化抑制率最大可达到 84.8%。

（二）抗衰老和抗疲劳作用

张政等（1999）采用碱抽提和等电点沉淀法，从荞麦籽粒中制备出荞麦蛋白复合物，用 20%荞麦蛋白复合物饲喂小鼠。通过观察小鼠血液、脏器中的超氧化物歧化酶、过氧化氢酶和谷胱甘肽过氧化物酶的活性，发现食用含有苦荞麦蛋白饲料的小鼠，其血液和脏器中的超氧化物歧化酶、过氧化氢酶和谷胱甘肽过氧化物酶的活性均有不同程度的提高，且脂质过氧化产物丙二醛的含量呈下降趋势，表明苦荞麦蛋白质对生物体具有一定的抗衰老作用。不过，荞麦蛋白的抗衰老作用与其抗氧化作用密切相关，可能主要是由于荞麦中丰富的多酚类物质是主要的作用源。

张超等（2004）研究了荞麦抗疲劳的作用，发现荞麦蛋白与黄酮类化合物相比其抗疲劳效果更加显著，且在清蛋白、球蛋白和谷蛋白三者中，球蛋白的抗疲劳效果最明显。对球蛋白进行氨基酸分析发现，球蛋白含有丰富的支链氨基酸，可能是抗疲劳的主要功效成分。

（三）调节血脂和血糖上升速度

血脂是指血浆中甘油三酯、胆固醇等中性脂肪和磷脂、糖脂、固醇、类固醇等类脂的总称。血脂的高低与日常膳食摄入和体内代谢有着密切的联系。高脂血症是由于体内血脂代谢异常所致，高脂血症可诱发动脉粥样硬化、冠心病、心肌梗死等心脑血管疾病。

胆汁酸是胆固醇分解后的产物，通过吸附胆汁酸并将其排出体外可有效降低其在肝肠循环过程中的积累，提升胆固醇的代谢强度，最终达到降低体内胆固醇的效果。周小理等（2011）采用硫酸铵盐析法、DEAE-Sepharose Fast Flow 离子交换层析法提取和制备了苦荞麦的水溶性蛋白，并进行了分离提纯，研究了其对胆酸盐的吸附作用，分别配制 4mg/mL 胆酸钠、脱氧胆酸钠、牛磺胆酸钠溶液，加入苦荞麦水溶性蛋白提取纯化物，于 37℃恒温下反应 1h 后，以 5000r/min 离心分离 10min。移取 1mL 上清液，于 620nm 波长处测吸光度，根据反应前后溶液中胆酸盐的浓度差计算苦荞麦水溶性蛋白纯化物对胆酸盐的吸附量（表 5.5）。结果表明，苦荞麦水溶性蛋白纯化物不仅对 3 种胆酸盐均有吸附效果，而且对胆酸钠、脱氧胆酸钠的吸附率都超过了 90%，初步证实了苦荞麦水溶性蛋白具有一定的降血脂功能。

表 5.5　苦荞麦水溶性蛋白纯化物对胆酸盐的吸附能力

胆酸盐	苦荞麦水溶性蛋白纯化物胆酸盐吸附率/%
胆酸钠	93.8±0.0049
牛磺胆酸钠	54.89±0.0078
脱氧胆酸钠	95.38±0.0028

Kayashita 等（1997）发现荞麦蛋白与其他植物蛋白相比，有更强的降低胆固醇的效果，特别是降低低密度脂蛋白的作用。荞麦蛋白降低血液胆固醇的作用与膳食纤维相似，荞麦蛋白有较低的消化率，被称为抗性蛋白，具有膳食纤维的作用，可增加对中性脂的排泄。

Kayashita 等（1995，1996，1997）通过喂食高胆固醇饲料的方法诱导出小鼠高胆固醇模型，分别比较了荞麦蛋白提取物、大豆蛋白及酪蛋白对高胆固醇症状的效果，给患有高胆固醇症的小鼠分别喂食 3 种蛋白 3 周后，发现 3 组样本在食量、生长方面均无差异，分别取样测定 3 组样本血液及肝脏中的胆固醇含量，结果发现食用荞麦蛋白提取物的小鼠血液中胆固醇含量及肝脏中胆固醇含量均显著低于大豆蛋白组和酪蛋白组。采用同样的方法测定了荞麦蛋白对体内甘油三酯、葡萄糖-6-磷酸脱氢酶等影响，结果发现荞麦蛋白提取物能降低肝脏中甘油三酯的含量，并抑制肝脏中葡萄糖-6-磷酸脱氢酶的活性及脂肪酸的合成，同时喂食荞麦蛋白提取物的小鼠其血液中甘氨酸和精氨酸的含量均高于喂食大豆蛋白和酪蛋白的实验组，因此推测这两种氨基酸可能与降低体内脂肪含量有关。此外，实验还发现荞麦蛋白提取物能增加小鼠排泄物中中性甾醇的含量，认为荞麦蛋白降低胆固醇的机理可能与膳食纤维类似，通过吸附胆酸盐并将其排出体外，可有效降低胆酸盐在肝肠循环过程中的积累，从而促进胆固醇的代谢，最终达到降低体内胆固醇的效果。

（四）抑制脂肪蓄积

Kayashita 等（1996，1997）对正常健康的大白鼠喂荞麦蛋白、大豆蛋白和酪蛋白，结果发现荞麦蛋白组的脂肪组织重量最低，表明荞麦蛋白对脂肪的蓄积有良好的抑制作用；荞麦蛋白降低脂肪的机制，可能与其富含精氨酸有关。

（五）降低血糖的作用

崔霞（2006）采用碱性蛋白酶提取得到了相对分子量集中在 100～1000Da 的低分子量活性肽，通过动物实验表明这种活性肽能有效抑制体外脂质过氧化反应的发生，保护细胞和组织的生理功能，且对四氧嘧啶所致糖尿病可以起到降低血糖的作用。

（六）抑制胆结石形成

Tomotake 等（2002）通过动物实验发现摄入荞麦蛋白能降低胆囊胆汁中胆固醇的摩尔百分比，促进肝脏中的胆酸合成胆固醇，从而降低患胆结石的风险。此外研究还发现摄入荞麦蛋白能提高排泄物中胆汁酸的含量，因此 Tomotake 等认为荞麦蛋白中可能含有能吸附胆酸的蛋白，且荞麦蛋白的低消化性也可能与胆酸的排泄有关。

（七）抗肿瘤作用

郭晓娜等（2007）通过硫酸铵分级沉淀、离子交换色谱、凝胶过滤色谱等方法对苦荞麦蛋白质进行了分离纯化，并结合细胞实验筛选出了苦荞麦水溶性蛋白质中体外抗肿瘤活性的有效成分。经分析发现，该成分为单体蛋白，其相对分子质量为 57000Da。通过细胞实验表明，此成分对人乳腺癌细胞株 MDA-MB-231 和人乳腺癌细胞株 Bcap37 细胞有明显的增殖抑制作用，能使细胞变形，细胞核固缩、裂解，出现典型的凋亡形态学特征。

郭晓娜等（2010）采用 MTT 法、HE 染色法、扫描电镜法研究苦荞麦蛋白质（TBWSP31）对人乳腺癌 Bcap37 细胞的增殖抑制作用。结果表明，TBWSP31 对人乳腺癌细胞株 Bcap37 的生长有明显的抑制作用，并且存在时间效应和剂量效应。48h 和 72h 的 IC_{50} 值分别为 43.37μg/mL、19.75μg/mL。HE 染色发现细胞经样品作用后，细胞变形、变小，细胞核固缩、裂解，细胞膜皱褶、卷曲和出泡，并且有细胞膜包裹的凋亡小体生成。扫描电镜下观察细胞表面超微结构，发现细胞出现典型的凋亡形态学特征，细胞表面微绒毛大量减少，有的甚至消失，细胞体积变小，细胞膜皱缩，表面凸起，形成了大量的小泡，有的成为凋亡小体。Kayashita 等（1999）研究了荞麦蛋白提取物对由 7,12-二甲苯蒽引起的乳腺癌的影响，结果发现通过摄入荞麦蛋白提取物，雌鼠中患乳腺癌的数量明显减少，且血液中雌二醇含量也较未摄入的雌鼠少。由此可知，荞麦蛋白提取物可通过降低血液中雌二醇含量来减少患乳腺癌的概率。

Liu 等（2001）研究了荞麦蛋白对由 1,2-二甲肼诱发的结肠癌的影响，通过喂食小白鼠含有荞麦蛋白的饲料后发现，与未食用荞麦蛋白的对照组相比，实验组中患结肠癌的数量减少了 47%。研究发现摄入荞麦蛋白能有效减少结肠癌细胞的增殖，从而降低结肠癌的患病率。

五、其他活性成分

植物甾醇存在于荞麦的各个部位，主要包括 β-谷甾醇、菜油甾醇、豆甾醇等。植物甾醇对许多慢性疾病都表现出药理作用，具有抗病毒、抗肿瘤、抑制体内胆固醇的吸收等作用。β-谷甾醇是荞麦胚和胚乳组织中含量最丰富的甾醇，约占总甾醇的 70%，该物质不能被人体所吸收，且与胆固醇有着相似的结构，在体内与胆固醇有强烈的竞争性抑制作用。

荞麦种子中还存在着硫胺素结合蛋白，该活性成分起着转运和储存硫胺素的作用，同时可以提高硫胺素在储藏期间的稳定性及其生物利用率。对于那些缺乏和不能储存硫胺素的患者而言，荞麦是一种很好的硫胺素补给资源。

荞麦中还含有缩合鞣质类，如原矢车菊素及其没食子酸酯，前者具有很好的抗肿瘤、抗氧化等作用。

此外，荞麦中还含有荞麦碱和多羟基哌啶化合物（含氮多羟基糖），这些活性物质具有很好的降糖作用。

第三节　荞麦活性成分的提取、分离与纯化

一、荞麦酚类的提取、分离与纯化

（一）荞麦酚类的提取

目前荞麦酚类的提取方法主要有水提取、乙醇提取、微波辅助提取、酶法提取、超临界萃取等方法。通过对提取方法及具体工艺技术条件的研究，为进一步

的纯化工艺及质量控制研究奠定基础。

1. 浸提法

浸提法是被提物与溶剂接触，在溶剂润湿下，由于液体静压力和毛细管的作用，溶剂进入被提物空隙和裂缝中，使干瘪细胞膨胀，恢复通透性，溶剂更进一步地渗透入细胞内部，并由于浓度差、渗透压差等作用逐渐将细胞内成分提取出来。将苦荞麦粗粉装在适当容器中，加入溶剂浸渍原料一定时间，反复数次，合并浸渍液，减压浓缩即可得到苦荞麦酚类化合物。此法不用加热，适用于遇热易破坏或挥发性成分，也适用于含淀粉或黏液质多的成分，但提取时间长，效率不高。

1）水浸提法

由于黄酮类水溶性差，故较少使用。水浸提法具有安全、经济的优点，但所得杂质含量较高，不利于后续分离纯化。肖诗明等（2005）采用水浸提法提取了苦荞麦麸皮中的黄酮，选取苦荞麦麦麸，依据浸提温度、浸提时间、用水量3个因素进行正交试验，发现水浸提法中水的用量对浸提效果影响最大，水浸提试验的最佳提取组合为用20倍水量在70~75℃下浸提6h。

2）乙醇浸提法

由于黄酮分子自身易溶于乙醇，难溶于水的性质，用乙醇浸提法的效果往往比水浸提法效果要好。郭刚军等（2008）用乙醇浸提法通过正交试验，选择浸提时间、乙醇体积分数、料液比、浸提温度4个因素，以黄酮得率为考察指标，发现影响提取的主次顺序依次为料液比>乙醇体积分数>浸提温度>浸提时间，最佳的提取条件为料液比1:15、乙醇体积分数70%、浸提温度70℃、提取时间5h。值得注意的是，苦荞麦中芦丁降解酶在70%乙醇中尚有较高活性，因此芦丁浸提过程中芦丁会部分转化为槲皮素。

3）渗漉法

渗漉法是浸提法的发展，将苦荞麦粗粉装入渗漉筒中，用乙醇作溶剂，首先浸渍数小时，然后由下口开始流出提取液（渗漉液），渗漉筒上口不断添加新溶剂，进行渗漉提取。此法在进行过程中由于随时保持浓度差，故提取效率高于浸提法。

2. 加热提取法

1）水提取法

水是常用的提取溶剂之一，具有经济、安全、极性大、溶解范围广等特点。芦丁等黄酮类成分可溶于沸水，故常采用煎煮法提取。水煎煮法的优点是成本低、安全，适合于工业化生产；缺点是热水提取出的杂质较多，且苦荞麦中淀粉含量较高，用水煎煮后药液黏度较大，过滤困难。芦丁溶于碱水，因此，调节水的pH值有利于提高芦丁提取效率。水提取法一般考虑的因素包括料水比、提取温度、时间、pH 值等因素。

田龙（2008）以提高苦荞麦水提液中黄酮类化合物浓度为目的，通过单因素试验和均匀试验，以黄酮类化合物的提取率为评价指标，研究了苦荞麦黄酮类化合物的最佳水提工艺。结果表明，在料液比为 34：250（g：mL）条件下，苦荞麦黄酮类化合物的最优水提条件为水的 pH 值 8.0、水提温度 100℃、水提时间105min，按优化工艺条件黄酮类化合物的得率为 1.440%。

2）有机溶剂回流提取法

此法以乙醇为提取溶剂，在回流装置中加热进行，溶剂馏出后又被冷凝，重复流回浸出器中浸提原料。一般多采用反复回流法，即第一次回流一定时间后，滤出提取液，加入新鲜溶剂，重新回流，如此反复数次，合并提取液，减压回收溶剂。此法提取效率高于渗漉法和浸提法。

成都大学荞麦研究课题组采用正交试验法，选择提取次数、乙醇浓度、乙醇用量、提取时间等 4 个因素，对乙醇回流提取苦荞麦籽粒中黄酮成分的工艺进行了研究。试验结果表明，各因素影响大小依次为提取次数>提取时间>乙醇用量>乙醇浓度。优选出的提取工艺条件为：加 60%乙醇回流提取 3 次，第 1 次加 10 倍量的乙醇，提取 1.5h；第 2 次加 8 倍量的乙醇，提取 1h；第 3 次加 6 倍量的乙醇，提取 0.5h。

查阳春等（2009）研究苦荞麦壳中活性多酚的提取工艺，以 70%乙醇为提取剂，通过二次旋转正交试验优化提取工艺，建立了提取得率的二次旋转回归方程，通过响应面分析及岭嵴分析得到了优化组合条件。结果表明，提取温度和时间对提取得率有显著影响（$P < 0.05$），而料液比对提取得率的影响不显著，较优的提取工艺条件为提取温度 73℃、提取时间 118.9min、料液比 1：16.9，其提取得率0.56%，理论预测值为 0.59%，提取得率达到理论预测值的 94.9%。

3. 酶法提取

酶法提取技术通过加入某些特定的酶，使包裹于植物细胞内的有效成分转移到溶媒中。酶作为一种生物催化剂，在提取过程中，对被提取物细胞壁的有效成分进行分解破坏，从而降低传质阻力，提高提取率。酶法提取的条件温和，提取率高，可最大限度地从植物体内提取有效成分。

恰当地利用纤维素酶处理植物材料，可提高有效成分的提取效率。王敏等（2003）研究了苦荞麦茎叶粉中总黄酮酶法提取工艺，先利用纤维素酶对苦荞麦茎叶粉进行处理，然后用水提取。其中，主要考察加酶量、酶解温度、酶解时间和pH 值对总黄酮得率的影响。根据试验结果，酶法提取的最佳工艺条件为酶解温度55℃、加酶量 3.0μL、pH 值 6.5、酶解 90min，再在 90℃下用水提取 3 次，每次30min。总黄酮得率可达 1.47%，为水提法的 3.08 倍。由此可见，纤维素酶可充分破坏苦荞麦茎叶以纤维素为主的细胞壁结构，使提取传质阻力减小，内容物总黄酮易于溶出，从而提高得率。酶法提取适用于苦荞麦茎叶粉中总黄酮的辅助提取，可利用此法寻找改良水提工艺的处理方法，为苦荞麦资源的开发利用提供参考。

4. 超声提取

超声提取技术是利用超声波增加物质分子运动频率和速度，增加溶剂穿透力，提高药物溶出度，缩短提取时间的浸提方法。超声波振动能产生并传递强大的能量，大能量的超声波作用在液体里，在振动处于稀疏状态时，液体会被撕裂成很多的小空穴，这些小空穴一瞬间即闭合，闭合时产生高达几千大气压，即称为空化现象。这种空化现象可细化各种物质及制造乳浊液，加速植物中的有效成分进入溶剂，使其进一步提取。除了空化作用外，超声波的许多次级作用，如机械运动、乳化、扩散、击碎、化学效应等也都有利于使植物中的有效成分的转移，并充分和溶剂混合，促进提取的进行。

超声提取法适合于苦荞麦中黄酮类成分分析检测时黄酮的提取，但要注意的是有机溶剂的浓度。当浓度过低时，苦荞麦中的芦丁酶可降解芦丁，影响检测结果准确性。超声提取一般考察因素包括提取时间、溶剂浓度、超声功率、料液比等。

5. 微波提取

微波提取机理是微波辐射高频电磁波穿透萃取介质，到达物料的内部维管束和腺胞系统。由于吸收微波能，细胞内部温度迅速上升，细胞内部压力超过细胞壁膨胀承受能力而使细胞破裂。采用微波提取具有溶剂用量少（大约比索氏提取和水浸提法节约溶剂用量 50%～80%）；产品质量好（可以避免长时间高温引起的物料分解，有利于热敏性物料成分的萃取，可最大限度地有效保护天然植物中的功能活性成分）；选择性好（极性较大的分子可以获得较多的微波能，使产品的纯度提高，质量得以改善）；能耗低（由于提取时间显著缩短，可以大大节约能源）等优点。

田世龙等（2008）用微波提取法提取了苦荞麦中的总黄酮，采用正交试验设计，研究表明微波提取法研究苦荞麦中黄酮提取最佳工艺条件为微波时间 270s、乙醇体积分数 60%、固液比 1∶20、振荡提取温度 80℃。王军等（2006）对微波提取苦荞麦麸皮总黄酮的工艺进行了研究。试验结果表明，微波提取的最佳工艺条件为微波功率中档、微波加热 120s、乙醇浓度 80%、料液比 1∶50，该工艺条件下固形物收率达 5.51%；与传统提取方法相比，微波提取法具有节省时间、节约能量、提取效率高、控制方便等优点。

6. 超临界流体萃取

超临界流体萃取技术（superitical fluid extraction，SFE），是利用超临界状态下的流体为萃取剂，从液体或固体中萃取植物中的有效成分并进行分离的方法。超临界流体的理化性质介于液体和气体之间，其密度比气体大100～1000倍，与液体密度相近，由于分子间距离缩短，分子间相互作用大大增强，因而溶解作用近似于液体；超临界流体的黏度非常低，与液体相比，超临界流体的黏度低10～100倍，其扩散系数较高，比液体大10～100倍，超临界流体萃取的传质速率明显高于液体萃取。超临界流体具有良好的溶剂特性，可作为溶剂从植物中萃取出活性成分。当超临界流体在临界温度以上时，压力的微小变化都会引起超临界流体密度、黏度和扩散系数的大幅变化，影响超临界流体对各种成分的溶解能力。正由于超临界流体的性质，决定其能从植物中萃取出有活性成分的液体及固体物质。

可以作为超临界流体的物质很多，如 CO_2、NH_3、C_2H_6、CCl_2F_2、C_7H_{16} 等，实际应用 CO_2 的较多。CO_2 的临界温度（T_c=31.4℃）接近室温，临界压力（P_c=7.37MPa）也不太高，易操作，且本身呈惰性，价格便宜，是植物超临界流体萃取中最常用的溶剂。

姜忠丽等（2007）研究了超临界 CO_2 萃取苦荞麦中芦丁的工艺。他们分别采用索氏抽提法、乙醇浸提法和超临界 CO_2 萃取方法，对苦荞麦中的芦丁进行了提取，确定最佳提取方法为超临界 CO_2 萃取法，并采用正交试验考察了4因素（样品含水量、萃取压力、萃取温度、萃取时间）3 水平对其得率的影响，得出超临界 CO_2 萃取苦荞麦芦丁的适宜工艺条件为苦荞麦粉水分含量 3%、萃取压力 30MPa，萃取温度 35℃、萃取时间 80min。

（二）荞麦酚类的分离与纯化

荞麦酚类主要由黄酮类成分组成，因此，以下主要介绍黄酮类成分的分离纯化方法。

1. 碱提酸沉法

黄酮类化合物有一定的酚羟基，呈弱酸性，易溶于碱性水，难溶于酸性水，故可以用碱性水将粗提物溶解，再将碱水调整为酸性，黄酮类物质可沉淀析出，达到分离纯化的目的。

注意事项：①使用的碱浓度不宜过高，以免在强碱下加热时破坏黄酮类化合物母核；②在加酸酸化时，酸性也不宜过强，以免生成盐，致使析出的黄酮类化合物又重新溶解，降低产品收得率；③当有邻二酚羟基时，可加硼酸保护。

苦荞麦中黄酮主要为芦丁，可参考槐米中芦丁和槲皮素的分离纯化方法进行制备。采用碱提酸沉法提取获得芦丁，重结晶后加硫酸水解得槲皮素。

当从苦荞麦中提取黄酮时，由于淀粉在碱的作用下易呈黏稠糊状，使过滤和干燥十分困难。杨德全等（1997）采用碱提取酸沉淀加醇（甲醇、乙醇和异丙醇等）的方法，使过滤较为顺利，干燥也容易得多了，这是由于醇醚既是芦丁的溶剂，又是淀粉的沉淀剂。实验结果表明，采用碱提取酸沉淀加乙醇的方法从苦荞麦中提取芦丁的较佳条件为苦荞麦：稀碱溶液（pH=8～9）：乙醇=1：15：16（重量比），酸中和时 pH=4。此法提取率高，工艺简单，操作简便，成本低廉，合理可行。

2. 高速离心法

离心技术（centrifugal technique）是根据颗粒在作匀速圆周运动时受到一个外向的离心力的行为而发展起来的一种物理分离技术。离心技术在分离过程中能有效防止植物中有效成分的遗失，不影响有效成分的含量，能较大程度地保存药物的活性成分，而且工艺流程大为缩短、成本降低，比较适合基层应用。周瑞雪等（2006）采用高速离心技术，分别考察了分离因数、分离时间、离心温度、药液密度等因素，可以得到苦荞麦总黄酮含量达50%以上的苦荞麦有效部位，有效成分保留率均能达到75%以上。最终确定苦荞麦黄酮的纯化工艺为离心温度为10℃～25℃、药液密度为1.004～1.008（15℃，药液比为1：4～1：6）、分离因数为5000r/min，相对离心力为2152.2/min、离心时间为15 min。

3. 水提醇沉淀法

苦荞麦中黄酮主要以芦丁为主，根据芦丁和其他杂质溶解性能的差异，进行分离纯化。先用沸水进行提取，可获得芦丁、淀粉、蛋白等的混合液，浓缩，然后加入适当的不同浓度乙醇，使淀粉、蛋白等大分子沉淀，得到含有黄酮的澄清液体。具体操作时应注意以下问题：

（1）药液的浓缩：清膏。

（2）加醇的方式：分次醇沉或以梯度递增方式逐步提高乙醇浓度的方法进行醇沉，有利于除去杂质，减少杂质对有效成分的包裹而被一起沉出损失。

（3）醇量的计算：按药液中乙醇含量（一般为 60%～80%，通过实验确定最佳浓度）计算加入。

（4）冷藏与处理：加乙醇时药液的温度不能太高，加至所需含醇量后，将容器口盖严，以防乙醇挥发。

4. 大孔树脂吸附法

大孔树脂吸附法是以采用特殊的吸附剂吸附其中的有效成分，除去无效成分的一种提取精制的新工艺。该方法具有设备简单、操作方便、节省能源、成本低、产品纯度高、不吸潮等优点，因此大孔树脂吸附法在中药研究和生产中的应用日益广泛。

大孔吸附树脂的原理是以苯乙烯和丙酸酯为单体，加入乙烯苯为交联剂，甲苯、二甲苯为致孔剂，它们相互交联聚合形成多孔骨架结构。树脂一般为白色的球状颗粒，粒度为 20～60 目，是一类不含离子交换集团的交联聚合物。它的理化性质稳定，不溶于酸、碱及有机溶剂，不受无机盐类及强离子低分子化合物的影响。树脂吸附作用是依靠它和被吸附的分子（吸附质）之间的范德华引力，通过巨大的比表面进行物理吸附而工作，使有机化合物根据有吸附力及其分子量大小可以经一定溶剂洗脱分开而达到分离、纯化、除杂、浓缩等不同目的。

一般来说，大孔树脂的色谱行为具有反相的性质。被分离物质的极性越大，其 R_f 值越大，反之 R_f 值越小。对洗脱剂而言，极性大的溶剂洗脱能力弱，而极性小的溶剂则洗脱能力强，故大孔树脂在水中的吸附性强。实际工作中，常先将欲分离的混合物的水溶液通过大孔树脂柱后，再依次用水、浓度由低到高的含水乙醇溶液洗脱，可将混合物分离成若干组分。

根据骨架材料是否带功能基团，大孔吸附树脂可分为非极性、中等极性与极性三类。由于大孔吸附树脂的孔度、孔径、比表面积及构成类型不同而具有许多型号，其性质各异，在应用时需根据具体情况进行选择。常用的大孔吸附树脂有 Amberlite 系列（美国）、Diaion 系列（日本）、GDX 系列（天津试剂二厂）、SIP 系列（上海医药工业研究所），以及南开大学化工厂生产的多种型号的产品，如 AB-8、X-5、NKA-9 等。

于智峰等（2007）通过分析 15 种树脂对苦荞麦黄酮的吸附、解吸特性，综合考虑吸附量、吸附率、解吸率和吸附动力学几方面因素，发现 DM-2 树脂对苦荞麦黄酮吸附量大，而且解吸容易，是一种性能良好的苦荞麦黄酮吸附剂。同时，对影响 DM-2 树脂分离纯化的各因素进行了系统研究，最终确定最佳吸附条件为粗提物浸膏用水溶解后，可选取较高质量浓度清液上样，树脂柱径高比以 1:10 为宜，调节上样液 pH 为 3～4，吸附流速控制在 310mL/min 进行吸附。最佳洗脱条件为用 80mL（5BV 左右）50%乙醇溶液，将 pH 调至 8 左右，以 3mL/min 的洗脱速率进行洗脱。

二、荞麦多糖、糖醇的提取、分离与纯化

荞麦中多糖的提取一般采用水为溶剂。为了减少杂质，可先用非极性或极性低的溶剂除去亲脂性的成分，然后用水浸提取。因为荞麦去果皮和种皮后，色素、脂类物质较少，所以常采用先醇浸，然后水提醇析法提取分离荞麦多糖。

荞麦中多糖的提取分离一般采用水提醇沉法，在水提前可用乙醚、乙醇等除去部分色素、醇溶性物质等。主要提取流程如下：

荞麦→粉碎→回流（乙醚或石油醚、乙醇等）→挥干→热水浸提→离心→滤液浓缩→除蛋白→醇沉→干燥→荞麦多糖。

柴瑞娟等（2007）用 3 倍量石油醚回流脱脂 2 次，将处理后的荞麦放入 70℃的风箱中风干，用水溶液提取荞麦多糖，得率是 16.50%。由于醚的挥发性危害，也有采用其他低极性的溶剂代替。达胡白乙拉等（2007）采用三氯甲烷、丙酮抽提除去色素和有机试剂溶物，然后再提取。这些溶剂虽然对脂类、色素等亲脂性物质的去除效果好，但由于对健康、环境有危害，对水体、土壤和大气可造成污染，没有被广泛采用。颜军等（2011）对上述两种提取工艺进行了改进，提出了醇浸水提醇沉法提取荞麦多糖新工艺，这种方法在荞麦多糖提取前，先用醇浸提，这样可将色素等醇溶物先提取出来，而且使蛋白质变性。通过方法的改进避免了醚类对人体健康、环境的危害，也减少了水提醇析法复杂的脱色操作，且提取出的多糖色白。

此外还有碱浸提法、微波辅助萃取法、酶法等。

多糖的纯化是指将多糖混合物分离为单一多糖的过程。根据多糖性质的差异，纯化可采用不同的方法。根据分子量大小不同，用凝胶色谱、中空纤维超滤等技术进行分级分离是最常用的方法。根据多糖阴离子电荷密度的不同，可利用离子交换色谱或季铵配合物的生成进行分级分离。根据多糖在乙醇中的溶解度不同，逐级增加乙醇的浓度而使多糖分步沉淀下来。凝胶色谱法是目前最常用的、简单而有效的方法。但是，要想获得单一多糖，仅仅采用一种方法是达不到要求的，往往要采用两种或两种以上的方式组合分离纯化才能获得。具体方法主要包括：凝胶色谱法、离子交换柱层析法、分级沉淀法、季铵盐沉淀法等。

颜军等（2011）采用 DEAE-纤维素填料分离纯化了采于凉山地区的苦荞麦多糖，获得 3 个组分 TBP-1、TBP-2 和 TBP-3。徐德平等（2010）采用 DEAE-纤维素柱对山西省灵邱县苦荞麦粉中提取的荞麦多糖进行了纯化，获得了 3 个多糖组分。许文涛等（2009）采用 DEAE-Sepharose 柱层析纯化，得到荞麦多糖（FEP）。

D-手性肌醇的降糖活性得到了越来越广泛的关注。国外主要通过化学合成、自然资源提取为主，但此法生产成本高，工艺复杂，不利于大规模生产。也有用发酵、高压水解、酶工程技术等方法生产制备 *D*-手性肌醇，但存在反应效率低、废水产量大、成本高等诸多问题。于寒松（2010）等使用 50%乙醇为溶剂、料液比为 1∶15、提取时间为 30min、浸提温度为 50℃的条件提取荞麦愈伤组织中的 *D*-手性肌醇，提取率为 84.59%。卢丞文（2007）采用 3 种不同的方法对荞麦中 *D*-手性肌醇的粗提工艺进行优化，分别为不同溶剂提取法、微波法、超声法。结果表明，不同溶剂提取法中，以 50%乙醇、料液比 1∶20、30℃条件下提取 1.5h 效果最好，*D*-手性肌醇含量最高达 4.95mg/g；微波法提取法的最佳工艺为：245W、微波加热时间 125s、乙醇浓度 80%、料液比 1∶30，此时 *D*-手性肌醇含量高达 5.11mg/g；采用超声法提取时，乙醇浓度 50%、料液比 1∶15、提取时间 30min、

浸提温度 50℃效果最佳,D-手性肌醇含量达 5.19mg/g。在此基础上,卢丞文(2007)采用微生物发酵、荞麦萌发的方法提高 D-手性肌醇的含量,并达到了良好的效果。荞麦中以荞麦麸皮为原料提取 D-手性肌醇的研究发现,麸皮是荞麦籽粒中 D-手性肌醇及其衍生物含量最高的部分。以水或乙醇水溶液为提取剂,从荞麦麸皮中提取 D-手性肌醇及其衍生物,提取液过滤浓缩后,采用高压水解处理,打开 D-手性肌醇衍生物的半乳糖苷键,释放出 D-手性肌醇单体,再经活性炭脱色、离子交换树脂分离精制,可得到 D-手性肌醇单体含量达 30%以上的产品。

三、荞麦其他成分的提取、分离与纯化

荞麦淀粉与玉米、小麦、大米等淀粉不同,荞麦淀粉具有一定的调节糖脂代谢的生理活性。荞麦淀粉的一般提取分离过程包括:苦荞麦→清理→碾磨筛分→苦荞心粉→碱液浸提→等电点沉淀蛋白→水洗→苦荞麦淀粉。顾娟(2008)等分析荞麦淀粉理化性质,其提取过程包括称取荞麦粉 50g,荞麦粉与浸泡液质量比为 1:2.5,加入无水亚硫酸氢钠 0.3250g,浸泡温度 20℃,浸泡 30min。浆乳在4500r/min 离心 20min,反复洗涤离心 3~4 次。分离出的淀粉在 40℃下鼓风干燥10h。粉碎、过筛,即得到成品。张国权等(2008)通过优化提取工艺,实现淀粉、黄酮、蛋白质的同时提取。荞麦粉与一定浓度乙醇溶液按相应料液比调浆,在 35~55℃下浸泡一定时间后,4000r/min 离心 10min,上清液经旋转蒸发浓缩、干燥得黄酮提取物。残渣按 1:2 的比例加蒸馏水调浆后调 pH 值至 10.0,浸提 30min 后,4000r/min 离心 10min,刮取上层深色部分,重复 1 次。上清液合并,调 pH 值至4.5 左右,4000r/min 离心 10min,沉淀部分在 45℃干燥得荞麦蛋白;合并刮取的上层深色部分,45℃干燥得黑淀粉;下层沉淀经脱水、干燥得荞麦淀粉。荞麦蛋白可用碱提酸沉法。荞麦加碱液振荡加热提取,料液比 1:20、50℃、pH=11 条件下浸提 3h,3000r/min 离心 5min,取上清液,调至蛋白质等电点(pI=3.8),离心后得沉淀,离子水冲洗至中性,真空冷冻干燥可得荞麦粗蛋白。

第四节　荞麦活性成分分析检测

一、荞麦酚类含量的检测

(一)紫外分光光度法

紫外分光光度(UV)法是通过被测物质在紫外光区的特定波长或一定波长范围内光的吸收度,对该物质进行定性和定量分析的方法。紫外光谱是物质在 200~

400nm 的近紫外光区和 400～800nm 的可见光区的吸收光谱。UV 图提供两个重要数据：吸收峰的位置和光吸收强度。利用荞麦黄酮母核上有 3-OH/5-OH，B 环上有邻苯二羟基（这是黄酮类化合物的典型结构），可与 Al^{3+} 在碱性溶液中生成黄色的黄酮铝的原理测定其含量。常见有芦丁法、$NaNO_2$-$Al(NO_3)_3$ 法和 $AlCl_3$ 法，其中 $AlCl_3$ 更适合应用于苦荞麦黄酮的含量测定（徐宝才，2003a）。

总酚的测定一般在样品提取液中加入福林-酚试剂及碳酸钠溶液，在室温下避光反应 1h，765nm 波长处测定样品的吸光度，根据没食子酸标准曲线计算总酚含量。李文飞等（2018）采用单因素实验结合正交试验优化苦荞芽多酚的提取方法，最终确定甲醇体积分数 60%、提取时间 80 min、提取温度 60℃、料液比 1：40g/mL，苦荞芽多酚的提取量高达 83.51mg/g。

（二）薄层扫描法

薄层扫描法（thin layer chromatography scan，TLCS）是指用一定波长的光照射在薄层板上，对薄层色谱中有吸收紫外光或可见光的斑点，或经激发后能发射出荧光的斑点进行扫描，将扫描得到的图谱及积分数据用于药品的鉴别、杂质检查或含量测定。该方法具有取样量少、操作简便、分离效果好、结果准确等特点。

景仁志等（1997）采用此法测定了苦荞叶中芦丁的含量。在一张聚酰胺薄膜上同时对标样和待测样品进行薄层分析，层析完毕后用 0.1mol/L 的 $AlCl_3$ 甲醇溶液染色。确定 λ_r 为 510nm，λ_s 为 410nm，根据两点工作法公式（$C = F_1A + F_2$），求得样品的芦丁含量。其标准差为 0.093，变异数为 3.29%，结果与目前常用的标准曲线工作方法比较，具有更准确、更可靠的优点。

但由于薄层扫描法的灵敏度与分离效率不及高效液相色谱法，因此目前测定多酚、黄酮等成分多采用高效液相色谱法。

（三）高效液相色谱法

高效液相色谱法（high performance liquid chromatography，HPLC）是测定荞麦中酚类、黄酮类成分最普遍使用的一种方法。该方法具有分离效率高、灵敏、准确等优点，对各类黄酮化合物均可获得良好的分离效果。由于黄酮类化合物大多具有多个羟基，黄酮苷含有糖基，花色素类为离子型化合物，故用高效液相色谱分离时，往往采用反相柱色谱。常用的洗脱剂为含有一定比例的甲酸或乙酸的水-甲醇溶剂系统或水-乙腈溶剂系统。检测器一般采用紫外检测器、二极管阵列检测器、质谱检测器等。根据实际需求选择适当检测器。

采用高效液相色谱法和外标一点法同时测定苦荞麦及苦荞芽中多种酚类成分（图 5.3），主要方法如下。

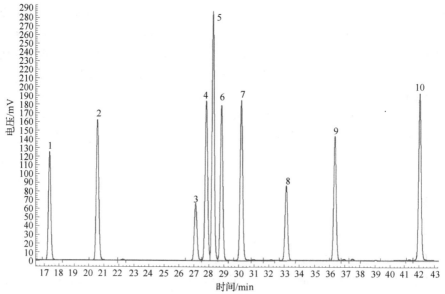

1. 绿原酸；2. 咖啡酸；3. 对香豆酸；4. 荭草素；5. 异荭草素；
6. 阿魏酸；7. 牡荆素；8. 芦丁；9. 槲皮苷；10. 槲皮素。

图 5.3　10 种混合标准品色谱图

　　黄酮和酚酸类物质的提取：样品冷冻干燥，研磨成细粉。取 10～15mg 的样品，用含 10%磷酸（0.1%）的 15mL 甲醇提取，在室温下旋涡 5min，并在 37℃培养箱中存储 3h，且每隔 1h 涡流 5min。在 1000g 离心 5min 后，取上清液通过 0.45μm 聚四氟乙烯过滤器过滤，用于高效液相色谱分析。

　　色谱条件：Kromasil100-5C$_{18}$色谱柱（250mm×4.6mm，5μm）；柱温 40℃；进样量 20μL（满环进样）；检测波长 350nm；流动相 A 为甲醇：水：乙酸（5：92.5：2.5）；流动相 B 为甲醇：水：乙酸（95：2.5：2.5）；流速为 1mL/min；洗脱程序为 0.01～55min，0%～80%；55.01min，0%；65min，停止。

　　采用高效液相色谱法测定苦荞麦、苦荞麦产品中芦丁、槲皮素、山柰酚的含量，发现芦丁为苦荞种子中的主要有效成分，苦荞种子中槲皮素与山柰酚含量极低，部分未能检出。苦荞麦产品中，多以检测芦丁为质控指标，因此相关检测条件可进一步简化。

　　色谱条件：色谱柱为 Diamonsil C$_{18}$色谱柱（4.6mm×250mm，5μm）；流动相采用乙腈、0.3%磷酸水溶液进行梯度洗脱，检测波长 365nm；柱温 30℃；流速 1.0mL/min；进样量 20μL。此时芦丁保留时间约为 9.5min。

　　样品制备方法：目前主要有超声提取、回流提取、索氏提取等。通过比较分析，发现三者差异不大。采用甲醇作为提取溶剂。甲醇浓度会影响芦丁与槲皮素的含量，必须引起重视。低浓度甲醇下，由于苦荞麦种子中芦丁降解酶活性尚存在（对已经过加工的产品，芦丁降解酶一般已失活），样品提取过程及存放过程中芦丁会转化为槲皮素，因此最终结果不能代表真实结果。

徐宝才等（2003b）采用 Hypersil ODS（4.6mm×100mm；5μm）色谱柱，可变波长检测器，波长 354nm。以流动相 A、B 进行梯度洗脱，流动相 A：体积分数为 65%的甲醇溶液（含质量分数为 0.5%乙酸）；流动相 B：超纯水（含质量分数为 0.5%乙酸）。流量 0.8mL/min；进样量 5μL，10min 完成样品分析。以芦丁为标样，峰面积外标法定量。样品不水解，直接进行分析，测得四川苦荞麦黄酮主要由槲皮素-3-芸香糖葡萄糖苷、芦丁、山奈酚-3-芸香糖苷和槲皮素 4 种主要成分组成，且黄酮含量为麸皮>外层粉>壳>心粉。芦丁是其主要成分，在苦荞麦籽粒各部分中占总黄酮的质量分数达 90%以上。

张琪等（2003）采用迪马 Diamonsil C_{18} 250×4.6m 色谱柱，甲醇-0.4%磷酸水溶液（55：45）为流动相，检测波长为 257nm，理论塔板数按芦丁峰计算应不低于 1800，测定苦荞麦种子中芦丁的含量。线性范围 2.52~25.2μg，回收率为 99.79%，相对标准偏差（relative standard deviation，RSD）为 0.53%。从实验结果中发现，总黄酮的含量与芦丁含量表现有一定相关性。芦丁占总黄酮量的 50%以上，因此他建议将芦丁的含量作为评价苦荞质量标准，其含量不得少于 0.8%；若采用比色法测定总黄酮，以芦丁计应不少于 1.0%。

（四）毛细管电泳-电化学法

毛细管电泳-电化学法（capillary electronphoresis-electrochemical detect，CE-ED），有快速、高效、所需样品量小、对电活性物质有较高选择性和灵敏度等优点，弥补了 HPLC 分析时间长、操作复杂、仪器昂贵等缺点，且能避免食品中的共存物质污染或损坏色谱柱，缩短色谱柱的使用寿命。该方法适用于复杂生物体系的研究，如荞麦中的活性成分测定。

侯建霞等（2007）利用 CE-ED 研究了荞麦中黄酮类物质（表儿茶素、芦丁、槲皮素）的含量，研究了电极电位、缓冲液的 pH 值、分离电压及进样时间对电泳的影响，得到优化的测定条件。以直径为 300μm 的碳圆盘电极为检测电极，工作电极电位为 0.95V（相对于饱和甘汞电极 vs.SCE），在 50mmol/L 硼砂（pH=8.5）运行缓冲液中，上述各组分在 12min 内完全分离。表儿茶素、芦丁、槲皮素检出限分别为 $1.83×10^{-7}$g/mL、$2.9×10^{-8}$g/mL、$1.00×10^{-7}$g/mL；3 种标样 7 次平行进样的 RSD 小于 2.5%；表儿茶素的回收率表为 100.4%、芦丁为 98.1%、槲皮素为 100.1%，该法灵敏，结果可靠。

荞麦中酚酸类与黄酮类化合物的检测方法见表 5.6。

表 5.6　荞麦中酚酸类与黄酮类化合物的检测方法

方法	检测成分	检测方法	参考文献
高效液相色谱法	荞麦的瘦果、芽及其他部分中的槲皮素、芦丁、酚酸类化合物	反相高效液相色谱与二极管阵列检测器联用高效液相色谱与电化学检测器联用	Danila et al.，2007；Koyama et al.，2013
电喷雾离子阱飞行时间质谱法	荞麦粉中的酚酸类化合物		Verardo et al.，2010；Amézqueta et al.，2012
光电二极管阵列质谱法	荞麦的胚、胚乳、种皮和壳中的黄酮类化合物		Li et al.，2010
毛细管电泳法	荞麦的花、叶、根和瘦果中的槲皮素	毛细管电泳与紫外检测器联用毛细管电泳与电化学检测器联用毛细管电泳与安培检测器联用	Dadáková and Kalinová，2010；Koyama et al.，2013
无损害近红外反射光谱法	芦丁、手性肌醇		Yang et al.，2008

二、荞麦中多糖、糖醇的检测

多糖、糖醇类成分在紫外-可见区域没有特征吸收，因此不能直接利用光谱法对其进行研究。糖类能与某些酚类化合物发生显色反应，所以，一般都采用酚类显色法来定测多糖的含量。色谱法主要用于分析多糖的单糖组成；糖醇需要采用蒸发光散射、质谱检测器等进行分析。荞麦糖类成分分析方法主要有以下几种。

（一）苯酚-硫酸法

根据多糖及其衍生物在浓无机酸的作用下（一般采用浓硫酸）水解为单糖，单糖继续脱水生成糠醛或糠醛的衍生物，与酚类、芳胺类等缩合成有色化合物，戊糖变成糠醛，己糖相应地生成 5-羟甲基糠醛。

徐光域等（2005）对传统的苯酚-硫酸法方法进行了改进，提高了检测的重现性与准确度。传统的苯酚-硫酸法在加入硫酸时，系统显色温度相差较大，造成相应的偶然偏差。用该方法对不同浓度多糖溶液同一管样品分别测定 6 次，其吸光度差值在 0.20 之内，其重现性较差。改进后的方法，由于先将水和硫酸混合，对浓硫酸起到了稀释作用，用冰水冷却最后加入苯酚晶体，配成显色液。通过沸水浴加热来使其显色，保证了反应系统温度一致，减少了多次操作不一致所带来的误差，很好地解决了检测的重现性与准确度。

（二）蒽酮-硫酸法

多糖类化合物在浓硫酸的作用下水解为单糖，并迅速生成糠醛衍生物，糠醛衍生物再与蒽酮缩合产生蓝绿色物质，其在可见光区 620nm 波长处有最大吸收。

生成有色物质的光吸收值在一定范围内与糖的含量呈线性关系，故可用比色法在620nm波长下测定多糖的含量。

（三）DNS法

还原糖在碱性条件下加热被氧化成糖酸及其他产物，3,5-二硝基水杨酸则被还原为3-氨基-5-硝基水杨酸，此化合物在过量的氢氧化钠碱性溶液中呈橘红色，在540nm波长下有最大吸收峰。在一定范围内，还原糖的量与橘红色物质颜色的深浅成正比。利用分光光度计，在540nm波长下测定吸光值，由标准曲线计算，便可求出样品中还原糖和总糖的含量。

（四）气相色谱法

气相色谱法具有样品用量少、选择性好、分辨率好、灵敏度高等优点，在国内外糖类物质的测定中得到了广泛应用。但是由于糖类本身没有足够的挥发性，必须经过一次或两次的衍生反应，转变成易挥发、热稳定性好的物质后才能进行衍生化（gas chromatography，GC）测定。对衍生化单糖分离鉴定使用最多的是氢火焰离子化检测器（flame ionization detector，FID），也有采用质谱检测器（MS）的。此法可定性、定量地分析多糖的组分及含量。

多糖酸水解物或甲醇解（用盐酸-甲醇）物，用三甲基硅烷基化（TMS）或三氟乙酰化（TFA）转化为硅烷化产物或二酰化产物进行气相色谱分析。但乙酰化之前，先用 KBO_4 或 $NaBH_4$ 将糖还原成开链的糖醇化合物较好。多糖用甲醇解方式把半缩醛甲基化，形成甲基糖苷后再 TMS 化，异构物减少，有利于分辨。常以甘露醇或肌醇为内标，用已知的各种单糖作标准。此外，由于单糖存在的异构化，在单糖衍生物的制备中，同时会产生衍生物的异构体，给单糖的气相色谱分析带来困难。因此，选择适宜单糖的衍生化条件，使每种糖得到单一的色谱峰极其重要。

徐宝才等（2003c）用气相色谱-质谱联用、气相色谱、高效液相色谱三种方法检测苦荞麦中 D-手性肌醇的含量，并且对 3 种方法进行了比较，结果表明，对于糖种类繁多，且含量较低的样品，采用 GC 特别是采用毛细管柱，其分离效果是 HPLC 无法比拟的。但在 GC 分析过程中，发现样品的干燥程度，衍生化试剂量、衍生化过程中的密封性，衍生化后样品的溶解性都会影响实验结果，操作烦琐，并会造成样品的损失。

（五）高效液相色谱法

高效液相色谱法有分离速度快、分辨率高、分离效果好、重现性好、不破坏样品的优点。糖类本身在紫外可见区域没有吸收，只能采用示差折光检测器（refractive index detector，RID）或蒸发光散射检测器（evaporative light-scattering detector，ELSD）等通用型检测器，或将糖类成分进行衍生化处理改善其分离选择性和提高检测灵敏度。采用 HPLC 分析时，色谱柱的选择也比较困难，一般采用氨基柱或专用的糖柱。

1. 高效液相-示差折光检测法（HPLC-RID）

示差检测器为质量型检测器，HPLC-RID 分析是液相色谱测定糖的方法中最简单的一种。测定热不稳定的单糖和低聚糖效果较好，尤其在多糖相对分子质量测定方面是较优越的方法，但检测灵敏度和选择性比较低且难以用于梯度洗脱。颜军等（2011）采用凝胶过滤色谱结合示差折光检测法测定了苦荞麦多糖 TBP-1、TBP-2 和 TBP-3 3 个组分的相对分子质量。TBP-1、TBP-2 和 TBP-3 的相对分子质量分别为 144544、445656 和 636795。彭镰心等（2009）采用 HPLC-RID 对不同品种的荞麦中 D-手性肌醇含量进行测定，发现不同品种荞麦中 D-手性肌醇含量差异较大，其中，"威 93-8" 含量相对较高。由于示差折光检测器的灵敏度相对较低，基线稳定性相对较差，因此，部分学者选择采用 HPLC-ELSD 对荞麦中的 D-手性肌醇进行检测。

2. 高效液相-蒸发光散射检测法（HPLC-ELSD）

ELSD 是一种通用型的检测器，可检测挥发性低于流动相的任何样品，而不需要样品含有发色基团。蒸发光散射检测器灵敏度比示差折光检测器高，对温度变化不敏感，基线稳定，适合与梯度洗脱液相色谱联用。

ELSD 工作分为雾化、蒸发、检测 3 步。①雾化。液体流动相在载气压力的作用下在雾化室内转变成细小的液滴，从而使溶剂更易于蒸发。液滴的大小和均匀性是保证检测器的灵敏度和重复性的重要因素。②蒸发。载气把液滴从雾化室运送到漂移管进行蒸发，在漂移管中，溶剂被除去，留下微粒或纯溶质的小滴。③检测。光源采用 650nm 激光，溶质颗粒从漂移管出来后进入光检测池，并穿过激光光束，被溶质颗粒散射的光通过光电倍增管进行收集，溶质颗粒在进入光检测池时被辅助载气所包封，避免溶质在检测池内的分散和沉淀在壁上，极大增强检测灵敏度并极大地降低了检测池表面的污染。

Yang 等（2008）采用 HPLC-ELSD 建立了荞麦种子及其产品中 DCI 的检测方法，样品通过乙醇提取后，加入 TFA 进行水解，用 HPLC-ELSD 检测。结果表明，该方法与 GC 法相比，具有操作简单、准确高效的特点，适用于荞麦及其产品中 D-手性肌醇的检测。

3. 柱前衍生-液相色谱法（PCD-HPLC）

由于糖本身在紫外区无吸收，可以通过衍生使糖类化合物变成具有紫外吸收的物质，以改善其分离选择性和提高检测灵敏度。常用的糖类紫外衍生化试剂有1-甲基-3-苯基-5-吡唑啉酮（PMP）、对氨基苯甲酸乙酯、2,4-二硝基苯、对甲氧基苯胺、2-氨基吡啶、苯甲酰氯、6-氨基喹啉、苯甲酸等。伯胺基衍生化试剂是目前最常用的，但不足之处是须经 6h 以上的还原反应才可生成稳定的叔胺衍生物，且不能还原酮糖。PMP 也是常用的衍生化试剂，而对氨基苯甲酸乙酯是一个适合于所有类型衍生化的试剂。

PMP 在碱性的条件下，与单糖反应生成糖衍生物。PMP 糖衍生物样品制备过程是：取样品溶液与一定量的 NaOH 溶液和一定量的 PMP 甲醇溶液，混匀；在70℃水浴中反应一定时间；取出，冷却；加一定量的 HCl 溶液中和；再加 2mL 的氯仿萃取；将水相供 HPLC 分析。优点主要有两个：第一，大大增加了检测灵敏度。PMP 紫外吸收很强，250nm 处摩尔吸光系数为 3 万；第二，降低了糖的极性。这为反相分离各种单糖增加了选择性。

颜军等（2011）采用 PMP 柱前衍生 HPLC 分析苦荞麦多糖的单糖组成，5 种单糖和 2 种糖醛酸的衍生物分离度良好。通过此方法测定 3 个苦荞麦多糖组分。TBP-1 和 TBP-2 是由葡萄糖组成的均一多糖；TBP-3 是由甘露糖、鼠李糖、葡萄糖醛酸、葡萄糖、半乳糖、阿拉伯糖组成的杂多糖，其物质的量比为 4.32 : 2.41 : 1.00 : 39.8 : 9.64 : 2.02。

4. 高效毛细管电泳法

高效毛细管电泳（HPCE）法是 20 世纪 80 年代发展起来的一种新型的技术，主要特点是快速、高效和灵敏度高，加之所需样品少，并且在电泳时可不要求样品带电，因此被广泛应用于各领域。在糖类分析方面主要集中于单糖和寡糖。因为糖类物质在紫外区无吸收或缺少荧光生色基团，用 HPCE 法测定糖类物质时，一般需要对糖进行柱前衍生化。常用的衍生化试剂对不同类型的糖均可起到衍生化作用，包括三类：①氨基吡啶、2-氨基苯甲酸等，通常只能用于醛糖类还原糖的衍生；②1,2-二氯芳香化合物、芴甲氧羰酰氯（fluorenylmethyl ester-chlorine，Fmoc-Cl）等，通常是氨基苯的衍生化试剂；③PMP 或醛酮物质。近 20 多年来，HPCE 法在多糖分离和定量分析方面有广泛的应用。也有人指出，高效毛细管电泳用于多糖的分析应该仍然处于探索阶段。侯建霞（2007）等用毛细管电泳-电化学检测（CE-ED）法分离并测定了荞麦中游离态的肌醇和 D-手性肌醇，与 GC 相比，CE-ED 样品处理简单，不需要衍生化及其他预处理过程。与 HPLC 相比，成本低、试剂用量少、安全无毒，但是这种方法最大的缺点是测定结果相对不如高效液相色谱准确，在做定量分析时不够精确。

三、荞麦中蛋白与多肽类化合物的检测

蛋白质的定量方法主要有凯氏定氮法，双缩脲法（Biuret 法）、Folin-酚试剂法（Lowry 法）、考马斯亮蓝法（Bradford 法）、紫外吸收法、十二烷基硫酸钠-聚丙烯酰胺凝胶电泳法（SDS-PAGE 法）。其中，Lowry 法是用于微定量荞麦中蛋白质应用最广泛的方法，SDS-PAGE 法也是近年来广泛用于测定荞麦中蛋白质组成的方法。荞麦蛋白主要由清蛋白、球蛋白、醇溶蛋白、谷蛋白、残渣蛋白组成。通过硫酸铵分级沉淀、离子交换色谱、凝胶过滤色谱等方法对苦荞麦蛋白进行分离纯化，可得到荞麦的 4 种主要蛋白质，即清蛋白、球蛋白、谷蛋白和醇溶蛋白。Tomotake 等（2002）通过碱抽提和等电点沉淀法提取荞麦蛋白并用 Lowry 法测定其含量，比较了荞麦蛋白（68.5%占干重）、大豆蛋白（85.4%占干重）和酪蛋白（83.3%占干重）的蛋白质含量。高冬丽等（2008）采用 SDS-PAGE 法测定了 2 个栽培种苦荞麦与甜荞麦籽粒中的蛋白组成，说明荞麦清蛋白主要由低分子量的亚基构成；甜荞麦球蛋白组分包含由中等到低分子量范围的 5～12 种亚基，甜荞麦谷蛋白主要由分子量为 43～66.2kDa 的 3～5 种亚基组成；苦荞麦球蛋白主要由 8 种亚基组成，苦荞麦谷蛋白主要由分子量为 31～43kDa 的 2 种亚基组成。

荞麦蛋白的氨基酸组成平衡合理。荞麦富含 17 种氨基酸，分别是甘氨酸、丙氨酸、缬氨酸、亮氨酸、异亮氨酸、苯丙氨酸、脯氨酸、色氨酸、丝氨酸、酪氨酸、甲硫氨酸、苏氨酸、天冬氨酸、谷氨酸、赖氨酸、精氨酸、组氨酸，其中，8 种必需氨基酸，特别是赖氨酸的含量丰富。Christa 等（2008）报道荞麦蛋白中赖氨酸含量为 4.9%～6.2%，其他必需氨基酸含量分别为亮氨酸 2.8%～6.1%、苯丙氨酸 2.0%～4.4%、异亮氨酸 2.6%～3.4%、缬氨酸 3.4%～5.0%、苏氨酸 1.9%～4.0%、甲硫氨酸 1.0%～2.3%、色氨酸 1.5%～2.1%。阮景军等（2008）报道荞麦蛋白中的 8 种必需氨基酸组成与鸡蛋接近，含量明显高于小麦、大米和玉米，赖氨酸含量（6.1%）比鸡蛋还高。除传统的化学法、分光光度法外，近年来氨基酸分析检测的常用方法主要有柱后衍生阳离子交换色谱法（HPCEC）、柱前衍生反相高效液相色谱法（RP-HPLC）、积分脉冲安培检测法（HPAEC-IPAD）、超高压液相色谱法（UPLC）、毛细管电泳法。对于荞麦中氨基酸的定量检测，氨基酸自动分析仪是目前应用最广泛的技术手段。氨基酸分析仪是柱后衍生阳离子交换色谱法，采用阳离子交换色谱分离、茚三酮柱后衍生法，对蛋白质水解液及各种游离氨基酸的组分含量进行分析。氨基酸分析仪的基本结构与 HPLC 分析系统相似，但针对氨基酸分析进行了细节优化，如氮气保护、惰性管路、在线脱气、洗脱梯度及柱温梯度控制等。除灵敏度（即最低检测限）比 HPLC 柱前衍生法稍低以外（HPLC：<0.5pmol；氨基酸分析仪：<10pmol），其他如分离度、重现性、操作简

便性、运行成本等方面，都优于其他分析方法。Peng 等（2017）采用 UPLC-MS 分析了不同品种苦荞麦心粉与皮粉中 20 种氨基酸的含量，所用方法精确稳定，灵敏度高，能同时测定多种氨基酸含量。

荞麦活性肽具有比荞麦蛋白更好的理化性质。荞麦蛋白的很多活性和功能性与蛋白消化后产生的肽有密切联系，这是因为荞麦蛋白通过水解释放的肽片段具有稳定活性氧、抑制脂质氧化及清除自由基的活性（Ma et al.，2010）。天然多肽的分析检测主要是通过色谱分离技术（如柱层析、HPLC 分离纯化、毛细管点色谱）和毛细管电泳技术将多肽分离纯化后进行检测研究，检测手段包括 HPLC、毛细管电泳、质谱分析 [快原子轰击质谱（FAB-MS）、电喷雾电离质谱（ESI-MS）、基质辅助的激光解吸电离飞行时间质谱（MALDI-TOF-MS）]、核磁共振（NMR）。采用木瓜蛋白酶、蛋白酶复合物、碱性蛋白酶、风味蛋白酶和中性蛋白酶等水解荞麦蛋白，可得到荞麦多肽。Ma 等（2010）采用碱抽提和等电点沉淀法提取荞麦蛋白后，用 HPLC 分离纯化多肽并用质谱串联对多肽组分进行定性分析。

四、荞麦中其他活性成分的检测

荞麦中还含有一些其他活性成分。包塔娜等（2003）将苦荞麦麸皮通过石油醚、乙醇有机溶剂萃取再经硅胶柱层析，采用电喷雾离子质谱测定化合物分子量、核磁共振测定化合物结构，检测到苦荞麦麸皮中的 β-谷甾醇、过氧化麦角甾醇、大黄素、胡萝卜甙等。韩军花等（2006）用气相色谱仪–氢火焰离子检测器联用技术测得荞麦中 5 种甾醇的含量分别为 β-谷甾醇 76.0%、菜油甾醇 8.74%、豆甾醇 0.97%、β-谷甾烷醇 12.42%。Peng 等（2013）采用高效液相色谱法建立了苦荞麦及其制品中大黄素的快速分析方法，结果表明苦荞麦种子中大黄素含量为 1.72～2.71mg/kg，由于大黄素具有广泛的生理活性，因此是否与苦荞麦功能特性有关，待进一步阐明。

此外，荞麦中还含有多羟基哌啶化合物（含氮多羟基糖）。通过阳离子交换液质联用、电喷雾电离质谱法和简单的四极杆分析器技术（ESI-Q-MS），去壳荞麦中的 D-荞麦碱已从它的非对映异构体中分离出来（Amézqueta et al.，2012）。Amézqueta 等（2012）实现了植物和食物中 D-荞麦碱的方便准确的测定。另外，5 种不同分离技术与气相色谱–质谱联用用于测定荞麦中的芳香类物质，包括动态顶空（dynamic head space，DHS）与冷阱或吸附剂联用、固相微萃取（solid sorptive extraction，SPME）、顶空吸附萃取（head space sorptive extraction，HSSE）、溶剂萃取法（solvent extraction，SE）和同时蒸馏萃取（simultaneous distillation extraction，SDE）。反向相高效液相色谱法配合光度检测（306 nm）和碳糊电极安培检测已应用于荞麦中白藜芦醇的测定。

参 考 文 献

包塔娜，周正质，张帆，等，2003. 苦荞麦麸皮的化学成分研究[J]. 天然产物研究与开发，15（2）：116-117.

边俊生，李红梅，陕方，等，2007. 荞麦提取物中 D-手性肌醇测定方法的研究[C]. 第四届中国杂粮产业发展论坛论文集，213-215.

柴瑞娟，马加红，徐的琴，2007. 水溶液提取荞麦水溶性多糖的研究[J]. 食品工业科技，28（4）：163-164.

崔霞，2006. 苦荞麦活性肽的分离提取及其理化特性的研究[D]. 沈阳：沈阳农业大学..

达胡白乙拉，乌仁，任晓娟，等，2007. 荞麦花多糖的提取及含量测定[J]. 光谱实验室，24（2）：116-118.

杜双奎，李志西，于修烛，2003. 荞麦淀粉研究进展[J]. 食品与发酵工业，29（2）：72-75.

丰凡，2007. 荞麦多肽制备及生物活性研究[D]. 杨凌：西北农林科技大学.

高冬丽，高金锋，党根友，等，2008. 荞麦籽粒蛋白质组分特性研究[J]. 华北农学报，23（2）：68-71

苟君波，胡洪利，吴琦，等，2011. 荞麦中金属元素的主成分和聚类分析[J]. 食品科学，32（16）：318-321.

顾娟，洪雁，顾正彪，2008. 荞麦淀粉理化性质的研究[J]. 食品与发酵工业，34（4）：36-39.

郭刚军，何美莹，邹建云，等，2008. 苦荞黄酮的提取分离及抗氧化活性研究[J]. 食品科学，29（12）：373-376.

郭晓娜，姚惠源，2007. 苦荞麦抗肿瘤蛋白的分离纯化及结构分析[J]. 食品科学，28（7）：462-465.

郭晓娜，姚惠源，2010. 苦荞麦蛋白对乳腺癌细胞的增殖抑制作用[J]. 食品科学，31（19）：317.

郭晓娜，姚惠源，2011. 光谱法研究变性剂对苦荞麦蛋白质构象的影响[J]. 光谱学与光谱分析，31（6）：1611-1614.

韩军花，冯妹元，王国栋，等，2006. 常见谷类、豆类食物中植物甾醇含量分析[J]. 营养学报，28（5）：375-378.

侯建霞，汪云，程宏英，等，2007. 毛细管电泳-电化学检测测定荞麦中表儿茶素、芦丁、槲皮素的含量[J]. 食品科技，32（2）：241-244.

惠丽娟，2008. 荞麦及荞麦食品研究进展[J]. 粮食加工，33（3）：78-80.

贾玮玮，刘敦华，2009. 宁夏荞麦开发利用研究进展[J]. 保鲜与加工（1）：1-4.

姜忠丽，季淑娟，2007. 超临界 CO$_2$ 萃取苦荞麦中芦丁的工艺研究[J]. 粮油加工（4）88-90.

姜忠丽，康艳红，辛士刚，2008. ICP-AES 法测定苦荞麦中的矿物元素[J]. 粮食与饲料工业（8）：45-46.

景仁志，陈波，葛绍荣，等，1997. 薄层扫描法测定苦荞叶中芦丁的含量[J]. 四川大学学报（自然与科学版）（6）：77-78.

赖芸，肖海，黄真，2009. 荞麦多糖对小鼠睡眠功能和自发活动的影响[J]. 赣南医学院学报，29（1）：5-6.

李红敏，周小理，2006. 荞麦多肽的制备及其抗氧化活性的研究[J]. 食品科学，27（10）：302-306.

李文飞，赵江林，唐晓慧，等，2018. 超声辅助提取苦荞芽多酚及其抗氧化活性分析[J]. 食品科技，43（6）：231-235.

刘航，徐元元，马雨洁，等，2012. 不同品种苦荞麦淀粉的主要理化性质[J].食品与发酵工业，38（5）：47-51.

刘清，王敏群，孙丽枫，等，2007. 荞麦不同组成部分中金属元素含量及分析[J]. 中国卫生检验杂志，17（7）：1218-1219.

卢承文，2007. 荞麦中 D-手性肌醇分离提取与纯化研究[D]. 长春：吉林农业大学.

吕琳琳，罗维巍，张咏梅，2009. 微波消解-ICP-AES 法测定荞麦、燕麦、大麦中多种微量元素[J]. 食品科学（8）：187-189.

潘亚平，张振海，丁冬梅，等，2013. 黄酮类化合物肠道细菌生物转化的研究进展[J]. 中国中药杂志，38（19）：3239-3245.

彭镰心，勾秋芬，胡一冰，2009，等. 反相高效液相色谱法测定选荞 1 号中的手性肌醇[J]. 时珍医国药，20（10）：2507-2508.

阮景军，陈惠，2008. 荞麦蛋白的研究进展与展望[J]. 中国粮油学报，23（3）：209-213.

陕方，李文德，林汝法，等，2006. 苦荞不同提取物对糖尿病模型大鼠血糖的影响[J]. 中国食品学报，6（1）：208-211.

宋金翠，2004. 荞麦产业具有良好的发展前景[J].食品科学，25（10）：415-419.

田龙，2008. 苦荞黄酮的水浸提工艺优化[J]. 粮食与饲料工业（9）：29-33.

田世龙，张永茂，李守强，等，2008. 苦荞中黄酮微波提取方法及其动态变化研究[J]. 食品与机械，224（4）：149-152.

田秀红，2009. 苦荞麦抗营养因子的保健功能[J]. 食品研究与开发，30（11）：139-141.

田秀红，刘鑫峰，闫峰，等，2008. 苦荞麦的药理作用与食疗[J]. 农产品加工（学刊）（8）：31-33.

王红育，李颖，2004. 荞麦的研究现状及应用前景[J]. 食品科学，25（10）：388-391.

王建波，黄兴华，王玉功，等，2010. 电感耦合等离子体质谱法快速测定苦荞茶中铜、铅、镉、钴、镍[J]. 分析测试技术与仪器，16（2）：104-107.

王军，王敏，李小艳，2006. 微波提取苦荞麦麸皮总黄酮工艺研究[J]. 天然产物研究与开发（18）：655-658，627.

王敏，高锦明，王军，等，2003. 苦荞茎叶粉中总黄酮酶法提取工艺研究[J]. 中草药，37（11）：1645-1648.

王敏，魏益民，高锦明，2004. 两种荞麦籽粒营养保健功能物质基础的分析[J]. 农业工程学报，20（增刊）：158-161.

王敏，魏益民，高锦明，2006. 苦荞胚油对高脂血大鼠血脂及脂质过氧化作用的影响[J]. 中国粮油学报，21（4）：45-49.

王荣成，2005. 荞麦营养品质及流变学特性研究[D]. 杨凌：西北农林科技大学.

魏益民，1995. 荞麦品质与加工[M]. 西安：世界图书出版公司.

肖诗明，张忠，李勇，等，2005. 苦荞麦皮粉中黄酮的提取工艺条件研究[J]. 食品科技（1）：88-89.

徐宝才，丁霄霖，2003a. 苦荞黄酮的测定方法[J]. 无锡轻工大学学报（2）：98-101.

徐宝才，肖刚，丁霄霖，等，2003b. 液质联用分析测定苦荞黄酮[J]. 食品科学（6）：113-117.

徐宝才，肖刚，霄霖，2003c. 色谱法分析检测苦荞籽粒中的可溶性糖（醇）[J]. 色谱，21（4）：410-413.

徐德平，胡长鹰，刘鹏，等，2010. 苦荞 β -半乳聚糖的提取分离与结构鉴定[J]. 食品与发酵工业，36（9）：172-174.

徐光域，颜军，郭晓强，等，2005. 硫酸-苯酚定糖法的改进与初步应用[J]. 食品科学，26（8）：342-346.

徐先祥，2012. 儿茶素的药理作用研究综述[J]. 郑州轻工业学院学报（自然科学版），27（4）：60-64.

许文涛，张方方，罗云波，等，2009. 荞麦水溶性多糖的分离纯化及其分子量的测定[J]. 食品科学，30（13）：22-24.

颜军，孙晓春，谢贞建，等，2011. 苦荞多糖的分离纯化及单糖组成测定[J]. 食品科学，32（19）：33-36

杨德全，叶建阳，刘鸿云，等，1997. 从苦荞麦中提取芦丁的研究[J]. 延安大学学报（自然科学版），16（4）：6971.

尹礼国，钟耕，刘雄，等，2002. 荞麦营养特性、生理功能和药用价值研究进展[J]. 粮食与油脂（5）：32-34.

于寒松，卢丞文，朴春红，等，2010. 微波和超声波方法提取荞麦愈伤组织 D -手性肌醇的研究[J]. 粮油加工（11）：139-142.

于智峰，王敏，2007. 大孔树脂精制苦荞总黄酮工艺[J]. 中国中药杂志，32（7）：585-589

曾靖，张黎明，江丽霞，等，2005. 荞麦多糖对小鼠实验性肝损伤的保护作用[J]. 中药药理与临床，21（5）：29-30.

查阳春，杨义听，胡晓菡，等，2009. 响应面法优化荞麦壳中原花青素的提取工艺[J]. 食品科学，30（16）：189-192.

张超，2004. 苦荞麦蛋白质抗疲劳功能的研究[D]. 无锡：江南大学.

张国权，石书奎，欧阳韶晖，2008. 荞麦淀粉制备新工艺研究[J]. 西北农林科技大学学报（自然科学版），36（7）：165-172.

张美初，胡小松，2004. 荞麦生物活性物质及其功能研究进展[J]. 杂粮作物，24（1）：26-29.

张琪，刘慧灵，朱瑞，等，2003. 苦荞麦中总黄酮和芦丁的含量测定方法研究[J]. 食品科学（7）：113-116.

张政，王转花，刘凤艳，等，1999. 苦荞蛋白复合物的营养成分及其抗衰老作用的研究[J]. 营养学报，21（2）：159-161.

赵钢，2010. 荞麦加工与产品开发新技术.[M]. 北京：科学出版社.

赵钢，彭镰心，向达兵，2015. 荞麦栽培学[M]. 北京：科学出版社.

郑君君，2009. 不同荞麦品种的粉质特性及其凝胶食品的加工适用性研究[D]. 杨凌：西北农林科技大学.

周瑞雪，阎志惠，刘恩荔，等，2006. 苦荞黄酮类化合物的提取工艺[J]. 中药材，29（8）：849-850.

周小理，黄琳，周一鸣，2011. 苦荞水溶性蛋白体外吸附胆酸盐能力的研究[J]. 食品科学，32（23）：77-79.

周小理，周一鸣，肖文艳，2009. 荞麦淀粉糊化特性研究[J]. 食品科学，30（13）：48-51.

朱慧，涂世，刘蓉蓉，等，2010. 酶法提取苦荞麦蛋白的理化性质和加工工性质[J]. 食品科学，31（19）：197-203.

祝优珍，史洪云，蒋金花，等，2009. 荞麦样品微量元素的测定及其营养机制[J]. 上海应用技术学院学报（自然科学版），9（3）：196-199.

左光明，谭斌，王金华，等，2010. 苦荞蛋白对高血脂症小鼠降血脂及抗氧化功能研究[J]. 食品科学，31（7）：247-250.

AMÉZQUETA S, GALÁN E, FUGUET E, et al., 2012. Determination of d-fagomine in buckwheat and mulberry by cation exchange HPLC/ESI-Q-MS[J]. Analytical and Bioanalytical Chemistry, 402(5): 1953-1960.

ARTEMIS P, SIMOPOULOS, 1999. Essential fatty acids in health and chronic disease[J]. American Journal of Clinical Nutrition, 13(4): 560-569.

BACKHED F, MANCHESTER J K, SEMENKOVICH C F, et al., 2007. Mechanisms underlying the resistance to diet-induced obesity in germ-free mice[J]. Proceedings of the National Academy of Sciences of the United States of America, 104(3): 979-984.

BAGGIO G, PAGNAN A, MURACA M, et al., 1998. Olive oil enriched diet: effect on serum lipid levels and biliary cholesterol saturation[J]. The American Journal of Clinical Nutrition, 47(6): 960-968.

CHRISTA K, SORAL-ŚMIETANA M, 2008. Buckwheat grains and buckwheat products–nutritional and prophylactic value of their components-a Review[J]. Czech Journal of Animal Science, 26(3): 153-162.

DADÁKOVÁ E, KALINOVÁ J. 2010. Determination of quercetin glycosides and free quercetin in buckwheat by capillary micellar electrokinetic chromatography [J]. Journal of Separation Science, 33(11): 1633-1638.

DANILA A M, KOTANI A, HAKAMATA H, et al., 2007. Determination of rutin, catechin, epicatechin, and epicatechin gallate in buckwheat Fagopyrum esculentum Moench by micro-high-performance liquid chromatography with electrochemical detection[J]. Journal of Agricultural and Food Chemistry, 55(4): 1139-1143.

DEN BESTEN G, BLEEKER A, GERDING A, et al., 2015. Short-chain fatty acids protect against high-fat diet-induced obesity via a PPARγ-dependent switch from lipogenesis to fat oxidation[J]. Diabetes, 64(7): 2398-2408.

FETISSOV S O, 2017. Role of the gut microbiota in host appetite control: bacterial growth to animal feeding behaviour[J]. Nature Reviews: Endocrinology, 13(1): 11-25.

GENG F, LIU X, WANG J Q, et al., 2019. In-depth mapping of the seed phosphoproteome and N-glycoproteome of tartary buckwheat (*Fagopyrum tataricum*) using off-line high pH RPLC fractionation and nLC-MS/MS[J]. International Journal of Biological Macromolecules, 137: 688-696.

GIL-CARDOSO K, GINES I, PINENT M, et al., 2016. Effects of flavonoids on intestinal inflammation, barrier integrity and changes in gut microbiota during diet-induced obesity[J]. Nutrition Research Reviews, 29(2): 234-248.

GUNILLA W, NINA F, MAJA V, et al., 2011. Eating buckwheat cookies is associated with the reduction in serum levels of myeloperoxidase and cholesterol: a double blind crossover study in day-care centre staffs[J]. Tohoku Journal of Experimental Medicine, 225(2): 123-130.

HASHIGUCHI A, YOSHIOKA H, KOMATSU S, 2018. Proteomic analysis of temperature dependency of buckwheat seed dormancy and quality degradation[J]. Theoretical and Experimental Plant Physiology, 30(2): 77-88.

HSU C L, WU C H, HUANG S L, et al., 2009. Phenolic compounds rutin and o-coumaric acid ameliorate obesity induced by high-fat diet in rats[J]. Journal of Agricultural and Food Chemistry, 57(2): 425-431.

JUNG C H, CHO I, AHN J, et al., 2013. Quercetin reduces high-fat diet-induced fat accumulation in the liver by regulating lipid metabolism genes[J]. Phytotherapy Research, 27(1): 139-143.

KAMAL A H M, JANG I D, KIM D E, et al., 2011. Proteomics analysis of embryo and endosperm from mature common buckwheat seeds[J]. Journal of Plant Biology, 54(2): 81-91.

KATO N, KAYASHITA J, SASAKI M, 2000. Physiological functions of buckwheat protein and sericin as resistant proteins[J]. Journal of the Japanese Society of Nutrition and Food Science, 53(2): 71-75.

KAYASHITA J, NAGAI H, KATO N, 1996. Buckwheat protein extract suppression of the growth depression in rats induced by feeding amaranth (Food Red No.2)[J]. Bioscience Biotechnology and Biochemistry, 60(9): 1530-1531.

KAYASHITA J, SHIMAOKA I, NAKAJOH M, et al., 1997. Consumption of buckwheat protein lowers plasma cholesterol and raises fecal neutral sterols in cholesterol-fed rats because of its low digestibility[J]. The Journal of Nutrition, 127(7): 1395-1400.

KAYASHITA J, SHIMAOKA I, NAKAJOH M, et al., 1999. Consumption of a buckwheat protein extract retards 7,12-dimethylbenz[α]anthracene-induced mammary carcinogenesis in rats[J]. Bioscience Biotechnology and Biochemistry, 63(10): 1837-1839.

KAYASHITA J, SHIMAOKA I, NAKAJYOH M, 1995. Hypocholesterolemic effect of buckwheat protein extract in rats fed cholesterol enriched diets[J]. Nutrition Research, 15(5): 691-698.

KAYASHITA J, SHIMAOKA I, NAKAJYOH M, et al., 1996, Feeding of buckwheat protein extract reduces hepatic triglyceride concentration,adipose tissue weight and hepatic lipogenesis in rats[J]. Nutritional Biochemistry, 7(10): 555-559.

KHAN I, YASIR M, AZHAR EI, et al., 2014. Implication of gut microbiota in human health[J]. CNS & Neurological Disorders Drug Targets, 13(8): 1325-1333.

KOBORI M, MASUMOTO S, AKIMOTO Y, et al., 2011. Chronic dietary intake of quercetin alleviates hepatic fat accumulation associated with consumption of a Western-style diet in C57/BL6J mice[J]. Molecular Nutrition & Food Research, 55(4): 530-540.

KOYAMA M, NAKAMURA C, NAKAMURA K, 2013. Changes in phenols contents from buckwheat sprouts during growth stage[J]. Journal of Food Science and Technology, 50(1): 86-93.

KRKOŠKOVÁ B, MRÁZOVÁ Z, 2005. Prophylactic components of buckwheat[J]. Food Research International, 38(5): 561-568.

LEY R E, TURNBAUGH P J, KLEIN S, et al., 2006. Microbial ecology: human gut microbes associated with obesity[J]. Nature, 444(7122): 1022-1023.

LI X, THWE A A, PARK N I, et al., 2012. Accumulation of phenylpropanoids and correlated gene expression during the development of tartary buckwheat sprouts[J]. Journal of Agricultural and Food Chemistry, 60(22): 5629-5635.

LIU Z H, ISHIKAWA W, HUANG X, et al., 2001. A buckwheat protein product suppresses 1,2-dimethylhydrazine-induced colon carcinogenesis in rats by reducing cell proliferation[J]. The Journal of Nutrition, 131(6): 1850-1853

MA Y, XIONG Y L, ZHAI J J, et al., 2010. Fractionation and evaluation of radical scavenging peptides from *in vitro* digests of buckwheat protein[J]. Food Chemistry, 118 (3): 582-588.

MONAGAS M, KHAN N, ANDRES-LACUEVA C, et al., 2009. Dihydroxylated phenolic acids derived from microbial metabolism reduce lipopolysaccharide-stimulated cytokine secretion by human peripheral blood mononuclear cells[J]. British Journal of Nutrition, 102(2): 201-206.

MUROTA K, NAKAMURA Y, UEHARA M, 2018. Flavonoid metabolism: the interaction of metabolites and gut microbiota[J]. Bioscience Biotechnology and Biochemistry, 82(4): 600-610.

NAKAMURA Y, ISHIMITSU S, TONOGAI Y, 2008. Effects of quercetin and rutin on serum and hepatic lipid concentrations, fecal steroid excretion and serum antioxidant properties[J]. Journal of Health Science, 46(4): 229-240.

NALECZ D, DZIUBA J, MINKIEWICZ P, et al., 2009. Identification of oat (*Avena sativa*) and buckwheat (*Fagopyrum esculentum*) proteins and their prolamin fractions using two-dimensional polyacrylamide gel electrophoresis[J]. European Food Research and Technology, 230(1): 71-78.

ORTMEYER H K, HUANG L C, ZHANG L, et al., 1993. Chiroinositol deficiency and insulin resistance. II. Acute effects of D-chiroinositol administration in streptozotocin-diabetic rats normal given aglucose load spontaneously inresistant rhesus monkeys[J]. Endocrinlogy, 132(2): 646-651.

OSTLUND RE JR, MCGILL J B, HERSKOWITZ I, et al., 1993. D-chiro-inositol metabolism in diabetes mellitus[J]. Proceedings of the National Academy of Sciences, 90: 9988-9992.

PANCHAL S K, POUDYAL H, ARUMUGAM T V, et al., 2011. Rutin attenuates metabolic changes, nonalcoholic steatohepatitis, and cardiovascular remodeling in high-carbohydrate, high-fat diet-fed rats[J]. Journal of Nutrition, 141(6): 1062-1069.

PANCHAL S K, POUDYAL H, BROWN L, 2012. Quercetin ameliorates cardiovascular, hepatic, and metabolic changes in diet-induced metabolic syndrome in rats[J]. Journal of Nutrition, 142(6): 1026-1032.

PENG L X, HUANG Y F, LIU Y, et al., 2014a. Evaluation of essential and toxic element concentrations in buckwheat by experimental and chemometric approaches[J]. Journal of Integrative Agriculture, 13(8): 1691-1698.

PENG L X, WANG J B, HU L X, et al., 2013. Rapid and simple method for the determination of emodin in tartary buckwheat (*Fagopyrum tataricum*) by high-performance liquid chromatography coupled to a diode array detector [J]. Journal of Agricultural and Food Chemistry, 61(4): 854-857.

PENG X, ZHANG Z, ZHANG N, et al., 2014b. *In vitro* catabolism of quercetin by human fecal bacteria and the antioxidant capacity of its catabolites[J]. Food & Nutrition Research, 58: 1-7.

PENG L X, ZOU L, TAN M L, et al., 2017. Free amino acids, fatty acids, and phenolic compounds in tartary buckwheat of different hull colour[J]. Czech Journal of Food Sciences, 35(3): 214-222.

PERRY R J, PENG L, BARRY N A, et al., 2016. Acetate mediates a microbiome-brain-beta-cell axis to promote metabolic syndrome[J]. Nature, 534(7606): 213-217.

PORRAS D, NISTAL E, MARTÍNEZ-FLÓREZ S, et al., 2016. Protective effect of quercetin on high-fat diet-induced non-alcoholic fatty liver disease in mice is mediated by modulating intestinal microbiota imbalance and related gut-liver axis activation[J]. Free Radical Biology and Medicine, 102: 188-202.

SANCHEZ-ARIAS, EARNER J, 2002. D-chiro-inositol-its functional role in insulin action and its deficit in insulin resistance[J]. International Journal of Experimental Diabetes Research, 3(1): 47-60.

SCHNEIDER H, BLAUT M, 2000. Anaerobic degradation of flavonoids by *Eubacterium ramulus*[J]. Archives of Microbiology, 173(1): 71-75.

SCHOEFER L, MOHAN R, SCHWIERTZ A, et al., 2003. Anaerobic degradation of flavonoids by *Clostridium orbiscindens*[J]. Applied and Environmental Microbiology, 69(10): 5849-5854.

SCHWIERTZ A, TARAS D, SCHAFER K, et al., 2010. Microbiota and SCFA in lean and overweight healthy subjects[J]. Obesity, 18(1): 190-195.

STEED A L, CHRISTOPHI G P, KAIKO G E, et al., 2017. The microbial metabolite desaminotyrosine protects from influenza through type I interferon[J]. Science, 357(6350): 498-502.

STEWART L K, SOILEAU J L, RIBNICKY D, et al., 2008. Quercetin transiently increases energy expenditure but persistently decreases circulating markers of inflammation in C57BL/6J mice fed a high-fat diet[J]. Metabolism, 57: S39-S46.

STEWART L K, WANG Z, RIBNICKY D, et al., 2009. Failure of dietary quercetin to alter the temporal progression of insulin resistance among tissues of C57BL/6J mice during the development of diet-induced obesity[J]. Diabetologia, 52(3): 514-523.

SUN T H, HEIMARK D B, NGUYGEN T, et al., 2002. Both myo-inositol to ehiro-inositol epimerase activities and chiro-inositol to myoinositol ratios are decreased in tissues of GK type 2 diabetic rats compared to wistar controls[J]. Biochemistry Biophysical Research Communications, 293(3): 1092-1098.

TANG C H, PENG J, ZHEN D W, et al., 2009. Physicochemical and antioxidant properties of buckwheat (*Fagopyrum esculentum* Moench) protein hydrolysates[J]. Food Chemistry, 115(2): 672-678.

TOMOTAKE H, SHIMAOKA I, KAYASHITA J, et al., 2002. Physicochemical and Functional Properties of Buckwheat Protein Product[J]. Journal of Agricultural and Food Chemistry, 50 (7): 2125-2129.

VAN DE WOUW M, SCHELLEKENS H, DINAN T G, et al., 2017. Microbiota-gut-brain axis: modulator of host metabolism and appetite[J]. Journal of Nutrition, 147(5): 727-745.

VERARDO V, ARRÁEZ-ROMÁN D, SEGURA-CARRETERO A, et al., 2010. Identification of buckwheat phenolic compounds by reverse phase high performance liquid chromatography-electrospray ionization-time of flight-mass spectrometry (RP-HPLC-ESI-TOF-MS)[J]. Journal of Cereal Science, 52(2): 170-176.

VERZELLONI E, PELLACANI C, TAGLIAZUCCHI D, et al., 2011. Antiglycative and neuroprotective activity of colon-derived polyphenol catabolites[J]. Molecular Nutrition & Food Research, 55 (S1): S35- S43.

WANG JQ, XIAO J, LIU X, et al., 2019. Analysis of tartary buckwheat (*Fagopyrum tataricum*) seed proteome using offline two-dimensional liquid chromatography and tandem mass spectrometry[J]. Journal of Food Biochemistry, 43(7): e12863.

YANG N, REN G, 2008. Determination of D-chiro-Inositol in tartary buckwheat using high-performance liquid chromatography with an evaporative light-scattering detector[J]. Journal of Agricultural & Food Chemistry, 56(3): 757-60.

YASUDA T, NAKAGAWA H, 1994. Purification and characterization of the rutin-degrading enzymes in tartary buckwheat seeds[J]. Phytochemistry, 37(35): 24145-24154.

ZHANG C, ZHANG R, LI Y M, et al., 2017. Cholesterol-lowering activity of Tartary buckwheat protein[J]. Journal of Agricultural and Food Chemistry, 65(9): 1900-1906.

ZHU F, 2015. Buckwheat starch: structures, properties, and applications[J]. Trends in Food Science & Technology, 49: 121-135.

第六章　荞麦药理与临床研究

荞麦具有较高的营养价值和药用价值，是一种集营养、保健、疗效于一体的天然保健作物资源，有着"五谷之王"、"三降食品"和"21世纪人类的健康食品"等称号。荞麦的药用保健价值早在远古时期就已经被人们发现并应用于生活实践中，在许多古代医籍中就有利用荞麦防病、治病的记载。荞麦味甘、平、寒、无毒（《嘉祐本草》），入胃、肠经（《本草求真》），具有开胃宽肠，下气消积的功效，可治绞肠痧、肠胃积滞、慢性泄泻、噤口痢疾、赤游丹毒、痈疽发背、瘰疬、汤火灼伤。

荞麦的食疗保健作用不仅受到我国传统医学的肯定，而且也备受现代医学研究的关注。随着对荞麦中营养功能成分组成及生理活性研究的深入，现代临床医学观察表明，荞麦及其制品有降血糖、降血脂、增强人体免疫力的作用，对糖尿病、高血压、高脂血症、冠心病、脑卒中等患者都有一定的辅助治疗作用。

荞麦作为一种药食同源作物，研究价值高，作为食品，荞麦已经享有一席之地，但是作为药品还尚未引起足够的重视。在临床应用中，最理想的是高效低毒的药物。食品作为日常生活中的必需品，较为安全，而具有药用价值的食品应该算是较为安全的药品。但是目前国内还未有荞麦相关药品问世，其研究开发还有很长的路要走，值得更多关注和深入研究。

第一节　荞麦的现代药理研究

随着社会进步和科学发展，人们越来越关注药食同源植物的研究，希望从中找到更多具有医疗保健作用的药物。现代"富贵病"越来越多，更促使人们关注荞麦这一既具有双重身份，又对现代疾病有一定防治作用的药食同源植物的研究进展。

一、甜荞麦

甜荞麦含有丰富的营养成分，包括蛋白质、微量元素、维生素等，特别是槲皮素、儿茶素、山奈酚、芦丁等黄酮类化合物含量较高。研究表明，黄酮类化合物是荞麦发挥抗氧化、降血糖、降血脂等功效的主要成分。然而，苦荞麦中黄酮类化合物含量显著高于甜荞麦。以往对荞麦的研究，多集中于苦荞麦有效成分的提取及功效研究，但苦荞麦籽粒味苦，种植区域多集中在西南山区，口感、产量和普及程度均低于甜荞麦。因此，对甜荞麦的有效成分的研究和保健功效的开发更具经济价值。

（一）抗氧化活性

荞麦黄酮具有很强的抗氧化性和清除自由基功能，并有多种药用价值与保健功能。以芦丁为代表的黄酮类化合物具有独特的保健功能，可用于治疗毛细血管的脆性和渗透性出血，具有降低血脂和胆固醇、抗菌和抗放射作用等。甜荞麦籽粒中的黄酮含量较低，总体在 0.08%～0.13%，要低于苦荞麦几十倍，这可能与甜荞麦的品种特性有关，是否可以通过植物生长调节剂及不同栽培处理来提高其黄酮含量，进一步增强其保健价值，有待于进一步的研究来证实。

利用 NBT 光化还原法、Fenton 反应法和钼酸铵显色分光光度法测定甜荞麦不同器官（茎、叶和花）水提液体外抗羟基自由基（·OH）、超氧阴离子自由基（·O$_2^-$）和过氧化氢（H$_2$O$_2$）的能力。发现：甜荞麦不同器官水提液体外均能抗·OH、·O$_2^-$和 H$_2$O$_2$。抗·OH 的能力排序为：茎、花＞叶、根；抗·O$_2^-$的能力排序为：花＞叶、茎＞根；抗 H$_2$O$_2$ 的能力排序为：叶、花＞根、茎（张以忠等，2013）。

为进一步探究甜荞麦抗氧化活性的物质基础，李光等（2013）重点对甜荞麦中多酚、黄酮及多肽类化合物的抗氧化能力展开研究。结果发现，金荞麦与甜荞麦在抗氧化能力、多糖含量、维生素 E 含量、黄酮含量等方面没有显著差异，而在多酚含量和维生素 C 含量上有显著差异。在金荞麦和甜荞麦中，抗氧化能力与黄酮类含量、维生素 E 含量的相关性极显著。

杨红叶等（2011）以清除 ABTS·$^+$、DPPH·两个水溶性抗氧化体系及 β-胡萝卜素-亚油酸脂溶性抗氧化体系对甜荞麦多酚和黄酮的抗氧化活性进行综合评价，发现在 3 种抗氧化体系中，甜荞麦、苦荞麦均表现出较好的抗氧化活性。例如，在清除 ABTS·$^+$体系中，甜荞麦、苦荞麦总酚清除 ABTS·$^+$能力分别为 31.13～57.57μmol Trolox eq/g DW、209.39～304.49μmol Trolox eq/g DW，而小麦的清除能力为 14.3～17.6μmol Trolox eq/g DW，这显示了荞麦的抗氧化活性明显强于小麦，尤其是苦荞麦。此外，荞麦自由酚清除 ABTS·$^+$、DPPH·能力占总清除能力的比例分别大于 88%、93%，这表明荞麦在这两种水溶性抗氧化体系中发挥清除能力的主要是自由酚。

甜荞麦总黄酮提取物也具有较强的 DPPH 自由基清除能力，在 10～200μg/mL

的浓度范围内，随着黄酮浓度的增加，其对 DPPH 自由基的清除能力也逐渐增强，当黄酮提取物浓度达到 200μg/mL 时，DPPH 自由基清除率可达 56.62%。当黄酮提取物浓度为 10～50 μg/mL 时，随着浓度的提高，其对羟自由基的清除能力上升较明显；当黄酮提取物浓度为 50～200μg/mL 时，其对羟自由基的清除能力虽有提高，但变化不显著（徐斌等，2015）。

此外，研究人员以对抗活性氧（ROS）自由基为抗氧化模型详细探究了甜荞麦籽粒种壳与芯粉中酚类、黄酮类、黄烷醇类和原花青素类物质的含量（图 6.1）及其对抗活性氧能力进行过详细研究。结果显示，芯粉提取物对超氧阴离子（O_2^-）、过氧化氢（H_2O_2）及次氯酸（HClO）的抑制中浓度（IC_{50}）分别为 458.43、16.10、7.78（mg 干重/L），效果优于种壳。进一步分析发现，在甜荞麦籽粒中黄烷醇类化合物对 ROS 的清除能力要优于黄酮，并且黄烷醇在芯粉中的比例要高于种壳。因此黄酮类、黄烷醇类化合物的抗氧化能力差异及含量不同可能是导致上述结果的主要原因（Quettier-Deleu et al.，2000）。有学者使用柱层析法并以过氧自由基清除活性为追踪指标，从甜荞籽粒中共分离得到了 4 个具有高抗氧化活性的组分，经 ^{1}H、^{13}C 及质谱对其结构进行表征，鉴定 4 个组分均为儿茶酚类化合物，分别为：（+）-儿茶素 7-O-β-D-吡喃葡萄糖苷（F_1）、表儿茶素（F_2）、（-）-表儿茶素 3-O-p-羟苯酸盐（F_3）和（-）-表儿茶素 3-O-（3,4-di-O-甲基）没食子酸盐（F_4）（图 6.2）。结果表明，甜荞麦籽粒中富含的儿茶酚类化合物可能是其具备抗氧化活性的物质基础（Watanabe，1998）。

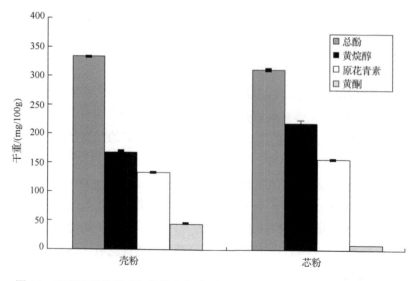

图 6.1　甜荞麦籽粒种壳与芯粉中总酚、黄酮、黄烷醇和原花青素含量的对比

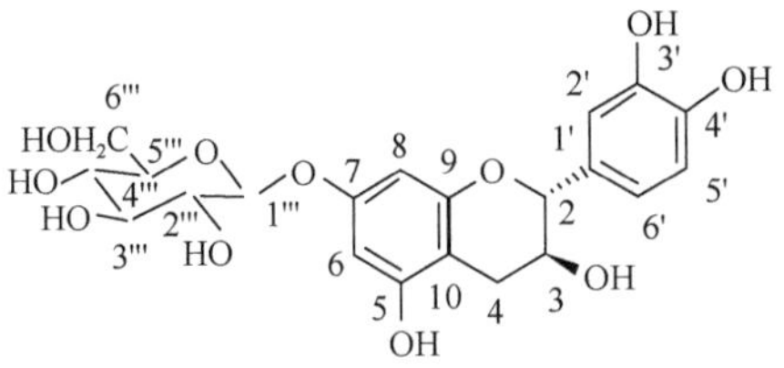

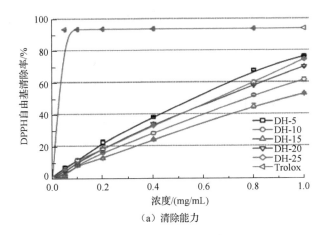

（a）F₁　　　　　　　　　　　　　（b）F₂

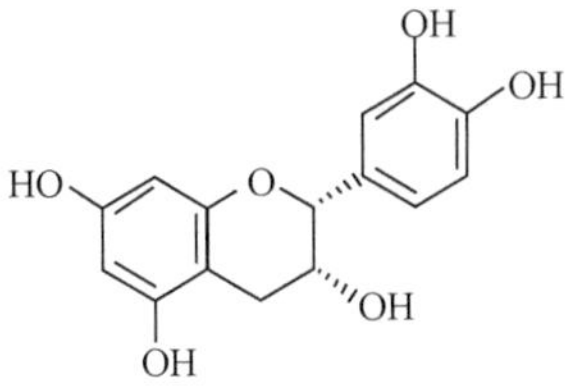

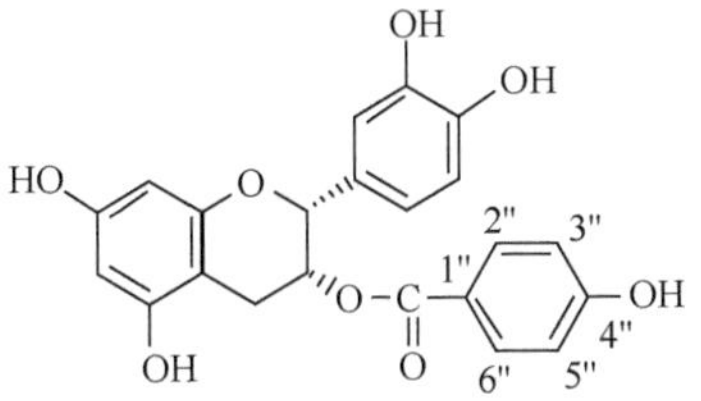

（c）F₃　　　　　　　　　　　　　（d）F₄

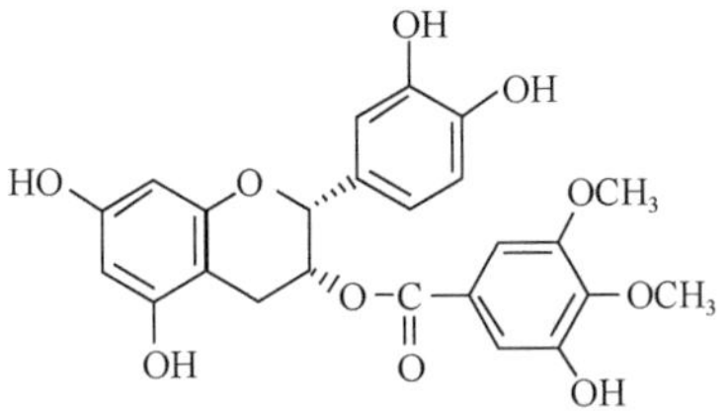

图 6.2　甜荞麦籽粒中分离得到的儿茶酚化合物结构式

　　除多酚和黄酮外，甜荞麦分离蛋白（BPI）水解产物也具有较强的 DPPH 自由基清除能力、还原能力及抑制亚油酸过氧化的能力（图 6.3）。水解产物的抗氧化能力主要与其中多酚含量存在正相关性。进一步研究发现，分离蛋白的水解度（DH）和水解产物中多酚含量有着密切关系，随着水解度的增高（DH 为 0～15%）水解产物中多酚的含量呈逐步降低趋势，但进一步水解后（DH 为 15%～25%），多酚在产物中的含量会相反地表现出增加趋势（Tang et al.，2009）。

（a）清除能力

图 6.3　甜荞麦分离蛋白及水解产物的抗氧化活性

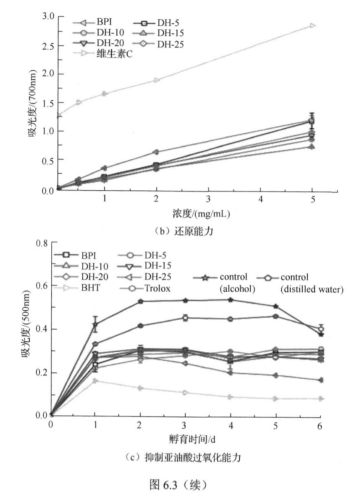

（b）还原能力

（c）抑制亚油酸过氧化能力

图 6.3（续）

（二）降血脂活性

过量的胆固醇摄入可引起体内的氧化应激，并造成血液中胆固醇水平升高，以及低密度脂蛋白和氧化低密度脂蛋白的上调，最终导致动脉粥样硬化等多种慢性疾病发生。荞麦能够有效降低胆固醇含量，降低毛细血管脆性，改善微循环，在临床上主要用于降血脂、糖尿病、高血压等心血管疾病的辅助治疗。

20 世纪 90 年代，研究人员首次发现摄入荞麦蛋白提取物能够降低血浆胆固醇。与大豆分离蛋白和酪蛋白相比，荞麦蛋白有显著地降低肝胆固醇的作用。研究人员初步认为荞麦蛋白之所以有此功效，是由于其氨基酸组成与大豆蛋白和酪蛋白不同。进一步对荞麦蛋白的氨基酸展开分析，结果表明其赖氨酸、精氨酸比例较低，甘氨酸含量高于大豆蛋白和酪蛋白。饮食的蛋白质中赖氨酸、精氨酸的比例决定血浆胆固醇的水平,甘氨酸的含量也同样对降低胆固醇有影响(Kayashita 等,1995)。同时研究表明,提高粪便中中性甾醇排泄量可调控荞麦蛋白降胆固醇功效,且荞麦蛋白的低消化性也与此存在一定关系（Kayashita 等,1997）。

在前人的基础上,Tomotake 等（2001,2006）用动物实验验证了高蛋白荞麦粉（PBF）对降低血清胆固醇、体脂及抑制胆结石形成有良好功效。研究结果表明,荞麦蛋白具有降胆固醇功能,并且不仅提高了粪便中中性甾醇的排泄量,而且提高了酸性甾醇的排泄量。此外,使用高蛋白荞麦粉和甜荞麦蛋白（BWP）饲喂小鼠 10d 后,其血清胆固醇含量与食用酪蛋白的小鼠相比分别下降了 33%和 31%。但是食用 PBF 和 BWP 对降低小鼠肝脏胆固醇没有显著作用（表 6.1）。采用同样的饲喂方法,研究发现食用 PBF 可显著降低脂肪组织重量并抑制脂肪合成酶活性,而 BWP 对脂肪组织重量没有显著影响（表 6.2）。研究人员进一步又发现,饲喂 PBF 和 BWP 可显著降低小鼠的胆结石发生和成石指数,并推测该结果与酸性类固醇排泄增加有关（表 6.3）。这些实验结果表明,PBF 可作为功能成分对高脂血症、肥胖症及胆结石有潜在的治疗作用。

表 6.1　甜荞麦蛋白对小鼠血脂的影响

	指标	酪蛋白组	BWP 组	PBF 组
	增重/（g/10d）	92±3	94±2	94±4
	取食量/（g/10d）	161±3	162±3	164±5
血清	胆固醇/（mmol/L）	3.05±0.19a	2.10±0.10b	2.04±0.15b
	甘油三酯/（mmol/L）	2.13±0.23a	1.37±0.04b	1.44±0.19b
	磷脂/（mmol/L）	2.25±0.09a	1.87±0.07b	1.95±0.11b
肝脏	相对重量/（g/kg 体重）	58.9±1.0a	49.4±1.7b	50.7±0.7b
	胆固醇/（mmol/L）	13.4±0.5a	11.9±0.6ab	11.1±0.6b
粪便	干重/（g/3d）	3.74±0.06b	3.61±0.17	8.00±0.57a
神经类固醇	胆固醇/（μmol/3d）	203±12	302±39	315±56
	肾固醇/（μmol/3d）	33±6c	177±9b	275±52a
	总值/（μmol/3d）	236±9c	419±45b	572±18a
	总胆汁酸/（μmol/3d）	52±3b	45±4b	94±10a
	氮/（mg/3d）	67±2c	155±9b	408±21a
	蛋白质表观消化率/%	96.1±0.1a	90.7±0.5b	76.4±1.2c

注：不同小写字母代表不同处理组之间均值差异具有统计显著性,相同字母表示组间均值差异不具有统计显著性。

表6.2 甜荞麦蛋白对小鼠体脂的影响

	指标	酪蛋白组	BWP组	PBF组
	增重/（g/10d）	77±3	76±3	80±4
	取食量/（g/10d）	182±3	176±4	178±5
血清	胆固醇/（mmol/L）	2.29±0.22a	1.88±0.06ab	171±0.10b
	甘油三酯/（mmol/L）	1.20±0.12	1.22±0.11	1.30±0.15
肝脏	相对重量/（g/kg 体重）	46.4±1.1	45.4±0.8	44.4±1.3
	G6PD 活性/[μmol/（min·g）]	1.99±0.29	1.46±0.29	1.38±0.21
	FAS 活性/[μmol/（min·g）组织]	1.35±0.02a	1.09±0.02b	0.96±0.05
脂肪垫与体重质量占比/（g/kg，体重）	附睾脂肪垫	8.2±0.5a	7.8±0.5a	6.4±0.4b
	肾周脂肪垫	7.8±0.3a	6.7±0.8a	4.6±0.5b
肌肉与体重质量占比/（g/kg）	腓肠肌	4.57±0.07b	4.75±0.07b	4.99±0.07a
	跖肌	0.90±0.02	0.91±0.02	0.99±0.02
	干重/（g/3d）	3.90±0.28b	3.55±0.22b	6.02±0.57a
	氮/（mg/3d）	58±5c	132±6b	336±29a
	蛋白质表观消化率/%	96.7±0.3a	92.2±0.3	80.6±1.4c
	脂肪/（mg/3d）	281±19c	474±29b	688±44a
	脂肪表观消化率/%	94.8±0.5a	91.1±0.5	87.3±0.8c

注：FAS 为脂肪酸合成酶；G6PD 为葡萄糖-6-磷酸脱氢酶；不同小写字母代表不同处理组之间均值差异具有统计显著性，相同字母表示组间均值差异不具有统计显著性。

表6.3 甜荞麦蛋白对小鼠胆结石形成的影响

	指标	酪蛋白组	BWP组	PBF组
	增重/（g/27d）	14±1	15±2	14±1
	取食量/（g/27d）	147±6	140±6	156±10
	血清胆固醇/（mmol/L）	3.00±0.28	3.81±0.36	3.25±0.34
肝脏	相对重量/（g/kg，体重）	67.1±2.6	55.3±2.0	68.4±1.6
	胆固醇/（mmol/g，组织）	11.4±0.9a	7.8±0.5b	9.3±0.7ab
胆汁	胆固醇/（mol/100 mol，脂质）	1.9±0.4a	0.7±0.2b	0.7±0.2b
	磷脂/（mol/100 mol，脂质）	0.8±0.2a	0.4±0.1b	0.4±0.1b
	胆汁酸/（mol/100 mol，脂质）	97.2±0.6b	98.9±0.2a	99.0±0.2a
	结石指数	0.37±0.08a	0.14±0.04b	0.14±0.03b
	结实发生率	4/9	0/9	0/9
粪便	干重/（g/3d）	3.1±0.2c	4.1±0.1b	8.4±0.2a
神经类固醇	胆固醇/（μmol/3d）	710±30	747±30	720±51
	二氢胆固醇/（μmol/3d）	19±2	17±1	15±2
	肾固醇/（μmol/3d）	13±13b	51±8a	14±7b
	总值/（μmol/3d）	772±37	788±17	775±69
	总胆汁酸/（μmol/3d）	160±12b	212±2a	226±8a
	氮/（mg/3d）	79±8c	181±8b	359±12a
	蛋白质表观消化率/%	94.1±0.4a	86.7±0.7b	79.2±1.7c

注：不同小写字母代表不同处理组之间均值差异具有统计显著性，相同字母表示组间均值差异不具有统计显著性。

　　Metzger 等（2007）也对甜荞麦蛋白（BWP）的降血脂功能及机制展开研究，发现甜荞蛋白可以通过包裹胆固醇而改变胆固醇胶束的溶解度。结果显示，当以 0.2%的 BWP 处理胆固醇时，胶束脂质成分会先于胶束形成，最终使胆固醇溶解度降低了 40%。但当胶束形成后，继续以 0.2%的 BWP 处理胆固醇时，其溶解度则不会降低。进一步研究发现，BWP 在 Caco-2 细胞中的降脂作用与 BWP 的浓度呈相关性，当 BWP 处理浓度为 0.1%～0.4%时，降脂效果最明显 [图 6.4（a）]。此外，在胆固醇结合实验中也证明 83%的胆固醇会与不溶性 BWP 相结合，表明了 BWP 的强结合能力 [图 6.4（b）]。这些结果有力证明了甜荞麦蛋白具有良好的降脂功效。

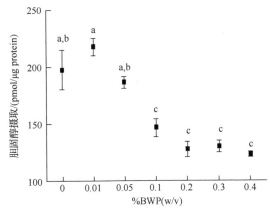

（a）胆固醇在Caco-2细胞中的吸收情况与BWP浓度的关系

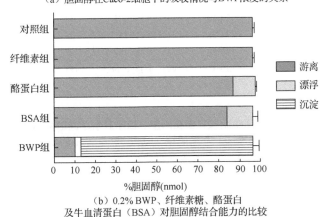

（b）0.2% BWP、纤维素糖、酪蛋白
及牛血清蛋白（BSA）对胆固醇结合能力的比较

图 6.4　甜荞麦蛋白（BWP）对胆固醇溶解度的影响

（三）降血压、防治冠心病作用

　　荞麦中含有较丰富的对冠心病有保护作用的常量元素和微量元素（Mg、Ca、Se、Mo、Zn、Cr），而对冠心病有损害作用的元素（Co、Pb、Ba、Cd 等）含量

较常用中药低。荞麦粉中含大量黄酮类化合物，尤其富含芦丁，芦丁具有多方面的生理功能，能维持毛细血管的抵抗力，降低其通透性和脆性，促进细胞增生和防止血细胞的凝集，还有降血脂、扩张冠状动脉、增强冠状动脉血流量等作用。荞麦粉中所含丰富的维生素有降低人体血脂和胆固醇的作用，是治疗高血压、心血管病的重要辅助药物。而且，荞麦粉中含有一些微量元素，如 Mg、Fe、Cu、K等，这些都是对心血管具有保护作用的营养因子。

Zhang 等（2007）在内蒙古随机抽取 3542 个对象为样本，研究了食用荞麦对人体血压、血糖和血脂的影响。实验结果显示，长期食用荞麦的实验组（Kulu）中高血压患病人群的比例为 18.22%，该值显著低于以小麦为主食的对照组（Kezhuohou）中高血压患病人群（23.31%）（表 6.4）。进一步的实验结果表明，在对比高胆固醇血症、高三聚甘油血症与低密度脂蛋白-胆固醇异常这 3 项指标时，实验组的患病人群比例分别为 4.02%、26.58% 和 4.66%，同样低于对照组的 7.76%、31.04% 和 8.81%。在血糖对比中，实验组患病人群数据为 1.56%，也显著低于对照组的 7.70%（表 6.5）。这些实验结果有力证明了食用荞麦可有效预防高血压、血脂异常和高血糖。

表 6.4　高血压患病率在实验组（Kulu）与对照组（Kezhuohou）中的差异

年龄/岁	Kulu				Kezhuohou			
	n	高血压患者人数	占比/%	95%置信区间	n	高血压患者人数	占比/%	95%置信区间
15～19	176	5	2.84	0.39～5.29	286	8	2.80	0.89～4.71
20～29	347	18	5.19*	2.86～7.52	500	48	9.60	7.02～12.18
30～39	360	52	14.44*	10.81～18.07	402	89	22.14	18.08～26.20
40～49	372	90	24.19	19.84～28.54	371	112	30.19	25.52～34.86
50～59	173	54	31.21	24.31～38.11	168	70	41.67	34.21～49.13
60+	200	99	49.50	42.57～56.43	187	96	51.34	44.18～58.50
总体情况	1628	318	19.53	17.60～21.46	1914	423	22.10	20.24～23.96
年龄矫正数据			18.22**				23.31	

*代表 $P < 0.05$，**代表 $P < 0.01$。

表 6.5　空腹血清中脂质、血糖浓度、血脂异常及高血糖患病率在实验组（Kulu）与对照组（Kezhuohou）中的差异

血脂	Kulu				Kezhuohou			
	男性	女性	异常率/%	异常率95%置信区间/%	男性	女性	异常率/%	异常率95%置信区间/%
TC	3.79±1.04*	3.87±1.20	4.02**	2.24～5.80	4.08±1.46	3.93±0.99	7.76	5.39～10.13
TT	1.71±1.52	1.43±0.92	26.58*	22.59～30.57	1.96±1.84	1.39±0.88	31.04	26.95～35.13
HDL-C	1.53±0.51	1.56±0.44*	6.43	4.21～8.56	1.44±0.45	1.45±0.39	6.68	4.47～8.89
LDL-C	1.94±0.96*	2.04±1.06**	4.66**	2.75～6.57	2.25±1.15	2.18±0.89	8.81	6.30～11.32
BG	3.83±1.29**	3.96±0.96	1.91**	0.67～3.15	4.63±1.11	4.56±1.19	7.33	5.02～9.64

注：TC 为总胆固醇；TT 为总甘油三酯；HDL-C 为高密度脂蛋白 - 胆固醇；LDL-C 为低密度脂蛋白 - 胆固醇；BG 为血糖。

*代表 $P < 0.05$，**代表 $P < 0.01$。

（四）预防糖尿病的作用

糖尿病是一种由胰岛素分泌不足或胰岛素活性低下而导致血糖水平升高的慢性疾病。目前尚无根治糖尿病的方法，但通过低升糖指数膳食，可有效控制和预防糖尿病。在我国食用荞麦是一种预防糖尿病的重要手段。经临床观察发现糖尿病患者食用荞麦后，血糖、尿糖都有不同程度的下降，且无毒副作用，很多轻症患者单纯食用苦荞麦即可控制病情。

韩淑英等（2009）发现荞麦花叶黄酮（flavones of buckwheat flower and leaf，FBFL）对四氧嘧啶加脂肪乳所致 2 型糖尿病大鼠胰岛素抵抗具有明显的改善作用，并呈一定剂量依赖性。糖尿病胰岛素抵抗形成的机制十分复杂，目前研究证实蛋白酪氨酸磷酸酶 1B（PTP-1B）与 2 型糖尿病的发生、发展关系密切，是胰岛素抵抗的关键因素之一。PTP-1B 是胰岛素信号链的负调控因子，PTP-1B 的活性和/或表达过度升高，可下调胰岛素信号转导，抑制葡萄糖的摄取和糖原合成，导致胰岛素抵抗和糖尿病状态。研究结果表明，模型对照组肝脏组织 PTP-1B 蛋白表达较正常对照组明显增高，不同剂量的 FBFL 能明显抑制肝脏组织中 PTP-1B 蛋白表达，并且高剂量组抑制作用更明显，可能是其改善糖耐量、增加胰岛素敏感性的机制之一。

Watanabe 等（2010）考察了甜荞麦对 2 型糖尿病小鼠中脂质、碳水化合物代谢及体内氧化应激的影响。结果显示，食用甜荞麦苗（含量 5%～10%）21d 后，小鼠血浆中总胆固醇、动脉硬化指数、糖尿病患病指数、硫代巴比妥酸活性物质（TBARS）及全血 HbA1c 浓度与对照组相比都显著降低。此外，肝脏中脂质、总胆固醇、甘油三酯和 TBARS 的水平也均显著低于对照组。此外，食用甜荞麦苗也导致实验组小鼠粪便中胆汁酸浓度高于对照组。这些结果表明，甜荞麦苗在 2 型糖尿病小鼠体内具有多种与抗糖尿病作用有关的活性，尤其是改善脂质代谢，通过饲喂甜荞麦苗可以促进胆汁酸排泄，有助于抑制小鼠血浆和肝组织中胆固醇的浓度（图6.5）。

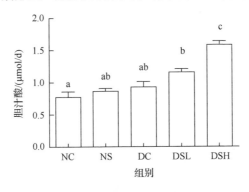

图 6.5　食用甜荞麦苗对小鼠粪便中胆汁酸浓度的影响

注：NC 为非糖尿病症对照；NS 为非糖尿病症食用 10%甜荞麦苗；DC 为糖尿病症对照；DSL 为糖尿病症食用 5%甜荞麦苗；DSH 为糖尿病症食用 10%甜荞麦苗。

（五）抑制脂肪蓄积，促进肌肉增长

Kayashita 等（1996）分别用荞麦蛋白、大豆蛋白和酪蛋白喂养健康的大白鼠，结果表明荞麦蛋白组脂肪组织的重量最低，这表明了其对脂肪蓄积的良好抑制作用。荞麦蛋白的降低脂肪机制，目前还不是很明确，有可能是它抑制肝中合成脂肪的酶活性，即降低了肝脂肪酸的合成。另外，荞麦蛋白含有丰富的精氨酸，丰富的精氨酸会阻止肝脏中胆固醇和甘油三酯含量的升高，同时能提高患肝瘤白鼠的肌肉蛋白合成，可见荞麦蛋白的促进肌肉增长功效可能与其含有丰富的精氨酸有关。

（六）抗肿瘤作用

癌症目前已成为发达国家人口的第一大致死因素，同时在发展中国家因患癌致死的人口比例也上升到了第二位。使用功能性食品预防包括癌症在内的多种慢性疾病已成为 21 世纪全球性的研究热点与重大挑战之一。研究人员认为，荞麦中黄酮、多糖、凝集素等物质有抗癌的功效，此外荞麦含有大量的镁和硒，镁能抑制癌症的发展，硒是胰岛素细胞所必需的微量元素，并有抗氧化作用，可调节人体免疫功能，是重要的抗癌物质。同时，荞麦中的大量膳食纤维能刺激肠蠕动，加速粪便排泄，可以降低肠道内致癌物质的浓度，从而减少结肠癌和直肠癌的发病率。

此外，荞麦蛋白及蛋白酶抑制剂的抗肿瘤作用也受到了科学界的广泛关注。Kayashita 等（1999）用含有 7,12-二甲苯蒽的酪蛋白或荞麦蛋白的饲料喂养小鼠6d。结果发现，在食用荞麦蛋白的小鼠中，有可触摸乳腺瘤的小鼠比例及血清雌二醇均低于酪蛋白组，由此可以推断荞麦蛋白可以通过降低血清雌二醇而阻止乳腺癌的发生。研究同时发现，每只荷瘤鼠中瘤的平均数量和质量不受膳食控制的影响，但在喂养 48d 时，食用荞麦蛋白的小鼠中，有可触摸乳腺瘤的小鼠比例明显低于酪蛋白组，这说明荞麦蛋白只是在乳腺癌的早期阶段有化学阻止作用，而对于肿瘤的生长阻止功效较低。血清雌二醇的降低可能是由于提高了粪便中雌二醇的排泄量或者减少了肠道对雌二醇的再吸收，这需要做进一步研究才能得以证实。

Park 等（2004）研究了甜荞麦蛋白酶抑制剂对人 T-急性淋巴母细胞白血病细胞系（T-ALL）的抑制作用。MTT 结果显示甜荞麦蛋白酶抑制剂 BWI-1 和 BWI-2a对 JURKAT 和 CCRF-CEM 的增殖有显著抑制效果。进一步探究机理发现，两种抑制剂都可以引发细胞 DNA 断裂并诱导细胞凋亡。

Li 等（2009）也对荞麦蛋白酶抑制剂（rBTI）的抗癌活性及作用机理开展了

详细研究。结果显示，rBTI 对 EC9706、HepG2 和 HeLa 3 种肿瘤细胞系的生长抑制作用与时间和浓度呈现正相关性（图 6.6）。荧光显微镜及流式细胞仪检测发现，6.25～50μg/mL 的 rBTI 处理后，肿瘤细胞呈现核质浓缩、核碎裂等特征并且凋亡细胞的比例显著上升（图 6.7）。凝胶电泳检测发现细胞中总 DNA 呈现出凋亡典型特征——"DNA ladder"。进一步研究发现，rBTI 处理可导致细胞线粒体膜电位下降、线粒体中细胞色素 c 外释，促凋亡蛋白 Bax 表达量上调和抗凋亡蛋白 Bcl-2 表达量下调，最终激活半胱氨酸蛋白酶（caspase）活性，由 caspase-3 执行凋亡。结果表明，rBTI 是通过线粒体途径诱导肿瘤细胞凋亡的。

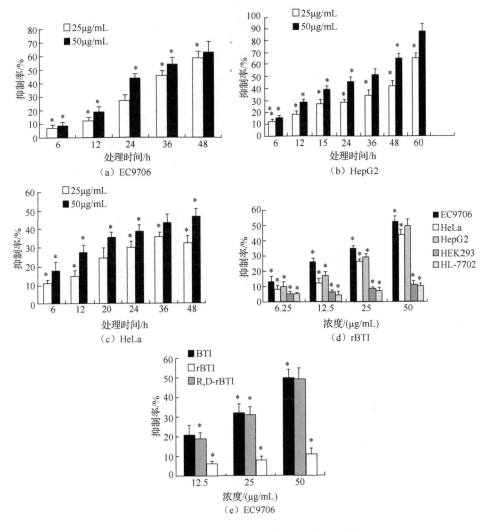

图 6.6　荞麦蛋白酶抑制剂对肿瘤细胞的抑制作用

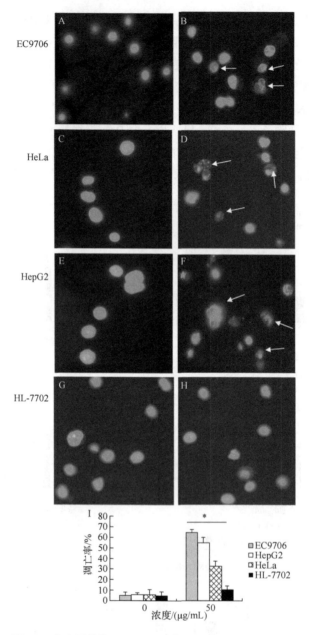

图 6.7　荧光显微镜（400×）观察 rBTI 处理后 EC9706、

HepG2 和 HeLa 肿瘤细胞的形态变化

　　注：对照组染色质均匀、核结构完整（A、C、E 和 G）。50μg/mL rBTI 处理 24h 后，多数细胞出现染色质浓缩、核碎裂和凋亡小体（箭头）等典型凋亡特征（B、D、F 和 H）。50μg/mL rBTI 处理 24h 后，EC9706、HepG2、HeLa 和 HL7702 凋亡细胞的比例（I）。

（七）防止阿尔茨海默病

阿尔茨海默病（Alzheimer's disease，AD）俗称老年痴呆，是一种起病隐匿的进行性发展的神经系统退行性疾病。临床上以记忆障碍、失语、失用、失认、视空间技能损害、执行功能障碍，以及人格和行为改变等全面性痴呆表现为特征，病因迄今未明。研究表明，β-淀粉样蛋白的积累，以及活性氧（ROS）和促炎因子（NO、PGE2、ILs 和 TNF-α）的发生是阿尔茨海默病重要的神经病理学特征。

荞麦已被证明在动物模型中具有潜在的神经保护作用。Pu 等（2004）以600mg/kg 剂量喂食患有重复性脑损伤和空间记忆障碍的大鼠 21d，发现甜荞麦可有效防止大鼠海马细胞出现坏死和凋亡（图 6.8）。同时，利用迷宫实验发现，食用甜荞麦对大鼠改善空间记忆障碍有显著作用。进一步机理研究发现，甜荞麦提取物可通过清除 DPPH 自由基，并降低谷氨酸、红藻氨酸和 β-淀粉样蛋白来保护海马神经元免受损伤。

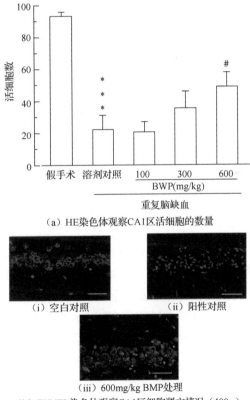

（a）HE染色体观察CA1区活细胞的数量

（i）空白对照　　　　（ii）阳性对照

（iii）600mg/kg BMP处理

（b）TUNEL染色体观察CA1区细胞凋亡情况（400×）

图 6.8　荞麦蛋白（BWP）对重复性脑损伤引起的海马区（CA1）细胞损伤的影响

注：***代表与假手术组之间的数据显著性分析结果为 $P<0.001$；#代表与假手术组之间的数据显著性分析结果为 $P<0.05$。

Gulpinar 等（2012）在体外模型中发现甜荞麦种子和茎秆的乙醇和乙酸乙酯提取物有显著的抗氧化活性，并且对乙酰胆碱酯酶、丁酸酯酶和酪氨酸酶活性有较好的抑制作用。这些结果表明甜荞麦具有潜在的神经保护作用。

Choi 等（2013，2015）利用阿尔茨海默病小鼠模型分别研究了甜荞麦和苦荞麦的甲醇提取物的神经保护作用。结果显示，相同饲喂条件下（100mg/kg，14d），苦荞麦在改善认知和记忆功能、降低一氧化氮和脂质过氧化物水平上表现出更好的效果。进一步研究发现，芦丁可能是荞麦具有神经保护作用的物质基础。

（八）其他作用

Tomotake 等（2000）研究了荞麦蛋白对仓鼠血浆胆固醇、胆囊胆汁组成和粪便中类固醇排泄量的影响，并首次提出荞麦蛋白不仅显著抑制胆结石形成，还可降低胆囊和肝中胆固醇浓度。食用荞麦蛋白组的仓鼠，其胆汁胆固醇摩尔比明显低于酪蛋白组，然而总的胆汁酸较高，导致其结石形成指数很低，这说明荞麦蛋白通过改变胆囊胆固醇和胆汁酸含量来抑制仓鼠胆结石的形成。

荞麦蛋白复合物能提高体内抗氧化酶的活性，对脂质过氧化物具有一定清除作用，能提高机体抗自由基的能力，因此具有延缓衰老的作用。荞麦中丰富的维生素 E 具有促进细胞再生、防止衰老的作用（张政等，1999）。

此外，荞麦中丰富的抗性淀粉和矿物质等营养素使荞麦还具有其他药用价值。荞麦中富含抗性淀粉，能增加肠蠕动，防止便秘，对盲肠炎和肛门不适等疾病有一定的疗效。Kayashita 等（1996）认为，荞麦蛋白可改善阿托品诱发的便秘，降低苋菜的毒副作用。荞麦中的铜元素能促进铁元素的吸收利用，多食荞麦有利于防止贫血病。

二、苦荞麦

苦荞麦的籽粒、根、茎、叶及花中均含有较多的槲皮素、芦丁、山柰酚-3-芸香糖苷和槲皮素-3-葡萄糖芸香糖苷等黄酮类化合物，具有降血糖、降血脂、抗氧化和清除自由基等多种生理活性，以及增强人体免疫力的作用，同时对糖尿病、高血压、高血脂、冠心病、脑卒中等疾病有较好治疗作用。目前，苦荞麦主要用作食品，而对其药理研究还不多，对其用于临床治疗疾病还认识不足。为更好发挥其药用价值，本书对苦荞麦的药理概况进行了总结。

（一）抗氧化作用

自由基是引起衰老和心脑血管退变性疾病的罪恶之源。苦荞麦类黄酮组成的分子结构符合有效酚羟基理论，具有极强的自由基清除能力，它们具有 5 个羟基，可以充足地作为供氢体，使自由基还原，从而起到清除自由基的目的，达到延缓衰老、预防心脑血管疾病的目的。

研究发现，苦荞麦的芽、叶及籽粒都有较好的自由基清除及抑制脂质过氧化能力（徐宝才等，2003；张政等，1999；王转花等，1999），且苦荞麦籽粒各部分抗氧化能力为麸皮>外心粉>壳>心粉。Karki 等（2013）研究发现苦荞麦粉提取液（BWE）对 DPPH· 和 NO 有良好的清除效果，IC_{50} 分别为 24.97μg/mL 和 72.54μg/mL（图 6.9）。此外，BWE 还可以抑制血清过氧化并具有螯合作用，并对多种促炎因子（IL-1b、IL-6、iNOS、COX-2 和 TNF-a）的表达量表现出抑制作用（图 6.10）。

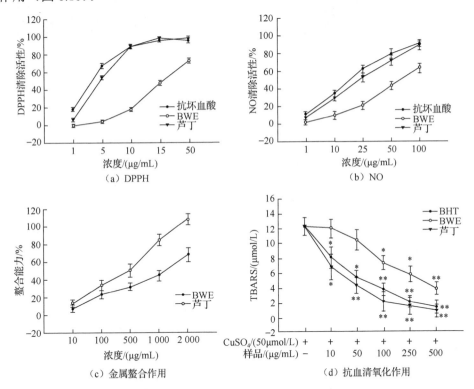

图 6.9　苦荞麦粉提取液（BWE）、芦丁、抗坏血酸（阳性对照）对 DPPH·、
NO 的清除活性，以及金属螯合作用和抗血清氧化作用

研究人员进一步对苦荞麦中抗氧化成分进行追踪分析，发现以芦丁、槲皮素为代表的苦荞麦黄酮及苦荞麦蛋白都有一定的抗氧化作用。曹艳萍（2005）发现黄酮类化合物作为苦荞麦多酚的主要成分，具有较强的抗氧化作用。苦荞麦叶、壳提取物对脂质的过氧化具有较好的抑制作用，并具有清除羟自由基和超氧阴离子的能力，可强烈抑制大鼠肝脏脂质过氧化物丙二醛的产生。

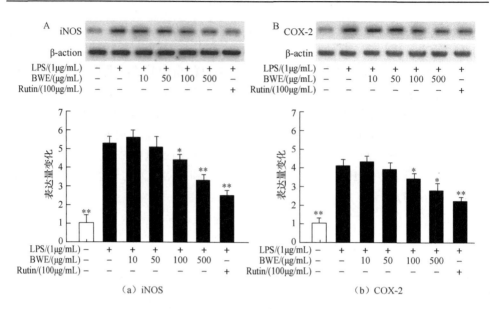

图6.10　苦荞麦粉提取液（BWE）、芦丁（Rutin）和脂多糖（LPS）对iNOS、

COX-2表达量的影响

李丹等（2000）以四川和陕西两种苦荞麦黄酮为研究对象，用甜荞麦黄酮和茶多酚作为对照，比较了它们对化学发光法产生的超氧化阴离子自由基、羟基自由基和DPPH自由基的清除效果。结果表明，苦荞麦黄酮清除3种自由基的能力，以对羟基自由基的清除效果最显著，清除DPPH自由基和超氧化阴离子自由基的能力要强于甜荞麦黄酮，清除超氧化阴离子自由基的能力要强于茶多酚。高云涛等（2009）采用超声提取集成丙醇-硫酸铵双水相体系法对苦荞麦芽中总黄酮进行提取分离，并研究了其对脂质过氧化的抑制作用，结果表明苦荞麦芽提取物对卵磷脂脂质过氧化具有较好的抑制作用，最大抑制率为68.2%。随着对苦荞麦黄酮成分的深入研究，研究人员发现芦丁和槲皮素是苦荞黄酮在体外表现清除自由基、抗脂质过氧化和红细胞保护作用的主要活性成分之一（李丹等，2000；王敏等，2006b）。

有关苦荞麦黄酮的抗氧化机理，研究人员认为荞麦提取物中酚类化合物能够提供电子和质子氢，与羟基自由基反应，尤其是荞麦提取物中的芦丁和槲皮素，其B环结构上存在邻二羟基，很容易提供质子氢和电子，与羟基自由基反应，起到清除自由基的作用（胡春等，1996）。

除黄酮外，苦荞麦蛋白也被证实具有抗氧化作用。从苦荞麦中提取的蛋白复合物（TBPC）可使小鼠体重增重，提示TBPC可作为小鼠生长所需的蛋白源。同时，该复合物还使血液、肝脏、心脏中SOD、CAT、GSH-Px活性不同程度提高，MDA含量下降，其中心脏中MDA降低程度最显著。因此，可以认为TBPC对机体内的脂质过氧化物有一定的清除作用，具有抗衰老作用（张政等，1999；朱瑞等，2003）。进一步研究发现，苦荞麦蛋白各组分均具有不同程度的降血脂和抗氧化功能，其中清蛋白最强，球蛋白次之，谷蛋白最弱。清蛋白高低剂量组能显著降低小鼠血清和肝脏脂质过氧化产物丙二醛（MDA）含量（$P<0.05$），显著增强血清和肝脏中超氧化物歧化酶（SOD）、谷胱甘肽过氧化物酶（GSH-Px）活性（左光明等，2010）。

（二）降血糖作用

糖尿病是威胁人类健康的全球性疾病，是遗传因素和环境因素长期作用所致的一种慢性、全身性代谢疾病，以持续高血糖和尿中排出葡萄糖为主要特征。荞麦作为独特的药食同源作物，用于治疗糖尿病早有记载。生活中饮食苦荞制品有降血糖、降血脂、降尿糖的作用，对糖尿病有很好的疗效。荞麦富含芦丁等生物类黄酮，能够促进胰岛 B 细胞的恢复，降低血糖，改善糖耐量，对抗肾上腺素的升血糖作用，同时它还能够抑制醛糖还原酶，因此可以治疗糖尿病及其并发症。有文献报道苦荞麦籽粒中含有少量 D-手性肌醇单体及大量的 D-手性肌醇衍生物荞麦糖醇，可调节血糖，改善糖尿病（特别是 2 型糖尿病）症状。

研究报道苦荞麦提取物对正常小鼠的血糖无降低作用，对实验性高血糖小鼠的血糖有明显降低作用，对其糖耐量有明显改善作用，对糖化蛋白也明显降低，并且可通过抑制 GHbA1c 及 AGEs 的产生，以及促进肝糖原合成，对氢化可的松诱发的胰岛素抗性起到改善作用（祁学忠等，2003；刘洋等，2009）。同时，研究发现苦荞麦提取物对 α-葡萄糖苷酶的活性有明显的抑制作用，抑制程度与阿卡波糖相当，因此苦荞麦提取物可降低餐后血糖，可能与其抑制 α-葡萄糖苷酶活性有关（张月红等，2006）。此外，研究人员对不同生长期的苦荞麦展开调查发现，苦荞麦在萌发前其降糖效应非常微弱，大鼠口服其提取物，4d 后血糖只降低 4%，而将荞麦或苦荞麦在适当温度、盐浓度条件下萌发一定时间之后，再让大鼠服用 4d 后，血糖浓度降低 42%（温龙平等，2002）。

随着研究的深入，科学家们发现苦荞麦黄酮及糖醇类物质可能是其降糖功效的活性物质。韩淑英等（2001）用荞麦籽粒总黄酮（TFB）治疗四氧嘧啶诱导的糖尿病小鼠时发现，TFB 可使糖尿病小鼠空腹血糖（FBG）降低，改善糖耐量（OGTT），对血浆胰岛素（INS）无影响，但胰岛素敏感指数 OSD 明显高于实验对照组。陶胜宇等（2006）用 40～80mg/kg 剂量的苦荞麦黄酮给大鼠灌胃，糖尿病大鼠的血糖与模型组比较有显著下降，分别降低 11%、15%，表明苦荞麦黄酮对高血糖动物的血糖含量有显著的调节作用。辛念等（2004）报道用荞麦花总黄酮（TFBF）口服治疗链脲佐菌素诱发的 2 型糖尿病大鼠，治疗组大鼠糖耐量明显改善，胰岛素敏感指数和胰岛素与受体的结合力明显比实验对照组增加，并存在

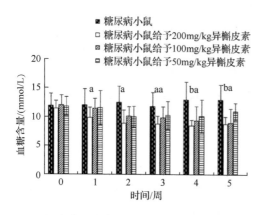

图 6.11　不同浓度异槲皮素对 2 型糖尿病小鼠血糖的影响

剂量依赖性。机理可能是增加胰岛素受体数量或胰岛素与受体结合敏感性，使受体作用后，促进组织吸收葡萄糖，从而降低血糖水平。Zhang 等（2011）利用 2 型糖尿病小鼠模型（KK-Ay mice）研究了苦荞麦中异槲皮素的降糖作用。实验结果显示，200mg/kg 异槲皮素处理的小鼠空腹血糖与对照组相比显著降低（$P<0.01$）（图 6.11）。继续处理 35d 后，处理组小鼠血浆中 C 肽、甘油三酯、总胆固醇和血尿素氮水平都呈现了显著下降趋势。同时，异槲皮素也使小鼠的葡萄糖耐受性及胰岛 b 细胞免疫活性增强（表 6.6）。

表 6.6　异槲皮素对 2 型糖尿病小鼠血浆中等离子体参数的影响

实验对象	C 肽/ (ng/mL)	胰高血糖素/ (pg/mL)	甘油三酯/ (mmol/L)	总胆固醇/ (mmol/L)	血尿素氮/ (mmol/L)
糖尿病小鼠	0.84±0.09	107.73±4.65	1.03±0.12	4.98±0.63	11.79±2.40
糖尿病小鼠给予 200mg/kg 异槲皮素	0.65±0.21a	67.29±6.37c	0.83±0.14b	3.79±0.67a	9.35±0.49a
糖尿病小鼠给予 100mg/kg 异槲皮素	0.76±0.13	72.81±7.58b	0.86±0.09a	4.30±0.36	11.26±0.81
糖尿病小鼠给予 50mg/kg 异槲皮素	0.81±0.26	103.52±8.29	0.90±0.11a	4.74±0.52	10.94±1.38

注：不同小写字母代表处理组与糖尿病小鼠组之间数据显著性分析结果，a：$P<0.05$，b：$P<0.01$，c：$P<0.001$。

除黄酮外，研究人员发现富含 *D*-手性肌醇（DCI）的苦荞麦麸皮提取物（TBBE）可以有效降低 2 型糖尿病小鼠血糖、C 肽、胰高血糖素、甘油三酯和尿素氮，改善葡萄糖耐量，增强胰岛素在糖尿病模型小鼠中的免疫反应性。同时，急性毒性试验发现 TBBE 对老鼠的 LD_{50} 大于 20g/kg，表现了其无毒及安全性（Yao et al.，2008）。富含 *D*-手性肌醇的苦荞麦醋也具有降低糖尿病模型小鼠空腹血糖、辅助抑制糖负荷引起的血糖升高作用，服用苦荞麦醋后糖尿病小鼠尿素氮（BUN）水平显著降低（马挺军等，2010）。

研究人员进一步对苦荞麦手性肌醇和黄酮降糖活性进行了比较，薛长勇等（2005）采用不同浓度的乙醇溶液处理苦荞麸皮原料，得到苦荞麦黄酮和自由 *D*-手性肌醇含量差异显著的两种苦荞提取物。通过糖尿病模型大鼠试验发现，两种苦荞麦提取物对大鼠血糖相关指标的影响显著不同。富含自由 *D*-手性肌醇而苦荞麦黄酮含量较低的苦荞提取物 A，其降血糖效果明显好于苦荞麦黄酮含量高而自由 *D*-手性肌醇含量低的苦荞提取物 B，提示血糖降低与 *D*-手性肌醇有关。

此外,研究人员对复方苦荞麦的降糖作用也开展了详细研究。高铁祥等（2003）用注射链脲佐菌素并配合高热量饮食的方法建立糖尿病（DM）模型,发现复方苦荞麦能明显地改善 STZ 糖尿病大鼠的症状,能降低血糖及血清中 TNF-α、PAI-1 的含量,促进胰岛素分泌,具有改善胰岛素抵抗作用,明显降低血栓素 B2 含量,升高 6 酮前列腺素（6-keto-PGF10）,明显减轻 STZ 糖尿病大鼠神经病变,说明复方苦荞麦对 2 型糖尿病有确切疗效,对糖尿病神经性病变具有早期防治作用。胡慧等（2004）用复方苦荞麦合剂对此模型进行治疗,能有效改善糖尿病肾病大鼠多尿、多饮、多食和体重减轻的症状,并且可通过降低血糖、调节脂代谢、改善血液高凝状态等达到调控肾脏整体功能,说明复方苦荞麦合剂对糖尿病引发的肾病具有防治作用。周艳萍等（2007）发现复方苦荞麦能明显改善糖尿病大鼠症状,降低糖尿病大鼠血糖,提高糖尿病大鼠血浆胰岛素水平,降低血浆胰高血糖素水平,并能在一定程度上修复损伤的胰岛β细胞,抑制 α 细胞异常增殖,其降糖效果呈剂量依赖性。

（三）降血脂作用

苦荞麦降糖和降血脂的作用可能与苦荞麦粉中含有丰富的亚油酸、芦丁、槲皮素、微量元素、维生素、植物固醇等有关。亚油酸为不饱和脂肪酸,能与胆固醇结合成酯,促进胆固醇的转运,抑制肝脏内源性胆固醇的合成,并促进其降解为胆酸而排泄,故有较好的降脂作用；维生素、氨基酸、植酸可清除自由基,并阻断或减轻自由基对细胞和组织的损伤。芦丁能减轻急性胰腺炎的病理生理损害,保护胰腺组织,加强胰岛素外周作用,抗脂质过氧化、抑制高密度脂蛋白（HDL）氧化修饰,促进胆固醇降解为胆酸排泄,降低毛细血管的通透性,扩张血管,加强维生素 C 的作用并促进维生素在体内蓄积,有利于改善脂质代谢。镁能降低血清胆固醇,硒能促进胰岛素分泌增加,直接清除氧自由基,因其为谷胱甘肽过氧化物酶（GSH-Px）的重要组成部分,也能与 SOD 一起清除体内氧自由基,且 GSH-Px 能阻断或减轻脂自由基对细胞或组织的过氧化损伤。锌能减少胰岛素活性减退,使游离脂肪酸降低。铬可以增强胰岛素功能,改善葡萄糖耐量。

黄凯丰等（2011）以 4 份苦荞麦及其壳为试验材料,测定了其对不饱和脂肪酸、饱和脂肪酸的吸附能力,同时测定了在不同处理条件下荞麦对胆固醇的吸附能力。结果表明,不同苦荞麦籽粒对油脂的吸附量总体为 1.0g/g,显著低于荞麦壳的吸附量。不同处理时间对苦荞麦吸附胆固醇能力的影响不大。当苦荞麦材料用量为 0.01g（经 40 倍体积的冰乙酸饱和）时,对胆固醇的吸附能力显著高于其他用量处理。苦荞麦材料间对胆固醇吸附能力的差异不显著。因此,长期食用含苦荞麦的食物对糖尿病、高脂血症病人有良好的医疗保健作用。陕方等（2006）和薛长勇等（2005）认为苦荞麦降血糖、血脂的途径可能是通过抑制糖苷酶、甘油三酯、激活过氧化物体增殖剂激活型受体 γ 和 α 而实现。

韩淑英等（2001）以高胆固醇、高脂饲料诱发高脂模型大鼠,应用荞麦种子总黄酮（TFB）治疗 10d，结果显示 TFB 抑制高脂血症大鼠血清总胆固醇、甘油三酯、血清和肝组织脂质过氧化产物丙二醛水平的升高，说明 TFB 具有降血脂和抗肝脂质过氧化作用。

Tomotake 等（2000）报道，饮食高蛋白荞麦粉（PBF）能够显著降低肝中胆固醇的水平，而饮食荞麦蛋白 BWP 只引起轻微的变化。饮食 PBF 显著抑制喂食游离胆固醇的大鼠的脂肪组织重量和肝中脂肪酸合成酶的活性。饮食 PBF 和 BWP 均显著降低胆结石的发生率和结石指数，增加粪便中酸性类固醇的排出。这是由于 PBF 能降低蛋白质的消化率，从而降低血中胆固醇的水平和抑制胆结石的形成。

童红莉等（2006a、b）对高脂饲料饮食大鼠进行苦荞麦壳提取物饲用，发现苦荞麦壳提取物可降低实验性高脂血症大鼠的血脂、肝指数、肝脏脂质沉积，提高血液和肝脏的抗氧化能力，减轻高脂饮食导致的氧化损伤，降低肝脏脂质过氧化水平，预防脂肪肝的形成。苦荞麦类黄酮可清除·O_2^{2-}、·OH 等自由基，提高自由基清除酶 SOD、GPX 活力，降低脂质过氧化水平，改善高脂血症大鼠氧化—抗氧化失衡状态，从而减少因高脂血症产生的过量自由基对机体的损伤作用，这可能是苦荞麦壳提取物实现调节血脂和肝脏保护作用的机制之一。

高铁祥（2002）通过观察饲喂高脂饲料的高脂血症小鼠，发现苦荞麦正丁醇提取物（相当于生药 150～200g/kg）对其血清胆固醇、甘油三酯的升高有明显的降低作用（$P<0.01$），氯仿提取物（相当于生药 150g/kg）对胆固醇的升高也有一定的缓解作用，但作用性质不稳定（$P<0.05$）。复方苦荞麦对 2 型糖尿病大鼠症状明显改善，血糖血脂降低，SOD 活性提高，丙二醛水平降低，NO 代谢水平改善，对治疗 2 型糖尿病疗效可靠。

李洁等（2004）用高胆固醇乳剂建立高血脂动物模型，然后给予苦荞麦类黄酮进行治疗，结果发现苦荞麦类黄酮可以使高血脂小鼠的甘油三酯水平和高血脂大鼠的胆固醇及甘油三酯水平明显降低，但是不降低二者的高密度脂蛋白水平。苦荞麦类黄酮具有较强生理活性，其主要成分是 2-苯基色原酮类化合物，如槲皮素、芦丁、桑黄素、山奈酚等黄酮类物质。

王敏等（2006a）采用苦荞麦制粉的副产品提取苦荞麦胚油对实验性高脂血症大鼠进行降血脂和抗氧化研究，连续 6 周试验结果显示，与绞股蓝总苷片为阳性对照组相比，苦荞麦胚油各剂量组血清甘油三酯和肝脏丙二醛降低均达到极显著水平（$P<0.01$）；其中中剂量组降血脂和抗氧化效果突出，其血清总胆固醇、血清丙二醛和肝脏甘油三酯降低均达到显著水平（$P<0.05$），肝脏总胆固醇降低达到极显著水平（$P<0.01$）。

左光明等（2010 年）利用高脂饲料诱导小鼠高脂血症模型，对苦荞麦蛋白各组分进行体内降血脂及抗氧化功能研究。结果表明，苦荞麦蛋白各组分均具有不同程度的降血脂及体内抗氧化功能，其中清蛋白最强，球蛋白次之，谷蛋白最弱。

与高脂模型组相比，苦荞麦清蛋白高、低剂量组和球蛋白高剂量组，均显著降低高脂血症小鼠血清中总胆固醇、甘油三酯、低密度脂蛋白胆固醇含量（LDL-C）（$P<0.05$），显著提高高密度脂蛋白胆固醇含量（HDL-C）（$P<0.05$），有降血脂作用；同时清蛋白高、低剂量组能显著降低高脂血症小鼠血清和肝脏脂质过氧化产物丙二醛含量（$P<0.05$），显著增强血清和肝脏中超氧化物歧化酶、谷胱甘肽过氧化物酶活性（$P<0.05$）。

童国强等（2011）予大鼠高血脂模型苦荞酒 30d，结果表明 10 倍、30 倍苦荞酒剂量组甘油三酯水平均显著低于高脂对照组；30 倍苦荞酒剂量组血清总胆固醇水平明显低于高脂对照组和正常对照组。

Zhou 等（2018）研究发现，苦荞麦蛋白作为一种不易消化的蛋白也具有显著地降低胆固醇的作用，添加苦荞麦蛋白的高脂肪饮食组喂养 6 周后雄性 C57BL/6 小鼠的血浆总胆固醇和甘油三酯的含量显著低于添加酪蛋白的高脂肪饮食组。苦荞麦蛋白（BWP）对血脂异常的预防作用与肠道菌群数量的变化相关，苦荞麦蛋白能够促进乳酸菌 *Lactobacillus*、双歧杆菌 *Bifidobacterium* 和肠球菌 *Enterococcus* 等益生菌的增殖，同时抑制大肠埃希菌 *Escherichia coli* 的增殖。研究还发现，苦荞麦蛋白对血浆中的炎症因子（脂多糖、肿瘤坏死因子 α 和白介素 6）也具有显著的抑制作用。

Yang 等（2014）对比了苦荞麦与小麦和水稻的降脂功效，并研究了 3 种作物与胆固醇转运及吸收蛋白相关的基因表达变化。结果表明，与小麦和水稻相比饲喂苦荞麦 6 周后的小鼠血浆中总胆固醇、非高密度脂蛋白胆固醇和肝脏胆固醇浓度发生了明显降低（表 6.7）。进一步探究机理发现，苦荞麦的降脂作用可能与下调肠道中 Niemann-Pick C1（NPC1L1）和 acyl-CoA: cholesterol acyltransferase 2（ACAT2）基因的表达量有关（图 6.12）。

表 6.7 小鼠血浆中总胆固醇、高密度脂蛋白胆固醇、
非高密度脂蛋白胆固醇和甘油三酯的浓度变化

	对照	苦荞麦	小麦	水稻	P
第 0 周					
总胆固醇/（mg/dL）	114.3±9.0	113.8±8.0	113.8±8.8	112.2±9.7	0.97
高密度脂蛋白/（mg/dL）	53.6±4.8	52.3±2.6	54.8±3.0	52.0±2.1	0.47
非高密度脂蛋白/（mg/dL）	60.7±5.6	60.6±6.0	60.7±12.1	63.0±17.0	0.97
甘油三酯/（mg/dL）	115.2±9.6	106.5±11.5	106.8±16.4	121.5±23.5	0.21
第 6 周					
总胆固醇/（mg/dL）	282.4±23.6a	239.3±18.3b	281.6±14.0a	266.0±33.8a	<0.01
高密度脂蛋白/（mg/dL）	122.8±6.2	120.4±9.2	130.6±6.1	123.4±13.4	0.18
非高密度脂蛋白/（mg/dL）	159.6±20.2a	118.9±14.9b	151.0±12.0a	142.6±22.9a	<0.01
甘油三酯/（mg/dL）	160.3±45.7	133.2±41.1	146.4±23.5	136.4±34.1	0.5
器官胆固醇/（mg/g）					

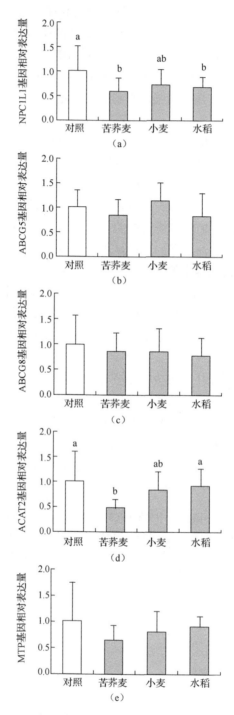

图 6.12　小鼠肠道中 5 种 mRNA 表达量的相对变化

（四）抗疲劳

通过对小鼠的游泳试验、爬杆试验等数据的分析表明，苦荞麦中具有抗疲劳作用的是苦荞麦蛋白中的球蛋白，苦荞麦中的黄酮类化合物没有这样的功能。分析结果表明，苦荞麦球蛋白含有丰富的支链氨基酸（BCAA），支链氨基酸可以有效地防止大脑中 5-羟基胺的浓度升高，有抗中枢疲劳的作用。另外，支链氨基酸还可以降低运动中血乳酸的积累，加速血乳酸的代谢过程，从而降低由血乳酸导致的疲劳。用苦荞麦籽提取物连续给小鼠灌胃 7d，观察小鼠转棒耐力。发现苦荞麦籽提取物能明显延长小鼠转棒耐力时间，与阴性对照组比有极显著性差异（$P<0.001$）。表明苦荞麦籽提取物具有抗疲劳作用（张超等，2004；2005）。

（五）抗衰老

苦荞麦蛋白复合物能提高体内抗氧化酶的活性，对脂质过氧化物有一定的清除作用，提高机体抗自由基的能力，因此具有延缓衰老的作用。苦荞麦中丰富的维生素 B，有促进细胞再生、防止衰老的作用。

将苦荞麦黄酮粗提取物经大孔吸附树脂纯化得到精提物，以芦丁、维生素 C 为对照，对精制前后苦荞麦黄酮提取物对超氧阴离子自由基、羟基自由基、DPPH 自由基、H_2O_2 及 NO_2 的清除效果进行了体外研究。结果表明，苦荞麦黄酮提取物具有较强的清除自由基能力，经大孔吸附树脂纯化后提取物的抗氧化活性几乎不受影响，而且对部分自由基的清除作用有一定的提高（于智峰等，2007）。

（六）抗肿瘤作用

苦荞麦提取物对体外培养的人体肺腺癌细胞、宫颈癌细胞、胃腺癌细胞、鼻咽癌细胞具有杀伤作用，在体内对小鼠移植性 S180 肉瘤、Lewis 肺癌、U14 宫颈癌均有抑制作用，对 B16-H16 黑色瘤细胞具有体外抗侵袭活性和体内抗转移作用。抗肿瘤作用的分子机制为：抑制细胞内的核酸代谢，抑制癌细胞信号转导变异通道中的蛋白激酶。

除了苦荞麦蛋白和黄酮类物质，膳食纤维和矿质元素也能发挥一定的抗肿瘤作用。大量膳食纤维能刺激肠道蠕动，加速粪便排泄，可以降低肠道内致癌物质的浓度，减少结肠癌和直肠癌发病率。镁能抑制癌症的发展，帮助血管舒张，维持心肌正常功能，加强肠道蠕动，增加胆汁分泌，促进机体排出废物。硒是联合国卫生组织目前唯一认定的防癌抗癌元素，而苦荞麦中含有其他谷类作物缺乏的硒。

Ren 等（2001）采用 MTT 法考察了苦荞麦中黄酮类化合物（TBF）对人急性髓系白血病（acute myeloid leukemia，AML）HL-60 细胞的生长抑制作用，结果显示 TBF 处理后，HL-60 细胞在形态学上出现了典型的凋亡特征，呈现了 DNA

梯状条带，并且凋亡执行因子 caspase-3 发生活化，表明 TBF 是通过诱导细胞凋亡来抑制 HL-60 细胞的增殖，并提示苦荞麦黄酮对人类白血病可能有潜在的治疗作用。

Ren 等（2003）又进一步探讨了苦荞麦黄酮诱导 HL-60 细胞凋亡的分子机制。结果表明，TBF 诱导线粒体中细胞色素 C 释放到胞质中，进而上调胞因子 Fas 的表达量，以及激活 Caspase 蛋白家族的级联反应，最终导致细胞凋亡。此外，苦荞黄酮也可通过调节 HL-60 细胞中转录因子 NF-κB 的失活来诱导细胞凋亡。

王宏伟等（2002）报道苦荞麦胰蛋白酶抑制剂能够显著抑制 HL-60 白血病细胞的增殖，而对正常细胞毒性较小，其 IC_{50} 值分别为 0.29g/L 和 1.01g/L，并且对 HL-60 细胞增殖的抑制作用呈明显的剂量-效应和时间-效应关系。这一结果表明，苦荞麦胰蛋白酶抑制剂可显著地抑制 HL-60 细胞的增殖。

Guo 等（2007）采用硫酸铵分级沉淀、离子交换色谱和凝胶过滤色谱等技术分离、纯化苦荞麦水溶性蛋白，得到了组分 TBWSP31。经测定，该蛋白组分对人乳腺癌细胞株 Bcap37 的生长具有显著的增殖抑制活性，IC_{50} 值为 19.75μg/mL，浓度为 200μg/mL 时，作用 72h 的抑制率达到 87.2%。

Guo 等（2010）又对 TBWSP31 蛋白展开了进一步研究。在扫描电镜下观察可知，乳腺癌细胞 Bcap37 经 20μg/mL 苦荞麦蛋白 TBWSP31 处理 48h 后的形态发生了显著改变：细胞表面的微绒毛显著减少，细胞表面相对平滑，一些不规则的水泡和凋亡小体可在细胞表面显现（图 6.13）。

陈荣林等（2009）采用 MTT 法考察 EE-2 对人肝癌细胞 HepG2 体外增殖的抑制作用，通过显微镜观察可见，细胞脱壁圆缩，出现凋亡小体，细胞核降解。流式细胞仪检测发现，处理组的 DNA 直方图上有比对照组加强的 SubG1 峰，且可将 HepG2 细胞阻滞于 G0/G1 期。苦荞麦内生真菌 KQH-2 代谢醇提物 EE-2 可诱导人肝癌 HepG2 细胞的凋亡，且具有细胞周期阻滞作用。

闫斐艳（2010）研究了苦荞麦总黄酮对食管癌 EC9706 和宫颈癌 HeLa 细胞的毒性效果，结果显示其能有效抑制细胞增殖，且作用效果与时间和剂量具有相关性。苦荞麦黄酮引起 EC9706 和 HeLa 细胞周期停滞，并能上调细胞内的促凋亡蛋白 Bax 的表达量，下调抗凋亡蛋白 Bcl-2 的表达量。

周小理等（2011）以萌发期（1～6d）的苦荞麦芽粉为原料研究并证实苦荞麦芽粉乙醇提取物具有抑制 MCF-7 乳腺癌细胞增殖的作用，尤以萌发第 3d（芦丁与槲皮素含量比为 0.92∶1）时抑制效果最好，显示二者具有良好的协同抑制效果。苦荞麦芽粉乙醇提取物的抑制效果与槲皮素和芦丁标准品模拟样品抑制效果相似，表明苦荞麦芽粉乙醇提取物对 MCF-7 细胞的生长起抑制作用的主要功效成分是槲皮素和芦丁。

（a）0μg/mL处理

（b）20μg/mL处理

图6.13　扫描电镜下（8000 倍）乳腺癌细胞 Bcap37 经 0μg/mL 和
20μg/mL 苦荞麦蛋白 TBWSP31 处理 48h 后的形态改变图

（七）防治高血压、冠心病

据报道，2000 年全球的高血压患者超过了 10 亿人，约占全球总人口的 25%，而这一数字在 2025 年时预计将达到 15.6 亿人。血压受到肾素——血管紧张素的调节，存在于血浆中的血管紧张素原，在缺血刺激肾小球旁细胞而分泌的肾素催化下，转变为血管紧张素 I，在血管紧张素转化酶（ACE）作用下，生成血管紧张素 II，从而引起小动脉的收缩，使血压升高。因此，血管紧张素转化酶抑制剂一直是人们寻找的理想降压药。

Kawasaki 等（1995）发现在尼泊尔木斯塘地区的居民尽管盐茶摄入量很高，但是他们的高血压患病率非常低（<25%）。研究人员推测这种现象可能与居民长期以荞麦为主食有关，后经证实荞麦中确实富含具有 ACE 抑制活性的化合物，也揭示了荞麦有降血压的功效。

以含荞麦粉的饲料饲养大鼠 4 周，血压有轻度下降。饲料对血管紧张素转化酶（ACE）有强大抑制作用，其有效成分可能是耐热的低分子物质。从荞麦种子核心部分提取的一种三肽，对 ACE 的 IC_{50} 为 12.7μmol/L，实验表明对自发性高血压大鼠（SHR）有抗高血压作用。

Li 等（2010）报道苦荞麦中含有 ACE 特征性抑制肽，其 IC$_{50}$ 值为 3.0mg/mL，并且抑制活性不为胃酸蛋白酶所增强；苦荞麦黄酮类物质没有 ACE 酶抑制活性。单纯口服苦荞麦水提物可以降低自发性高血压大鼠的收缩压。

Aoyagi（2006）报道从荞麦分离到了对 ACE 具有较高抑制活性的物质，其 IC$_{50}$ 值为 0.08mm，经鉴定该活性物质为烟草胺的羟基化衍生物，其在荞麦粉中的含量约为 30mg/100g。

Kim 等（2010）用高效液相色谱法分析了苦荞麦粗提物（REB）和苦荞芽提取物（GBE）中芦丁的含量及其对自发性高血压大鼠（SHR）体重、血压和主动脉内皮细胞中硝基酪氨酸（过氧亚硝酸盐形成的标志物）免疫反应的影响。结果表明，芦丁在 REB 和 GEB 中的平均含量分别为 1.52±0.21mg/g 和 2.92±0.88mg/g。在以 600mg/kg REB 和 GEB 饲喂自发性高血压大鼠 5 周后，实验组的增重要低于对照组。进一步考察大鼠的血压（收缩压）发现，实验组大鼠血压降低与处理时间呈正相关性，在第 5 周时食用 REB 和 GEB 的大鼠与对照相比血压分别下降了 44mmHg 和 53mmHg，呈现显著性（图 6.14）。此外，研究还发现 REB 和 GEB 通过降低硝基酪氨酸免疫反应降低主动脉内皮细胞氧化损伤。这些结果有力证明了荞麦有良好的降压功效，并且可以保护动脉内皮细胞免受氧化应激（图 6.15）。

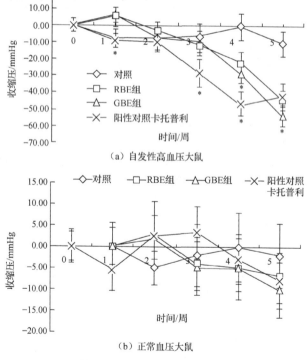

（a）自发性高血压大鼠

（b）正常血压大鼠

图 6.14　600mg/kg 苦荞麦粗提物（REB）和苦荞芽提取物（GBE）
处理对自发性高血压大鼠及正常血压大鼠收缩压的影响

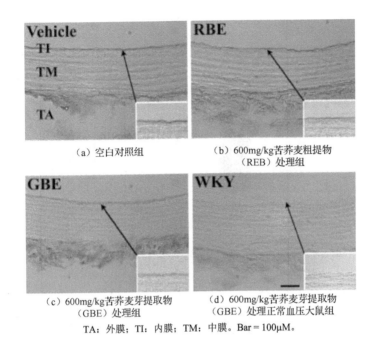

（a）空白对照组　　　　　　　　（b）600mg/kg苦荞麦粗提物
（REB）处理组

（c）600mg/kg苦荞麦芽提取物　　　（d）600mg/kg苦荞麦芽提取物
（GBE）处理组　　　　　　　（GBE）处理正常血压大鼠组

TA：外膜；TI：内膜；TM：中膜。Bar＝100μM。

图6.15　苦荞麦提取物对自发性高血压大鼠主动脉中的硝基酪氨酸免疫反应的影响

此外，研究发现利用发酵手段可显著提高苦荞麦的降压效果。采用乳酸菌对苦荞麦芽进行发酵得到发酵苦荞麦芽（neo-FBS），并使用自发性高血压大鼠（SHR）模型研究了其降压效果。结果显示，与未发酵的苦荞麦芽相比，发酵苦荞麦芽的降压效果提高了10倍左右，使用0.010mg/kg的neo-FBS饲喂大鼠后，其主动脉的收缩压和舒张压得到了显著下降，降压效果相当于使用1.0mg/kg降压药卡托普利。进一步研究又发现，口服10mg/kg的neo-FBS后大鼠肺、胸主动脉、心脏、肾脏和肝脏中血管紧张素转换酶（ACE）活性得到了显著抑制（图6.16）。0.5μg/mL的neo-FBS对去氧肾上腺素预缩的主动脉有显著疏松作用（$EC_{50}=8.3 \pm 1.4\mu g/mL$）（图6.17）。良好的ACE抑制活性以及血管舒张作用表明了neo-FBS有高效的降压作用，同时有作为降压药研发的重要价值（Nakamura等，2013）。

Koyama等（2013）也对发酵苦荞麦芽（neo-FBS）中降血压活性开展了详细研究。结果表明，单次口服1.0mg/kg发酵苦荞麦芽对大鼠自发性高血压有显著降压作用（图6.18）。进一步利用HPLC从neo-FBS中分离得到了6个多肽，分别鉴定为DVWY、FDART、FQ、VAE、VVG和WTFR，其中DVWY、VAE和WTFR为新物质。研究证明了利用乳酸菌发酵可以使苦荞麦芽产生新的具有高效的降压作用的多肽，并且也可以提高苦荞麦芽中本身GABA和酪氨酸的活性（图6.19）。

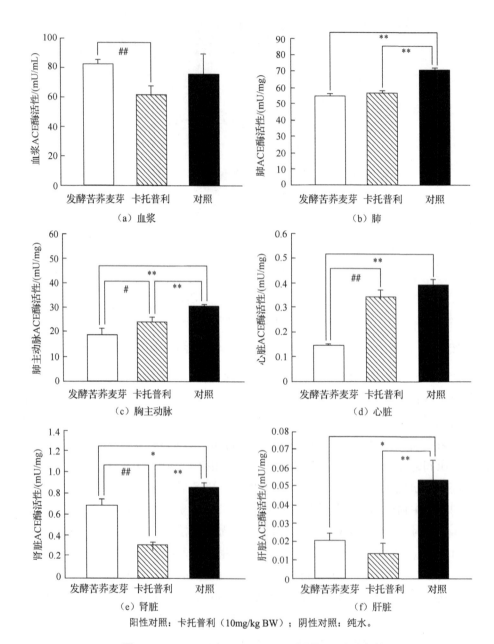

阳性对照：卡托普利（10mg/kg BW）；阴性对照：纯水。

图 6.16　neo-FBS（10mg/kg BW）饲喂 6h 后对大鼠

不同组织器官中 ACE 酶活性的影响

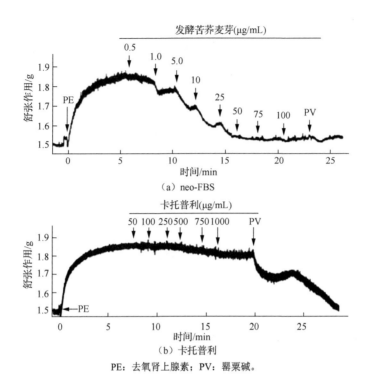

PE：去氧肾上腺素；PV：罂粟碱。

图 6.17　不同浓度 neo-FBS 及卡托普利对大鼠胸主动脉的舒张作用

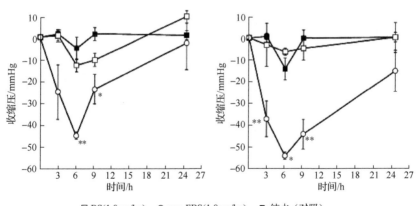

--□--BS(1.0mg/kg)　--○--neo-FBS(1.0mg/kg)　--■--纯水（对照）

BS：苦荞麦芽；neo-FBS：乳酸菌发酵苦荞麦芽。

图 6.18　1.0mg/kg 苦荞麦芽对大鼠收缩压的影响及舒张压的影响

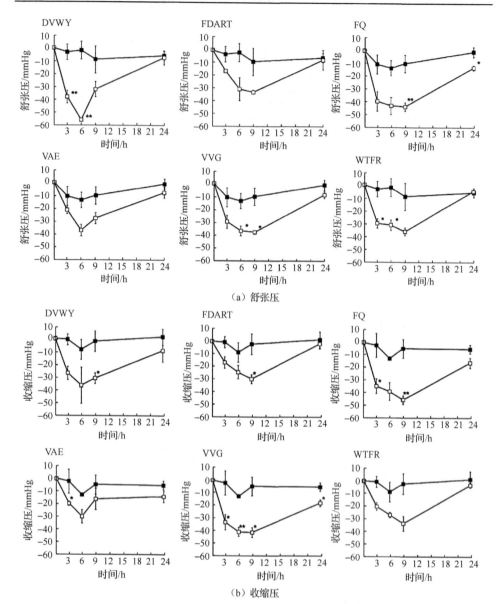

图 6.19　乳酸菌发酵苦荞麦芽中分离得到的 6 个多肽对大鼠舒张压及收缩压的影响

（八）毒副作用

林汝法等（2001）报道，通过给小鼠和大鼠投喂苦荞麦提取物，观察苦荞麦提取物的毒理学安全性。结果表明，长期连续应用苦荞麦提取物，对大鼠生长发育及血液学、生化、病理指标均未见明显的不良影响，实属无毒。

李国华等（2004）采用 Ames 试验、小鼠骨髓嗜多染红细胞微核试验和小鼠精子畸形试验，对苦荞降糖胶囊在基因水平和细胞水平的遗传损伤进行评估。结果表明，该胶囊在 0.1mg/kg、0.5mg/kg、1mg/kg、2.0mg/kg 和 5.0mg/kg 的剂量下对 TA97、TA98、TA100 和 TA1024 株试验菌株均未引起自发回变菌落数增加，在 1250mg/kg 和 5000mg/kg 体重剂量下均未引起小鼠骨髓嗜多染红细胞微核率和小鼠精子畸形率上升，这说明该胶囊在基因水平和细胞水平均不具有致突变性。

（九）抗缺血作用

苦荞麦抗缺血作用可能与芦丁有关。芦丁能终止自由基的连锁反应，抑制生物膜上多不饱和脂肪酸的过氧化，保护生物膜及亚细胞结构的完整性；提高超氧化物歧化酶活性，有效保护脑缺血再灌注损伤，显著提高脑缺血小鼠的存活率，改善神经元和胶质细胞的形态变化，减少缺血脑组织神经元的凋亡数目；舒张血管、改善毛细血管脆性及异常通透性作用，改善微循环障碍和血流变异常。

闫泉香等（2005）通过对部分结扎颈总动脉建立脑缺氧小鼠模型，发现苦荞麦黄酮可明显抑制脑缺血所致脑内丙二醛含量的升高，说明苦荞麦黄酮对脑缺血有一定的保护作用。

李玉田等（2006）通过犬肾动脉夹闭实验，造成急性肾缺血模型肾脏肿胀，血肌酐明显升高，发现苦荞麦黄酮对肾衰犬的肌苷增加有显著对抗作用，说明其具有一定的抗缺血作用。血清总蛋白和白蛋白随夹闭时间的延长逐渐下降，但给予苦荞麦黄酮对蛋白的减少未见显著对抗作用。说明，苦荞麦黄酮对肾脏蛋白的丢失未能起到控制作用。

黄叶梅等（2006）结扎大鼠双侧颈总动脉，制备脑缺血再灌注损伤模型，缺血 30min，再灌注 90min，苦荞麦黄酮大小剂量和芦丁均能降低脑组织中丙二醛、LDH、NO 含量，但对超氧化物歧化酶活力影响均不明显。说明苦荞黄酮可能通过抗自由基和减轻 NO 介导的神经毒性来发挥对脑缺血再灌注损伤的保护作用。

陶胜宇等（2006）发现苦荞麦黄酮可显著对抗糖尿病大鼠脑组织 GSH 水平下降，恢复 Na^+-K^+-ATP 酶活力，提高神经传导速度，增加坐骨神经内血流量，说明苦荞麦黄酮对糖尿病动物的神经功能有保护作用，此作用可能是通过增加神经内血流量实现的。

（十）保肝作用

舒成仁等（2005）用四氯化碳（CCl_4）、D-半乳糖胺致小鼠急性肝损伤动物模型予苦荞麦籽粒提取物治疗。结果表明，苦荞麦提取物对化学性药物导致的急性肝损伤小鼠有非常显著的降酶作用，且剂量越大，降酶作用越强。说明苦荞麦籽粒提取物对化学性肝损伤小鼠有明显的保护作用。苦荞麦总黄酮、Fr4、Fr9、槲皮素及芦丁的 DPPH 抑制率（IR）分别为 53.13%、66.15%、68.55%、71.99%、63.08%；抑制大鼠肝脏自发性脂质过氧化半抑制浓度（IC_{50}）分别为 27.78mg/L、

16.05mg/L、14.28mg/L、8.74mg/L 和 7.4mg/mL；抑制 H_2O_2 诱导大鼠肝脂质过氧化 IC_{50} 分别为 0.37mg/L、3.60mg/L、0.07mg/L、0.07mg/L 和 0.41mg/mL；抑制 H_2O_2 诱导大鼠红细胞溶血 IC_{50} 分别为 13.00mg/L、0.48mg/L、0.20mg/L、0.08mg/L 和 4.10mg/L。Fr4、Fr9 均含有槲皮素，说明槲皮素是苦荞麦总黄酮在体外表现抗脂质过氧化和红细胞保护作用主要活性成分之一。

储金秀等（2011）研究发现荞麦花叶芦丁（RBFL）对乙醇所致的小鼠肝细胞损伤有明显保护作用。经荞麦花叶芦丁（75~300mg/L）干预后，与模型组比较，小鼠损伤肝细胞培养上清液中天门冬氨酸氨基转换酶、丙氨酸氨基转移酶和丙二醛水平明显降低，超氧化物歧化酶活性明显提高，并呈剂量依赖性（$P<0.05, 0.01$）。RBFL 对肝损伤保护作用的机制可能与其能清除自由基、防止脂质过氧化，以及改善脂质代谢有关。

（十一）抗病毒

郑民实（1991）用酶联免疫吸附检测技术（ELISA）测定抗乙肝病毒表面抗原（HBsAg）试验表明，苦荞麦水煎剂对 HBsAg 有明显灭活作用。

Yuan 等（2015）采用离子交换和凝胶层析方法从日本棕色大荞麦种子中分离到一种核糖核酸酶，其分子量为 22.5kDa，其 N 端序列与先前分离的荞麦贮藏蛋白和过敏原相似。进一步实验发现，该核酸酶可有效抑制肝癌（HepG2）和乳腺癌（MCF7）细胞的增殖，IC_{50} 值分别为 79.2μM 和 63.8μM。同时，核酸酶还对 HIV-1 逆转录酶有显著抑制作用（$IC_{50}=48μM$），揭示了其潜在的抗 HIV 病毒活性（图 6.20）。

（十二）其他作用

研究表明苦荞麦还具有雌激素样作用、镇静和促进肠胃吸收等作用，以及抗炎、抗结石、抗菌、抗过敏的功效。

曹红平等（2006）对雌性 SD 大鼠双侧卵巢切除术造成的雌激素水平低下动物模型予苦荞麦类黄酮治疗，发现去卵巢大鼠阴道涂片中上皮细胞数量明显增加，以有核上皮细胞为主，角化比例不高，对子宫和肾上腺重量有增加趋势，对子宫、阴道等组织有一定的改善作用。说明苦荞麦类黄酮具有弱雌激素样作用。这可能与其含有雌性激素束缚受体的芦丁有关。

Tomotake 等（2007）采用碱法提取、等电点分离技术从苦荞麦面粉中提取苦荞蛋白产品（TBP），其蛋白质含量为 45.8%。按照日粮 20% 的纯蛋白质水平饲喂大鼠 TBP 和甜荞麦蛋白（BWP）13d，与酪蛋白相比，可使高脂饲料饲喂的实验大鼠胆固醇分别降低 25% 和 32%（$P<0.05$）；饲喂 27d 后，可使大鼠胆固醇结石指数分别减少 43% 和 62%（$P<0.05$）。

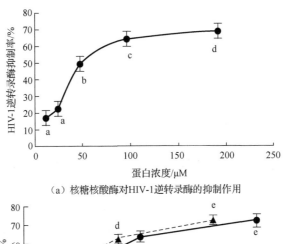

（a）核糖核酸酶对HIV-1逆转录酶的抑制作用

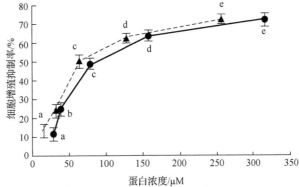

（b）核糖核酸酶对HepG2细胞（●）和MCF7细胞（▲）的增殖抑制作用

图6.20 荞麦种子中核糖核酸酶的生物活性

周小理等（2011）以苦荞麦萌发物——苦荞麦芽粉的乙醇提取物为原料，证实苦荞麦芽粉的乙醇提取物对化合物（Compound 48/80）引起的大鼠腹腔肥大细胞的组胺释放均有抑制作用，且抑制率高于苦荞麦种子的乙醇提取物。其中，以萌发3d的苦荞麦芽粉的抑制效果最好。芦丁和槲皮素对组胺释放均有抑制作用，且槲皮素对组胺释放的抑制作用强于芦丁。该研究为进一步研究苦荞麦资源的抗过敏作用，研制开发苦荞麦功能食品提供了可靠的依据。

胡一冰（2010a）研究证实苦荞麦醇提物能延长戊巴比妥钠阈上剂量引起的小鼠睡眠持续时间，增加戊巴比妥钠阈下剂量引起的小鼠睡眠数量，且能明显减少小鼠自主活动次数。说明苦荞麦醇提物具有镇静作用。

申瑞玲等（2012）给予小鼠不同剂量的苦荞麦粉，35d 后与对照组相比，苦荞麦粉的灌胃剂量大于 3.250g/（kg·d）时，小鼠肠道中乳酸杆菌和双歧杆菌数量均显著增加，同时大肠埃希菌的数量显著下降（$P<0.05$）。灌胃苦荞麦粉改变了小鼠空肠组织结构形态，表明其可以作为益生元。

周小理等（2010）证实苦荞麦芽提取物对大肠埃希菌、金黄色葡萄球菌、枯草芽孢杆菌和沙门氏菌均具有抑制效果，其中对沙门氏菌的抑菌效果最为显著。从干燥荞麦种子提取的胰蛋白酶抑制剂（TI）共有 3 种（TI1、TI2 和 TI4），除对胰蛋白酶有抑制作用外，TI1 和 TI2 对糜蛋白酶尚有一定抑制作用。此外，这些TI 对互生链格孢菌（*Alternaria alternata*）的孢子萌发及菌丝体生长也有抑制作用。

荞麦中存在着大量的抗性淀粉和抗消化蛋白，对于人体具有很好的保健作用。田秀红（2009）认为，荞麦中的抗性淀粉在小肠中能够抗消化，在结肠内发酵产生大量短链脂肪酸，从而有助于降低结肠 pH 值，这对于结肠炎具有很好的防治作用。此外，未被完全分解的抗性淀粉和抗性蛋白可增加粪便体积，对于防治便秘、盲肠炎、痔疮等有重要作用。同时，这些物质有利于促进肠道微生物生长，从而合成更多的微生物蛋白，减少胺类致癌物的产生。

胡一冰（2010b）证实苦荞麦提物对腹泻模型有一定止泻作用，对便秘模型有一定促进胃肠运动、排便的作用。说明苦荞麦提取物对胃肠运动具有双向调节作用。

三、金荞麦

金荞麦在中国医学中主要作为一种传统的中药，民间药用其根茎，性平、微凉、味苦、酸涩、具有清热解毒、润肺补肾、健脾止泻、祛风湿的功效。

近期的研究证明，金荞麦还有其他许多功能，已受到中外有关专家的重视。研究表明，金荞麦的有效成分是一类含原花色素的缩合性单宁混合物，包括表儿茶素、表儿茶素-3-没食子酸酯、原矢车菊素 B-2、B-4 及原矢车菊素 B-2 的 3,3-二没食子酸等。现代药理研究表明，该属植物在抗肿瘤及降糖、调脂、抗风湿方面作用明显，是良好的抗癌、降血糖、调节血脂、抗风湿药物。此外，该属植物在抗菌、抗炎、镇咳、祛痰、镇痛等方面也有良好的作用。在荞麦属药用植物的化学成分研究中也发现，该属植物中含有的黄酮类成分具有较好的抗肿瘤作用及良好的降血糖、调节血脂、抗氧化等生理活性。在临床上可用荞麦治疗癌症、糖尿病、高脂血症、风湿病等多种疾病。癌症、糖尿病、高脂血症、风湿病都是目前严重危害人类健康的多发病，因此，进一步研究荞麦属植物，开发新的抗癌及降血糖、调节血脂、抗风湿药物有着广泛的市场前景。

（一）抗肿瘤作用

1. 体外抗肿瘤作用

金荞麦根素（*Fagopyrum cymosum* rootin，FCR）是从金荞麦根中提出的一类综合性单宁混合物，浓度为 125μg/mL 时，对肺腺癌（GLC）、宫颈鳞状细胞癌（HeLa）、鼻咽鳞癌（KB）细胞生长的抑制率分别为 84.5%、78.9%和 100%，使癌细胞的膜、RNA、DNA代谢、核分裂受损伤。此外，还发现金荞麦根素有显著抑制胃腺癌细胞的作用，且抑制率与浓度成正比，在低浓度 12.5μg/mL 时，抑制率为 65.4%。利用 K 接杀伤细胞法、集落培养抑制法及 DNA 前体物质掺入法研究金荞麦根对体外培养的多种人癌细胞的抗癌作用的结果表明，此药在 1g/L 时对多种人癌细胞的杀伤率均超过一个对数杀灭，浓度降低至 0.125g/L 时的杀伤率仍接近一个对数杀灭，达 74.3%～92.1%。

Chan（2003）研究肝癌（HepG2）、慢性髓系白血病（K562）等 10 种肿瘤细胞在不同浓度金荞麦提取物作用下对这些癌细胞生长的影响。研究发现，48～96h 后呈现的生长曲线中金荞麦能显著抑制肝、白细胞、肺、结肠及骨骼来源的癌细胞的生长，其中对肝癌细胞最敏感，其 IC_{50} 为 25～40g/mL，而对 HeLa 及卵巢（OVCAR-3）细胞的生长有轻微抑制作用（$IC_{50}>120g/mL$），只有浓度超过 60g/mL 的金荞麦才能抑制前列腺癌细胞（DU145）与脑癌细胞（T98G）的生长。研究还发现，金荞麦与道诺霉素（daunomycin）对细胞生长的抑制具有协同作用。

在肿瘤组织中，只有少部分细胞处于不断增殖状态，即肿瘤干细胞，只有这些细胞在体外培养时具有克隆能力。因此，国外已把抑制肿瘤干细胞克隆能力作为判断抗癌药物的细胞毒作用敏感、可靠的手段。

何显忠（2001）采用集落培养抑制法研究金荞麦提取物对 GLC、HeLa、SGC 及 KB 细胞克隆形成率的影响。结果表明，金荞麦提取物浓度为 25mg/L 时对四种人癌细胞的集落抑制率均达到 80% 以上，金荞麦提取物浓度为 50mg/L、100mg/L 时能完全抑制多种人癌细胞集落形成。

2. 体内抑瘤作用

陈晓锋等（2001）用渗漉法从金荞麦 6 个有效部位提取单宁类化合物，分别命名为 Fr1、Fr2、Fr3、Fr4、Fr5 和 Fr6（Fr4 中多酚类化合物的含量最高，抗肿瘤作用最强），再采用荷瘤小鼠模型观察金荞麦 Fr4 对肉瘤 S180、肝癌 H22 实体瘤的抑制作用和对 S180 腹水瘤的生命延长作用。结果表明，金荞麦 Fr4 对 S180 肉瘤、肝癌 H22 实体瘤抑制率为 41.4%～68.3%，但对 S180 腹水型小鼠生命延长率无明显变化。

陈晓锋等（2005）利用 C57/BL6 小鼠移植性肿瘤 lewis 肺癌模型，观察金荞麦 Fr4 对小鼠 lewis 肺癌生长的影响；利用免疫组织化学 SP 法研究金荞麦 Fr4 对 lewis 肺癌中基质金属蛋白酶-9（MMP-9）、金属蛋白酶组织抑制因子-1（TIMP-1）表达的影响。结果表明，金荞麦 Fr4 在 400mg/kg 剂量时可明显抑制 C57/BL6 小鼠 lewis 肺癌生长；金荞麦 Fr4 可下调 MMP-9 的表达，但不影响 TIMP-1 的活性。结果表明，金荞麦 Fr4 具有明显的抗肿瘤作用，其分子机制可能与下调 MMP-9 的表达有关。

　　陈洁梅等（2002）采用小鼠移植瘤 S-180 和肝癌模型观察金荞麦 Fr4 的体内抑瘤作用，200mg/（kg·d）、400mg/（kg·d）、800mg/（kg·d）腹腔注射给药 7d，对 S-180 移植瘤的抑制率分别为 15.76%～24.80%、29.56%～55.84%、32.77%～38.52%；200mg/（kg·d）金荞麦 Fr4 与 20mg/（kg·d）环磷酰胺（CTX）合用抑制率可达 37.00%～56.27%。

　　肿瘤侵袭和转移是肿瘤患者治疗失败的主要原因，抑制肿瘤侵袭和转移是肿瘤治疗的关键。刘红岩等（1998）用人工重组基底膜及小鼠黑色素瘤高转移株自发性肺转移模型观察了金荞麦提取物对 B16-BL6 细胞的体外抗侵袭活性和体内抗转移作用；用聚丙烯酰胺凝胶电泳法进一步观察了其对人纤维肉瘤 HT-1080 细胞型胶原酶的产生及活性的影响；同时用水溶性磺化四氮唑（water-soluble sulfonated tetrazolium，WST）法观察了金荞麦提取物的细胞毒性。实验结果表明，金荞麦提取物浓度为 100mg/L 时能明显抑制 B16-BL6 细胞侵袭；浓度为 200mg/kg 时能有效抑制 B16-BL6 黑色素瘤细胞在 C57/BL6 小鼠体内自发性肺转移；该药还能抑制 HT-1080 细胞型胶原酶基质金属蛋白酶（matrix metalloproteinase，mmP）的产生，但对酶的活性无明显影响，对 B16-BL6 和 HT-1080 细胞无明显毒害作用。

　　（二）抑菌作用

　　金荞麦水剂和酒剂对金黄色葡萄球菌、肺炎球菌、大肠埃希菌、绿脓杆菌等均有一定抑制作用后，证明金荞麦浸膏和主要有效成分黄烷醇体外并无明显的抗菌作用，纸片法测定，金荞麦浸膏 500～1000mg/mL 浓度的抑菌作用，发现高浓度才对金葡菌和痢疾杆菌显示抑菌圈，人和小鼠经口服用本品浸膏于体内不能检出有抗菌物质，仅腹腔注射本品浸膏和 83mg/kg 黄烷醇继之又不同途径腹腔感染金葡菌方显示对小鼠有治疗作用，显然这一结果不能作为抗菌有效解释。金荞麦不能增强小鼠腹腔巨噬细胞向炎灶的聚集，但能增强吞噬细胞的吞噬活性，并能减少金葡萄凝固酶形成，表明本品可能通过多种途径发挥抗感染效果。

　　印德贤等（1999a）采用甲苯胺蓝法观察金荞麦提取液浓度对金黄色葡萄球菌胞外耐热核酸酶的酶环直径大小的影响。当金荞麦提取液浓度为 7.8mg/mL 时，即可明显影响该酶环的大小；浓度为 62.5mg/mL 时已无酶环出现，表明金荞麦提取液能明显抑制金黄色葡萄球菌胞外耐热核酸酶的活性。

　　王立波等（2005）采用平皿稀释法和动物实验对金荞麦乙醇提取物中乙酸乙酯的萃取部分进行了体内外实验。体外抑菌试验表明，金荞麦乙醇提取物对乙型溶血性链球菌和肺炎球菌有明显抑制作用，而体内抑菌试验表明此部分对已感染肺炎球菌的小鼠有保护作用。

　　张永仙等（1996）选用昆明种小白鼠及溶血性链球菌等 10 种病原菌，以常规纸片法对以金荞麦根乙醇提取物进行了药敏实验。体外试验表明，该提取物除对大肠埃希菌抑制效果低外，对其他病原菌均不敏感，而小白鼠体内抗感染试验却表现出很好的保护作用。

艾群等（2002）利用不同浓度乙醇对金荞麦野生根茎进行提取，将金黄色葡萄球菌、肺炎双球菌等5种病原菌作为试验对象，分别采用试管法和平面法对不同提取物的抑菌作用进行了研究，并得出较高浓度（50%以上）乙醇提取物对细菌的抑制作用较强的结论。

刘圣等（1998）报道金荞麦没有明显的体外抗菌活性，但体内研究发现，它有预防感染的作用，在感染前24～72h，给予小鼠腹腔注射金荞麦，对小鼠感染有较好的保护作用，表现为小鼠死亡率明显降低，但在感染时或感染后再给药，则无此作用。也有研究发现，金荞麦根茎、茎叶及花这3个部位的提取液对鸡白痢沙门氏菌、金黄色葡萄球菌、多杀性巴氏杆菌、猪丹毒杆菌均有较好的抑菌活性。

（三）解热抗炎作用

何显忠（2001）发现用金荞麦浸膏26g/kg连续灌服2次，对伤寒菌苗所致家兔发热有明显解热作用，但黄烷醇对致热家兔体温无影响。小鼠静脉注射黄烷醇50mg/kg可显著抑制巴豆油所致鼠耳肿胀，切除肾上腺后抗炎作用消失，表明其抗炎机理与肾上腺密切有关。黄烷醇还可抑制皮下注射酵母所致大鼠的足爪水肿。此外，金荞麦还能抑制大鼠皮肤被动过敏反应，表明有抗过敏作用。

金荞麦具有较好的抗炎作用，可用于炎症性肠病（inflammatory bowel disease，IBD）的治疗。Ge等（2017）发现口服3d金荞麦提取物能够显著改善2,4,6-三硝基苯磺酸（TNBS）介导的溃疡性结肠炎（图6.21）。结果表明，金荞麦提取物显著缓解2,4,6-三硝基苯磺酸介导的溃疡性结肠炎所引起的体重降低和结肠缩短（$P<0.05$）。同时，金荞麦提取物抑制前炎性细胞活素的水平和减缓了巨噬细胞渗透物进入结肠组织的速度。

（四）其他作用

研究表明，金荞麦还具有抗血小板聚集、祛痰镇咳、降脂降糖、保肝护肝及抗突变等作用。韩锐（1997）发现血小板聚集能大大促进癌栓的形成，其释放的物质能诱导内皮细胞收缩而暴露出内皮下基底膜，便于细胞吸附于基底膜及细胞从血液中侵入组织；血小板可能通过释放血小板来源的生长因子促进肿瘤细胞在转移灶部的克隆和生长。具有活血化瘀功能的金荞麦能改善肿瘤病人血液高黏态，影响肿瘤细胞的血行扩散和转移。

吴清等（2001）报道给小鼠静脉滴注金荞麦溶液50mg/kg，对于由二磷酸腺苷（ADP）和胶原诱导的大鼠血小板的聚集作用有明显抑制作用，但对金黄色葡萄球菌诱导的血小板聚集无明显抑制作用。

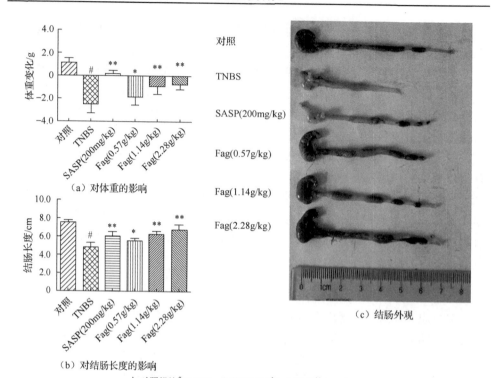

（a）对体重的影响

（b）对结肠长度的影响

（c）结肠外观

与对照组比 #*P*<0.01，与模型组比 *P*<0.05 和 **P*<0.01。

TNBS：2,4,6-三硝基苯磺酸介导的模型组；SASP：柳氮磺胺吡啶；Fag：金荞麦提取物。

图 6.21　金荞麦提取物显著改善 2,4,6-三硝基苯磺酸（TNBS）介导的小鼠溃疡性结肠炎

刘文富等（1981）通过酚红法表明静脉注射黄烷醇 25.50mg/kg 对小鼠有稳定的祛痰作用，切断迷走神经后这一作用消失，表明其祛痰作用可能通过中枢或神经反射产生。氨雾刺激法表明用 2.6g/kg 本品浸膏给鼠灌胃有轻微的镇咳作用。

杨体模等（1992）用印度墨汁法测定口服金荞麦对小鼠网状内皮系统吞噬功能的影响，发现金荞麦不仅能显著提高正常小鼠网状内皮系统的吞噬指数 K 及吞噬系数α，而且能减轻化学药物治疗时氟尿嘧啶和 CTX 诱导的小鼠网状内皮系统吞噬功能低下的副作用，同时还能提高荷瘤小鼠网状内皮系统的吞噬指数。

印德贤等（1999b）发现对小鼠颈背部皮下注射或灌胃给予金荞麦提取物，能不同程度地增强小鼠腹腔巨噬细胞的吞噬功能，进一步证明金荞麦提取物具有增强机体免疫功能的作用。

王峰峰等（1995）给予高血糖模型大鼠喂食金荞麦 6 周后，大鼠血糖明显下降，高血脂大鼠服用金荞麦后，血胆固醇和甘油三酯水平也明显降低，并有降低血清游离脂肪酸的趋势。

舒成仁等（2006）报道一定浓度的金荞麦乙醇提取物对 Ames 实验菌株 TA97、TA98、TA100 和 TA102 的重复性结果所致的回复突变菌数均在正常范围，未发现

阳性突变反应，并对柔红霉素和甲烷磺酸酯所诱发 TA98 和 TA100 菌株的突变具有抗突变作用。

第二节　荞麦的临床研究

荞麦由于其高效低毒的特点，是作为药品的极佳选择。

药理作用研究表明，荞麦在降血糖、降血脂、抗氧化等方面均具有良好的药效，但对各方面的机理研究多处于体外实验和动物实验的探索阶段，缺乏深层次研究，但荞麦作为我国传统的药理同源作物，已在临床广泛应用，多种疾病治疗是通过多途径、多靶点、多系统、多层次来实现的。在对其临床研究上主要从中枢神经系统、消化系统、呼吸系统、心血管系统、生殖系统、泌尿系统等方面进行全面拓展综合研究。但是，对临床应用中常见治疗或辅助治疗高脂血症、糖尿病、消化道炎症等疾病的研究多停留于临床疗效观察，未见深层次研究报道，对其临床应用的认识还缺少更多药理学理论的支撑。

一、高脂血症的治疗及预防

高脂血症是指由于血脂水平过高，而直接引起的严重危害人体健康的疾病，如动脉粥样硬化、冠心病、胰腺炎等。根据病因，可分为原发性和继发性两类。原发性高脂血症多与遗传有关，是由于单基因缺陷或多基因缺陷，使参与脂蛋白转运和代谢的受体、酶或载脂蛋白异常所致，或由于环境因素（饮食、营养、药物）和通过未知的机制而致。继发性高脂血症多发生于代谢性紊乱疾病（糖尿病、高血压、黏液性水肿、甲状腺功能低下、肥胖、肝肾疾病、肾上腺皮质功能亢进），或与其他因素，如年龄、性别、季节、饮酒、吸烟、饮食、体力活动、精神紧张、情绪活动等有关。高脂血症的诊断国内外目前尚无统一标准，既往认为血浆总胆固醇（Tch）浓度> 5.17mmol/L（200mg/dL）可定为高胆固醇血症，血浆甘油三酯（TAG）浓度> 2.3mmol/L（200mg/dL）为高甘油三酯血症，而临床则建议在 LDL-C 浓度>130mg/dL 时开始药物治疗，对预防心脑血管疾病发生有重要意义。临床实验室诊断主要依靠检测血浆中空腹 Tch、TAG、低密度脂蛋白（LDL）、高密度脂蛋白（HDL）等相关指标。文献报道中指出，荞麦饮食在控制高脂血症，有效降低血浆中 Tch、TAG、LDL 等浓度，有着明显疗效。

Wieslander 等（2011）将 62 名日托中心工作人员进行随机分为两组。第一组连续 2 周，每天食用 4 块普通荞麦曲奇（16.5mg/芦丁当量），而第二组每天食用 4 块苦荞麦曲奇（359.7mg/芦丁当量）。然后交换饼干类型继续食用 2 周，4 周后受试者 Tch 下降 13.56%，HDL 下降 15.44%，差异具有统计学意义。

Stokić 等（2015）选取 20 名糖尿病患者，在保持其瑞舒伐他汀使用量（10～20mg/d）基础上，以荞麦面包（300g/d）为早餐，6 个月后检测其 Tch 下降 12.24%，LDL 下降 22.51%，差异具有统计学意义。

Nishimura 等（2016）将 144 名受试者随机分为两组，受试组食用苦荞麦饼干（其中苦荞麦粉 50.4%，芦丁含量为 321.1mg/50g）或者苦荞麦面粉（苦荞麦粉 50%），对照组食用小麦饼干或者小麦面，分别在实验的 0、4、8、12 周和实验结束后 3 周对其身体指标和血液指标进行评估，虽然受试组 Tch、LDL 低于对照组，但在两组间差异无统计学意义。第 4 周，受试组体脂率明显下降，低于对照组 0.66%，第 8 周，受试组的体重和体重指数出现明显下降，分别低于对照组 0.37 kg 和 0.16 kg/m²，差异具有统计学意义。

Mišan 等（2017）选取 39 名 BMI 指数为 25.7 ± 4.2 kg/m² 的轻至中度高脂血症患者并随机分为 3 组，让其早餐分别食用荞麦粥、玉米粥、去蛋白玉米粥 80g。35d 干预期结束后，检查发现早餐食用荞麦粥者 Tch 下降 0.69mmol/L，LDL 下降 0.63mmol/L，TAG 下降 0.27mmol/L，且下降幅度显著大于早餐食用玉米粥和去蛋白玉米粥患者，差异具有统计学意义，而含有恒定水的去脂体质（FFM）出现明显上升，说明食用荞麦粥者体脂率明显下降。因此以荞麦粥为主食时，可以改善轻至中度高脂血症患者的胆固醇、低密度脂蛋白水平和代谢指数，可有效改善其血脂代谢水平。

刘熙平等（1996）用苦荞麦粉治疗新疆医科大学第一附属医院老年高脂血症患者 60 例（高甘油三酯血症 20 例，高胆固醇血症 20 例，合并增高 20 例；其中合并高血压 43 例，体重超标 44 例），全部患者于早晚餐服用苦荞麦粉 40g，8 周后高甘油三酯 20 例患者的血清 TAG 平均下降 1.28mmol/L，高胆固醇血症 20 例患者的 Tch 下降 1.72mmol/L，甘油三酯胆固醇合并增高 20 例患者的 TAG 下降 1.73mmol/L，Tch 下降 1.33mmol/L，治疗前后差异明显，差异具有统计学意义。体重超标的 44 例患者中，超标 10% 的患者体重平均下降 2.69kg，超重 20% 以上患者治疗后体重平均下降 3.44kg，与治疗前比有显著性差异。秦文浩等（1992）选取 57 例糖尿病患者，其中 1 型糖尿病患者 25 例，2 型糖尿病患者 24 例，在原有治疗基础上，保持每日摄入热量碳水化合物量不变，以每日 200g 苦荞麦面条取代等量原有主食，3 月为 1 疗程，治疗后，Tch 平均值下降 1.59mmol/L，TAG 平均值下降 0.63mmol/L。徐嘉生（1999）在北京中医医院、同仁医院、天津市胸科医院、中日友好医院选取西药降脂治疗无效的 30 例病人，服用苦荞麦粉 1～3 个月，疗程结束后 Tch 下降 0.78mmol/L，TAG 下降 1.09mmol/L，载脂蛋白 A1 下降 5.2mmol/L，说明苦荞麦粉具有良好的降脂效果，其降脂效果对高脂血症合并糖尿病患者疗效尤为显著，治疗前后胆固醇、甘油三酯指标差异显著，具有统计学意义。仇菊等（2018）以 109 名 2 型糖尿病伴超重或肥胖患者为研究对象，对照组

54 人完成 4 周的营养指导和健康培训，试验组 55 人除接受健康培训以外，采用纯苦荞麦食品为主食替代部分精制米面，膳食结构中蛋白质和膳食纤维的含量显著升高，进行 4 周的主食干预。疗程结束后，与仅接受营养指导和健康培训的患者相比，超重患者和肥胖患者食用苦荞麦后，TC 和 LDL-C 显著降低，且组间差异显著。此外，肥胖患者的腰围和腰臀比在干预后显著降低，且组间差异显著。研究证明，苦荞麦作为主食替代部分精制米面，每天食用量高于 100g/d 可以增加蛋白质及膳食纤维的摄入量，改善膳食结构，有效降低 2 型糖尿病伴肥胖患者的腰围，控制血液中胆固醇浓度。

Zhang 等（2007）调查内蒙古相邻两县 3542 名蒙古族人血样，以荞麦为主食地区高胆固醇血症患病率为 4.02%，高甘油三酯血症患病率为 26.58%，LDL 异常率为 4.66%，而以玉米为主食地区高胆固醇血症患病率为 7.76%，高甘油三酯血症患病率为 31.04%，LDL 异常率为 8.81%，调查结果表明，以荞麦为主食地区的高脂血症患病率明显低于以玉米为主食地区，长期食用荞麦对预防高脂血症具有良好效果。

二、2 型糖尿病及其并发症的治疗及预防

糖尿病是一种由基因决定的全身病、慢性代谢疾病，由于体内胰岛素相对或绝对不足引起的蛋白质、脂肪、碳水化合物代谢紊乱，患者典型的症状是"三多"：多饮、多食、多尿，糖尿病被列为世界危害人体健康的十大疾病之一。血糖的控制是治疗糖尿病的基础，糖尿病患者血糖控制不好又是引起糖尿病足、糖尿病肾病、糖尿病视网膜综合征等其他并发症的直接原因，在临床疗效评估中，多采用空腹血糖（FBG）、餐后 2 小时血糖（PBG）、糖化血清蛋白（GSP）、糖化血红蛋白（GHb）及尿糖（GLU）等指标评估。文献报道指出，荞麦的食用可影响人体的血糖水平，荞麦作为一种保健食品和糖尿病病人食疗食品有其广泛的应用前景。

张宏伟等（1999）对荞麦产区和非荞麦产区 961 名居民清晨空腹静脉采血资料的分析得出，食用荞麦人群 FBG 为 3.90±1.12mmol/L，低于非食用荞麦人群 FBG 为 4.59±1.11mmol/L，两人群的血糖异常率具有明显差异（分别为 1.9%、7.3%）。随后，Zhang 等（2007）对 3542 名居民清晨空腹静脉采血资料的分析得出，荞麦产区糖尿病患病率为 1.56%，而非荞麦产区糖尿病患病率为 7.7%，明显高于荞麦产区患病率，差异具有统计学意义。人群流行病学调查表明，膳食结构中加入荞麦成分，能有效预防 2 型糖尿病的发生。

Skrabanja 等（2001）让 10 名健康受试者，3 次分别食用荞麦粥（BWG）、荞麦含量为 50% 的面包（B-50% BWG）和小麦面包（WWB），每次食用 50g，于餐后 0、15、30、45、70、95、120 和 180min 检测其指尖血的血糖浓度，0、15、30、45、95 和 120min 检测其外周血胰岛素浓度，检测结果如图 6.22 所示。食用 3 种

食物后，餐后 30min 血糖浓度和胰岛素浓度均为最高值，且食用 WWB 受试者的血糖浓度明显高于食用 BWG 和 B-50% BWG 者，餐后 30～90min 为血糖浓度和胰岛素浓度下降阶段，均以食用 BWG 者下降速率最快，食用 B-50% BWG 者次之，而食用 WWB 者最慢。餐后 95min，BWG-升糖指数（GI_{95}）=61%，50% BWG-GI_{95}=66%，没有统计学差异，但其与 WWB-GI_{95} 差异显著，餐后 120min，BWG-升糖指数（GI_{95}）=51.6%，50% BWG-GI_{95}=71.5%，差异明显，并与 WWB-GI_{95} 差异显著。研究表明，荞麦是一种低 GI 食品，可供糖尿病人安全食用。

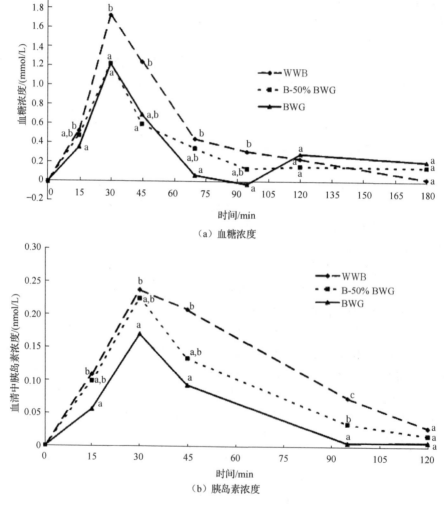

（a）血糖浓度

（b）胰岛素浓度

图 6.22　健康受试者在摄入小麦面包、荞麦含量为 50%的面包和荞麦粥后的餐后血糖浓度变化和餐后胰岛素浓度变化

Lan 等（2013）令 10 名 2 型糖尿病患者于早餐分别食用荞麦面包和小麦面包 50g 并检测其 PBG 浓度，10 名患者在食用荞麦面包时 PBG 平均浓度为 4.01mmol/L，而在食用小麦面包时 PBG 平均浓度为 7.88mmol/L，食用荞麦面包的 PBG 较食用小麦面包 PBG 低 51%，差异显著，具有统计学意义，且每名患者的食用荞麦面包 PBG 均低于食用小麦面包 PBG。

王杰（1992）对新疆乌鲁木齐市友谊医院的 75 例糖尿病患者应用苦荞麦复方粉进行临床疗效观察，以苦荞麦复方粉取代部分主食，疗程为 30d，其中 55 例为治疗组，20 例为对照组。结果发现，治疗组血糖浓度下降 4.46～7.23mmol/L，对照组平均血糖浓度下降 3.26～0.83mmol/L，差异显著具有统计学意义。其中对 1 型糖尿病患者有效率为 75%，2 型糖尿病患者有效率为 97.3%。其次，对 15 例患者单用苦荞复方粉，其中 14 例有效，占 93.3%。对 67 例病情较重且降糖药疗效不明显的患者，在原有治疗基础上，加食苦荞麦复方粉，其中 64 例有效，占 95.5%。秦文浩等（1992）选取苏州大学苏州医学院、南通大学医学院、南通市第一人民医院及南通市中医院的 57 例糖尿病患者（其中 1 型糖尿病患者 25 例，2 型糖尿病患者 24 例），在其原有治疗及每日摄入热量碳水化合物量保持不变的基础上，以每日 200g 苦荞麦面麦条取代等量原有主食，3 个月为 1 疗程，治疗后，胰岛素分泌量平均值上升 3.74mU/L，FBG 均值下降 3.64mmol/L，GSP 均值下降 1.13mmol/L，GHb 均值下降 4.01%，Tch 均值下降 1.59mmol/L，TAG 均值下降 0.63mmol/L。另取 57 例仅用药物治疗和饮食控制的糖尿病患者为对照组，发现主食中加用苦荞麦面的患者胰岛素分泌量上升均值，FBG、GSP、GHb 下降均值均优于未食用苦荞麦面患者，且差异显著，具有统计学意义。王力田等（1995）以复方中药荞麦方便面治疗山西省晋中地区医院及介休市城关医院的 598 例糖尿病患者，每包方便面 80g，每日食用 2～3 包替代等量主食，15d 为 1 个疗程，最长服用 3 个疗程，疗程结束后，FBG、PBG 恢复正常及 GLU 阴性者 98 例，FBG 下降 3.5mmol/L，GLU 阴性者 488 例，12 例无效，总有效率 98%。吴利珍（1997）选取 56 例 2 型糖尿病住院患者做疗效观察，每次以 200g 苦荞麦粉挂面替代等量主食，疗程为 30d，显效 29 例（FBG、PBG 正常，24h-GLU 阴性），有效 22 例（FBG 及 PBG 下降但高于正常，24h-GLU>10g 或定性（+），无效 5 例，总有效率 91.1%，对照组与治疗组仅有是否以苦荞麦粉挂面替代主食差异，其余治疗一致，疗程结束后，治疗组 FBG 下降幅度为 5.28mmol/L，明显优于对照组。徐嘉生等（1999）对北京同仁医院 29 例患者治疗，观察以单纯苦荞麦复方粉为主食取代原有部分主食，以自身前后血糖浓度为对照，第 1 周为对照期，第 2～4 周为试验期，试验期结束后检测患者血糖浓度，单纯苦荞麦粉复方组 29 例，患者 FBG 均值由 2.20mg/L 下降至 1.56mg/L，下降了 0.64mg/L，显效率 37.9%，总有效率 93%，治疗前后差异显著，具有统计学意义。孟铭伦等（2000）连续 3 周对空军军医大学唐都医院

86 例糖尿病患者的降血糖效果观察，采取自身对照和非自身对照两种方法，每周分别于空腹和餐后 2h 测定苦荞麦面组和糖 II 号组血糖值。结果显示，苦荞麦面组的 PBG 均值为 8.6～8.9mmol/L，明显低于糖 II 号组的平均值（10.3～10.6mmol/L），且差异显著；3 周后苦荞麦面组 FBG 均值下降 0.4mmol/L。张明辉（2005）对 30 例控制不良的 2 型糖尿病患者，以苦荞麦复合食品为主食疗程 4 周，4 周后，GHb 显著降低，治疗前后平均降低 2.11%，60% 的患者恢复正常水平，糖耐量实验发现葡萄糖曲线下面积缩小 10.96，胰岛素四方试验发现曲线下面积缩小 21.26，胰岛素敏感度显著提高，Tch 下降 0.41mmol/L，TAG 下降 0.56mmol/L。上述临床疗效观察实验结果表明，以苦荞麦为主剂的复方粉替代糖尿病患者原有的小麦面粉、大米等等量主食后，空腹血糖、餐后 2h 血糖等糖尿病诊断指标均有显著下降，因此，适量的苦荞麦复方粉对糖尿病患者而言是控制血糖、预防糖尿病并发症的优选主食。

黄国栋等（2009）选取南昌大学第一附属医院早期糖尿病肾病患者 70 例，治疗组 35 例以金荞麦合剂［生药 2g/mL，10mL/（3 次·d）］治疗，对照组 35 例以氯沙坦［50mg/（次/d）］治疗，两组均以格列喹酮片（糖适平）［30mg/（3 次·d）］为基础用药，1 个月后观察疗效，治疗组和对照组的 FBG、PBG 及 HbA$_1$ 均下降，治疗组下降幅度明显优于对照组，差异显著，具有统计学意义，治疗组的 Tch、TAG、LDL 明显下降而对照组没有变化，治疗组全血黏度、血浆比黏度、纤维蛋白原明显降低而对照组没有变化，以上结果表明，金荞麦合剂在对血糖控制、血脂改善、血流变学改善方面疗效明显优于氯沙坦。治疗前后，治疗组和对照组尿蛋白排泄率、尿 β$_2$ 微球蛋白含量均明显下降，证明金荞麦合剂与氯沙坦在减轻尿蛋白方面疗效相当，但金荞麦合剂对改善糖尿病肾病的乏力、口干舌燥等临床症状的有效率为 85.71%，高于氯沙坦的有效率（60%）。因此，金荞麦合剂是治疗早期糖尿病肾病的有效药物。Qiu 等（2016）在北京中医医院平谷医院选取 104 例 2 型糖尿病患者，将他们分为苦荞麦干预组和饮食控制组，两组每日摄入热量、碳水化合物总量相当，苦荞麦干预组以 113g/d 苦荞麦粉替代等量主食，4 周后检测发现两组尿蛋白与肌酐比值和尿素氮含量均有所下降，苦荞麦干预组下降率较饮食控制组高 13.5%，尿素氮下降率较饮食控制组高 7.6%，差异显著，具有统计学意义，因此在膳食结构中加入定量的苦荞麦食品，有利于预防 2 型糖尿病肾功能不全的发生和进展。

Archimowicz-Cyryłowska 等（2015）将 60 例糖尿病患者分为曲克芦丁治疗组、红曲提取物药物治疗组和荞麦治疗组，疗程 3 个月，疗程结束后，以荞麦治疗组患者 BFG、PFG、GHb 和 Tch 下降最明显，分别下降 26.7%、11.9%、3.3% 和 14.9%，且荞麦治疗组 HDL 升高 13%，以上与曲克芦丁治疗组、红曲提取物药物治疗组差异显著，具有统计学意义。分别检查患者眼底病变指标，服用荞麦片和红曲提取物药物患者的眼底平均振荡电幅增高，而服用曲克芦丁的眼底平均振荡电幅降低，服用荞麦片和红曲提取物药物对患者糖尿病性视网膜病变均有明显改善，且荞麦片和红曲提取物药物疗效相当。

三、呼吸系统炎症、感染性疾病的治疗

张丽蓉等（2006）用金荞麦片［6～8 片/（4 次·d）］治疗齐齐哈尔市儿童呼吸道感染 46 例（上呼吸道感染 30 例，急性支气管炎 16 例），痊愈 38 例，好转 8 例，无效 0 例。杨琳等（2005ab，2013）用金荞麦（30g，水煎取汁 100mL，分 3 次服）辅助抗菌及抗病毒药物治疗湖北中医院小儿支气管肺炎 75 例，对照组以抗菌及抗病毒药物治疗，并予常规对症治疗，治疗组治愈率及显效率明显高于对照组，差异显著，具有统计学意义，且加用金荞麦后有效缩短患儿病程 1d。李培国等（2007）用金荞麦与抗生素、抗病毒制剂配合治疗小儿肺炎 240 例，对照组 220 例用抗生素、抗病毒制剂治疗，并予常规对症治疗，治疗 1 周后，治疗组治愈率 81%，总有效率 95%，对照组治愈率 52%，总有效率 82%，治疗组平均住院天数 9.5d，对照组平均住院天数 15d。王红艳等（2010）用金荞麦［1～2 片/（3 次·d）］联合阿奇霉素、头孢拉定等抗生素对 42 例婴幼儿哮喘性支气管炎进行治疗，对照组用抗生素治疗，并与常规对症治疗，其中治疗组痊愈 25 例，显效 14 例，好转 1 例，无效 2 例，总有效率 95.2%，对照组痊愈 16 例，显效 10 例，好转 2 例，无效 14 例，总有效率 66.7%，金荞麦片与抗生素联用将治疗总有效率提高达近 30%。王红艳等（2012）用金荞麦片［0.33～0.66g/（3 次·d）］治疗 35 例儿童慢性鼻窦炎，对照组 35 例以阿奇霉素［10mg/（kg·d）］+0.5%麻黄素滴鼻治疗，两组疗程均为 7d，治疗组显效率 57.1%，高于对照组显效率（45.7%），治疗组总有效率 91.4%，高于对照组总有效率（77.1%），差异具有统计学意义。张莹（2016）用金荞麦片和抗感染药物联用治疗小儿支气管肺炎 78 例，对照组 78 例仅进行抗感染治疗，治疗组治愈率高于对照组 10.5%，显效率高于对照组 18%，且治疗组病程短于对照组 1d。丁培等（2017）以金荞麦佐剂［1.5mL/（kg·次）口服，每日 3 次］与抗生素、抗病毒药物联用治疗 60 例小儿肺炎，对照组 60 例用抗生素或抗病毒药物治疗，并予常规对症治疗，治疗组痊愈率 86.7%，高于对照组痊愈率（68.3%），治疗组总有效率（98.3%）高于对照组（86.7%），且有效缩短病程 1～4d，治疗组和对照组疗效差异显著，具有统计学意义。以上结果表明，金荞麦在治疗儿童呼吸系统感染炎症疾病中有辅助退热、止咳、平喘作用，能促进肺部啰音吸收，与抗菌素抗病毒制剂等西药联用，可有效提高治疗治愈率及总有效率，缩短患儿病程，且对儿童无白细胞降低等明显不良反应，且价格低廉，运用简单，是治疗儿童呼吸道感染的安全有效药物。

田雅萍等（2007）以金荞麦片［5 片/（3 次·d）］和环丙沙星［0.2g/（2 次·d）］

治疗老年肺炎伴支气管炎、肺气肿 80 例，单用环丙沙星治疗 55 例，辅以金荞麦片治疗后总有效率提高 20%。黎三明（2010）用金荞麦片［5 片/（3 次·d）］辅助头孢哌酮［0.2g/（2 次·d）］治疗慢性支气管炎急性发作患者 43 例，对照组单纯用头孢哌酮治疗，并予常规对症治疗，疗程 14d，治疗组 43 例中治愈 33 例，好转 8 例，无效 2 例，总有效率 95.35%，对照组 42 例中治愈 20 例，好转 12 例，无效 10 例，总有效率 76.19%，观察组效果优于对照组。龚咏梅（2014）以金荞麦片联合头孢唑肟治疗老年慢性支气管炎急性发作患者 35 例，对照组 35 例给予头孢唑肟治疗，治疗组总有效率（88.9%）显著高于对照组总有效率（66.6%），且治疗组患者病程明显短于对照组，差异具有统计学意义。马勇建（2014）将金荞麦片［5 片/（3 次·d）］与头孢西丁［2.0g/（2 次·d）］联用治疗老年慢性支气管炎急性发作患者 27 例，对照组 27 例用头孢西丁［2.0g/（2 次·d）］治疗，治疗组显效率和总有效率均较对照组高 22.3%，且以金荞麦片辅助治疗后病程缩短 2d。李蓉梅（2016）用金荞麦片［5 片/（3 次·d）］与头孢哌酮［2.0g/（2 次·d）］联用治疗慢性支气管炎急性发作患者 40 例，对照组 40 例以头孢哌酮治疗，治疗组显效率高于对照组 2.5%，总有效率高于对照组 20%，且病程缩短 2～3d。金荞麦片具有消炎、祛痰等作用，使呼吸道通畅，降低痰液黏度，与其他抗菌药物联用，可显著提高临床治疗效果，缩短患者病程，并大大降低因长期使用抗生素所产生的不良反应、耐药性等，且在临床治疗过程中未出现肝肾功异常等不良反应，是治疗肺炎、慢性支气管炎急性发作等呼吸道炎症的良药。

周斌等（2005）用金荞麦汤治疗外感发热患者 30 例并与西药（阿莫西林+利巴韦林）治疗的 30 例患者进行对照观察，金荞麦汤治疗组显效率 86.67%，有效率 96.67%，对照组显效率 73.33%，有效率 86.67%，差异具有统计学意义，金荞麦汤治疗组治疗效果优于单纯西药治疗组。张全会等（2012）以连花清瘟胶囊［4 粒/（3 次·d）］联合金荞麦片［4 粒/（3 次·d）］治疗甲型 H1N1 患者共 56 例，对照组 56 例以奥司他韦［75mg/（2 次·d）］治疗，疗程 3～5d，治疗组与对照组的发热持续时间和甲型 H1N1 流感病毒核酸转阴时间相近，治疗组咳嗽和咽痛持续天数显著短于对照组，且治疗组不良反应发生比例显著小于对照组。郭文明（2015）以连花清瘟胶囊［4 粒/（3 次·d）］联合金荞麦片［4 粒/（3 次·d）］治疗甲型 H1N1 患者总计 51 例，对照组 56 例患者以奥司他韦［75mg/（2 次·d）］治疗，治疗组显效率较对照组高 37%，总有效率较对照组高 23.5%，差异显著，治疗组病程较对照组短 2d，且不良反应发生率仅为 3.92%，显著低于对照组不良反应发生率（19.61%）。卢桐等（2019）提出以金荞麦汤治疗乙型流感并发重症肺炎，7 日后临床症状明显减轻，1 个月后痊愈。以上临床观察表明，金荞麦片是治疗病毒性感冒的有效药物，可显著提高总有效率，缩短患者病程，并且与奥司他韦相比，其不良反应发生率较低。

邹和平（2010）用金荞麦片联合氨溴索对慢性阻塞性肺疾病急性加重期患者进行治疗，80 名患者随机分为氨溴索联合金荞麦片治疗组和溴己新对照组，在持续低流量吸氧、抗生素、支气管舒张剂、糖皮质激素等基础治疗基础上，治疗组加用氨溴索［30mg/（2 次·d）］静滴，金荞麦片［5 片/（3 次·d）］7d 为 1 疗程，共 29 例显效，8 例有效，3 例无效，总有效率为 92.5%，对照组加用溴己新 12mg，静脉滴注，每日 1 次，16 例显效，11 例有效，13 例无效，总有效率 67.5%，本品可有效地减少痰液分泌，有利于痰液排出，通畅呼吸道，减轻呼吸道炎症及病理损害程度。何书平等（2013）以金荞麦片辅助治疗 31 例慢性阻塞性肺疾病患者，与常规治疗组相比，其胸肺顺应性、呼吸力学指标改善效果均更为显著，且差异具有统计学意义。朱学（1991）用金荞麦片对 49 例肺脓肿患者进行治疗，入院后停用抗菌药物，单服金荞麦片治疗［2～5 片/（3 次·d）］，儿童酌减，连服 1～3个月，患者服用金荞麦片后大量脓痰排出，体温降低，空洞缩小，病灶随之缩小而痊愈，服药后平均退热时间 7～9d。结果为痊愈 39 例，好转 6 例，无效 4 例，总有效率为 91.8%。衣菲等（2010）以金荞麦片［5 片/（3 次·d）］和头孢克肟［0.2g/（2 次·d）］治疗肺并发肺内感染的住院患者 36 例，对照组 34 例单纯用头孢克肟［0.2g/（2 次·d）］治疗，治疗组显效率较对照组高 21.2%，总有效率较对照组高 21.3%，并且治疗组中 30 例患者在用药 3d 内呼吸道症状缓解，而对照组仅有 11 例患者的呼吸道症状缓解，差异具有统计学意义。

Wieslander 等（2011）发现健康人群在食用荞麦饼干 2 周和苦荞麦饼干 2 周后，血清髓过氧化物酶（MPO）降低 0.84，超敏 C 反应蛋白（hsCRP）下降 11.9%，肺功能指标（FVC%）升高 0.05%。Stokić 等（2015）发现 20 名糖尿病患者在食用荞麦面包 6 个月后 hsCRP 下降 16.89%。Aleksandra 等（2017）发现，39 名高脂血症患者在食用荞麦粥 35d 后，血清胆红素明显上升。

因此，荞麦、苦荞麦、金荞麦制剂作为药物在止咳化痰，控制呼吸系统炎症、治疗呼吸系统感染性疾病方面有着良好疗效。

四、细菌性痢疾的治疗

张国风（1987）以金荞麦水剂［50mL/（3 次·d）］或金荞麦片［10 片/（3次·d）］治疗细菌性痢疾 80 例，疗程 6～10d，治愈 76 例，治愈率 90%，平均住院天数 5.51d，仅 2 例出现恶心、胃肠不适的轻微不良反应。李玲（2012）以金荞麦片［5 片/（3 次·d）］联合头孢曲松钠（2g/d）治疗急性细菌性痢疾 32 例，对照组 28 例给予头孢曲松钠粉针（2g/d）静滴，疗程均为 7d，治疗组显效率较对照组高 19.6%，总有效率较对照组高 18.3%。毕春花等（2012）以金荞麦片［5 片/（3 次·d）］联合左氧氟沙星［0.2g/（2 次·d）］治疗急性细菌性痢疾 52 例，对照组 50 例以左氧氟沙星［0.2g/（2 次·d）］治疗，两组均予以对症支持治疗，疗程 5d，治疗组痊愈率较对照组高 38%，总有效率较对照组高 14%，病程较对照组短 6h。余静（2014）以金荞麦片［5 片/（3 次·d）］联合左氧氟沙星［0.2g/（2 次·d）］治疗急性细菌性痢疾 45 例，对照组 45 例以左氧氟沙星［0.3g/（2 次·d）］治疗，两组均予以对症支持治疗，疗程 5d，治疗组总有效率较对照组高 13.33%。谢泽青（2016）以金荞麦片［5 片/（3 次·d）］联合左氧氟沙星［0.2g/（2 次·d）］治疗急性细菌性痢疾 49 例，对照组 49 例以左氧氟沙星［0.2g/（2 次·d）］治疗，两组均予以对症支持治疗，疗程 5d，治疗组痊愈率较对照组高 39%，总有效率较对照组高 18.4%，病程较对照组短 1d，药物不良反应较对照组低 2%。熊水印（2016）以金荞麦片［5 片/（3 次·d）］联合左氧氟沙星［0.2g/（2 次·d）］治疗急性细菌性痢疾 35 例，对照组 35 例以左氧氟沙星［0.2g/（2 次·d）］治疗，两组均予以对症支持治疗，疗程 5d，治疗组痊愈率较对照组高 31%，总有效率较对照组高 7%，病程较对照组短 1d，药物不良反应较对照组低 2%。张洪宾等（2019）以金荞麦片［5 片/（3 次·d）］联合头孢地尼分散片［100mg/（2 次·d）］治疗急性细菌性痢疾 55 例，对照组 55 例以头孢地尼分散片［100mg/（2 次·d）］治疗，治疗组治愈率较对照组高 27%，有效率较对照组高 14.6%，病程比对照组短 10h，福氏志贺菌感染转阴率较对照组高 27.8%，宋氏志贺菌转阴率较对照组高 21.3%，不良反应发生率较对照组低 10.9%。

临床疗效观察表明，金荞麦可作为单独用药治疗细菌性痢疾，具有确切疗效。但为缩短病程，提高疗效，金荞麦多与头孢类、喹诺酮类抗菌药物联用。

五、消化系统炎症、溃疡的治疗

郎桂常（1990）用苦荞Ⅲ号治疗胃炎患者 50 例，其中慢性胃炎 17 例，胃炎中浅表性胃炎 14 例，萎缩性胃炎 3 例，给患者加服两餐苦荞麦面粉（2×25g），冲成糊或熬成粥或与小麦面粉配伍，最少加服 30d，50 例患者中 1 月后痊愈 12 例（占 70.58%），慢性胃炎显效 4 例，有效 1 例；溃疡病 33 例，溃疡病中十二指肠球部溃疡 30 例，胃溃疡 3 例。3 周痊愈 1 例，占 3.03%，1 个月痊愈 27 例，占 81.8%。病理性溃疡病显效 3 例，有效 2 例。李海燕等（1998）以盐酸哌仑西平［50mg/（2 次·d）］+莫替丁［20mg/（2 次·d）］+金荞麦［10 片/（3 次·d）］治疗消化性溃疡 73 例，对照组 69 例以奥美拉唑［20mg/（2 次·d）］+阿莫西林［50mg/（4 次·d）］治疗，临床观察结果表明实验组和对照组在各时间点的愈合率没有显著差异，总有效率均为 100%，试验组和对照组幽门螺旋杆菌清除率、消化道症状缓解率相近，差异无统计学意义，因此，金荞麦片可作为一种治疗幽门螺旋杆菌所致消化道溃疡的有效药物。

李建华等（2010）以金荞麦片［6～8 片/（3 次·d）］联合培菲康［口服双歧杆菌、嗜酸乳杆菌、肠球菌三联活菌胶囊，2 粒/（3 次·d）］治疗慢性结肠炎 36 例，对照组 36 例以诺氟沙星［2 粒/（3 次·d）］治疗，疗程为 30d，临床疗效表明疗程结束后治疗组总有效率较对照组高 11.11%，随访 3 年发现，治疗组复发次数明显低于对照组，治疗组在缓解症状和改善长期生活质量有明显优势。冯丕敏等（2012）以金荞麦粉 30g+地塞米松 5mg 每晚 1 次灌肠治疗溃疡性结肠炎 30 例，对照组 30 例以柳氮磺吡啶+地塞米松 5mg 每晚 1 次灌肠，疗程 30d，治疗结束后治疗组有效率为 90%，对照组有效率为 70%，且近期痊愈率治疗组较对照组高 16.67%。治疗后，治疗组和对照组的 IFN-γ、IL-8 的表达水平有所下降，而 IL-4 的表达水平则上升。这些免疫因子的变化都显示出显著性差异，表明治疗组有在调节免疫因子表达方面有显著优势。马向仁（2013）以金荞麦片［6～8 片/（3 次·d）］联合培菲康胶囊［2 粒/（3 次·d）］治疗慢性结肠炎 36 例，对照组 36 例给予口服诺氟沙星胶囊［2～3 粒/（3 次·d）］，疗程 30d，治疗组总有效率 91.67%，对照组总有效率 83.33%，随访 2 年，治疗组发作次数明显少于对照组，治疗组远期疗效明显优于对照组。花明等（2016）以金荞麦片［5 片/（3 次·d）］口服联合复方康复新液（50mL）直肠滴入治疗轻、中度溃疡性结肠炎 46 例，对照组 44 例以柳氮磺砒啶［1g/（4 次·d）］口服，地塞米松（5mg）+左氧氟沙星（100mL）灌肠 1 次，治疗 6 周后评估治疗效果，治疗组治愈率 76.09%，对照组治愈率 61.36%，治疗组总有效率 95.65%，对照组总有效率 93.18%，治疗组症状平均改善时间显著短于对照组，治疗组仅 2 例出现不良反应，而对照组 11 例出现不良反应。以上应用金荞麦制剂治疗结肠炎疗效评价说明，在治疗中加入金荞麦口服或灌肠，可有效缩短病程，提高有效率，且不良反应较小。

六、恶性肿瘤的治疗

何显忠（2001）以金荞麦粉剂或水煎剂治疗 7 例肺癌患者，除 1 例属晚期癌症无效外，其余 6 例均获不同程度的疗效，本品有止痛、安眠、止血、止咳化痰、健胃的效果，并能于短期内稳定病灶，改善一般状况。威麦宁胶囊由野生植物金荞麦的根茎提取纯化制成。申文江（2002）用威麦宁胶囊［6～8 粒/（3 次·d）］与放疗联合治疗中晚期肺癌 73 例，对照组 86 例单纯放疗治疗，治疗组癌灶变化总有效率 71.23%，临床疗效总有效率 83.56%，对照组癌灶变化总有效率 43.02%，临床疗效总有效率 77.91%，治疗组治疗后咳嗽、咳痰、胸痛、发热等临床症状减轻程度和生活质量改善状况显著优于对照组，而治疗组的骨髓抑制发生率显著低于对照组。林洪生等（2003）单独用威麦宁胶囊治疗 48 例非小细胞肺癌患者，不加任何其他抗肿瘤药物和特殊免疫制剂，检查瘤体变化，发现单用有效率为 8.3%，患者咳嗽、咳痰、血痰、胸痛、发热等临床症状明显改善，生存质量评分改善率52.1%，免疫功能提高率 59.09%，且无明显毒副作用。倪依群（2004）以金荞麦组方之协定处方肃肺合剂治疗由原发性或转移性肺癌所致刺激性干咳患者 37 例，其中原发性肺癌 31 例，乳腺癌肺转移 3 例，肠癌肺转移 2 例，鼻咽癌肺转移 1 例，疗程 30d，其中显效 2 例，有效 32 例，总有效率 91.9%。周浩本（2005）采用化疗加威麦宁胶囊 [6~8 粒/（3 次·d）] 治疗中晚期肺癌 65 例（小细胞肺癌 22 例，非小细胞肺癌 43 例）与同期收治的 62 例单用化疗的肺癌患者（小细胞肺癌 16 例，非小细胞肺癌 46 例）进行临床疗效对比，治疗组显效率 20%，总有效率为 66%，对照组显效率 8%，总有效率为 37%。陆海波等（2006）观察中药威麦宁对晚期肺癌患者生活质量和免疫功能影响，治疗组 31 例以威麦宁胶囊 [6~8 粒/（3 次·d）] 和化疗联用，对照组 32 例单纯化疗治疗，在化疗 3 个周期结束后，治疗组生活质量明显优于对照组，且治疗组 T 细胞亚群明显提高，而对照组则明显下降，治疗组的骨髓抑制和恶心呕吐的不良反应发生率明显少于对照组。张猛等（2013）以威麦宁胶囊 [6~8 粒/（3 次·d）] 联合经支气管动脉灌注化疗治疗中晚期非小细胞肺癌 36 例，对照组 36 例单纯支气管动脉灌注化疗，治疗组完全缓解率 16.6%，总有效率 77.8%，对照组完全缓解率 13.8%，总有效率 72.2%，治疗组生活治疗改善有效率高于对照组 16.7%，而治疗组的骨髓抑制和恶心呕吐的不良反应发生率显著低于对照组。高玉伟等（2013）以威麦宁胶囊联合放疗治疗老年晚期非小细胞肺癌 84 例（鳞癌 55 例，腺癌 27 例，肺泡细胞癌 2 例；IIIa 期 61 例，IIIb 期 23 例），对照组单纯放疗 84 例，近期疗效治疗组有效率 86.9%，对照组有效率 73.8%，且治疗组生活质量及局部症状改善率明显优于对照组，而治疗组的急性放射性食管炎和急性放射性肺炎发生率明显低于对照组。赵尚清等（2014）以威麦宁胶囊 [6~8 粒/（3 次·d）] 联合化疗治疗非小细胞肺癌 45 例，对照组单纯化疗治疗，治疗组完全缓解率较对照组高 26.7%，治疗组总有效率 88.9%，对照组总有效率 73.3%，且治疗组血清 EGFR 水平显著低于对照组。任辉等（2014）对 60 例中晚期非小细胞癌患者在化疗过程中以金荞麦制剂 [2.4g/（3 次·d）] 进行辅助治疗，另 60 例对照组以单纯化疗治疗，治疗组和对照组化疗方案一致，且均予以对症支持治疗，3 周为 1 疗程，治疗结束后治疗组较对照组显效率高 10%，总有效率高 3.4%，且治疗组胃肠道反应和骨髓抑制等化疗常见不良反应发生率显著低于对照组，治疗组患者的化疗耐受性明显高于对照组。黄建伟等（2015）以麦威宁胶囊 [3.2g/（3 次·d）] 辅助化疗治疗中晚期非小细胞癌 32 例，对照组 31 例以常规化疗治疗，治疗组完全缓解率较对照组高 9.1%，总有效率高 27.7%。杨艳等（2015）以威麦宁胶囊 [3.2g/（3 次·d）]，连续服用 84d 联合化疗治疗无法手术的IV期肺腺癌 34 例，对照组 34 例进行化疗，治疗前后治疗组有效率 67.65%，对照组有效率 41.18%，治疗组治疗后血清 IL-12 表达明显上升，对照组无变化，治疗组不良反应发生率明显低于对照组。

杨国旺等（2006）采用威麦宁联合 FOLFOX4 方案治疗晚期消化道恶性肿瘤，并与单纯化疗进行比较，联合组共有患者 34 例，完全缓解 3 例，部分缓解 12 例，稳定 16 例，进展 3 例，缓解率 44.1%，获益率 91.2%，联合组肿瘤缓解率与化疗组无明显差别，但临床获益率具有明显优势，并且能明显降低患者肿瘤标志物 CEA 的水平，提示该药与化疗能够发挥协同抑瘤作用。郑亿（2013）以化疗联合威麦宁胶囊［6 粒/（3 次・d）］治疗消化道肿瘤 46 例（胃癌 11 例，肝癌 9 例，结肠癌 9 例，食管癌 7 例，胰腺癌 6 例，其余 4 例），对照组 46 例单纯化疗治疗，治疗组总有效率 89.1%，生存质量评分 70.89±9.74，对照组总有效率 73.9%，生存治疗评分 65.98±6.25，治疗组肿瘤物指标 CEA、CA199 下降幅度明显大于对照组。王彦艳等（2013）以威麦宁胶囊联合 CapeOX 方案治疗晚期大肠癌 38 例，对照组 38 例单用 CapeOX 方案治疗，治疗组总有效率 50.0%，对照组总有效率 42.1%，且治疗组生存质量评分提高 39.3%明显优于对照组。苑仁冰等（2013）威麦宁胶囊［7 粒/（3 次・d）］联合三维适形放疗治疗中晚期不宜手术的食管癌患者 15 例，与对照组单纯放疗患者 15 例疗效比较，治疗组有效率 66.70%，对照组有效率 60%，且治疗组不良反应显著轻于对照组。

王海燕等（2017）以威麦宁胶囊［6～8 粒/（3 次・d）］联合卡培他滨（1250mg/m^2）治疗晚期乳腺癌 100 例，治疗后患者呼吸道症状和全身症状明显改善，临床症状总缓解率 80%，平均无进展生存期 6～8 个月。

金荞麦具有活血化瘀、清热解毒、祛邪扶正的功效。金荞麦制剂可做纯中药单方口服抗癌制剂，该药与化疗或放疗联合治疗肺癌、消化道肿瘤等恶性肿瘤有增效、减毒作用，可显著改善机体的免疫功能，提高患者对化疗的承受力，可巩固疗效，防止转移，无明显的作用。

七、妇科疾病的治疗

高开泉（1990）以金荞麦治疗原发性痛经，于月经来潮前 3～5d，将金荞麦根干制品 50g（新鲜 70g）煎服 2 剂，每天 1 剂，每剂煎水约 50mL，分 2 次服，连服 2 个月经周期为 1 疗程，2 个疗程后治愈率 63%，好转率 30%，无效率 7%，总有效率 93%。随访 5 年，1 年内复发率 14%，复发后继续用药，症状改善，5 年内无复发 7 例（25%）。

黄梅芬（2004）以金荞麦为原料制备宫炎宁栓，用于宫颈糜烂的治疗，疗程 30d，其中 I°糜烂 12 例，7 例显效，5 例有效，有效率 100%；II°糜烂 15 例，6 例显效，8 例有效，1 例无效，有效率 93%；III°糜烂 10 例，8 例有效，2 例无效，有效率 80%。

八、类风湿性关节炎的治疗

潘朝旺等（2018）以金荞麦药酒（30mL）联合雷公藤多苷片［10mg/（3次·d）］治疗类风湿关节炎 42 例，对照组 31 例单纯用雷公藤多苷片［10mg/（3次·d）］治疗，对照组和治疗组类风湿因子、血沉、超敏 C 反应蛋白、Ⅰ型胶原羧基末端肽、核因子κB 活化因子受体配体水平较治疗前明显降低，血清碱性磷酸酶、Ⅰ型胶原氨基端前肽、血清骨保护素水平明显升高；治疗后，与对照组比较，治疗组类风湿因子、血沉、超敏 C 反应蛋白、Ⅰ型胶原羧基末端肽、核因子κB 活化因子受体配体水平降低更为显著，血清碱性磷酸酶、血清骨保护素升高更为显著，Ⅰ型胶原氨基端前肽升高差异无明显意义。

第三节　　荞麦的毒理与不良反应

一、毒理研究

早在《本草纲目》就已经记载荞麦无毒，而苦荞麦有小毒，多食伤胃，发风动气，能发诸病，黄疾人尤当禁之。可见，荞麦和苦荞麦的毒性问题古今多有关注。

为了临床用药安全，姜妍等（2014）根据中药新药研究的有关规定，将不同剂量荞麦黄酮复合物（分别为原液、5 倍稀释和 10 倍稀释）最大容积 1d 内多次进行大鼠阴道灌注给药，观察其急性毒性反应及对阴道黏膜的影响。结果表明，荞麦黄酮复合物未产生皮肤急性毒性和刺激性，也未见阴道黏膜刺激性。陈坚峰等（2015）研究了荞麦苗粉的急性、亚慢性及遗传毒性，并对其作出安全性评价，研究发现荞麦苗粉属实际无毒级，无遗传毒性，长期食用对大鼠生长发育无不良影响，可初步认为荞麦苗粉作为食品新资源食用是安全可靠的。

胡一冰等（2009）研究了苦荞麦籽提取物的急性毒性，结果显示最大给药量为 374.5g/kgbw，相当于成人日用量的 1498 倍，说明苦荞麦籽提取物的安全范围大。林汝法等（2001）也研究了苦荞麦提取物的毒理学安全性，结果发现苦荞麦提取物对大、小鼠经口急性毒性 $LD_{50} > 10g/kg$，属实际无毒；经 Ames 试验、微核试验和精子畸变试验证实苦荞麦提取物无致突变性；30d 喂养试验表明，苦荞麦提取物对大鼠生长发育及血液学、生化、病理指标均无明显的不良影响。因此，根据食品安全性毒理学评价程序，经二阶段毒性试验证明，认为苦荞麦提取物是安全的。

二、不良反应

荞麦在亚洲及西方国家已被广泛应用，值得注意的是，现代研究发现荞麦可诱发过敏反应。美国学者Smith（1990）首先报道了1909年出现的荞麦过敏症，当时仍称为"荞麦毒性"。对某些特殊体质的患者，摄食或通过呼吸道及接触荞麦可能引起过敏。荞麦过敏症的流行病学调查目前仅有Takahashi等（1998）观察到在日本儿童及青少年中约有0.22%的人对荞麦过敏。意大利学者在11个变态反应门诊观察了多中心荞麦过敏症占全部来诊过敏性疾病的比例，为3.6%。Tang等（2010）曾观察到，在就诊的过敏性疾病患者中，荞麦过敏的比例也为3.6%。所以，荞麦过敏症在我国并不罕见。

荞麦过敏症的发病机制以Ⅰ型变态反应为主。在特定抗原的刺激下，B淋巴细胞可转化为浆细胞并产生针对该抗原的特异性IgE（specialIgE，sIgE），这种sIgE能和分布于呼吸道、消化道黏膜、皮下疏松结缔组织、血管周围的肥大细胞上的sIgE受体结合，使机体致敏。若机体再次接触相同抗原，这些抗原可与相关细胞表面的sIgE结合，使细胞释放组胺、5-羟色胺等生物活性物质，作用于皮肤、血管、呼吸道、消化道等效应器官。荞麦过敏症临床表现多样，若累及呼吸道，可引起打喷嚏、流鼻涕、鼻痒、鼻塞、眼痒、咳嗽、喘憋、胸闷、气短、呼吸困难等；累及胃肠道，可引起腹痛、腹泻、恶心、呕吐等；累及皮肤，可引起风团、皮肤充血、水肿、斑丘疹等；若累及循环系统，可引起头晕、晕厥、血压下降等。荞麦过敏症的临床症状表现轻重不一，预后也各有不同。北京协和医院曾观察荞麦过敏症患者，发现其临床以呼吸道症状、消化道症状及皮肤表现为主，个别严重者表现为过敏性休克，可在半小时内出现意识丧失、血压下降，最终导致死亡。

荞麦过敏原通过进食、吸入或皮肤接触致敏，可引起皮肤系统、消化道、呼吸道症状，甚至全身反应。荞麦致敏蛋白的检测和鉴定是目前荞麦过敏症机制研究的热点。食物过敏原大多数是糖蛋白，这些蛋白分子量一般为10000～70000，等电点多为酸性，通常能耐受食品加工、加热和烹调，并能抵抗消化道的消化分解作用。因为食物原料非常复杂，且各地对食物的使用、种植、收获、贮存和烹调方式不同，所以同一种食物的致敏蛋白组分在世界各地也会存有差异。Matsumoto（2004）通过免疫印迹-分子克隆法分离到分子量为10000的荞麦致敏蛋白并明确其特征，在14例荞麦过敏患者和2例无荞麦过敏患者中识别了荞麦过敏原。在57%的荞麦过敏患者中观察到分子量为10000的蛋白与IgE反应明显强于与IgG和IgA的反应。进一步的分子克隆试验发现，10000的荞麦致敏蛋白属于2S白蛋白家族。Tanaka（2002）通过CAP系统荧光酶联免疫分析（CAP-FEIA）的方法也观察到荞麦的分子量为16000的蛋白是其致敏蛋白。他还进一步指出

16000 蛋白与过敏性休克相关。Choi 等（2007a）将 16000 致敏蛋白的互补 DNA 在大肠埃希菌中进行克隆和表达，通过免疫电泳和酶联免疫吸附试验证实该蛋白的致敏性。他还鉴定出，这种相对分子质量为 16000 的蛋白由 127 个氨基酸组成，属于 2S 白蛋白家族，与 ImmunoCAP 法测定荞麦浸出液的 sIgE 相比，测定重组 16000 蛋白的特异性 IgE 对荞麦过敏症的诊断意义更大。Satoh 等（2008）进一步研究发现，起过敏原作用的为这种 16000 蛋白中的第 65 位半胱氨酸残基。Park 等（2000）通过 SDS-PAGE 方法观察到相对分子质量为 24000、19000、16000、9000 的蛋白可能为荞麦过敏的主要过敏原成分，尤其相对分子质量为 19000 蛋白过敏原对于荞麦过敏的患者最具特异性。Choi 等（2007b）也报道相对分子质量为 19000 的蛋白也是荞麦的主要致敏蛋白。他将该蛋白采用 cDNA 克隆、在大肠埃希菌中表达，指出这是一个由 135 个氨基酸组成的蛋白，并用 ROC 曲线法计算出这个蛋白 sIgE 检测的敏感度为 92.5%，特异度为 86%。Zhang 等（2008）采用 SDS-PAGE 和尺寸排阻色谱法观察到相对分子质量为 24000、34000 和 56000 的蛋白可能为荞麦的致敏蛋白。总之，目前的研究已发现荞麦的多种致敏蛋白，分别为相对分子质量 10000、16000、19000、24000、34000、40000～50000 和 56000 片段。但上述研究还主要停留于一个或几个蛋白质的鉴定和发现，其病例数为 2～20 例。

周艳君等（2017）等收集了 26 例荞麦过敏症患者。通过免疫印迹法研究荞麦过敏原的致敏蛋白，并试图发现阳性率高的主要致敏蛋白，为进一步研究奠定基础。此项研究掌握严格的入组标准，患者有明确进食、吸入或接触荞麦后出现过敏症状的病史，荞麦皮内试验呈阳性、血清 sIgE 检测（ImmunoCAP）为 1 级及以上，为荞麦致敏蛋白组分的研究奠定基础。此项研究建立较大规模荞麦过敏症患者血清库，确定了荞麦蛋白质中的 15 种过敏原：10kDa（8%）、13kDa（4%）、14kDa（12%）、16kDa（4%）、18～19kDa（100%）、22～24kDa（46%）、34kDa（31%）、36kDa（58%）、38kDa（15%）、40～50kDa（46%）、54kDa（23%）、56kDa（19%）、69～70kDa（46%）、100～130kDa（27%）和 130～170kDa（19%）（图 6.23）。未来可扩大样本量进一步研究验证本研究中发现的致敏蛋白是否为荞麦过敏原真正的致敏蛋白组分。

对荞麦致敏蛋白组分的研究，得到大量致敏蛋白组分，但这些致敏蛋白组分的具体作用，致敏蛋白组分间的相互关系及致敏蛋白组分与临床表现间的关系，目前尚不清楚。有些学者在这方面进行了一定探索，但结果有限且有矛盾。Tanaka（2002）观察到相对分子质量 16000 的蛋白可能与过敏性休克表现相关。Cho 等（2015）也观察了相对分子质量 16000 和 40000～50000 的蛋白与症状严重程度的关系，并报道 40000～50000 的蛋白与症状严重程度相关。

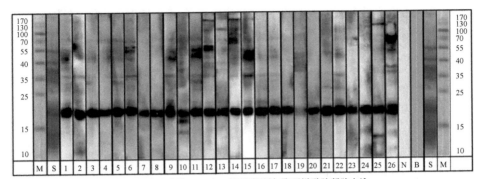

M：相对分子质量；S：十二烷基硫酸钠-聚丙烯酰胺凝胶电泳；
B：空白；N：正常人血清；1～26：患者过敏反应。

图 6.23　免疫印迹法测定荞麦过敏患者的血清样本

　　荞麦是我国常见的食物，接触荞麦人数日益增多，使荞麦过敏的患者日渐增加，荞麦过敏越来越受到临床医师和广大过敏患者的重视。通过对荞麦过敏症发病率、易患人群、发病机制、临床表现、接触途径和诊断标准的总结及荞麦主要致敏蛋白组分的研究，可以了解荞麦过敏症的临床特征及目前荞麦致敏蛋白的研究现状，从而为进一步研究奠定基础，并有助于早期识别症状严重的患者，从而降低致死率和致残率，保卫人民健康。

第四节　荞麦的食疗方及食用禁忌

　　我国古籍中就有关于荞麦防病治病的记载：

　　《图经本草》有"实肠胃，益气力"的记载。

　　《本草纲目》有"降气宽肠磨积滞，消热肿风痛，除白浊血滞，脾积泄泻"的论述。记载荞麦性味苦、平、寒，有益气力、续精神、利耳目、降气宽肠健胃的作用。

　　《植物名实图考》称荞麦"性能消积，俗呼净肠草"。

　　我国传统医学和现代医学都证实，苦荞麦具有降血糖、降血脂、降血压，疏肝疏胃的功效，具有很高的食用价值和药用价值，长期食用能增强人体免疫力，预防心血管疾病，抗菌消炎，防癌抗氧化。苦荞麦是集"营养、保健、医疗"于一体的天然功能食品。

一、荞麦的食疗方

　　《本草纲目》记载，荞麦：【气味】甘，平，寒，无毒。（思邈曰）酸，微寒。食之难消。久食动风，令人头眩。作面和猪、羊肉热食，不过八九顿，即患热风，须眉脱落，还生亦希。泾、汾以北，多此疾。又不可合黄鱼食。【主治】实肠胃，益气力，续精神，能炼五脏滓秽（孟诜）。作饭食，压丹石毒，甚良（萧炳）。以醋调粉，涂小儿丹毒赤肿热疮（吴瑞）。降气宽肠，磨积滞，消热肿风痛，除白浊白带，脾积泄泻。以沙糖水调炒面二钱服，治痢疾。炒焦，热水冲服，治绞肠沙痛（时珍）。

（一）咳嗽上气

《儒门事亲》记载：荞麦粉四两，茶末二钱，生蜜二两，水一碗，顺手搅千下。饮之，良久下气不止，即愈。

（二）十水肿喘

《太平圣惠方》记载：生大戟一钱，荞麦面二钱，水和作饼，炙熟为末。空心茶服，以大小便利为度。

（三）男子白浊及女子赤白带下

魏元君济生丹：用荍麦炒焦为末，鸡子白和，丸梧子大。每服五十丸，盐汤下，日三服。

（四）禁口痢疾

《坦仙皆效方》记载：荞麦面每服二钱，砂糖水调下。

（五）痈疽发背

《仁斋直指方论》记载：一切肿毒。荍麦面、硫黄各二两，为末，井华水和作饼，晒收。每用一饼，磨水傅之。痛则令不痛，不痛则令痛，即愈。

（六）疮头黑凹

《仁斋直指方论》记载：荞麦面煮食之，即发起。

（七）痘疮溃烂

《小儿痘疹方论》记载：用荞麦粉频频敷之。

（八）汤火伤灼

《奇效良方》记载：用荞麦面炒黄研末，水和傅之，如神。

（九）蛇盘瘰疬

《本草纲目》记载：围接项上。用荞麦炒去壳、海藻、白僵蚕炒去丝等分，为末。白梅浸汤，取肉减半，和丸绿豆大。每服六七十丸，食后、临卧米饮下，日五服。其毒当从大便泄去。若与淡菜连服尤好。淡彩生于海藻上，亦治此也。忌豆腐、鸡、羊、酒、面（《阮氏方》）。

（十）积聚败血

《多能鄙事》记载，通仙散：治男子败积，女人败血，不动真气。用荍麦面三钱，大黄二钱半，为末。卧时酒调服之。

（十一）头风畏冷

《怪证奇方》记载，李楼云：一人头风，首裹重绵，三十年不愈。以荞麦粉二升，水调作二饼，更互合头上，微汗出即愈。

（十二）头风风眼

《本草纲目》记载：荞麦作钱大饼，贴眼四角，以米大艾炷灸之，即效如神。

（十三）染发令黑

《本草纲目》记载：荞麦、针砂二钱，醋和，先以浆水洗净涂之，荷汁包至一更，洗去。再以无食子、诃子皮、大麦面二钱，醋和涂之，荷叶包至天明，洗去即黑。

（十四）绞肠痧痛

《简便单方俗论》记载：荞麦面一撮，炒黄，水烹服。

（十五）小肠疝气

《金氏集效方》记载：荞麦仁炒去尖，胡卢巴酒浸晒干，各四两，小茴香炒一两，为末，酒糊丸，梧子大。每空心盐、酒下五十丸。两月大便出白脓，去根。

（十六）噎食

《孙真人海上方》记载：荞麦秸烧灰淋汁，入锅内煎取白霜一钱，入蓬砂一钱，研末，每酒服半钱。

（十七）壁虱蜈蚣

《本草纲目》记载：荞麦秸作荐，并烧烟熏之。

二、苦荞麦的食疗方

《饮食须知》记载，苦荞麦：味甘苦，性温，有小毒。多食伤胃，发风动气，能发诸病。黄疾人尤当忌之。

《本草纲目》记载，苦荞麦【气味】甘、苦，温，有小毒。（时珍曰）多食伤胃，发风动气，能发诸病，黄疾人尤当禁之。

可见，苦荞麦的性味古今本草记载一致。

（一）肿胀

《新刻经验良方寿世仙丹》记载：土狗（七个，全用），红米（一合，入锅炒黑色），香附（五钱，同土狗入米焙黄色，共研极细听用），当归（用头尾，五钱），皂矾（用黄泥包升迖），三棱、莪术，陈皮（各一两），木香，甘草，大茴，小茴，甘松，柏子仁（各七分），铁屎（一两），三奈（七分），百草霜（一两）。上为细末，醋煮小红枣，同苦荞麦面，丸如梧子大，日三服，每服十五丸，用酒送下。重者每服不过三十丸，不可太过。不能饮酒者，萝卜汤下，覆脐上，水从便中而出，数日即愈。

（二）解中疯犬咬伤毒

《百毒解》记载：用苦荞麦根煎黄酒服，须拔去头顶心红发。

（三）体气

《岖后方》记载：苦荞面内用川乌、草乌为末，入面内为粑，蒸热，夹于两胁下，冷又换取去。用上好金墨搽胁下，夹定不动，待干，看有眼处将艾作小丸安于上烧之，连七次，结疤痕。其气不出，臭秽方止，多吃生姜。

（四）明目

《青囊辑便》记载：明目枕。苦荞麦皮、黑豆皮、绿豆皮、决明子、菊花，同作枕，至老明目（杂兴）。

三、荞麦的食用禁忌

荞麦味甘、性凉，有清热解毒、益气宽肠的功效。现代研究发现，荞麦中富含多种营养成分及功能活性物质，是泡茶、养生之佳品。然而，翻阅《食疗本草》，会发现荞麦原来"不可多食"。荞麦茶每天饮用 10g 左右即可，不可过量。《食疗本草》记载荞麦：①难消，动热风。不宜多食。②虽动诸病，犹压丹石。能练五脏滓秽，续精神。其叶可煮作菜食，甚利耳目，下气。其（茎）为灰，洗六畜疮疥及马扫蹄至神。③味甘平，寒，无毒。实肠胃，益气力，久食动风，令人头眩。另外，《食疗本草》还提到，"荞麦…和猪肉食之，患热风，脱人眉须""黄鱼……不宜和荞麦同食，令人失音也""山鸡……和荞麦面食之，生肥虫"。《千金·食治》记载：荞麦食之难消，动大热风。《本草图经》：荞麦不宜多食，亦能动风气，令人昏眩。《品汇摘要》：不可与平胃散及矾同食。《医林纂要》：荞，春后食之动寒气，发痼疾。《得配本草》：脾胃虚寒者禁用。如果以此为依据，那么在饮用荞麦茶的同时，要注意避开上述食物。

参 考 文 献

艾群，王斌，王国清，2002. 金荞麦制剂的抑菌研究[J]. 黑龙江医学，26（9）：666.

毕春花，高希花，张全芹，2012. 金荞麦片联合左氧氟沙星治疗急性细菌性痢疾疗效观察[J]. 传染病信息，25（1）：31-33.

曹红平，方肇勤，王晓波，等. 2006. 苦荞麦类黄酮等对去卵巢大鼠的雌激素样作用[J]. 上海中医药杂志，40（3）：59-61.

曹艳萍，2005. 苦荞叶提取物抗氧化性及其协同效应的研究[J]. 西北农林科技大学学报（自然科学版），33（8）：144-148.

陈坚峰，胡勃，张丽娜，2015. 荞麦苗粉毒理学研究[C]. 中国毒理学会第七次全国学术大会暨第八届湖北科技论坛：155-156.

陈洁梅，顾振纶，梁中琴，等，2002. 金荞麦 Fr4 的抑瘤作用研究[J]. 中国野生植物资源，21（4）：48-50.

陈荣林，王中康，张传博，等，2009. 苦荞内生真菌产物 EE-2 抑制 HepG2 生长及诱导其细胞凋亡[J]. 中国药理学通报，25（7）：929-942.

陈晓锋，顾振纶，梁中琴，2001. 金荞麦 Fr4 对荷瘤小鼠的抗肿瘤作用研究[J]. 苏州医学院学报，21（1）：23-25.

陈晓锋，顾振纶，杨海华，等，2005. 金荞麦 Fr4 对小鼠 lewis 肺癌细胞 MMP-9、TIMP-1 蛋白表达的影响[J]. 苏州大学学报（医学版），25（3）：383-386.

储金秀，张博男，韩淑英，等，2011. 荞麦花叶芦丁对乙醇所致小鼠肝细胞损伤的保护作用[J]. 山东医药. 51（7）：18-19.

丁培，李江全，2017. 金荞麦合剂治疗小儿肺炎疗效观察[J]. 云南中医中药杂志，38（10）：101-102.

冯丕敏，李建华，罗宇鸿，2012. 金荞麦粉灌肠对溃疡性结肠炎患者相关因子的影响及疗效研究[J]. 中国初级卫生保健，26（7）：126-127.

高开泉，1990. 金荞麦根治疗原发性痛经[J]. 四川中医（2）：48.

高铁祥，2002. 复方苦荞麦及其拆方治疗 2 型糖尿病的研究[J]. 现代中西医结合杂志，22（11）：2209-2211.

高铁祥，游秋云，2003. 复方苦荞麦对 2 型糖尿病大鼠治疗作用的实验研究[J]. 中国中医药科技，10（1）：15-17.

高玉伟，尹立杰，丁田贵，等，2013. 威麦宁胶囊联合放疗治疗老年晚期非小细胞肺癌的临床观察[J]. 实用癌症杂志，28（6）：668-670.

高云涛，李干鹏，李正全，2009. 超声集成丙醇-硫酸铵双水相体系从苦荞麦苗中提取总黄酮及其抗氧化活性研究[J]. 食品科学，30（2）：110-113.

龚咏梅，2014. 金荞麦片联合头孢唑肟治疗老年慢性支气管炎急性发作的临床效果观察[J]. 世界最新医学信息文摘（连续型电子期刊）（36）：212-213.

郭文明，2015. 连花清瘟胶囊联合金荞麦片治疗甲型 H1N1 流感疗效研究[J]. 成都医学院学报，10（3）：357-359.

韩锐，1997. 抗癌药物研究与实验技术[M]. 北京：北京医科大学中国协和医科大学联合出版社.

韩淑英，吕华，朱丽莎，2001. 荞麦种子总黄酮降血脂、血糖及抗脂质过氧化作用的研究[J]. 中国药理学通报，17（6）：694-696.

韩淑英，王志路，储金秀，等，2009. 荞麦花叶黄酮对 2 型糖尿病大鼠胰岛素抵抗及肝组织 PTP1B 的影响[J]. 中国中药杂志，34（23）：3114-3118.

何书平，陈丽，习森，2013. 金荞麦片对慢阻肺患者呼吸力学指标及肺功能参数的影响观察[J]. 首都医药，20（16）：53-55.

何显忠，2001. 金荞麦的药理作用和临床应用[J]. 时珍国医国药，12（4）：316-318.

胡春，丁霄霖，1996. 黄酮类化合物在不同氧化体系中的抗氧化作用研究[J]. 食品与发酵工业（3）：46-53.

胡慧，张正浩，2004. 复方苦荞麦合剂对实验性糖尿病大鼠早期肾脏病变影响的实验研究[J]. 中医药学刊，22（8）：1420-1421.

胡小杰，潘朝旺，2017. 金荞麦药酒治疗类风湿关节炎临床观察[J]. 医药卫生（全文版）（2）：187.

胡一冰，赵钢，2010b. 苦荞提取物对小鼠胃肠运动双向调节作用的实验研究[J]. 时珍国医国药，21（10）：2485-2486.

胡一冰，赵钢，彭镰心，等，2009. 苦荞籽提取物的抗炎镇痛作用和急性毒性试验研究[J]. 食品科学，30（23）：406-409.

胡一冰，赵钢，彭镰心，等，2010a. 苦荞醇提物的镇静催眠作用研究[J]. 安徽农业科学，38（5）：2354-2355.

花明，尹志秀，2016. 金荞麦片口服联合复方康复新液直肠滴入治疗轻、中度溃疡性结肠炎的疗效观察[J]. 医学理论与实践，29（24）：3354-3356.

黄国栋，黄敏，陈文华，等，2009. 金荞麦合剂治疗早期糖尿病肾病的临床研究[J]. 中药材，32（12）：1932-1935.

黄建伟，赵丹，2015. 威麦宁胶囊联合化疗治疗中晚期非小细胞肺癌临床观察[J]. 亚太传统医药，11（9）：125-126.

黄凯丰，时政，饶庆琳，等，2011. 苦荞对油脂和胆固醇的吸附作用[J]. 江苏农业科学，39（4）：379-380.

黄梅芬，2004. 宫炎宁栓制备及疗效观察[J]. 河南中医（8）：74-75.

黄叶梅，黎霞，张丽，2006. 苦荞黄酮对大鼠脑缺血再灌注损伤的保护作用[J]. 四川师范大学学报（自然科学版），29（4）：499-501.

姜妍，金玲，王妍，等，2014. 基于开发药用经济价值的荞麦黄酮复合物急性毒性实验[J]. 现代经济信息（15）：397-397.

郎桂常，1996. 苦荞麦的营养价值及其开发应用[J]. 中国粮油学报（3）：9-14.

黎三明，2010. 金荞麦片联合头孢哌酮治疗慢性支气管炎急性发作疗效观察[J]. 临床肺科杂志，15（4）：466-467.

李丹，肖刚，丁霄霖，2000. 苦荞黄酮清除自由基作用的研究[J]. 食品科技（6）：62-64.

李光，余霜，周永红，等，2013. 金荞麦和甜荞植物叶抗氧化活性物质分析[J]. 广东农业科学，7：7-11.

李国华，席小平，边林秀，2004. 苦荞降糖胶囊的致突变性研究[J]. 中国药物与临床，4（8）：609-610.

李海燕，陈豪，1998. 哌仑西平、法莫替丁及金荞麦联合治疗消化性溃疡的疗效[J]. 湖南医学（6）：54.

李建华，冯丕敏，李婷，等，2010. 金荞麦片与培菲康联合治疗慢性结肠炎的临床研究[J]. 中华中医药学刊，28（6）：1343-1344.

李洁，梁月琴，郝一彬，2004. 苦荞类黄酮降血脂作用的实验研究[J]. 山西医科大学学报，35（6）：570-571.

李玲，2012. 金荞麦片联合头孢曲松钠治疗急性细菌性痢疾32例[J]. 中医药导报，18（3）：90.

李培国，邵兵，徐广范，2007. 金荞麦片在小儿肺炎中的临床应用[J]. 中国实用医药（31）：131-132.

李蓉梅，2016. 慢性支气管炎急性发作患者应用金荞麦片联合头孢哌酮治疗的临床疗效观察[J]. 家庭医药（9）：36-37.

李玉田，徐峰，闫泉香，2006. 苦荞麦黄酮对家犬肾缺血的影响[J]. 中药材，29（2）：169-172.

林洪生，李玫成，2003. 威麦宁胶囊治疗非小细胞肺癌的临床研究[J]. 肿瘤研究与临床（6）：368-370.

林汝法，王瑞，周运宁，2001. 苦荞提取物的毒理学安全性[J]. 华北农学报，16（1）：116-121.

刘红岩，韩锐，1998. 金荞麦提取物抑制肿瘤细胞侵袭、转移和HT-1080细胞产生型胶原酶的研究[J]. 中国药理学通报，14（1）：36-39.

刘圣，田莉，陈礼明，1998. 金荞麦研究进展[J]. 基层中药杂志，12（3）：46-47.

刘文富，宋玉梅，王灵芝，等，1981. 金荞麦的一些药理作用[J]. 药学学报，16（4）：247-251.

刘熙平，符献琼，1996. 苦荞治疗老年高脂血症临床观察[C]. 中国营养学会全国营养学术会议：199-200.

刘洋，柳春，近藤隆一郎，等，2009. 苦荞麦对糖尿病大鼠血糖蛋白非酶糖基化反应的影响[J]. 辽宁中医药大学学报，11（5）：195-196.

卢桐，李颖，王辛秋，等，2019. 晁恩祥辨证论治乙型流感重症肺炎经验[J]. 北京中医药，38（1）：38-40.

陆海波，姜慧杰，赵长宏，等，2006. 中药威麦宁改善晚期肺癌患者生活质量及免疫功能的作用[J]. 中国临床康复（23）：22-24.

马挺军，陕方，贾昌喜，2010. 苦荞醋对糖尿病模型小鼠血糖的影响[J]. 中国粮油学报，25（5）：42-44.

马向仁，2013. 金荞麦片联合培菲康胶囊治疗慢性结肠炎 36 例[J]. 社区医学杂志，11（1）：38-39.

马勇建，2014. 金荞麦片联合头孢西丁治疗老年慢性支气管炎急性发作的临床效果观察[J]. 临床合理用药杂志，7（30）：39-40.

孟铭伦，王化忠，2000. 苦荞复合食品对糖尿病的降糖作用[J]. 辽宁实用糖尿病杂志（3）：22-24.

倪依群，2004. 肃肺合剂治疗肺癌刺激性干咳 37 例[J]. 山东中医杂志，12：728.

潘朝旺，王伟，祁学章，2018. 金荞麦药酒联合雷公藤多苷对类风湿关节炎患者的骨保护作用[J]. 鄂州大学学报，25（3）：106-108.

祁学忠，吉锁兴，王晓燕，等，2003. 苦荞黄酮及其降血糖作用的研究[J]. 科技情报开发与经济，13（8）：111-112.

秦文浩，钱桐荪，蒋季杰，等，1992. 苦荞麦治疗糖尿病的临床观察[J]. 中华内分泌代谢杂志，1：52-53.

仇菊，李再贵，李康，等，2018. 苦荞主食干预对 2 型糖尿病伴不同程度肥胖患者体成分及血脂的影响[J]. 中国食物与营养，24（1）：59-63.

任辉，邵长卿，张来香，2014. 金荞麦制剂辅助化疗治疗中晚期非小细胞肺癌疗效观察[J]. 中国保健营养旬刊，24（5）：2477-2478.

陕方，李文德，林汝法，等，2006. 苦荞不同提取物对糖尿病模型大鼠血糖的影响[J]. 中国食品学报，6（1）：208-211.

申瑞玲，张静雯，党雪雅，等，2012. 苦荞粉对小鼠肠道菌群的影响[J]. 食品与机械，28（1）：38-40.

申文江，2002. 威麦宁胶囊与放疗联合治疗中晚期肺癌的临床研究[A]. CSCO、美国临床肿瘤学会.中国临床肿瘤学教育专辑（2002）：中国抗癌协会第六届临床肿瘤协作中心（CSCO）学术年会论文集. CSCO、美国临床肿瘤学会：中国抗癌协会，104-108.

舒成仁，付志荣，2006. 金荞麦提取物药理作用的研究进展[J]. 医药导报，25（4）：328-329.

舒成仁，刘鸾，李小娟，2005. 金荞麦籽粒提取物对小鼠化学肝损伤的保护作用[J]. 中国医院药学杂志，25（11）：1099.

陶胜宇，徐峰，闫泉香，2006. 苦荞麦黄酮对糖尿病大鼠神经功能的影响[J]. 实用药物与临床，9（4）：219-221.

田秀红，2009. 苦荞麦抗营养因子的保健功能[J]. 食品研究与开发，30（11）：139-141.

田雅萍，张继会，王明晖，2007. 金荞麦片治疗 80 例老年人肺炎的疗效观察[J]. 中国老年保健医学（2）：26.

童国强，杨强，杨年红，2011. 苦荞酒辅助降血脂动物实验研究[J]. 酿酒科技，11：79-80.

童红莉，田亚平，汪德清，等，2006a. 苦荞壳提取物对大鼠血脂的调节作用[J]. 第四军医大学学报，27（2）：120-122.

童红莉，田亚平，汪德清，等，2006b. 苦荞壳提取物对高脂饲料诱导的大鼠脂肪肝的预防作用[J]. 第四军医大学学报，27（10）：883-885.

王峰峰，秦小兵，1995. 苦荞麦对大鼠血糖及血脂的影响[J]. 中国中西药结合杂志，15（5）：296-297.

王海燕，权毅，2017. 威麦宁胶囊联合卡培他滨对于晚期乳腺癌患者的近期疗效和安全性评价[J]. 辽宁中医杂志，44（12）：2588-2590.

王红艳，苏秀霞，傅占江，等，2012. 金荞麦片治疗儿童慢性鼻—鼻窦炎疗效观察[J]. 临床合理用药杂志，5（29）：57.

王红艳，杨雁，刘树刚，等，2010. 金荞麦片佐治婴幼儿哮喘性支气管炎疗效观察[J]. 白求恩军医学院学报，8（1）：34-35.

王宏伟，乔振华，任文英，等，2002. 苦荞胰蛋白酶抑制剂对 HL-60 细胞增殖的抑制作用[J]. 山西医科大学学报，33（1）：3-5.

王杰，1992. 新疆苦荞麦降血糖临床初步观察[J]. 荞麦动态（2）：42-44.

王力田，王铂钦，郝亚梅，等，1995. 中药荞麦方便面治疗糖尿病 598 例[J]. 国医论坛（5）：25.

王立波，邵萌，高慧媛，等，2005. 金荞麦抗菌活性研究[J]. 中国微生态学杂志，17（5）：330-331.

王敏，魏益民，高锦明，2006a. 苦荞胚油对高脂血大鼠血脂及脂质过氧化作用的影响[J]. 中国粮油学报，21（4）：45-49.

王敏，魏益民，高锦明，等，2006b. 苦荞麦总黄酮对高脂血大鼠血脂和抗氧化作用的影响[J]. 营养学报，28（6）：502-505，509.

王彦艳，吕艳芳，2013. 威麦宁胶囊联合 CapeOX 方案治疗晚期大肠癌的临床观察[J]. 中国肿瘤临床与康复，20（7）：718-720.

王转花，张政，林汝法，1999. 苦荞叶提取物对小鼠体内抗氧化酶系的调节[J]. 药物生物技术，6（4）：208-211.

温龙平，夏涛，2002. 荞麦种子内肌醇衍生物转化为其单体的方法及其种子：中国，CN 01110472.4 [P].

吴利珍，1997. 56 例 2 型糖尿病综合调理加苦荞粉治疗效果观察[J]. 解放军医药杂志（6）：434-436.

吴清，梁国鲁，2001. 金荞麦野生资源的开发与利用[J]. 中国野生植物资源，20（2）：27-28.

谢泽青，2016. 左氧氟沙星联合金荞麦片治疗急性细菌性痢疾 49 例临床观察[J]. 黑龙江医学，40（2）：148-149.

辛念，齐亚娟，韩淑英，等，2004. 荞麦花总黄酮 2 型糖尿病大鼠高脂血症的作用[J]. 中国临床康复，8（27）：5984-5985.

熊水印，2016. 金荞麦片与左氧氟沙星对急性细菌性痢疾 70 例患者的临床疗效和安全性评价[J]. 抗感染药学，13（5）：1146-1147.

徐宝才，肖刚，丁霄霖，等，2003. 液质联用分析测定苦荞黄酮[J]. 食品科学，24（6）：113-117.

徐斌，宋春梅，杜娟，等，2015. 甜荞总黄酮的体外抗氧化活性研究[J]. 中国兽医杂志，51（10）：53-56.

徐嘉生，张太生，郭玉刚，1999. 苦荞麦麦粉临床疗效实验及其保健功能概述[J]. 食品工业科技，S1：53-56.

薛长勇，张月红，刘英华，等，2005. 苦荞黄酮降低血糖和血脂的作用途径[J]. 中国临床康复，9（35）：111-113.

闫斐艳，2010. 苦荞总黄酮的提取及体外抗肿瘤活性研究[D]. 太原：山西大学.

闫泉香，徐峰，2005. 苦荞黄酮对缺氧小鼠脑组织 MDA 含量的影响[J]. 中药药理与临床，21（4）：33.

杨国旺，王笑民，徐咏梅，等，2006. 威麦宁联合化疗治疗晚期消化道恶性肿瘤[J]. 肿瘤防治研究，（11）：835-836.

杨红叶，杨联芝，柴岩，等，2011. 甜荞和苦荞籽粒中多酚存在形式与抗氧化活性的研究[J]. 食品工业科技，32（5）：90-97.

杨琳，汤建桥，胡玉琼，等，2005a. 金荞麦片辅治小儿支气管肺炎例[J]. 中国中医药信息杂志，12（7）：77-78.

杨琳，向希雄，2013. 金荞麦片治疗小儿支气管肺炎（肺热证）46 例疗效观察[J]. 中国中西医结合儿科学，5（2）：148-149.

杨琳，周士伟，张晶樱，等，2005b. 金荞麦片治疗小儿外感发热例临床观察[J]. 中国中医急症，14（7）：644-645.

杨体模，荣祖元，吴友仁，1992. 金荞麦 E 对小鼠网状内皮系统吞噬功能的影响[J]. 四川生理科学杂志，14（1）：9-12.

杨艳，阎吕军，2015. 威麦宁胶囊联合化疗治疗晚期肺腺癌的临床疗效[J]. 遵义医学院学报，38（6）：618-621.

衣菲，张放，2010. 金荞麦片治疗矽肺并肺内感染的临床观察[J]. 中国实用乡村医生杂志，17（8）：23-24.

印德贤，林树楠，1999b. 金荞麦对小鼠腹腔巨噬细胞吞噬功能的影响[J]. 首都医药，6（12）：28-29.

印德贤，刘明强，1999a. 金荞麦对金黄色葡萄球菌胞外耐热核酸酶活性的影响[J]. 南通大学学报（医学版），19（4）：427.

于智峰，付英娟，王敏，等，2007. 苦荞黄酮提取物体外清除自由基活性的研究[J]. 食品科技，（3）：135-138.

余静，2014. 金荞麦片联合左氧氟沙星治疗急性细菌性痢疾疗效观察[J]. 中外医学研究，12（10）：49-50.

苑仁冰，庄永志，2013. 威麦宁胶囊联合三维适形放疗治疗食管癌的临床研究[J]. 中国医药指南，11（16）：307-308.

张超，郭贯新，张晖，2004. 苦荞麦可溶性蛋白的提取工艺以及性质的研究[J]. 食品工业科技，4：72-74.

张超，卢艳，郭贯新，等，2005. 苦荞麦蛋白质抗疲劳功能机理的研究[J]. 食品与生物技术学报，24（6）：78-82.

张国风，1987. 金荞麦治疗细菌性痢疾 80 例临床报告[J]. 南通大学学报（医学版）（3）：51-52，62.

张宏伟，张永红，卢明俊，等，1999. 荞麦与血糖关系的流行病学研究[J]. 中国公共卫生，15（5）：392-393.

张洪宾，李亮，2019. 金荞麦片联合头孢地尼治疗急性细菌性痢疾的临床研究[J]. 现代药物与临床，34（2）：499-503.

张丽蓉，刘旭丹，温国庆，2006. 金荞麦片治疗儿童呼吸道感染 46 例[J]. 中国中医急症（6）：656.

张猛，高众，杨秋吉，等，2013. 威麦宁胶囊联合经支气管动脉灌注化疗治疗中晚期非小细胞肺癌的临床观察[J]. 中国肿瘤临床与康复，20（10）：1114-1116.

张明辉，2005. 苦荞对 II 型糖尿病人胰岛素敏感度和 β 细胞功能的影响[A]. 中华中医药学会糖尿病分会. 第八次全国中医糖尿病学术大会论文汇编. 中华中医药学会糖尿病分会：中华中医药学会糖尿病分会. 3.

张全会，李玲，武建华，等，2012. 连花清瘟胶囊联合金荞麦片治疗甲型 H1N1 流感临床研究[J]. 中国中医急症，21（3）：345-346.

张以忠, 李晶, 邓琳琼, 2013. 甜荞不同器官水提液体外抗氧化活性[J]. 食品与生物技术学报, 32 (9): 989-994.

张莹, 2016. 金荞麦片佐治小儿支气管肺炎 (肺热证) 78 例疗效观察[J]. 中国农村卫生 (2): 81-82.

张永仙, 王权, 1996. 金荞麦有效成分的抗菌抗感染作用[J]. 云南畜牧兽医 (2): 5, 22.

张月红, 郑子新, 刘英华, 等, 2006. 苦荞提取物对餐后血糖及 α-葡萄糖苷酶活性的影响[J]. 中国临床康复, 10 (15): 111-113.

张政, 王转花, 刘凤艳, 等, 1999. 苦荞蛋白复合物的营养成分及其抗衰老作用的研究[J]. 营养学报, 21 (2): 159-162.

赵尚清, 许长青, 陈晓辉, 2014. 威麦宁胶囊治疗非小细胞肺癌的疗效及对血清表皮生长因子受体的影响[J]. 中国老年学杂志, 34 (18): 5070-5071.

郑民实, 阎燕, 李文, 等, 1991. ELISA 技术检测中草药抗 HBsAg 的实验研究[J]. 中国医院药学杂志, 11 (2): 53-55.

郑亿, 2013. 化疗联合威麦宁胶囊治疗消化道癌症 46 例临床观察[J]. 中国医药指南, 11 (19): 618.

周斌, 程淑玲, 杨琳, 等, 2005. 金荞麦汤治疗外感发热 30 例[J]. 湖北中医杂, 27 (3): 35.

周浩本, 2005. 化疗加威麦宁胶囊治疗中晚期肺癌 65 例临床观察[J]. 中药研究与信息 (8): 28-29.

周小理, 黄琳, 2010. 荞麦蛋白的组成与功能成分研究进展[J]. 上海应用技术学院学报 (自然科学版), 10 (3): 196-199.

周小理, 李宗杰, 周一鸣, 2011. 荞麦治疗糖尿病化学成分的研究进展[J]. 中国粮油学报, 26 (5): 119-121.

周艳君, 汤蕊, 魏继福, 等, 2017. 荞麦过敏原致敏蛋白组分研究[J]. 食品安全质量检测学报, 8 (4): 1167-1170.

周艳萍, 张正浩, 2007. 复方苦荞麦对糖尿病大鼠胰岛功能与形态的影响[J]. 咸宁学院学报 (医学版), 21 (4): 288-291.

朱学, 1991. 金荞麦 II 号片治疗肺脓肿临床观察[J]. 江苏中医, 12 (12): 34-36.

朱瑞, 高南南, 陈建民, 2003. 苦荞麦的化学成分和药理作用[J]. 中国野生植物资源, 22 (2): 7-9.

邹和平, 2010. 氨溴索联合金荞麦片治疗慢性阻塞性肺疾病急性加重期的疗效观察[J]. 中国临床医生, 38 (11): 37-38.

左光明, 谭斌, 王金华, 等, 2010. 苦荞蛋白对高血脂症小鼠降血脂及抗氧化功能[J]. 食品科学, 31 (7): 247-250.

ALEKSANDRA M, ANA P, MOJCA S, et al., 2017. Buckwheat-enriched instant porridge improves lipid profile and reduces inflammation in participants with mild to moderate hypercholesterolemia[J]. Journal of Functional Foods, 36: 186-194.

AOYAGI Y, 2006. An angiotensin-I converting enzyme inhibitor from buckwheat flour[J]. Phytochemistry, 67(6): 618-621.

ARCHIMOWICZ-CYRYŁOWSKA B, ADAMEK B, DROŹDZIK M, et al., 2015. Clinical effect of buckwheat herb, *Ruscus* extract and troxerutin on retinopathy and lipids in diabetic patients[J]. Phytotherapy Research, 10(8): 659-662.

CHAN P K, 2003. Inhibition of tumor growth *in vitro* by the extract of *Fagopyrum cymosum*(fago-c)[J]. Life Sciences, 72: 1851-1858.

CHO J, LEE J O, CHOI J, 2015. Significance of 40-, 45-, and 48-kDa proteins in the moderate-to-severe clinical symptoms of buckwheat allergy[J]. Allergy, Asthma & Immunology Research, 7(1): 37-43.

CHOI J Y, CHO E J, LEE H S, et al., 2013. Tartary buckwheat improves cognition and memory function in an *in vivo* amyloid-β-induced Alzheimer model[J]. Food and Chemical Toxicology, 53: 105-111.

CHOI J Y, LEE J M, LEE D G, et al., 2015. The *n*-butanol fraction and rutin from tartary buckwheat improve cognition and memory in an *in vivo* model of amyloid-β-induced alzheimer's disease[J]. Journal of medicinal food, 18(6): 631-641.

CHOI S Y, SOHN J H, LEE Y W, et al., 2007a. Application of the 16-k Da buckwheat 2 S storage albumin protein for diagnosis of clinical reactivity[J]. Annals of Allergy, Asthma & Immunology, 99: 254-260.

CHOI S Y, SOHN J H, LEE Y W, et al., 2007b. Characterization of buckwheat 19-kD allergen and its application for diagnosing clinical reactivity[J]. International Archives Allergy Immunology, 144(4): 267-274.

GE F, ZHU S, LIU L, et al., 2017. Anti-inflammatory effects of *Fagopyrum cymosum* administered as a potential drug for ulcerative colitis[J]. Experimental and Therapeutic Medicine, 14(5): 4745-4754.

GULPINAR A R, ORHAN I E, KAN A, et al., 2012. Estimation of *in vitro* neuroprotective properties and quantification of rutin and fatty acids in buckwheat (*Fagopyrum esculentum* Moench) cultivated in Turkey[J]. Food Research International, 46(2): 536-543.

GUO X, ZHU K, ZHANG H, et al., 2007. Purification and characterization of the antitumor protein from Chinese tartary buckwheat (*Fagopyrum tataricum*, Gaertn.) water-soluble extracts[J]. Journal of Agricultural and Food Chemistry, 55(17): 6958-6961.

GUO XN, ZHU KX, ZHANG H, et al., 2010. Anti-tumor activity of a novel protein obtained from tartary buckwheat[J]. International Journal of Molecular Sciences, 11: 5201-5211.

KARKI R, PARK C H, KIM D W, 2013. Extract of buckwheat sprouts scavenges oxidation and inhibits pro-inflammatory mediators in lipopolysaccharide-stimulated macrophages (RAW264.7) [J]. Journal of Integrative Medicine, 11(4): 246-252.

KAWASAKI T, ITOH K, OGAKI T, et al., 1995. A study on the genesis of hypertension in mountain people habitually taking Tibetan tea and buckwheat in Nepal[J]. Journal of Health Science, 17, 121-130.

KAYASHITA J, NAGAI H, KATO N, 1996. Buckwheat protein extract suppression of the growth depression in rats induced by feeding amaranth (Food Red No. 2)[J]. Bioscience, Biotechnology and Biochemistry, 60(9): 1530-1531.

KAYASHITA J, SHIMAOKA I, NAKAJOH M et al., 1997. Consumption of buckwheat protein lowers plasma cholesterol and raises fecal neutral sterols in cholesterol-Fed rats because of its low digestibility[J]. The Journal of Nutrition, 127(7): 1395-1400.

KAYASHITA J, SHIMAOKA I, NAKAJOH M, et al., 1999. Consumption of a buckwheat protein extract retards 7, 12-dimethylbenz[alpha]anthracene-induced mammary carcinogenesis in rats[J]. Bioscience, Biotechnology and Biochemistry, 63(10): 1837-1839.

KAYASHITA J, SHIMAOKA I, NAKAJYOH M, 1995. Hypocholesterolemic effect of buckwheat protein extract in rats fed cholesterol enriched diets[J]. Nutrition Research, 15(5): 691-698.

KIM D W, HWANG I K, LIM S S, et al., 2010. Germinated Buckwheat extract decreases blood pressure and nitrotyrosine immunoreactivity in aortic endothelial cells in spontaneously hypertensive rats[J]. Phytotherapy Research, 23(7): 993-998.

KOYAMA M, NARAMOTO K, NAKAJIMA T, et al., 2013. Purification and Identification of Antihypertensive Peptides from Fermented Buckwheat Sprouts[J]. Journal of Agricultural and Food Chemistry, 61(12): 3013-3021.

LAN S Q, MENG Y N, LI X P, et al., 2013. Effect of consumption of micronutrient enriched wheat steamed bread on postprandial plasma glucose in healthy and type 2 diabetic subjects[J]. Nutrition Journal, 12: 64.

LI C H, MATSUI T, MATSUMOTO K, et al., 2010. Latent production of angiotensin I-converting enzyme inhibitors from buckwheat protein[J]. Journal of Peptide Science, 8(6): 267-274.

LI Y Y, ZHANG Z, WANG Z H, et al., 2009. rBTI induces apoptosis in human solid tumor cell lines by loss in mitochondrial transmembrane potential and caspase activation[J]. Toxicology Letters, 189(2): 166-175.

MATSUMOTO R, 2004. Molecular characterization of a 10-kDa buckwheat molecule reactive to allergic patients 'Ig E[J]. Allergy, 59: 533-538.

METZGER B T, BARNES D M, REED J D, 2007. Insoluble fraction of buckwheat (*Fagopyrum esculentum* Moench) protein possessing cholesterol-binding properties that reduce micelle cholesterol solubility and uptake by Caco-2 cells[J]. Journal of Agricultural and Food Chemistry, 55(15): 6032-6038.

MIŠAN A, PETELIN A, STUBEIJ M, et al., 2017. Buckwheat-enriched instant porridge improves lipid profile and reduces inflammation in participants with mild to moderate hypercholesterolemia[J]. Journal of Functional Foods, 36: 186-194.

NAKAMURA K, NARAMOTO K, KOYAMA M, 2013. Blood-pressure-lowering effect of fermented buckwheat sprouts in spontaneously hypertensive rats[J]. Journal of Functional Foods, 5(1): 406-415.

NISHIMURA M, OHKAWARA T, SATO Y, et al., 2016. Effectiveness of rutin-rich Tartary buckwheat (*Fagopyrum tataricum* Gaertn.) 'Manten-Kirari' in body weight reduction related to its antioxidant properties: A randomised, double-blind, placebo-controlled study[J]. Journal of Functional Foods, 26: 460-469.

PARK J W, KANG D B, KIM CW, et al., 2000. Identification and characterization of the major allergens of buckwheat[J]. Allergy, 55(11): 1035-1041.

PARK SS, OHBA H, 2004. Suppressive activity of protease inhibitors from buckwheat seeds against human T-acute lymphoblastic leukemia cell lines[J]. Applied Biochemistry & Biotechnology, 117(2): 65-74.

PU F, MISHIMA K, EGASHIRA N, et al., 2004. Protective effect of buckwheat polyphenols against long-lasting impairment of spatial memory associated with hippocampal neuronal damage in rats subjected to repeated cerebral ischemia[J]. Journal of Pharmacological Sciences, 94(4): 393-402.

QIU J, LI Z, QIN Y, et al., 2016. Protective effect of tartary buckwheat on renal function in type 2 diabetics: a randomized controlled trial[J]. Therapeutics and Clinical Risk Management, 12: 1721-1727.

QUETTIER-DELEU C, GRESSIER B, VASSEUR J, et al., 2000. Phenolic compounds and antioxidant activities of buckwheat (*Fagopyrum esculentum* Moench) hulls and flour[J]. Journal of Ethnopharmacology, 72(1-2): 35-42.

REN W, QIAO Z, WANG H, et al., 2001. Tartary buckwheat flavonoid activates caspase 3 and induces HL-60 cell apoptosis[J]. Methods & Findings in Experimental & Clinical Pharmacology, 23(8): 427-432.

REN W, QIAO Z, WANG H, et al., 2003. Molecular basis of Fas and cytochrome c pathways of apoptosis induced by tartary buckwheat flavonoid in HL60 cells[J]. Methods and Findings in Experimental and Clinical Pharmacology, 25(6): 431-436.

SATOH R, KOYANO S, TAKAGI K, et al., 2008. Immunological characterization and mutational analysis of the recombinant protein BWp16, a major allergen in buckwheat[J]. Biological Pharmaceutical Bulletin, 31(6): 1079-1085.

SKRABANJA V, LILJEBERG ELMSTÅHL H G, KREFT I, et al., 2001. Nutritional properties of starch in buckwheat products: studies *in vitro* and *in vivo*[J]. Journal of Agricultural and Food Chemistry, 49(1): 490-496.

SMITH H L, 1990. Buckwheat-poisoning with report of a case in man (1909) [J]. Allergy Proceedings, 11(4):193-196.

STOKIĆ E, MANDIĆ A, SAKAČ M, et al., 2015. Quality of buckwheat-enriched wheat bread and its antihyperlipidemic effect in statin treated patients[J]. LWT-Food Science and Technology, 63(1): 556-561.

TAKAHASHI Y, ICHIKAWA S, AIHARA Y, et al., 1998. Buckwheat allergy in 90 000 school children in Yokohama[J]. Arerugi, 47(1): 26-33.

TANAKA K, MATSUMOTO K, AKASAWA A, et al., 2002. Pepsin-resistant 16-kDa buckwheat protein is associated with immediate hypersensitivity reaction in patients with buckwheat allergy[J]. International Archives Allergy Immunology, 129: 49-56.

TANG C H, PENG J, ZHEN D W, et al., 2009. Physicochemical and antioxidant properties of buckwheat (*Fagopyrum esculentum* Moench) protein hydrolysates[J]. Food Chemistry, 115(2): 672-678.

TANG R, ZANG H Y, WANG R Q, 2010. Seven Chinese patients with buckwheat allergy[J]. American Journal of the Medical Sciences, 339(1): 22-24.

TOMOTAKE H, SHIMAOKA I, KAYASHITA J, et al., 2000. A buckwheat protein products suppresses gallstone formation and plasma cholesterol more strongly than soy protein isolate in hamsters[J]. Nutrition, 130 (7): 1670-1674.

TOMOTAKE H, SHIMAOKA I. KAYASHITA J, et al., 2001. Stronger suppression of plasma cholesterol and enhancement of the fecal excretion of steroids by a buckwheat protein product than by a soy protein isolate in rats fed on a cholesterol-free diet[J]. Bioscience, Biotechnology, and Biochemistry, 65 (6): 1412-1414.

TOMOTAKE H, YAMAMOTO N, KITABAYASHI H, et al., 2007. Preparation of tartary buckwheat protein product and its improving effect on cholesterol metabolism in rats and mice fed cholesterol-enriched diet[J]. Journal of Food Science, 72 (7): S528-533.

TOMOTAKE H, YAMAMOTO N, YANAKA N, et al., 2006. High protein buckwheat flour suppresses hypercholesterolemia in rats and gallstone formation in mice by hypercholesterolemic diet and body fat in rats because of its low protein digestibility[J]. Nutrition, 22(2): 166-173.

WATANABE M, 1998. Catechins as antioxidants from buckwheat (*Fagopyrum esculentum* Moench) groats[J]. Journal of Agricultural and Food Chemistry, 46(3): 839-845.

WATANABE M, AYUGASE J, 2010. Effects of buckwheat sprouts on plasma and hepatic parameters in type 2 diabetic db/db mice[J]. Journal of Food Science, 75(9): H294-H299.

WIESLANDER G, FABJAN N, VOGRINCIC M, et al., 2011. Eating buckwheat cookies is associated with the reduction in serum levels of myeloperoxidase and cholesterol: a double blind crossover study in day-care centre staffs[J]. The Tohoku Journal of Experimental Medicine, 225(2): 123-130.

YANG N, LI Y M, ZHANG K, et al., 2014. Hypocholesterolemic activity of buckwheat flour is mediated by increasing sterol excretion and down-regulation of intestinal NPC1L1 and ACAT2[J]. Journal of Functional Foods, 6: 311-318.

YAO Y, SHAN F, BIAN J, et al., 2008. D-chiro-inositol-enriched tartary buckwheat bran extract lowers the blood glucose level in KK-A y mice[J]. Journal of Agricultural and Food Chemistry, 56(21): 10027-10031.

YUAN S, YAN J, YE X, et al., 2015. Isolation of a ribonuclease with antiproliferative and HIV-1 reverse transcriptase inhibitory activities from Japanese large brown buckwheat seeds[J]. Applied Biochemistry and Biotechnology, 175(5): 2456-2467.

ZHANG H W, ZHANG Y H, LU M J, et al., 2007. Comparison of hypertension, dyslipidaemia and hyperglycaemia between buckwheat seed-consuming and non-consuming Mongolian-Chinese populations in Inner Mongolia, China. Clinical and Experimental[J]. Pharmacology & Physiology, 34(9): 838-844.

ZHANG R, YAO Y, WANG Y, et al., 2011. Antidiabetic activity of isoquercetin in diabetic KK -Ay mice[J]. Nutrition & Metabolism, 8(1): 85.

ZHANG X, CUI X, LI Y, et al., 2008. Purification and biochemical characterization of a novel allergenic protein from tartary buckwheat seeds[J]. Planta Medica, 74(15): 1837-1841.

ZHOU X L, YAN B B, XIAO Y, et al., 2018. Tartary buckwheat protein prevented dyslipidemia in high-fat diet-fed mice associated with gut microbiota changes[J]. Food and Chemical Toxicology, 119: 296-301.

第七章　荞麦加工技术与新产品开发

近年来，随着荞麦产品研发力度与投入的加大，以及现代食品加工技术及设备的快速发展，我国荞麦整体加工技术水平取得了较大进步，荞麦产品的种类更加丰富和多元。除了荞麦粑粑、荞麦饸饹、荞麦煎饼、荞麦灌肠、荞麦搅团、荞麦猫耳朵、荞麦手擀面等传统荞麦食品外，荞麦营养粉、荞麦酥、荞麦月饼、荞麦蛋糕、荞麦沙琪玛、荞麦茶、荞麦酒、荞麦醋、荞麦酸奶、荞麦芽苗菜、荞麦功能配料、荞麦日用品等众多新兴荞麦加工制品也广泛走进人们的生活，以更好地满足人们对食物"味美、营养、健康"的迫切需求。大力开发荞麦特色健康食品加工新技术、新装备和新产品，探索我国荞麦加工制品增值途径，将有益于促进我国荞麦产业的健康快速发展。

第一节　荞麦加工制品研究现状与发展趋势

一、荞麦加工制品的多样性

近年来，营养与保健兼备的荞麦及其加工制品日益受到人们的喜爱。中国、日本、韩国、俄罗斯、斯洛文尼亚等国在荞麦加工及综合开发利用研究等方面取得了较大成绩。目前，已成功开发出的荞麦加工制品有几十种，归纳起来主要有如下几大类。

（一）荞麦米面类食品

目前市场上荞麦食品以荞麦面粉和荞麦米为主。荞麦米易熟，有特有的清香味，可与一定比例大米混合煮饭熬粥，营养丰富，并含有其他食品不具有的药用功效成分，在预防高血压与糖尿病等疾病方面有显著的疗效。荞麦麸皮中的功能成分含量较高，故食用荞麦米比荞麦面粉更有助于身体健康。在传统加工方式中，根据加工程度及荞麦麸皮是否保留，通常将荞麦粉分为三种加工制品：荞麦芯粉、荞麦皮粉和荞麦全粉。现代荞麦加工方式主要是利用挤压膨化技术使荞麦粉中淀粉部分降解，淀粉分子间的氢键发生断裂而发生糊化，可溶性膳食纤维的含量相对增加；蛋白质在高温、高压、高剪切力作用下变性，消化率明显提高，并且蛋白质的品质获得改善；同时经膨化后的面粉粘连性、水溶性都有很大提高，粒径可以微细化至140～180目，膨化荞麦粉中添加一定的小麦高精粉和食品添加剂可作荞麦面条专用粉。

面条是中国和亚洲其他国家最常见的传统面食，按照加工原料的不同，可分为小麦面条、玉米面条及杂粮面条三大类，其中小麦粉面条最常见。小麦粉面条中矿物质元素锌、B族维生素及膳食纤维等营养素较少，而荞麦中富含膳食纤维、维生素、矿物质及生物活性成分等，荞麦能够弥补小麦粉面条的营养缺陷，提高其营养价值。目前，荞麦粉缺乏面筋蛋白，纤维含量大，淀粉糊稳定性低，导致面条的断条率较高，烹调损失较大，面条品质下降。添加面条改良剂，如海藻酸钠和明胶，可以使荞麦面条加工特性得到显著改善，做出营养与口味兼具的荞麦面条，或者通过与小麦面粉混合，也可制作成混合面粉面条。荞麦挂面是由荞麦面粉、小麦面粉、复合添加剂（魔芋微细精粉：瓜尔胶：黄原胶 3：2：2）混合制成。荞麦鲜面条则将荞麦粉和小麦粉按1：1的比例混合然后加鸡蛋和成面团，擀成面皮，切成面条，通过沸水煮熟即可食用。

馒头是我国日常主食之一，主要原料为小麦，并享有东方美食的美誉，被世界称为"蒸制面包"。小麦除去麦胚和麸皮，所得到的面粉主要为蛋白质和淀粉。麸皮的营养价值很高，但小麦粉在加工制造过程中，随着加工精度的不断提高，其营养素会丢失很多。荞麦馒头是以荞麦粉与小麦粉混合或者荞麦全粉制作的馒头。与小麦馒头相比，荞麦馒头具有一定保健功能，且越来越成为日常饮食不可或缺的部分。因此，荞麦馒头具有广阔的市场前景。项健等（2018）对玉米杂粮馒头与荞麦杂粮馒头进行营养对比，使人们认识到杂粮馒头的营养价值。杂粮馒头富含B族维生素、多种矿物质和丰富的膳食纤维，可以清肠排毒，滋润肌肤，保护心血管，促进消化，强健骨骼。除了荞麦馒头，还有荞面碗托、灵丘苦荞凉粉、高庙荞麦扒糕、固原荞面团、凉山苦荞粑粑、杆杆酒、威宁荞酥、陕北剁荞面、合阳踅面、承德拨御面、通渭荞圈圈、泰兴荞面扁团、沿河（土家族）豆花荞面、昆明荞坨等以荞麦面粉为原料的地方特色荞麦食品。

（二）荞麦方便食品

随着时代的发展，人们的生活节奏越来越快。人们对于食品的口感、营养和方便性要求越来越高，荞麦方便食品受到越来越多的关注。荞麦含有多种营养物质，且富含黄酮类活性成分，具有诸多营养保健功效。因此，人们开发出荞麦面包、荞麦蛋糕、荞麦饼干、荞麦威化饼、荞麦沙琪玛、荞麦方便面、荞麦糊、荞麦羹、荞麦八宝粥、荞麦代餐粉、荞麦麦片等方便食品，既保留了荞麦本身的营养成分，又具有较好的口感，同时也满足了不同消费群体的特殊需求。

蒋大海等（2018）以荞麦和枸杞为主要原料，开发了一款荞麦枸杞速食粥，该产品能够较大程度保留原料的营养构成，口感细腻、醇香，且方便制造和食用，具有广阔的销售市场和发展前景。

陈金凤等（2019）发明了一种黑木耳荞麦饼干，通过低筋小麦粉、黑木耳、荞麦粉、植物油、白砂糖、食盐、泡打粉、水、鸡蛋、黄油和奶粉的合理比例配制而成，使该饼干能更好地弥补普通饼干所缺乏的各种人体必需物质，从而更好地促进人体的新陈代谢。

（三）饮品类

谷物饮料被称为"第五代饮料"，属于小品类大市场产品。荞麦营养价值居谷物类之首，因此受到消费者和厂商的青睐。目前市场上的荞麦饮品主要为苦荞茶，此外还有荞麦豆乳饮料、荞麦植物蛋白饮料、荞麦保健乳饮料、荞麦复合饮料及荞麦功能性饮料等一系列荞麦饮品，不仅满足了不同消费群体的需求，同时也促进了荞麦饮品市场的可持续发展。

郑欣瑶等（2019）以薏米和荞麦为原料，通过酶解，并加入百香果汁、木糖醇和柠檬酸研制出了一款复合谷物饮料。该产品酸甜适口、香气浓郁、口感适宜、质地均匀，具有很高的营养价值。

张书奇（2018）以苦荞麦为主要原料，添加一定量的白砂糖、柠檬酸、羧甲基纤维素等辅料，研制出了一款苦荞麦运动饮料。该产品口感清爽柔滑，具有苦荞麦特有的清香风味，酸甜度适宜。小鼠负重试验表明，小鼠服用苦荞麦运动饮料30d后，游泳时间显著延长，说明苦荞麦运动饮料具有一定抗疲劳功能。

孙亚利等（2018）以苦荞麦、雪莲果和全脂奶粉为主要原料，研制出了一款保健型苦荞麦-雪莲果酸奶，其感官评分为92分，酸度为83.0°T，色泽黄白，具有苦荞麦、雪莲果和酸乳所特有的香气，组织均匀，口感较佳。

（四）发酵类制品

发酵是粮食深加工的重要方法之一，通过发酵可使荞麦中复杂的成分（淀粉、蛋白质、脂肪和糖）在微生物的作用下分解成简单易吸收物质（如有机酸类、氨基酸类、醇类等），这样就极大地提高了荞麦营养物质的利用率，改善了荞麦食品的适口性，并拓展了荞麦工业化生产的途径。开发研制荞麦发酵食品对促进荞麦产业的发展具有重大意义。目前市场上荞麦发酵类食品的种类相对较少，因而有效克服荞麦发酵食品传统加工工艺上的困难，开发新的符合市场需求的产品成为当下亟待解决的问题。同时，目前中国酒和醋市场的同质化现象越来越严重，荞麦发酵食品的研究开发应从改善风味和有益于健康出发，利用荞麦原料与其他水果、杂粮、蔬菜及其他营养素等配伍，丰富荞麦发酵食品的多样性，开发添加不同原料的黄酒、白酒、啤酒、醋等制品，丰富产品种类，推进荞麦发酵产业快速发展。

目前市场上的荞麦发酵制品主要包括荞麦醋、荞麦酱油、荞麦啤酒、荞麦黄酒、荞麦酸奶等。荞麦醋是在传统的发酵工艺基础上以荞麦粉为原料，添加麸曲、麸皮、醋酸菌种子经过不同的酿造工艺酿制而成。荞麦醋具有一定的营养保健功能，在降血脂、抗氧化等方面有很强的活性。

陈卫锋等（2018）以陕北荞麦、沙棘副产品为原料，通过酶法处理，发酵获得沙棘荞麦醋的工艺。所制得的沙棘荞麦醋有较高的黄酮含量，保健功能较强。

荞麦酒主要是以荞麦和糯米、高粱、玉米等为原料，液化后采用糖化酶及复合酶进行糖化并应用活性干酵母为发酵剂生产的酒类制品。

曹冉等（2018）以甜荞麦作为发酵原料，以乙醇浓度和黄酮类物质含量作为评价指标，进行工艺优化后获得的甜荞酒具有较高的营养保健价值，其中乙醇浓度为10.09%vol，淀粉利用率为78.52%，黄酮类物质收率为57.36%。

苦荞啤酒在制备时用苦荞麦粉代替了传统的大米、玉米等辅料，所采用的制备方法解决了苦荞麦粉添加量大时无法糖化的问题，使所生产的苦荞啤酒具有高含量的黄酮类物质，高生物价蛋白质，维生素及矿质元素成分，大大提高了啤酒的营养成分和保健功能，并强化了苦荞啤酒的风味。

荞麦黄酒则是在传统嘉兴黄酒酿造技术工艺的基础上，结合苦荞麦所具有的营养成分，利用酶法低温蒸煮，在糖化发酵剂上融合了小曲、红曲、麦曲之长等新技术和方法，增加了酒醪中微量成分和代谢产物含量，并在后道工序中引入勾兑调味技术和冷冻吸附工艺，开发出的荞麦黄酒具有清醇、爽适、营养、保健等特点。

荞麦酱油是一种寓药于食的保健酱油，其味鲜、清香，弥补了传统酱油制品大多只有调味作用而没有保健功能的不足。

荞麦酸奶是由荞麦等原料经乳酸菌发酵后，调配而成的具有很高营养价值的乳酸菌饮料，其营养丰富、均衡、爽口，更易消化吸收，对荞麦附加值的提升具有十分现实的意义。

（五）功能性食品配料

荞麦不仅营养价值高，而且具有一定的药用保健价值。中国医药学有"食药同源"的理论，荞麦已越来越受到食品界和医学界的重视，把荞麦称为"三降粮食"，对高血糖、高血压、高血脂患者有显著的疗效。从苦荞麦中提取生物类黄酮，如槲皮素、芦丁、桑黄素、山奈酚等黄酮类物质，可作为配料添加到各种食品制品中，具有广阔的应用价值与市场前景。目前荞麦已被制成荞麦多酚配料、荞麦黄酮配料、荞麦 D-手性肌醇配料、荞麦蛋白配料等。

李发旺（2014）将干燥的苦荞麦叶、花、烘烤的壳皮、根、茎 5 种原料按一定比例配比，经过浸泡、提取、过滤后制成苦荞麦植物饮料，并用蜂蜜调味，制作的苦荞麦植物饮料香味突出，具有降血糖、降血脂、增强人体免疫功能的作用。

李宗杰等（2015）以苦荞麦粉为原料，通过盐析、酶解、凝胶过滤制得苦荞麦活性肽。将其作为饲料添加剂，可以调节仔猪肠道菌群平衡、降低仔猪腹泻率和死亡率，还能促进仔猪生长、提高饲料转化利用率，同时降低血液胆固醇甘油三酯含量，改善仔猪血液生化指标，提高免疫力和抗病能力。

（六）保健品类

荞麦由于富含生物类黄酮，具有降血糖、降血压、降血脂，以及提高免疫力等多种生物学功效，已被制成各种保健品，常见的有荞麦黄酮醋胶囊、荞麦泡腾片、荞麦颗粒冲剂、荞麦芦丁胶囊等。

肖平（2018）发明了一种荞麦降血糖保健茶，主要成分包括苦荞茶、绿茶、干玉米须、桑叶等，具有延缓衰老、抑制心血管疾病、利尿解乏、抗炎镇痛、消暑清热、醒脑提神、增强食欲、健脾利胃的功效，尤其对于降血糖、降血压、降血脂的效果非常好，降血糖的同时能辅助调理身体机能，从多个方面进行控制，效果显著，特别适合 2 型糖尿病患者饮用。

杨芙莲等（2014）以荞麦壳中提取的膳食纤维为主要原料，研制出了膳食纤维咀嚼片。该咀嚼片口感细腻、酸甜可口，具有润肠通便、降血压、降血脂等功效。

（七）日化用品类

以荞麦为原料可以开发出多品类化妆品及日用品。化妆品有苦荞护发素、苦荞浴液、苦荞护肤美容霜、苦荞防辐射面膏等，日用品有荞麦褥垫、荞麦枕、荞麦牙膏、荞麦护眼罩等。在荞麦营养和保健加工制品的基础之上，大大丰富了荞麦加工制品的种类，有效地提升了荞麦加工技术水平。

陈萍（2016）将荞麦籽提取物与五味子提取物和桑树皮提取物等按一定的比例混合，制成了一种具有美白保湿功能的化妆品，荞麦提取物的应用有效缓解了化妆品中其他成分引起的皮肤刺激，可提高化妆品的安全性，并且具有深层补水的作用，达到美白肌肤的作用。

鄢军（2012）将荞麦壳枕芯和记忆棉枕芯组合制成子母枕芯，不仅能有效缓冲头部的压力，而且具有较好的保健疗效，人体使用感觉舒适。

二、荞麦制品的加工工艺

荞麦由于具有丰富的营养价值与功效成分，受到消费者、科研工作者、食品生产厂家的高度关注。一系列的荞麦加工工艺被开发出来，制作出了多种多样的荞麦相关产品。科研工作者通过单因素试验、正交试验、响应面试验等不断优化荞麦的加工工艺，开发出针对荞麦米面类、方便食品、饮品类、食品配料类、保健品类、日化用品类等加工工艺，在节约生产成本的基础上，最大化地利用荞麦的营养保健价值。

荞麦加工要充分利用荞麦与其他谷物（如小麦、大米）的营养互补性。同时，在荞麦食品加工过程中，要注意保持荞麦的营养价值和功能活性，兼顾荞麦食品的适口性，使产品的感官质构尽可能接近普通食品。下面针对荞麦米面类、方便食品、发酵制品及冲调类饮品等的加工工艺做简单总结，并介绍相关加工工艺的优化进展。

（一）荞麦米面类制品加工工艺

荞麦粉缺乏面筋蛋白，纤维含量大，淀粉糊稳定性低，导致荞麦面制品烹调损失较大，影响产品品质。研究发现可在荞麦粉中适当添加改良剂，如海藻酸钠和明胶，可以使荞麦面制品加工特性得到显著改善。同时，在荞麦米面加工过程中，也可以与其他谷物或面粉进行合理配比，制作出营养均衡、口感较佳的荞麦米面类产品。

张文蕾（2019）采用预糊化荞麦粉、谷朊粉、不同筋力小麦粉，研究它们对高添加荞麦挂面加工品质的改良作用，结果表明 5%谷朊粉+45%中筋粉+50%荞麦粉配方中的混合粉面带抗拉能力最强，挂面的蒸煮损失率低、吸水率高；熟面条的硬度高、黏附小，感官评价为筋道、爽滑，且原料成本较低，为五成荞麦挂面的优选配方。

杨双等（2018）研究碳酸氢钠对荞麦馒头比容、高径比、质构等品质特性的影响，并进行感官评定。采用快速黏度分析仪（RVA）研究碳酸氢钠添加对淀粉糊化特性的影响，同时采用十二烷基磺酸钠-聚丙烯酰胺凝胶电泳（SDS-PAGE）研究其对荞麦馒头中蛋白质亚基结构的影响，并通过激光共聚焦（CLSM）分析荞麦馒头微观结构的变化。结果表明，当添加量为 0.6%时，荞麦馒头比容、高径比及质构等品质得到显著改善（$P<0.05$）。RVA 分析表明，随着碳酸氢钠添加量的增加，峰值黏度增加，糊化温度升高。SDS-PAGE 图谱显示随着碳酸氢钠添加量的增加，高分子量亚基条带颜色变深，低分子量亚基条带变浅，说明其可能促进了荞麦馒头中蛋白质的交联。

陈佳芳等（2018）比较研究食窦魏斯氏菌（T5）和融合魏斯氏菌（J28）发酵对荞麦酸面团糖代谢、面包面团面筋网络结构及面包烘焙特性的影响。结果表明，与添加 30%的不产胞外多糖酸面团面包相比，T5 和 J28 产生的胞外多糖都能改善面团面筋网络结构、面包比容及柔软度，但 T5 产生的胞外多糖改善作用更加明显；与空白组面包相比，J28+组面包烘焙品质最佳，并且更受消费者的喜欢。

李芮芷等（2018）将荞麦粉与小麦粉分别按质量比（1∶9）、（2∶8）、（3∶7）、（4∶6）进行混合，对混合面粉及混合面团进行理化指标测定、流变学特性分析及饺子成品感官评定。结果表明，当荞麦粉与小麦粉混合比例为2∶8时，面团的各项特性较为优良，饺子品质较好，营养价值较高，易被大众所接受。

高维等（2016）以荞麦粉和谷朊粉为实验原料按一定比例混合，通过改变揉面时间、荞麦粉含量及水温等条件，探讨其对面条的断条率、蒸煮损失率及感官评分的影响。通过正交试验确定了纯荞麦面条的最佳制取工艺条件为：荞麦粉含量90%、揉面时间25min、水温30℃，验证性试验符合要求。

王蔚新等（2016）以马铃薯全粉、荞麦粉和小麦粉为原料研制马铃薯荞麦面条，采用正交实验及感官评定确定了马铃薯荞麦面条的产品配方。实验结果表明，成品配方为小麦粉与荞麦粉的比例为8∶2，马铃薯全粉20%，食盐2%，海藻酸钠0.3%。该面条感官评价较好，既有传统面条的特点，又兼具营养保健功能。

许晓兰等（2015）通过对北方粳米及几种杂粮进行浸泡、蒸煮、干燥、复水等加工处理，以吸水率、感官评分为指标，采用单因素试验对方便杂粮米饭的配方及主要工艺参数进行优化设计。结果显示，方便杂粮米饭的最佳配方为：粳米60g、燕麦5g、高粱10g、黑米10g、薏仁5g、荞麦10g；主要工艺参数为：浸泡温度50℃、浸泡时间80min、蒸煮米水比例1∶2、蒸煮时间35min、干燥温度100℃。

徐梁等（2014）通过对面粉添加不同比例荞麦全粉和1.5%食盐进行粉质参数试验，并基于粉质参数试验制作面条以进行感官评价。结果表明，添加30%荞麦全粉制作的荞麦面条，在满足添加荞麦全粉的同时也具备较好感官评价值。

（二）荞麦方便食品加工工艺

近年来，快节奏的生活方式催生了方便食品和加工技术的快速发展，但高热量、不合理的膳食结构使患"三高"及心脑血管疾病的人数逐年上升。人们对于科学饮食、健康饮食的需求，促使越来越多的食品科技工作者和营养学家把目光投向了荞麦。荞麦营养价值高，不仅富含多种优质蛋白质、脂肪、B族维生素、矿物质和膳食纤维，还含有大量其他农作物缺乏的生物活性成分，对于预防和治疗"富贵病"具有显著效果，是制作方便食品的优秀原料。

满久露等（2019）以传统空心面生产工艺为基础，挤压预糊化荞麦粉和高筋粉混合原料，加工冲泡即食非油炸荞麦方便面。考察一次长时间发酵、多次短时间发酵及压片对面粉粉质特性、面条质构特性、冲泡时复水性及感官品质等的影响。结果表明，发酵可显著改善冲泡性，压片对面条品质没有影响。通过发酵和预糊化荞麦粉的应用，可以得到冲泡性和口感均较好的非油炸荞麦方便面。

邹圆等（2019）以马铃薯、糙米、燕麦、荞麦为原料，研制出一款营养丰富且口感细腻的马铃薯全谷物复合代餐粉。通过单因素试验和正交试验对马铃薯全谷物复合代餐粉配方进行优化设计，得到最佳配方为：马铃薯粉 42%、燕麦粉 21%、糙米粉 16%、荞麦粉 5%、白糖 16%。

梁文珍（2018）以荞麦面、黄豆面、玉米面及燕麦米为主要原料，制作杂粮锅巴。采用感官评价方法，通过正交试验确定杂粮锅巴的最佳配方为：荞麦面100g、黄豆面 30g、玉米面 50g、燕麦米 80g，油炸温度 150℃ 左右，调味料用量占锅巴重的 2%。

王平平等（2018）通过单因素实验，确定了荞麦粉与小麦粉的配方比例及加水量、加蛋量、加盐量的范围。以感官作为评定标准，采用响应面试验优化甜荞麦超微粉煎饼的配方。结果显示，甜荞麦超微粉煎饼的最佳配方：荞麦粉∶小麦粉为 7∶3、加水量 160%、加蛋量和加盐量分别占总重量的 16.0% 和 1.1%。该配方制得的煎饼品质最优，不仅口感柔软细腻，具有独特的荞麦香味，而且营养价值丰富。

田林双等（2017）采用响应面分析法对蛋糕工艺进行优化，为其开发利用提供技术参考。在单因素试验的基础上，选择淮山药浆用量、荞麦粉用量、打蛋时间为影响因素，感官评分为响应值，采用 Box-Behnken 试验设计方法研究各自变量及其交互作用对蛋糕感官评分的影响。结果表明，蛋糕产品感官评分对淮山药浆、荞麦粉、打蛋时间的二次多元模型为：$Y=96.40+4.14A-1.24B-0.65C-1.37AB-0.85AC-1.10BC-7.29A^2-5.09B^2-4.86C^2$（$R^2=0.9970$），该模型拟合程度较好，其中淮山药浆、荞麦粉、打蛋时间对蛋糕产品感官评分有极显著影响（$P<0.01$），淮山药浆与荞麦粉交互作用对蛋糕产品感观评分有极显著的影响，淮山药浆与打蛋时间、荞麦粉与打蛋时间的交互作用对蛋糕产品感观评分有显著的影响。淮山药荞麦蛋糕的最佳工艺配方：面粉 50g、荞麦粉 14g、淮山药浆 106g、鲜鸡蛋 140g、泡打粉 1.8g、白砂糖 50g、色拉油 20g、蛋糕油 10g、水 10g、打蛋时间 17min。此条件下蛋糕产品感官评分为 96.6，与理论预测值相比，其相差约为 0.64%。通过响应面建立的蛋糕工艺模型拟合效果较好，说明该优化结果是有效的。优化后的方法制得的蛋糕色泽金黄、口感细腻，感官评价最高。

吴丽萍等（2017）以荞麦粉和低筋面粉为主要原料，添加竹笋膳食纤维和大豆分离蛋白对荞麦饼干进行品质改良工艺优化，并对产品进行品质评价及分析。结果表明，荞麦饼干的最佳配方：低筋面粉与荞麦粉的质量比 6∶4，竹笋膳食纤维 6%，大豆分离蛋白 6%，碳酸氢铵 0.4%，白砂糖 25%。改良后的荞麦饼干各项理化指标均合格，膳食纤维含量为 8.6%，蛋白质含量为 12.8%，SEM 电镜扫描结果显示，产品组织细密紧致，品质良好，是一种理想的高纤维高蛋白营养强化饼干。

胡克坚等（2016）在饼干基本配方的基础上通过添加富含膳食纤维的大豆粉、

玉米粉、荞麦粉优化其配方，对影响高纤维营养杂粮饼干品质的主要因素进行了研究。结果表明，高纤维营养杂粮饼干的最佳配方：（以面粉+大豆粉+玉米粉+荞麦粉为基数，其他辅料分别以其质量的比例计算）面粉45%、大豆粉18%、玉米粉22%、荞麦粉18%、油脂14.75%、白砂糖15.5%、小苏打+碳酸氢铵2.71%。在此条件下饼干中油脂、总糖及粗纤维含量分别23.95%、27.78%及8.52%，感官评分为86.75。

程超等（2014）在单因素试验的基础上，以感官指标和酥脆性为评定指标，采用中心组合试验优化荞麦饼干的配方。结果表明，荞麦酥性饼干的最佳配方：面粉100%、荞麦粉20%、白糖24%、黄油30%、小苏打0.4%、食盐0.8%、加水量16%。此时饼干的品质最优，不仅具有良好的酥脆性，而且具有独特的荞麦清香。

（三）荞麦发酵类产品加工工艺

荞麦发酵类产品主要包括荞麦酒、荞麦醋和荞麦酸奶。荞麦酒的加工原理是将荞麦原料中的营养和保健成分溶解于酒产品中，因其富含醇溶性黄酮类化合物，故其有效成分极易溶于酒中，加上酒的发酵过程，可以将荞麦中的复杂成分分解成简单物质，因此荞麦酒可以提高荞麦的吸收性和适口性，其营养价值和保健价值也得到大幅提升。荞麦酒的工艺有浸泡型和发酵型2种。浸泡型荞麦酒是将荞麦加入基酒中浸泡制得的，或者直接将荞麦提取物加入基酒混合，其优点是工艺简单，成本较低。

浸泡型荞麦酒的工艺流程主要有以下两种：

原料 → 粉碎 → 浸泡 → 过滤 → 成品
原料 → 粉碎 → 提取 → 混合 → 成品

大多数名优白酒采用固态发酵法，荞麦白酒也是采用传统的固态发酵法酿造，糖化和发酵同时进行，然后进行蒸馏。优点是酒液澄清透明，纯度和乙醇浓度高。发酵型荞麦酒的工艺流程为：

配料 → 预处理
荞麦预处理 → 润料 → 蒸料 → 摊凉 → 加酒曲 → 培菌 → 发酵 → 蒸馏 → 原酒 → 勾兑 → 包装 → 成品

姜莹等（2017）以甜荞麦与苦荞麦为原料，应用5L液态发酵罐进行发酵制作荞麦酒。通过单因素和正交试验对荞麦酒的酿造工艺条件进行优化，从而确定发酵罐发酵荞麦酒的最佳工艺参数。结果表明，最佳发酵工艺条件为酵母菌添加量0.6%、发酵时间7d、料水比1∶4（g∶mL）。在此条件下得到乙醇浓度为10.1%vol，总黄酮含量为103.30μg/mL的荞麦酒。

卞小稳（2016）采用荞麦替代部分大麦麦芽生产荞麦啤酒，系统地研究了荞麦品种的选择、苦荞麦中含量丰富的芦丁损失机制、糖化工艺及荞麦啤酒质量。
结果表明，实验室酿造苦荞啤酒的常规指标接近全大麦麦芽啤酒和普通啤酒，而
前者的芦丁、总黄酮及总多酚的含量明显高于后两者，且抗氧化力也优于后两者。
实验室酿造的苦荞啤酒在芦丁、总黄酮、总多酚含量及抗氧化力方面也优于 11
种市售啤酒。中试放大酿造苦荞啤酒中芦丁含量达 347.23mg/L，其他指标正常。

　　池慧芳（2015）开发的黑米苦荞麦无糖酸奶是以鲜牛奶、黑米和苦荞麦为主
要原料，以木糖醇取代蔗糖，以保加利亚乳杆菌和嗜热链球菌为发酵菌种生产出
的一种无糖酸奶。采用正交试验设计出黑米苦荞麦无糖酸奶的最佳配方：苦荞麦
浆 15%、黑米浆 10%、木糖醇为 7%、接种量 4%。该无糖酸奶既有酸奶的营养、
风味及保健价值，又兼具黑米、苦荞麦中的各种有益成分，还能调节肠道菌群平
衡。

　　（四）荞麦冲调类饮品加工工艺

　　荞麦茶是一种以荞麦为原料制作而成的代用茶，其营养丰富、风味独特，具
有较高的营养价值和保健功能。目前市场上的荞麦茶产品种类繁多，品质参差不
齐，因此优化荞麦茶加工的工艺参数，提升荞麦茶的品质显得尤为重要。

　　罗舜菁等（2018）以荞麦为原料，经由其他谷物混合通过原料前处理、谷物
多孔化结构改性及稳定化、调配均质、杀菌与罐装制得一种荞麦饮品。以谷物为
原料经过热蒸汽加压膨化共同作用，利用过热蒸汽处理时的无氧环境，不仅能够
在充分有效钝化脂肪酶的同时减少对谷物中易氧化的活性成分的破坏，而且还利
用过热蒸汽作为膨化动力，由高压的封闭状态瞬时降至常压，使组织充分膨化，
无须再经过其他膨化方式如挤压、造粒等处理。添加的增溶稳定剂（低聚合度魔
芋直链糊精）能够在温度及压力的作用下使一部分渗透在谷物粉的孔腔中，另一
部分溶解在水中，起到表面活性剂作用，增加谷物的水溶性与稳定性，达到不添
加增稠剂、稳定剂的目的。

三、加工技术及工艺对荞麦制品品质的影响

　　长期以来，众多学者及荞麦加工企业对荞麦加工制品的研发做了大量工作。
研究表明，各类荞麦制品的加工工艺都会影响到产品的外观、口感，特别是会影
响产品的营养及功能活性成分的变化。因此，在加工高质量的荞麦产品时，一定
要选择适当的加工技术及工艺，以最大限度地保持和发挥荞麦功能制品的功能
特性。

　　（一）煮、蒸、烙、焙炒、油炸和挤压膨化对产品中功能成分的影响

　　李芮等（2019）研究了汽蒸处理对苦荞麦粉的色度和糊化特性的影响。结果

表明，汽蒸处理使苦荞麦粉的粒径大小略有增加；淀粉的结晶度及短程有序结构含量降低；蛋白质的部分 α 螺旋和 β 折叠结构转变为无规则卷曲结构；增加了苦荞麦粉的白度值和黄度值，降低了苦荞麦粉的亮度值、红度值、糊化黏度、低谷黏度、崩解值、最终黏度及回生值，而糊化温度升高。汽蒸处理引起苦荞麦粉中的淀粉发生部分胶凝化及蛋白质发生变性，改善了苦荞麦粉的色度特征及苦荞麦粉糊的稳定性。

周民生等（2019）采用超高压处理荞麦面粉，并将处理过的荞麦面粉与普通小麦面粉按一定比例混合制作荞麦面条，分析不同处理条件对面条的断条率、吸水率、煮制损失及感官品质的影响。在单因素试验的基础上进行了正交试验，探讨超高压改善荞麦面条品质的最佳工艺参数，当结果表明：处理压力为 400MPa 时，面条的断条率最低，感官评分最好。当处理压力 300MPa 时，面条的吸水率和煮损率最低。随着处理时间的增加，面条的感官评分也逐渐增加，但整体波动不大。煮制特性整体呈现先减小后增大的趋势，在 15～25min 时，面条的煮制品质较好。荞麦粉添加比例在 35% 时，面条的蒸煮特性和感官品质有明显的提高。品质优良荞麦小麦面条的加工条件为超高压 400MPa、处理时间 20min、荞麦添加比例为 35%。

张文蕾（2019）分析了挤压蒸煮对荞麦粉室温黏度和凝胶特性的影响，并利用体积排阻色谱测定了淀粉的分子量分布，探讨预糊化处理改善荞麦粉凝胶特性的机制。基于面带质地评价方法，优化预糊化荞麦粉在 50% 荞麦挂面中的添加比例。结果表明，荞麦粉经挤压蒸煮后，常温水中可形成凝胶，室温黏度显著增加。在主区温度 200℃，水分含量 18%，螺杆转速 220r/min 的条件下，所得预糊化荞麦粉中聚合度（DP）为 6～50 的支链淀粉分子最多，且此时凝胶强度最大。当预糊化荞麦粉添加量为 10% 时，面带抗拉能力最佳，黏附能力适中。由此可见，预糊化荞麦粉中特定链长的支链淀粉分子（DP 6～50）与凝胶品质呈正相关，50% 荞麦挂面中添加适量预糊化粉可显著改善挂面的加工性能。

张莉等（2009）利用高效液相色谱法和比色法对苦荞麦粉、甜荞麦粉及其加工制品甲醇提取物的芦丁含量进行了分析测定，并对其抗氧化活性进行了研究。结果表明，苦荞麦粉与甜荞麦粉中芦丁含量分别达到 5250.4mg/kg 和 1995.3mg/kg。荞麦馒头、荞麦饸饹、荞麦烙饼、荞麦锅巴等制品中的芦丁含量与荞麦粉相比，均有大幅度降低。此外，各荞麦制品的抗氧化性结果表明，苦荞麦粉及其制品甲醇提取物对 1,1 二苯基-2-三硝基苯肼（DPPH）自由基的清除率明显高于甜荞麦粉及其制品的甲醇提取物；荞麦加工制品的总抗氧化能力和清除 DPPH 自由基的能力较其原料都有所下降。不同荞麦加工制品对 DPPH 自由基的清除率依次为荞麦锅巴（油炸食品）＜荞麦烙饼（烙制品）＜荞麦馒头（蒸制品）＜荞麦饸饹（煮制品），荞麦锅巴的抗氧化功能成分损失最多。由此可以看出，在加工制作过程中，温度是影响荞麦产品品质及其功能活性成分重要因素。

宫风秋等（2007）采用高效液相色谱法检测了蒸、煮、烙、油炸和发酵等加工方式对所得传统荞麦制品中的芦丁、槲皮素含量及制品的抗氧化能力进行了比较。研究结果表明，荞麦面粉加水调制成面团时，芦丁结构发生了变化，转化成了槲皮素；传统荞麦制品中，槲皮素的含量显著高于芦丁的含量；不同加工方式对制品中芦丁和槲皮素含量的影响不同，发酵对荞麦中芦丁、槲皮素的影响最大（苦荞麦粉中的芦丁含量为 6869.1mg/kg，槲皮素未检出；而苦荞醋中的芦丁含量为 19.8mg/kg，槲皮素含量为 29.2mg/g），油炸次之，煮制对荞麦中芦丁和槲皮素的影响最小；此外，不同加工方式所得的苦荞麦制品的甲醇提取物均具有一定的抗氧化能力，其中发酵制品的抗氧化能力最强，而油炸制品的抗氧化能力最弱。该研究结果提示人们在加工荞麦制品时，应尽量避免采用加热温度较高的烙制和油炸，可多采用煮制加工，以减少对荞麦加工制品营养品质及功能活性成分的影响。

肖诗明（1999a）通过挤压膨化、焙炒、生料煮制 3 种方法加工苦荞麦粉，对所得产品中的淀粉糊化程度、粗蛋白、粗脂肪、氨基酸总量、赖氨酸含量、芦丁变化等进行了研究。结果表明，3 种加工方法均会对苦荞麦制品的营养成分和功能成分造成一定的损失，尤其是用焙炒、煮制加工时，其损失率较大。采用挤压膨化的方法生产苦荞麦食用粉，其制品的淀粉糊化程度高，均在 98% 以上，但营养成分随原料在挤压腔内停留时间延长，损失率增大，尤其是粗脂肪和赖氨酸的损失率较大；焙炒处理时，其制品中的淀粉 α-化程度随焙炒时间延长而增加，但造成营养成分的大量损失，尤其是芦丁的损失，当焙炒 25min 时，其损失率高达 47.40%。煮制处理同样会造成营养成分的损失，尤其是芦丁、赖氨酸在煮制前期损失较大，当煮制时间达 15min 时，芦丁的损失率高达 21.75%。3 种加工方法相比，挤压膨化生产苦荞麦食用粉，其营养成分损失较小，食用方便，易消化吸收，是目前工业化生产苦荞麦方便食品的理想方法。

（二）发芽萌动对产品中功能成分及其生理功能的影响

萌动是生命发展的最初阶段，也是生物中最有活力的阶段。植物籽粒吸水萌动后会发生一系列的生理代谢变化，主要表现为细胞生理活性的恢复和复杂的生化代谢，从而使籽粒的营养成分发生重大变化。植物籽粒萌动处理后可以降低或消除谷物和豆类中有毒、有害或抗营养物质的含量，提高蛋白质和淀粉的消化率，提高某些谷物中限制性氨基酸和维生素等营养物质的含量，还可以提高某些功能活性成分的含量，进而提高其生物学效价和营养保健功能。通过适宜的发芽萌动技术，可进一步将原料加工开发成高功能的营养保健制品，这对于功能性食品及加工制品的开发有着重要的意义。

周小理等（2009a）较系统地研究了萌动荞麦营养成分的动态变化及其功能特性，发现甜荞麦和苦荞麦籽粒经萌动后，随着萌动时间的增加，其总蛋白质含量呈下降趋势，前5d下降幅度较大，之后均趋于平缓。甜荞麦萌动7d后总蛋白质含量下降了60.47%，而苦荞麦萌动7d后总蛋白质含量下降了62.28%；荞麦萌动后总氨基酸含量为10%～20%，高于荞麦籽粒中的含量，且检测到的17种氨基酸含量随萌发时间的增加明显提高；荞麦芽中黄酮类化合物的含量随着萌动天数的增加而逐渐增加。苦荞麦萌动前2d变化较小，3～5d增加较缓，在第6d时黄酮类化合物含量达到最大，与籽粒相比增加了70.08%。同时，萌动期荞麦芽体外抗氧化性能研究表明，不同萌动天数的荞麦芽抗氧化能力呈现增加趋势，与其不同萌动天数黄酮类物质含量的增加趋势呈正相关。

侯建霞（2007）研究了苦荞麦活性成分及其在萌发过程中的变化，发现萌发过程中，荞麦黄酮的含量和种类都有所变化。荞麦黄酮的含量会有很大的提高，芦丁的含量甚至会增加到原来的十几倍。荞麦芽在萌发第7d时黄酮类化合物的含量达到最大，荞麦苗在萌发第10d时黄酮类化合物的含量达到最大，而后开始下降。

蔡马（2004）通过对荞麦籽粒和萌发过程中及10d的荞麦芽的营养成分与抗营养因子进行分析，结果表明萌发10d后，荞麦芽中胰蛋白抑制剂活性消失或仅存痕量，荞麦芽苗的氨基酸更为均衡，氨基酸比值系数分（SRC）升高。此外，苦荞麦和甜荞麦的芦丁含量较籽粒分别增加4.1倍和6.5倍，相应其总黄酮含量较籽粒分别增加1.76倍和2.33倍，说明萌发对荞麦营养品质有明显改良作用。

张美莉（2004）研究了不同荞麦品种萌发后主要营养成分和生物活性物质的动态变化，结果发现不同品种荞麦在萌发72h后可溶糖含量增加2.0～3.4倍；脂肪酸总量无明显变化，而单不饱和脂肪酸（MUFA）含量增加，多不饱和脂肪酸（PUFA）含量下降；矿物元素含量无明显变化；此外，苦荞麦和甜荞麦类黄酮总量随着萌发时间的增加呈现先略有下降而后升高的趋势，延长发芽时间可以提高荞麦中的类黄酮含量；荞麦萌发后芦丁含量变化与类黄酮总量变化趋势一致，而槲皮素含量呈现下降趋势；苦荞麦萌发后蛋白质总量无明显变化，甜荞麦蛋白质总量有所下降；荞麦萌发的各个时期以谷氨酸含量最高，其次是精氨酸、天冬氨酸；另外，萌发处理还是降低荞麦苦味的有效方法之一。

采用适宜的发芽萌动技术，对所得荞麦制品的生理功能如抗氧化活性、抗菌作用，以及抗肿瘤活性等方面也有较大的影响。

周小理等（2010a）对荞麦种子萌发期内多种抗氧化酶的活性进行了研究，结果发现荞麦种子抗氧化酶活性的变化与萌发进程有关。在种子萌发初期（0～2d），4种抗氧化酶活性都较低。随着种子萌发天数的增加（3～5d），产生的代谢产物也随之增多，超氧化物歧化酶（SOD）活性迅速增加，同时由于SOD在清除自由基的同时生成过氧化氢，对过氧化氢酶（CAT）和过氧化物酶（POD）也起到了一定的激活效应；当萌发第 5d 时，SOD 活性达到了最高峰，CAT 和 POD 活性也都迅速升高，种子内清除活性氧和自由基的速率加快，活性氧等有害物质的浓度明显降低。此外，还检测了不同萌发天数的荞麦对 1,1 二苯基-2-三硝基苯肼（DPPH）自由基的清除作用。结果表明苦荞麦对 DPPH·的清除率一直大于甜荞麦；苦荞麦对 DPPH·的清除率在 1～2d 比较平稳，3～5d 不断升高，第 6d 有所降低，而第 7d 又有所回升；甜荞麦对 DPPH·的清除率随着发芽天数的增加而增大，第 6～7d 增幅有所减缓；两种荞麦在第 7d 时对 DPPH·的清除率最高，分别为 95.56% 和 92.86%。

周小理等（2010b）对苦荞麦芽中黄酮类化合物的抑菌作用进行了研究，结果表明，苦荞麦种子在萌发 7d 内黄酮类化合物的含量明显增加；苦荞麦芽取物对鼠伤寒沙门氏菌的抑菌效果明显，对大肠埃希菌、金黄色葡萄球菌和枯草芽孢杆菌有选择性的抑制作用。

周小理等（2011）研究发现苦荞麦萌发提取物对人乳腺癌细胞（MCF-7）、人肺癌细胞（A549）的生长均起到抑制作用，同时还发现该提取物可诱导 MCF-7 发生凋亡，其主要功效成分为槲皮素和芦丁，且二者具有良好的协同作用。

（三）不同工艺对荞麦膳食纤维提取及体外抗氧化活性的影响

钱韵芳（2011）以苦荞麦麸皮为原料，通过对比挤压膨化处理、双酶法（淀粉酶、蛋白酶）提取处理、纤维素酶改性处理等不同工艺手段，对苦荞麦麸皮总膳食纤维、水溶性膳食纤维、不溶性膳食纤维的含量进行了测定，结果发现膨化处理后麸皮中水溶性膳食纤维、总酚、总黄酮含量均较未膨化麸皮高，且还原能力和螯合铁离子能力也均较未膨化麸皮高；双酶法处理后的提取产物中总酚、总黄酮含量均有不同程度的增加，并均提高了对 1,1 二苯基-2-苦苯肼自由基（DPPH）的清除能力、羟自由基的清除能力、还原能力等抗氧化能力；纤维素酶改性处理后产物中水溶性膳食纤维明显提高，在螯合铁离子、抑制羟自由基的形成方面作用明显，而羟自由基是毒性较强的自由基，因此改性处理对整体提高苦荞麦麸皮膳食纤维的抗氧化性能具有重要价值。

杨芙莲等（2008）在荞麦膳食纤维的研制中，比较了化学法与酶法提取膳食纤维的得率和产品质量。结果表明，酶法提取荞麦壳膳食纤维工艺简单，因为酶的专一性和高效性，它们只水解淀粉和蛋白质，半纤维素、多缩戊糖等不会被水解而损失掉。所以采用酶法提取制备的膳食纤维得率高、纯度高，成分较理想，口感好，色泽较好，是一种可转化为工业化生产的较理想的方法。化学法提取制备的荞麦壳膳食纤维色泽较深，提取率比较低，这是因为在酸水解淀粉及碱水解蛋白质时，一部分半纤维素、多缩戊糖等也会被水解而损失掉。

四、荞麦加工制品的功效研究

近年来，众多学者不仅对荞麦加工制品的加工工艺、产品类别、品质分析进行了大量研究，而且对其加工制品的功效也进行了深入研究，主要包括降血糖、降血脂、降胆固醇、抗氧化、抗疲劳、镇痛抗炎、护肝、抗缺血、抗肿瘤等方面，这为荞麦功能性制品的工业化生产提供了重要的科学依据。

（一）降血糖功效

对于预防和治疗糖尿病来说，控制血糖水平是一种不可或缺的方法。荞麦中含有的生物黄酮类活性成分可作为淀粉酶和葡萄糖苷酶的抑制剂，能够有效抑制食物中糖类的快速分解。此外，荞麦中含有的大量抗消化淀粉和蛋白酶抑制剂，不仅减缓了食物在肠道中的分解速度，而且也有助于未完全消化的食物可以到达肠末梢，进而刺激其胰高血糖素样肽 GLP-1 的合成，并释放胰岛素。另外，荞麦糖醇，D-手性肌醇等也能提高胰岛素受体的灵敏性。以上几方面的功能显示出荞麦在糖尿病预防和治疗工作中的作用和良好效果。

梁云（2018）观察荞麦早餐对 2 型糖尿病患者及正常人群餐后血糖的影响。选取 2 型糖尿病患者及正常健康对照者各 12 例，早餐均为荞麦，早餐后 4h 提供标准化午餐，早餐及午餐后均检测血糖，收集数据后进行比较分析。结果与进食小麦粉面包对照餐相比，进食荞麦饮食者的血糖明显低于小麦粉面包者（$P<0.001$）。2 组进食荞麦早餐者血糖曲线下增值明显小于进食小麦粉面包者（$P<0.001$）。糖尿病患者午餐后血糖曲线下增值高于小麦粉面包早餐者（$P<0.05$），荞麦餐的血糖指数明显低于小麦粉面包对照餐（$P<0.05$）。结果表明，荞麦可以调节糖尿病患者的餐后血糖。

周奇（2018）发明了一种保健荞麦凉面，用荞麦面、面粉、香菇等混合制成。制成的保健荞麦凉面有降血脂、降血压、降胆固醇的功效，起到强化血管、促进细胞增生、促进新陈代谢的作用。

岑惠柳等（2018）发明了一种降糖保健谷物饮品，由荞麦、燕麦、高粱米、纯净水等经过合理配比制成。该饮品口感好，让饮用者在日常生活中可以实现降糖效果，有极好的保健功效。

刘汉民（2017）发明了一种具有降糖功效的面条，由荞麦粉、低筋面粉、谷朊粉、L-阿拉伯糖、肉桂粉、桑叶粉和营养酵母粉组成。制作的面条可以降低食用者的餐后血糖，满足糖尿病患者及需要控制血糖人群的特殊要求。该面条的口感与传统面条口感相近，其制备方法简单，成型好，适合大规模工业生产的需要。

陈伟（2014）发明了一种降糖降压即食粥，主要由以下原料组成：荞麦、青豆、黑豆、罗汉果、鱼腥草、木糖醇等，制作出的即食粥清香适口，营养丰富，即冲即食。

（二）降血脂和降胆固醇

荞麦具有降血脂、降胆固醇的功效，从而减少了患高脂血症、心脑血管疾病及肥胖病症的危险。苦荞麦蛋白质能降低血液胆固醇浓度，抑制脂肪蓄积。精氨酸缺乏会引起肝脏中胆固醇和甘油三酯含量的升高，而荞麦含有丰富的精氨酸，可起到降胆固醇和降血脂的作用。荞麦粉中含有的微量元素（如镁、铁、铜、钾等），其中镁能促进人体纤维蛋白溶解，使血管扩张，具有抗血管栓塞的作用，也有利于降低血清胆固醇。

杜克玲（2018）发明了一种具有溶栓降脂功效的荞麦型发酵鹰嘴豆乳粉，以荞麦、薏米、鹰嘴豆为原料，将荞麦薏米乳中加入脱脂乳粉、麦芽糖醇、卵磷脂、发酵鹰嘴豆粉调配后进行浓缩喷雾干燥制得豆乳粉。该工艺简单易行，成品易冲调，速溶性好，营养丰富，具有抗氧化、溶栓降脂功效。

葛加君（2016）发明了一种降糖降脂降压营养保健品，由荞麦粉、玉米粉、大麦粉、桑叶粉、芝麻粉、鸡蛋粉等组成。该产品营养丰富，效果好，无副作用。经 100 多例高血脂患者使用，有效率达 100%。

杨荣利（2017）发明了一种清血降脂养生面粉，由荞麦、小麦粉、黑豆、花生、山楂、苹果、食品改良剂等制成，具有抑制高血压、降低人体血清中的胆固醇、滋补强身等作用，对高血压、心脑血管疾病等疾病有明显疗效。

吴锦凡（2016）按照"药食同源""药补不如食补"的理论，研发出了一种清血降脂食养生粉。该产品以荞麦、燕麦、苏子、银杏、糙米等为原料，掺混烘烤成熟食，然后用小型电磨粉碎成粉备用，食用前用温开水调和，每天早晚饭前各食用一次，成年人每次 30～50g，儿童每次 20～30g，该产品具有降低胆固醇，改善血液循环，防治动脉硬化的功效，适用于高血脂、头晕人群。

（三）降血压作用

高血压是一种常见的心血管综合征，每年全世界因高血压病及其继发于高血压的心力衰竭、脑梗死与脑出血、肾功能衰竭等引发的死亡人数约有 1080 万。由于肾脏在人体中有着维持血容量和电解质平衡以及调节肾素～血管紧张素系统（RAS）的重要作用，因此也是高血压损害的主要靶器官之一。高血压最终会导致肾功能不全及其他重要脏器损伤。荞麦中含有的芦丁等黄酮类物质、D-手性肌醇及其衍生物、γ-氨基丁酸和其他由荞麦蛋白酶解后的多肽类等具有降低血压的作用。

芦丁是降血糖、降血脂，改善心脑血管循环关键功效物质。芦丁具有降低毛细血管脆性，改善微循环的作用，在临床上主要用于糖尿病、高血压的辅助治疗。荞麦中富含芦丁，对心肌活动有良好调节作用，有利心脏舒张和休息，同时还能促进人体纤维蛋白溶解，抑制凝血酶的生成，降低血清胆固醇，有预防动脉硬化、高血压、心脏病的作用。

贾先根（2017）发明了一种具有降血糖降压功效的苦荞麦养生茶，由苦荞麦、枇杷、苦瓜、柚子、胡萝卜、菊花、决明子、灵芝和绿茶等原料组成。该产品能将苦荞麦降血压、降血糖、清热降火、减肥排毒和清肠胃等功效融于茶中，养生效果好。

范月娥（2017）发明了一种即食型降血压的营养保健品，由荞麦、黄豆、黑芝麻、杏仁、薏苡仁等原料组成，经挑去杂质、洗净、烘干、粉碎、磨粉、添加花生多肽粉、葛根粉、复合矿物质制作而成。得到的即食型降血压的营养保健品具有很高的营养价值，能起到降血压的功效，并能改善脑血管和冠状动脉血管的微循环，是理想的预防高血压的营养保健品。

倪迎春（2016）发明了一种降血压杂粮饼干，由荞麦粉、小麦面粉、葛根粉、红豆粉、木糖醇、食盐等原料组成。该产品具有降血糖、降血压、降血脂等多种保健功能，还具有促进新陈代谢、改善肠胃功能、清热解毒、疏肝健脾和增强体质的功效，营养丰富、口感俱佳。

（四）抗氧化活性

荞麦中的活性蛋白，以及芦丁、槲皮素等大量多酚类活性物质具有清除超氧阴离子、羟自由基、提高自由基清除酶 SOD、GSH-Px 活力，降低脂质过氧化水平等能力。

王清伟等（2019）发明了一种具有抗氧化功能的杂粮营养面粉，由小麦粉、糯米粉、黑米粉、燕麦粉、荞麦粉、氨基酸混合物、维生素混合物等组成。该产品具有抗氧化的功能，可显著提高人体的抵抗力，减少疾病发生。

马挺军等（2017）发明了一种荞麦酵素，以荞麦为原料，采用响应面法优化苦荞麦酵素的制备工艺条件。同时，测定最佳制备工艺生产出的荞麦酵素对 DPPH 自由基清除率、ABTS 自由基清除率及 ACE 酶抑制率等抗氧化活性的影响。结果表明，当 YD1 酵母的接种量为 5%、红糖添加量为 1:3、发酵温度为 35℃时，荞麦酵素的脂肪酶活力最高，为 269.939U/L。最终产品对 DPPH 自由基的清除率为 75.56±0.84%，对 ABTS 自由基清除率为 67.49±0.73%，ACE 酶抑制率为 63.38±0.81%。

（五）抗疲劳作用

郑好轸等（2018）发明了一种抗疲劳燕麦和荞麦制品。将燕麦和荞麦按比例混合，并进行高压蒸煮或灭菌，摊凉后接种红曲菌，然后搅拌均匀置于容器内进行有氧发酵，烘干、粉碎后进行包装，得到成品。该产品具有明显的抗疲劳效果。

孙伟峰（2015）发明了一种具备抗疲劳功能的谷物营养粉，由燕麦（33～51份）、荞麦、薏仁米、鹰嘴豆、白芝麻、辣木粉、人参、枸杞、B族维生素等按比例混合。该产品具有很好的抗疲劳、改善睡眠和增强体质的效果，且其营养丰富，能满足人体的营养需求，可以将其单独作为早餐食用，也可以将其进一步加工为面条、包子、馒头等食用。

郭志强（2014）发明了一种缓解疲劳的食品，由苦荞麦、大豆、熟地黄、山茱萸、芍药、甘蔗、酵母提取物和姬松茸等组成。该产品可以及时补充内能源物质的消耗，抗疲劳，迅速恢复体力，缓解脑力疲劳，提高疲惫状态下的耐力和工作效率。

（六）护肝作用

梅奇（2018）发明了一种荞麦解酒护肝茶制品，由荞麦、葛根花、黄秋葵花、葛根粉、枳椇子、苦参等原料组成。该产品最大限度地保留了各种原料的生物活性成分，用开水冲泡即成一种茶饮料，而且饮用方便，还具有解酒护肝的保健效果，适用喝酒前或喝酒时饮用。

张华传（2017）发明了一种护肝荞麦保健面条，首先将新鲜的大蒜粉碎后发酵，然后将荞麦浸泡后膨化处理，最后将发酵后的大蒜浆料、膨化荞麦粉与小麦粉及其他辅料一起混合调制成面团，切条、干燥，得到成品面条。该产品营养丰富、口感爽滑，富含膳食纤维和大蒜多糖，具有很好的护肝和控制餐后血糖的功效。

毕媛（2014）发明了一种护肝食品，由荞麦苗粉、燕麦苗粉、葡萄籽提取物、番茄提取物、柚子提取物、大枣提取物等原料组成，所获得的护肝食品通过合理搭配与组方，得到的食品口感酸甜、营养均衡，具有护肝的功效，同时长期食用能有效增强食用者的自身免疫力。

（七）抗肿瘤作用

苦荞麦生物类黄酮所含的5-羟基黄酮是防癌、抗癌、治癌的优选药物。苦荞黄酮能够减轻甚至消除一些化学致癌物的致癌毒性，如山奈酚和芦丁可有效抑制黄曲霉毒素B_1的致癌性。此外，苦荞麦含有硒元素，硒在人体内与金属相结合形成一种不稳定的"金属-硒-蛋白"复合物，有助于排除人体内的铅、汞等有毒元素。美国癌症研究所医学专家指出适量的硒可以防止癌变。

叶道群等（2015）发明了一种适用于肿瘤患者手术后食用的配方食品，其由一定比例的荞麦、红枣粉、菊粉、低聚木糖、乳清蛋白、鱼胶原蛋白粉、白蛋白肽粉、小麦低聚肽、玉米低聚肽粉、粉状磷脂、香菇、枸杞子、山楂、双歧杆菌

BB-12、维生素预混料，阿拉伯胶经过提炼、浓缩、干燥、混合等步骤制成。制成的食品无毒副作用，患者食用后自身免疫力和抗肿瘤能力都得到有效提高，患者的生命延续期明显延长。

仲珉（2014）发明了一种防治肿瘤的荞麦速食粥，由荞麦、异叶茴芹流浸膏、糖等原料组成。该速食粥含有丰富的膳食纤维，具有较好的营养保健作用，同时具有抗菌、抗病毒、抑癌作用，不仅适用于普通消费者日常食用保健以预防肿瘤疾病，也适用于肿瘤患者的辅助保健。

（八）对肠道疾病的防治作用

陈昌全（2017）发明了一种养胃桑葚荞麦馒头，由以下原料制成：荞麦粉、桑葚汁、面粉、发酵粉等。制作的馒头风味独特，有弹性有韧性，不黏牙，口感微甜，清香扑鼻，能有效提高食欲，对食欲不振、消化不良、胃脘隐痛、呕吐痰涎、痞闷纳呆、体倦乏力等有治疗和调节作用，具有健脾祛湿、调理胃肠、改善体质、疏肝理气和化滞消胀的作用，可以有效调节肠胃运动功能，抗溃疡、利胆、保肝、抗菌、抗炎作用，有效促进肠胃健康，预防胃病和肠道疾病的发生。

柳培健（2016）发明了一种促进肠道蠕动的粗粮饼干，由荞麦面粉、米糠、纤维素酶、白砂糖、香芋淀粉、食用碱、菜籽油等原料组成。制作的粗粮饼干不仅口感香脆可口，营养丰富，还可以刺激肠道蠕动，防止便秘。

王启凌（2016）发明了调节肠道的食品，由荞麦、黑蒜、茯苓、燕麦等原料组成。制成的食品可加强肠道蠕动，调节肠道平衡，减轻甚至治疗肠道疾病。

荞麦中存在着大量的抗性淀粉和抗消化蛋白，对于人体具有良好的保健功能作用。田秀红（2009）认为，荞麦中的抗性淀粉在小肠中能够抗消化，在结肠内发酵产生大量短链脂肪酸，从而有助于降低结肠 pH 值，这对于结肠炎具有很好的防治作用。此外，未被完全分解的抗性淀粉和抗性蛋白可增加粪便体积，对于预防便秘、盲肠炎、痔疮等有重要作用。同时，这些物质有利于促进肠道微生物生长，从而合成更多的微生物蛋白，减少胺类致癌物的产生。

第二节　荞麦加工设备

根据加工产品的不同，荞麦加工设备主要分为以下几大类：荞麦脱壳制米设备（荞麦米）、荞麦制粉设备（冲调粉、代餐粉等）、荞麦制茶设备（荞麦茶）、荞麦膨化设备（荞麦米麦通等）、荞麦酿造设备（荞麦酒、荞麦醋等）和荞麦成型设备（荞麦面、荞麦米粉等）。

对应产品的加工流程如图 7.1 所示。

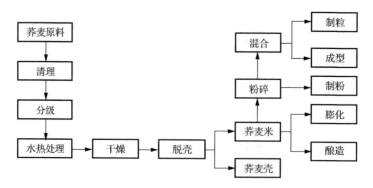

图 7.1　荞麦产品加工流程图

一、荞麦脱壳制米所需主要设备

制米是苦荞麦加工的主要方式，包括清理、分级、水热处理、干燥、脱壳、壳仁分离、碾米等步骤，每个步骤均涉及相应的设备参与来实现。

1. 清理设备

荞麦的清理工艺与其他粮食的加工清理工艺基本相同，即通过筛选、风选、去石、打击、磁选和精选，清除荞麦里的各类杂质。

我国目前采用的主要初清设备有圆筒初清筛。筛选设备可选用平面回转筛和高效振动筛，一般设两三道筛选工序即可将其中的杂质清除干净，使含杂率降至1%以下。

（1）平面回转筛。借电机轴上下端所安装的不平衡重锤，将电机的旋转运动转变为水平、垂直和倾斜的 3 次多元运动，再把这个运动传递到筛面，由于筛面的强烈运动，将体积不同的物料与杂质进行分离。但当遇到湿度较大的物料时易发生起团现象，从而造成筛孔的堵塞。

（2）高效振动筛。具有独特的布料装置，能够科学地将筛面充分利用；具有独特的自清网结构，能够把堵网概率降至最低，以达到工艺要求的精度和产量；检修工作简单易行；单台筛机可同时获得 2~4 个不同颗粒等级的产物。

风选可选用自循环风选器或垂直吸风分离装置（图 7.2）等设备，与筛选或打击设备结合使用，效果更好。

根据荞麦的含石量，去石设备选用吸式比重去石机、比重分级去石机或自循环风去石机。在清理工艺中设一两道去石工艺，可完全除去荞麦中的石块。

（3）垂直吸风分离。因为不同形状、尺寸和质量的颗粒悬浮速度不同，故将它们置于具有一定速度的上升气流中即可出现上升、下降或者悬浮的运动状态，从而达到分离的目的。对于物料质量相差较大的杂质有较好的分离效果。

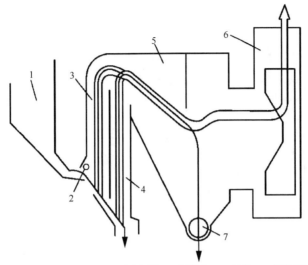

1. 喂料装置；2. 喂入辊；3、4. 垂直气道；5. 沉降室；6. 风机；7. 螺旋输送器。

图 7.2　垂直吸风分离装置

（4）比重分级去石机。去石设备一般都是利用粮粒与并肩石的比重和悬浮速度的不同来进行分离的。去石方法有湿法和干法两类。湿法去石，是以水为介质，如制粉厂中的去石洗麦机，既可去除石粒，又具有清理麦粒表面和着水等功能。干法去石，是以空气为介质，采用比重不同的方法去石。由于比重去石机具有体积小、结构简单、操作方便、造价低、动力省、去石效率高、石中含粮少等优点，得到了广泛的应用。

比重去石机可分为吹式和吸式两种。吹式比重去石机的风帆设在去石板的下方，去石室处于正压状态进行工作；吸式比重去石机在去石板上方吸风，去石室处于负压状态进行工作。两种去石机的工作原理相同，都是利用粮粒与砂石粒的比重和悬浮速度不同，通过机械和气力作用，使粮粒与砂石分离。吸式去石机，本身不带风机，故体积较小，同时又是负压状态工作，灰尘不会外扬。但需要另配吸风系统，且风量调节较困难，电耗也大。吹式比重去石机，自带风机，组成整体，工作比较稳定，单机就可完成去石任务，但在正压状态下工作，有灰尘外扬，影响卫生。吹式比重去石机比吸式比重去石机应用更加普遍，故在此只介绍吹式比重去石机。

吹式比重去石机的结构如图 7.3 所示。

打击工序可选用卧式打麦机、立式花铁筛打麦机、擦麦机或刷麦机等设备。

磁选可以选用永久性磁筒、简易磁栏、磁力分选器或永磁滚筒，可设 2～4 道磁选，清除铁屑类杂质。

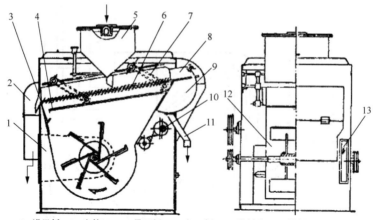

1. 进风板；2. 出粮口；3. 导风板；4. 匀风板；5. 进料斗；6. 筛板；7. 吊板；
8. 精选室；9. 出石装置；10. 偏心装置；11. 出石口；12. 风机；13. 进风网板。

图 7.3　吹式比重去石机

2. 分级设备

荞麦通过分级，可使荞麦粒度均匀一致，可以选用制粉设备中的高方平筛作为分级设备，一次分出多达四五种以上的粒度类别；或选用平面回转筛、高效振动筛、白米分级筛等设备，虽然一次分级仅有两三种粒度类别，但可进行两三次分级，很适合小规模生产使用。通过分级设备分出的荞麦应按不同的粒度分别存仓，以便后续的脱壳处理。

高方平筛：高方平筛通过内置电机自衡式传动，带动平衡块，使四角悬吊的筛体做平面圆周运动。筛箱内重叠有多层结构不同的筛格，筛格的不同配置可使被筛物形成不同的筛理路线。在筛体运动时，筛格上的被筛物做相对于筛面的轨迹为正圆的运动，充分自动分级，从而达到分级和筛理的目的。该设备的筛理面积大，筛选路线灵活、强度高，一次筛选分出的粒度种类多，是目前筛分设备中较为先进的。

3. 水热处理设备

在苦荞麦制米过程中，脱壳和脱皮十分重要，通常通过水热处理设备来湿润籽粒，可增加壳层和籽粒的含水量，使壳层和皮层韧性增加，与胚乳的结合力减少，在机械力的作用下，易于脱下。苦荞麦制米过程中多是通过蒸汽调节来实现该步骤。典型的水汽调节机结构如图 7.4 所示，主要由螺旋输送机、加水管和蒸汽管三部分组成。由水阀、气阀控制加水管和蒸汽管的加水量和蒸汽量。进料口带有一散料盘，可使进机物料分散均匀，并压住气流防止其穿过料层，以保证润气均匀。蒸汽是从蒸汽管末端周围所钻的小孔中喷向料层的。

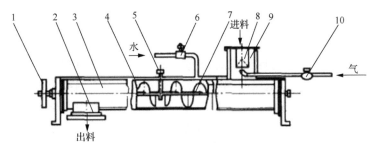

1. 皮带轮；2. 出料口；3. 机壳；4. 输送螺旋叶片；5. 悬挂轴承；
6. 水阀；7. 主轴；8. 散料盘；9. 进料口；10. 气阀。

图 7.4　简易水汽调节机结构示意图

4. 脱壳设备

根据脱壳原理的不同，杂粮砻谷机有胶辊砻谷机、砂盘砻谷机和离心砻谷机 3 种类型，苦荞米多采用胶辊脱壳机。

MLGT·36 型压砣紧辊砻谷机主要由进料机构、辊筒、辊压调节机构、自动松紧辊机构、传动机构、谷壳分离装置等部分组成，如图 7.5 所示。

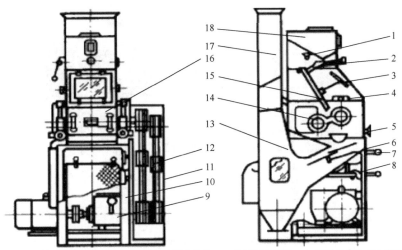

1. 流量调节机构；2. 短淌板；3. 长淌板角度调节机构；4. 松紧辊同步轴；5. 活动辊支承点调节手轮；
6. 砻下物淌板角度调节机构；7. 手动松紧操作杆；8. 重砣；　9. 变速箱；10. 机架；11. 传动罩；
12. 张紧轮；13. 稻壳分离装置；14. 辊筒；15. 长淌板；16. 检修门；17. 吸风管；18. 进料斗。

图 7.5　MLGT·36 型压砣紧辊砻谷机结构示意图

进料机构由进料斗、流量控制装置和喂料装置等组成。流量控制装置采用齿轮齿条闸板形式，通过手柄转动齿轮，齿轮带动闸门下的齿条移动，从而使闸门开启和关闭，达到控制和调节流量的目的。喂料采用短淌板、长淌板组合的喂料装置，短淌板用于匀料，倾角较小，一般不超过 35°；长淌板对谷粒起整流、加速、导向等作用，倾角较大，一般为 64°～67°，而且可调，以便将谷粒准确地喂入两胶辊间的工作区。

辊筒为套筒式辊筒，用锥形压盖和紧定套将辊筒固定在轴上，辊筒轴的装配为双支承结构形式，通过辊筒两侧的轴承、轴承座固定在机架上。

辊间压力调节采用压砣式调节机构，通过改变压砣的重量来改变辊间压力。自动松紧辊机构主要由微型电机、电器元件、杠杆、同步轴和链条组成。自动松紧辊装置失灵时，可通过手动操纵杆改为人工操作。

5. 碾米机

NS 型螺旋槽砂辊碾米机的结构如图 7.6 所示，主要由进料装置、碾白室、擦米室、传动装置、机架等部分组成。

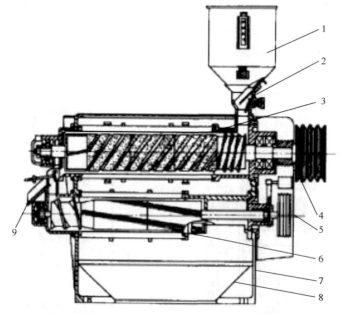

1. 进料斗；2. 流量调节装置；3. 碾白室；4. 传动带轮；
5. 防护罩；6. 擦米室；7. 机架；8. 接糠斗；9. 分路器。

图 7.6　NS 型螺旋槽砂辊碾米机

进料装置由进料斗、流量控制机构和螺旋输送器组成。流量控制机构采用全开启闸板和微量调节机构相结合的结构形式，能灵活准确地控制进机物料量。螺旋输送器为三头螺旋，输送能力强。

碾白室由砂辊、拨料铁辊、米筛、米刀、压力门等部分组成。砂辊为两节（Ns·21.5 型为三节），由磨料黑碳化硅和陶瓷结合剂烧结而成。砂辊的进口段砂粒较粗硬，有利于开糙，出口段砂粒细而较软，有利于精碾。砂辊表面均开有三头等距变槽螺旋，螺旋槽从进口段至出口段逐渐由深变浅，由宽变窄，因而碾白室的截面积从进口段至出口段逐渐减小，符合碾米过程中米粒体积逐步变小的变化规律，使碾白室内的碾白压力保持均衡，有利于米粒的均匀碾白和减少碎米的产生。拨料铁辊表面装有 4 根可拆卸的凸筋，便于磨损后更换。

碾辊四周有 4～6 片半圆形米筛，靠压筛条和筛托围着砂辊定位在横梁上，构成全面排糠的筛筒结构。

在碾白室上、下横梁部位装有两把可以调节的米刀，可通过调节螺母进行调节，以达到改变碾白室周向截面积的目的。

出口采用轴向出料方式，使排料较为通畅，不易积糠。出口压力调节装置采用压砣式压力门，通过改变压砣的重量和位置调整机内压力，控制去皮程度。为了便于取样检验碾白效果，在出口处装有分路器。

擦米室主要由螺旋输送器、擦米铁辊、米筛等部分组成。螺旋输送器为双头螺旋。擦米铁辊表面有 4 条凸筋，凸筋与铁辊轴线的夹角为 8°，筋高为 8mm。擦米室的其他结构如米筛、米筛托架、支座等均与碾白室相同。

工作时，糙米由进料斗经流量调节机构进入碾米机，被螺旋输送器送入碾白室，在砂辊的带动下做螺旋运动。米粒在前进过程中，受高速旋转砂辊的碾削作用得到碾白。拨料铁辊将米粒送至出口，排出碾白室。从碾白室排出的白米，皮层虽已基本去除，但米粒表面较粗糙，且黏附有糠粉，因而需要再送入擦米室进行擦光。米粒在擦米铁辊的缓和摩擦作用下，擦去表面黏附的糠粉，磨光表面。筛孔排出的糠秕混合物由接糠斗排出机外。

二、荞麦制粉所需主要设备

开发荞麦等杂粮复配粉主要包括粉碎和混合两个工序，其对应的设备有粉碎机和混合机。

1. 粉碎机

根据粉体尺寸的大小不同，分为辊式磨粉机、气流式粉碎机和磨介式粉碎机。由上述 3 个设备生产得到的苦荞麦粉体尺寸是逐步变小的，磨介式粉碎机加工得到的杂粮粉体尺寸可以达到纳米级别。

1）辊式磨粉机

辊式磨粉机是食品工业广泛使用的粉碎机械，特别在粮食制粉工业中早已是不可缺少的关键设备。辊式磨粉机主要由 6 部分组成：磨辊、喂料机构、轧距调节机构、传动机构、磨辊清理装置和吸风管。这 6 个结构是所有磨粉机的基本组成。无论哪种形式的磨粉机，具体的结构形式都可能有所变化，操作方法和精密程度也有可能有所不同，但就其作用来说，这 6 部分结构是不可缺少的。图 7.7 为复式对辊式磨粉机的结构示意图。

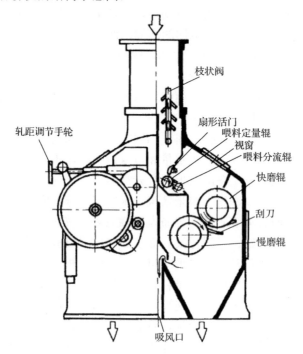

图 7.7　复式对辊式磨粉机的结构示意图

（1）磨辊。辊式磨粉机的主要工作机构是磨辊，一般有一对或两对磨辊，分别称为单式辊式磨粉机和复式辊式磨粉机。在复式磨粉机中，每一对磨辊组成一个独立的工作单元。物料从两磨辊间通过时，受到磨辊的研磨作用而被破碎。磨辊在单式磨粉机内呈水平排列，在复式磨粉机内，有水平排列的，也有倾斜排列的。

（2）传动部分。传动部分主要为磨辊提供工作动力，使两磨辊作相对方向的转动，其中一个为快磨辊，另一个为慢磨辊。因为以同一速度相向旋转的磨辊对杂粮只能起到轧扁、挤压作用，得不到良好的研磨效果。只有当两磨辊以不同速度相向旋转时，才能对杂粮起到研磨作用。传动部分的作用就在于保证磨辊按照一定的速度转动，而且快慢磨辊之间要保持一定的转速比。

（3）轧距调节机构。两磨辊之间的径向距离称为轧距。用来调节两磨辊距离的机构称为轧距调节机构。缺少这一机构，磨粉机就不能与各种粒度的研磨物相适应，也不能根据工艺要求随时改变磨粉机的研磨强度。对于倾斜排列的磨辊，上辊为快辊，它的轴承因固定在磨粉机的机壳上，故位置不能移动；下辊为慢辊，它的轴承装在可以上下移动的轴承臂上，轴承臂通过弹簧与轧距调节机构相连，因此慢辊的位置可调节改变。改变两辊间的轧距以达到一定的研磨效果，是轧距调节机构的主要作用。

（4）喂料机构。喂料机构设在磨辊的上方，由贮料筒、料斗、喂料辊及喂料活门等组成。喂料辊有两个：定量辊和分流辊。定量辊的直径较大而转速较慢，主要起拨料及向两端分散物料的作用，并通过扇形活门形成的间隙完成喂料定量控制。分流辊的直径较小，转速较高，其表面线速度为定量辊 3～4 倍，其作用是将物料呈薄层状抛掷于磨辊研磨区。

（5）磨辊的清理机构。磨辊的清理机构用于清除其所黏附的粉层，保证其运转平稳。清理磨辊粉层常用刷帚或刮刀，它们一般安装在磨辊的下方。刷帚以鹅翎或猪鬃、棕毛制成，用弹簧压紧在辊面上，用以清理齿辊表面。刮刀用于清理光辊表面，它安装在铰支的杠杆上，靠配重压在辊面上，当磨粉机停车时有一金属链将配重拉起，刮刀离开辊面以避免辊和刀接触处的磨蚀。

（6）吸风装置。吸风装置有以下 3 个作用：①用以吸去磨辊工作时产生的热量和水蒸气，降低磨下物的温度，提高研磨物料的筛理性能；②冷却磨辊、降低料温；③使磨粉机内的粉尘不向外飞扬。目前大多数面粉厂采用气力输送来垂直提升各道磨粉机研磨后的物料。提升管通过溜管与磨粉机出口相接，已具备相对于磨膛的吸风作用，故不需再单独安装吸风管。

2）气流式粉碎机

气流式粉碎机是比较成熟的超微粉碎设备。它使用空气、过热蒸汽或其他气体通过喷嘴喷射作用成为高能气流。高能气流使物料颗粒在悬浮输送状态下相互之间发生剧烈的冲击、碰撞和摩擦等作用，加上高速喷射气流对颗粒的剪切冲击作用，使物料得到充分研磨而成为超微粒子。由于欲粉碎的食品物料熔点大多较低或者不耐热，故通常使用空气为介质。被压缩的空气在粉碎室内膨胀，产生的冷效应与粉碎时产生的热效应相互抵消。

气流式粉碎机具有以下特点：①能获得 50μm 以下粒度的粉体；②粗细粉粒可自动分级，且产品粒度分布较窄，并可减少因粉碎中操作事故对粒度分布的影响；③由于喷嘴处气体膨胀而造成较低温度，加之大量气流导入产生的快速散热作用，因此可用于低熔点和热敏性材料的粉碎；④主要采用物料自磨原理，故产品不易受金属或其他粉碎介质的污染；⑤可以实现不同形式的联合作业，如用热压缩空气实现粉碎和干燥联合作业，在粉碎的同时可与其他外加粉体或溶液进行混合等；⑥可在无菌情况下操作；⑦结构紧凑，构造简单，没有传动件，故磨损低，可节约大量金属材料，维修也较方便。

气流式粉碎机的工作原理如图 7.8 所示。从若干个喷嘴喷出的高速压缩空气流将喂入的物料加速并形成紊流状，使物料在粉碎室中相互高速冲撞、摩擦而达到粉碎。粉碎后的粉粒体随气流经环形轨道上升，由于环形轨道的离心力作用，使粗粉粒靠向轨道外侧运动，细粉粒则被挤往内侧。回转至分级器入口处时，由于内吸气流旋涡的作用，细粉粒被吸入分级器中分离而排出机外，粗粉粒则继续沿环形轨道外侧远离分级器入口处通过而被送回粉碎室中，再度与新输入物料一起进行粉碎。

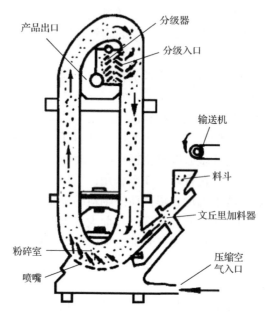

图 7.8　立式环形喷射气流粉碎机的原理图

在实际生产中，要实现对制备杂粮超微粉，则需要空气压缩机、储气罐、冷干机、旋风分离机、脉冲除尘器等多个设备组成气流式粉碎系统，图 7.9 为气流式粉碎系统的组成原理图。

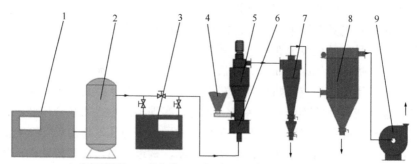

1. 空气压缩机；2. 储气罐；3. 冷干机；4. 进料系统；5. 分级机；
6. 粉碎机；7. 旋风收集器；8. 脉冲除尘器；9. 引风机。

图 7.9　气流式粉碎系统的组成原理图

3）磨介式粉碎机

磨介式粉碎机是指借助于处于运动状态、具有一定形状和尺寸的研磨介质所产生的冲击、摩擦、剪切、研磨等作用力使物料颗粒破碎的研磨粉碎机。粉碎效果受磨介的尺寸、形状、配比及运动形式、物料的充满系数、原料粒度的影响。这种粉碎机生产率低，成品粒径小，多用于微粉碎及超微粉碎。

球磨机的工作部件是装有研磨介质的圆柱形筒体，如图7.10所示。圆柱形筒体的两端有端盖，端盖中部的圆筒形颈部称为中空轴颈，它支撑于轴承上。筒体上固定有大齿圈，电动机带动大齿圈使筒体缓缓转动。当筒体转动时，磨介随筒体上升至一定高度后，呈抛物线抛落下或呈泻落而下，由于端盖有中空轴颈，物料从左方的中空轴颈进入筒体逐渐向右方扩散移动。在自左而右的运动过程中，物料受到钢球的冲击、研磨而逐渐粉碎，最终从右方的中空轴颈排出机外。

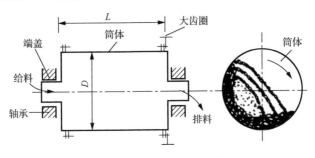

图7.10 球磨机示意图

球磨机常用的研磨介质有钢球（相对密度7.8）、氧化锆球（相对密度5.6）、氧化铝球（相对密度3.6）和瓷球（相对密度2.3）等，有时也用无规则形状的鹅卵石或燧石等。磨介材料的相对密度较大，则球磨机的产量大，粉碎效率高；相对密度较小，会使产量与效率降低。研磨介质的大小会直接影响球磨机的粉碎效果和成品颗粒的粒度大小。

郭洪梅（2016）利用高能纳米冲击磨，以锆球为研磨介质，对杂粮（豆）淀粉进行处理，结果发现超微粉碎处理对杂粮（豆）淀粉碘蓝值的影响较小，持水性和凝沉体积随着处理时间的延长呈先上升后下降的趋势。溶解度和膨胀度随着超微粉碎处理时间的增加而增大。糊透光率显著高于原淀粉，并随着处理时间的增加而升高。超微粉碎处理淀粉的峰值黏度、谷值黏度、最终黏度、衰减值和回生值均低于原淀粉，且随着处理时间增加而逐渐降低。青稞、小米和糜子淀粉的冻融析水率随处理时间的增加而增大，荞麦和豆类淀粉的析水率随处理时间的增加而降低。超微粉碎处理后的杂粮（豆）淀粉均无明显吸热峰，直链淀粉双螺旋结构破坏，发生干糊化。

2. 混合设备

混合机应用于苦荞麦粉和其他粉体物料的混合，目的是使两种或两种以上的粉料颗粒通过流动作用，成为组分浓度均匀的混合物。在混合机内，大部分混合操作都同时存在对流、扩散和剪切 3 种混合方式，但由于机型结构和混合料物性方面的不同，往往是某一种混合方式起主导作用。混合机通常可按混合容器的运动状态分为容器固定式（对锥式混合机、V 形混合机、倾筒式混合机）和容器回转式（卧式螺旋环带混合机、立式螺旋式混合机等）两大类。

1）对锥式混合机

对锥式混合机的容器由两个对称的圆锥形壳体焊接而成，圆锥角有 60°和 90°两种形式，取决于粉料的休止角大小。驱动轴固定在锥底部分，转速为 5～20r/min。圆锥体的两端设有进出料口，以保证卸料后机内无残留料。若容器内未安装叶轮，一般混合时间为 5～20min；若容器内装有叶轮，混合时间可缩短至 2min 左右。如图 7.11 所示为对锥式混合机结构示意图。

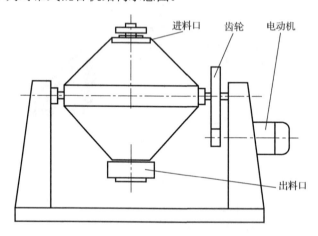

图 7.11　对锥式混合机结构示意图

2）V 形混合机

V 形混合机的容器由两个圆筒呈 V 形焊合而成，夹角为 60～90°。工作时要求主轴平衡回转，装料量为两个圆筒体积的 20%～30%，其转速很低，为 6～25r/min。

3）倾筒式混合机

倾筒式混合机的容器是一个圆柱筒，常见有水平回转和斜置回转两种机型。水平回转筒式混合机的圆筒为水平放置，回转轴线与圆筒轴线同轴。水平回转筒式混合机的装料量为圆筒容积的 30%，斜置式可达 60%。前者的缺点是，在筒内的物料可能会和圆筒一起回转，尤其是位于圆筒两端的物料不能充分混合，故不能多装料，否则影响混合效果。

如果回转轴线与圆筒轴线相交，称为斜置回转筒式混合机。斜置回转筒式混合机克服了水平回转筒式的缺点，物料在筒内作复杂的运动，即使装料量较多，其混合效果也较好。主轴转速为 40～100r/min。要求投入粉料的堆积密度和粒度均匀一致。

4）卧式螺旋环带混合机

通常简称为卧式混合机，是最常见的间歇式固定容器混合机。大中型混合机多为此种机型。机体底部呈 U 形，主要工作部件是两螺旋环带（旋向相反，两方向输送能力相等）。卧式螺旋环带混合机主轴转速一般为 30～50r/min。外层螺旋环带与壳底之间的间隙一般为 2～5mm，预混合机的间隙小于 2mm，以尽量减少腔内物料的残留量。为加快转轴附近物料的流动，有些机型在转轴处安装有小直径实体螺旋叶片。一般沿壳体全长或者在占壳体 1/3～1/2 长度上开设卸料门，可迅速卸料。对于残留量要求极为严格的混合作业，有些机型采用可倾翻机体结构。

5）立式螺旋式混合机

立式螺旋式混合机结构如图 7.12 所示，工作时，各种物料组分经计量后，加入料斗中，由垂直螺旋向上提升到内套筒的出口时，被甩料板向四周抛撒，物料下落到锥形筒内壁表面和内套筒之间的间隙处，又被垂直螺旋向上提升，如此循环，直到混合均匀为止，然后打开卸料门从出料口排料。混合时间一般为 10～15min。特点：配用动力小，占地面积少，混合时间长，料筒内物料残留量较大。多用于混合质量和残留量要求较低的场合，为小型混合机。

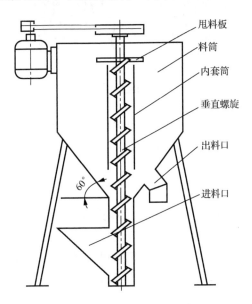

图 7.12　立式螺旋式混合机

三、荞麦制茶所需设备

在苦荞麦加工业中，制粒设备主要用于苦荞麦造粒茶（节节茶）的生产，它和浸泡池、滚筒干燥机、旋振筛、磨粉机、混合机、振动流化床、分级筛、包装机等设备构成了苦荞麦造粒茶生产线。现用于苦荞麦造粒茶制粒的机械主要有摇摆式制粒机和旋转式制粒机两种。它们都属于挤出制粒设备，都是将苦荞麦粉加入润湿剂或黏合剂制成软材后，强制挤压通过一定孔径的筛网或孔板进行制粒。

1. 摇摆式制粒机

摇摆式制粒机的主要结构（图 7.13）是在料斗底部装有一个钝六角形棱柱状转动轴，转动轴端连接在一个半月形齿轮带动的转轴上，中端用一圆形帽将其支住，借机械力做摇摆式往复转动，使料斗内的软材压过装于转动轴下的筛网而成为颗粒。

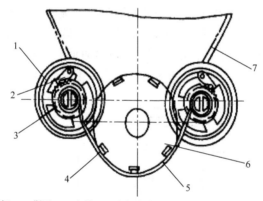

1. 手柄；2. 荆爪；3. 夹管；4. 七角滚轮；5. 筛网；6. 软材；7. 料斗。

图 7.13　摇摆式制粒机的工作原理图

2. 旋转式制粒机

圆筒轴心处的轴上固定有十字形刮板和挡板，两者转动方向不同，使软材被压出筛孔而成颗粒。由图 7.14 可知，制粒模具实际上是一只圆筒形的多孔筛。对于制作固体饮料一类的粒子，所用筛子的筛孔一般为 1.0～1.2mm。湿粒子形状的均匀性与多种因素有关，如用于制备软材的液体的黏性与用量、搅拌时间、过筛条件等。一般黏性大、搅拌时间长、过筛时筛网较松、加料量较多及压力较大时，形成的湿粒黏得较紧，产生的细粉较少。反之，形成的粒子会有较多的未完全黏合的细粉存在，从而影响产品的均匀性。

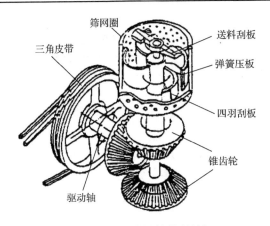

图 7.14　刮板式圆筒筛制粒机

四、荞麦膨化所需设备

膨化设备主要用于加工膨化食品，荞麦也可以作为膨化设备的加工对象。其主要的工作原理就是让原料在加热、加压的情况下突然减压而使之膨胀。经过膨化处理后，食品中的水分瞬间汽化，体积显著增大，食品中出现许多小孔，变得松脆，成为膨化食品。目前用于杂粮膨化的设备主要有：挤压膨化机、气流膨化机和油炸膨化机。

1. 挤压膨化机

挤压膨化机利用螺杆挤压产生的压力、剪切力、摩擦力、加温等作用实现对固体食品原料破碎、捏合、混炼、熟化、杀菌、预干燥、成型等加工处理。利用挤压机可以生产膨化、组织化或其他成型产品。目前应用于食品工业的挤压设备主要是螺杆挤压机，主要构件类似于螺杆泵，有变螺距长螺杆及出口处带节流孔的螺杆套筒。螺杆挤压机种类较多，根据挤压机的螺杆数目不同，可分为单螺杆挤压机、双螺杆挤压机。单螺杆挤压机的套筒内只有一根螺杆，它依靠螺杆和机筒对物料的摩擦来输送物料和形成一定压力。双螺杆挤压机的套筒中并排安放两根螺杆，套筒横截面呈"∞"形，工作原理与单螺杆挤压机有所不同（表 7.1所示）。

各种螺杆挤压机虽然在功能和性能上有所差异，但基本结构类似。典型的螺杆挤压机主要由驱动装置、喂进料系统、螺杆、机筒和成型装置等部分构成，如图 7.15 所示。

表 7.1　双螺杆与单螺杆挤压机的主要区别

项目	单螺杆挤压机	双螺杆挤压机	项目	单螺杆挤压机	双螺杆挤压机
输送原理	摩擦	滑移	混合作用	小	大
加工能力	受物料水分、油脂等限制	一定范围内不受限制	自洁作用	无	有
物料允许水分/%	10～30	5～95	压延作用	小	大
物料内热分布	不均匀	均匀	制造成本	低	高
剪切力	强	弱	磨损情况	不易磨损	较易磨损
逆流产生程度	高	低	排气	难	易

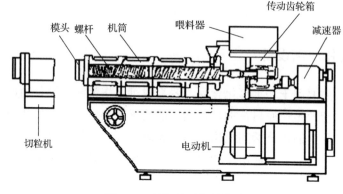

图 7.15　螺杆挤压机的构造

1）驱动装置

驱动装置由机座、主传动电机、变速器、减速器、止推轴承和联轴器等组成。为迅速、准确地调节螺杆旋转速度，常用可控硅整流器控制的直流电动机来调速，并用齿轮减速器、链条和带传动三者之一来实现减速。

2）进料系统

进料系统包括料斗、存液器和输送装置。干料斗常带振动装置，以防物料结块架桥而中断输送。因为进料不畅或中断，将会降低产品品质或造成焦化阻塞，甚至需要停机清洗。因此，进料系统必须十分安全可靠。输送干物料的方法有：①电磁振动送料器送料，可通过改变振动频率和振幅控制供料速度；②螺旋输送器送料，可通过调节螺旋转速来控制进料速度；③称量皮带式送料，具有输送物料、连续称量和随机调节送料速度的功能，是一种较精确的定量进料方法。

3）螺杆

挤压机的螺杆结构形状沿轴变化。螺杆按其在机筒内不同位置和作用可分为进料、压挤和定量供送3个区段。这3个区段的作用特点见表7.2。挤压机的螺杆有整体式和组合式两种。整体式螺杆为一个整体。组合式螺杆由花键轴与若干节套在轴上的螺旋构成。

表 7.2　螺杆挤压机不同区段的结构特点与作用

螺杆区段	结构特点	作用	占螺杆总长比例/%
进料段	螺纹较深	使原料进入挤压机内并充满机筒	10～25
压挤段	螺纹的螺距逐渐变小，螺纹较深	对物料产生压挤和剪切，使颗粒原料转变成无定形塑性面团	50
定量供送段（限流段）	螺纹变浅，螺距较短，是摩擦剪力和能耗最大的区段	物料处于高温高压状态	25～40

4）机筒

挤压机的机筒呈圆筒状，内壁与螺杆仅有少量间隙。多数机筒内壁为光滑面。有的装机筒内壁带有若干较浅的轴向棱槽或螺旋状槽，主要是为了强化对食物的剪切效果，防止食物在机筒内打滑。机筒具有加热、保温、冷却和摩擦的功能。

机筒有整体式和分段组合式两种形式。整体式机筒的结构简单，机械强度高。分段组合式机筒用螺钉连接，其优点是便于清理，对容易磨损的定量段零件可随时更换，还可按照所要加工的产品和所需的能量来确定机筒的最佳长度。有的机筒中部有一排气孔，以排除食物中的空气、蒸汽和挥发气体。

5）成型装置

成型装置又称挤压成型模头，模头上设有一些使物料从挤压机挤出时成型的模孔。模孔横断面有圆孔、圆环、十字、窄槽等各种形状，决定着产品的横断面形状。为了改进所挤压产品的均匀性，模孔进料端通常加工成流线型开口。

6）切割装置

挤压机常用的切割装置为盘刀式切割器，刀具刃口旋转平面与模板端面平行。挤压产品的长度可通过调整切割刀具旋转速度和产品挤出速度加以控制。切割器按其驱动电机位置和割刀长度可分为偏心和中心两种形式。偏心式切割器的电机装在模板中心轴线外面，割刀臂较长，以很高的线速度旋转。中心切割器的刀片较短，并绕模板装置的中心轴线旋转。

7）控制装置

挤压机控制装置主要由微型计算机、电器、传感器、显示器、仪表和执行机构等组成，其主要作用是控制各电机转速并保证各部分运行协调，控制操作温度与压力以保证产品质量。

2. 气流膨化机

气流膨化机是在传统火烧膨化罐的基础上进行技术改造而成。与传统火烧膨化罐相比，其产量提高4～6倍，安全系数也大为提高，同时降低操作者劳动强度，降低了能源消耗。气流膨化机主要由膨化罐体、加热装置、转动装置、安全保护装置、减振装置、机架、底座等部分组成。

气流膨化工作原理：将一定的物料装进带盖的密封铸钢罐体内，使用液化气、煤气或煤加热，并以一定的速度不断旋转罐体，使物料均匀受热，随着不断加热，罐内温度逐步升高，达到 100℃以上时，物料体内水分会逸出并汽化，在罐内形成一定压力。当物料水分被控出 5%～8%左右时，罐体内压力将达到 0.8～1.25MPa（不同物料压力不同）。此时物料在罐内已基本熟化，如果将罐体盖子突然打开，由高温高压状态突然释放降至常温常压，物料会在失水的位置由空气的填充而变大，其结构发生变化，生淀粉（β-淀粉）变成熟淀粉（α-淀粉），体积膨大几倍到十几倍。释放的一瞬间从膨化机出口气流和物料瞬时膨出并同时急剧撕破空气，产生巨响，声音达到 100 分贝左右。目前主要用于食品制造厂家生产米通、麦通、米花糖、香酥咖啡玉米、豆粉、苦荞麦片、苦荞茶等休闲食品的生产。

3. 油炸膨化机

油炸是将食物浸在油面下方进行加热的操作方式。这种油炸方式相对于物体与加热体表面接触的油煎而取名。通过油炸可以加工得到各种各样的小食品，苦荞沙琪玛就是将苦荞麦面团经过炸制后成型加工得到。

油炸机的分类有很多，其中按操作方式与生产规模，可以大体分为小型间歇式和大型连续式两种。小型间歇式有时也称为非机械化式，它的特点是由人工将产品装在网篮中进出油槽，完成油炸过程，其优点是灵活性强，适用于零售、餐饮等服务业。连续式油炸机使用输送链传送产品进出油槽，并且油炸时间可以很好控制，适用于规模化生产。一台连续式油炸机实际上是一个组合设备系统。组成单元型式方面的差异，导致出现了多种形式的连续油炸机。但是多数连续式油炸机主要由 5 个独立的单元构成：①油炸槽，它是盛装炸油和提供油炸空间的容器；②加热系统，带恒温控制，为油炸提供所需的热能；③输送系统，使产品进入、通过、离开油炸槽；④滤油系统；⑤蒸汽排除系统，排除油炸产品产生水蒸气。具体结构组成如图 7.16 所示。

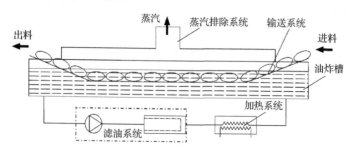

图 7.16　连续式油炸机的基本组成

1）油炸槽

油炸槽是油炸机的主体，一般呈平底船形，也有设计成其他形状的，如圆底、进料端平头等。它的大小由多项因素决定，包括生产能力、油炸物在槽内的时间、链宽、加热方式、滤油方式、除渣方式等。

2）加热系统

可用一级能源（电、煤、燃气和燃油）也可用二级能源（蒸汽、导热油）进行加热。加热单元是油炸机获取热量的热交换器。这个热交换器既可直接装在油炸槽内，也可装在油炸槽外，利用泵送方式使炸油在油炸槽与热交换器之间循环。

3）输送系统

连续式油炸机一般用链带式输送机输送。由于物性差异，油炸过程中发生变化不同，因此，不同类型的产品需要配置不同数量和构型的输送带。对一些产量较大的产品，还可以根据专门的工艺要求，制作成特殊的链带形式，如用不锈钢网（或孔板）冲制成一定形状的篮器，以保持油炸坯料得到完整的形状。另外，输送链的网带应不会对油炸的物料有黏滞作用。

4）滤油系统

油炸过程中会随时产生来自被炸食品的碎渣，这些碎渣若长期留在热油中，会产生一系列的不良影响，如降低油的使用周期、影响食品的外观和安全性等。因此，所有连续油炸机必须有适当的滤油系统，将碎渣及时地从热油中滤掉。如果采用间接式加热，则过滤器往往串联在加热循环油路上。

油水混合式机型，由于大量的碎渣已经进入水中，并有从下层水中排除碎渣的装置，因此，国产的油水混合式连续油炸机多不设热油过滤系统。

5）水蒸气排除系统

油炸过程也是一个脱水操作过程。油炸过程中，会有相当量物料水分汽化逸出，水汽会从整个油炸槽的油面上外逸。因此，油炸设备均有覆盖整个油炸槽面的罩子，在其顶上开有 1 个或 1 个以上的排气孔，排气孔与排风机相连接。这种罩子一般可以升降，以便于对槽内其他机构进行维护。

五、荞麦成型所需设备

苦荞麦经过磨粉后，加入米面制品中，能够使苦荞麦真正地进入老百姓的"一日三餐"，提高杂粮的消费量，其中搓圆成型机、辊印成型机、通心粉机等成型设备是生产杂粮米面制品的关键设备。

1. 搓圆成型机

食品搓圆成型主要通过物料与载体接触并随其运动，在载体搓揉作用下逐步变形成球状或圆柱状。搓圆成型机的作用主要是使面团的外形成球状，并使内部气体均匀分散，组织细密，同时通过高速旋转揉捏，使面团形成均匀的表皮，这样可使面团在下一段醒发时所产生的气体不至跑掉，从而使面团内部得到较大的并且均匀的气孔。

搓圆成型机主要用于面包、馒头、糕点、元宵和糖果等食品的搓圆成型。用于食品搓圆的方法与设备主要有伞形搓圆机、锥筒形搓圆机、输送带式搓圆机、水平搓圆机和网格搓圆机等。伞形搓圆机的主要结构包括电机、转体、旋转导板、撒粉装置及传动装置等，如图7.17所示。伞形搓圆机具有进口速度快、出口速度慢的特点，有利于面团成形。

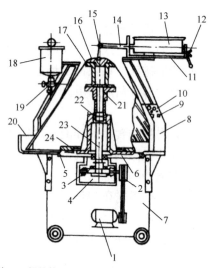

1. 电机；2. 皮带轮；3. 蜗轮；4. 蜗轮箱；5. 主轴支承架；6. 轴承座；7. 机架；8. 支架蜗轮杆减速器；
9. 调节螺钉主轴；10. 固定螺钉；11. 控制板；12. 开放式翼形螺栓；13. 撒粉盒；14. 轴；15. 拉杆；
16. 顶盖；17. 转体；18. 贮液桶；19. 放液桶；20. 托盘；21. 法兰盘；22. 轴承；23. 主轴；24. 连接板。

图 7.17　伞形搓圆机的构造

2. 辊印成型机

辊印（饼干）成型机，主要由成型脱模机构、生坯输送带、余料接盘、传动系统及机架等组成，如图7.18所示。这种成型机由于印模规格不同，其体积变化较大，但主要构件及工作原理基本相同。此类机型的印花成型、脱坯等操作，由执行成型脱模的辊筒通过转动一次完成，不产生边角余料，机构工作连续平稳，无冲击，振动噪声小，并省去了余料输送带，使整机结构简单、紧凑、操作方便、成本较低。该种成型机主要适用于加工高油脂酥性饼干，也可用于加工桃酥类糕点。

3. 通心粉机

通心粉也称通心面，是采用螺杆挤压成型的工作原理生产的一种方便食品。

通过利用高温高压作用，使物料一次性完成混合、压缩、熟化和成型等过程。通心粉机的结构主要由喂料器混合机、螺杆、机筒、压模、齿轮减速箱和电动机等部分组成，如图 7.19 所示。

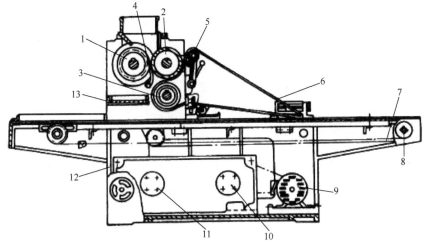

1. 喂料辊；2. 印模辊；3. 橡胶脱模辊；4. 刮刀；5. 张紧轮；6. 帆布脱模带；7. 生坯输送带；
8. 输送带支承；9. 电机；10. 减速器；11. 无极调速器；12. 机架；13. 余料接盘。

图 7.18　辊印成型机的构造

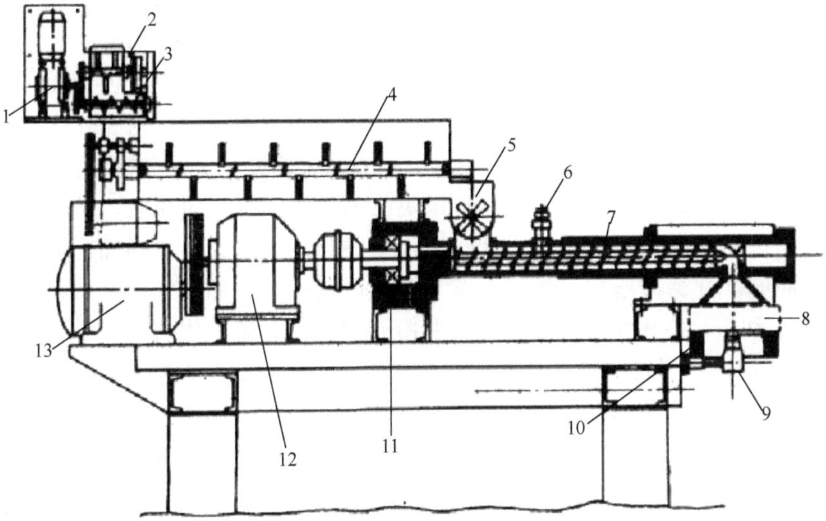

1. 变速传动装置；2. 喂料器；3. 水杯式加水器；4. 浆叶式卧式混合机；5. 带有真空装置的捏面机；
6. 降压阀；7. 螺杆；8. 压模；9. 切刀；10. 风机；11. 止推轴承；12. 齿轮减速箱；13. 电动机。

图 7.19　通心粉机的构造

配料装置由一根带有无级变速的螺旋和一个装备有无级变速装置的双联泵组成，采用无级变速的目的在于能够任意调节面粉和水的配比。在捏面机上安装真空装置的目的是抽出捏面机内的空气，真空度通常调节到 60～70KPa，以尽量抽出空气，减少面团中的小气泡，使面团变得紧密，富有弹性，不易断裂。为了防止面团在机筒内与螺杆抱在一起只做回转运动，不向前推进，通常在机筒的内壁开设若干条均匀分布的沟槽，以增加面团与机筒内壁的阻力，因而这些沟槽也称为阻转槽。如果机筒内的温度超过 48℃，就会使面团中的面筋变得没有活性，失去弹性，因此面团的温度升温不能太高，最好不超过 40℃。

六、荞麦酿造所需设备

荞麦酿造设备在生产优质苦荞酒、苦荞醋、苦荞酱油等发酵食品中起着至关重要的作用。此处仅介绍以苦荞麦为原料生产白酒所需的关键设备，主要有制曲设备、发酵设备和蒸馏设备等。

1. 制曲设备

压曲机是机械制曲的主要设备，目前在全国应用的压曲机有 3 种类型。液压成坯机：如宜宾三江机械有限责任公司设计制造的 ZQB250 型液压成坯机，能利用液压系统和电气系统对各个动作进行程序控制，从曲料进机到曲块压成后的输出可实现自动循环作业，其特点是 1 次可同时压制 2 块曲坯，产量为 250～400 块/h，所用电机功率为 3.3kW。气动式压坯机：具有结构简单、占地面积小、操作和维修方便等优点，其压曲方式是一次气动静压成型，产量为 350～500 块/h。可利用 1 台 0.6m³/min 的小气泵产生的压缩空气，通过 3 个手动换向阀驱动气缸，完成取料、压坯、顶出等作业。由于每块曲单独用 1 个气缸压实，故不会因加料不均匀而使曲坯松紧不一；在设计时也已考虑到不会因设备磨损而产生模具对位不准的问题。弹簧冲压式成坯机：是大多数白酒厂采用的成坯机。该机的产量为 700～800 块/h，曲坯大小和形状可按曲模而定，可改善卫生状况，并节省劳动力 75%。将曲料与水按比例加入搅拌机中混匀后，再由齿式疙瘩耙将疙瘩打碎，进入三角贮斗，经输送槽内的传送带输入压坯机。曲料自动装入曲模内，曲模在链轮和链条的带动下，在托板上滑行前进，每到一定位置，由踩曲锤压一下。踩曲锤的齿轮带动拉杆，拉杆拉动大梁下移，大梁压迫弹簧，即将压力传到踩曲锤上，把曲模中的物料逐次压实，每块曲坯共压 8 次即成型。最后由 9 个踩曲锤将曲坯落到传送带上，横向送出机身。再由人工逐块接装到推车上，运至培曲室。为了防止曲料粘在踩锤上，在锤底有小孔，锤孔外面包有 2 层毛巾和 2 层白布，锤内灌注的水由小孔流出，使布潮湿而不粘曲料，使曲坯表面光滑平整。

2. 发酵设备

苦荞大曲酒的发酵容器一般采用地下敞口式，便于保温和操作。传统发酵容器的容积一般为 6～10m³。为便于机械化出醅，发酵容器有越来越大的趋势，目前大的发酵池为 20～40m³，因白酒的香型而异，大曲酒的发酵池大小及材质不一。下面以浓香型大曲酒窖池进行介绍。

（1）传统窖：以黄泥筑成，平均容积为 10m³，以 6～8m³ 为最好，长宽比为 2∶1，深为 1.5m，以底小口大为宜，窖底一般不设排水沟，以利于维护老窖。

（2）人工筑窖：有的名酒厂新建的窖，其长宽比为（1.2～1.4）∶1，深为 1.6～1.8m，容积为 11.2～16.8m³，即装 8～12 甑酒醅。筑窖的具体过程和要求如下：

① 筑窖材料：有优质泥、窖皮泥、老窖泥、老窖黄水液、大曲粉、楠竹钉，不能使用方砖、条石、水泥为材料。

② 排窖基：选择地貌、土壤、土质均恰当的窖基，以土壤母质为黏性强的黄泥最好，开方挖土一般按地形排列窖基，以便于酿酒操作机械化。

③ 筑窖墙：用未经晾干水分的新鲜黏性黄泥筑窖墙，要用力筑紧，立埂厚度为窖底基 1.5m、平地面为 1m；横埂厚度为窖底基 1m、平地面 65cm，还要用墙板使窖墙呈一定的倾斜度，窖与窖之间的横埂，决不能打单墙，要打双墙，填泥时还要筑紧，若随意减少墙的厚度，则在使用时易出现垮塌现象。

④ 钉窖钉：将窖钉钉入窖墙至 15～20cm，窖钉的间距为 10cm，窖钉铺完之后，呈 45°的斜角。

⑤ 搭窖壁：用麻丝缠窖钉头后，将搭窖泥运到窖底，将其一团团用力砸向窖壁和窖底，并在窖底的一角留有呈窝形的黄水坑 1 个。

新窖筑成后，不能敞开不用，以免窖泥干裂，应立即使用。

3. 蒸馏设备

就广义而言，白酒的蒸馏设备包括上甑机、蒸馏器及冷凝器、起排盖机、出甑机及晾渣机等设备。目前，白酒厂大多使用传统甑桶、多功位转盘甑和活底甑 3 种蒸馏器，前两种为固定甑桶，桶体不能起吊和移动，甑底也不能打开；活动甑的甑体可吊起，甑底也不能开启。上甑机和出甑机主要应用于多工位转盘甑。白酒蒸馏原理示意图如图 7.20 所示。

（1）甑桶，又称甑锅，由桶体、甑盖（排盖）及底锅 3 部分组成。传统的"花盆"甑，桶身上口直径 1.7m，下口直径 1.6m，高约 1m。桶身外壁为木板，内壁以彼此用防酸水泥缝嵌合的石板，甑盖为木板，甑底有 1 层竹篦。

现在很多酒厂使用的甑桶，已改为钢筋混凝土结构，加热方式也多以蒸汽代替过去的直接烧火加热，甑的容积也由原来的 2m³ 左右增至 4m³ 左右。也有的甑桶高为 0.9m，下口直径与上口直径之比为 0.85。桶身壁为夹层钢板，外层材料为

A3 钢板，内层为薄不锈钢板。在空隙为 3cm 的夹层内装保温材料蛭石或珍珠岩。甑盖呈倒置的漏斗状，材料为木板或如同桶身装保温材料的夹层钢板。位于底锅上的筛板支座上放置竹帘或金属筛板，筛孔直径为 6～8mm。底锅呈圆筒状，深度为 0.6～0.7m，锅底内的蒸汽分布管为上面均布 4～8 根放射状封口支管的 1 圈管，管上都开有 2 排互成 45°向下的蒸汽孔。

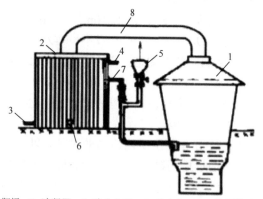

1. 甑桶；2. 冷凝器；3. 冷水入口；4. 热水出口；5. 注酒梢子口；
6. 流酒出口；7. 部分热水流入甑锅底；8. 过气管。

图 7.20　白酒蒸馏原理示意图

（2）冷凝器，传统的冷凝器用纯锡制成，后改用不锈钢板等材料。冷凝器多呈列管式，总高度为 1.0～1.2m。冷凝器的上下为气泡，上、下气泡及过气管的不锈钢板厚度不超过 3mm，过气管直径为 200mm，下气泡底部设酒导管。上、下气泡的花板为 13 孔或 19 孔、23 孔，孔与冷凝管焊接，管的直径通常为 80mm 或 90mm，管厚度不超过 1mm。

（3）甑桶与冷凝器的链接装置，在冷凝器的一侧的中上部位，有 1 根支管通至甑桶下的底锅内，由阀门控制进入底锅内经冷凝酒气以后的热水量，酒尾可从支管的分支管流加至底锅内。

第三节　荞麦产品与加工工艺要点

荞麦产品主要包括米面糕点类、饮品类、食品配料类、保健品类、日用品类、饲料添加剂类等。以下就近年来已开发的主要荞麦制品及其加工工艺进行简要的介绍。

一、特色米面糕点类食品

通过科学配方和先进的生产工艺，将荞麦加工制成具有一定营养保健价值的面类、粉类和方便食品类等。

（一）荞麦面、粉类食品

1. 荞麦挂面

吴素萍（2002）开发了一种以荞麦粉和高筋面粉为主要原料，同时添加枸杞浆、燕麦粉、蒿子粉等成分的营养挂面。根据水平试验筛选结果，优选得到其最佳配方为：高筋粉92%、荞麦粉5%、枸杞浆2%、燕麦粉2%、蒿子粉1%、加水量30%、食盐2%、食用碱0.2%，葡萄糖氧化酶适量。荞麦面含有70%的淀粉和7%～13%的蛋白质，且其蛋白质中的氨基酸组成比较平衡，赖氨酸、苏氨酸的含量较丰富。荞麦面的脂肪含量为2%～3%，其中对人体有益的油酸、亚油酸含量也很高。荞麦面中的维生素 B_2 是小麦粉的3～20倍，为一般谷物所罕见。荞麦面的最大营养特点是一般食物很少具备的，即同时含有大量烟酸和芦丁。这两种物质都具有降低血脂和血清胆固醇的作用，对高血压和心脏病有重要的防治作用。荞麦面还含有较多的矿物质，特别是磷、铁、镁，对于维持人体心血管系统和造血系统的正常生理功能具有重要意义，每100克的能量约为1411KJ。荞麦面适口性好，做法有很多种，如炸酱面、热汤面、炒面、刀削面、剔尖、拨鱼儿，还可以包馅、蒸馒头、烙饼等，荞麦面看起来色泽不佳，但用它做成扒糕或面条，佐以麻酱或羊肉汤，别具一番风味。

石磨荞麦面是指选用石磨面粉加工成的荞麦面。石磨荞麦面中含有丰富的蛋白质、B 族维生素、芦丁、矿物营养素、植物纤维素等。经常食用荞麦不易引起肥胖症，因为荞麦含有营养价值高、平衡性良好的植物蛋白质，这种蛋白质在体内不易转化成脂肪，所以不易导致肥胖，同时也是糖尿病人的最佳食品之一。另外，荞麦中所含的膳食纤维是人们常吃的主食面和米的8倍之多，具有良好的预防便秘作用，经常食用对预防大肠癌和肥胖症有益（张君慧等，2012）。

主要工艺流程如下：

操作要点：

（1）原料选择：荞麦粉要求品质为粗蛋白≥12.5%、灰分≤1.5%，水分≤14%。另外，与小麦粉"伏仓"2～4周的要求相反，荞麦粉要随用随加工，存放时间以不超过两周为宜，这样生产出的荞麦挂面香味浓郁。

（2）预糊化：将称好的荞麦粉放入蒸拌机中边搅拌边通蒸汽，控制蒸汽量、蒸汽的温度及通气时间，使荞麦粉充分糊化。一般糊化润水量为50%左右，糊化时间10min左右为宜。

（3）和面：水温对荞麦挂面加工的影响较大。水温过低（20℃以下），蛋白质吸水时间长，不利于面筋形成。水温过高（50℃以上），蛋白质易受热变性，也难以形成面筋。最佳水温为30℃左右。和面时，将小麦粉与复合添加剂充分预混后加入预糊化的荞麦粉中，加入30℃左右的自来水充分搅拌，调水至面粉质量32%～34%，和面时间约25min。同时，加水量还要考虑原料中蛋白质、水分及麦粉品质；当麦粉为硬质麦时（水分低），原料吸水率高，加水量要相对多一些，反之亦然。

（4）熟化：面团和好后放入熟化器熟化20min左右，在熟化时，面团不要全部放入熟化器中，应在封闭的传送带上静置待用，随用随往熟化器中输送，以免面团表面风干形成硬壳。

（5）烘干：荞麦挂面烘干过程中，增加第一烘干室的通风量，降低烘干室的面条密度，可加速面条表面水分蒸发，形成的坚硬外壳以增加面条的强度、拉力，可以使落地率降到10%以下，能有效地解决荞麦挂面落地率过高的问题。控制烘干室温度为18～26℃，接着升温至37～39℃，控制相对湿度60%左右进行低温冷却。

（6）产品特点：色泽暗黄绿色；无霉、酸、碱味及其他异味，具有荞麦特有的清香味；煮熟后不糊，不浑汤，口感不黏不牙碜、柔软爽口，熟断条率<10%，不整齐度<15%，其中自然断条率<8%。

（7）理化指标：含水量12.5%～14.5%；脂肪酸值（湿基）≤80；含盐量2%～3%；弯曲断条率≤40%；无杂质，无霉变，无异味，无虫害，无污染，原辅料符合国家食品卫生标准规定。保质期为6个月左右。

2. 苦荞鲜面

苦荞鲜面与普通荞麦面相比，营养价值更高，热量更低，其中膳食纤维含量高达25%，蛋白质含量高达15%，并含有丰富的生物类黄酮，有保护心脑血管、预防糖尿病的功效。苦荞麦鲜面与普通面的加工有所不同，其原材料只含有苦荞麦面粉和水。为保留苦荞麦的营养价值，用带皮苦荞麦研磨制成苦荞麦粉。急速冷冻既保留苦荞鲜面的口感，又有效保留了苦荞麦中的营养成分。

主要工艺流程如下：

苦荞麦粉和水 → 和面 → 高压成型 → 急速冷冻 → 包装 → 成品

3. 苦荞蔬菜面

朱世宗（2008）开发了一种苦荞蔬菜面，原料为苦荞麦粉、蔬菜、小麦面粉，产品中各组分比例为：苦荞麦粉60%～80%、蔬菜10%～20%、小麦面粉5%～20%。经过试用后，该产品的蛋白质、淀粉、脂肪等营养成分均符合相关标准。由于苦荞麦含有黄酮类成分,苦荞麦、蔬菜中的维生素和矿物质的加入,使苦荞麦蔬菜面较普通面的营养成分与食疗功能大幅度增加,长期食用该面能够对慢性胃肠疾病有较好的治疗作用,其保健功能特性突出,口感也较好。

主要工艺流程如下:

```
                              蔬菜打浆
                                 │
                                 ↓
苦荞麦粉、小麦面粉混匀 → 和面 → 压制 → 干燥成型 → 包装 → 成品
```

4. 荞麦低血糖生成指数保鲜湿面

周柏玲等(2008)利用挤压预糊化成型技术,结合高压蒸汽灭菌和调酸抑菌技术,在不使用任何保鲜剂的情况下开发了杂粮系列保鲜湿面产品。产品货架期可保持90d以上。通过调配适量小麦粉、优化工艺参数,并在荞麦湿面产品中添加10%以上燕麦膳食纤维粉,能显著降低产品的血糖生成指数。该保鲜湿面食用便捷、口感好,避免了复水性差带来的混汤、断条、口感变差等弊端,受到消费者的青睐。经试验,该产品的血糖生成指数(GI)达38.6。

主要工艺流程如下:

```
苦荞麦面粉、膳食纤维粉 → 和面 → 两次挤压成型 → 冷却 → 干燥成型
→ 定量分割 → 灭菌处理 → 酸处理 → 成品检验 → 包装
```

5. 非油炸荞麦方便面

满久露等(2019)以传统空心面生产工艺为基础,挤压预糊化荞麦粉和高筋粉混合原料,加工冲泡即食非油炸荞麦方便面。考察一次长时间发酵、多次短时间发酵及压片对面粉粉质特性、面条质构特性、冲泡时复水性、感官品质等的影响。结果表明,发酵可显著改善冲泡性,压片对面条品质没有影响。通过发酵和预糊化荞麦粉的应用,可以得到冲泡性和口感均较好的非油炸荞麦方便面。

主要工艺流程如下:

```
荞麦面粉 → 和面 → 发酵 → 一次挤出 → 两次挤出 → 波纹成型 → 定量切块
→ 蒸煮 → 干燥 → 冷却 → 包装 → 成品
```

生产工艺要点:

(1)和面:先把荞麦粉倒入和面机中,搅拌2min后再逐渐加入配好的溶液,同时搅拌和面10min左右。面团温度20~30℃。

(2)熟化:即醒面,在室温下静置30min左右。面团温度保持在20~30℃。

(3)复合压延:熟化后的面团先通过两组轧辊,压成两条面带,再通过复合机复合2次,合为一条面带;面带经5~6组直径逐渐减小、转速增加的轧辊辊轧,将面片厚度压延至1.0mm左右。

（4）切条折花：面刀切割出来的面条前后往复摆动，将面条与成形网带的线速度比调节至6～8，面条扭曲堆积成一种波峰竖起，前后波峰相靠的波浪形面层。

（5）蒸煮：切条折花后送入连续蒸面机中蒸面，蒸汽压力0.1MPa（大气压），时间80s。

（6）干燥：干燥温度越高，面块的断条率越高；干燥箱链条运转速度越快，干燥时间越短，面块的含水量越高；并且风量大小对面块的湿度有很大的影响，风量越大，越能穿透面饼，使面饼越干，从而通过实验筛选出最佳的条件。由《食品安全国家标准 方便面》（GB 17400—2015）可知，热风干燥方便面的水分≤12%，本产品控制最佳含水量为8%～10%。

（7）冷却：将方便面冷却到接近室温或高于室温5℃左右进入自动包装机，如未经冷却直接包装会使面块及附加的汤料加快变质。

（8）包装：把冷却后的方便面块通过输送装置送在包装薄膜上，加上汤料，通过薄膜传送装置和成型装置包装，然后装箱捆包。

（9）产品特点：生产的非油炸杂粮方便面保留了原杂粮特有的营养成分，具有弹性好、耐浸泡、复水快、不断条、不浑汤、口感筋道、细腻滑爽等特点，并带有杂粮特别是荞麦所特有的清香美味，结束了杂粮粗糙刺激嗓子、苦涩难以下咽的历史；产品具有营养丰富、口感滑爽、香味浓郁、风味独特等显著特点。苦荞方便面中黄酮的含量为0.43%，DPPH自由基清除率抑制中浓度（IC_{50}）为5.4mg，其总抗氧化能力为229.4mmol/g。

6. 荞麦营养配方面粉

李红梅等（2009）将70%～85%高筋小麦面粉、10%～25%荞麦面粉、0.1%～0.5%苦荞黄酮提取物与3%～8%燕麦麸皮超细粉混合在一起得到纯天然荞麦营养配方面粉。该产品既改善了口感、提高了加工品质，又具有显著的抗氧化活性。经检测，其DPPH自由基清除率抑制中浓度$IC_{50}<10$mg，总抗氧化能力>100mmol/g。与普通高筋小麦面粉相比，两项抗氧化指标分别提高了15倍和5.95倍以上，抗氧化活性效果十分显著。

7. 苦荞降糖粉

王艳（2001）发明了一种苦荞降糖粉，各组分含量分别为：苦荞麦粉50%～60%、营养粉（脱脂奶粉或豆粉）20%～40%、松花粉1%～10%、黄酮类物质1%～5%、膳食纤维素1%～10%、黑芝麻粉1%～10%。制备方法是：将苦荞麦去皮后磨制成苦荞麦粉；将松树花粉磨制成松花粉，按比例打匀。由于降糖粉中的苦荞麦粉含量在40%以上，其含有的丰富的生物类黄酮芦丁，能改善糖耐量，调节血糖，并调节内分泌系统，降糖疗效明显。

8. 苦荞三降保健粉

钟华强（2009）发明了一种苦荞三降（降血脂、降血糖、降尿糖）保健粉，由以下原料配制而成：苦荞米 70%～88%、螺旋藻 5%～10%、人参 1.5%～9%、决明子 1.5%～9%、甘草 2.4%～5%。将苦荞米清洗晾干，进入膨胀机膨胀后，加入螺旋藻、人参、决明子、甘草拌匀后，粉碎成细粉，包装。该苦荞三降保健粉由于加入了螺旋藻和决明子，使其三降功能更为明显。加入人参能补气、安神；加入甘草能改善口味，使其具有较好的口感。

主要工艺流程如下：

螺旋藻、人参、决明子、甘草

苦荞米 → 清洗晾干 → 膨胀 → 拌匀 → 粉碎 → 包装 → 成品

9. 荞麦芽全粉

荞麦芽全粉具有荞麦芽的清香味，其氨基酸、芦丁、矿物质含量均高于一般荞麦种子粉，且功能成分的含量和活性增强，易为人体所吸收。制备的荞麦芽全粉可直接冲饮或食用，也可将其与其他面粉或米粉混合后制作米饼、面包和各种休闲食品，还可将其作为营养添加剂加入各类食品中。

主要工艺流程如下：

荞麦籽粒 → 清洗、浸泡 → 发芽 → 拌匀 → 破壁 → 速冻 → 真空冷冻干燥

→ 粉碎 → 包装 → 成品

10. 荞麦苗粉

胡久青（2003）开发了一种荞麦苗粉，其具有色泽鲜艳、有效成分含量高、无农药残留和金属离子的特点。由于荞麦苗中含有大量的芦丁、总黄酮及人体所必需的多种微量元素，具有较高的药用价值，故可以作为添加剂制备具有保健作用的各类食品。

主要工艺流程如下：

荞麦苗 → 割取、清洗 → 漂烫护色 → 去浮水 → 烘干 → 微波干燥 → 粉碎

→ 包装 → 成品

操作要点：

（1）割取：将长至出花蕾前的荞麦苗在离地面 2～5cm 处割取，并剔除黄叶、杂质。

（2）清洗：将割取的荞麦苗用清水清洗干净，去除泥土及表面农药残留。

（3）漂烫护色：将洗净后的荞麦苗送入 50～85℃的热水中漂烫 0.3～1.5min，

以保证其色泽鲜艳，然后冷却清洗。

（4）去浮水：将护色冷却后的荞麦苗置入离心机中去掉浮水。

（5）烘干：将去浮水的荞麦苗烘干，使其含水量降至10%～14%。

（6）微波干燥：采用微波干燥工序灭菌10～15min，使荞麦苗的含水量降至6%以下。

（7）粉碎：将经干燥的荞麦苗粉碎至120～200目的粉末。

（二）荞麦方便食品

1. 苦荞蛋糕

程琳娟等（2010）通过分析苦荞麦粉与小麦粉混合粉的粉质特性，采用正交试验探讨苦荞蛋糕生产过程中各因素的影响，最终确定苦荞蛋糕的最佳配方（苦荞麦粉37.5g，糖150g，水175mL，泡打粉3.0g，低筋粉212.5g，鸡蛋250g，盐2.0g，植物油30g，奶粉30g，蛋糕油12.5g），得到营养保健型苦荞蛋糕。

主要工艺流程如下：

操作要点：

（1）原料处理：将苦荞麦粉和小麦粉过100目筛，除去杂质和受潮的粉。

（2）起泡：将鸡蛋、蛋糕油、白砂糖放入打蛋器中，中速搅拌2min，搅拌均匀后，快速搅拌12～16min，当蛋液表面呈乳白色，有光泽，且体积膨胀到原来的2倍左右即可。

（3）配粉：将苦荞麦粉、小麦粉按试验设计需要的比例称好，混匀。

（4）调制面糊：将配好的粉慢慢地倒入蛋液中，缓慢地倒入水，并加入植物油，一般采用低速或中速搅拌，特别要注意的是调制面糊的时间要短，避免面粉起筋，影响蛋糕的起发。

（5）注模：调制好面糊后立即注入模具中，不可长时间放置，以免泡打粉失效。

（6）焙烤：烘烤前，提前20min左右打开烤箱，使烤箱温度提前预热至试验设计温度，使底火温度升至200℃，面火温度升至160℃。当底火、面火升温结束后放入烤盘，大约烤制15min。将烤盘拿出调换方向，防止烤箱温度不均对蛋糕产生不利影响，再烘烤3～5min，当蛋糕表面呈金黄色即可出炉。

（7）脱模：自然冷却后，取出蛋糕。值得注意的是，不能采用烘烤前在模具里刷油的方式来脱模，否则会造成消泡后果，不利于烘烤时泡打粉起泡，影响蛋糕的起发性和口感。

钟志惠等（2009）通过正交实验研究了苦荞粉添加量、泡打粉添加量、微波加热时间等对苦荞微波蛋糕品质的影响，并确定了苦荞微波蛋糕的最佳配方和加工工艺参数为：粉料 100%（苦荞麦粉 40%，小麦特制粉 60%），鸡蛋 250%，白砂糖 70%，泡打粉 4%，牛奶 100%，色拉油 40%，食盐 1%，香草粉 0.5%。以 1个鸡蛋量为基准配置的蛋糕面糊，用 750W 家用微波炉，塑料微波碗，加热2min30s。

2. 苦荞桃片

赵钢等（2004）发明了一种苦荞桃片及其加工方法、质量标准。该桃片所用原料除糯米、植物油、核桃、白砂糖外，还添加了苦荞麦粉，苦荞麦粉通过炒制脱壳，粉碎后过 100～120 目筛，按一定比例混合在"回粉"中。该桃片富含生物蛋白、维生素、矿物质，尤其是保健功能强的生物黄酮类成分，同时制定了苦荞桃片的质量标准，保证了苦荞桃片的质量。

主要工艺流程如下：

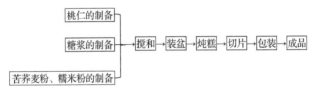

3. 苦荞羹

肖诗明等（1999b）发明了一种苦荞羹，以苦荞麦心粉、皮层粉按一定比例混合后挤压膨化制备膨化料，再配以烤制的花生、芝麻、黄豆等，生产苦荞麦即食粉——苦荞羹。产品色泽淡黄或黄褐色，气味正常，有香味、无异味及肉眼可见杂质。该产品营养成分丰富，易消化吸收，清香爽口，食用方便。

主要工艺流程如下：

花生、黄豆、芝麻清理 → 烤制

苦荞麦芯粉、皮粉层 → 配料 → 挤压膨化 → 切断 → 冷却 → 配料 → 粉碎 →

拌混 → 包装

操作要点：

（1）当混合膨化时，随着皮层粉比例增加，膨化产品比容逐渐降低；同时色泽加深、口感变硬、脆性降低，这是由于苦荞麦皮层粉脂肪含量和蛋白质含量较心粉高，影响膨化的缘故。据营养成分、比容、制品色泽、产量等因素综合考虑，建议采用心粉 50% +皮层粉 50%的配比混合后挤压膨化制备膨化料。

（2）配方中随膨化粉比例增加，苦荞麦风味逐渐增强；黄豆、花生、芝麻的比例增加，香味增浓，尤其是黄豆比例高时，香味浓且呈现豆腥味。

（3）白糖的加入不仅改善产品的风味，而且对冲调性有利。产品冲调性主要受膨化粉、黄豆、花生、芝麻含量高低的影响，尤其当黄豆、花生、芝麻含量高时冲调性更差。

（4）加糖型苦荞羹的配方为膨化粉 65%、黄豆 15%、花生 3%、芝麻 2%、白糖 15%；无糖型苦荞羹的配方为膨化粉 85%、黄豆 10%、花生 3%、芝麻 2%。

4. 苦荞雉羹

王向东（2008）发明了一种苦荞雉羹，由以下原料组成，黑米 1～3 份、小米 1～3 份、苦荞麦粉占黑米和小米总量的 20%～30%、白条雉鸡占黑米和小米总量的 55%～65%、猪皮占黑米和小米总量的 15%～20%、食盐占黑米和小米总量的 0.5%～1.5%。该产品蛋白质含量高、营养丰富、口感舒适、食用方便，具有较好的营养价值。

主要工艺流程如下：

白条雉鸡→腌制→脱骨→绞碎→切片
苦荞麦粉、小米、黑米→调配→熬制→成羹→混合→煮沸→灌装→密封
猪皮→清洗→煮熟切丝→熬制→滤液
→冷却成型→成品

5. 荞麦杏仁软糖

周小理等（2009b）发明了一种荞麦、杏仁琼脂双层软糖，其制作方法主要包括烤杏仁、苦荞麦膨化、混料熬糖、糖浆的冷却和调和、调色调香，上层软糖的浇模成型、下层软糖的分切成型，组合及成品包装等。该产品所含的芦丁等黄酮类化合物、矿物质及人体必需的 18 种氨基酸的含量高于一般琼脂软糖，可提高人体的免疫力。

主要工艺流程如下：

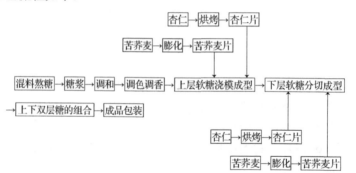

6. 核桃苦荞糊

朱世宗（2011a）开发了一种核桃苦荞糊，其原料为核桃仁、芝麻仁、葵花仁、花生仁、鱼香草、苦荞麦、燕麦、天星米、薏仁米。各成分占比如下：核桃仁 5%~10%，芝麻仁 3%~5%，葵花仁 3%~5%，花生仁 3%~5%，鱼香草 1%，苦荞麦 30%~55%，燕麦 15%~40%，天星米 10%~20%，薏仁米 5%~10%。该产品香味浓郁、口感较佳，同时还具有较高的营养价值和保健功能，能增强身体素质，提高免疫能力，有健脑、润肠、降血脂、降血糖、降血压的功效，是适宜高血糖、高血脂、高血压、神经衰弱人群的食用。

主要工艺流程如下：

```
芝麻仁、葵花仁、花生仁 → 烘干 → 炒制 ┐
苦荞麦、燕麦、核桃仁 → 烘干 → 炒制 → 调配 → 磨粉 → 包装 → 成品
天星米、薏仁米、鱼香草 → 烘干 → 炒制 ┘
```

7. 苦荞八宝粥

赵钢等（2009）发明了一种口味新，营养丰富，保健功能强，以苦荞麦为主要原料的八宝粥配制方法。其采用苦荞麦为主要原料，加入食药同源，保健功能强的营养滋补品绿豆、红豆、莲子、大枣、薏仁、糯米、花生、冰糖、枸杞而得。该产品具有益气健脾，调容养颜，延年益寿功用，特别适合老年人、体弱多病、中年妇女、易疲劳体虚、亚健康人群滋补健体服用。该产品具有制作工艺简单、营养丰富、食用方便、口感好、原料易于获得、加工成本低等特点。

主要工艺流程如下：

```
筛选原料 → 浸泡 → 煎煮 → 杀菌 → 灌装
```

操作要点：

（1）筛选去掉原料中杂物、虫蛀、破损、变质的部分，浸洗，去除表面灰土，沥干。

（2）将绿豆、红豆、薏仁、莲子、糯米、花生用冷水浸泡 2~3h，沥干备用。花生采用去皮的无衣花生仁。

（3）大枣去核，切成 0.5cm 左右小块备用。

（4）苦荞米、枸杞洗净备用。

（5）在加热容器中加入无衣花生仁、莲子、糯米、薏仁进行武火煮沸后改为文火煎煮 2h。

（6）加入大枣、枸杞、冰糖武火煎沸后改为文火煎煮 30min。

（7）加入苦荞米、红豆、绿豆、糊精武火煮沸 10min 即可。

8. 荞麦膨化食品

王思明（2010）以荞麦面粉为主要原料，对多功能、高营养的荞麦膨化食品的配方及双螺杆膨化挤压机的膨化加工技术参数进行了全方位的研究。荞麦膨化食品的最佳配方为橙汁添加量 8%，木糖醇添加量 6%，植物油添加量 3%。荞麦膨化食品的最佳生产工艺为：加工温度 170℃，喂料量 80g/min，螺杆转速 319.6r/min。在此配方下，制作出的膨化食品内部组织结构均匀，口感酥脆，不黏牙，具有主要原料经加工后应有的香味。

主要工艺流程如下：

荞麦面粉→计量→混合→调湿→喂料→挤压膨化→切割→干燥→包装

操作要点：

（1）计量：准确称取荞麦面粉 500g。

（2）混合：将橙汁、植物油按照相应的比例加入原料中。

（3）调湿：一定要将原料与辅料混合均匀，否则会出现膨化产品褶皱、膨化度不均匀的现象。

（4）喂料：称取 300g 面粉并加入 35%左右的水，使之混合均匀以备使用。

（5）挤压膨化：先开机 30min，使机器预热，待温度稳定后将 300g 喂料均匀地加入膨化机中，在喂料即将添加完毕之前打开机器上的进料开关，按照设定的参数将主料均匀地加入膨化机中。此项操作的要点是务必在喂料即将添加完毕之前将主料填入膨化机中，使原料水分有一个过渡的过程，以保证膨化机的正常运作。如果等喂料添加完毕后才添加主料，这时原料含水量从 35%忽然降到 10%，会出现堵机的现象。

（6）切割：挤压膨化出来的产品，从模口出来之后，用高速切刀切断，可以根据产品的需要调整切刀转速从而控制产品的长度。

（7）干燥：膨化出来的产品，其含水量一般为 6.5%～8%，可先将其放在 90～110℃的烘箱中，烘干 10min，使其含水量控制在 5%左右。这样，一方面产品具有较长的保存期，另一方面产品的口感也会变得更加松脆。

（8）包装：膨化产品采用真空充氮气软包装。

二、荞麦饮品

市面上，最常见的荞麦饮品是各种各样的荞麦茶，其次还有荞麦多肽饮料、荞麦奶等。

（一）荞麦茶

荞麦茶的品种繁多，从原料配方看，有用荞麦籽粒或花序单原料的，也有用种子、叶片等多原料的，还有将荞麦和其他药用植物混合为原料的，采用多种加工工艺精制而成（童晓萌等，2018）。

1. 荞麦籽粒茶

荞麦籽粒茶是以荞麦种子为原料，主要通过筛选、清洗、浸泡、蒸煮、烘干、脱壳、炒制、包装等工艺制作而成。荞麦籽粒茶营养丰富，气味清香，可饮可食，且具有一定的保健功效，是目前众多荞麦茶的主流产品，深受消费者喜爱。

主要工艺流程如下：

原料筛选 → 清洗 → 浸泡 → 蒸煮 → 烘干 → 脱壳 → 炒制 → 包装 → 成品

操作要点：

（1）原料筛选：精选优质苦荞麦种子，去除霉变、瘪粒种子及沙石等杂质。

（2）清洗：用清水将苦荞麦种子漂洗干净。

（3）低温浸泡：浸泡 3～4h，然后采用脱水机脱去苦荞麦种子表面水分。

（4）蒸煮：利用水蒸气将苦荞麦种子蒸熟。

（5）烘干：采用热风烘干设备对蒸煮后的苦荞麦种子（表皮）进行烘干处理。

（6）脱壳：采用脱壳机对苦荞麦种子进行脱壳处理，使荞麦壳与麦仁完全分离，除去麦壳，根据需求得到表面带麸皮（或不带麸皮）的麦仁。

（7）炒制：采用可调温设备对苦荞麦仁进行炒制，匀速翻动，获得色香味俱佳的苦荞麦籽粒茶。

（8）包装：采用颗粒包装机将苦荞麦籽粒茶封装成袋。

2. 荞麦造粒茶

吴金松等（2007）从多种苦荞麦品种中筛选芦丁成分最高的成都 1 号为原料，与成都 1 号的叶粉混合，经成型、烘焙等工序加工研制新型的苦荞茶。该产品因创新地引入黄酮物质含量高的叶粉，充分利用苦荞麦资源，有很高的经济价值和市场前景。产品中叶粉的添加量为 2.4%，采用苦荞麦粉和叶粉混合后再进行烤制的工艺所制成的产品感官质量最佳。成品的苦荞茶外形紧密结实，色泽暗绿，外表光洁。苦荞茶汤色浅黄明亮，无浑浊，无散颗粒现象。苦荞茶香气无青杂气，无生淀粉味，鲜爽带苦荞麦香气。

主要工艺流程如下：

苦荞叶粉、苦荞麦粉、食品胶 → 加水拌粉 → 成型 → 烘焙 → 提香 → 包装 → 成品

操作要点：

（1）叶粉与麦粉要求苦荞麦种植时未施农药，符合绿色食品种植要求。叶片色泽鲜绿匀净，洗净后蒸汽杀青，干燥精制成叶粉。苦荞麦籽粒饱满，去皮精制麦粉。

（2）加水拌粉时要求加水量适宜，成膏状，将叶粉、麦粉和食品胶混合匀净，色泽均一。混合后静置 30min，麦粉中的淀粉可以糊化，增强原料之间的黏合性。

（3）成型采用机械力的作用使苦荞麦粉和叶粉黏合，控制力的大小、压力度的原则进行成型，可采用加压加热的成型机，使成型后不受外力的影响而破坏。成型机可产生各种的苦荞茶外形，如条状、节节状、方块颗粒状、圆颗粒状等。

（4）烘焙是将成型后的苦荞茶颗粒盛于盘中放入远红外烤箱，在 200℃下烘焙 5min 左右，让苦荞叶粉和麦粉熟化，然后自然冷却。

（5）提香：冷却后的苦荞茶再放入电热鼓风干燥箱，在 110～120℃条件下烘焙 10～12min，以含水量不高于 7%，苦荞茶香气浓郁为适度。

（6）包装：提香后的成品冷却至室温后，采用密封、避光、防潮包装袋进行包装，在常温下保存。

3. 荞麦花茶

陈庆富等（2007）以荞麦幼花序为原料，采用改进的绿茶制作工艺，经摊青、杀青、热揉、干燥等步骤，生产出保健荞麦花茶产品。该发明所提供的生产方法简单，产品色泽好，香味浓，荞麦总黄酮类物质含量高达 5%以上，芦丁含量在 3%以上，并且其他营养成分，如维生素等也较丰富。同时，荞麦花茶中还含有部分天然抗饥饿成分，可以减轻饥饿感，减少食物的摄取，长期饮用还具有减肥效果。

黄明健等（2015）以金荞麦的花为原料，开发出一种金荞麦花茶。金荞麦中含有丰富的生物活性成分黄酮类化合物，其主要成分有芦丁、槲皮素、山奈酚、桑黄素、表儿茶素、原矢车菊素等。但在传统的应用中，金荞麦的药材基源为其根部，其他的部位没有得到充分的利用，造成资源的浪费。该产品充分利用金荞麦花中含有丰富的黄酮类物质，开发成一种良好的保健饮品。

4. 荞麦子叶茶

王静波等（2013a）以苦荞芽子叶为主要原料，通过汽蒸、炒制等工艺生产出一种苦荞子叶茶。苦荞芽子叶的最佳摘取时间为发芽后第 9d，子叶最佳汽蒸时间为 10min，最佳烘焙条件为 65℃下烘 1.5h，最佳炒制条件为 100℃下炒制 15min。该产品具有苦荞子叶特有的清香味，耐冲泡，口感好，且具有较好的营养保健功能，是一种理想的新型健康饮品，有着广阔的市场前景。

5. 荞麦复配茶

朱世宗（2011b）开发了一种灵芝苦荞茶，其原料配方为灵芝 3%～10%，苦荞麦 20%～45%，茶叶 45%～77%。该产品香味独特，具有茶叶的茶香和苦荞麦的清香，口感极佳，适宜高血糖、高血脂、高血压和神经衰弱人群饮用。

主要工艺流程如下：

灵芝 → 熬制 → 浓汁

苦荞麦 → 去壳洗净 → 蒸熟烘干 → 超微粉碎 → 糊化 → 调制 → 灵芝苦荞浆

→ 拌匀 → 烘干成型 → 杀菌 → 成品

茶叶

高骁勇（2011）发明了一种松针苦荞仁茶，其原料配比由 30%～70%重量份的松针和 30%～70%重量份的苦荞仁组成。该产品气味清香、口感纯正、滋味浓厚，且充分保留了松针和苦荞麦的营养活性成分，具有较好的营养保健价值。

主要工艺流程如下：

松针 → 摊青揉捻 → 浸泡 → 糖渍 → 扇晾干燥 → 松针茶

苦荞麦 → 清洗浸泡 → 炒干 → 去皮 → 炒香 → 苦荞仁茶 → 调配 → 包装

→ 成品

花旭斌等（2006）开发了一种以苦荞麦麦麸和菊花为原料，经粉碎、混合、烘烤等工序加工生产的苦荞茶，泡制的茶汤清澈，明黄色，具有明显的菊花和苦荞麦的风味，较好地利用了苦荞麦麦麸中所含的芦丁等保健成分。

主要工艺流程如下：

菊花型清香苦荞茶生产中原料的烤制对产品色泽和风味影响最大，在进行烤制时温度不能过高，时间不能太长，否则原料褐变严重，产品汤色深褐，风味焦煳味重，无苦荞麦、菊花的风味，烤制温度应控制在 130～165℃，时间应控制在 20～40min。在实际生产中，在确保产品符合质量标准的前提下，可对配方进行调整，但应注意，配方中菊花用量不能太多，一般应控制在 2.5%以下，否则产品中菊花的风味过浓，会掩盖苦荞麦特有的口感及风味，导致产品感官品质下降。

樊丹敏等（2016）等以丽江苦荞茶为原料，开发营养丰富的茉莉花苦荞茶饮料，研究茉莉花苦荞茶饮料的加工工艺。茉莉花、苦荞茶经过浸提，通过一定的配比调配成茉莉花苦荞茶饮料。对茉莉花苦荞茶饮料加工过程及工艺参数进行研究，通过感官评分和方差分析确定茉莉花苦荞茶饮料最佳加工工艺为茉莉花

0.4%，苦荞茶 6%，蔗糖 6%，柠檬酸 0.04%，蜂蜜 0.5%。该产品既有苦荞麦降血糖、降血脂，增强人体免疫力的作用，又有茉莉花清热解毒、利湿消肿、活血散淤、调经利尿等功效。该产品的色泽纯正、气味清香、滋味适口，是营养全面的新型保健饮品，有利于提高苦荞茶的开发利用率和附加值。

主要工艺流程：

苦荞茶+茉莉花 → 浸提 → 调配 → 过滤 → 澄清 → 灌装 → 密封 → 杀菌 → 成品

操作要点：

（1）选取苦荞茶应注意其外观完整，品质纯正，保存完好，符合安全卫生要求，冲泡后要求汤色棕黄明亮，香气浓郁。选取其他辅料时，辅料应该符合国家卫生标准，无杂质，具有生产许可证的厂家生产的辅料，保证试验的质量。

（2）苦荞茶、茉莉花混合汁的制备采用常用的浸提方法（煎煮法）：称取定量的苦荞茶、茉莉花，以水为溶剂，加热煮沸浸提 10～30min，过滤后加沸水定容至 1L 备用。

（3）将调配好的茶汤过滤，装入洗净的 250mL 玻璃瓶中封盖，95℃以上保持 30min，然后冷却至 40～45℃左右，进行测定检验。

仪徐生（2007）发明了一种苦荞养生茶，由苦荞麦、苦荞花粉、生物类黄酮混合而成，其中苦荞麦含量为 70%，苦荞花粉含量为 28%，生物类黄酮含量为 2%。该苦荞养生茶尤其适用于糖尿病引起的并发症、血糖偏高患者及老年人饮用，不仅能清燥热、消口渴、调节代谢紊乱，而且具有降血糖，消除并发症等效果。

刘晓娇（2013）以红枣、苦荞茶为主要原料，研制出一种集营养、保健为一体的复合型红枣苦荞茶饮料，提高苦荞茶的利用率，丰富茶饮料产品类型。以红枣汁、苦荞茶汁、绵白糖、柠檬酸的添加量作为影响饮料感官特性的四大因素进行单因素试验，再通过正交试验确定复合饮料的最佳工艺配方。制成的产品色泽鲜亮，红棕色，汁液均匀；气味具有红枣特有的香甜味和苦荞茶特有的香味，气味协调；滋味有苦荞茶的茶香味和红枣的香甜味，口感柔和、酸甜适中、无异味；组织状态均匀无沉淀，透明度高，稳定性好。

主要工艺流程如下：

红枣 → 去核 → 切块 → 干燥 → 加水蒸煮（红枣：水=1：5，90℃）→ 过滤 →

红枣原汁　　　白糖、柠檬酸

苦荞茶汁 → 调配 → 过滤 → 灌装 → 密封 → 杀菌 → 冷却 → 灌装

操作要点：

（1）红枣汁加入过少时，茶香味偏浓，味道不协调，口感不愉悦；红枣汁加入过多时，甜味太浓，覆盖了茶的香味，含糖量太多，口味单一。红枣汁添加量为 30mL 时，产品感官评定分值最高，制得的产品口感适宜。苦荞茶汁加入过少，茶香味偏淡，甜味偏浓；苦荞茶汁添加量过多时，饮料中的茶味过浓，枣味不明显，成品颜色太浅，呈橙黄色，色泽不美观。苦荞茶汁添加量为 70mL 时，产品感官评定分值最高，制得的成品口感柔和协调。

（2）由感官评定得出，在加入绵白糖量过少时，饮料茶香味偏浓，当绵白糖添加量过多时，饮料甜味过浓，由于红枣汁含有大量的糖分，饮料甜味过腻。绵白糖的加入量为 7g 时，产品感官评定分值最高，制得的产品茶香味和红枣甜味相协调，甜味适中。随着柠檬酸添加量的增加，产品酸味加重，影响产品整体口感。柠檬酸添加量为 0.15g 时，产品感官评定分值最高，制得的产品酸甜适中，口味宜人。

（3）红枣苦荞茶复合饮料的最佳配方为：红枣汁 30mL，苦荞茶汁 70mL，绵白糖 7g，柠檬酸 0.15g，β-环状糊精 0.5g。

（4）总糖含量≥9%；总酸（以柠檬酸计）含量为 0.02%～0.10%；苦荞茶浸提液含量≥60%；红枣汁含量≥25%。

（5）微生物指标：细菌总数≤100CFU/mL；大肠菌群≤3CFU/100mL；致病菌未检出。

6. 苦荞麦凉茶

周素梅等（2011）发明了一种苦荞麦凉茶，其有效成分为苦荞麦、陈皮、金银花、菊花、枸杞、凉粉草、柠檬和甜叶菊。其中，苦荞麦为 75～90 份，陈皮为 3～8 份，金银花为 3～8 份，菊花为 1～3 份，枸杞为 1～3 份，凉粉草为 1～3 份，柠檬为 0.5～2 份，甜叶菊为 0.1～0.5 份。制备方法：将苦荞麦烘烤后与上述组分混匀后，加水浸提、过滤，取过滤所得滤液灌装和杀菌后，得到所述苦荞麦凉茶。该产品具有清热解毒、清肝明目等功效。

巩发永等（2013）以苦荞茶中总黄酮含量较高的 VP 茶为主要原料，研究 VP 苦荞茶的原配料、原配料微波加热处理、原配料烤箱加热处理和成品 VP 苦荞茶，在电炉加热浓缩、水浴旋转加热真空浓缩条件下，对 VP 苦荞凉茶基料的营养成分及感官特性的影响。结果表明，苦荞凉茶基料制备方法为选用茶原配料为原料，采用煮沸 10min，抽滤取其滤液，用 60℃水浴旋转加热浓缩。制得的苦荞凉茶基料具有清纯麦香味、色泽透明、低温贮藏时间较长等特点。

主要工艺流程如下：

材料粉碎 → 加热提香 → 煮沸浸提 → 热抽滤 → 浓缩 → 定容 → 低温贮藏特性 → 杀菌 → 包装

操作要点：

（1）材料采用倾斜式高速万能粉碎机粉碎后过目筛，备用。

（2）提香处理可用微波加热，取 100g 粉碎后粉末，功率 150W，加热 15min

左右烤出香味为止；或用烤箱加热，取粉碎后粉末，放入远红外烤箱，设定上火温度250℃，下火温度280℃（先升温至200℃，然后调到设定温度）。间断翻动，烤出香味为止。

（3）趁热抽滤至不再有液体滴下为止。浓缩处理分为水浴旋转加热浓缩和电炉直接加热浓缩两种浓缩方式。

7. 苦荞芽苗发酵茶

萌发后的苦荞芽苗富含黄酮等有益成分，李俊等（2018）采用植物乳杆菌对苦荞芽苗和苦荞茶汁进行发酵。发酵工艺为苦荞芽苗与苦荞茶叶汁比例为1∶6，上清液稀释比例为1∶10，产品的总黄酮含量可达（0.193±0.006）mg/mL。优化的发酵工艺条件为：菌剂添加量0.6%，发酵时间24h，果葡糖浆添加量6%，该条件下感官评分的平均值达91.50±0.29，pH值为3.87±0.05。优化的稳定剂配方为：黄原胶添加量0.06%，羧甲基纤维素钠（CMC-Na）添加量0.08%，海藻酸钠添加量0.05%，该条件下感官评分的平均值达93.60±0.32，透光率91.37%±0.45%。发酵后的苦荞芽苗茶饮料富含黄酮和益生菌等有益成分，口感醇正、澄清透明、风味独特。

主要工艺流程如下：

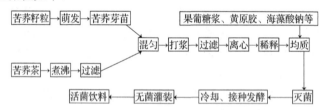

8. 苦荞醋茶饮料

陈树俊等（2007）发明了一种苦荞醋茶饮料，按重量百分比计，生产原料为：苦荞米5%～8%；绿茶0.8%～1%；菊花2%～4%；甘草0.05%～0.1%；木糖醇5%～8%；食醋3%～5%；余量。生产步骤：将苦荞米在80～90℃的纯净水中保温浸提1～2h得到苦荞米浸提液；将绿茶、菊花、甘草粉碎后用苦荞米浸提液对其进行提取，80～90℃下提取20～30min；将食醋、木糖醇和剩余的水加入上述提取液中，超滤，121℃，灭菌8～10s，冷却，灌装，密封包装制得产品。产品中黄酮含量≥50mg/L；茶多酚含量≥200mg/L；咖啡因含量≥35mg/L，绿原酸含量≥5mg/L。

9. 降脂功能茶

郭爱秀等（2011）发明了一种降脂功能茶，其制作原料包括白砂糖、木糖醇、乌龙茶、普洱茶、苦荞麦、左旋肉碱、绿茶类、银杏叶提取物、聚葡萄糖、六偏磷酸钠、复合茶香精、D-异抗坏血酸钠、碳酸氢钠、维生素 C 和水。该茶口感鲜爽，并且能够辅助降低血脂、防治心血管疾病等。

郑鉴忠（2009）发明了一种荞麦芦丁茶。荞麦种子胚中有芦丁降解酶，当温度为 1～60℃时，苦荞麦粉与水接触，芦丁被迅速降解。普通荞麦茶都是冷水拌和后高温加工，导致荞麦芦丁被破坏，不能实现荞麦的药食两用功能。此发明生产步骤：选料灭酶（灭酶温度 85℃）→配料生产→包装检验得到成品。荞麦芦丁茶的芦丁含量为 10～40mg/g，最大限度保存了荞麦茶中的芦丁。

成剑峰等（2010）以苦荞麦籽粒破碎物为原料，经粉碎、红曲霉发酵、包装等工序加工生产苦荞麦降脂茶。泡制的茶汤清澈且呈橘红色，具有明显独特的酯香风味，制品中较好地体现了苦荞麦中所含的黄酮类化合物和红曲霉发酵产生的洛伐它汀等降脂保健成分。

主要工艺流程如下：

```
红曲霉试管菌株 → 三角瓶摇床培养
                        ↓
苦荞麦籽粒 → 粉碎 → 蒸料 → 接菌 → 发酵 → 灭菌 → 干燥 → 装袋 → 包装
```

操作要点：

（1）苦荞麦原料中的总黄酮含量直接影响苦荞茶制品的品质。如选用黑峰苦荞（总黄酮含量 2.1%）作为原料，苦荞茶制品总黄酮含量为 0.6%～1.6%；选用普通苦荞（总黄酮含量 1.8%）作为原料，苦荞茶制品总黄酮含量为 0.5%～0.8%。因此选用总黄酮含量高的原料有利于苦荞茶制品的加工。

（2）添加 5%谷糠的苦荞麦茶制品中总黄酮含量明显高于苦荞红曲茶，因此添加皮壳类物质有利于提高总黄酮含量。

（3）随着茶叶浸泡时间延长，总黄酮含量有一定的减少，并且在 15min 后保持稳定。

（二）荞麦营养保健饮料

1. 荞麦多肽饮料

近年来，生物活性肽（bioactive peptide）的结构和功能引起广泛关注，肽所具有的极强活性和多样性，不仅能提供人体生长发育所需的营养物质，而且具有特殊的生物学功能，具有降血脂、减肥、提高运动能力的功能。同时，短肽具有低抗原性，不会引起食后过敏（周小理等，2005c）。

李侠等（2011）以荞麦、大豆分离蛋白为主要原料，采用酶解工艺将碱法浸提得到的复合蛋白水解为多肽液进行复合营养饮料的调配。大豆蛋白是一种优质植物蛋白，具有较高的营养价值，但是由于其溶解度低、黏度随着浓度的增加而急剧升高，有一定的抗原性，消化率和生物效价远不及牛奶等动物性蛋白，限制了大豆蛋白在食品加工中的应用。通过水解可以改善大豆蛋白的性质，水解中一些多肽具有良好的营养特性，易被消化吸收。尤其是某些低分子的肽类，不仅能迅速为机体提供能量，同时还具有降低胆固醇、降血压、促进脂肪代谢、抗疲劳、增强人体免疫力、调节人体生理机能等功效。该研究以荞麦和大豆分离蛋白为主要原料，采用生物酶加工技术，将荞麦蛋白转变为小分子的肽类和氨基酸，同时用碱性蛋白酶水解大豆分离蛋得到大豆多肽，再加工成利于人体吸收的大豆、荞麦多肽复合营养饮料。研究结果表明，荞麦蛋白提取工艺参数为固液比1∶9，pH值为10，浸提时间1h，以碱性蛋白酶的水解能力最强，荞麦蛋白浸提得率可达到32.28%。试验确定出饮料的最佳配方为荞麦多肽1.75%，大豆多肽1.0%，酸味剂0.35%，甜味剂8%。

主要工艺流程如下：

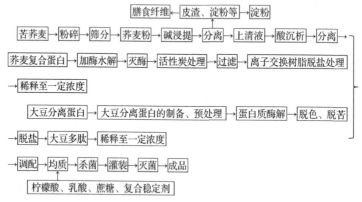

操作要点：

（1）大豆分离蛋白的制备：按配方称取一定量的大豆分离蛋白，用19倍质量的纯净水充分溶解制备5%的大豆蛋白溶液，然后加热至90℃保温10min，使其发生适当的热变性。

（2）大豆分离蛋白水解酶的选择：以大豆分离蛋白原料作为底物，经预处理后，分别与碱性蛋白酶、木瓜蛋白酶、中性蛋白酶、胃蛋白酶、胰蛋白酶在各自适宜条件下进行水解。

（3）大豆分离蛋白经水解后，其疏水性氨基酸残基暴露出来，得到的大豆多肽往往带有较明显的苦味，限制了其在食品中的应用。本试验采用活性炭进行脱色、脱苦处理，最佳反应条件为温度50～55℃、pH值为4～4.5、活性炭用量是蛋白质溶液的10%～20%，慢速搅拌2h。

（4）脱盐：在酶解液中有一定量的NaCl成分，应采用离子交换树脂进行脱盐处理，将大豆蛋白水解液以每小时10倍柱体积的流速分别流经H⁺型阳离子交换树脂和 OH$^-$型阴离子交换树脂来脱出其中的 Na$^+$和 Cl$^-$，可以大大降低盐分含量。然后将脱盐处理后的大豆多肽液稀释至一定浓度。

（5）加酶水解。称取一定量的荞麦复合蛋白物，加入足量的水配制成 5%的荞麦复合蛋白溶液，调节温度、pH 值至反应温度和反应 pH 值。添加碱性蛋白酶，在水浴锅中进行酶解，同时每隔 30min 滴加 0.1 mol/L NaOH 溶液以保持反应体系的 pH 值恒定。

（6）灭酶。酶解结束后将荞麦复合蛋白酶解液加热升温至 85℃，保温 10min，使酶活力丧失。

（7）活性炭处理。采用活性炭进行脱色、脱苦处理。

（8）过滤：经离心机在 4000r/min 下离心 10min，除去未水解的蛋白和其他非活性物质。

（9）灌装：将已灭菌的浆液降温至 85℃，装入已灭菌的玻璃瓶中。灌装时，应趁热灌装使料液中心的温度不得低于 75℃，从而达到排气的目的。

（10）灭菌：这是保证产品质量的关键，要严格控制灭菌的温度和时间。灭菌条件为 121℃、15min。

周小理等（2005c）以苦荞麦为原料，采用酶解工艺将碱法浸提得到的苦荞复合蛋白水解为多肽液，并以酶解后多肽浓度和水解度为指标，确定出制备苦荞多肽液的最佳工艺条件。通过先后加入复合风味蛋白酶与水解蛋白酶对苦荞复合蛋白进行混合阶段水解的效果最好；进一步采用单因素及正交试验确定了苦荞多肽营养饮料的最佳配方。

周小理等（2005a）发明了一种荞麦多肽营养饮料的制备方法，主要步骤包括：①清洗、浸泡，清洗荞麦种子并剔除其中不饱满的种子，在 20~30℃的温度下将种子浸泡 24~48h，待种子萌发出 1.0~1.5 cm 的芽备用；②发芽，捞出浸泡后的荞麦种子铺在盘中，在 20~30℃、相对湿度 75%~85%下培养 72~80h，待荞麦芽长到 2~3cm 后每隔 2~3h 喷洒一次水，待荞麦芽长到 10~15cm、芽的子叶呈微黄、胚轴呈亮白色时终止发芽过程；③破壁，上述发芽的荞麦种子经喷淋水脱壳后，在高速剪切处理机中进行胚芽细胞破壁和微细化处理，粉碎为 30~50μm 细度的浆体；④酶解，在上述荞麦芽浆体中加入中性蛋白酶 20~300U/g，于 30~50℃酶解 1~5h；⑤配料，上述荞麦芽浆体经酶解后加入重量百分比的蜂蜜 1%~5%、低聚糖浆 1%~3%、黄原胶 0.005%~0.02%、羧甲基纤维素钠 0.01%~0.1%、海藻酸钠 0.01%~0.2%和微量的胡萝卜素；⑥均质，将上述混合后的料液加热至 50~70℃，经高压均质机在 15~40MPa 下均质化得到荞麦多肽营养饮料的产品原液，后经无菌灌装制成荞麦多肽营养饮料。该饮料具有诱人的荞麦芽清香味，其氨基酸、芦丁、矿物质含量高，营养成分活性强。与一般的荞麦制品相比，该饮料更容易被人体所吸收，而且消除了荞麦中的过敏原因子。通过在配料中添加复合稳定剂使饮料组织状态均匀稳定，含有低聚糖浆，饮料具有较多含量的膳食纤维，有助于肠道菌群的生长。

2. 荞麦复合饮料

1）荞麦枸杞果珍

吕娟等（1996）开发了一种荞麦枸杞果珍营养保健饮料。该产品色泽诱人，黄里透红，无悬浮物和沉淀物。具有苦荞麦的清香和山楂、枸杞独特的风味，无异味，口感清爽，余味纯甜，酸甜适中，有淡淡的苦味香感。

主要工艺流程如下：

荞麦+枸杞+山楂 → 破碎 → 煮沸 → 加酶处理 → 果浆磨碎 → 过滤 → 脱果胶澄清 →

过滤 → 杀菌 → 灌装

操作要点：

（1）破碎：首先将苦荞麦粉碎，采用粮食类专用粉碎机即可，工艺要求苦荞麦壳破裂，无须太细。在对枸杞和山楂进行破碎时，枸杞的粒度调节范围在 5 左右，而山楂的粒度调节范围为 3～6。

（2）加水、破碎：山楂果：水=1：1，枸杞破碎按果：水=1：1.5。水质应符合饮料加工用水标准。然后煮沸 15min 再冷却。

（3）加酶处理：在枸杞和山楂果浆中加入提取酶，比例要求 250mL/T 山楂或枸杞。酶处理温度为 40～50℃，酶处理时间为 30～150min。要求物料搅拌均匀，温度稳定。使用提取酶不仅可以增加额外的果汁，而且改善了色泽、酸度和糖分（白利糖度）。

（4）果汁：采用 120 目尼龙滤布将压榨出的原汁粗滤两次（或采用不锈钢离心机）将果汁中粗渣、悬浮物除去，以免热处理时果汁产生异味，这样即可得到品质优良的果汁。

（5）脱果胶澄清：在果汁中加入脱果胶酶，添加量为 50～100mL/（m³ 果汁），果汁的酶促澄清可以在 50～55℃时经过 1～3h 完成，这样可使果汁的过滤和浓缩都比较容易。

（6）苦荞麦煮沸：将破碎后的苦荞麦与水以 1：5 的比例加入煮沸锅中煮沸30min。

（7）混合配比：将苦荞麦汁与澄清枸杞汁、山楂汁按 2：1.0：0.5 的比例进行配料，并按产品的质量要求，采用高压均质机进行均质，使原辅材料经处理后的溶液中悬浮的细小颗粒进一步细碎，使颗粒大小均匀，还可改善色泽和外观，而不至于发生沉淀现象。

（8）将溶液通过超高温瞬时杀菌器，于 135℃下加热 2～3s，而后冷却。经杀菌冷却后的溶液应立即灌入消毒过的易拉罐中。微生物指标：菌落总数：<1000个/g；大肠菌群（MPN）：<30个/100g；致病菌不得检出。

2）苦荞复合果蔬汁

苦瓜是我国南方种植比较广的蔬菜品种，具有较高的营养价值和保健功能，现代科学研究已表明其含有的苦瓜皂苷在降血糖和抗肿瘤方面具有较大的作用。苦荞茶属于纯粮食茶，其经烘烤后所散发出的自然醇香与茶或苦瓜汁的清香有机结合，赋予饮料清新、自然、和谐的口感。吕侠影（2015）开发了一款苦荞麦、苦瓜、苦丁-复合果蔬汁茶饮料，该产品味道独特而且具有很高的药用价值。

主要工艺流程如下：

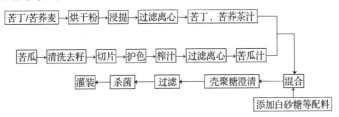

操作要点：

（1）苦丁茶汤的最佳浸提工艺为：浸提时间129min，浸提料液比1∶33，浸提温度63℃，此条件下苦丁总黄酮浸提得率约为（34.656±0.16）mg/g。

（2）苦瓜汁的护色工艺为：葡萄糖酸锌添加量0.1%、异抗坏血酸钠添加量0.075%、漂烫温度85℃、漂烫时间2min，此条件下榨取的苦瓜汁与新鲜的苦瓜汁颜色相近，NBS值为1.4±0.2，护色效果比较好。

（3）加入果胶酶，苦瓜出汁率提高到73%±3.5%。并测得苦瓜汁中主要功能性成分皂苷的平均含量约为44.43±0.65mg/g。

（4）复合果蔬汁茶饮料配方：苦荞茶汤添加量40%、苦丁茶汤添加量7%、苦瓜汁添加量6%、白砂糖添加量7%，食盐添加量0.01%，甘草浓缩汁添加量0.05%，葡萄糖酸锌添加量0.03%，蜂蜜添加量0.05%，焦糖色添加量0.01%，最终得到的复合果蔬汁茶饮料甘中带苦，颜色透亮，香气自然和谐。

（5）壳聚糖澄清工艺为：壳聚糖添加量0.6g/L，温度50℃，pH值为3.5，此工艺下复合果蔬汁茶饮料的透光率、蛋白质含量、黄酮含量、皂苷含量、茶多酚含量、果胶含量分别为98.2±0.3%、10.71±0.35mg/L、457.59±0.05mg/L、48.1±0.03mg/L、128.9±0.64mg/L、47.42±4.23mg/L。

（6）复合果蔬汁茶饮料在4℃贮藏90d后，品质基本保持稳定，微生物含量符合食品安全规定。

3）荞麦苗大麦苗复合饮料

毛建华等（2009）发明了大麦苗荞麦苗复合保鲜饮料。该饮料的制备步骤：①大麦苗浓汁的制备与保色；②荞麦苗浓汁的制备与保色；③麦苗汁的复合、去异味。大麦苗荞麦苗复合保鲜饮料，其特征在于该饮料可先按重量，将 6.1%的新鲜大麦苗与 0.0244%的保色剂，余量为水制备成大麦苗浓汁，另用 11.7%的新鲜荞麦苗与 0.0269%的保色剂，余量为水制备成荞麦苗浓汁后，将大麦苗浓汁、荞麦苗浓汁、白糖、β-环状糊精及复合稳定剂按重量 19%～31%∶19%～31%∶5.6%～6.0%∶0.28%～0.32%∶0.041%～0.053%并用水补足至 100%的配方比例；④麦苗复合汁的精制与灭菌及产品的灌装、贮藏。该饮料集大麦、荞麦的营养和功效之所长，具色泽翠绿、鲜艳，无生腥、苦涩味而略带清香，结构稳定，保质期较长，价格适中，易消化、吸收等特点。

4）荞麦薏米复合饮料

石启龙等（2011）以薏米汁、荞麦汁、果葡糖浆、柠檬酸、水为原料混合瓜尔豆胶、黄原胶、海藻酸钠和单甘酯开发了一种谷物饮料。配方为薏米和水的料水比（g∶mL）为 1∶10、温度 50℃、加酶量 0.006g/g；荞麦和水的料水比（g∶mL）为 1∶10、温度 80℃、时间 60min；复合饮料配方为薏米汁 30%、荞麦汁 5%、果葡糖浆 5%、水 60%；谷物饮料最适稳定剂组成及其质量分数为瓜尔豆胶 0.06%、黄原胶 0.05%、海藻酸钠 0.06%、单甘酯 0.03%。该产品风味独特、色泽诱人、营养价值高、稳定性良好。

郑欣瑶等（2019）在此基础上，以薏米和荞麦为原料，通过酶解的方式得到较为稳定的薏米汁和荞麦汁，再加入百香果汁、木糖醇和柠檬酸来丰富复合谷物饮料的口感。复合谷物饮料的最佳配方为薏米汁 35%、荞麦汁 15%、百香果汁 10%、木糖醇 10%、柠檬酸 0.05%。按照此配方生产的薏米荞麦复合谷物饮料酸甜适口、香气浓郁、口感适宜、质地均匀，是营养价值高的休闲饮料。

主要工艺流程如下：

薏米→清洗→浸泡→沥干→焙烤→粉碎→调浆→酶解→均质→过滤→薏米汁

荞麦→清洗→浸泡→沥干→蒸煮→烘干→焙烤→粉碎→浸提→均质→荞麦汁

果葡糖浆、稳定剂、乳化剂

冷却成品←杀菌←灌装←均质

5）荞麦复合杂粮饮料

张国宴等（2014）发明了一种苦荞麦复合杂粮早餐饮料，以苦荞麦为主，玉米、大豆、花生等杂粮为辅，再复配其他辅料制备的苦荞麦复合杂粮饮料及其生产方法。制备方法是利用中国传统的蒸煮工艺，结合烘烤增香技术去除大豆和花生的豆腥味和生味，并优选乳化稳定剂胶体进行复配，再通过胶体磨和高压均质超微粉碎技术，在不外加香精和防腐剂的情况下，使制备的苦荞麦杂粮饮料保留苦荞麦、玉米、大豆和花生中的生物黄酮类物质、膳食纤维、蛋白质和亚油酸等营养成分，富含营养，保健功能突出；饮料稳定性好、无沉淀、不分层、保质期长；苦荞麦、玉米、大豆、花生等杂粮的滋味和香味完美地融合在一起，香甜爽滑，口感舒适细腻，适合各类消费人群饮用，四季皆宜，既可作为补充水分的解渴饮料，又可作为早餐饮品。

6）苦荞低脂低糖核桃乳饮料

徐素云等（2014）以苦荞麦粉、核桃粕为原料复合而成的低脂低糖乳饮料，具有营养互补、色泽纯正等优点。该产品以甜味剂部分代替蔗糖，是一种营养健康的新型复合核桃乳饮料。通过感官评定确定苦荞低脂低糖核桃乳的最优配方及工艺如下：饮料最佳配比为核桃粕汁28%、熟苦荞麦粉1.5%、蔗糖3%、赤藓糖醇2.8%；稳定剂为CMC-Na 0.05%、黄原胶0.12%、海藻酸钠0.08%。该工艺获得产品色泽佳，风味浓郁，低脂低糖，营养丰富。以核桃油加工副产物核桃粕与特色杂粮苦荞粉的复配，不仅降低了企业成本而且还有很好的保健价值，其中黄酮含量明显高于其他乳制品饮料。此外，赤藓糖醇是天然零热量的甜味剂，以赤藓糖醇部分代替蔗糖很好地满足了中老年人及肥胖者的需求。

主要工艺流程如下：

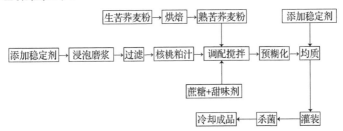

操作要点：

（1）核桃粕汁的制备：在85℃、核桃粕与水以质量比1∶8的条件下，浸泡30min后磨浆，采用160目筛网过滤得到核桃粕汁。

（2）烘焙提香：将生苦荞麦粉以5mm厚度平铺于圆形铁盘上，然后置于烤箱内进行焙烤提香处理，其中设温度120℃、时间20min，以期获得理想的色泽和风味。

（3）甜味剂选择：甜味剂具有甜度高、热量低、不易发生龋齿、安全性高等优点，适合中老年人、糖尿病、肥胖症患者作为甜味替代品。该研究选择出效果最佳的甜味剂配比：蔗糖甜度为1，三氯蔗糖相对甜度为600，乙酰磺胺酸钾（安赛蜜）相对甜度为200，阿斯巴甜相对甜度为60，赤藻糖醇相对甜度为0.7，低聚果糖相对甜度为0.6。

（4）预糊化：未经预糊化处理的产品出现严重分层，主要由于苦荞低脂低糖核桃乳淀粉含量高，直接高温杀菌后淀粉晶体吸水膨胀、破碎剧烈、颗粒大小不均一所致。经过预糊化处理后再均质的产品颗粒大小均一、组织状态相对稳定。温度和时间是影响产品预糊化效果的主要因素，低温处理时产品糊化过程缓慢，黏度值较低；随着温度的升高，淀粉颗粒内部形成的网状结构开始崩解，流动值降低而黏度上升。在 95℃、15min 时，饮料黏度达到峰值且感官状态最佳。如果时间过短，糊化不彻底，产品易发生回生现象，组织状态不稳定，口感较差，糊化时间过长导致风味物质损失，淀粉链降解过度，黏度降低。

（5）稳定剂：　CMC-Na、黄原胶、海藻酸钠作为苦荞低脂低糖核桃乳饮料的稳定剂，总用量控制在 0.3%以下。

（6）均质：采用 30MPa 的均质压力，在 75℃下均质 2 次。

（7）灭菌：将苦荞低脂低糖核桃乳饮料进行高温杀菌，要求在 121℃恒温 15min 后冷却至 40℃以下。

7）苦荞咖啡

彭镰心等（2010）发明了一种速溶苦荞咖啡的制作方法，该方法先将苦荞麦经筛选、清洗、烘干、破碎、烘焙、浸提、过滤、浓缩制得苦荞麦提取液，再将咖啡豆经精选、烘焙、破碎、浸提、过滤、浓缩制得咖啡提取液，最后将所制得的苦荞麦提取液与咖啡提取液混合、喷雾干燥、包装。该方法所制得的苦荞咖啡中的苦荞麦和咖啡能同步溶解，溶解速度快且能彻底溶解。

主要工艺流程如下：

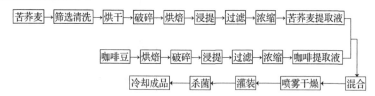

操作要点：①将饱满、无霉变的苦荞麦种子用水清洗后在 80℃以下烘干，再破碎、筛去苦荞麦壳及 40 目以下的苦荞麦粉，然后在 155～165℃下烘焙 26～34min，再加入余下苦荞麦粉重量 8～12 倍的水进行浸提，浸提时间 50～70min，浸提次数 2～次，浸提温度 80～90℃，将所得浸提液过滤、合并，并浓缩至原体积的 1/3～1/2；②将挑选后的咖啡豆在 60～90℃下中度烘焙，然后破碎，再加入破碎后的咖啡豆重量的 3～5 倍水进行浸提，浸提温度 90℃以上，浸提时间 60～90min，将所得浸提液过滤并浓缩至原体积的 1/3～1/2；③将上述苦荞麦浓缩液与咖啡浓缩液按（30～50）：（50～70）的重量比进行混合，再将混合液进行喷雾干燥制得相对密度为 1.05～1.14 的苦荞咖啡粉末，所述喷雾干燥的进风温度为190～210℃，进料速度为 58～68mL/min，最后收集喷雾干燥后的苦荞咖啡粉末并包装。

8）其他

贾应杰等（2010）发明了一种女性保健养生饮品，由下述重量份的原料制得：枸杞 10～30 份，红枣 10～20 份、阿胶 5～15 份、山楂干 10～20 份、桂圆 5～15份、木瓜干 5～15 份、葛根 5～15 份、苦荞麦 2～8 份、普洱茶 2～8 份。将阿胶按 1：20 比例加水熬制成含 40%～50%水分的阿胶浓浆；其他原料分别精选、洗净、烘干、搅拌均匀、破碎、灭菌，按配方比例加入阿胶浓浆中，混合均匀，在 70℃下烘干，制得粒度小于 60 目的颗粒。该产品为养颜美体、排毒抗衰、养生健身的纯天然饮品。

马强等（2011）发明了一种辅助降血压功能的苦荞保健饮料，配方为每 1000mL 饮料中含有：苦荞麦 5～35g，沙棘 5～20g，山楂 10～30g，枸杞 5～20g，大蒜 1～15g，葛根 1～10g，决明子 1～15g，红花 1～9g，银杏叶 1～10g，海带 5～20g，葡萄籽提取物 400～800mg，蜂蜜 5～30g，果葡糖浆 5～30g，柠檬酸 5～15g，余量为纯净水。长期饮用该饮料可以有效地降低血压，提高机体免疫力。

（三）荞麦保健奶

1. 荞麦豆奶

大豆营养价值高，同时大豆蛋白质能降低血脂及控制血糖，多吃大豆对糖尿病患者大有益处。荞麦有降血糖、降血脂的作用，符合糖尿病患者的饮食原则，再添加其他天然辅料，制成的荞麦豆奶既营养又保健。綦翠华（2002）开发了一款荞麦豆奶，产品白色微灰褐色，色泽均匀，口味纯正、柔和，有豆奶和炒熟荞麦的香味，无异味、豆腥味、苦涩味、焦煳味。

主要工艺流程如下：

操作要点：

（1）荞麦糊的制备：荞麦粉用 120 目筛子过筛，使其颗粒有一定细度，因为粒径过大，加水时不会呈糊状，与豆奶混合后质地粗糙，对口感和风味有影响。

（2）烤熟：把过筛的荞麦粉烤熟，在烤制时要不时地翻动，烤至面粉微黄，并带有炒面的香味即可。

（3）调糊：将烤熟的荞麦粉加 10 倍的水，充分搅拌，调制成荞麦粉糊。

（4）豆奶的制备：选择新鲜、饱满无杂质的大豆清洗干净，浸泡于 3 倍微碱水中（0.5%碳酸氢钠），浸泡时间为 10～12h。若人工进行脱皮，浸泡时间可适当延长。浸泡后大豆的重量为原重的 2.2 倍。

（5）人工搓去豆皮，脱皮后大豆生产的豆奶色泽和风味较好。

（6）磨浆：将大豆加入 10 倍水中，煮沸 5～10min，用磨浆机磨浆。为使蛋白质尽可能多地溶出，提高回收率，可再磨浆一次。

（7）分离过滤：浆体经过滤将浆液和豆渣分开，以热浆分离效果更好。浆液经 20 目筛过滤即为纯豆奶。

（8）混合调配：奶粉、甜叶菊、荞麦糊依次加入豆奶中，边加边搅拌，充分搅拌均匀。在 80℃、15～20MPa 下均质一次。

（9）杀菌：采用高温加压杀菌，121℃、15min。

2. 荞麦芽保健奶

荞麦芽保健奶是以荞麦芽和纯净牛奶为原料加工而成的一种保健奶。它不仅具有牛奶的营养，而且含有荞麦中特有的保健因子——芦丁，具有与其他保健奶不同的保健功能。荞麦中含有丰富的微量元素和黄酮类物质及丰富的氨基酸，但是由于荞麦中含有胰蛋白酶抑制剂和芦丁降解酶，使荞麦的营养价值很难全部发挥。用荞麦芽为原料和纯净牛奶加工成的荞麦芽保健奶能克服荞麦中的缺陷，而且整体提高了荞麦的营养价值和保健功能。刘汉武（2007）以荞麦芽和内蒙古大草原无污染的纯净牛奶为原料加工而成一款荞麦芽保健奶。

主要工艺流程如下：

操作要点：

（1）荞麦种子晒种 2d，用自来水浸泡 12h 后，采用无土栽培使荞麦发芽 10d。10d 后的荞麦芽就已不含胰蛋白酶抑制剂。

（2）超微粉碎：在胶体磨超微粉碎前，将荞麦芽先用 75～80℃的热水烫 1min，然后用冷水冷却，可防止超微粉碎时芦丁降解酶对芦丁降解。

（3）纯净牛奶要进行理化检验，不含抗生素，不含致病菌，检测酸度应为 17～19T；比重计读数 1.028～1.032；乳汁含量应大于 3.0%。

（4）调配：荞麦芽汁与牛奶比例为 1∶9。

（5）均质：在温度 60～70℃，压力 20～25MPa 下进行均质。

（6）杀菌：135℃，2～5s。

3. 荞麦复合牛奶乳

刘振龙等（2014）发明一种以荞麦、花生仁、牛奶乳和蜂蜜为原料的荞麦牛奶饮料，其操作要点：①荞麦经软处理、研磨成荞麦泥，花生仁分别经去皮、软处理、研磨成花生仁泥；②取花生仁去皮、精选、加 NaHCO$_3$ 和水至 pH=7.5～8.5，软处理 2～4h，再干燥至含水量 10%～20%，微波杀菌，再加热水使花生仁与热水的重量比为 1∶8，温度 50～60℃，磨浆至 1～5μm，再在 95～100℃，蒸煮 1～

3min，冷却至 50～60℃。该发明提高了奶制品的口感，提高了奶制品的纯度，大幅提高了奶制品的营养价值，增加食欲，有助于人体对微量元素的吸收，提高免疫力。

4. 苦荞奶茶

巩发永等（2012）以经气流膨化后的苦荞米花为原料，采用超微粉碎、搅拌、包装等工艺流程，通过设置不同比例的膨化苦荞麦粉、白砂糖、植脂末、香兰素精、脱脂无糖奶粉、羧甲基纤维素钠，开发一种苦荞奶茶。苦荞奶茶的最佳配方为膨化苦荞麦粉 25%、白砂糖 35%、植脂末 19%、香兰素精 6%、脱脂无糖奶粉 14%、羧甲基纤维素钠 1%。

主要工艺流程如下：

```
        白砂糖、植脂末、脱脂无糖奶粉、羧甲基纤维素钠
                              ↓
苦荞米花 → 粉碎 → 过筛 → 超微粉碎 → 搅拌混匀 → 称量 → 包装 → 成品
```

程健博等（2014）以黑苦荞麦为主要原料，开发出速溶红枣黑苦荞奶茶。关键工艺为喷雾干燥的进风温度为 185℃，出风温度为 90℃；最优配比为黑苦荞麦 51%，绵白糖 12%，黄豆粉 11%，全脂奶粉 9%，麦芽糊精 10%，红枣粉 7%。本品最大限度保留原料中的营养成分，且更易被人体吸收，达到在不添加任何人工合成添加剂和奶精的条件下，依然能保证性状稳定、奶香浓郁、溶解性良好、保质期较长的效果。

主要工艺流程如下：

```
黑苦荞麦 → 清洗浸泡 → 熟化 → 干燥 → 离心脱壳 → 烘炒 → 冷却 → 苦荞麦粉
                           红枣 → 清洗 → 去核 → 干燥 → 红枣粉
                                                          ↓
成品 ← 杀菌 ← 喷雾干燥 ← 灭菌 ← 均质 ← 混合辅料 ← 胶体磨 ← 筛分 ← 粉碎
```

操作要点：

（1）黑苦荞麦的增香处理：为使产品达到口感香醇，需要对黑苦荞麦提前进行天然增香处理。经过清洗、浸泡、熟化、干燥及离心脱壳后的麦粒，放入自动旋转烘炒机中，在 80℃条件下匀速旋转翻动 3～5min，使黑苦荞麦中水分进一步挥发，然后快速升温至 120℃烘炒 15～20s。从烘炒机中倒出，静置冷却即可。

（2）黑苦荞麦超微颗粒的制备：传统黑苦荞麦加工方法制得的产品，营养成分普遍吸收较差，此问题必须在加工工艺方面予以解决。利用行星式球磨机对增香后的黑苦荞麦进行初步粗粉碎，粒度达到 120 目。将磨好的粗粉利用筛分机进行筛分，经筛分好的粗粉放入胶体磨中进行精磨，第 1 次研磨空隙调节为 20μm，第 2 次研磨空隙调节为 1～2μm。

（3）将精磨好的浆液和其他食材原粉、全脂奶粉、豆粉、绵白糖粉、水等辅

料倒入锥形双螺旋混合机，使固形物含量为 40%，混合 5～10min，调和均匀。混合均匀的物料通过均质机进行均质处理，并将物料预热至 60～65℃，为超高温瞬时杀菌做好准备即可。

（4）进风温度在低于 175℃时，由于产品含水量高，喷雾干燥时黏壁现象严重，产品的产率大大下降且过高的水分不利于产品保存；随进风温度升高，喷雾干燥效果、产率上升，但营养成分损失量增加。使用 WP-1.5 型气流式喷雾干燥机的最佳操作条件为进风温度 185℃，出风温度 90℃，进料量 30mL/min，气流压力 0.12MPa。

王静波等（2013b）以苦荞麦、花生和脱脂奶粉为主要原料，通过正交试验对苦荞麦浸提条件、苦荞花生奶茶的配方及稳定性进行了研究。结果表明，苦荞麦最佳浸提条件为料水比 1∶30，浸提温度 70℃，浸提时间 2h；苦荞花生奶茶的最佳配方为苦荞浆 40%，花生浆 20%，脱脂奶 20%，蔗糖 1.5%；复合稳定剂的最佳添加量为卡拉胶 0.02%，黄原胶 0.10%，蔗糖脂肪酸酯 0.20%。该苦荞花生奶茶兼具苦荞麦怡人的焦香、花生的清香，以及牛奶的醇香，且具有较好的营养保健功能，是一种理想的新型健康饮品，将有着广阔的市场前景。

主要工艺流程如下：

苦荞麦籽粒 → 筛选 → 炒制 → 粉碎 → 浸提 → 过滤 → 苦荞浆

花生仁 → 筛选 → 炒制 → 去皮 → 浸泡 → 磨浆 → 过滤 → 花生浆

脱脂奶粉 → 溶解 → 复原奶

蔗糖 → 溶解

卡拉胶、黄原胶、蔗糖脂肪酸酯

→ 调配 → 过滤 → 均质 → 去皮 → 真空脱气 → 灌装 → 杀菌 → 冷却 → 检验 → 成品

（四）荞麦酸奶及乳制品

1. 荞麦酸奶

徐学万等（2001）以荞麦为主要原料，辅以牛奶、蔗糖，经乳酸菌发酵制成的荞麦酸奶，能改善荞麦的口感，令消费者更容易接受，是一种营养丰富、风味独特、营养丰富、酸甜适中、口感细腻的有荞麦风味的发酵酸奶。该工艺采用 1∶1 的保加利亚乳杆菌和嗜热链球菌发酵生产荞麦酸奶。发酵工艺的最优组合为：荞麦浆与牛奶之比为 1∶2，发酵时间 5h，接种量 3%，蔗糖加量 8%，发酵温度为 41±1℃。添加复合稳定剂的最优组合为：CMC∶卡拉胶∶黄原胶=0.15%∶0.05%∶0.05%，制得的荞麦酸奶口感细腻，风味浓郁，凝固状态好。

主要工艺流程如下：

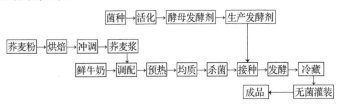

操作要点：

（1）荞麦浆的制备：将荞麦粉置于锅中焙炒至有香味，用沸水冲调至浆状，再进行糊化、灭菌处理。

（2）调配均质：将制得的荞麦浆和鲜牛奶按一定比例混合，并加入适量的蔗糖、水及稳定剂进行调配、混匀，过120目尼龙网除去杂质，再将混合液预热5℃左右，在压力20MPa下进行微细化处理。

（3）杀菌：杀菌温度采用105℃，维持20min，杀死混合液中的有害微生物，且使各种成分进一步混匀。

（4）接种、发酵：灭菌后的料液经热交换器冷却至40～45℃，在无菌操作条件下按3%的量接种生产发酵剂。混合菌种组成为：tS∶bL = 1∶1，然后在（41±1）℃的恒温箱培养5h，酸度达85～95°T。

（5）冷藏：将发酵凝固的荞麦酸奶立即放入4℃以下的冷库中保藏1～2h，使风味进一步形成。

（6）生产发酵剂的制备：将混合菌接种于不同比例的荞麦浆与牛奶的培养基中逐步驯化，将所得的不同比例的发酵剂进行扩大培养即制得生产发酵剂，备用。

（7）感官指标色泽：均匀一致，呈暗白色；外观：组织均匀，无分层、无气泡及沉淀现象；口感具有良好的荞麦烘炒香味和乳酸菌发酵酸奶香味，无异味，酸甜适度，口感细腻。

（8）理化指标：脂肪3%，全固体12%～13%，酸度70～110°T；蔗糖5%；微生物指标：细菌总数≤100个/mL，大肠菌群≤90个/100mL，致病菌未检出。

李正涛等（2006）以苦荞麦粉和鲜牛奶为主要原料，通过乳酸菌发酵，获得一种营养丰富、均衡、爽口而又略带苦荞麦特殊风味的新型保健发酵酸奶。

主要工艺流程如下：

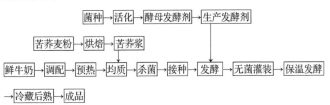

操作要点：

（1）将苦荞麦粉置于烤箱中焙烤，温度不能过高，当有苦荞麦香味产生即止。将苦荞麦粉取出，用沸水调至浆状，再进行糊化、灭菌处理。在荞麦浆的制备过程中，可根据不同的口味，选择不同浓度的荞麦浆。

（2）原料鲜乳的验收：制作酸奶的原料乳要求必须是新鲜优质的，具有正常乳的感官性状，乳的酸度≤18°T，乳中不含抗生素，不含碱。原料鲜乳在入厂验收时，需按规定进行密度测定和乙醇试验等，以确保原料乳的质量。

（3）将原料乳加热到50℃左右，加入蔗糖浆继续升温至65℃，搅拌使蔗糖充分混合溶解；再将制备的荞麦浆和鲜牛奶按20∶80的比例混合，并调整蔗糖、水的用量；稳定剂按使用要求进行添加，为提高效果，将CMC与PGA按1∶1混合使用。由于刚调配好的原料液中可能含有许多未溶颗粒和杂质，会影响产品的口感与状态，因此需要将调配好的原料液通过精滤设备过滤除杂，以求获得更好的品质。

（4）无菌灌装：酸乳灌装容器有玻璃瓶、塑料杯、塑料袋和纸杯等。在无菌操作条件下，定量灌装接种后的料浆，并尽量降低灌装顶隙，灌装工序的时间要尽量缩短，以保证产品质量。

（5）将接种灌装好的混合料浆迅速移至（2±1）℃的恒温培养箱中，乳酸菌开始进行发酵，正常发酵为4~6h，当滴定酸度达到80~90°T，终止发酵。

（6）冷藏后熟：将发酵终止后的荞麦酸奶立即转入4℃的冷藏柜中保持1~2h以上，并在2~5℃下冷藏后熟，使风味进一步形成。冷藏后熟可以促进荞麦酸奶中的香味物质进一步产生，并使多种风味物质间相互平衡，其中香味物质的产生高峰期一般在制作完成之后的第4个小时，这样有利于改善荞麦酸奶的硬度，使口感、风味达到最佳。

任大勇等（2017）以牛奶和苦荞麦为主要原料，通过单因素实验和正交实验研究确定了苦荞麦酸奶的加工工艺最佳条件为：苦荞麦添加量3.4%，蔗糖添加量8.0%，发酵时间6h，接种量5.0%，在此条件下苦荞麦酸奶感官最佳。保存在4℃条件下，酸奶的pH值和酸度具有较高的稳定性和较高的活性乳菌含量。

2. 苦荞复配杂粮果蔬酸奶

王静波等（2013c）以苦荞米、苦荞芽、绿豆、黑米及脱脂奶粉为主要原料，以木糖醇、阿斯巴甜为甜味剂研制出一种具有良好营养保健功能的酸奶。产品工艺条件：苦荞米的最佳浸泡条件为浸泡温度55℃、浸泡时间2h、浸泡料水比1∶5；苦荞芽的最佳收获时间为发芽第11d；苦荞米、苦荞芽、黑米、绿豆混合料浆的最佳配比为苦荞米浆15%、苦荞芽浆10%、黑米浆10%、绿豆浆10%；酸奶生产的最佳配方为混合料浆35%、复原乳60%、木糖醇4%、阿斯巴甜0.015%。该酸奶兼具苦荞米、绿豆、黑米的特殊芳香，以及苦荞芽的清香味，香醇可口，且具有良好的营养保健功能，这对于杂粮资源的综合开发利用，以及丰富酸奶制品多样性具有重要的意义。

主要工艺流程如下：

苦荞米浆、苦荞芽浆、绿豆浆、黑米浆、复原奶

木糖醇、阿斯巴甜 → 调配 → 过滤 → 均质 → 杀菌 → 冷却 → 接种 → 保温发酵

→ 冷藏后熟 → 检验 → 成品

操作要点：

（1）苦荞米浆的制备：选择新鲜饱满、无霉变的苦荞米，经过炒制后浸泡，蒸熟，按1:8的料水比经过胶体磨磨浆，过100目筛即得。

（2）苦荞芽浆的制备：选择当年优质的苦荞麦种子，用2%NaCl溶液处理30min，蒸馏水冲洗，分别均匀置于铺有3层滤纸的发芽盒中，于25℃，相对湿度为80%，光照强度为100μmol/（m²·s）的条件下萌发，当达到最大黄酮合成量时，取苦荞芽，蒸熟，按1:6的料水比经过胶体磨磨浆，过100目筛即得。

（3）绿豆浆的制备：选择饱满均匀、无虫蛀、无霉变的绿豆，在25℃条件下加入3倍水浸泡10h，蒸煮，按1:8的料水比经过胶体磨磨浆，过100目筛即得。

（4）黑米浆的制备：选择饱满均匀、无虫蛀、无霉变的黑米，在25℃条件下加入5倍水浸泡1.5h，蒸煮，按1:8的料水比经过胶体磨磨浆，过100目筛即得。

（5）复原乳的制备：将脱脂奶粉，按照1:8料水比溶解，过100目筛即得。

（6）调配、杀菌：将上述5种原料按照一定比例混合，加入甜味剂（木糖醇、阿斯巴甜）进行调配，过滤，均质后在95℃条件下灭菌10min。

（7）接种发酵：将经过活化后的菌种（保加利亚乳杆菌:嗜热链球菌=1:1）以3%的接种量加入调配好的原料中，在42℃下发酵至pH值为4.5～4.7时停止发酵。

（8）冷藏后熟：发酵结束后将酸奶迅速冷却至10℃以下，储存于4℃冰箱中冷藏10h以上，使之形成良好的风味。并在2～5℃下冷藏后熟，使风味进一步形成。

（9）感官指标：乳白色带浅紫色状态均匀，无乳清析出；具有酸奶的乳香味，香味协调无异味；口感细腻、酸甜适中，滋味均匀协调；无肉眼可见杂质，无沉淀。理化指标：蛋白质≥2.3%；脂肪≥2.2%；pH值4.45～4.65；酸度70～100°T。微生物指标：乳酸菌$3.2×10^9$CFU/mL；大肠菌群≤3MPN/100mL；致病菌未检出。

孙亚利等（2018）以苦荞麦、雪莲果和全脂奶粉为主要原料，开发了保健型苦荞-雪莲果酸奶。保健型苦荞-雪莲果酸奶的最佳工艺条件为苦荞麦添加量1.5%，雪莲果添加量10.0%，蔗糖添加量7%，双歧杆菌接种量0.10%，发酵温度44℃，发酵时间7h。在此工艺条件下，酸奶感官评分为92分，酸度为83.00°T，酸奶色泽黄白，具有苦荞麦、雪莲果和酸乳所特有的香气，组织均匀，口感最佳。

主要工艺流程如下：

白砂糖、熟苦荞麦   雪莲果颗粒

全脂奶粉→调配→均质→灭菌→冷却→接种→发酵→冷藏后熟→检验→成品

操作要点：

（1）复原奶的制备：将全脂奶粉和 70℃纯净水按照 1∶6（g∶mL）的料水比溶解即得复原奶。

（2）熟苦荞麦的制备：精选带壳苦荞麦，多次水洗，除去附着其中的沙土、杂物等。加入适量的水浸泡 12h，沸水蒸煮 30min，65℃干燥 8min，于 180℃烤箱中焙烤 7min，至表面呈现焦黄色，即得熟苦荞麦颗粒。

（3）均质、杀菌：将熟苦荞麦颗粒、白砂糖按一定比例加入复原奶中，搅拌混匀，于 50℃、20MPa 条件下均质 5min。采用 95℃、10min 杀菌，有效清除有害微生物，并使物料进一步混匀。

（4）接种发酵：将直投式发酵剂按一定比例接种于上述灭菌物料中，经充分搅匀后，于 41～45℃发酵 6～8h，酸度达 75～85°T。

（5）冷藏后熟：发酵结束后立即将酸奶储存于 4℃冰箱中冷藏 10h 以上，使之形成良好的风味。

（6）雪莲果颗粒的制备：挑选成熟、无霉烂的雪莲果，洗去雪莲果表面的泥沙等杂物。用削皮刀将雪莲果表皮去净，切成大小均匀的颗粒（2mm×2mm），于沸水中浸泡 5min，沥干、快速添加至冷藏后熟酸乳中，添加量为 4%～12%，即得苦荞-雪莲果酸奶。

3. 苦荞茶酸奶

王家东等（2014）以苦荞茶和鲜牛奶为主要原料，以保加利亚乳杆菌和嗜热链球菌按 1∶1 的比例作为发酵剂，发酵温度为 42℃，对苦荞茶酸奶的加工工艺进行了研究。最佳试验工艺为：苦荞茶和鲜牛奶比为 1∶60；蔗糖添加量为 7%；接种量为 4%；发酵时间为 3h。以最佳工艺生产的苦荞茶酸奶色、香、味、组织状态等俱佳。该试验采用苦荞茶与鲜牛奶混合发酵，进行苦荞茶保健酸奶的工艺研究，所得制品不仅具有良好的风味和外观，而且富含多种营养成分，提高了酸奶的保健功能。

主要工艺流程如下：

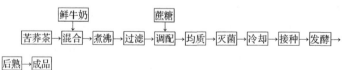

鲜牛奶   蔗糖

苦荞茶→混合→煮沸→过滤→调配→均质→灭菌→冷却→接种→发酵→

后熟→成品

操作要点：

（1）苦荞茶前处理：将苦荞茶用粉碎机粉碎，过 120 目筛，干燥通风储藏，备用。

（2）混合煮沸：将经过预热（55～65℃）的鲜牛奶和苦荞茶粉按一定比例混合，搅拌均匀后，加热煮沸 5min，过滤。

（3）调配：将过滤好的混合牛奶，快速降温至 55℃，加入蔗糖调配，搅拌均匀。

（4）均质、灭菌、冷却：调配好的牛奶温度控制在 50℃左右，均质压力为 20MPa。均质后将乳液加热至 85～90℃杀菌 5min，快速冷却至 42℃。

（5）发酵剂的制备：取适量鲜牛乳巴氏灭菌后制得脱菌乳培养基，在无菌操作台上接入 3%的菌种（保加利亚乳杆菌∶嗜热链球菌=1∶1），再将试管放入 42℃恒温培养箱中发酵，经三级扩大培养使菌种活力充分恢复，然后接种进行扩大培养制成生产用发酵剂。在无菌条件下将发酵剂按不同比例接入灭菌后冷却完毕的牛乳中，搅拌均匀。

（6）接种发酵、冷藏：将接种好的乳液分装后放入 42℃恒温培养箱中，培养 4h 左右。待乳液呈凝固状态（发酵基质的酸度达到 70～75°T）时，转入 4℃冷藏柜中后熟 24h。

4. 荞麦乳酸菌饮料

李凤林（2009）发明了一种荞麦乳酸菌饮料，原料的重量百分比为荞麦 3%～6%，大豆 4%～7%，其余为平衡量的水。将去皮荞麦蒸煮熟化并加水研磨成浆液存入无菌储料罐中再加适量的糖化酶生化处理；将经过清洗浸泡后的大豆进行完全脱腥处理；再将大豆浆液和生化处理后的荞麦浆液充分混合后注入特殊驯化培养的益生菌菌种中进行发酵；将发酵好的半固体物料放入调配罐并加水研磨；将研磨后的物料再进行高压均质的高速研磨。该产品可刺激胃液分泌、促进人体新陈代谢，有助于便秘、消化不良等疾病的恢复。李凤林（2009）以荞麦粉为原料，经液化、糖化后获得糖化液与鲜牛乳进行混合，接种乳酸菌进行混合发酵，然后加入配料调配后获得乳酸菌饮料。

主要工艺流程如下：

荞麦粉→调浆→液化、糖化→过滤→混合→杀菌→冷却→发酵→配料→

均质→灌装→成品

操作要点：

（1）荞麦粉调浆、液化：将荞麦粉按 1∶4 的比例与水混合，用 Na_2CO_3 调整 pH 值至 6.0，添加少量氯化钙使钙离子浓度达 0.01mol/L，投入中温 α-淀粉酶（5μg/g

荞麦粉），保持搅拌状态下加热到 85℃，保温 30～60min，碘液检查至棕红色（DE 值 15%～20%），升温 100℃，加热 5min 灭酶，然后冷却至 60℃备用。

（2）糖化过滤：液化结束后，调整 pH 值至 4.5，在 60℃条件下先加入普鲁兰酶（100μg/g 荞麦粉），然后投入黑曲霉葡萄糖淀粉酶（100μg/g 荞麦粉），糖化 24～48h，测定其 DE 值为 90%以上时，停止糖化，升温 100℃加热 5min 灭酶，然后冷却至 60℃过滤去渣。

（3）原料混合杀菌：将过滤后的糖化液与原料乳按 1.5∶1 的比例混合后，在 95℃下杀菌 5min 并快速冷却至 40℃，准备接种。

（4）发酵：将乳酸链球菌、丁二酮乳酸链球菌、保加利亚杆菌先期培养制备母发酵剂，然后制备工作发酵剂，然后按 1∶2∶1 的比例混合。取 4%混合发酵剂接种，发酵条件为 43℃，8～12h。为促进风味物质的形成，需添加一定量的柠檬酸钠。发酵结束后，冷却至 20℃。

（5）配料均质灌装：将乳酸、复合乳化稳定剂、水、糖溶液与发酵乳相混合，调酸至 pH 值 3.9～4.2。预热均质（60℃、25MPa），灌装获得成品，然后在 4℃以下进行冷藏。

5. 苦荞酸豆奶

刘翊中等（2002）以豆浆、苦荞麦芯粉浸出液按一定比例混合，加入微生物发酵剂，研制出了苦荞酸豆奶。该产品利用了乳酸菌在人体胃肠中的微生态调节作用，大豆碳水化合物以低聚糖为主，有利于促进双歧杆菌在人体肠道内增殖，长期饮用可提高人体免疫功能。同时，发挥了苦荞麦、豆类的营养互补，尤其是利用苦荞麦中芦丁的生理活性作用，可降低血液胆固醇含量，防治心脑血管疾病及高血脂等症，是有效的营养保健型食品。利用豆浆生产营养保健型苦荞酸豆奶，通过微生物的发酵，可改善风味，增加养分，清除或减轻乳中不良气味，提高了大豆和苦荞麦的营养和利用价值。

主要工艺流程如下：

```
                      豆浆    原种→酵母发酵剂→工作发酵剂
                                                  ↓
        苦荞麦浸出液→混合→杀菌→冷却→分装→发酵→后熟→成品
```

操作要点：

（1）原料混合：苦荞麦和豆浆浸出液以 1∶3 的比例混合，充分混匀，后按 5%添加白砂糖；均质的压力为 90～120kg/cm^2。

（2）杀菌采用 90～95℃、5min；工作发酵剂选用嗜热乳链球菌和保加利亚乳杆菌的混合菌，二者比例为 2∶1，发酵液中按 2%比例加入工作发酵剂，于 40～42℃恒温发酵 3～4h，酸豆奶酸度达 40°T，酸牛奶酸度为 89°T；将发酵后的静置型酸豆奶置于 0～10℃冰箱中进行后发酵 24h，成品酸豆奶酸度可达 48°T，酸牛奶为 100°T。

（3）感观标准：产品为淡乳清色，气味正常，特有香味，无异味，酸甜适口，口感滑爽细腻，凝固均匀，表面光泽，有少许豆渣析出，未添加任何化学防腐剂、色素和香精。

（4）理化及微生物标准：酸豆奶和苦荞酸豆奶的 pH 值均为 4.0，酸度分别为 4.9 和 4.8，大肠菌群分别为<30 个/100mL 和<30 个/mL，致病菌均未检出。

（5）经不同配比筛选，苦荞麦浸出液与豆浆最佳比例为 1:3。若比例过高，含水量较多，导致成品凝固不均，水分析出偏多，并略有苦味，若比例偏低，则凝固紧密，口感欠佳，也有可能导致苦荞麦有效成分偏少，达不到应有的保健作用。

6. 荞麦鲜奶酪

薛秀恒等（2016）以牛乳、荞麦为原料，研制出荞麦鲜奶酪。荞麦鲜奶酪生产的最优工艺参数为荞麦添加量 4%、发酵剂添加量 0.015%、发酵温度 42.6℃、发酵时间 7.1h。所制备的酸乳凝乳状态良好，乳清析出少且澄清，荞麦鲜奶酪咀嚼性适中，带有荞麦独有的香气，且质量较优，是一种营养丰富的特色鲜奶酪。

主要工艺流程如下：

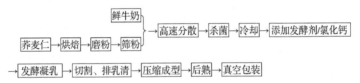

操作要点：

（1）荞麦粉的制备：生荞麦仁经挑选、除杂并清洗后，以 5mm 厚度平铺于托盘上，置于烤箱内焙烤，设定温度 90℃、时间 1h，将焙熟的荞麦仁用粉碎机粉碎，过 80 目分析筛后备用。

（2）荞麦鲜牛奶的制备：按一定比例向鲜牛奶中加入荞麦粉，用高速分散器以转速 4 000 r/min 分散 5min，进行充分混合乳化，得到强化荞麦鲜牛奶。

（3）荞麦鲜奶酪的制作：将强化荞麦鲜牛奶在 63℃灭菌 30min，冷却至 32℃后，按一定比例加入氯化钙、发酵剂，发酵凝乳，压榨 24h，4℃后熟 24h，得到荞麦鲜奶酪，真空包装后于 4℃保藏。

（4）荞麦浸泡磨浆后，荞麦粉起糊且黏度较大，口感粗糙，香气平淡；荞麦焙熟磨粉后，口感细腻，熟荞麦粉香气浓郁，并可控制焙烤温度低于其起糊温度。因此，从荞麦口感、香气及操作角度考虑，选择将荞麦仁焙熟磨粉后添加。

（5）比较将荞麦粉分别添加至原料乳、发酵后酸乳和压榨后鲜奶酪这 3 种添加时间，只有将荞麦粉添加至原料乳中易将其分散均匀，若将荞麦粉添加至酸乳或鲜奶酪中，搅拌分散后，易破坏产品原有质构，影响奶酪压榨工艺。同时，将荞麦粉添加至原料乳中，在酸乳发酵过程中，乳酸菌分解荞麦中蛋白质、淀粉等营养成分，易于被机体吸收利用。

（6）荞麦添加量对酸乳滴定酸度和鲜奶酪咀嚼性的影响均比较显著。当荞麦添加量为4%时，酸乳的滴定酸度为81.5°T，此时酸乳凝乳完全，组织不松散，酸乳味清香纯正，荞麦香气浓郁，乳清析出少且澄清。鲜奶酪咀嚼性随着荞麦添加量的增加逐渐上升，可能是由于荞麦中含有丰富的淀粉，淀粉含量的增加会提高产品的硬度，从而影响鲜奶酪的咀嚼性。综合考虑，荞麦添加量为4%。发酵剂添加量对鲜奶酪品质的影响最小。

（7）随着发酵剂添加量增加，酸度呈现先迅速增加后逐渐减缓的趋势。由于发酵剂添加量的增加，产酸速度加快，促进凝乳。当发酵剂的添加量为0.015%时，酸乳凝乳较完全，质地均匀细腻，排出乳清澄清，且成品鲜奶酪咀嚼性适中。从经济角度考虑，最佳发酵剂添加量选择0.015%。

（8）发酵温度对酸乳滴定酸度影响显著。当发酵温度为42℃时，酸乳的滴定酸度为73.3°T，此时酸乳凝乳状态较好，仅有少量澄清乳清排出，且成品鲜奶酪咀嚼性适中。综合考虑，发酵温度选择42℃为宜。

（9）随着发酵时间增加，酸度也呈现先迅速增加后逐渐减缓的趋势。在发酵过程中，酸乳会产生很多风味物质和芳香活性物质。若发酵时间太短，酸乳产酸、产香不足，凝乳状态不好，但随着发酵时间的延长，酸乳出现明显的异味，可能是因为添加的荞麦粉发酵产酸引起的。当发酵时间为7h时，凝乳较完全，组织均匀致密，乳清流失率低。综合考虑，发酵时间选择7h为宜。

（五）荞麦酒

1. 苦荞米酒

殷培蕾（2015）以苦荞米、糯米为主要原料，采用复配的方法生产苦荞米酒（醪糟）。通过对10个不同品种原料苦荞麦的比较、筛选，最终选择含酚类物质较多且易脱壳的"米荞1号"为原料。苦荞米酒的最佳生产工艺为酒曲添加量0.30g/100g、发酵温度30℃、发酵时间48h、苦荞米∶糯米=1∶5；且在最佳生产工艺下测得此时产品的乙醇浓度为1.09%（vol），pH值为4.08，总酸为484mg/100g（以乳酸计），还原糖含量为17.260g/100g。苦荞醪糟的乙醇浓度为0.93%（vol）（20℃）总酸（以乳酸计）为4.84g/kg、还原糖含量19.36g/100g、pH值为4.06。各个指标均符合甜酒酿的理化要求（DB 31/433—2009）。

主要工艺流程如下：

```
                    加水拌曲
                      ↓
苦荞麦、糯米 → 清洗 → 浸米 → 蒸饭 → 冷却 → 混合 → 搭窝 → 恒温发酵 → 灭菌 → 成品
```

操作要点：

（1）苦荞麦应符合 DB 5134/T 01—2003；苦荞米应符合 Q/KDQ 0002 S—2011；大米应符合 GB/T 1354—2018 的要求；生产用水应符合 GB5749—2022 的要求；其他原料应符合相应标准和有关规定。

（2）将糯米、苦荞米除去杂质，用清水冲洗，漂洗干净，用纱布滤干备用；然后将洗净的糯米、苦荞米装入器皿中，加入清水超过米面 5～6cm 为宜，浸米≥3h，使米粒吸水膨润，以利于蒸米时淀粉糊化；再将浸好的苦荞米、糯米冲洗干净，沥净浆水，均匀地平摊于灭菌好的纱布上常压煎煮，当锅中有白蒸汽冒出时开始计时，蒸煮 10～15min，要求饭粒松软，熟而不透，内无白心；然后冷却。

（3）将蒸煮好的糯米置于经蒸煮杀菌的器皿中，均匀摊开，冷却至 30℃左右，冷却过程中严格控制，避免杂菌污染；待米饭冷却至常温，拌入一定量的酒曲翻拌均匀、分装、压实；分装后搭窝将混合米饭搭成倒放喇叭状的凹圆窝，并压平压实表层。然后把先前准备的常温灭菌水均匀地撒入，最后用保鲜膜封上容器口。搭窝一方面是为了增大微生物与空气接触的面积，另一方面是为了观察醪糟液的渗出情况；将分装好的米酒密封，然后放在适宜的温度下发酵一定时间即得成品；最后将制得的苦荞米酒放入冰箱冷藏保存、备用。

2. 苦荞黄酒

肖冬光等（2014）发明了一种由黄酒和苦荞麦提取液组合而成的苦荞黄酒。苦荞黄酒生产方法的关键是在黄酒中加入了苦荞麦提取液，苦荞麦提取液可以在三个阶段和黄酒合成，即同步合成，后发酵期合成，分别制成混合而成。苦荞麦发酵或被乙醇浸泡后能生成芦丁，而芦丁能软化血管、增加血管弹性、代谢氧自由基、延缓衰老的功效早已被医学界公认，故含有芦丁的黄酒，借用黄酒的药引作用将更好地发挥芦丁的医用效用，使这种黄酒在饮后对人体起到更好的保健作用。

李河等（2016）以糯米和苦荞麸皮为原料，研究料水比、糖化酶接入量、黄酒酵母接入量、温度、时间等因素对苦荞黄酒糖化和后发酵的影响，确定苦荞黄酒工艺的最佳条件。试验结果表明，影响苦荞黄酒糖化的因素从大到小依次为：料水比、糖化温度、糖化酶接入量、糖化时间，糖化的最佳条件为：料水比 3∶5.5∶11.5（g∶g∶g），糖化酶接入量 0.25%，糖化温度 60℃，糖化时间 13h；影响苦荞黄酒后发酵的因素从大到小依次为：后发酵温度、黄酒酵母接入量、料水比、后发酵时间，后发酵的最佳工艺条件为：料水比 3∶5.5∶11.5（g∶g∶g），黄酒酵母接入量 0.2%，后发酵温度 40℃，后发酵时间 13d。经过最佳糖化和后发酵工艺可获得外观、香气、口味、风格等感官指标达到优级的苦荞黄酒。鉴于对苦荞产品和黄酒的分析，在黄酒的发酵工艺中加入一定量的苦荞麸皮，通过糖化、后发酵得到的苦荞黄酒，其营养价值更高、保健效果更好，既可以保持较好的黄酒风格，又具有苦荞的营养成分和特有风味。

主要工艺流程如下：

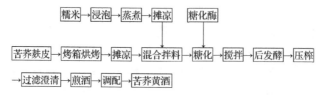

操作要点：

（1）原料选择：苦荞黄酒酿造所用的主要原料是经过精白处理的糯米和新鲜的苦荞麸皮，酿造苦荞黄酒的糯米应该米粒洁白丰满、大小整齐、夹杂物少。千粒重为 20～30g，比重为 1.40～1.42，糯米的淀粉含量越高越好，最好使用吸水快、易糊化和糖化的软质米。

（2）前处理：准确称取苦荞麸皮、糯米。首先将糯米洗净，主要除去糯米中的灰尘、石子、糠麸等物质；其次洗米后加 20～25℃温水进行浸泡，加水量为米重的 2 倍左右，浸泡 10h 左右，要求浸泡后的米能用手捏粉碎。将泡好的糯米用蒸锅蒸制 60min 左右，要求米饭外硬内软、内无生心、疏松不糊、透而不烂、均匀一致。同时，将称好的苦荞麸皮中洒适量水，放于 180℃烘箱中进行烘烤，至苦荞麸皮焦黄带有焦香味为止。

（3）混合拌料：将蒸好的糯米和烘烤好的苦荞麸皮在冰盘上摊晾冷却至 60℃左右，并与预先在 37～40℃温水中活化 40min 左右的糖化酶混合拌料，动作要快，尽量使其混合均匀。

（4）糖化：将混合均匀的糯米、苦荞麸皮和糖化酶放入玻璃缸中，密封放于恒温箱中进行糖化，每隔 2h 观察糖化效果。

（5）后发酵：糖化完成后，接入预先在 35℃左右活化 40min 的黄酒酵母，放于恒温箱中后发酵。注意每天观察，隔 2d 左右开耙换气。

（6）后处理：将后发酵完成的原料进行压榨、过滤澄清、煎酒等操作，防止杂菌的污染，可以适当加入焦糖色素进行勾兑调配，得到苦荞黄酒成品，于常温下储存。

3. 苦荞啤酒

周建山（2015）发明了一种苦荞啤酒，该苦荞啤酒在制备时用苦荞粉代替了传统的大米、玉米等辅料，其麦芽与苦荞麦粉的比例为（3：7）～（1：1），所采用的制备方法解决了苦荞粉添加量大时无法糖化的问题，使所生产的苦荞啤酒具有高含量的黄酮类、高生物价蛋白质、维生素及矿质元素等成分，大大提高了啤酒的营养成分和保健功能，并强化了啤酒的苦荞风味。

主要工艺流程如下：

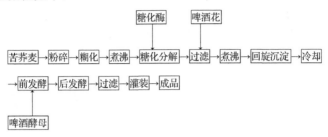

操作要点：

（1）原料粉碎：用 JFM-3A 对辊式啤酒麦芽粉碎机对苦荞麦和浅色麦芽进行粉碎，原料经过这种机器粉碎后麦皮完整，面胚乳被磨成细粉，比表面积增大，更容易溶解和分散在水中，加速物料的溶解和酶的反应，缩短糖化时间，增加收得率。

（2）糊化：在糊化锅内添加 6 倍苦荞麦原料的水，将水温先加热至 45℃，再将粉碎后的苦荞麦原料加入糊化锅中，并开启搅拌，再继续升温至 70℃，并在此时将糖化酶添加到糊化锅中，继续开启搅拌，保温 35min，使苦荞麦淀粉长链断裂成短链状进而形成糊精，再继续加热升温至 100℃，维持 60min，得到醪液。

（3）糖化：采用糖化时间短、过程简单、节约蒸气和动力、煮沸时间短、麦皮浸出物少的一次煮出糖化法。在糖化锅内添加 4.5 倍麦芽原料的水，将水先加热至 35℃，再将粉碎后的麦芽原料加入糖化锅中，并开启搅拌，维持 30min；再将糊化锅中的醪液泵入糖化锅中，再继续升温至 52℃，维持 10min；再继续升温至 63℃，维持 30min，再继续升温至 78℃，准备过滤。

（4）过滤：将糖化锅中的醪液通过管道泵入过滤槽内，静置 30min，开启泵回流麦汁 10min 至麦汁澄清，再加入 4 倍混合原料的 78℃洗糟水进行两次洗槽，最终制得过滤麦汁。

（5）煮沸：将过滤的麦汁收集在煮沸锅中，待麦汁收集完后，开启煮沸锅搅拌，并在煮沸过程中添加颗粒酒花，维持麦汁沸腾 70min（啤酒花分两次加入，第一次在煮沸锅温度升至 96℃时，向煮沸锅中添加 10%颗粒酒花，第二次在煮沸 1h 后加入剩余的颗粒酒花）。

（6）回旋沉淀：将煮沸锅内的麦汁，以切线方向泵入回旋沉淀槽内，麦汁在槽内回旋循环冷却 30min，再静置 20min，等待入罐发酵。

（7）麦汁的冷却：用薄板冷却器，采用一段冷却法进行麦汁冷却。先将乙醇溶液水制冷至 1℃左右，再与热麦汁在薄板冷却器中进行热交换，将入罐发酵的麦汁冷却至 10～12℃。

（8）前发酵：将冷却至 10～12℃的麦汁泵入圆柱锥底发酵罐中进行发酵，同时将酵母一同泵入发酵罐中，进行下面发酵，发酵温度控制在 8～13℃，发酵 6～

9d，其间要进行排渣、排酵母等操作。

（9）后发酵：将前发酵完成后的啤酒，泵入圆柱锥底发酵罐中冷却至 0℃左右，调节发酵罐内的压力，使 CO_2 溶入啤酒中，贮酒 14～21d。

（10）过滤：用板框式硅藻土过滤机将发酵成熟后的啤酒在-1℃下澄清透明成为商品。

（11）罐装：用自动灌装机定量将过滤后的啤酒灌入清洗干燥后的绿色玻璃瓶中。

4. 苦荞麦发酵饮料酒

韩丹等（2010）发明了一种治疗糖尿病的低度发酵饮料酒，将苦荞麦 1250g、糖化酶 10～15g、酵母 2～6g、柠檬酸 8～9g、白砂糖 700～1200g、人参 12～15g、黑豆 12～18g、黄精 15～20g、巴戟天 10～16g、枸杞 12～15g、山药 6～15g、熟地黄 16～20g、肉苁蓉 6～12g、女贞子 5～12g、桑葚 6～10g、何首乌 8～15g、泽泻 9～15g、苦瓜干 8～12g、地骨皮 10～18g、三七 46g、红花 5～12g、马齿苋 9～15g、葛根 18～30g 等全部采用低温发酵的方式，然后分离倒桶、澄清，制得含乙醇浓度 8%vol、总糖≤4g/L 的低度发酵饮料酒。

5. 苦荞青梅酒

王成彬（2015）发明了一种苦荞青梅酒，按每 100kg 纯苦荞原浆酒配 10～100kg 青梅的比例将青梅浸入纯苦荞原浆酒中，并至少封存 10d 后，得到微红、微黄的苦荞青梅酒，将微红、微黄的苦荞青梅酒进行蒸馏处理就得到无色的苦荞青梅酒。

6. 苦荞抗氧化保健酒

李云龙等（2007）发明了一种苦荞抗氧化保健酒，是在苦荞基酒中添加有黄酮提取物。具体是用 50%以上的食用乙醇提取酒糟，滤液浓缩回收溶剂；以大孔径树脂吸附浓缩液，水洗后再用食用乙醇洗脱，收集洗脱液，浓缩干燥得到酒糟黄酮提取物；将酒糟黄酮提取物添加到苦荞基酒中，微热溶解，勾兑制成苦荞抗氧化保健酒。该苦荞酒清除 DPPH 自由基和抗氧化能力比原苦荞基酒分别提高了8.1 倍和 33.3 倍以上，具有十分显著的抗氧化保健活性。

7. 苦荞芽保健酒

胡一冰等（2011）发明了一种由苦荞芽、中药材放入白酒中浸泡而制成的苦荞芽保健酒，所用原料组分及重量比为：苦荞芽 50～100 份、淫羊藿 8～15 份、补骨脂 10～15 份、黄芪 5～10 份、炒白术 5～10 份、当归 6～10 份、麦冬 1～5份、甘草 1～5 份、杜仲 5～10 份、枸杞 1～5 份和大枣 5～10 份，所述白酒与上述原料总量的重量之比为（15～20）∶1，其制作过程是：先将苦荞芽烘干，然后将烘干后的苦荞芽与其他原料进行粗粉碎并混合，再将混合后的原料放入乙醇含量为 56%～60% 的白酒中浸泡，每天搅动 1～2 次，浸泡 25～35d 后过滤即制得。本发明苦荞芽保健酒不仅总黄酮含量高，而且还具有中药的药效，保健功能强，长期食用能增强人体免疫力，防病治病。

（六）荞麦醋及酱油

1. 苦荞醋

申瑞玲等（2014）采用传统工艺乙醇发酵和乙酸发酵两步法酿造苦荞醋。在考察乙醇发酵温度、苦荞麦代替高粱比、大曲用量对乙醇发酵的影响，和初始乙醇度、发酵温度、醋酸菌用量对乙酸发酵的影响的基础上，分别通过正交试验得出乙醇发酵和乙酸发酵的最佳工艺参数为：乙醇发酵温度 32℃，苦荞麦代替高粱比 45%，大曲用量 5.5%；乙酸发酵初始乙醇浓度 5.0%，发酵温度 36℃，醋酸菌接种量 5%。据此酿造的苦荞醋符合国家标准，既有传统食醋的品质，又有苦荞麦特有的保健功效。

张素云（2014）在同一条件下采用麸皮和糖化酶分别对苦荞碎米及皮粉进行糖化，以还原糖利用率、糖醇转化率、总黄酮保留率为指标，筛选出较优的糖化方法，再以总酸和总黄酮为指标，采用正交实验优化液态苦荞醋乙酸酿造工艺条件。结果表明，麸皮糖化法比酶糖化法的黄酮保留率高 0.5%，两者还原糖利用率分别为 76.8% 和 83.1%，糖醇转化率分别为 45.6% 和 33.8%。从经济方便性考虑，选择麸皮糖化进行实验优化。麸皮糖化酿造的液态苦荞醋最佳醋化条件为：瓶装量 1/2，醋酸菌接种量 0.6%，培养温度 31℃，在此条件下测得总酸值达 3.65g/100mL，总黄酮为 3.53mg/g。

主要工艺流程如下：

苦荞麦 → 粉碎 → 润料 → 蒸熟 → 加水闷料 → 冷却 → 拌曲 → 乙醇发酵 → 乙酸发酵 →

熏熔 → 淋醋 → 新醋 → 陈酿

2. 苦荞酱油

薛春生等（2003）发明了一种苦荞保健酱油，解决现有酱油只有调味作用而没有保健功能的技术难点。该苦荞酱油由下述重量百分比的原料酿制而成：黑苦荞 40%～60%、黑小麦 30%～50%、黑芝麻 5%～10%。生产苦荞酱油的方法是：先将黑苦荞、黑小麦粉碎并用等量的热水润料；然后将黑芝麻粉碎后拌入润好的黑苦荞和黑小麦中并混合均匀；接着蒸料 4～8min，迅速出锅摊凉；将种曲接入熟料内制曲，制曲时间为 40h；制酱醅，发酵 20d，加原料重量 17% 的盐水，发酵 5d，最后淋油。

李谦等（2015）以苦荞碎米为原料对酶法制备苦荞酱油糖浆盐水的液化及糖化工艺进行研究。苦荞碎米的最佳液化条件为：α-淀粉酶添加量 50U/g，料水比 1：9.0（g：mL），液化温度 90℃，液化时间 10min，pH 值为 6.5～7.0；最佳糖化工艺条件为：糖化酶添加量 250U/g，糖化温度 60℃，糖化时间 5h，pH 值为 4。在此工艺条件下，糖化液中还原糖含量为 13.70%，总黄酮含量为 6.95mg/g。

李谦等（2016）采用低盐固态发酵工艺，探讨不同盐水浓度和发酵温度对酱醅理化特性及苦荞酱油品质的影响。不同盐水浓度和发酵温度的低盐固态工艺对比分析表明，苦荞酱油发酵过程中还原糖、氨基酸态氮和总黄酮含量呈现先升高后降低再趋于平稳的趋势，可溶性无盐固形物和总酸含量一直升高，pH 值持续降低，氯化钠含量变化不大；经综合比较，以 15°Bé 盐水浓度和 42℃—48℃—37℃中高低变温发酵的酱油（头油）品质最好，其氨基酸态氮、总酸、还原糖、总氮和总黄酮含量分别达 0.625g/L，0.656g/L，1.023g/L，1.4g/L 和 1.38mg/g，符合国家二级质量标准。

主要工艺流程如下：

操作要点：

（1）制曲：原料配比为豆粕：麸皮=6：4，鼎鑫酱油曲精制曲，种曲接种量 0.3%，制曲温度 35～37℃，制曲时间 46h。

（2）发酵：发酵温度分为恒温型、中高低型、中低型 3 种，盐水浓度为 12°Bé、15°Bé、18°Bé 3 种，发酵时间 30d。

（3）成曲刚入池发酵时，因为米曲霉孢子外层包裹有空气，所以一般从第 5d 成曲完全浸于盐水时开始记录数据，并每隔 5d 检测酱醅中各理化指标的含量。按照盐水：原料=105：100 的比例，选择 12°Bé、15°Bé、18°Bé 食盐水，不同温度条件下发酵。

三、荞麦食品配料

采用现代高新技术提取荞麦中的功能成分，经浓缩、精制，作为食品加工的原料配入食品中，以提高功能食品的功效。目前，该类产品主要有荞麦多酚类、苦荞黄酮类、荞麦糖醇类和荞麦蛋白类。

1. 荞麦多酚食品配料

袁建平（2008）发明了一种金荞麦多酚提取物，其为褐红色无定形粉末，味涩、苦、微酸；放置空气中易吸潮，遇光、热，颜色逐渐变深，可溶于甲醇、乙醇、含水乙醇，微溶于水，不溶于氯仿、石油醚、乙醚等有机溶剂。采用低温-搅拌动态渗漉法对金荞麦进行粗提取，然后将粗提取物用中性大孔吸附树脂精制，最后低温微波干燥，得到无有机物残留、高活性、高纯度的金荞麦多酚提取物。具体为：①粗提取。采用低温-搅拌动态渗漉法，用 60%乙醇在 50～60℃对金荞麦进行粗提取，得到金荞麦多酚粗提取物。②精制。采用中性大孔吸附树脂 LAS-20 精制粗提取物，得到精制多酚提取物。③干燥。采用低温微波干燥技术对精制多酚提取物进行干燥。该金荞麦多酚提取物可与其他中药联用，增强治疗效果。

2. 苦荞黄酮食品配料

边俊生（2006）以富含黄酮的苦荞麦麸皮、花、茎叶等为原料，经预处理、溶剂浸提等工艺，一次性提取纯化处理的总黄酮含量可达 30%～80%。经动物口服急性毒性试验表明，$LD_{50}>20.0g/kg$，属实际无毒，可用于功能食品配料和医药原料。

主要工艺流程如下：

苦荞麦原料→ 破壁处理 → 溶剂提取 → 分离弃渣 → 滤液浓缩、陈化 →

离心分离 → 真空干燥 → 成品

白宝兰等（2008）对苦荞麦叶、茎、壳和籽粒粉碎物中的生物类黄酮进行了定性定量分析，选用总黄酮含量最高的苦荞叶为原料制备苦荞黄酮精粉。经材料粉碎处理、溶剂浸提、大孔树脂纯化等工艺，制备的苦荞黄酮精粉中芦丁和总黄酮含量分别达到 85.34%和 91.36%。

主要工艺流程如下：

苦荞叶→ 粉碎 → 溶剂提取 → 大孔树脂纯化 → 真空干燥 → 黄酮精粉

徐宝才等（2005）以牛肉火腿切片分离出的乳酸杆菌及肠杆菌为供试菌，采用滤纸片法对 10 种防腐保鲜剂：乳酸钠、双乙酸钠、山梨酸钾、EDTA 二钠、乳酸链球菌素、茶多酚、壳聚糖、水溶性壳聚糖、芦丁、苦荞壳提取液（黄酮），以及部分复配剂的抑菌效果进行了筛选。结果发现，乳酸链球菌素对乳杆菌的作用效果明显，茶多酚、壳聚糖对肠杆菌有较强的抑制作用；苦荞麦提取液对供试菌只表现出轻微的抑制作用，但可能对其他种类的食品腐败菌具有强的抑菌活性，需进一步开展提取液的抑菌实验，以发掘出其作为保健型天然防腐保鲜剂的潜在作用。

主要工艺流程如下：

苦荞麦籽粒筛选→ 筛选苦荞壳 → 粉碎 → 浸提 → 过滤 → 黄酮提取液 → 防腐剂的制备

3. 荞麦 *D*-手性肌醇食品配料

边俊生等（2006）以富含荞麦糖醇的荞麦麸皮，经破壁处理、溶剂浸提、高压水解等工艺加工，一次性提取纯化处理的提取物中 *D*-手性肌醇含量可达 30%～50%，作为荞麦 *D*-手性肌醇食品配料，可满足功能食品加工的要求。经动物口服急毒试验表明，LD$_{50}$>16.0g/kg，属实际无毒，可应用于功能食品配料和医药原料。

主要工艺流程如下：

荞麦麸皮原料 → 预处理 → 溶剂提取 → 高压水解 → 活性炭脱色 → 树脂分离

→ 减压浓缩 → *D*-手性肌醇水解物

陕方等（2006）研究发现，荞麦发芽萌动时激活的α-半乳糖苷酶等内源酶可有效水解荞麦糖醇生成 *D*-手性肌醇、肌醇等功能成分单体，其提取物作为食品配料或保健食品配料时，大幅度提升荞麦降低糖尿病模型大鼠空腹血糖的效果。

主要加工工艺流程如下：

苦荞麦或甜荞麦籽粒 → 发芽萌动 → 溶剂提取 → 冷冻干燥 → *D*-手性肌醇提取物

试验表明，提取物使用剂量为 50mg/kg 时，4d 后模型大鼠血糖比对照下降 39%，使用剂量增加至 100mg/kg 时，1d 后血糖可比对照下降 28%。苦荞麦提取物相同剂量降低血糖效果要好于甜荞麦提取物。

4. 荞麦蛋白食品配料

高梅等（2008）用 4000～6500U/g 蛋白酶水解荞麦蛋白，清液经真空冷冻干燥可得荞麦蛋白生物活性肽干粉。研究发现，经酶水解得到的蛋白多肽具有促进免疫、激素调节、抗菌、抗氧化、抗病毒、降血压、降血脂等多种保健功能。

主要工艺流程如下：

荞麦蛋白粉 → 蛋白酶水解 → 离心分离 → 冷冻干燥 → 蛋白多肽干粉

经电泳分析，荞麦蛋白多肽分子量分布在 20000～43000Da，其 ACE 抑制率为 52.37%，羟基自由基清除率可达 45.4%，超氧阴离子清除率为 80.33%，DPPH自由基清除率达 46.6%。

郭晓娜等（2007）以苦荞麦粉为原料，采用硫酸铵分级沉淀、离子交换色谱和凝胶过滤色谱对苦荞麦水溶性蛋白质（TBWSP）中抗肿瘤活性组分进行筛选、分离及纯化，得到了有效组分 TBWSP31，其对人乳腺癌细胞株 Bcap37 的生长、增殖有显著的抑制活性，IC$_{50}$ 值为 19.75μg/mL。

主要工艺流程如下：

苦荞麦粉 → 蛋白提取液 → 分级沉淀 → 离子交换色谱分离 → 凝胶色谱分离 →

冷冻干燥 → 抗肿瘤活性检测 → TBWSP31

卢建雄等（2002）以苦荞麦粉为辅料，经特殊工艺加工而成的彩色保健豆腐凝固剂——苦荞酸性凝固剂，将苦荞麦中的营养成分借助豆腐加工工艺有机富集、融合在豆制品中。成品色泽微黄、清香爽口、营养丰富，既保持了传统豆腐的风味，又具有保健功能。经检测，苦荞豆腐中微量元素锌、铜、硒等含量均高于普通豆腐。

主要工艺流程如下：

苦荞麦粉 → 浸泡 → 洗脱 → 静置去沉淀 → 灭菌 → 发酵 → 酸性凝固剂

四、保健品

1. 苦荞黄酮醋软胶囊

薛春生等（2004）开发了一种苦荞黄酮醋软胶囊，基础原料为苦荞醋，适量添加苦荞黄酮配料，采用稳定性好的软胶囊剂型，辅以红花籽油、卵磷脂等天然辅料，其中苦荞黄酮含量可达 5%以上。

主要工艺流程如下：

苦荞醋原料 → 低温浓缩 → 配料调制 → 高压乳化 → 灌装 → 定型 → 干燥

→ 灭菌 → 检验 → 成品包装

2. 荞麦芽芦丁胶囊

周小理等（2008）发明了一种荞麦芽芦丁胶囊的制备方法，包括下列步骤：选种与浸种、发芽、打浆、速冻、真空冷冻干燥、粉碎包装、提取、分离纯化、真空浓缩、速冻、真空冷冻干燥、粉碎包装。原料荞麦经发芽且全胚芽细胞破壁微细化后，经溶剂提取和大孔吸附树脂纯化后再经速冻和真空冷冻干燥制成荞麦芽粉，最后精制成荞麦芽芦丁胶囊，所制备的荞麦芽粉具有荞麦芽清香味，氨基酸、芦丁等黄酮类化合物和矿物质含量高于一般荞麦种子粉，营养成分活性增强，易于人体吸收。

3. 苦荞片

刘晓龙（2015）发明了一种苦荞片，由预拌粉与辅料按照 3∶2 的重量比混合制成，预拌粉由苦荞麦粉、小米粉、枸杞粉和薏米粉组成；辅料由聚氨酸和碳酸氢钠组成。预拌粉原料分别经 *a*-淀粉酶和蛋白酶处理，辅料混合均匀，枸杞脱水后，按照配方混合均匀，压制成薄片，灭菌消毒后包装制成苦荞片。该产品具有清热解毒、降血糖、降血脂、益气提神、补肾益精，养肝明目等作用，且易吸收、携带食用方便。

4. 荞麦谷果蔬泡腾片

周小理等（2005b）发明了一种荞麦谷果蔬泡腾片，其主要工艺流程包括下列步骤：①制备荞麦多肽复合蛋白粉；②制备荞麦芽全粉；③配料、造粒；④真空干燥、压片成型。将荞麦米清洗、浸泡、细胞破壁微细化粉碎为 $30\sim50\mu m$ 细度的浆体，再蒸煮、冷却、酶解、分离浓缩、真空浓缩、喷雾干燥、真空充氮包装制成荞麦多肽复合蛋白粉，再与荞麦芽全粉、荞麦黄酮提取物、沙棘粉、番茄粉、碳酸氢钠及碳酸氢钾、酸味剂、甜味剂、麦芽糊精、硬脂酸镁、蔗糖粉和乙醇溶液均匀混合，经两步法造粒、真空干燥后压片成型，单片或多片包装。与采用一般方法制作的荞麦种子粉混合冲剂相比，该发明更多地保存了荞麦的功能成分，食用非常方便。

5. 苦荞螺旋藻片

杨生辉等（2009）发明了一种苦荞螺旋藻片，由下列重量百分含量的有效成分和辅料组成：螺旋藻 85.0%～92.5%、苦荞麦提取物 5.0%～10.0%、二氧化硅 1.25%～2.5%、纤维素 1.0%～2.0%和硬脂酸镁 0.25%～0.5%。制备方法主要步骤为：将螺旋藻、苦荞麦提取物分别粉碎，过 40～60 目筛备用，将螺旋藻、苦荞麦提取物和纤维素、二氧化硅、硬脂酸镁充分混合过筛后，采用旋转式压片机干粉直接压片成型。该产品既保持了螺旋藻的营养成分，又增补了苦荞麦中的生物活性成分，富含 55%以上的丰富优质蛋白质和人体必需的 8 种氨基酸等；能够补充平衡营养，增强机体活力，促进胰岛细胞恢复，改善糖耐量，降低血黏度和毛细血管脆性；降低血糖和血脂，促进血液循环。

6. 苦荞黄酮泡腾片

赵钢等（2008）开发出了一种苦荞黄酮泡腾片，该产品包含苦荞黄酮提取物 12%～18%、酸源 10%～30%、碳源 10%～20%、填充剂 30%～50%、水溶性包合材料 5%～10%、润滑剂 0.1%～0.5%和甜味剂 2%～6%，所用苦荞黄酮提取物采用生物酶法联合水提取、大孔吸附树脂纯化、喷雾干燥等工艺制得。该泡腾片制作时是采用水溶性包合材料对碳源进行包合，而酸源与其他组分单独制粒，制得的苦荞生物黄酮泡腾片中生物黄酮含量高且不易受潮。

7. 荞果利咽含片

邹亮等（2014）开发出了一种荞果利咽含片及其制备方法，该含片由以下质量百分比的原料组成：苦荞麦-罗汉果提取物 19.5%～29.5%、薄荷脑 0.5%、填充剂 69.5%～79.5%和润滑剂 0.25%～0.5%，所述苦荞麦-罗汉果提取物由苦荞提取物和罗汉果提取物按（1～4）:（3～5）的质量比混匀制得。该发明首次将苦荞麦和罗汉果配伍使用，两者结合可强化苦荞麦利咽功效，同时罗汉果本身具有的甜度，使该发明的含片无须添加甜味剂或矫味剂即可克服苦荞麦味苦、口感差的缺陷。与其他苦荞麦产品相比，该发明的荞果利咽含片便于携带和服用，口感较好，方便人们在咽部不适时服用，以缓解咽部炎症。

8. 复方金荞麦制剂

袁建平等（2012）发明了一种复方金荞麦制剂，由中草药金荞麦、岩白菜和绞股蓝的提取物组成。金荞麦粉的提取方法是：取金荞麦根茎、洗净切片晒干，在丙酮-水溶剂中，室温浸泡 2～7d，对提取液减压回收丙酮，浓缩过滤除去沉淀物，用乙醚：乙酸乙酯：正丁醇萃取，以 D100 大孔吸附树脂为填料，用浓度不同的乙醇作为洗脱剂，分别将乙酸乙酯、正丁醇萃取液分离，收集洗脱液、静置 24h、105℃烘干即可。该制剂有益气养阴、清热解毒、活血化瘀、祛痰止咳的功效；具有癌化学预防作用及抗癌活性。

9. 苦荞托毒丸

王文祥（2009）发明了一种苦荞托毒丸，以苦荞麦粉、黄芪、虎杖、菊花、蜂蜜为原料制备而成,制备步骤：①称取下列重量配比原料：苦荞麦粉 36%～45%，黄芪 1%～2%、虎杖 1%～2%、菊花 0.5%～1%、蜂蜜 38%～50%；②取黄芪、虎杖、菊花粉碎成粉，将三味药粉与苦荞麦粉混匀，干燥灭菌，含水量控制在 7%～9%；③取蜂蜜加温至 112～116℃，时间 10～20min，制成炼蜜；④将步骤②制成的药粉与步骤③制成的炼蜜混合，搅拌均匀，放置 24～72h，制丸包装。该苦荞托毒丸具有清热解毒、消肿止痛，对于治疗皮肤肌肉溃疡、痈疽具有显著疗效，对胃病、溃疡有一定保健作用，用药方便，为患者提供了新的选择。

五、日用品

1. 荞麦皮壳保健褥垫

杨矛（2003）发明了一种苦荞麦皮保健垫及其制造方法，将苦荞麦皮、薄荷、白芷、藿香和松针按照重量比例份数为（85～95）:（0.1～0.5）:（0.1～0.5）:

（0.3～0.6）：（8～12）的比例混合均匀得到填充物；然后将裁好的一块布料铺在操作台上，再将填充物均匀地铺在该布料上，填充物的铺设厚度为 20～60mm，再用相同的另一块布料盖在已铺好的填充物上，将上述两块布料的周边固定后，将其纫缝成 50～60mm 的方格后，得到苦荞麦皮保健垫。该发明的产品可以预防或减轻失眠、多梦、头晕、耳鸣、糖尿病、高血压、尿急尿频、动脉硬化、便秘、痔疮等常见疾病或症状，延迟上述疾病发病年龄或发病周期，特别是对疲劳、便秘、失眠和痔疮有奇效。

韩俊等（2010）发明了一种荞麦壳保健褥子，包括荞麦壳灌装层、高分子材料层和纯棉布层。所述荞麦壳灌装层位于保健褥子的中间，其上、下表面分别连接一层高分子材料层，在所述两层高分子材料层的表面覆盖纯棉布层，所述纯棉布层的四边与所述高分子材料层的四边缝合在一起。去掉荞麦皮后的壳褥子在使用过程中空气流通加大，不会出现荞麦皮不均匀的情况，卧床病人长时间使用也不会出现压疮。

刘栋材（2006）发明了一种苦荞麦皮保健褥垫，其主要工艺流程包括：①棉布；②苦荞麦皮、黄芪和沙棘叶的混合物；③棉线，其中棉线将两层棉布缝合成其横截面的长宽均为 6～7cm 的正方形的空间，在该空间内填充苦荞麦皮、黄芪和沙棘叶的混合物，其填充厚度为 2～3cm。该苦荞麦皮保健褥垫，不仅具有祛风、除湿、通经活络、舒筋活血、健脑清目、清热解毒和冬暖夏凉的功能，还对治疗糖尿病、高血压、尿急尿频和防止动脉硬化有显著的疗效。该苦荞麦皮保健褥垫可以作成睡觉时铺的褥子、沙发坐垫、汽车坐垫和汽车靠垫等。

2. 荞麦皮壳床垫

杨九洲（2016）发明了两种荞麦皮床垫的制作方法。通过这两种荞麦皮床垫的制作方法生产制作出来的荞麦皮床垫在确定了合适的缝制距离后，可以保证荞麦皮在床垫内不会随意窜动；通过沿布料纬线缝制的缝纫线之间的间距可以确定荞麦皮床垫的使用厚度，进而保证床垫的最终成型和美观度，增强荞麦皮的使用寿命；通过外部布料的限制和最终床垫成型后的空间结构，进一步增强了荞麦皮在使用中的舒适度和透气性。

王国富（2009）发明了一种绿色养生保健床垫，在床垫本体的表面设有多个用于放置填充物的容腔，且容腔的外形呈波浪状凸起，相邻的容腔之间还设有缝纫线。该缝纫线为横向缝纫线或纵向缝纫线，填充物为山楂籽、决明子与苦荞麦壳。该产品外形美观，具有防病、保健等功能。由于在床垫的表面设有多个波浪状凸起，可以对整个身体进行按摩，缓解身体的疲劳与不适，其内部含有填充物成分经过挥发后会作用在人体的周围。长期使用该床垫，可以有效地改善人们的睡眠状况，提高人体的各项机能，起到促进血液循环与人体健康的效果。

3. 荞麦枕

郭德林（2017）发明了一种保健荞麦枕，包括枕套和枕芯。所述的枕套由100%纯棉面料制成，可拆卸；枕芯由竹炭颗粒、荞麦壳和中药填充而成；所述中药包括薰衣草、决明子、蚕沙、银杏叶、鱼腥草和菊花。该荞麦枕结构简单，透气舒适，通过在荞麦壳内添加具有安神、催眠作用的中草药，使其具有治疗多梦、头晕、失眠等疾病效果。

张水祥（2012）发明了一种竹炭荞麦枕，包括枕套和枕芯。所述的枕套由100%纯棉面料制成，枕芯由竹炭颗粒、荞麦壳和茶叶填充而成，竹炭具有超强吸附力，能起到除臭杀菌的作用，荞麦壳防潮透气、冬暖夏凉，茶叶具有提神益智，防暑降温的功能。所述枕芯中竹炭颗粒、荞麦壳和茶叶的配比为 1:2:1。该发明的枕芯形状依据人体颈部睡眠曲线设计而成，中间低、四周稍高，贴合脊椎，不仅有益于头部血液循环，还能有效预防颈椎病、背脊酸痛等。

钟华强（2006）发明了一种苦荞壳药枕，由苦荞壳和中药材（金银花、青蒿）组成，苦荞壳与中药材重量比为 10:（1~3），金银花与青蒿的重量比为 1:1。苦荞壳用水浸泡 2~3h，加入金银花与青蒿置于木甑熏蒸 11~12h，微波干燥至含水量小于 8%，杀菌即得。该苦荞壳药枕对于失眠、高血压、颈椎病、头痛、头昏等患者具有保健和辅助治疗作用。苦荞药枕能在头的外部形成"运态药场"与外界交换热量，抽湿泻热，能调节睡眠中枢，恢复自然的睡眠状态。枕内药分子能通过头部吸收，对于高血压、颈椎病、头痛、头昏等有保健作用和一定的治疗作用。

4. 苦荞壳护眼罩

孙臻（2008）发明了一种治疗失眠症的护眼罩，特别适合患有失眠症的人使用，属于生活医疗保健领域。护眼罩制作方法是：将银杏叶 10~15 份，薰衣草 6~8 份，苦荞麦壳 4~6 份，薄荷梗 5~7 份，野菊花 7~9 份，麝香 1~2 份干燥、混合后装入用高精度纺织棉布做成的眼罩套内缝合后即可使用。使用以上方法制作的护眼罩可缓解紧张情绪、消除大脑疲劳，促进面部、脑部血液循环，改善新陈代谢，使患有失眠症的病人很快入睡，大幅改善睡眠质量，还具有消除头晕、头痛、失眠多梦、易醒、记忆力减退症状的功效。该发明配方独特，治疗效果好，使用简便，制备方法简单，生产成本低，便于普及使用。

5. 苦荞麦皮肤增白霜

夏栋（2008）发明了一种苦荞麦皮肤增白霜，每份增白霜包括：苦荞麦、聚氧乙烯十六烷基醚、单硬脂酸甘油酯、山嵛醇、液体石蜡、鲸蜡醇十八酸酯、甲基聚硅氧烷、对羟基苯甲酸、d-δ-EDTA 盐、氢氧化钠、蒸馏水等成分。面部清洁后，将制成后的增白霜涂于面部，涂抹均匀，轻轻按摩至完全吸收，能有效地美白肌肤。

6. 苦荞麦染发防护制剂

李政俭（2003）发明了一种染发植物防护制剂，每 1kg 产品的原料组成是银杏叶 100～150g、黄芪 50～100g、苦荞麦 100～150g、茶叶 200～250g、甘草 50～80g、白扁豆 100～150g、桑葚 100～120g、皂角 100～120g。将上述混合物经醇浸、醋浸、水浸、水煎煮分离溶剂后，得到提取液。在染发时将少量产品添加到染发膏中，即可显著抑制染发剂中有害物质的致癌作用，减轻染发引起的过敏反应，不影响染发效果且具有滋润皮肤、养护发质的作用。

六、饲料添加剂

史占彪（2017）发明了一种青荞麦秸秆饲料的制备方法，它是由以下重量百分比的组分配制而成：青荞麦秸秆 78%～92%，食用碱 0.3%～3%，尿素 1%～5%，糖化酶 0.5%～3%，半纤维素酶 0.5%～4%，白糖 0.5%～5%。将玉米在七成熟叶子还绿时收割，连同青荞麦棒在内切成长 2～6μm 的小节片，将糖化酶和半纤维素酶加 10 倍的水搅拌均匀，将白糖、尿素和食用碱加 10 倍的水溶解，然后将这两项均匀地撒在上述青荞麦秸秆小节片上，经翻拌摊晾后用塑料布覆盖密封，在室温 25～30℃下发酵 6～8d，当揭开塑料布时青荞麦节片散发出浓郁的酒香时，说明发酵已完成，这时将青荞麦节片晒干或烘干即为成品。该发明主要是给食草动物冬春季节提供一种既营养丰富又适口性较好的发酵饲料，其制作方法简单易学，便宜在广大牧区推广应用。

邓蓉等（2015）发明了一种含金荞麦的中草药饲料添加剂及其制备方法，它由以下质量份数的药材组成：金荞麦 3 份、萹蓄 1 份、地榆 2 份、乌药 1 份。制备方法是将药材原料除去杂质后，分别经 120 目筛粉碎，按照 3∶1∶2∶1 的质量比例混合均匀后，按日粮的 1%加入饲料中。在育肥猪日粮中添加本发明的金荞麦复合中草药添加剂，降低了猪腹泻的发生，具有抑菌、抗菌的作用。并且可促进仔猪的日增重，改善饲料利用率，降低仔猪生产成本。

文义长等（2014）发明了一种复方金荞麦仔猪保健饲料添加剂及其制备方法，按照重量百分比计，包括金荞麦茎叶粉 35%～45%、金银花粉 15%～20%、黄芪粉 5.0%～10.0%、青蒿粉 15.0%～20.0%、何首乌粉 10.0%～15.0%和熟地黄粉 5.0%～7.5%。该发明的添加剂产品中不含抗生素、抗菌药、激素等会在猪体内形成残留的药物饲料添加剂成分，能增强断奶仔猪免疫能力，防止过氧化物对仔猪机体的损坏，防止病原微生物侵害，提高仔猪免疫效果，避免免疫抑制，提高断奶仔猪抗逆、抗病能力，调节机体代谢，促进仔猪生长发育等。

刘庆萍（2014）发明了一种荞麦健胃大猪饲料及其制备方法，由下列重量份的原料制成：荞麦熟粉 120～130、花生蛋白粉 20～25、红曲米粉 15～19、薏仁粉 10～13、黄原胶 6～9、膨润土 1～2、低聚果糖 2～3、昆布 20～23、桑叶 5～8、红枣 9～13、银鱼 2～3、牛蒡酱 10～13、白芷 1～2、香叶 1～2、薄荷 4～5、诱食剂 3～4、水适量；该发明的荞麦健胃大猪饲料，采用荞麦熟粉、花生蛋白、红曲米粉、薏仁粉作为主原料，添加的主原料荞麦具有健胃、消积、止汗的功效。桑叶具有疏风清热、清肺止咳、清肝明目的作用。制得的饲料配方科学合理，而且营养搭配均衡，添加的红曲米有效地调节了猪的肠胃不良，明显促进大猪的生长。

王久金（2008）发明了一种苦荞麦饲料添加剂，以我国西南和高海拔地区生产的苦荞麦秸秆（茎）、叶、壳、麸和粉为原料，经备料、秸秆和叶去杂清洗、铡节、混合、粉碎、消毒灭菌包装而成。经试用，该苦荞麦饲料添加剂对家禽、家畜有预防和辅助治疗作用，能够使其生长健壮，提高免疫能力和肉类品质。

参 考 文 献

白宝兰，曹柏营，郑鸿雁，等，2008. 苦荞叶黄酮的提取及精制[J]. 食品科学，29（9）：181-185.

毕媛，2014. 一种护肝食品的制备方法：中国，CN 201410833395.3[P].

边俊生，2006. 几种苦荞产品的加工与利用[J]. 农产品加工（1）：28-29.

边俊生，李红梅，陕方，等，2007. 荞麦提取物中 D-手性肌醇测定方法的研究[C]. 第四届中国杂粮产业发展论坛论文集：213-215.

卞小稳，2016. 荞麦在啤酒酿造中的应用研究[D]. 无锡：江南大学.

蔡马，2004. 萌发对荞麦营养成分的影响研究[J]. 西北农业学报（3）：18-21.

曹冉，钟继仁，张晓龙，等，2018. 荞麦酿造酒中黄酮类物质含量变化的初步研究[J]. 中国酿造，37（7）：78-82.

岑惠柳，韦明，熊羽，等，2018. 一种降糖保健谷物饮品及其制备方法：中国，CN 201810234821.X[P].

陈昌全，2017. 一种养胃桑葚荞麦馒头：中国，CN 201711335419.2[P].

陈佳芳，汤晓娟，蒋慧，等，2018. 不同高产胞外多糖乳酸菌发酵荞麦酸面团对面团面筋网络结构和面包烘焙特性的影响[J]. 食品科学，39（6）：1-6.

陈金凤，张盛贵，汪月，等，2019. 黑木耳荞麦饼干的加工工艺：中国，CN 201910384542.6[P].

陈萍，2016. 一种具有美白保湿功能的化妆品及其制备工艺：中国，CN 201811259599.5[P].

陈庆富，2007. 一种荞麦花茶及其制备方法：中国，CN 200710201039.X[P].

陈树俊，吴玉龙，张海英，2007. 苦荞醋茶饮料及其生产方法[J]. 中国调味品（10）：69-69.

陈伟，2014. 一种降糖降压即食粥及其制备方法：中国，CN 201410772352.9[P].

陈卫锋，徐升运，秦涛，等，2018. 酶法酿造沙棘荞麦醋工艺研究[J]. 中国调味品，43（9）：126-129.

成剑峰，郭文娟，2010. 苦荞麦降脂茶的研制[J]. 中国酿造，29（10）：167-170.

程超，龙罗茜芝，陈业，等，2014. 响应面法优化荞麦酥性饼干配方[J]. 食品科技，39（2）：166-170.

程健博，丁锐，马野，等，2014. 速溶红枣黑苦荞奶茶的工艺研制[J]. 农产品加工（学刊），4：24-26.

程琳娟，孙启发，周坚，2010. 苦荞保健蛋糕的工艺研究[J]. 粮油食品科技，18（4）：34-35.

池慧芳, 2015. 黑米苦荞麦无糖酸奶的研究[J]. 食品工业, 36 (11): 122-124.

邓蓉, 张洁, 向清华, 等, 2015. 一种含金荞麦的中草药饲料添加剂及其制备方法: 中国, CN 201510166259.8[P].

杜克玲, 2018. 一种具有溶栓降脂功效的荞麦型发酵鹰嘴豆乳粉的制备方法: 中国, CN 201810507687.6[P].

樊丹敏, 莫新春, 2016. 茉莉花苦荞茶饮料加工工艺研究[J]. 食品研究与开发, 37 (3): 111-113.

范月娥, 2017. 一种即食型降血压的营养保健品: 中国, CN 201710144911.5[P].

高梅, 张国权, 罗勤贵, 等, 2008. 一种荞麦蛋白生物活性肽的制备方法: 中国, CN 200810231878.0[P].

高维, 刘刚, 2016. 纯荞麦面条制作工艺研究[J]. 粮食科技与经济, 41 (3): 64-66.

高骁勇, 2011. 松针苦荞仁茶及其制作工艺: 中国, CN 201110334487.3[P].

葛加君, 2016. 降糖降脂降压营养保健品及其制备方法: 中国, CN 201610825195.2[P].

宫风秋, 张莉, 李志西, 等, 2007. 加工方式对传统荞麦制品芦丁含量及功能特性的影响[J]. 西北农林科技大学学报 (自然科学版), 35 (9): 180-183.

巩发永, 肖诗明, 张忠, 2012. 苦荞奶茶的配方优化[J]. 中国酿造, 31 (8): 166-167.

巩发永, 张忠, 肖诗明, 2013. 苦荞凉茶基料的研制[J]. 农产品加工 (学刊), 10: 13-16.

郭爱秀, 成官哲, 刘小杰, 等, 2011. 降脂功能茶饮料及其制备方法: 中国, CN 201110222984.4[P].

郭德林, 2017. 一种保健荞麦枕: 中国, CN 201710923872.9[P].

郭洪梅, 2016. 超微粉碎处理对杂粮 (豆) 淀粉结构及理化特性的影响[D]. 杨凌: 西北农林科技大学.

郭晓娜, 姚惠源, 2007. 苦荞麦抗肿瘤蛋白的分离纯化及结构分析[J]. 食品科学 (7): 442-445.

郭志强, 2014. 一种缓解疲劳的食品: 中国, CN 201410501410.4[P].

韩丹, 王晓丹, 陈霞等, 2010. 苦荞麦制麦芽及其啤酒发酵工艺研究[J]. 食品与机械, 26 (1): 125-128.

韩俊, 冯岳宏, 张志军, 等, 2010. 一种荞麦壳保健褥子: 中国, CN 201020518225.3[P].

侯建霞, 2007. 苦荞麦中活性成分及其在萌发过程中变化的研究[D]. 无锡: 江南大学.

胡久青, 胡忠义, 高欣荣, 等, 2003. 一种荞麦苗粉的制备工艺: 中国, CN 03109613.1[P].

胡克坚, 段丽萍, 肖新生, 等, 2016. 响应面法优化高纤维杂粮饼干的配方研究[J]. 食品研究与开发, 37 (16): 99-104.

胡一冰, 赵钢, 彭镰心, 等, 2011. 一种苦荞芽保健酒: 中国, CN 201110139225.1[P].

花旭斌, 刘平, 肖诗明, 2006. 菊花型清香苦荞茶的研制[J]. 西昌学院学报 (自然科学版), 20 (3): 19-22.

黄明健, 汤洪敏, 2015. 金荞麦花茶开发的初步探讨[J]. 食品研究与开发, 6: 53-56.

贾先根, 2017. 一种具有降血糖降血压功效的苦荞麦养生茶及其制备方法: 中国, CN 201710163881.2[P].

贾应杰, 刘文, 2010. 一种女性保健养生饮品: 中国, CN 201010218258.0[P].

姜莹, 周文美, 2017. 发酵罐发酵荞麦酒工艺研究[J]. 中国酿造, 36 (1): 83-87.

蒋大海, 王校红, 2018. 浅谈荞麦枸杞保健速食粥及制备方法[J]. 黑龙江粮食 (12): 50-52.

李发旺, 2014. 苦荞麦植物饮料: 中国, CN 201410519029.0[P].

李凤林, 2009. 荞麦乳酸菌饮料的制备[J]. 粮油加工, 4: 115-117.

李河, 李正涛, 张宿义, 等, 2016. 苦荞黄酒的工艺研究[J]. 食品研究与开发, 21: 68-71.

李红梅, 陕方, 边俊生, 等, 2007. 一种抗氧化杂粮营养配方面粉: 中国, CN 200710062025.4[P].

李俊, 刘辉, 刘永翔, 等, 2018. 植物乳杆菌发酵苦荞芽苗茶饮料加工工艺研究[J]. 食品科学技术学报, (6): 73-81.

李谦, 秦礼康, 夏辅蔚, 等, 2015. 酿造苦荞酱油用糖浆的液化和糖化工艺优化[J]. 食品与发酵工业, 41 (1): 162-168.

李谦, 秦礼康, 夏辅蔚, 等, 2016. 低盐固态苦荞酱油发酵工艺及理化品质研究[J]. 中国调味品, 2: 6-12.

李芮, 李云龙, 侯丽冉, 等, 2019. 汽蒸处理对苦荞麦粉物化和结构特征的影响[J]. 食品与发酵工业, 45 (13): 148-153.

李芮芷, 王东伟, 丛馨晔, 等, 2018. 荞麦饺子粉的研制[J]. 粮食加工, 43 (3): 7-10.

李侠, 金仁哲, 刘振春, 等, 2011. 大豆、荞麦多肽复合营养饮料的研制[J]. 吉林农业大学学报, 33 (1): 93-98.

李云龙, 胡俊君, 陕方, 等, 2007. 一种苦荞抗氧化保健酒: 中国, CN 200710062200.X[P].

李正涛, 张忠, 吴兵, 等, 2006. 苦荞酸奶的研制[J]. 西昌学院学报 (自然科学版), 20 (1): 48-49.

李政俭, 2003. 染发植物防护制剂及其制备方法: 中国, CN 03111118.1[P].

李宗杰, 周小理, 夏珂, 等, 2015. 一种苦荞麦活性肽及其应用: 中国, CN 201710727126.2[P].

梁文珍, 2018. 杂粮锅巴的研制[J]. 辽宁农业职业技术学院学报, 20 (4): 1-2, 5.

梁云, 2018. 荞麦早餐饮食对糖尿病患者餐后血糖的影响[J]. 临床合理用药杂志, 11 (17): 116-117.

刘栋材, 2006. 苦荞麦皮保健褥垫: 中国, CN 200620115593.7[P].

刘汉民, 2017. 一种具有降糖功效的面条及其制备方法: 中国, CN 201710397898.4[P].

刘汉武, 2007. 荞麦芽保健奶的生产技术[J]. 内蒙古科技与经济 (7): 124-124.

刘君芳, 2016. 一种荞麦茶饮: 中国, CN 201610762426.X[P].

刘庆萍, 2014. 一种荞麦健胃大猪饲料及其制备方法: 中国, CN 201410801425.2[P].

刘晓娇, 2013. 红枣苦荞茶复合饮料的工艺优化[J]. 商洛学院学报, 27 (4): 51-54.

刘晓龙, 2015. 苦荞咀嚼片的研制[D]. 保定: 河北农业大学.

刘翊中, 臧荣鑫, 卢建雄, 等, 2002. 营养保健型苦荞酸豆奶的研制[J]. 甘肃科技, 18 (1): 20.

刘振龙, 赵建国, 李静娟, 2014. 一种荞麦牛奶饮料及其制备方法: 中国, CN 201410155796.8[P].

柳培健, 2016. 一种促进肠道蠕动的粗粮饼干及其制备方法: 中国, CN 201610039439.4[P].

卢建雄, 藏荣鑫, 杨具田, 等, 2002. 苦荞豆腐加工工艺及其凝固剂的研究[J]. 食品科技 (7): 14-15.

罗舜菁, 刘成梅, 寇梦茹, 等, 2018. 一种荞麦饮品的加工方法: 中国, CN 201810479245.5[P].

吕娟, 侯威, 1996. 荞麦枸杞果珍营养保健饮料[J]. 农牧产品开发 (8): 36-37.

吕侠影, 2015. 苦瓜、苦荞、苦丁-复合果蔬汁茶饮料的研制及其贮藏稳定性研究[D]. 合肥: 合肥工业大学.

马海乐, 2022. 食品机械与设备[M]. 北京: 中国农业出版社.

马强, 2011. 一种辅助降血压功能的苦荞保健饮料及其生产工艺: 中国, CN 201110078996.4[P].

马荣朝, 杨晓倩, 2018. 食品机械与设备[M]. 北京: 科学出版社.

马挺军, 王珊, 夏辅尉, 等, 2017. 一种荞麦酵素及其制备方法: 中国, CN 201711041347.0[P].

满久露, 封晨伊, 李再贵, 2019. 加工工艺对空心面型非油炸荞麦方便面品质的影响[J]. 粮油食品科技, 27 (5): 21-25.

毛建华, 罗雅君, 徐善军, 等, 2009. 大麦苗荞麦苗复合保鲜饮料及其制备方法: 中国, CN 200910096245.8[P].

梅奇, 2018. 一种荞麦解酒护肝茶制品及其制备方法: 中国, CN 201810938550.6[P].

倪迎春, 2016. 一种降血压杂粮饼干: 中国, CN 201610578323.8[P].

彭镰心, 赵钢, 邹亮, 等, 2010. 一种速溶苦荞咖啡的制作方法: 中国, ZL 201010611105.2[P].

慕翠华, 2002. 荞麦保健豆奶的研制[J]. 中国农村科技 (1): 39.

钱韻芳, 2011. 苦荞麸皮膳食纤维的改性及其在焙烤食品中的应用研究[D]. 上海: 上海海洋大学.

任大勇, 陈青青, 荣凤君, 等, 2017. 苦荞麦酸奶的研制和质量特性分析[J]. 食品研究与开发, 38 (2): 102-105.

陕方, 李文德等, 2006. 苦荞不同提取物对糖尿病模型大鼠血糖的影响[J]. 中国食品学报, 6 (1): 208-211.

申瑞玲, 张文丽, 林娟, 等, 2014. 苦荞醋发酵工艺条件的优化[J]. 轻工学报, (1): 29-33.

石启龙, 赵亚, 杨晓丽, 等, 2011. 薏米荞麦复合饮料的研制[J]. 食品与发酵工业, 37 (2): 108-112.

史占彪, 2017. 青荞麦秸秆饲料的制备方法: 中国, CN 201710453194.4[P].

孙伟峰, 2015. 抗疲劳谷物营养粉: 中国, CN 201510170699.0[P].

孙亚利, 周文美, 刘丰, 等, 2018. 苦荞-雪莲果酸奶的研制[J]. 中国酿造, 37 (11): 186-190.

孙臻, 2008. 一种治疗失眠症的护眼罩及其制作方法: 中国, CN 200810158559.1[P].

田林双, 吴存兵, 吴君艳, 等, 2017. 响应面法优化淮山药荞麦蛋糕的工艺研究[J]. 食品研究与开发, 38 (23): 88-94.

田秀红, 2009. 苦荞麦抗营养因子的保健功能. 食品研究与开发, 30 (11): 139-141.

童晓萌, 柴春祥, 周志明, 等, 2018. 荞麦茶品质评价技术的现状及展望[J]. 食品工业科技, 39 (16): 331-335.

王成彬, 2015. 一种苦荞青梅酒的酿制方法: 中国, CN 201510012162.1[P].

王国富, 2009. 绿色养生保健床垫: 中国, CN 200920167425.6[P].

王家东, 王荣荣, 2014. 苦荞茶酸奶的研制[J]. 食品研究与开发, 11: 50-52.

王静波, 赵钢, 赵江林, 等, 2013a. 苦荞子叶茶的研制[J]. 食品科技, 38 (6): 105-108.

王静波, 赵江林, 彭镰心, 等, 2013b. 苦荞花生奶茶的研制[J]. 食品研究与开发, 34 (9)：44-47.

王静波, 赵江林, 彭镰心, 等, 2013c. 一种苦荞复配酸奶的研制[J]. 食品科技, 38 (8)：167-171.

王久金, 2008. 苦荞麦饲料添加剂及其生产方法：中国, CN 200810143110.8[P].

王平平, 杨芙莲, 2018. 响应面法优化甜荞麦超微粉煎饼的工艺配方[J]. 粮油食品科技, 26 (6)：7-13.

王启凌, 2016. 调节肠道的食品及其制备方法：中国, CN 201610066305.1[P].

王清伟, 孙超, 尤国安, 2019. 一种具有抗氧化杂粮营养面粉以及制备方法：中国, CN 201910153661.0[P].

王思明, 2010. 营养型荞麦膨化食品配方及工艺优化的研究[D]. 呼和浩特：内蒙古农业大学.

王蔚新, 陆兴森, 占剑峰, 2016. 马铃薯荞麦面条的研制[J]. 黄冈师范学院学报, 36 (3)：38-41, 46.

王文祥, 2009. 苦荞托毒丸及其制备方法：中国, CN 200910127982.X[P].

王向东, 2008. 苦荞雉鸡羹[J]. 农产品加工 (12)：42.

王艳, 2001. 苦荞降糖粉及其制备方法：中国, CN 01105104.3[P].

文义长, 夏先林, 2014. 一种复方金荞麦仔猪保健饲料添加剂及其制备方法：中国, CN 201410817865.7[P].

吴金松, 张鑫承, 赵钢, 等, 2007. 新型苦荞茶的加工技术研究[J]. 四川食品与发酵, 3：55-57.

吴锦凡, 2016. 一种清血降脂食疗养生配方：中国, CN 201410482313.5[P].

吴丽萍, 金雅娴, 金晶, 2017. 荞麦饼干品质改良工艺优化及品质分析[J]. 食品工业, 38 (11)：79-83.

吴素萍, 2002. 荞麦枸杞保健挂面的研制[J]. 食品科技 (10)：54-55.

夏栋, 2008. 一种苦荞麦皮肤增白霜：中国, CN 200810159052.8[P].

项健, 田俊, 王晓燕, 2018. 玉米杂粮馒头与荞麦面杂粮馒头的营养对比[J]. 现代食品 (1)：38-41.

肖冬光, 郭凯凯, 郭学武, 2014. 一种苦荞黄酒的制备方法：中国, CN 201410717326.6[P].

肖平, 2018. 一种降血糖保健茶及其制备方法：中国, CN 201811149756.7[P].

肖诗明. 1999a. 加工方法对苦荞麦粉营养成分影响的研究[J]. 粮食与饲料工业 (1)：48-49.

肖诗明. 1999b. 苦荞羹的研制[J]. 食品科学, 20 (2)：40-42.

徐宝才, 任发政, 周辉, 等, 2005. 防腐保鲜剂对牛肉火腿切片腐败菌抑制效果的研究[J]. 食品科学, 26 (7)：93-98.

徐梁, 刘志金, 2014. 荞麦面条生产工艺设计的探讨[J]. 现代面粉工业, 8 (3)：19-20.

徐素云, 罗昱等, 2014. 苦荞低脂低糖核桃乳饮料的工艺优化[J]. 食品与发酵工业, 40 (7)：246-250.

徐学万, 李华钧, 杨坚, 2001. 荞麦酸奶的加工工艺研究[J]. 饮料工业, 4 (4)：9-11.

许晓兰, 朱晶, 任建军, 2015. 方便杂粮米饭配方及主要工艺参数的优化设计[J]. 粮食科技与经济, 40 (4)：54-57.

许学勤, 2019. 食品工厂机械与设备[M]. 北京：中国轻工业出版社.

薛春生, 薛俊生, 苏雪林, 2003. 黑苦荞保健酱油及其制作方法：中国, CN 03122337.0[P].

薛春生, 薛俊生, 苏雪林, 等, 2004. 苦荞黄酮醋软胶囊及制备方法：中国, CN 200410069056.9[P].

薛秀恒, 曹玉林, 杨晓飞, 等, 2016. 荞麦鲜奶酪发酵工艺研究及其质量评价[J]. 食品与发酵工业, 42 (1)：81-86.

鄢军, 2012. 健康荞麦记忆棉枕芯：中国, CN 201220202288.7[P].

杨芙莲, 陈旭清, 2014. 荞麦壳膳食纤维咀嚼片制备工艺研究[J]. 粮食与油脂, 27 (1)：53-55.

杨芙莲, 任蓓蕾, 2008. 荞麦膳食纤维的研制[J]. 食品与生物技术学报, 27 (6)：57-60.

杨九洲, 2016. 荞麦皮床垫及其制作方法：中国, CN 201610061656.3[P].

杨矛, 2003. 荞麦皮保健凉褥垫：中国, CN 03205293.6[P].

杨荣利, 2017. 一种清血降脂养生面粉及其制备方法：中国, CN 201710628669.9[P].

杨生辉, 罗光宏, 祖廷勋, 等, 2009. 苦荞螺旋藻营养片生产工艺研究[J]. 粮油加工 (3)：117-119.

杨双, 郭晓娜, 朱科学, 2018. 碳酸氢钠添加对荞麦馒头品质的影响[J]. 中国粮油学报, 33 (6)：6-12.

叶道群, 张明正, 鲁金, 2015. 适用于手术后肿瘤患者食用的配方食品及其制备方法：中国, CN 201510038617.7[P].

仪徐生, 2007. 苦荞养生茶：中国, CN 200710187498.7[P].

殷培蕾, 2015. 苦荞醪糟发酵工艺及质量评价[D]. 成都：西华大学.

袁建平, 2008. 金荞麦多酚提取物及其制备方法：中国, CN 200810117079.0[P].

袁建平, 吕艳, 黄兴富, 等, 2012. 金荞麦配方颗粒的质量标准[J]. 中国药师, 15 (5)：643-645.

张国宴, 陈立平, 2014. 一种适宜于三高人群的苦荞杂粮早餐饮品及其制备方法：中国, CN 201410015169.4[P].

张华传, 2017. 一种护肝荞麦保健面条及其加工方法: 中国, CN 201710694901.9[P].

张君慧, 朱克瑞, 杨佳, 2012. 荞麦及其挂面制品研究进展[J]. 粮食与饲料工业, 12 (4): 29-30.

张莉, 李志西, 2009. 传统荞麦制品保健功能特性研究[J]. 中国粮油学报, 24 (3): 53-57.

张美莉, 2004. 萌发荞麦种子内黄酮与蛋白质的动态变化及抗氧化性研究[D]. 北京: 中国农业大学.

张书奇, 2018. 苦荞运动饮料研制及抗疲劳活性研究[J]. 粮食与油脂, 31 (10): 74-77.

张水祥, 2012. 一种竹炭枕: 中国, CN 201220534736.3[P].

张素云, 2014. 固稀混合发酵苦荞醋新工艺及其品质研究[D]. 贵阳: 贵州大学.

张文蕾, 2019. 五成荞麦挂面的加工品质改良方法及其机制研究[D]. 沈阳: 沈阳师范大学.

赵钢, 胡一冰, 彭镰心, 等, 2009. 一种苦荞八宝粥及其制作方法: 中国, CN 200910263585.5[P].

赵钢, 蒋世荣, 彭镰心, 2004. 一种苦荞桃片及其制作方法: 中国, CN 200810147732.8[P].

赵钢, 邹亮, 杨敬东, 等, 2008. 一种苦荞生物黄酮泡腾片及其制备方法: 中国, CN 200810046155.3[P].

郑好轸, 杨晓暾, 2018. 红曲菌发酵抗疲劳燕麦和荞麦及其制备方法: 中国, CN 201811321142.2[P].

郑鉴忠, 2009. 荞麦芦丁茶生产方法: 中国, CN 200910212262.3[P].

郑欣瑶, 任建军, 2019. 薏米荞麦百香果复合谷物饮料的研究[J]. 农产品加工 (4): 23-25.

钟华强, 2006. 一种苦荞壳药枕及其制备方法: 中国, CN 200610048845.3[P].

钟华强, 2009. 一种苦荞三降保健粉及制备方法: 中国, CN 200610048843.4[P].

钟志惠, 熊红, 孙俊秀, 等, 2009. 苦荞微波蛋糕生产工艺研究[J]. 食品与发酵科技, 45 (6): 48-50.

仲珉, 2014. 防治肿瘤的荞麦速食粥: 中国, CN 201410806679.3[P].

周柏珍, 石磊, 孟婷婷, 等, 2008. 杂粮鲜湿面保鲜试验研究[J]. 中国粮油学报, 23 (2): 42-44.

周建山, 2015. 一种黑苦荞啤酒的制备方法: 中国, CN 201510801386.0[P].

周民生, 游新勇, 田婷婷, 2019. 超高压处理对荞麦复合面条煮制性影响[J]. 食品科技, 44 (6): 139-145.

周奇, 2018. 一种保健荞麦凉面: 中国, CN 201810681711.8[P].

周素梅, 钟葵, 郭丽娜, 等, 2011. 一种苦荞凉茶及其制备方法: 中国, CN 201110273137.0[P].

周小理, 成少宁, 唐文等, 2010a. 荞麦种子萌发期多种抗氧化酶活性的研究[J]. 工业微生物, 40 (4): 53-56.

周小理, 成少宁, 周一鸣, 2010b. 苦荞芽中黄酮类化合物的抑菌作用研究[J]. 食品工业 (2): 12-14.

周小理, 李红敏, 周一鸣, 2005a. 荞麦多肽营养饮料的制备方法: 中国, CN 200510024516.0[P].

周小理, 李红敏, 周一鸣, 2005b. 荞麦谷果蔬泡腾片的制备方法: 中国, CN 200510024515.6[P].

周小理, 李红敏, 周一鸣, 等, 2005c. 苦荞多肽营养饮料的研究[J]. 食品科学, 26 (11): 128-132.

周小理, 宋鑫莉, 2009a. 萌动对植物籽粒营养成分的影响及荞麦萌动食品的研究[J]. 上海应用技术学院学报 (自然科学版), 9 (3): 171-174, 192.

周小理, 王青, 杨延莉, 等, 2011. 苦荞萌发物中生物活性黄酮对人乳腺癌细胞增殖的抑制作用[J]. 食品科学, 32 (1): 225-228.

周小理, 周一鸣, 倪燕燕, 等, 2009b. 一种荞麦、杏仁琼脂双层软糖及其制作方法: 中国, CN 200910054987.4[P].

周小理, 周一鸣, 唐文, 等, 2008. 荞麦芽芦丁胶囊的制备方法: 中国, CN 200810201675.7[P].

朱世宗, 2008. 苦荞蔬菜面条: 中国, CN 200810068860.3[P].

朱世宗, 2011a. 灵芝苦荞茶: 中国, CN 201110163191.X[P].

朱世宗, 2011b. 核桃苦荞糊: 中国, CN 201110153108.0[P].

邹亮, 赵钢, 许丽佳, 等, 2014. 一种荞麦果利咽含片及其制备方法: 中国, CN 201410468853.8[P].

邹圆, 朱晶, 谢祥瑞, 等, 2019. 马铃薯全谷物复合代餐粉配方优化研究[J]. 农业科技与装备 (5): 55-57.

第八章 荞麦质量标准

第一节 荞麦质量标准概况

荞麦是世界化的食品，全世界每年消耗大量的荞麦，同时也产生大量具有良好食用价值、营养价值或药用价值的副产品——荞麦的根、茎、叶、籽壳。目前以荞麦为原料开发的产品众多，但荞麦及其副产品和加工产品的质量标准参差不齐，下面就荞麦及其产品质量标准进行概述。

一、荞麦及其制品现行标准概况

我国是荞麦的种植生产和出口大国，国际上尚无荞麦及其制品质量标准的权威规范。目前我国关于荞麦及其制品的现行标准分为四级标准：国家标准、行业标准、地方标准和企业标准，各级标准涵盖的内容各有侧重。国家标准主要规范荞麦及其种子的相关质量性状；行业标准主要对具有一定产业规模的荞麦产品提出质量要求或对荞麦中特定功能活性成分的检测方法进行规范，以及规范荞麦新品种质量性状、制定食品中荞麦成分作为过敏原的检测方法等；地方标准主要是各个地区有机荞麦的种植技术标准；企业标准则是针对具体荞麦产品的质量标准。近年来，荞麦因其营养保健价值受到越来越多消费者的青睐，因此，功能特性成为荞麦品质的重要评价标准。企业对荞麦制品的营养功能提出新的标准，从国家到行业也相继出台了关于荞麦及其初加工制品营养品质的规范要求。下面就荞麦的四级标准分别进行介绍。

（一）荞麦国家标准

荞麦的国家标准，主要是关于荞麦及其种子的质量性状要求。现行荞麦国家标准有 GB/T 10458—2008、GB 4404.3—2010 和 GB/T 35028—2018，分别对荞麦、荞麦种子、荞麦粉的标准进行了规范。GB/T 10458—2008 主要对商品荞麦（甜荞麦和苦荞麦）一些相关术语和定义，以及质量进行规范要求，包括对荞麦的分类、卫生、检验、包装、储存和运输的要求，对于商品荞麦，质量要求不完善粒应≤3.0%；互混≤2.0%；杂质总量应≤1.5%，其中杂质矿物质≤0.2%；荞麦水分≤14.5%，同时色泽气味正常的商品荞麦才符合质量要求，才能用于收购、储存、运输、加工和销售。GB 4404.3—2010 对苦荞麦和甜荞麦种子的质量要求进行规范，包括对荞麦种子品种纯度、净度、发芽率、水分等的质量要求。2018 年 12 月发布实施的荞麦粉国家标准 GB/T 35028—2018，首次对甜荞麦和苦荞麦的初加工制品荞麦粉提出了功能成分黄酮含量的限制，要求苦荞麦粉的总黄酮含量≥1g/100g，甜荞麦粉的总黄酮含量≥0.2g/100g。此标准也对脂肪酸值、含砂量等品质指标提出明确要求。

（二）荞麦行业标准

荞麦的行业标准中，以规定品种定义分类和成分检验检测技术方法为主，如 NY/T 894—2014 规定了绿色食品荞麦及荞麦粉的术语和定义、分类、要求、检验规则、标志和标签、包装运输和贮存。该标准适用于绿色食品荞麦、荞麦米、荞麦粉。部分行业标准规定了荞麦中某一类功能性成分的含量测定，如 NY/T 1295—2007 规定了荞麦及其制品中总黄酮含量分光光度测定法的具体步骤和要求，可以用于荞麦及其制品中总黄酮含量的测定，其最低检出限为 0.5mg。部分行业标准规定了荞麦新品种的某些质量性状，如 NY/T 2493—2013 规定了甜荞麦和苦荞麦新品种特异性、一致性和稳定性测试的技术要求和结果判定的一般原则，如繁殖材料的要求、测试方法、测试周期、测试地点、试验设计、田间管理、性状观测、特异性、一致性和稳定性的判定等。部分行业标准则规定了食品中荞麦成分作为过敏原的一些检测方法，如 SN/T 1961.3—2012 规定了食品中过敏原荞麦蛋白成分的酶联免疫吸附检测方法，标准的荞麦蛋白定量检测范围为 0.78～50ng/mL。SN/T 1961.18—2013 规定了食品中过敏原荞麦成分的实时荧光 PCR 检测方法，该标准适用于食品及其原料中过敏原荞麦成分的定性检测，此方法的最低检出限（LOD）为 0.01%（质量分数）。2017 年 9 月，由国家粮食局发布的《中国好粮油 杂粮》（LS/T 3112—2017）不仅对荞麦和荞麦米的上述基本质量指标提出要求，而且首次将荞麦营养成分作为不同用途杂粮质量指标，对甜荞麦的抗性淀粉及苦荞麦的抗性淀粉和黄酮提出了限量标准。与《中国好粮油》其他质量标准相同，杂粮标准以特征功能成分或营养成分的含量作为限量突出了对优质荞麦营养品质的要求，标准规定甜荞麦的抗性淀粉含量≥25%，苦荞麦的抗性淀粉含量为≥25%、黄酮含量≥2%。

（三）荞麦地方标准

荞麦地方标准主要是对各个地区有机荞麦的栽培技术和种植条件提出规范性要求，突出不同地域优质荞麦生产的地方特色。因为每个地区的气候、土壤、降水量等的不同，各个地区种植荞麦的技术标准也不尽相同。为了种植出优质的荞麦，各个地区便制定了符合各自地区条件的荞麦种植技术的地方标准。例如，

DB51/T 812—2008 为四川地区苦荞麦生产技术规程,该标准对四川省苦荞麦生产区苦荞麦生产的有关定义、生产技术、农药的合理安全使用、肥料的施用、病虫防治及收获等都作了相关规定和要求。地方标准作为荞麦地方性种植技术的操作规程,从品种到产地的选择、种植环境的要求,从播种前准备到播种、施肥、培土、除草、灌溉、打叶防倒直至采收,整个种植过程都有明确的标准,旨在探讨出适宜本地土壤、气候等条件的荞麦的种植技术。此外,还有部分地方标准是对地方性的某一大类荞麦产品质量的要求。例如,DBS51/004—2017 为四川地区生产加工苦荞茶的地方标准,对以苦荞麦为原料生产的苦荞茶的原辅料、感官、理化指标、微生物、农药残留等都有相关质量要求和标准规定。除上述针对荞麦原粮生产操作规范的地域差异化特色以外,地方标准也对一些具有长期食用习惯且较具规模的荞麦制品提出规范要求,如苦荞茶。这些产品标准对产品的营养品质及功能成分有明确要求,更能突出荞麦制品的营养价值。

（四）荞麦企业标准

荞麦作为具有较高的营养价值和保健功能,是现代营养健康食品的优质原材料。食品加工企业为迎合市场需求,在初加工制品荞麦米、荞麦粉的基础上,不断推出各种类型的荞麦制品,如苦荞茶等传统食品,以及荞麦饮料、烘焙荞麦制品等休闲食品。因此,荞麦生产企业针对其生产的荞麦产品制定了相应标准。如甘肃西北大磨坊食品工业有限公司企业标准《苦荞茶》(Q/XBMF0011S—2012),对苦荞茶的技术要求、食品添加剂、卫生要求、检验规范、包装运输、贮存、保质期等方面进行了要求,为企业生产出优质产品提供保障。企业标准仅限于企业内部使用,质量标准也根据产品形式各异而有所不同。

二、营养功能性质量标准制定的必要性

随着消费者的健康意识逐渐增强,对食品的营养需求越来越突显,营养质量问题也得到研究者、生产者和消费者全方位的重视。从上述质量标准现状分析可见,农产品及食品的营养品质逐渐受到重视,不仅对感官品质及加工特性提出要求,对一些特征营养功能性指标也提出了规范性要求。

在我国现行的四级标准中,有针对荞麦的国家标准,规范质量性状和有机种植技术的地方标准,以及一些苦荞麦和甜荞麦产品的企业标准或者地方标准,因此学者们在研究苦荞麦的过程中,都在筛选苦荞麦的代表性指标并探索相应的检测方法对其进行质量控制。

研究发现,品种是决定荞麦品质的重要因素,不同品种荞麦的营养及功能成分含量有较大差异,苦荞麦中黄酮含量明显高于甜荞麦,其抗氧化活性也显著高于甜荞麦。相同品种的不同品系或不同产地的荞麦在营养及功能成分含量上也有

差别，苦荞麦总淀粉含量为 60.23%～65.44%，且品种间差异不大，但慢消化淀粉和抗性淀粉品种间差异较大。苦荞麦品种间多酚和黄酮含量的差异显著（$P<0.05$），川荞 2 号含有较高的多酚含量，可达 131.92mg/g；晋荞 6 号含有显著较高的总黄酮含量，可达 147.46mg/g，且苦荞麦品种间芦丁含量差别较大，可达 2.82 倍（王世霞等，2009）。同时，品质差异也较大，如成都大学选育的米荞 1 号，由于黄酮含量高、容易脱壳等特点，可制成营养价值更高的天然苦荞米；不同品种间氨基酸含量表现出极大的差异，某些氨基酸在不同品种间相差可达几十倍。全国苦荞麦籽粒中的烟酸平均含量为 3.42 mg/100g，极限变幅 0.46～9.69mg/100g，常见变幅 1.62～5.21mg/100g。不同生态区苦荞麦中的烟酸含量顺序为：西北>华北>青藏>西南，苦荞麦籽粒中的烟酸含量比甜荞麦籽粒高。同一品种的不同采收季节，不同加工方式，不同部位的活性成分也不尽相同。Mietana 等（2010）研究发现苦荞麦中含有大量的不饱和脂肪酸，约占总脂肪酸的 79.3%，其中人体必需的多不饱和脂肪酸——亚油酸含量可高达 39.0%，苦荞麦粉中，游离态脂质的含量高于结合态脂质。

甜荞麦营养丰富，并含有其他粮食作物不含或少含的营养物质。据分析，甜荞麦籽粒蛋白质为 10.6%～15.5%，甜荞麦的蛋白质组成有别于一般粮食作物，很近似豆类的蛋白质组成，既含有水溶性的清蛋白，又含有盐溶性的球蛋白，而且清蛋白和球蛋白的总量占蛋白质总量的比例较大。郭荣荣（2007）采用分步提取法分离收集甜荞麦清蛋白、球蛋白、醇溶蛋白和谷蛋白，并比较其理化特性。结果表明，甜荞麦清蛋白、球蛋白、醇溶蛋白和谷蛋白的含量分别占蛋白质总量的 21.91%、19.36%、2.26%和 19.95%。甜荞麦的脂肪含量仅次于燕麦面粉和玉米面粉，高于大米、小麦、糜子和糌粑。甜荞麦脂肪在常温下呈固形物，黄绿色，含 9 种脂肪酸，其中油酸和亚油酸含量最多，占脂肪酸总量的 75%，还含有棕榈酸（19%）、亚麻酸（4.8%）等。甜荞麦淀粉中直链淀粉含量高于 25%，煮成的米饭较干、疏松、黏性差。甜荞麦籽粒中还含有丰富的 Ca、P、Mg、Fe、Cu、Zn、B、I、Ni、Co、Se 等微量元素。其中，Mg、K、Cu、Fe 等元素的含量为大米和小麦面粉的 2～3 倍。此外，甜荞麦还含有柠檬酸、草酸和苹果酸。籽粒中的维生素——维生素 B_1、维生素 B_2、烟酸、叶酸的含量也高于其他主要粮食。另外，荞麦还含有其他谷物所不含的叶绿素、生物类黄酮，不仅有利于食物的消化和营养物质的吸收，也有利于人们的身体健康。

近年来，随着人们生活水平的提高，摄入动物性食物的比例加大，导致我国居民肥胖症、高血压、冠心病、癌症的发生率逐年上升。苦荞麦和甜荞麦作为我国传统小杂粮作物，集营养、保健、药用于一体，是调节人体生理功能的良好食品，其营养价值和药用价值在食品科技界和医药界日益受到人们的重视。虽然发展至今荞麦制品已经多种多样，但荞麦制品的企业标准仍然更多是针对荞麦米、荞麦粉、苦荞茶等初加工制品。因此，建立健全荞麦及其制品的质量标准，提高荞麦制品品质，可以更好地扩大以荞麦为原料的健康产品综合利用开发。

第二节　荞麦质量评价方法

荞麦的质量标准从种质资源、生物学、农艺学、营养学、安全性几个方面来评价。近年来，荞麦因富含的芦丁、槲皮素、山柰酚、总黄酮等功能性成分而备受关注，其检测方法及在部分产品中的限量已经成为质量评价的重要指标，这些都为荞麦的功能挖掘及进一步开发利用奠定了必要的基础。荞麦制品的质量评价方法尚不完善。由于其加工方式多样，活性成分及品质差异较大，不同加工用途的荞麦原材料及制品的质量标准要求也不尽相同，因此，将现有荞麦制品标准进行梳理和归类，并以不同加工方式中特征营养功能成分变化为指标，进行差异化评价，对于构建荞麦及其制品营养品质标准评价方法必不可少。下面就荞麦的质量评价方法进行介绍。

一、种质资源评价

荞麦类植物属于蓼科（Polygonaceae），原置于林奈 1753 年建立的蓼科蓼属 *Polygonum* Linn.，后来归于 Miller 1754 年建立的荞麦属 *Fagopyrum* Miller。Graham（1965）认为荞麦属区别于蓼属在于花被不膨大，胚位于胚乳中，子叶卷曲于胚根的周围，花序多为伞房状，所以是一个明显的属，中国多数学者赞同此观点，认为荞麦植物应自成荞麦属。

目前，全世界荞麦达 28 种。Steward（1930）将蓼属的 10 个荞麦种类归于荞麦属。它们分属于 2 个栽培种甜荞麦和苦荞麦，以及 8 个野生种：细柄野荞麦、金荞麦、线叶野荞麦、硬枝万年荞、小野荞麦、抽葶野荞麦、尾叶野荞麦和心叶野荞麦。Ohnishi 等和 Ohsako 等于 1991～2002 年相继在四川和云南及其周边地区发现了 1 个栽培甜荞麦的野生荞麦近缘种（亚种）和 8 个野生荞麦种，即甜荞麦野生近缘种 *F. homotropicum* Ohnish，*F. capillatum* Ohnishi，*F. pleioramosum* Ohnishi，*F. macrocarpum* Ohsako et Ohnishi，*F. rubifolium* Ohsako et Ohnishi，金沙野荞麦（*F. jinshaense* Ohsako et Ohnishi）和纤梗野荞麦（*F. gracilipedoides* Ohsako et Ohnishi）（Ohnishi，1998，Takanori et al.，2002）。Chen 于 2010 年在川藏地区发现了 3 个野生荞麦种：左贡野荞（*F. zuogongense* Q-F Chen）、毛野荞（*F. pilus* Q-F Chen）和大野荞（*F. megaspartanum* Q-F Chen）。近年来，野生荞麦新种皱叶野荞麦（*F. crispatofolium* J. L. Liu）、普格野生荞（*F. pugense* T. Yu）、汶川野荞（*F. wenchuanense*

J. R. Shao)、羌彩野荞（*F. qiangcai* D. Q. Bai）、螺髻山野生荞（*F. luojishanense* J. R. Shao）、海螺沟野生荞（*F. hailuogouense* J. R. Shao，M. L. Zhou et Q. Zhang）相继被发现并命名（Tang et al.，2010；Shao et al.，2011；Zhou et al.，2012；刘建林等，2008）。

荞麦在中国分布甚广，南到海南省，北至黑龙江，西至青藏高原，东抵台湾省。不同地区的荞麦资源不同，其质量也不同。我国荞麦主要产区在西北、东北、华北及西南一带高寒山区，尤以北方为多，分布零散，播种面积因年度气候而异，变化较大。北方主要是甜荞麦产区，西南地区是苦荞麦产区，秦岭山区为过渡地带，甜荞麦、苦荞麦均有分布。长江上游以苦荞麦为主，主要分布在高海拔地区。甜荞麦多分布于长江中游低海拔地区。甜荞麦种植区域广阔，种植面积随纬度增加而增加，苦荞麦分布区域多为高海拔贫瘠地区。侯雅君等（2009）用筛选出的 20 对 AFLP 引物，对 14 个不同地理来源的 165 份苦荞麦种质进行遗传多样性分析，结果表明，不同地理来源苦荞麦种质的香农-维纳（Shannon-Wiener）多样性指数为 0.1093～0.2661，其中四川资源群最高，青海、云南和甘肃、宁夏等资源群次之，湖南资源群最低。

荞麦种质资源与品质之间存在着紧密的联系。范昱等（2019）报道了我国现有的丰富荞麦种质资源，包括甜荞麦和苦荞麦等多种类型，这些资源在农艺性状、营养组分、加工品质和食味特性等方面表现出显著的多样性。通过对这些种质资源的鉴定和评价，科研人员能够筛选出具有优良品质的种质资源，为提高荞麦的品质奠定重要基础。例如，一些荞麦种质资源在氨基酸、维生素、矿物质等营养成分上表现出色，而另一些荞麦种质资源则在产量、抗逆性等方面具有优势。此外，不同的种质资源在生长环境、栽培技术和收获处理等方面的适应性也存在差异，这些都会影响荞麦的品质。

近年来，研究者从荞麦的分布、形态等方面对荞麦的遗传多样性、亲缘关系和进化理论，以及营养和功能性成分、营养学指标等进行了深入研究，为研究荞麦的种质资源奠定了坚实的基础。2004～2006 年西昌学院高原及亚热带作物研究所在前人研究的基础上对攀西地区 22 个县（市、区）547 个乡镇 1687 个生态点的野生荞麦进行了系统调查，发现该地区野生荞麦有 8 个种、2 个变种和 1 个亚种，并形成 3 个分布中心：一是海拔 1000m 左右的东部和南部金沙江沿岸分布中心，分布的野生荞麦主要有小野荞、疏穗小野荞、线叶野荞、硬枝万年荞和抽葶野荞麦等；二是海拔 2000m 左右的中部分布中心，分布的野生荞麦主要有齿翅野荞、细柄野荞、金荞麦；三是海拔 2500m 左右的西部分布中心，分布的野生荞麦主要有金荞麦、细柄野荞、齿翅野荞、硬枝万年荞、小野荞和疏穗小野荞。说明同一地区不同海拔荞麦的种质资源分布不同，其质量也不同。在形态学研究方面，姜涛等（2013）为了更好地促进安徽荞麦生产，从国内引入 37 份苦荞麦种质资源，对它们的主要农艺性状和产量等进行了观察鉴定。试验表明，大多数品种的株高为 60～83cm，主茎分枝数大部分为 6～8 个，生育期为 80～90d，37 个种质资源中较对照表现增产的有 27 个，增产幅度为 4.56%～133.29%。说明不同种质资源的荞麦间各种质量性状不同。刘三才等（2007）利用三氯化铝比色法和微量凯氏定氮法分别对收集到的不同种质资源的荞麦的总黄酮和蛋白质含量进行测定及评价，结果发现同原产地的荞麦总黄酮和蛋白质含量存在显著差异。

此外，研究者还从营养和功能性成分等营养学指标对荞麦的种质资源进行了研究，如聚丙烯酰胺凝胶电泳技术、主成分分析法、原子吸收光谱法等方法。Rout 等（2007）对喜马拉雅地区荞麦的遗传多样性进行了研究，通过对籽粒可溶性蛋白电泳分析，认为喜马拉雅地区的荞麦可分为 3 大类群，第一类群包括所有甜荞品种（VL7 除外），所有的苦荞麦品种属于第二类群，而金荞麦属于独立的第三类群。李为喜等（2008）用 AlCl$_3$ 分光光度法对新收集的 169 份荞麦种质资源的黄酮含量进行了测定，结果发现苦荞麦种质资源黄酮含量的平均值约为甜荞麦的 20 倍。杨玉霞（2008）利用酸性聚丙烯酰胺凝胶电泳（A-PAGE）和十二烷基磺酸钠-聚丙烯酰胺凝胶电泳（SDS-PAGE）技术对 76 份栽培荞麦（苦荞麦 54 份，甜荞麦 22 份）的贮藏蛋白遗传多样性进行了评价，结果表明栽培荞麦种间存在较大遗传差异，甜荞麦贮藏蛋白遗传多样性比苦荞麦丰富。苟君波（2011）采用原子吸收光谱法测定了 28 份荞麦资源种子中金属元素 Fe、Mn、Zn、Cu、Ca、Mg、Mo、Cd 和 Se 的含量并进行了主成分分析和聚类分析。结果显示，除特定五份源自各地的苦荞麦样本与甜荞麦品种聚类在第一群组外，其余来自不同地域的苦荞麦、金荞麦及小粒组野生荞麦则共同汇聚于第二群组，这一现象在一定程度上体现了荞麦资源的地域性。

随着科技的进步，对于荞麦种质资源的研究逐渐深入到了细胞和分子水平，分子标记、SSR 遗传多样性分析、PCR 扩增等技术也逐渐应用到荞麦种质资源的研究中。Tsuji 等（2000，2001）对中国川滇藏及巴基斯坦的苦荞麦材料进行了 RAPD 分析研究，推断出我国云南可能是苦荞麦的起源地，还认为藏东地区可能是苦荞麦的另一起源中心。赵丽娟（2006）对 170 份荞麦种质资源用 ISSR 标记进行 PCR 扩增，遗传多样性分析得出 91 份甜荞麦多态性带获得率为 90.1%；79 份苦荞麦多态性带获得率为 92.6%，同时聚类结果与地理来源有较强的一致性，来自辽宁、内蒙古、陕西、四川、甘肃等地的甜荞麦都是按来源各自聚为一类，来自云南、湖北、青海等地的苦荞麦也都按来源各自聚为一类。侯雅君（2010）利用 AFLP 分子标记技术对 14 个不同地理来源的 165 份苦荞麦种质资源进行了遗传多样性分析，发现苦荞麦类群的亲缘关系及遗传多样性与其地理分布有一定相关性，并认为中国西南部的四川、云南、西藏一带是栽培苦荞麦的起源中心和遗传多样性中心。屈洋等（2016）采用 CTAB 方法提取 83 份苦荞种质资源基因组 DNA，结合 SSR 分子标记方法进行 PCR 扩增，最后发现不同省份资源植株性状的遗传多样性存在差异，四川荞麦品种生育期、株高、主茎分枝的遗传多样性指数最高，陕西荞麦品种叶宽的遗传多样性指数最高，云南荞麦品种千粒重的遗传多样性指数最高；植株性状的主成分分析表明相似产区的植株性状具有一定的相关性。

综上所述，国内外学者对荞麦种质资源进行了很多研究，但对西藏、陕西、云南、贵州、四川的苦荞麦资源研究还比较零散，尤其对西藏、陕西等地苦荞麦资源研究尚未见详细报道。我国是苦荞麦的起源地，资源优势很明显，更加系统深入地研究我国苦荞麦主产区域地方资源，对于提高苦荞麦生产水平、促进苦荞麦产业化发展意义深远。

二、生物学评价

荞麦生物学评价中使用的形态学指标主要包括荞麦生物性状、农艺性状及遗传力和种质评价。

（一）生物性状

荞麦是一年生草本双子叶植物，直根系，茎直立，叶互生，为顶生或腋生的总状花序，荞麦的果皮较厚，是小麦果皮厚度的 3 倍。苦荞麦在《本草纲目》《图经本草》等多部古籍中均有记载，《中国植物志》中有对苦荞麦植物形态较为详细的描述。苦荞麦与同属的甜荞麦、金荞麦等植物在营养器官的形态上有明显的差异，而内部解剖结构基本相似。荞麦植株的器官可分为果实、根、茎、叶和花 5 个部分。

荞麦的种子一般为三棱卵圆形瘦果，先端渐尖，基部附有五裂宿萼，由革质的皮壳所包被。种皮很薄，分为内外两层，分别由胚珠的保护组织内外珠被发育而来。种皮占种子重量的 15%～30%。千粒重通常为 15～40g，苦荞麦种子千粒重通常为15～20g，甜荞麦千粒重变化很大，一般为 15～37g；皮壳率为 20%～25%。果皮的色泽因品种不同而异，有红褐色、暗褐色、深灰色、黑色、单一色泽或带有斑点、条纹的颜色。果皮内部含有像果实形状一样的种子，主要由种皮、胚和胚乳三部分组成。胚的横断面呈 S 形，有子叶两枚，折叠镶嵌于胚乳中。胚实质上就是尚未成长的幼小植株，由胚芽、胚轴、胚根、子叶 4 部分组成。胚乳位于种皮之下，占种子重量的 68%～78%。胚乳有明显的糊粉层，细胞是透明的。糊粉层下由放射状排列的大型细胞组成，细胞内含有大量淀粉粒，淀粉粒结合疏松，易于分离。

荞麦的根为直根系，由胚根发育的主根垂直向下生长，入土深度达 30～50cm。在主根上产生的根为侧根，形态上比主根细，入土深度不如主根，但数量很多，可达几十至上百条。侧根不断分枝，并在侧根上又能产生小的侧根，增加了根的分布面积。此外，在靠近土壤的主茎上，可产生数条不定根，多时可达几十条。

这两种根系构成了苦荞麦的次生根系，它们分布在主根周围的土壤中，对植株支持及吸收水分、养分起着重要作用。根系扩展能力弱于其他作物，但吸肥能力很强，特别是对磷、钾的吸收能力强，因此很适于在新垦地和瘠薄地栽培。

荞麦的茎直立，高 50～150 cm，表面光滑，中空，多汁，稍有棱角，节处略弯曲，向阳面多呈红色，背阳面呈棕绿色，成熟时变成褐色。茎秆柔软，易受暴风雨之害，倒伏后不能恢复。茎节膨大而有茸毛，分枝多少因栽培疏密而异，叶腋处着生新芽，发育后长成为第一分枝，在第一分枝的叶腋处又长出第二分枝；在良好的栽培条件下，还可以在第二分枝上长出第三分枝，一般每株有 2～3 个甚至 10 多个分枝。分枝数除受品种遗传性状决定外，与栽培条件和种植密度也有密切关系。土壤比较肥沃，水分适度，分枝就多，在旱薄地分枝就少。通常，苦荞麦的一级分枝数为 3～7 个。

荞麦的叶有 3 种类型：子叶、真叶和花序上的苞片。荞麦的子叶肾脏形，掌状脉，较肥厚，对生。苦荞麦子叶较小，绿色，甜荞麦子叶较大，褐红色。真叶互生，全缘，戟形或三角心脏形。叶面光滑无毛，通常为绿色。枝条下部叶片厚且大，有较长的叶柄，依次向上，叶片变小变薄，叶柄逐渐缩短，上部叶片有短叶柄或无叶柄。叶片气孔较多，叶背脉上有毛，托叶呈鞘状，包围茎节，容易凋萎。苞片着生于花序上，为鞘状，绿色，被微毛，为片状、半圆筒形，基部较宽，上部呈尖形，将幼小的花蕾包于其中。苞片具有保护幼小花蕾的功能。

荞麦为顶生或腋生的总状花序，着生在小枝的顶端或叶腋间，密集成簇，每簇由 25～30 朵花组成，花梗较长，花较小，直立或下垂，每株有花 300～500 朵。生长良好时，一株可达 1500～2000 朵。荞麦花由花萼、雄蕊和雌蕊等组成。花瓣状萼片 5 枚，粉红、白色或绿色，成熟时连在籽实上不易脱落；雄蕊 8 枚，呈两轮，外轮 5 枚，内轮 3 枚，相间排列。花药红色，位于雄蕊基部，甜荞麦花有明显的蜜腺，与雄蕊相间排列，环包子雌蕊的外部。苦荞麦花无蜜腺，雌蕊子房上位，花柱 3 歧，柱头球状，三叉间有二叉，有的叉尖呈羽毛状。苦荞麦花较小，无香味，白色或淡绿色；花朵着生比较稀疏，白花、异花均可授粉结实；甜荞麦花较大，有香味，粉红色或白色；花朵密集，基部蜜腺发达，能分泌蜜汁，引诱昆虫传粉。甜荞麦花有两种类型，一种为短雄蕊长花柱，长花柱伸出雄蕊之上；另一种为雄蕊短花柱，短花柱缩于雄蕊之下，这种异型花的特点与授粉结实有密切关系。虽然甜荞麦花有两种类型，但同一植株只有一种花型。在大田栽培情况下，两种花型的植株均有，且数量上大致相等。有时也出现雌、雄蕊等长的花，但不能结实。

（二）农艺性状及遗传力

农艺性状及遗传力主要包括荞麦的抗病、抗旱、抗倒伏、结实率、株高、主茎节数、千粒重、株粒重、生育期、开花期、产量等遗传性状。但是，国内外目前对于荞麦主要农艺性状及遗传力的研究较少，而且比较零散。杨玉霞等（2008）将来自 5 个国家的 55 份苦荞麦品种（系）资源引种至四川栽培，经比较鉴定后对苦荞麦的单株籽粒产量与主要农艺性状进行相关性和通径分析，结果发现 9 个相关性状对单株籽粒产量影响的顺序为有效花序数>千粒重>生育期>总分枝数>主茎节数>一级分枝数>茎粗>株高。多元回归分析表明，主茎节数、一级分枝数、总分枝数、有效花序数、千粒重是影响单株粒重的主要因素。通径分析表明，有效花序数、千粒重对单株籽粒产量的直接效应较大，二者是荞麦品种选育的主要目标性状和高产栽培的主攻方向。马宏斌（2008）从外地引进在当地表现较好的苦荞麦品种黔威 1 号、黔威 2 号、九江苦荞、镇巴苦荞、KP9920，四荞 1 号、黑丰 1 号、榆 6-21、晋荞 2 号，以当地品种广灵苦荞 1 号作对照，以小区脱粒计产，试验结果表明，苦荞麦株高、千粒重等的遗传力较高，早代进行选择效果明显；株粒重等的遗传力低，应放宽选择标准，增加选择世代。株粒重虽然与产量高度相关，但遗传变异系数较小，直接选择效果差，可通过选择株高、株粒数和千粒重来达到提高株粒重的目的。李月（2014）以 161 个普通荞麦种质为研究材料，对它们的主要农艺性状进行评价，分析其 SSR 遗传多样性。农艺性状分析农艺性状遗传变异分析表明，152 个普通荞麦种质的株高、主分支数、结实率、千粒重、50mL 容重、百粒米重、百粒皮壳重、皮壳率、平均株粒数、平均株粒重、小区种子产量变异范围较大，其平均数及其变幅分别为：（100.7 ± 17.7）cm（60.7～133.8 cm）、（4.0 ± 0.8）个（2.2～5.8）个、（34.3 ± 10.6）%（12.40%～74.37%）、（31.2 ± 3.8）g（24.73～60.23 g）、（26.2 ± 2.0）g（13.90～34.07g）、（2.6 ± 0.3）g（2.12～4.60 g）、（0.6 ± 0.1）g（0.44～1.68 g）、20.1% ± 2.25%（15.53%～38.29%）、141.2 ± 54.0）粒（14.42～294.75 粒）、（4.4 ± 1.7）g（0.46～9.18 g）、（235.8 ± 116.3）g（22.50～564.59 g）。农艺性状指标聚类发现，农艺性状可分成质量性状和数量性状两大类，平均株粒数与平均株粒重关系最密切，其次是千粒重、百粒米重和百粒皮壳重、皮壳率关系密切。农艺性状的种质聚类表明，当 T=21 时，152 个品种聚成了 5 类，前 4 类分别是 A91、A94、A90/A71、A126，都具有高秆、不落粒、抗倒伏性好及紧凑的特点。农艺性状与 SSR 标记的相关性找出了与 16 个农艺性状相关性达显著水平以上的分子标记，同时也找出了两个及以上性状共有关联的分子标记。吴渝生（1996）对昆明地区 9 个栽培荞麦品种，10 个农艺性状遗传相关和通径分析的结果表明，在荞麦育种中，选择生育期长，其中营养生长期较长，千粒重较高，而分枝数、株粒数和单株叶面积适当的材料，容易获得高产品种，选择株粒数和生育期时要注意环境条件的影响。高金锋（2008）对荞麦产量及其主要农艺性状进行了相关分析，结果表明，单株粒重、千粒重与产量呈显著正相关关系，表明千粒重和单株粒重的增加可显著提高荞麦的产量。通径分析结果表明，千粒重、单株粒重、主茎节数、主茎分枝对产量的直接通径系数为正值，且千粒重和单株粒重可通过多个其他农艺性状对产量形成间接的正面作用来提高荞麦产量，故在荞麦生产过程中应十分注重千粒重和单株粒重；株高和生育日数对产量的直接通径系数为负值，这可能与荞麦的无限生长习性和后期落粒现象有关。徐芦（2010）通过大田试验与室内分析相结合，采用 PEG 模拟胁迫及干旱生态条件筛选等方法，在萌芽期渗透胁迫条件下，通过各性状相对值对各品种进行抗旱分级，之后各指标与抗旱级别进行相关性分析和灰色关联度分析，结果表明，根长胁迫指数、相对发芽势、相对发芽率、叶片相对含水量指数对抗旱性的指示作用明显，与抗旱级别均达极显著正相关，通过灰色关联度分析，与抗旱级别关联度较高，可以作为荞麦萌芽期抗旱性鉴定的有效指标。

苦荞麦花被片通常有 3 条脉迹，齿翅野荞麦、甜荞麦和金荞麦有 1～5 条。荞麦有 8 个蜜腺，苦荞麦的蜜腺最小，且为黄绿色，苦荞麦与齿翅野荞麦的雄蕊与雌蕊近等长，而甜荞与金荞麦的花是花柱异长的两型花。由此说明，任何一种荞麦均有区别于其他品种荞麦的明显表现，这也是估算遗传力的重要指标。目前，对于荞麦主要农艺性状及遗传力的研究日益增多，但由于荞麦的农艺性状复杂且种植区域非常广阔、种类多种多样，关于荞麦农艺性状及遗传力的评价，目前仍然没有可践行的统一的评价指标，还处于方法探讨阶段。

（三）种质评价

种质评价主要是指种子的水分、发芽率、净度、健康度、千粒重及种子活力。种质评价是种子检验技术的核心问题。早在 19 世纪，人们对于种子的评价是以发芽率表示的，这种方法只考虑到发芽总数，而未考虑到发芽速度和发芽速率的变化，所以是不准确的。直到 1950 年国际种子检验协会提出种子活力的概念，并给出种子活力的定义及其测定方法，更加科学地对种子的播种质量进行评价。种子活力是种子发芽和出苗率、幼苗生长的潜势、植株抗逆能力和生产潜力的总和，是种子品质的重要指标。目前，种子活力定义日趋完善，测定方法也不断涌现。关于种子活力的测定方法主要有以下 5 种。

（1）幼苗生长测定法。该法适用于具有直立胚芽（胚根）的蔬菜类和禾谷类种子。植物幼苗的鲜重、芽长、根长、干重、发芽势、活力指数、发芽指数等是该法常用的测定指标。近年来的研究表明，活力指数和发芽指数等幼苗生长指标较为可靠，尤其是活力指数，既涵盖了发芽速率和发芽总数的信息，又反映了植物幼苗的生长势，因此有广泛的应用价值。

（2）抗冷试验测定方法。该法是模拟田间环境条件进行种子发芽试验，以期得到符合种子田间真实表现的结果。

（3）加速老化测定法。该法主要用于预测种子的相对耐贮性，之后经过进一步研究，将其应用于种子活力的测定。该法的局限性较小，可靠性较高，并且操作简便易行，不需要昂贵的药品和仪器，因此得到普遍的应用。

（4）电导率测定法。通常情况下，干种子浸水时，存在于种子表面或组织中的细胞间隙、细胞壁和大部分细胞膜内的电解质将渗入水中。因此，种子浸出液电导率可以用于估计种子活力。通过测定种子浸出液电导率以推测种子内部细胞膜完整性的方法能够比较敏感地测定种子活力。但是电导率测定法也存在一些问题，如种子初始含水量对电导率有明显影响，初始含水量高，电导率低；轻微瞬时机械损伤使电导率显著增加，但有时不足以丧失活力；受病菌感染或用化学试剂处理过的种子，测定时会发生困难；种子大小及种子与水体积之比对测定结果的影响研究表明按种子数计算时，大粒种子干物质多，按单位重量计算时，小粒种子比表面积大，都会使浸出物质相对较多，电导率偏大。尽管如此，电导率测定法具有无损、快速等优点，特别是单粒种子电导率测定仪的出现，能够定位研究种子电导率与其活力的关系，使这一方法应用成为可能。

（5）TTC 法。该法是测定种子脱氢酶的活性。种子中脱氢酶能把无色的 2,3,5-氯化三苯基四氮唑（2,3,5-triphenyltetrazolium chloride，TTC）还原为不溶于水的红色三苯甲腙（TTF），使活细胞染成红色，而死亡细胞不能染色。对颗粒大、外壳和种胚易于剥离的种子，TTC 定量法较为可靠，实验难度也较小。但是该法也有一定的局限性，对染色困难的种子，本身有颜色的种子不适用，有些受生理损伤的种子中脱氢酶活性有加强现象，导致种子组织中的微生物会被染色，进而干扰测定结果。

目前对于荞麦种子活力的研究一般为设定某一具体条件，研究该条件对荞麦种子萌发的影响；还有少数学者从分子水平测定荞麦种子的蛋白质或者其他物质来反映种子活力。李静舒（2014）以晋荞 1 号种子为试验材料，研究不同温度和 PEG 浓度对其萌发的影响，结果显示，温度变化对荞麦种子发芽率影响显著，且在一定温度范围内荞麦种子发芽率随温度升高而增加，荞麦种子萌发的最适温度是 25℃；荞麦种子具有一定的抗旱能力，低浓度（5%～10%）PEG 处理对荞麦种子发芽率无显著影响，但随着 PEG 浓度的增加，种子发芽率出现了下降趋势。纪灵霄等（2013）以耐盐荞麦品种川荞 1 号和盐敏感荞麦品种 TQ-0808 为试验材料，研究不同浓度 K^+ 和 Mg^{2+} 对盐胁迫下荞麦种子萌发及幼苗生长的影响，结果表明，不同浓度 K^+ 和 Mg^{2+} 均对盐胁迫下荞麦种子萌发及幼苗生长有明显促进作用，10mg/L K^+ 和 Mg^{2+} 对耐盐荞麦品种种子萌发及幼苗生长的促进效果最好，15mg/L K^+ 和 Mg^{2+} 对盐敏感荞麦品种种子萌发及幼苗生长的促进效果最好，且最适浓度 K^+ 和 Mg^{2+} 对盐敏感荞麦品种种子萌发及幼苗生长的促进效果优于耐盐荞麦品种。龚勋等（2015）以甜荞麦和苦荞麦为受体，用紫茎泽兰叶片水提液处理，结果表明，甜荞麦种子发芽率、发芽指数均随水提液浓度的增加呈先升后降的趋势，在较高浓度（1.70%和2.50%）下有显著和极显著抑制作用，且发芽率化感效应敏感指数（RI）显示其受到低促高抑的化感效应；苦荞麦种子发芽率、发芽指数均随水提液浓度的增加表现出先降后升，在较低浓度（0.25%和0.80%）下有显著和极显著的抑制作用，且RI显示其受到低抑高促的化感效应。一年生紫茎泽兰叶片水提液对荞麦种子萌发的影响强于多年生。郭玉珍（2007）以荞麦属栽培及野生荞麦10个种179个品系为材料，对其种子蛋白质含量变异进行了分析，结果表明，荞麦属种子蛋白质含量在种间差异极显著，种内差异也很大；不同类型（栽培和野生荞麦、二倍体和四倍体荞麦、大粒组和小粒组荞麦）间差异都很显著；并发现了如 Sobano、*F. esculentum* var. *homotropicum* 等高蛋白并具优良性状的品系，为高蛋白品系的培育提供了优良的基因来源。

三、营养成分评价

营养成分是荞麦质量的决定性因素，荞麦及其制品的品质主要是其内在营养成分组成的外在表现，其营养成分按大类划分有10余类，每一类都对荞麦的品质有一定的影响。目前，荞麦的品质评价中营养成分指标主要包括淀粉、蛋白质、脂肪、维生素、矿物质和微量元素等。除了供能物质和微量营养素，很多学者也开始关注能够反映感官品质及风味物质的化合物，如 Aoki 等（1981）鉴定出脱壳荞麦中的45种挥发性化合物，包括13种醇、6种醛、6种甲基酮、2种酯、6种芳香碳水化合物、7种烷烃和5种其他化合物。目前，对于荞麦品质标准的规范更多是关注供能物质和微量营养素，下面逐一介绍。

（一）淀粉

淀粉是荞麦（粉）的主要组成成分，其理化特性对荞麦制品的品质有着直接的影响。荞麦的淀粉含量较高，与大多数谷物相当，一般为60%～70%，荞麦淀粉中的直链淀粉含量高于25%，因此制成的食品较为疏松、可口。荞麦淀粉具有独特的理化性质。荞麦淀粉的特性研究表明，荞麦淀粉的黏度远远高于谷类淀粉，此外，荞麦淀粉的黏度曲线与豆类淀粉相似，并且具有高结晶度、高消化性和较高的持水能力。

国外对荞麦淀粉的研究已有许多报道，但国内还较少，国内对于荞麦淀粉的研究多数都为对荞麦淀粉的性质和制备工艺的研究。Zheng 等（1997）对 AC Manisoba 荞麦品种进行分析，结果表明荞麦种（仁）含淀粉75%，其化学组成与玉米淀粉相似，脂质-直链淀粉结合物含量小于玉米和大米。对于荞麦淀粉理化性质的研究如下。Qian 等（1998）研究发现，荞麦淀粉为卵圆形和多边形，表面有一些空洞和缺陷，大小为2.9～9.3μm，平均5.8μm，小于玉米和小麦淀粉粒1.6～2.4倍，这一结果得到钱建亚等（2000）的验证。李新华等（2009）以实验室提取的荞麦淀粉为原料对其性质进行研究，并与玉米淀粉、马铃薯淀粉和木薯淀粉的性质进行了比较。结果表明，荞麦淀粉、玉米淀粉、马铃薯淀粉及木薯淀粉在溶解度、膨胀度、抗酶解力、透明度、冻融稳定性、凝沉性、热力学性质及其黏度特性方面存在一定的差别。周小理等（2009）采用快速黏度分析仪及流变仪对荞麦（甜荞麦、苦荞麦）淀粉糊化过程中的黏度和流变特性进行系统分析，并测定荞麦淀粉膨胀度、凝沉性、冻融稳定性、透光率等糊化特性。结果表明，荞麦淀粉（甜荞麦、苦荞麦）的糊化温度高于绿豆淀粉，低于大米淀粉和小麦淀粉。苦荞麦淀粉膨胀过程与绿豆淀粉相似，而甜荞麦淀粉与小麦淀粉相似，荞麦（甜荞麦、苦荞麦）淀粉糊透明性好，荞麦（甜荞麦、苦荞麦）淀粉冻融稳定性高于大米淀粉，低于小麦淀粉和绿豆淀粉；荞麦（甜荞麦、苦荞麦）淀粉糊具有较好的凝沉稳定性，荞麦淀粉糊属于非牛顿流体中的假塑性流体，其流变曲线符合 Sisko 方程。周一鸣等（2013）采用激光粒度仪、扫描电镜、X 射线衍射仪对荞麦（甜荞麦、苦荞麦）淀粉及其抗性淀粉的颗粒粒径分布范围、颗粒大小、晶体结构等特性进行分析。结果表明，荞麦（苦荞麦、甜荞麦）淀粉颗粒形状均呈不规则的多面体球型，结晶类型与其他谷物淀粉相似，为典型的 A 型，粒径大小为 $7\sim8\mu m$，苦荞麦淀粉结晶度为 34.95%，甜荞麦淀粉结晶度为 26.92%。荞麦抗性淀粉颗粒呈无定型，粒径为 $150\mu m$，非结晶型，颗粒为玻璃体。张国权等（2008）采用乙醇同步提取黄酮与碱性蛋白酶水解蛋白相结合的荞麦淀粉分离工艺对荞麦淀粉进行分离，可将荞麦粉分为淀粉、蛋白和黄酮浓缩物，所得荞麦淀粉的总淀粉含量达 952.1g/kg，纯度高。张国权等（2006）采用中温 α-淀粉酶、真菌 α-淀粉酶及其不同组合对荞麦淀粉进行水解，当水解温度 54℃，pH 值为 6.0，底物浓度 50g/L，酶用量 $100\sim130U/g$，水解时间为 75min 时，荞麦淀粉酶水解度为 66.05%。

（二）蛋白质

荞麦中蛋白质含量的高低，是评价荞麦（粉）营养品质的重要指标，蛋白质含量越高，荞麦中各种氨基酸的组成含量越多，营养价值越高。荞麦中富含丰富的蛋白质，其含量因品种不同存在差异，但平均含量为 15%～17%，远远高于大米、小米、玉米、小麦和高粱面粉中的蛋白质含量；与其他谷物相比，荞麦蛋白质主要由清蛋白、球蛋白、醇溶蛋白和谷蛋白组成，其中水溶性蛋白质含量高，占总蛋白质含量的 80%，醇溶蛋白、谷蛋白含量相对较低，占总蛋白质含量的 20% 左右；此外组成荞麦蛋白质的氨基酸种类齐全，组成更加均衡合理、配比适宜，尤其是人体所必需的 8 种必需基酸含量高达 11.82%，且赖氨酸是我国居民常食用的谷类粮食中的第一限制氨基酸，而在荞麦中赖氨酸却很丰富，比一般谷物高 2.4%～4.0%，可有效改善因膳食结构不合理引发的赖氨酸缺乏症。

对于荞麦蛋白的测定，我国现行标准 SN/T 1961.3—2012 食品中过敏原成分检测方法第 3 部分中，采用酶联免疫吸附法检测荞麦蛋白成分，该方法对标准荞麦蛋白定量检测范围为 0.78ng/mL～50ng/mL。荞麦蛋白质作为荞麦的重要营养成分，有关荞麦蛋白的结构、组成、理化性质和功能等的研究很多，还有的研究做了对荞麦蛋白的提取、酶解工艺等优化。总的说来，对于荞麦蛋白的研究比较全面，对研究荞麦的质量有着较大的意义。

唐宇等（1990）分析了四川主要的荞麦品种 50 份（苦荞麦 27 份，甜荞麦 20 份，同源四倍体苦荞麦 3 份），结果表明 50 份荞麦材料的蛋白质平均含量为 13.8%，变幅为 8.54%～16.33%。其中不同类型之间蛋白质含量存在较大差异，四倍体苦荞麦的蛋白质含量为 15.74%～16.13%，变幅较小，平均含量为 16.08%；甜荞麦蛋白含量为 11.76%～16.13%，平均为 14.32%，苦荞麦蛋白质含量变幅较大（8.53%～16.16%），平均为 13.15%。对 3 个类型的蛋白质含量的差异性分析表明四倍体苦荞麦、甜荞麦及苦荞麦之间存在显著差异。氨基酸是蛋白质的构成单位，是蛋白质水解的最终产物，其含量的多少与蛋白质的含量与组成密切相关。氨基酸的组成及其比例影响蛋白质的营养价值。杨克理（1995）对 1505 份（甜荞麦 906 份，苦荞麦 599 份）荞麦籽粒的 18 种氨基酸进行分析，结果发现甜荞麦中的谷氨酸含量最高（平均 2.21%），其次为精氨酸（1.11%）、天冬氨酸（1.09%）、亮氨酸（10.77%）、赖氨酸（0.66%），含量最低的为色氨酸（0.12%）、胱氨酸（0.17%）和蛋氨酸（0.17%）。苦荞麦的氨基酸含量和甜荞麦相比没有明显差异。和小麦相比，荞麦籽粒除谷氨酸和脯氨酸含量低于小麦籽粒外，其他氨基酸含量都高于小麦，特别是天冬氨酸、精氨酸和赖氨酸含量分别比小麦高 0.63%、0.58% 和 0.35%。Bejosano 等（1999）研究发现，荞麦蛋白中清蛋白和球蛋白含量为 55.4%，谷蛋白和残基含量为 42.8%，醇溶蛋白含量仅为 1.8%。由于原料、提取条件的差异，测定的各种蛋白含量不完全相同，但都说明荞麦蛋白主要由清蛋白、球蛋白、谷蛋白和少量的醇溶蛋白组成。朱振宝等（2009）在等电点为 3.8，pH 值为 9.0、温度 50℃、提取时间 30 min、料液比 1：15 的条件下，蛋白质提取率可达 72.25%；其氨基酸分析表明：甜荞麦蛋白的氨基酸总量为 61.36g/100g，其中必需氨基酸占总氨基酸含量的 38.96%，苏氨酸是第一限制性氨基酸。张美莉等（2004）研究了荞麦种子萌发后总蛋白质和各蛋白组分如清蛋白、球蛋白、醇溶蛋白和谷蛋白的含量变化，结果表明山西甜荞麦和四川苦荞麦萌发后总蛋白质含量呈逐渐下降趋势。何健等（2002）对甜荞麦粉、苦荞麦粉和带壳苦荞麦的主要营养成分及 8 种人体必需氨基酸的含量进行测定，结果表明粗蛋白含量呈现出带壳苦荞麦>甜荞麦粉>苦荞麦粉的趋势。

荞麦蛋白富含赖氨酸，其氨基酸组成模式符合 WHO/FAO 推荐标准，具有较高的生物价。现已证实，荞麦蛋白具有以下主要生理功能：①降低血液胆固醇。荞麦蛋白降低血液胆固醇的作用与膳食纤维相似，荞麦蛋白有较低的消化率，具有膳食纤维的作用；不同之处在于荞麦蛋白仅是增加中性脂的排泄，而膳食纤维对中性和酸性脂的排泄均有促进作用。低消化率的荞麦蛋白对人类的健康是有利的。因此，荞麦蛋白可称为抗性蛋白（resistant protein）。②抑制脂肪蓄积。Kayashita等（1997）对正常健康的大鼠饲喂荞麦蛋白、大豆蛋白和酪蛋白，结果发现，饲喂荞麦蛋白的大鼠脂肪组织重量最低，表明荞麦蛋白对脂肪的蓄积有良好的抑制作用。荞麦蛋白降低脂肪的机制，目前还不甚明确，但有文献报道其可能与富含精氨酸有关。③改善便秘作用。吴建平（1998）分别以酪蛋白、荞麦蛋白和精氨酸喂饲大鼠，发现荞麦蛋白组的大鼠粪便中的含水量很高，能有效防止便秘。这可能与荞麦蛋白中含有丰富的精氨酸有关。④抗衰老作用。张政等（1999）采用碱抽提和等电点沉淀法从苦荞麦籽粒中制备出苦荞麦蛋白复合物，用含 20%苦荞麦蛋白复合物的饲料喂养小鼠。结果发现，小鼠血液和脏器中的超氧化物歧化酶、过氧化酶和谷胱甘肽过氧化物酶活性均有不同程度的提高，脂质过氧化产物丙二醛含量下降，表明苦荞麦蛋白质复合物对生物体有一定营养和抗衰老作用。⑤抑制有害物的吸收。Kayashita 等（1995）用大鼠进行试验检验荞麦蛋白对苋菜红毒性的抑制效果，结果表明含有荞麦蛋白的饲料能明显减轻苋菜红（5%）对大鼠生长的抑制作用。该作用机制主要是由于延缓了营养物质在消化道中的滞留时间，而苋菜红的毒性就是加速了营养物质通过消化道从而影响了营养物质在消化过程中的消化与吸收。

（三）脂肪

荞麦中脂肪的含量为 1%～3%，且多为不饱和脂肪酸，对于人体内血清胆固醇含量有降低作用，对动脉硬化和急性心肌梗死等心血管疾病都有很好的预防作用。目前，对于荞麦脂肪酸方面的研究还比较少，仅限于对其提取工艺、组成成分、和营养功能评价等的研究。

孙晓萍等（2007）采用索氏提取法对荞麦油进行了提取，分别采用两种方法进行甲酯化处理，以气相色谱-质谱联用仪进行了分析，对脂肪酸组成和含量进行了比较。结果表明，两种酯化方法分别鉴定出 8 种脂肪酸，占荞麦油总量的 98.64%和 99.97%；鉴定出的主要脂肪酸及比例为：棕榈酸占脂肪酸总量的 15.92%，亚油酸占脂肪酸总量的 30.37%，油酸占脂肪酸总量的 35.32%；棕榈酸占脂肪酸总量的 35.66%，亚油酸占脂肪酸总量的 11.75%，油酸占脂肪酸总量的 33.26%。张美莉等（2005）用气相色谱法对苦荞麦和甜荞麦在萌发后脂肪酸种类和含量的变化进行了系统研究，结果表明：苦荞麦和甜荞麦在萌发 72h 后，其必需脂肪酸（essential fatty acids，EFA）含量分别增加了 5.4%和 5.8%，与多不饱和脂肪酸（polyunsaturated fatty acids，PUFA）含量变化相同。苦荞麦萌发前饱和脂肪酸（saturated fatty acid，SFA）：单不饱和脂肪酸（monounsaturated fatty acid，

MUFA）：PUFA 为 1：2.2：2.0，萌发后为 1：1.8：2.2。甜荞麦萌发前 SFA：MUFA：PUFA 为 1：1.8：1.6，萌发后为 1：1.5：1.8。荞麦萌发后脂肪酸总量无明显变化，而 MUFA 含量下降，PUFA 含量增加，因此荞麦萌发后脂肪酸营养价值提高。王敏等（2004）对苦荞麦粉中提取的苦荞油进行了分析测定，结果表明苦荞麦油中不饱和脂肪酸含量可达到 83.2%，其中油酸、亚油酸含量分别为 47.1% 和 36.1%。另外，苦荞麦油中不皂化物占其总脂肪含量的 6.56%，其中主要为 β-谷甾醇，占不皂化物的比例为 54.4%。

（四）维生素和矿质元素

荞麦中维生素的种类多样，如维生素 B_1、维生素 B_2、烟酸、维生素 E 等，还含有其他谷物所没有的芦丁。有研究表明，苦荞麦籽粒中 B 族维生素含量约为 0.78mg/100g，富含维生素 B_1、维生素 B_2、维生素 B_6 和芦丁；苦荞麦粉的维生素 B_1、维生素 B_2 和芦丁的含量均高于甜荞粉，但苦荞麦粉的烟酸含量低于甜荞麦粉。贾冬英等（1998）比较了索式提取法、乙醇浸提法、热水浸提法、碱提酸沉法 4 种方法对苦荞麦籽壳和茎中芦丁的提取效果，发现索式提取法的芦丁得率最高，乙醇浸提法次之，碱提酸沉法得率最低。由于索式提取法用于工业化生产耗时过长、耗能过大，而且提取所用的溶剂甲醇对人体有毒，相比之下乙醇浸提法操作简单易行，并且无毒无害，溶剂可回收利用，因此贾冬英等建议乙醇浸提为一条行之有效的提取方法。

荞麦的矿质元素丰富，钾、钙、镁、铁、铜、铬、锰等元素的含量都明显高于其他禾谷类作物，此外还含有硼、碘、钴、硒等微量元素，苦荞麦粉的钾、镁、锰、锌、磷等营养元素的含量均高于甜荞麦粉，钙和铁的含量与甜荞粉相当，铜的含量低于甜荞粉。Ikeda 等（2006）研究了 1 种日本苦荞和 3 种中国苦荞麦全粉中的 8 种必需矿物质含量，苦荞粉中除了钙含量相对较低外，其他 7 种矿物质占推荐日摄入量的 10%～80%。苦荞麦粉中钾的含量在 100mg/kg 以上，是小麦粉和大米的 2～3 倍，是玉米粉的 1.5 倍左右。钾元素是维持体内水分平衡、酸碱平衡和渗透压的重要阳离子，能有效地消除疲劳，增强内力。在苦荞麦种子中，由于各部位维管组织的流动性不同，各部位的矿物质含量存在差异，其中麸皮中矿物质浓度最高。铁、锌、锰、铜、钼、锂和铝则主要集中在果皮和种皮中。

目前，有关荞麦维生素和矿质元素一般性质的研究很少，对于其功能性评价方面的研究较多。

四、功能活性评价

上述营养成分的功能活性受到越来越多国内外学者的关注。苦荞麦蛋白生物价高，氨基酸含量平衡，具有降压、抗癌等功效；苦荞麦膳食纤维含量相对较高，具有改善糖代谢、减肥功效；苦荞麦中还含有丰富的矿物质和维生素，尤其是 B 族维生素，在糖脂代谢过程中起到重要作用。此外，荞麦还含有一些特征功能活性物质，特别是苦荞麦的籽粒和叶、茎等组织中都含有大量的芦丁、槲皮素、儿茶素等多酚，具有显著的抗氧化功效，可以防治多种慢性疾病。虽然关于荞麦的营养成分及其功能活性的研究很多，但目前功能评价的标准化仍有待规范。

（一）营养成分的功能活性评价

荞麦中淀粉、蛋白质、脂肪酸、维生素和矿质元素等营养成分，不仅具有基本生理功能，而且区别于其他粮谷类作物，独具营养学功能特色。因此，近 20 年来，关于荞麦营养成分功能活性的评价研究不断蓬勃发展。

何健等（2002）对西藏日喀则荞麦的营养成分检测及分析结果表明，西藏日喀则的荞麦中富含蛋白质、脂肪、淀粉、维生素、矿物质、氨基酸等多种营养成分，与其他谷物如小麦、大米等相比，荞麦的蛋白质、脂肪含量较高，维生素 B_1、维生素 B_2、烟酸、芦丁的含量较为丰富；荞麦中含有多种易被人体吸收的矿物质元素，其中镁含量较高，铁含量较丰富；荞麦中含有 8 种人体必需氨基酸，且配比较合理。郭月英等（2004）的研究表明，苦荞麦粉中蛋白质、脂肪含量高于小麦和大米；维生素 B_2 含量高于大米、小麦粉 2～10 倍；钾、钙、镁的含量明显高于甜荞麦、大米和小麦粉；芦丁和叶绿素更是谷类籽粒所没有的。刘三才等（2007）通过相关分析得出总黄酮和蛋白质含量呈极显著正相关，相关系数为 0.588。研究认为苦荞麦种质资源的总黄酮和蛋白质含量存在较为丰富的遗传变异并在鉴定评价基础上筛选出一批品质优异、一个品种可同时达到总黄酮含量高和蛋白质含量高的苦荞麦资源。

徐斌等（2015）利用 DPPH 法、改良 Smimof 法和邻苯三酚自氧化法分别测定甜荞麦总黄酮化合物清除 DPPH 自由基（DPPH·）、羟自由基（·OH）和超氧阴离子自由基（$·O^{2-}$）的效果。结果表明，在试验的浓度范围内，甜荞麦总黄酮提取物能有效清除 DPPH 自由基及超氧阴离子自由基，且随着提取物浓度的升高，其自由基清除能力也显著提高。表明甜荞麦总黄酮提取物具有较强的体外抗氧化活性。还有研究表明荞麦及其萌发后的类黄酮提取液和蛋白质提取液在一定浓度范围内可剂量依赖性地抑制过氧化特丁烷（TBHP）引发的大鼠红细胞溶血和抗细胞膜脂质过氧化的作用，降低 TBHP 引起的大鼠红细胞 MetHb 生成率，侧面证明了荞麦黄酮提取物的抗氧化作用。

荞麦含 9 种脂肪酸，其中不饱和脂肪酸含量丰富，与小麦、大米、玉米等大宗粮食相比，荞麦的脂肪酸组成更合理，其中油酸和亚油酸的含量最多，占总脂肪酸含量的 70%以上。亚油酸是功能性多不饱和脂肪酸，具有降低血清胆固醇和抑制动脉血栓形成的功能，摄入大量亚油酸对患高甘油三酯疾病的人有明显的疗效。此外，亚油酸是 ω-6 长链多不饱和脂肪酸尤其是 γ-亚麻酸和花生四烯酸的前体，在预防动脉粥样硬化和心肌梗死等心血管疾病方面有良好作用。

此外，荞麦中含有抗性淀粉。抗性淀粉对降低饭后血糖的升高有明显的效果，能影响胰岛素的分泌，还能改善脂质结构，因此具有控制和治疗糖尿病的作用。抗性淀粉的摄入还会使排便增加，对便秘、盲肠炎与肛门不适等疾病有一定的疗效。苦荞麦中含有丰富的维生素 B_1、维生素 B_2、烟酸等，维生素 B_1 能增进消化机能，抗神经炎和预防脚气病；维生素 B_2 能促进人体生长发育，是预防口角、唇舌炎症的重要成分；烟酸有降低人体血脂和胆固醇，降低微血管脆性和渗透性作用，是治疗高血压、心血管病，防止脑出血，维持眼部血液循环，保护和增进视力的重要辅助药物。此外，荞麦中含有的微量矿质元素，如硒、铬、铁、铜、镁等，对人体都有着极其重要的作用。硒是联合国卫生组织确定的人体必需的微量元素，同时是该组织目前唯一认定的防癌抗癌元素。人体缺硒会造成重要器官的机能失调，人体有 40 多种疾病与饮食缺硒有关，硒在人体内形成"金属-硒-蛋白"复合物，有助于排除体内有毒物质。荞麦中所含的铬元素可促进胰岛素在人体内发挥作用；荞麦中含有大量的镁，镁不仅能抑制癌症的发展，还可帮助血管舒张，维持心肌正常功能，加强肠道蠕动，增加胆汁分泌，促进机体排除废物。

（二）特征功能活性成分评价

除了基本营养成分，荞麦还含有一些具有特殊生理功能的特征功能活性成分，如黄酮类化合物（芦丁、槲皮素、山奈酚）、非淀粉类多糖（D-手性肌醇、糖醇）、酚酸等多酚类化合物、γ-氨基丁酸等。国内外学者通过大量研究已证实了这些特征功能活性成分具有改善人体健康的重要作用，这对促进荞麦产业发展起到了至关重要的作用。

1）黄酮类化合物

荞麦中含有丰富而且种类繁多的生物类黄酮化合物，其含量大约为 3.3%，其中 70%～80% 为芦丁。目前已报道的荞麦黄酮类化合物接近 40 余种，常见的有芦丁、槲皮素、山奈酚等。Kim 等（2007）从日本北海道 HokkaiT8 苦荞麦芽中分离鉴定出莤草苷、异莤草苷、牡荆苷、异牡荆苷、芦丁、槲皮素 6 种黄酮类化合物；其中芦丁作为苦荞麦中主要的功能因子，不仅具有降糖、降脂、改善心脑血管循环等作用，还有抗炎、利尿的功效。

目前，对于荞麦黄酮的功能方面的研究较多。大量研究表明，黄酮化合物具有降脂、降血糖、增强人体免疫力的功能，并对糖尿病、高血压、冠心病、脑卒中等疾病有辅助治疗作用。黄酮类化合物还是天然的抗氧化剂，具有清除人体中超氧离子自由基、抗衰老作用，并且有研究证实食用黄酮类化合物与降低癌症率有关。据美国《食物与营养百科全书》报道，黄酮类化合物具有金属螯合能力，可影响酶与膜的活性；对抗坏血酸具有增效作用；具有抗生素样的作用；通过抑制恶性细胞增长还能够发挥抗癌作用。张国涛等（2017）分别考察荞麦皮、荞麦粉和荞麦粒乙醇提取物对 DPPH 自由基和 ABTS 自由基的清除作用，以及其黄酮类化合物的得率，三者乙醇提取物中黄酮类化合物得率为：荞麦皮>荞麦粒>荞麦粉；对三者 DPPH 自由基和 ABTS 自由基清除率达 50%的样品浓度比较，荞麦粉>荞麦粒>荞麦皮，因此得出结论：荞麦中黄酮类化合物是荞麦提取物具有抗氧化活性作用的重要成分。现代医学研究表明，荞麦黄酮类化合物还具有防癌抗癌、调节心血管、调节内分泌系统、增强免疫力等功能。王盼等（2017）采用邻苯三酚自氧化法和水杨酸分光光度法，测定了金荞麦 70%醇提物清除超氧阴离子自由基（$\cdot O_2^-$）及羟基自由基（$\cdot OH$）的效果。结果表明，金荞麦总黄酮提取物能显著地清除超氧阴离子和羟基自由基，且随提取物浓度的升高其抗氧化性作用逐渐增强。闫泉香（2005）研究了苦荞麦黄酮（TWF）的抗缺血作用，结果表明，苦荞麦黄酮对于不同模型引起的组织缺血都有一定的对抗作用，提示苦荞麦黄酮具有很好的抗缺血作用。贾雪峰（2007）对处于盛花期（播种后第 58d）的苦荞麦叶干燥粉碎物中的黄酮进行定性定量分析，测定了 TBFP 的总黄酮含量、芦丁含量，研究了 TBFP 功能性，结果表明，此提取物具有较好地阻断清除亚硝酸钠的效果。阮洪生等（2017）在研究金荞麦黄酮对 2 型糖尿病（T2DM）小鼠糖脂代谢及体内氧化应激作用时发现，金荞麦黄酮在 50～200mg/kg 剂量范围内对 T2DM 小鼠有降血糖作用，其作用机制与调节血脂代谢和抗氧化作用有关。涂画等（2016）以 GK 大鼠为糖尿病模型，将 GK 大鼠随机分为模型组（MC）、FBFL 组（荞麦花叶黄酮），另设同源 Wistar 大鼠为正常组（NC），结果表明 FBFL 对糖尿病 GK 大鼠肾脏具有保护作用，可能是由于 FBFL 的降血糖作用或是由于其降低肾系数，降低血中尿酸、尿素、肌酐的水平，减缓了肾组织损伤。

基于这些公认的荞麦黄酮的功能活性研究，黄酮已被公认为荞麦最具特色的特征生物活性成分。基于此，邹亮等（2010）对苦荞麦提取物中芦丁和槲皮素的含量测定方法进行了系统研究，建立了一种方便快速的高效液相色谱法，用于测定苦荞麦提取物中芦丁和槲皮素含量。

2）多糖

荞麦多糖在免疫调节、抗肿瘤、抗病毒和抗感染等方面有很强的活性，且具有疗效高、毒副作用小的特点。例如，D-手性肌醇除了具有肌醇促进肝脏脂代谢功能外，还具有胰岛素增敏作用，降血糖，改善多囊卵巢综合征患者的排卵情况，以及抗氧化、抗衰老、抗炎等特殊的生理功能。荞麦多糖作为植物活性成分，与荞麦其他活性成分一样，具有深入研究和开发的价值。目前荞麦多糖的相关研究不多。

研究发现，荞麦多糖主要具有以下几个功能：①抗氧化作用。褚盼盼等（2016）

以苦荞麦多糖为试验材料，以 VC 和 BHT 为对照，评价其体外抗氧化活性。研究表明，苦荞麦多糖显示出一定的抗氧化活性，其抗氧化活性随苦荞麦多糖浓度的增加而加强。谭萍等（2013）以水为溶剂提取苦荞麦多糖类化合物，并以维生素C 和维生素 E 为对照品，采用 DPPH 法探究了苦荞麦多糖提取物对自由基的清除作用。结果表明，苦荞麦多糖具有一定的抗氧化作用，在其浓度为 21.764μg/mL时其清除率可达 24.85%，显著高于相同浓度下的维生素 C 和维生素 E 的清除率。认为苦荞麦多糖是一种有前途的天然抗氧化剂。②改善铅中毒。张季等（2015）对自造模铅中毒小鼠第 12d 起每日灌胃相应剂量的苦荞麦多糖进行治疗，连续20d，结果表明苦荞麦多糖可通过提高铅中毒小鼠抗氧化酶活性，清除自由基，改善铅中毒造成的损伤。③对胰脂肪酶抑制作用。褚盼盼等（2015）以三油酸甘油酯为底物，研究苦荞麦多糖在不同条件下对胰脂肪酶的抑制作用，结果发现苦荞麦多糖可以通过改变胰脂肪酶的构象，致使其酶催化活性受到抑制；因此苦荞麦多糖可以作为植物源的胰脂肪酶抑制剂发挥减肥因子的作用。④增强免疫力。谷仿丽等（2015）对以环磷酰胺腹腔注射复制免疫低下小鼠模型予不同剂量（200mg/kg、100mg/kg、50mg/kg）金荞麦多糖灌胃 4 周，观察其对模型小鼠各种身体指标的影响，结果表明金荞麦多糖适当剂量具有增强免疫低下小鼠免疫功能的作用。

　　3）多酚化合物

荞麦中的多酚化合物主要是苯甲酸衍生物和苯丙素类化合物，如没食子酸、香草酸、原儿茶酸、咖啡酸等。多酚化合物是荞麦中重要的营养保健功能因子，具有很好的生理活性，如抗氧化、抗菌、降低胆固醇、促进脑蛋白激酶等。目前，荞麦多酚化合物活性的研究主要集中于其抗氧化活性的研究。

李富华（2014）以 10 种荞麦（3 种甜荞麦、7 种苦荞麦）为实验材料，测定了其籽粒外壳、麸皮及内粉中游离态和结合态酚类化合物的含量，并通过 DPPH自由基清除能力和总还原力（铁氰化钾还原法）实验，评价荞麦酚类提取物的化学抗氧化性。结果表明，游离态是荞麦壳、麸皮及粉中酚类化合物的主要存在形式，10 种荞麦壳、麸皮和粉的游离酚含量分别占其各自总酚含量的 79.70%、92.89%和 94.07%；苦荞麦酚类化合物的含量及抗氧化活性普遍高于甜荞麦，且苦荞麦麸皮总酚含量最高（平均总酚含量为 24.87 mg GAE/g dwb）；甜荞麦壳和苦荞麦麸皮中的酚类化合物表现出较强的还原力和清除 DPPH·能力；相对于荞麦壳和粉而言，苦荞麦麸皮在酚类化合物的含量及抗氧化能力方面更占优势。刘琴等（2014）对不同产地的不同品种苦荞麦中多酚在壳、麸皮和粉中的含量，以及多酚含量与抗氧化性的相关性进行比较研究，结果表明，不同产地不同品种苦荞麦的多酚含量分布及抗氧化活性显著不同，所有样品的 DPPH 和 ORAC 抗氧化值均与总酚含量正相关。杨红叶等（2011）以甜荞西农 9976、苦荞西农 9940 的麸皮和内粉为试验材料，分别测定其中自由态多酚、结合态多酚、黄酮及芦丁的含量，并分别考察其抗氧化活性。结果发现荞麦麸多酚含量明显高于荞麦粉，且主要以自由酚形式存在，它们具有较强的抗氧化活性，是优质的功能性食品资源，尤其是苦荞麦麸。

4）γ-氨基丁酸

γ-氨基丁酸（4-aminobutyric acid，GABA），是一种天然存在非蛋白质氨基酸，广泛存在于动植物体，研究发现它是一种抑制性神经传递物质，对机体的多种功能具有调节作用（朱云辉等，2015；徐瑞萍等，2012）。苦荞麦虽然富含多种营养成分，但蛋白酶抑制剂等抗营养因子的存在抑制了其营养价值，对苦荞麦进行发芽处理可以降低或消除抗营养成分，并能富集γ-氨基丁酸，国内外相关的研究主要集中在发芽条件对苦荞γ-氨基丁酸富集的影响。

苦荞麦的发芽过程是一个酶促反应的过程，随着发芽时间的延长，生长加快，呼吸作用增强，被激活的水解酶降解贮藏物质，为呼吸和 GABA 的合成提供了充足的底物。朱云辉等（2016b）通过响应面法优化发芽苦荞麦富集γ-氨基丁酸的培养条件，研究得到对 GABA 富集影响的因素依次为谷氨酸钠质量浓度、发芽温度、发芽时间和 Ca^{2+} 浓度。在通气的培养液中添加外源 Ca^{2+} 培养条件下，低氧联合 NaCl 胁迫对苦荞麦的芽长有抑制作用，GABA 的含量随着 NaCl 浓度的增大均呈先上升后下降的趋势，外源 Ca^{2+} 可降低低氧联合 NaCl 胁迫对苦荞芽长的抑制作用，并可通过提升谷氨酸脱羧酶活力，增强发芽苦荞 GABA 的富集（朱云辉等，2017）。

Guo 等（2016）在苦荞麦发芽中进行充气处理，考察充气处理、生理指标、空气流速、培养温度和培养液 pH 值对发芽苦荞 GABA 富集的影响，并通过响应面优化最优富集条件，结果发现生理指标显著影响 GABA 的富集，在最优条件下 GABA 的富集量达到 379μg/g。在荞麦的发芽过程中，弱酸性电解水处理可以促进 GABA 的积累，在 pH 值为 5.83 和有效氯浓度为 20.3mg/L 条件下，GABA 的含量达到 143.20mg/100g，弱酸性电解水处理可以增加谷氨酸脱羧酶和苯丙氨酸氨解酶的活性，进而提高发芽荞麦的 GABA 富集量（Hao et al., 2016）。Qiao 等（2019）研究弱碱性电解水处理条件下，pH 值和有效率浓度对发芽苦荞麦富集 GABA 的影响，在中等 pH 值（5.71±0.03）的弱碱性电解水处理条件下 GABA 的富集量最高（113.5mg/100g），有效氯在苦荞麦发芽中发挥了重要作用，GABA 的富集量随着有效率浓度的升高而增大，适宜的 pH 值和有效率浓度条件下的弱碱性电解水处理可以应用在苦荞麦发芽过程中。

荞麦发芽过程一般是在固相培养条件下，在发芽的第 8d，荞麦的营养价值达到最大值，其中 GABA 富集量达到 0.75mg/g，水培改良培育的荞麦芽，具有更丰富的营养成分和降血脂活性，在发芽的第 6d 就达到了固相培养条件的营养水平，

GABA 的富集量达到 0.80mg/g，水培提高了发芽荞麦营养成分富集的效率（Peng et al.，2015）。GABA 不仅在苦荞的种子和芽中含量丰富，苦荞麦叶中也含有 GABA，在苦荞叶干燥 14d 时，GABA 含量最高，达到 0.8mg/g（干基），如果将苦荞麦叶粉末添加到日本传统饮品青汁中，GABA 的每日摄入量可以达到 2.4～3.2mg（Tatsuro et al.，2009）。苦荞麦可以作为营养强化剂添加到食品或饲料中，与普通面粉相比，苦荞麦馒头具有更高的 GABA 含量，在抑制 β-胡萝卜素的漂白和清除 DPPH· 和 ABTS·$^+$的活性方面具有极大的优势（Xu et al.，2015）。发酵荞麦还可以作为饲料添加剂添加到鸡饲料中，生产富含 GABA 且营养成分均衡的鸡蛋（Park et al.，2017）。综上所述，对苦荞麦 γ-氨基丁酸的研究主要集中在发芽条件对其富集的影响，对其在传统食品和作为营养强化剂的应用仍然很少。

五、安全性评价

　　荞麦质量标准中安全性指标主要是指重金属、农药残留、储存过程中产生的黄曲霉毒素、荞麦自身安全性及掺假问题。世界各国对食品中重金属、农药残留和黄曲霉毒素的含量都有严格的规定。我国是荞麦生产和出口大国，生产的荞麦销往世界 31 个国家，遍及五大洲。因此，只有严格控制荞麦中的有害残留物，才能有效提高荞麦的安全性，提升其竞争力。重金属、农药残留和黄曲霉毒素能在人体内逐渐累积，进而引发疾病，是对人体具有极大危害的外源性有害物质。世界各国对食品中重金属、农药残留和黄曲霉毒素的含量都有严格的规定。

　　由于我国工业化进程的不断加快，随之而来的环境污染问题也越来越严重，环境中的重金属污染也越来越严重，对荞麦也产生了较大影响。重金属在植物体内难以降解，被人体摄入后很容易在人体内某些器官富集，对人体造成极大的危害。目前对于这方面的研究和报道较少。周娅等（2010）采用原子吸收光谱法和原子荧光光度法，测定了四川省凉山州某几个品牌黑苦荞麦保健茶中的重金属铅、镉、铬、无机砷和汞的含量，并以《绿色食品 麦类制品》（NY/T 1510—2016）为依据，对黑苦荞麦保健茶重金属污染状况进行分析评价，结果表明黑苦荞麦保健茶受重金属元素污染的程度表现为铅>铬>镉，无机砷和汞含量均未超过国家标准规定；黑苦荞麦叶芽茶和全株茶的重金属污染较为严重，全胚茶未受重金属污染。食品安全问题目前也日益受到重视，因此加强有关研究，可为苦荞麦开发利用提供资料，并采取相应措施，防患于未然。

　　农药作为防治病虫害和杂草的重要方法，是保证农业收成的重要条件和手段，并且在今后一段时间内都无可替代。但是，有些农药不易水解和降解，性质稳定，在自然和食物中长期残留，并且不会因其储藏、加工、烹调而减少，很容易进入人体积蓄，从而引发急性或慢性中毒。测定农药残留的检测方法主要有：气相色谱法、液相色谱法、超临界流体色谱法、毛细管电泳法、免疫分析法、酶抑制法、生物传感器法、活体生物测定。目前主要采用气相色谱法定性定量分析荞麦中的残留农药，也可以采用气相色谱串联质谱的分析检测技术，它既具有气相色谱的高分离性能，又具有质谱准确鉴定化合物结构的特点，可达到同时定性定量检测的目的。陈建荣等（2010）采用气相色谱法对 10 份荞麦样品中残留的百菌清、三唑酮和拟除虫菊酯类农药残留量进行测定，结果表明 8 份样品中检出了残留农药，百菌清的含量为 0.003～0.109mg/kg，三唑酮的含量为 0.002～0.031mg/kg，甲氰菊酯的含量为 0.005～0.007mg/kg，氯氰菊酯的含量为 0.020～0.068mg/kg，氰戊菊酯的含量为 0.025～0.049mg/kg。目前，《食品安全国家标准 食品中农药最大残留限量》（GB 2763—2016），还未收录荞麦的农药最大残留限量的相关标准。

　　黄曲霉毒素是农作物或食品在储藏过程中由于受潮发生霉变产生的毒素，存在于土壤、动植物、各种坚果中，特别是容易污染花生、玉米、稻米、大豆、小麦等粮油产品，是一种毒性极大的天然致癌物质，严重威胁人类健康。《食品安全国家标准 食品中真菌毒素限量》（GB 2761—2017）规定，谷物及其制品中（包括荞麦）黄曲霉毒素 B_1 的含量不得超过 5.0μg/kg。近年来随着生物传感器技术的发展，黄曲霉毒素的检测方法和仪器倾向于一体化，检测快速，结果准确。例如，免疫吸附反应与荧光检测结合产生的定量快检卡及分子印迹技术与生物传感器结合产生的新型膜传感器等。目前主要预防黄曲霉毒素产生的方法是将收获后的荞麦尽快干燥，使其籽粒含水量降到 13%以下。此外，药物处理大多对黄曲霉的生长具有抑制作用，如生物碱类、抗生素类、酚类物质，以及一些植物精油等，但是这些药物大都是抑菌而不是杀菌，处理时间过久，药物的抑制作用可能会消失，并且部分药物在食品的应用中还有一定的局限性，可能造成二次污染等。因此，从植物源的抑菌剂层面上升至杀菌剂的层面将有效地控制黄曲霉及其毒素的污染。植物源杀菌剂应该存在以下几个优点：①高效快速杀死黄曲霉，阻止黄曲霉的继续生长繁殖，可以减轻前期粮食的污染程度；②能够杀死黄曲霉的孢子，从根本上杜绝黄曲霉的再繁殖再污染；③可有效抑制黄曲霉毒素的产生，从而降低对人畜健康的危害；④具有低毒挥发性或是无毒，不会对产品造成二次污染的特点；⑤可能含有特殊的物质，为产品增加特有的香味等。因此，植物源杀菌剂可能成为今后研究的重点，用于黄曲霉及黄曲霉毒素污染的控制。其他有效防止荞麦发霉的方法还有待进一步研究。

　　有关荞麦自身的安全性评价，目前只有一些安全性方面的报道。何学谦等（2002）报道，四川凉山德昌县某羊场饲喂的 42 只成年西农莎能奶山羊，误入正处于开花期苦荞麦地，采食了数量不等的苦荞麦，其中 27 只在采食后 1～5h 经日光照射相继中毒。经诊治后，有 26 只痊愈，1 只死亡。这是因为荞麦各部分均含有光能效应物质，在一定条件下，均能引起中毒。荞麦秸，特别是开花期间收割的或未成熟的荞麦秸，家畜采食后，容易中毒。饲喂荞麦糠皮也能中毒，仔猪吮食喂荞麦粉的母猪乳汁，都能发病。此病只是在无色素的皮肤受到日光照射时才能发生。饲养于阴暗畜舍或有色素的皮肤的家畜，即使食入同样数量的荞麦也不会发病。人食用后中毒尚未见报道。林汝法等（2000）用苦荞麦提取物对大鼠、小鼠进行急性毒性试验研究表明，其 $LD_{50}>10g/kg$，属无毒。李国华等（2004）发现，苦荞麦降糖胶囊在基因水平和细胞水平均不具有致突变性。胡一冰等（2010）对苦荞麦粉、苦荞麦芽、苦荞麦去壳种子、苦荞麦带壳种子、苦荞麦壳醇提物分别进行了急性毒性试验，结果表明苦荞麦的这几种醇提物均未致动物死亡。王岚等（2006）以我国云南的苦荞麦种子为材料，分离、纯化出纯度均一、分子质量约 24kDa 的天然蛋白质 TBa（苦荞麦过敏原），通过免疫检测证明该蛋白质为苦荞麦中的主要过敏蛋白质。荞麦食用历史悠久，作为药食同源作物，其现代药理研究及作为药品在临床广泛应用还鲜有报道。荞麦自身的安全性范围较大，研究价值高，其研究开发还有很长的路要走，与荞麦相关的药品值得更多关注和深入研究。

掺假问题主要是因为荞麦的营养价值高，其荞麦粉的价格也远远高于普通面粉的价格，所以，市场上存在一些不良商家以次充好、掺假的现象。因此，制定一套完整的掺假识别技术，也是荞麦质量标准研究中需要注意的一个重点问题。

六、荞麦营养及功能成分含量的测定

（一）常规营养成分分析

1. 水分的含量测定

采用直接干燥法，参照 GB/T 5009.3—2016。

2. 淀粉的含量测定

酶水解法、酸水解法，参照 GB 5009.9—2016。

3. 粗脂肪的含量测定

索氏抽提法、酸水解法，参照 GB 5009.6—2016。

4. 蛋白质的含量测定

凯氏定氮法、分光光度法，参照 GB 5009.5—2016。

5. 氨基酸测定

水解法，氨基酸分析仪分析 17 种氨基酸。

6. 金属离子测定

硒：氢化物原子荧光光谱法、荧光分光光度法、电感耦合等离子体质谱法；参照 GB 5009.93—2017。

砷：电感耦合等离子体质谱法、原子荧光光谱法、银盐法；参照 GB 5009.11—2014。

钾、钠：火焰原子吸收光谱法、火焰原子发射光谱法、电感耦合等离子体发射光谱法、电感耦合等离子体质谱法；参照 GB 5009.91—2017。

铅：石墨炉原子吸收光谱法、电感耦合等离子体质谱法、火焰原子吸收光谱法；参照 GB 5009.12—2017。

钙：火焰原子吸收光谱法、EDTA 滴定法、电感耦合等离子体发射光谱法、电感耦合等离子体质谱法；参照 GB 5009.92—2016。

锌：火焰原子吸收光谱法、电感耦合等离子体发射光谱法、电感耦合等离子体质谱法、二硫腙比色法；参照 GB 5009.14—2017。

铁：火焰原子吸收光谱法、电感耦合等离子体发射光谱法、电感耦合等离子体质谱法；参照 GB 5009.90—2016。

铜：石墨炉原子吸收光谱法、电感耦合等离子体发射光谱法、电感耦合等离子体质谱法；参照 GB 5009.13—2017。

（二）功能性成分含量测定

1. 黄酮的提取工艺及含量测定

荞麦黄酮的提取方法有很多，常用的主要有浸提法、超声波提取法、索氏提取法、振荡提取法、回流提取法、微波辅助提取法等，此外，还有酶辅助提取法等。张素斌等（2012）对乙醇提取法、超声波辅助法、纤维素酶辅助法、超声纤维素酶辅助法这 4 种提取方法的提取工艺进行优化与比较，结果表明超声纤维素酶辅助法对荞麦黄酮的提取率最高，其次是超声波辅助法，乙醇提取法与纤维素酶辅助法提取率相差不大。闫斐艳等（2010）分别用乙醇回流提取法、微波辅助提取法、超声波提取法、碱水浸提法及热水浸提法提取苦荞麦种子总黄酮，用高效液相色谱法测定总黄酮含量，计算提取率。结果表明，荞麦黄酮的提取率从高到低依次为：乙醇回流提取法、微波和超声波提取法、碱水和热水浸提法。王斯慧等（2012）以苦荞麦黄酮的提取率为主要评价指标，研究了苦荞麦中黄酮类物质的最佳提取工艺。结果表明，传统提取工艺的提取率较低，故选择超声辅助提取工艺进一步研究。通过研究发现，在荞麦黄酮提取和测定过程中，影响苦荞麦黄酮提取的主要因素有：苦荞麦粉碎度、乙醇浓度、提取方法等。其中，荞麦粉碎度存在较大不确定性。苦荞麦粉碎度不同，其麸皮与心粉的比例也不同，而苦荞麦麸皮中黄酮含量远高于心粉，最后导致测定结果的不确定。此外，苦荞麦中含有芦丁降解酶，低浓度乙醇无法抑制芦丁降解，导致出现提取过程中芦丁降解为槲皮素的可能，从而影响黄酮含量测定结果，所以苦荞麦茎、叶在提取黄酮前应进行脱脂操作。

　　分光光度法是测定荞麦总黄酮含量比较常用的方法，根据不同测定原理，主要分为紫外分光光度法和比色法。其中，比色法中常用的有以下 4 种：芦丁法、三氯化铝显色法、亚硝酸钠-硝酸铝显色法和硼酸-柠檬酸显色法。张英（2015）等采用紫外分光光度法对荞麦花叶发酵提取物中总黄酮含量进行测定，结果发现荞麦花叶发酵后黄酮含量下降，可能产生了新物质。李为喜（2008）等采用三氯化铝分光光度法测定荞麦中的总黄酮，结果发现三氯化铝分光光度法稳定性好，准确性和精密度高，偏差小，易于操作，适用于荞麦种质资源黄酮鉴定和评价。郭徽等（2011）等对芦丁法、三氯化铝法、硝酸铝法测得的荞麦中的总黄酮进行比较分析发现，芦丁法的测定结果较高，且该方法操作简便，干扰因素少，结果较准确、可靠。端允（2010）等用硼酸-柠檬酸法测定苦荞麦粉中黄酮类化合物的含量，结果表明该方法稳定性良好、准确度高、精密度好，利用该方法测得苦荞麦粉中黄酮类化合物的含量为 1.37%。

　　色谱法也是测定荞麦黄酮的常用方法，薄层色谱可对荞麦黄酮进行定性测定，高效液相色谱法不仅可直接测定黄酮苷的含量，而且也可测定黄酮苷元的含量，且通过转化系数，也可计算提取物中总黄酮的含量。郑庆红等（2012）用添加微乳液的展开剂展开荞麦黄酮提取物，结果表明其能使供试品中芦丁和槲皮素清楚辨认。徐宝才等（2003）采用反相液相色谱-质谱结合二极管阵列检测器（RP-HPLC-DAD/MS）对苦荞麦中的总黄酮进行分离、鉴定和定量测定。邹亮等（2006）采用反相高效液相色谱法（HPLC）测定苦荞麦叶中芦丁含量，结果表明样品中芦丁的平均回收率为 99.5%，RSD=0.72%（n=6），精密度良好，该方法可用于苦荞麦叶中芦丁的含量测定。邹勇等（2007）采用高效液相色谱法快速测定苦荞麦叶中芦丁的含量，其测定色谱条件为：色谱柱 Kromasil C_{18}，（10μm，4.6×250mm）；流动相——甲醇：水：冰乙酸（体积比为：40：60：1），流速 1.0mL/min；检测波长 330nm，柱温（室温）20℃，线性范围 50～500μg/mL，R^2=0.9999。分析结果表明，此法简单快速、高效灵敏、重现性好。郭彬等（2013）采用快速高效液相色谱法，色谱条件为：安捷伦 C_{18} 柱（150mm×4.6mm，5μm），柱温 30℃，流动相——甲醇：水（V/V）为 46：54，流速 1.0mL/min，进样量 5μL，检测波长 257nm，测定 30 个荞麦品种不同组织中的芦丁的含量，该方法灵敏、可靠、重现率好。夏清等（2014）采用 HPLC 法测定荞麦不同种不同部位槲皮素和山奈酚的含量，色谱条件为：色谱柱 DIKMA diamonsil（250mm×4.6mm，5μm）；流动相——乙腈（A）

–0.1%磷酸溶液（B），梯度洗脱；检测波长260nm；流速1.0mL/min；柱温25℃。结果表明，该方法方便快速，结果准确，可为荞麦及其产品的质量评价提供依据。由此可见，高效液相色谱法检测荞麦黄酮灵敏度高、检测方便且检测结果可靠，是分离和定量测定荞麦及其产品中总黄酮含量较为理想的方法之一。

此外，以高压电场为驱动力，以毛细管为分离通道，依据样品中各组分之间淌度和分配行为上的差异而实现分离，然后配合适当的检测器进行定量的毛细管电泳法在荞麦黄酮类化合物分析中也被广泛地采用。该方法高效、快速、进样量少、分辨率高。侯建霞等（2007）等采用自制的毛细管电泳-电化学检测系统，测定苦荞麦芽中黄酮类物质表儿茶素、芦丁、槲皮素的含量，在对分离检测条件优化后，可在12min内完全分离以上3个组分。周一鸣（2010）等电解质溶液以20mmol/L硼砂-硼酸溶液（pH=8.4）作为缓冲液，在25℃、20kV压力条件下进行电泳，在245nm波长处检测，建立了一种测定黄酮含量的高效毛细管电泳方法，用该法对荞麦芽粉中的芦丁和槲皮素进行了定量，效果良好。

黄酮作为荞麦的特征功能成分检测方法也较成熟，总黄酮含量测定多采用现行的行业标准NY/T 1295—2007荞麦及其制品中总黄酮含量的测定进行评价。关于高效液相色谱法对其黄酮具体组成测定的方法报道也较多，特别是对芦丁、槲皮素的测定，但针对单体的检测标准只有《蜂胶中12种酚类化合物含量的测定 液相色谱-串联质谱检测法和液相色谱》（GB/T 19427—2022），荞麦的黄酮组成测定暂无标准。

2. D-手性肌醇含量测定

D-手性肌醇（DCI）是苦荞麦中有效成分之一，降糖作用显著。虽然DCI也是苦荞麦中很重要的特征功能成分，但与黄酮不同，其测定方法仍然以研究居多，尚无规范的标准化方法。DCI的测定方法主要有毛细管电泳法、高效液相色谱法、气相色谱等方法。其中，HPLC-ELSD法具有快速、灵敏度高等特点，是检测DCI的有效方法。胡俊君等（2018）建立了一种柱前衍生化高效液相色谱法测定荞麦中DCI含量的方法，得到衍生化条件为：苯甲酰氯0.2mL，吡啶0.6mL，反应温度70℃，反应时间60min；色谱条件为C_{18}柱（4.6mm×250mm，5μm），以乙腈和超纯水为流动相进行梯度洗脱，流速为1.0mL/min，柱温30℃，UV检测波长230nm。彭镰心等（2009）用高效液相色谱法定量测定苦荞麦中手性肌醇，方法：NH_2柱（250mm×4.6mm，5μm），柱温30℃；流动相为70%乙腈，流速1.0mL/min。结果发现，手性肌醇在1.340～8.040μg，峰面积与进样量具有良好的线性关系，回归方程$A=65017C-6019$，$r=0.9995$（$n=6$），平均回收率为96.74%，不同品种的苦荞麦中手性肌醇量差异较大，该方法简便、准确、重现性好，可用于苦荞麦的质量控制。边俊生等（2006）采用气相色谱法进行DCI测定，该方法灵敏度高，且不需要高效液相色谱法中乙腈等有毒有害溶剂，但是分析过程中需对样品进行衍生化处理，严格控制样品的干燥程度及衍生化试剂量和衍生化过程中的密封程度等操作步骤，比较复杂。侯建霞等（2007）应用毛细管电泳/电化学检测（CE/ED），同时测定了荞麦样品中肌醇和 DCI 的含量，检出限分别为 0.53mg/L 和 0.73mg/L，该方法已成功地应用于实际样品的测定。该方法与气相色谱法相比更简单，与高效液相色谱法相比更安全，无须有毒试剂，但其准确性不及高效液相色谱法。因此，在进行 DCI 测定时，需要根据样品类型、检验要求来选择适当的方法。

3. 抗性淀粉含量测定

荞麦抗性淀粉作为其发挥控制餐后血糖的重要功能成分，在研究中有诸多报道。目前我国针对抗性淀粉的检测标准只有《稻米及制品中抗性淀粉的测定 分光光度法》（NY/T 2638—2014），此法与国际上淀粉制品及植物原料中抗性淀粉 AOAC 方法相同，均采用酶消化法进行测定。使用 α-胰淀粉酶和淀粉葡糖苷酶（AMG）先将非抗性淀粉水解成 D-葡萄糖，再用 KOH 溶解洗涤后得到的抗性淀粉并将其水解成 D-葡萄糖。最后用葡糖氧化酶/过氧化物酶试剂（GOPOD）测定抗性淀粉含量。很多研究也采用这种方法测定谷物中的抗性淀粉含量。Lu 等（2015）测得煮熟的荞麦米中抗性淀粉含量为 1.6%～3.8%；王琳等（2012）测得小麦粉中抗性淀粉含量为 1.2%～3.0%；宾石玉等（2006）测得玉米抗性淀粉含量为 3.89%、糙米为 1.52%。但多数关于杂粮的研究报道采用的是二硝基水杨酸（DNS）法，此法测定的荞麦抗性淀粉含量与上述方法的结果差异较大。荞麦原粮中抗性淀粉含量在 21%以上（周一鸣等，2017）；云南种植的不同荞麦品种抗性淀粉含量也高达 28%～42%（肖文艳，2008）。因此，针对荞麦及其制品中抗性淀粉的含量提出更科学可行的检测方法值得进一步研究。

4. γ-氨基丁酸含量测定

γ-氨基丁酸是一种天然活性成分，广泛存在于动植物体内，具有重要的生理活性，广泛应用于食品、医药和化工等领域。由于 γ-氨基丁酸的结构在紫外光区、可见光区及荧光区均没有显著吸收，直接测定的方法比较困难，只有将 γ-氨基丁酸转化为在紫外光区、可见光区及荧光区有显著吸收的物质，才能进行测定。目前关于 γ-氨基丁酸检测的方法主要有高效液相色谱法、液相色谱-质谱联用（LC/MS）、毛细管电泳-电化学法、比色法、氨基酸自动分析法（AAA）。针对不同物质的 γ-氨基丁酸的检测方法如表 8.1 所示。

目前，国内针对不同作物、产品以及行业，制定了多种关于 γ-氨基丁酸的含量测定的标准和方法，包括：①《稻米中 γ-氨基丁酸的测定高效液相色谱法》（NY/T 2890—2016）。稻米经乙醇水溶液提取后，经过 4-二甲基氨基偶氮苯-4-磺酰氯（DABS-Cl）衍生，用高效液相色谱测定稻米中γ-氨基丁酸。②《氨基酸、氨基酸盐及其类似物 第 7 部分：γ-氨基丁酸》（QB/T 5633.7—2022）。γ-氨基丁酸与邻苯二甲醛进行定量衍生反应后，使用配有紫外或蒸发光衍射器和数据处理系统的高效液相色谱进行测定。③《植物类农产品中γ-氨基丁酸的测定》（DB35/T 1326—2013）：使用氨基酸自动分析仪测定γ-氨基丁酸，适用于谷物、茶叶、水果中的γ-氨基丁酸的测定，最低检出限为 12μg/kg。④食品安全企业标准γ-氨基丁酸（Q/MYGLS 0001—2013）。γ-氨基丁酸用异硫氰酸苯酯柱前衍生，在使用配有紫外检测器的高效液相色谱仪测定。因此，主要测定方法是高效液相色谱法。

表 8.1 不同物质中γ-氨基丁酸的检测方法

检测物质	方法	参考文献
苦荞麦	超高效液相色谱-电喷雾飞行时间质谱联用	邹亮等，2012
发芽苦荞麦	高效液相法	朱云辉等，2016a，朱云辉等，2017
发芽糙米	高效液相法、液相色谱-质谱联用、纸层析法、比色法	徐瑞萍等，2012，王丽群等，2016，Chalermchaiwat et al.，2015
粳米	气相色谱-质谱联用法	Ding et al.，2016
发芽黑米胚芽	毛细管电泳-电化学法	孔令瑶 等，2008
发芽大豆	超高效液相色谱法、氨基酸自动分析法	Xu et al.，2014，Wang et al.，2015 Yang et al.，2011
蚕豆、红芸豆、咖啡豆	高效液相色谱法	Yang et al.，2011，Saraphanchotiwitthaya et al.，2018，Chen et al.，2018
小麦粉	液相色谱-质谱联用	Baranzelli et al.，2018
小麦胚芽、胚芽米、大豆、豆奶、豆瓣酱	高效液相色谱-质谱联用法	黎亮星等，2019
茶叶	高效液相色谱法、氨基酸自动分析法	吴琴燕等，2014，Zhao et al.，2011，Wu et al.，2018
桑树叶	高效液相色谱法、比色法	陈恒文 等，2012，Zhong et al.，2019
芥菜籽苗	高效液相色谱法	Li et al.，2013
蘑菇子实体和菌丝	高效液相色谱法	Chen et al.，2012
红球藻	高效液相色谱法	Ding et al.，2019

5. 其他方法

指纹图谱在国内最早应用于中草药的质量标准研究。中药指纹图谱是指某些中药材、提取物或中药制剂经适当处理后，采用一定的分析手段，得到的能够标示其化学特征的色谱图或光谱图，即运用现代分析技术对中药化学信息以图形（图像）的方式进行表征并加以描述。现代分析技术包括光谱、色谱、核磁共振波谱、X 射线衍生等和各联用技术。

中药指纹图谱有两个特点：一是通过指纹图谱的特征性，能有效鉴别样品的真伪和产地；二是通过指纹图谱主要特征峰的面积或比例的制定，能有效控制产品的质量，确保产品质量的相对一致和稳定。荞麦品种繁多，应用指纹图谱技术，可对荞麦进行有效鉴别，确保荞麦品质的一致性。中药指纹图谱的制定方法主要包括薄层色谱法、高效液相色谱法、紫外分光光度法、红外光谱法等。由于高效液相色谱法具有快速、准确、分辨率高的特性，目前在指纹图谱的制定中应用最广泛。高效液相色谱与不同检测器进行联用，可制定中药不同部位的指纹图谱，常见的有 HPLC-DAD、HPLC-ELSD、HPLC-MS。随着分析仪器的进一步发展，超高效液相色谱指纹图谱具有更高分辨率及检测速度，以后将会有更广泛的应用。

通过仪器分析方法制定的指纹图谱，将会获得海量、多维的原始数据，要想通过直观分析得到理想的结论将会十分困难。目前，指纹图谱常与化学计量学中的主成分分析、聚类分析、相似度分析等方法结合使用，从而获得更为丰富、最终可理解的数学模式。主成分分析是一种降维方法，可将指纹图谱中大量信息进行组合，降低分析难度；聚类分析可与指纹图谱结合，用于中药产地、采收期、品种等的分类；相似度分析可比较不同来源样品的相似度，成为中药稳定性控制的指标之一。

荞麦含有黄酮、DCI、蛋白质等多种活性成分，其药效作用是多种活性成分协同作用的结果。因此，将中药指纹图谱技术应用于荞麦质量控制、真伪鉴别是可行的。彭镰心等（2009）采用高效液相色谱建立了不同品种、不同产地荞麦的指纹图谱，通过指纹图谱可以发现，甜荞麦的色谱特征峰与苦荞麦的色谱特征峰有较大差异，甜荞麦中芦丁、槲皮素显著低于苦荞麦，且未能检测出山奈酚。甜荞麦也含有苦荞麦所没有的化学成分，可用于苦荞麦粉与甜荞麦粉的鉴别。在不同来源苦荞麦的指纹图谱中，通过聚类分析可将南方苦荞麦及北方苦荞麦进行区分，总体上南方苦荞麦的黄酮含量略高于北方苦荞。彭镰心等（2010）对不同品种苦荞麦提取液分别测定其抗氧化作用及指纹图谱，采用逐步回归方法，以抗氧化作用为因变量，提取液的 8 个共有峰为自变量，分析得到苦荞麦的抗氧化作用显著高于甜荞麦，其主要活性成分为黄酮类成分包括芦丁、山奈酚等。同时，对不同产地的苦荞麦、甜荞麦进行指纹图谱研究，结果表明苦荞麦与甜荞麦成分差异较大，容易区分，不同产地苦荞麦中特征成分含量有一定差异。

综上所述，近年来，荞麦的评价指标从形态到化学品质，以及安全性不断完善。目前，荞麦功能性成分测定中，多以苦荞麦中多糖、黄酮等成分为研究对象，除这些常规指标，也逐步地加入了芦丁、微量元素等指标的测定方法，有关其功能性成分测定方法的完善及现行方法的优化还任重道远。荞麦是一种未被充分利用的农作物，且种类繁多，不同品种间存在差异。因此，有关荞麦的评价指标还需要不断地完善和补充。有关荞麦功能性成分的测定方法，也需要结合其生产工艺，不断完善。此外，有关重金属、农药残留、储存过程中产生的毒素以及荞麦粉的掺假问题，给消费者带来了损失。制定一套有关荞麦原料的重金属、农药残留标准及荞麦粉掺假识别技术，也是荞麦产品研究中需要攻关的重点之一。荞麦综合评价和功能性指标测定方法的完善是一项复杂而困难的工作，采用单项指标，如单以蛋白质、脂肪、纤维素、黄酮、DCI 为标准，难以全面地反映荞麦质量的可控性，将形态学、化学品质、安全性等指标综合起来，多项指标总体考虑、全面衡量将有助于更加客观实际地评价荞麦品质质量。

第三节 荞麦产品质量标准及质量控制

近几年荞麦及其产品在国际、国内市场的需求很高，在国内市场售价甚至是同类普通食品的几倍。目前，荞麦加工制品大多以苦荞麦为原料，荞麦经过清理、筛选、去壳、碾磨后就可以得到粗加工产品，如荞麦米、荞麦糁、荞麦粉、荞麦壳。此外，荞麦还可以进一步加工成其他多种产品，如荞麦茶、荞麦面条、荞麦饼干、荞麦蛋糕、荞麦粉、荞麦米线、荞麦醋、荞麦酸奶、荞麦酱油等。其中，有部分产品现在已经开始出口，而且随着科技的进步，很多荞麦加工制品已经有了新的加工工艺，不仅充分提升了荞麦食品的口感，而且尽量保留了其营养成分，以充分发挥其营养保健功能。在东亚、东南亚及欧美发达国家，荞麦及其加工产品通常被作为一种高档食品。

对于荞麦产品的质量评价，一般采用的是原辅料、感官、理化、污染物、农药残留，以及对包装、运输、储存等的要求等常规指标。

原辅料是生产过程中所需要的原料和辅助用料的总称，原辅料的好坏对荞麦产品的质量至关重要。荞麦产品主要的原料便是荞麦，荞麦的好坏直接决定生产的荞麦产品的质量。例如，苦荞麦中的黄酮含量明显高于甜荞麦，因此以苦荞麦作为原料生产的产品比用甜荞麦作为原料生产的产品其抗氧化的功能更好。感官指标是描述和判断食品质量最直观的指标，科学合理的感官指标能反映该食品的特征品质和质量要求。感官指标主要从产品的外形、色泽、滋味、气味、均匀性等直观描述和判断产品质量。一般要求其产品应具有该产品固有的形态，且要求其气味、色泽正常、无异味。理化指标，简单说就是食品的物理和化学指标，包括水分、脂肪、蛋白质、纤维、固形物等，以及微生物和细菌含量是否在合理范围之内。不同产品的理化指标基本一致，也有少数不同，但都是反映产品质量的指标。还有一些产品会要求污染物和农药残留等的检验，若检验不合格，则生产的产品质量是不合格的。

其次，荞麦在加工过程中，其品质、功能性成分会随之发生改变，其加工工艺或多或少也会改变荞麦本身的营养价值和保健功能。苦荞麦蛋糕的制作过程中，加热处理 5～7s 可使蛋糕疏松，延长加热时间并提高温度能改善蛋糕风味，但会使蛋糕颜色变深，同时导致芦丁含量降低。热处理苦荞麦粉能降低芦丁降解酶的活性，蒸煮 1min 能使其活性被完全抑制。200℃下处理荞麦麦粉 10min 并未影响荞麦总多酚含量，但非极性和极性多酚化合物含量增加，导致其抗氧化能力降低。170℃条件下对黑荞麦粉进行双螺旋挤压，导致其中总多酚含量发生显著变化，但抗氧化能力的变化并不显著。可见，加工工艺对荞麦加工制品的质量有着重要影响。因此，在制定荞麦相关产品的质量标准时，应紧密结合其加工工艺，而不能仅以某一种成分含量多少进行控制。

此外，荞麦富含芦丁、槲皮素等活性成分，对人体健康有很好的促进作用。因此，在加工荞麦产品时，根据不同的加工目的，如荞麦黄酮类物质具有很好的抗氧化作用，为了生产出具有抗氧化功能的荞麦产品，在其生产时便会侧重保留的荞麦中的黄酮类活性成分，因此，加工目的对于荞麦产品的质量也有着很大影响。

一、加工方式及加工目的对荞麦产品质量的影响

（一）苦荞米与荞麦粉

苦荞米分为一般苦荞米和全营养苦荞米。一般苦荞米是通过清理、去壳、碾磨后得到的产品，全营养苦荞米在香米加工工艺基础上增加了汽蒸工艺，并通过汽蒸、干燥等工艺参数优化，富集有效成分的效果优于香米，抗性淀粉的生成量也高于香米。左光明等（2008）以苦荞麦为原料，按蒸谷米工艺生产全营养苦荞米，以高抗性淀粉含量为指标，结果得出全营养苦荞米抗性淀粉形成的最佳工艺参数为：浸渍籽粒含水量 50%、汽蒸压热温度 130℃、时间 60min、干燥温度 60℃。由于苦荞麦的营养功能性成分主要富集于麸皮，传统制米工艺对其利用率并不高，通过汽蒸、干燥等工艺参数优化，富集苦荞麦有效成分，且抗性淀粉的生成量也高。因此，使用汽蒸工艺后，荞麦米的营养更佳。

荞麦粉是荞麦加工的主要产品，是制作其他荞麦食品的主要原料。通常所说的荞麦粉包括两种：①是去壳后的荞麦种子直接制成的粗粉，也叫荞麦糁；②去壳后，用去掉种皮的荞麦米磨成的精粉。目前，荞麦制粉常见方法有冷碾磨和钢辊磨制粉两种。荞麦脱壳，整理筛分后，用砂盘磨磨成荞麦粗粉（荞麦糁）称为冷碾磨粉，这种粉比用钢辊碾磨所制备的荞麦粉含有更多的有益于健康的活性营养成分。钢辊磨制粉是苦荞麦的制粉新工艺，新制粉工艺的原理与小麦制粉基本相同，但制粉步骤更为简化，新工艺生产的产品种类多，有全荞麦粉、荞麦颗粒全粉、荞麦外层粉和荞麦精粉。目前，这种新的制粉工艺在我国还有待大范围推广。

因苦荞麦主要营养功能成分主要集中在籽粒外皮层，经传统制粉加工后，蛋白质、矿物质、黄酮等营养及功能性成分大量集中于荞麸，利用率较低。荞麦粉除了碳水化合物含量较高（70.07%）外，其他营养及功能性成分含量显著（$P<0.01$）低于荞麸。按蒸谷米工艺加工的全营养苦荞米，有效达到富集营养功能成分的目的，全营养苦荞米在香米加工工艺基础上增加了汽蒸工艺，并通过汽蒸、干燥等工艺参数优化，富集苦荞有效成分的效果优于荞麦粉，抗性淀粉的生成量也高。左光明等（2009）对苦荞米与苦荞粉加工中各组分主要营养功能性成分进行对比分析，结果表明在传统制粉工艺中，营养功能性成分主要富集于麸皮，蛋白质和黄酮含量分别高达 23.88% 和 6.58%，但利用率仅为 34.57% 和 13.65%，而按蒸谷米工艺加工的苦荞香米和全营养苦荞米，其营养功能成分含量显著（$P<0.01$）高于苦荞粉，蛋白质和黄酮的利用率可达 78.95%～89.58% 和 66.44%～77.78%，同时还形成了较多的抗性淀粉，含量分别为 4.68% 和 6.84%。因此，苦荞米比苦荞粉具有更佳的营养价值和保健功能。

（二）苦荞茶

荞麦茶目前商业化制品中最常见的就是苦荞茶。苦荞茶是一种以饮用为主的保健品，主要含有荞麦籽粒的可溶性营养物质、有机酸类、微量元素和各种维生素，如柠檬酸、草酸、苹果酸、钙、磷、铁、铜、硒、硼等元素和维生素 B_1、维生素 B_2、维生素 C、维生素 E、芦丁和烟酸等。

苦荞茶的生产厂家多，所用原料的来源也参差不齐，制成的产品形式多样，因此苦荞茶的质量各不相同。苦荞麦的根、茎、叶、花、籽粒和壳中都有不同含量的黄酮类化合物，其中苦荞麦的花和叶中的黄酮含量最高，所以荞麦全株茶中黄酮含量明显高于荞麦籽粒。荞麦萌动或者发芽后黄酮含量也将有所提高，所以荞麦全株茶、胚芽茶和麸皮超微粉碎茶中的黄酮含量远远超过荞麦籽粒茶。目前荞麦茶在市场上以外形来分主要分为籽粒茶和节节茶。籽粒茶加工工艺为：蒸煮、烘干、脱壳、翻炒、色选、包装。节节茶加工时需要先将荞麦打粉，然后再与其他原料混合，加入一定比例的黏合剂，通过挤压成型后进行烘焙、包装。两者的黄酮含量差异较大，籽粒茶中的黄酮主要以芦丁的形式存在，槲皮素含量极低。通过蒸煮后，苦荞麦中芦丁降解酶被钝化，在后续加工过程中芦丁将不再因为降解酶的存在而降解。在节节茶的加工过程中，由于先接触水，芦丁在原料混合挤压的过程中大多已经发生降解，因此最后得到的产品中芦丁含量比较低，槲皮素含量却很高。两种形式苦荞茶不应以统一标准去衡量，应制定其相应质量标准，并通过功能性评价，明确其最适合使用人群。

（三）苦荞醋

苦荞醋采用液态回流发酵法制作，在制作过程的每一步中，芦丁和槲皮素均有损失，特别是糖化初始阶段（液化）中芦丁损失量较大，同时也有少部分转化成槲皮素。在同一条件下采用麸皮和糖化酶分别对苦荞碎米及皮粉进行糖化，麸皮糖化法比酶糖化法黄酮保留率高 0.5%，还原糖利用率分别为 76.8% 和 83.1%，糖醇转化率分别为 45.6% 和 33.8%，从经济方便性考虑，一般选择麸皮糖化法。在液化阶段，原料经 α-淀粉酶液化处理后，黄酮类化合物的含量有明显的减少，液化时间是影响黄酮类化合物含量的主要因素，液化时间越长，原料中黄酮类化合物的含量越低，液化时间以 10～15min 为宜。在乙醇发酵阶段，随着发酵的进行，发酵液中芦丁含量呈上升趋势，发酵残渣中芦丁含量呈下降趋势。在乙酸发酵阶段，发酵液中芦丁含量呈下降趋势，发酵残渣中芦丁含量呈上升趋势。在乙醇发酵阶段，发酵液中黄酮类化合物含量逐渐增加，发酵残渣中黄酮类化合物含量逐渐减少。相反，在乙酸发酵阶段，发酵液中黄酮类化合物含量呈现逐渐下降的趋势，发酵残渣中黄酮类化合物含量逐渐上升。苦荞醋的制备过程中，各阶段产物对 DPPH· 的清除作用依次为：苦荞醋>苦荞糖化液>苦荞液化液>苦荞酒醪，总抗氧化能力依次为：苦荞糖化液＞苦荞醋＞苦荞酒醪＞苦荞液化液。与苦荞麦粉相比，苦荞麦渣（苦荞醋发酵前期醪液酒化后分离的固体残渣）的水分、粗蛋白、氨基酸和矿物质含量均明显高于苦荞麦粉。苦荞麦粉和苦荞麦渣中含量最高的是谷氨酸，含量最低的是胱氨酸和蛋氨酸。研究发现，苦荞麦渣中的氨基酸含量虽高于苦荞麦粉，但其氨基酸组成并没有发生明显变化，苦荞麦粉和苦荞麦渣所含的矿物质中，常量元素以钾的含量为最高，微量元素以镁的含量为最高，如能对荞麦渣加以综合再利用，将产生巨大的经济效益。

苦荞醋风味独特，醋液呈棕红色，具有苦荞麦特有的香气，酸味柔和，余味略带涩味，醋液澄清无沉淀。此外，荞麦醋对金黄色葡萄球菌、大肠埃希菌有较强的抑制作用，荞麦醋提取物对 DPPH 自由基、羟自由基（·OH）和超氧阴离子自由基（·O^{2-}）均有较好的清除作用。但是在苦荞醋的酿造过程中，由于各种因素的综合作用，其中发酵对荞麦中芦丁、槲皮素的影响很大，苦荞面粉中的芦丁含量为 6869.1mg/kg，槲皮素未检出，经发酵后苦荞醋中的芦丁含量为 19.8mg/kg，槲皮素含量为 29.2mg/kg，致使其成品中芦丁大量损失，槲皮素保留量也大大减少，因而采取相应措施，如可以在苦荞醋中添加其他的原料（复合果汁），可开发出独特风味的苦荞香醋。如何减少苦荞醋酿造过程中的芦丁和槲皮素损失，将是苦荞醋酿造领域今后应该重点研究的问题。

（四）荞麦蒸烙品

通过传统加工方式包括蒸、煮、烙和油炸等得到的荞麦制品中的芦丁、槲皮素也有所差别。荞麦面粉加水调制成面团时，因为芦丁降解酶的存在，在有水的条件下芦丁中的糖苷键断裂，使芦丁转化为槲皮素，从而导致芦丁含量下降，槲皮素含量升高。在苦荞麦和甜荞麦中，通过蒸、煮、烙和油炸加工所得的馒头、饸饹、烙饼和锅巴中的芦丁和槲皮素含量均较面团减少，说明蒸、煮、烙和油炸等加工过程均对芦丁、槲皮素含量有一定影响。在这 4 种荞麦制品中，饸饹的芦丁含量最高，说明煮制加工方式对芦丁的影响最小，烙饼和锅巴中槲皮素含量降低最多，说明烙制和油炸加工对槲皮素的影响较大，可能是由于油炸时加热熟化的时间长或加热温度过高，使制品中的芦丁、槲皮素发生了降解，煮制熟化饸饹时的加热时间短，且温度相对较低，对芦丁的影响较小。此外，4 种荞麦制品中的槲皮素含量均远高于芦丁含量，说明荞麦制品中的黄酮类物质主要以槲皮素形式存在。

　　不同加工方式（蒸、煮、烙和油炸）所得荞麦制品（馒头、饸饹、烙饼和锅巴）对 DPPH·的清除作用和总抗氧化能力不同，顺序依次为：苦荞饸饹>苦荞馒头>苦荞烙饼>苦荞锅巴，这一结果表明煮制方式对抗氧化性影响最小，所得的苦荞制品对 DPPH·的清除作用和总抗氧化能力最高。荞麦面、馒头等传统食品加工中的主要原料是荞麦心粉，因苦荞麦的主要营养及功能成分主要集中在籽粒外皮层，经传统制粉加工后，蛋白质、矿物质、黄酮等营养及功能性成分大量集中于荞麸，利用率较低；荞麦粉除了碳水化合物含量较高（70.07%）外，其他营养及功能性成分含量显著（$P<0.01$）低于荞麸。因此，应加强荞麦麸皮粉制粉技术研究及对应的质量标准研究。荞麦粉中的黄酮类物质主要以芦丁形式存在，荞麦面团和制品中的黄酮类物质主要以槲皮素形式存在，说明在制作面团过程中有大量的芦丁转化为槲皮素。传统加工的熟制工艺对芦丁、槲皮素含量均有不同程度的影响，煮制加工方式对芦丁和槲皮素的影响最小，烙制和油炸加工方式对芦丁和槲皮素的影响较大。此结果提示在加工荞麦制品时，应尽量避免采用加热温度较高的烙制和油炸，可多采用煮制加工，以减少对荞麦制品品质的影响。

　　以上研究表明，荞麦产品质量与其加工工艺有着很大联系，荞麦产品的加工处理方式不同会导致其营养成分的变化。为了充分保留荞麦的营养价值和荞麦食品的口感和风味，应进一步研发新产品的加工工艺，并确定其相关参数和产品质量标准。同时，在制定荞麦的质量标准时，要紧密结合各种荞麦产品的加工工艺和加工目的，同时，还应该采用一些辅助工具对荞麦产品的质量进行控制。

二、HACCP 体系在荞麦加工制品中的应用

　　HACCP（hazard analysis critical control point，危害分析的临界控制点）体系是国际上共同认可和接受的食品安全保证体系，主要是对食品中微生物、化学和物理危害进行安全控制。《食品工业基本术语》（GB/T 15091—1994）对 HACCP

的定义为：生产（加工）安全食品的一种控制手段，对原料、关键生产工序及影响产品安全的人为因素进行分析，确定加工过程中的关键环节，建立、完善监控程序和监控标准，采取规范的纠正措施。国际标准 CAC/RCP-1《食品卫生通则》1997 年修订版对 HACCP 的定义为：鉴别、评价和控制对食品安全至关重要的危害的一种体系。目前，在 HACCP 体系推广应用较好的国家，大部分是强制性推行采用 HACCP 体系。

HACCP 体系是保证食品安全生产的预防管理系统，主要内容包括：①构建工艺流程图，并对每个生产程序进行危害分析和评价。食品中的危害是指从原辅材料到成品的每个生产环节所发生的物理、化学和生物作用，产生对消费者身体健康有危害的物质，如天然毒素、农药残留、微生物污染等。因此，首先构建生产过程的工艺流程图，列出工艺过程所有可能产生危害的步骤及危害物，并描述控制这些危害的预防措施。②关键控制点的确定。关键控制点（critical control point，CCP）是指一个环节或步骤，当控制措施在此环节或步骤应用，食品安全危害能被防止、消除，将危害降低到可以接受的水平，可以理解为有可能发生危害的位置及解决办法。CCP 分为两级：即可以消除或预防的 CCP1 和将危害降低或推迟的 CCP2。CCP 的确定要结合危害分析放在重要之处，以体现关键的含义，并由此确定控制操作的使用强度和频率。③建立关键控制点的临界范围。临界范围（critical limits）是指一个与关键控制点相匹配的预防措施所必须遵循的尺度和标准，如温度、湿度、pH 值等。工艺过程不仅要有明确的工艺参数，同时还应注明操作环境的有关参数。④建立关键控制点的监测体系。监测是利用一系统有计划的观察和测定来评价一个关键控制点是否在可控的范围内，同时得到精确的记录，建立程序用监测的结果来调节整个过程和维持有效的控制，并用于以后的核实和鉴定中。⑤建立校正措施。当监测系统指示某一关键控制点偏离临界范围，校正系统采取相应的纠正措施。HACCP 是一种程序设计上，识别潜在的食品危害物质并建立战略性的方法来防止它们的发生。⑥建立有效记录 HACCP 的档案系统。对 CCP 的操作和实施结果应及时建立档案保存，旨在建立一个科学合理的数据管理系统，以证明 HACCP 系统是在控制条件下的动作，保证产品质量的稳定性。⑦建立验证程序。建立验证程序目的在于经常性核查 HACCP 系统的有效性和可靠性，包括通过监控证明 CCP 的合理与正确、是否有效实施 HACCP。

（一）HACCP 体系在苦荞麦叶片茶生产中的应用

苦荞麦叶片茶的生产中涉及的各个工序都可能存在生物性、化学性和物理性原因导致产品品质下降的因素，利用 HACCP 系统的内容和方法对生产过程和产品质量进行控制，将会取得良好的效果。

1. 苦荞麦叶片茶的生产工艺流程

原料接收→分选→漂洗→晒青→杀青→揉捻→干燥→包装→成品。

2. 生产危害分析

危害分析又称过程危险分析，即将事故过程模拟分析，也就是在一个系列的假设前提下按理想的情况建立模型，对事故的危险类别、出现条件、后果等进行概略地分析，尽可能评价出潜在的危险性。可以分为以下两个步骤：危害识别和危害评估。危害识别就是确定与产品有关的潜在危害，危害评估分为三个方面：①如果潜在危害不能得到正确的控制，评估其给健康造成的严重性。②如果潜在危害不能得到正确的控制，那么评估其发生的可能性。③通过上述研究，确定这些潜在危害是否表述在 HACCP 计划中。

关键点的危害分析如下：

① 原料接收：所用原料是新鲜的苦荞麦叶片，影响产品质量，以后步骤难以除去农药残留及重金属。造成危害的主要因素：新鲜度低、农药残留、重金属含量超标、植株发生病虫害等。

② 漂洗：微生物病原菌大量繁殖，引起腐败变质，无后续工序解决。造成危害的因素：水的温度、微生物含量、重金属、洗涤剂等。

③ 晒青：病原菌大量繁殖，引起腐败变质，无后续工序解决。造成危害的因素有：环境温度、湿度、晒青时间、微生物污染等。

④ 杀青：杀青是苦荞麦叶片茶生产过程中的风味形成的关键步骤，杀青控制程度直接影响产品的品质，生化反应产生的有害物、金属异物在后续工序不能除去。造成危害的因素有：温度、时间等。

⑤ 揉捻：揉捻是苦荞麦叶片茶生产过程中的干茶形状形成的关键步骤，病原菌大量繁殖，金属异物在后续工序不能除去。造成危害的因素有：温度、湿度、设备磨损物等。

⑥ 干燥：揉捻后，应及时解块、干燥，干燥是整形，发展茶香，固定茶叶品质的重要工序。造成危害的因素有：温度、湿度、时间。

⑦ 包装：包装材料含有害成分，密封性差，病原菌繁殖，对消费者造成直接伤害。造成危害的因素有：包装材料、病原菌。

3. 关键点的设立、控制与校正措施

在确定各生产工序的危害因素后，应该有针对性地确定关键控制点、关键控制点的临界范围、监测体系及校正措施。苦荞麦叶片茶生产工艺中具体临界范围、监测方法和校正措施等见表 8.2。

表 8.2 苦荞麦叶片茶生产工艺的关键控制措施

加工工序	是否 CCP	临界范围	监测方法	控制手段	校正措施
原料接收	是	生产厂家自定	感官检验、理化指标、微生物检测等	杜绝腐烂、劣质原料	供应商提供原料控制书面证明,选择多家原料供应商
漂洗	是	水温:(25±2℃),符合饮用水标准	测定漂洗温度、水的相关指标	控制水温、安装水处理设备	降低水温,改用其他洗涤剂
晒青	是	减重率(8±1)%	测定失水量	控制晒青的温度、湿度及时间	改变晒青温度、湿度、时间参数
杀青	是	杀青温度280℃,杀青时间为20s	品评、测定有关指标	控制杀青时间、温度	定期清洗设备,严格规定操作条件
干燥	是	温度110~120℃,时间10~12min	温度计、计时器	控制干燥温、湿度	改变干燥温度、湿度、时间参数或选用真空干燥
包装	是	符合食品包装材料要求、密封性好	按有关标准检测	包装材料的选择、消毒及提高密封技术	重新选择包装材料,加强封口管理,选用适当包装容器

4. 建立有效记录 HACCP 体系的档案系统

苦荞麦叶片茶生产中 HACCP 体系的档案记录包括:①原材料检验验收记录;②员工手检及工器具、环境细菌、大肠埃希菌检验记录;③生产车间及环境清洁、消毒和环境卫生质量检查监测记录;④现场品控日报表;⑤产品检验记录;⑥纠偏记录;⑦监测设备的校准、维修、检定记录;⑧审核记录。

5. 建立 HACCP 体系的核实程序

制定相应的 HACCP 计划验证程序,以验证体系及有关结果是否符合 HACCP 计划的安排,以及这些安排是否有效实施并能达到预期的目标。验证程序必须形成文件,以保证当生产出现变化时,即可引起注意,对 HACCP 计划的有效性和正确性进行复审验证。

HACCP 计划验证行动分为以下方面:①根据 HACCP 计划决定,由 HACCP 协调者负责核实活动的时间与进度,并由 HACCP 经理检查。②在计划执行之初,由相对独立的专家做 HACCP 计划最初的确认,并由 HACCP 小组负责检查。③由相对独立的专家对临界范围的改变,加工过程显著变化及设备调整等做 HACCP 计划进一步的确认,并由 HACCP 小组检查。④由 HACCP 小组负责核实由 HACCP 计划确定的关键点监控机制。⑤由质量保证人员监控和校正措施记录,每月一次,HACCP 小组负责检查。⑥由相对独立的专家对 HACCP 体系进行全面的核实,每年一次,并由工厂厂长负责检查。

6. 健全文件管理体系

企业在实施 HACCP 体系的过程中需要大量的技术文件和工作监测记录。记录内容应该是全面而翔实的。在任何一份记录中都应填写"5W"内容，即 when（何时）、where（何地）、what（何事）、why（为何发生）、who（由谁负责）。

苦荞麦叶片茶是一种具营养功能和保健功能的饮料。通过对苦荞叶片茶生产工艺过程进行了分析研究，共确定了 7 个关键控制点，分别是原料接收、漂洗、晒青、杀青、干燥、包装，通过对生产过程中关键控制点的控制，能有效地控制苦荞麦叶片茶的品质，避免不合格产品的产生，提高产品的安全性。

（二）HACCP 体系在荞麦膨化食品生产中的应用

HACCP 体系在苦荞麦膨化食品生产中的应用，旨在提高苦荞麦膨化食品的质量和生产管理水平，增加产品的安全性。对荞麦膨化方便食品生产而言，主要存在的危害包括：生物性危害，如黄曲霉毒素、细菌、大肠菌群、致病菌等；化学性危害，如食品添加剂、有毒金属等；物理性危害，如金属、石块等杂质；品质危害，如含水量、灰分含量、油脂含量等指标超标。

1. 荞麦膨化食品的生产工艺流程

原料的接收→配料→搅拌→挤压膨化→切断→冷却→配制→粉碎→搅拌→包装→成品。

2. 生产危害分析

危害分析的识别和评估步骤同苦荞麦叶片茶。
生产过程关键控制点的危害分析如下：
① 原料接收：荞麦粉的品质直接影响产品的质量，造成危害的主要因素有：荞麦粉的新鲜度、含水量、农药残留、含砂量及粗细度等。
② 配料、搅拌：为获得品质优良的荞麦膨化食品，配料和搅拌的均匀程度直接影响挤压膨化的效果。造成危害的因素有：加水量、搅拌的时间等。
③ 挤压膨化：挤压膨化是苦荞麦膨化食品生产过程中的关键步骤，造成危害的因素有：挤压温度、螺杆转速、进料速度等。
④ 冷却：出挤压膨化机的制品温度和含水量较高，经冷却可使温度和含水量降低，制品获得理想的质构。造成危害的因素有：冷却方法和冷却时间等。
⑤ 配制：是决定荞麦膨化食品营养品质的最后工序，造成危害的因素：各种辅料的比例、微生物等。
⑥ 粉碎：粉碎程度对粥糊类的荞麦膨化食品的冲调性等感官质量有一定影响，造成危害的因素有：粉碎机的类型、筛网的型号等。

⑦ 包装：包装过程的危害因素有：包装环境、包装用品、包装人员、包装材料的卫生、包装材料包装后的密封性能。

3. 关键点的设立、控制与校正措施

荞麦膨化食品生产工艺的关键控制点、关键点的临界范围、监测方法及校正措施等见表 8.3。

表 8.3　苦荞麦膨化食品生产工艺的关键点及控制措施

加工工序	CCP 级别	临界范围	监测方法	控制手段	校正措施
原料接收	CCP2	含水量≤14%，无霉变	自检有关指标，如感官、微生物等	杜绝低质、劣质原辅料	供应商提供原料控制书面证明，选择多家原料供应商
配料、搅拌	CCP1	13%～18%的物料含水量；搅拌时间5～10min	感官检验	严格计量加水、控制搅拌时间	加入新原料重新配料、增加搅拌时间
挤压膨化	CCP2	温度 130～170℃，转速 400r/min，进料速度 550g/min	温控计、转速表测量	控制加热温度、转速和进料量	增加温度、调整转速和进料速度
冷却	CCP2	降至室温	感官检验	控制冷却时间	适当延长冷却时间
配制	CCP1	按配方计量添加	感官检验	严格计量	培训操作人员
粉碎	CCP1	粉碎细度70～90目	检测粒度	控制进料速度	调整粉碎机筛网型号
包装	CCP2	符合食品包装材料要求、密封性好	按有关标准检测	包装材料的选择、消毒及提高封口质量	重新选择包装材料，加强消毒与封口管理

4. 建立有效记录 HACCP 体系的档案系统方法

同苦荞麦叶片茶建立有效记录 HACCP 体系的档案系统。

5. 建立 HACCP 体系的核实程序方法

同苦荞麦叶片茶建立 HACCP 体系的核实系统。

6. 健全文件管理体系

同苦荞麦叶片茶的文件管理体系。

（三）HACCP 体系在苦荞麦酸奶生产中的应用

以牛奶和苦荞麦粉作为主要原料，经过发酵而制成的苦荞麦酸奶，改善和协调了苦荞麦特殊的香味，且保健成分也得到了充分利用，是一种营养丰富、风味独特、口感细腻的新型营养保健发酵乳制品，更容易被消费者接受，在生产过程中利用 HACCP 体系的内容和方法对生产过程进行控制，将会取得良好的效果。

1. 苦荞麦酸奶的生产工艺流程

苦荞粉→烘焙→荞麦浆制备→加入生乳、蔗糖等辅料→调配→过滤→预热→均质→杀菌→冷却接种→无菌罐装→保温发酵→冷藏后熟→成品→菌种→扩大培养。

2. 危害分析

危害分析的识别和评估步骤同苦荞麦叶片茶。

生产过程关键控制点的危害分析如下：

① 原料验收：造成危害的因素有有害菌污染原料、病奶牛、农药、重金属、兽药、激素残留等。原料中物理性危害在过滤等操作中可以消除，但腐败变质生成有害物质及化学性危害在后续工序中难以或不能排除。

② 调配：造成危害的因素有有害菌污染、饲料、昆虫、灰尘等杂质的污染。产生的物理性危害在过滤等操作中可以消除，但腐败变质生成有害物质的危害在后续工序中难以或不能排除。

③ 过滤：造成危害的因素有有害菌污染、过滤介质及管道污染、操作不当、机械磨损物混入。产生的物理性危害可以消除，腐败变质生成有害物质的危害在后续工序中难以或不能排除。

④ 杀菌：造成危害的因素有杀菌不符合要求、耐高温菌残存等。后续工序不能使有害菌致死，不能消除此危害。

⑤ 冷却接种：造成危害的因素为有害菌污染，且无控制此危害的后续工序。

⑥ 灌装发酵：造成危害的因素有无菌灌装操作不当、密封性差、包装材料含有害成分、发酵条件控制不严等。后续工序无法消除有害菌的污染及包装材料中有害成分迁移进入制品。

⑦ 冷藏后熟：造成危害的因素有温度高引起二次发酵等。随后无控制此危害的步骤，对消费者造成直接伤害。

3. 关键点的设立、控制与校正措施

苦荞麦酸奶生产工艺的关键控制点、关键点的临界范围、监测方法及校正措施见表 8.4。

表 8.4   苦荞麦酸奶生产工艺的关键控制措施

加工工序	是否 CCP	临界范围	监测方法/频率	控制手段	校正措施
原料接收	是	按照国家标准和企业自定标准	按批次监测感官、微生物、理化等相关指标	供应商提供产品控制书面证明，由专职检验员检测	建立供应商评价体系；无合格证补检，不合格拒收；误用不合格原料，半成品、成品封存待处理
调配	是	企业自定标准	每次投料时监测卫生指标，料温、停滞时间	生产器具定期清洗消毒，禁止物料低温长时停滞等待	生产器具定期清洗消毒，控制温度与时间，建立流水线生产
过滤	是	企业自定标准	随机监测卫生指标，过滤效果	正确操作，定期清洗消毒，检修过滤设备	重新过滤
杀菌	是	达到巴氏杀菌要求	定时监测杀菌湿度，时间	控制杀菌条件、重新杀菌	修正杀菌温度、时间参数或重新杀菌
冷却接种	是	接种温度 40℃，发酵剂活力≥0.80，比例 3%	每次接种时监测温度，菌种活力	控制接种温度，测定菌种各项指标	选择培育优良菌种
灌装发酵	是	无菌灌装；发酵温度 38～40℃，时间 4 h 左右；终点酸度 75～80 °T	随机监测密封性，发酵温度、时间	无菌灌装或重新杀菌，正确选择包装料，准确控制发酵条件	定期清洗设备，严守操作条件，选用适当包装容器
冷藏后熟	是	操作条件 2～5℃	定时监测温度/定时	低温冷藏	改变库温

4. 建立有效记录 HACCP 体系的档案系统

方法同苦荞麦叶片茶 HACCP 体系档案系统。

5. 建立 HACCP 体系的核实程序

此程序的建立目的在于经常性核查 HACCP 体系是否正常运行，包括通过监控证明 CCP 的合理与正确、是否有效实施 HACCP。方法同苦荞麦叶片茶建立 HACCP 体系的核实程序。

6. 健全文件管理体系

方法同苦荞麦叶片茶的文件管理体系。

参 考 文 献

边俊生，李红梅，陕方，等，2006. 荞麦提取物中 *D*-手性肌醇测定的方法研究[C]. 山西：苦荞产业经济国际论坛.

宾石玉，印遇龙，李铁军，等，2006. 谷物中抗性淀粉含量的测定[J]. 饲料研究（5）：30-31.

陈恒文，林碧敏，钟杨生，等，2012. 桑树γ-氨基丁酸含量的检测分析[J]. 广东农业科学，39（13）：137-138.

陈建荣，田文玉，2010. 气相色谱法同时测定荞麦中百菌清、三唑酮和拟除虫菊酯类农药残留量[J]. 理化检验（化学分册），46（7）：740-742.

褚盼盼，侯冬敏，杨卫民，2015. 苦荞麦多糖对胰脂肪酶抑制作用的研究[J]. 中国食品添加剂（9）：78-83.

褚盼盼，宋奇琦，陈月桃，等，2016. 苦荞麦多糖体外抗氧化活性评价[J]. 天津农业科学，22（9）：45-48.

范昱，丁梦琦，张凯旋，等，2019. 荞麦种质资源概况[J]. 植物遗传资源学报，20（4）：813-828.

端允，薛长晖，2010. 硼酸-柠檬酸法测定苦荞粉中黄酮类化合物的含量[J]. 广州化工，38（6）：163-165.

高金锋，2008. 荞麦品种稳定性与适应性分析及评价研究[D]. 杨凌：西北农林科技大学.

龚勋，丁晓，2015. 紫茎泽兰叶片水提液对荞麦种子萌发的影响[J]. 贵州农业科学，43（12）：65-68.

荀君波，2011. 荞麦种质资源无机元素、贮藏蛋白及 SSR 遗传多样性研究[D]. 雅安：四川农业大学.

谷仿丽，黄仁术，刘玉曼，2015. 金荞麦多糖对环磷酰胺致免疫低下小鼠免疫功能的影响[J]. 中药材，38（2）：370-372.

郭彬，韩渊怀，黄可盛，等，2013. HPLC 法测定 30 个荞麦品种芦丁含量的研究[J]. 山西农业科学，41（1）：26-29.

郭徽，宾婕，刘洁，等，2011. 苦荞中总黄酮的含量测定[J]. 云南中医中药杂志，32（1）：57-58.

郭荣荣，2007. 甜荞蛋白质组分功能特性评价及对火腿肠质构特性的影响研究[D]. 武汉：华中农业大学.

郭玉珍，2007. 荞麦属种质资源的种子蛋白研究[D]. 贵阳：贵州师范大学.

郭月英，贺银凤，2004. 苦荞麦的营养成分 医疗功能及开发现状[J]. 农产品加工（2）：24-25.

何健，张国治，张虹，等，2002. 荞麦营养成分的检测及分析[J]. 河南农业大学学报，36（3）：302-304.

何学谦，刘利春，黄志秋，2002. 一起西农莎能奶山羊苦荞中毒的诊治[J]. 畜牧兽医杂志（1）：38.

侯建霞，汪云，程宏英，等，2007. 毛细管电泳电化学检测分离测定荞麦中的手性肌醇和肌醇[J]. 分析测试学报，26（4）：526-529.

侯雅君，2010. 荞麦种质资源遗传多样性及繁殖遗传完整性的研究[D]. 太原：山西大学.

侯雅君，张宗文，吴斌，等，2009. 苦荞种质资源 AFLP 标记遗传多样性分析[J]. 中国农业科学，42（12）：4166-4174.

胡俊君，仪鑫，胡红娟，等，2018. 柱前衍生化高效液相色谱法测定荞麦中 *D*-手性肌醇含量的方法[J]. 食品工业科技，39（13）：248-252.

胡一冰，赵钢，彭镰心，等，2010. 苦荞醇提物的镇静催眠作用研究[J]. 安徽农业科学，38（5）：90-91.

纪灵霄，杨洪兵，2013. K^+和 Mg^{2+} 对盐胁迫下荞麦种子萌发及幼苗生长的影响[J]. 广东农业科学，40（17）：52-53.

贾冬英，耿磊，1998. 苦荞麦茎及籽壳中黄酮类化合物（芦丁）的提取及其鉴定[J]. 食品科学，19（9）：46-47.

贾雪峰，2007. 苦荞麦叶黄酮提纯及其功能活性研究[D]. 重庆：西南大学.

姜涛，孔令聪，王光宇，等，2013. 安徽省苦荞麦种质资源引种观察及鉴定[J]. 农学学报，3（7）：8-10.

孔令瑶，汪云，曹玉华，2008. 毛细管电泳-电化学法对发芽黑米胚芽中γ-氨基丁酸含量的检测[J]. 分析测试学报（5）：527-530.

黎亮星，张迪，2019. 高效液相色谱-质谱联用法测定粮食制品中γ-氨基丁酸的含量[J]. 辽宁化工，48（5）：490-492.

李富华，2014. 荞麦酚类化合物抗氧化和抗增殖活性研究[D]. 重庆：西南大学.

李国华，席小平，边林秀，2004. 苦荞降脂胶囊的致突变性研究[J]. 中国药物与临床（8）：609-610.

李静舒，2014. 温度和干旱胁迫对荞麦种子萌发的影响[J]. 山西农业科学，42（11）：1160-1162.

李为喜，朱志华，李国营，等，2008. $AlCl_3$ 分光光度法测定荞麦种质资源中黄酮的研究[J]. 植物遗传资源学报，9（4）：502-505.

李新华，韩晓芳，于娜，2009. 荞麦淀粉的性质研究[J]. 食品科学，30（11）：104-108.

李月，2014. 普通荞麦种质资源农艺性状评价和 SSR 遗传多样性研究[D]. 贵阳：贵州师范大学.

林汝法，王瑞，周运宁，2001. 苦荞提取物的毒理学安全性[J]. 华北农学报，16（1）：116-121.

刘建林，唐宇，夏明忠，等，2008. 中国四川蓼科荞麦属一新种：皱叶野荞麦[J]. 植物分类学报，46（6）：929-932.

刘琴，张薇娜，朱媛媛，等，2014. 不同产地苦荞籽粒中多酚的组成、分布及抗氧化性比较[J]. 中国农业科学，47（14）：2840-2852.

刘三才，李为喜，刘方，等，2007. 苦荞麦种质资源总黄酮和蛋白质含量的测定与评价[J]. 植物遗传资源学报，8（3）：317-320.

马宏斌，2008. 苦荞麦主要农艺性状遗传浅析[J]. 中国农学通报，24（2）：203-205.

彭镰心，勾秋芬，邹亮，等，2009. HPLC法测定不同品种苦荞麦中的手性肌醇[J]. 中草药（s1）：279-281.

彭镰心，赵钢，王姝，等，2010. 不同品种苦荞中黄酮含量的测定[J]. 成都大学学报（自然科学版），29（1）：20-21.

钱建亚，Kuhn Manfred，2000. 荞麦淀粉的性质[J]. 粮食加工，25（3）：42-45.

屈洋，周瑜，王钊，等，2016. 苦荞产区种质资源遗传多样性和遗传结构分析[J]. 中国农业科学，49（11）：2049-2062.

阮洪生，季涛，吉薇薇，等，2017. 金荞麦黄酮对2型糖尿病小鼠糖脂代谢及氧化应激的影响[J]. 中药药理与临床（5）：73-76.

孙晓萍，王东来，吉永知代，等，2007. 两种不同酯化方法分析荞麦中脂肪酸成分[J]. 食品科技（7）：206-207.

谭萍，方玉梅，王毅红，等，2013. 苦荞麦多糖清除DPPH自由基的作用[J]. 六盘水师范学院学报（4）：37-39.

唐宇，孙俊秀，刘建林，等，2011. 四川省野生荞麦资源的开发利用[J]. 中国野生植物资源，30（6）：28-30.

唐宇，赵钢，1990. 四川省荞麦品质资源营养品质的初步研究[J]. 荞麦动态（2）：20-24.

涂画，高翔，陈雪品，等，2016. 荞麦花叶黄酮对糖尿病GK大鼠学习记忆的影响[J]. 现代预防医学，43（11）：2013-2016.

王岚，李玉英，蔡桂红，等，2006. 重组苦荞麦过敏蛋白TBa的原核表达及其免疫活性鉴定[J]. 中国生物化学与分子生物学报，22（4）：308-312.

王丽群，潘媛媛，孟庆虹，等，2016. 基于柱后衍生发芽糙米中γ-氨基丁酸HPLC检测方法的建立及应用[J]. 中国酿造，35（2）：144-147.

王琳，王莹，隋昌海，等，2012. 春小麦抗性淀粉含量与其他品质相关性状的相关分析[J]. 分子植物育种，10（6）：668-674.

王敏，魏益民，高锦明，2004. 荞麦油中脂肪酸和不皂化物的成分分析[J]. 营养学报，26（1）：40-44.

王盼，王毅红，方玉梅，2017. 金荞麦总黄酮提取物抗氧化作用研究[J]. 安徽农学通报，23（8）：23-24.

王世霞，李笑蕊，负婷婷，等，2016. 不同品种苦荞麦营养及功能成分对比分析[J]. 食品与机械（7）：5-9.

王斯慧，黄琬凌，李馨倩，等，2012. 超声辅助提取苦荞黄酮的工艺优化[J]. 粮食与饲料工业，12（1）：28-31.

王忠景，冯佰利，柴岩，等，2009. 甜荞品种内与品种间的遗传多样性研究[J]. 西北植物学报，29（7）：1314-1319.

吴建平，1998. 荞麦蛋白的新功能[J]. 西部粮油科技（3）：37-39.

吴琴燕，马圣洲，张文文，等，2014. 柱前衍生高效液相色谱法检测红茶中γ-氨基丁酸含量[J]. 江苏农业学报，30（6）：1534-1536.

吴渝生，1996. 荞麦主要农艺性状的遗传相关分析[J]. 云南农业大学学报（自然科学）（4）：258-262.

夏清，黄艳菲，李波，等，2014. HPLC法测定荞麦不同种不同部位槲皮素和山柰酚的含量[J]. 中药材，37（7）：1149-1151.

肖文艳，2008. 不同品种荞麦淀粉特性的研究及面制品开发[D]. 上海：上海海洋大学.

徐宝才，肖刚，丁霄霖，等，2003. 液质联用分析测定苦荞黄酮[J]. 食品科学（6）：113-117.

徐斌，宋寿梅，杜娟，等，2015. 甜荞总黄酮的体外抗氧化活性研究[J]. 中国兽医杂志，51（10）：53-56.

徐芦，2010. 荞麦抗旱指标鉴选与利用[D]. 杨凌：西北农林科技大学.

徐瑞萍，贾成莉，吕庆銮，等，2012. γ-氨基丁酸在发芽糙米中检测方法综述[J]. 山东化工，41（11）：35-37.

闫斐艳，杨振煌，李玉英，等，2010. 苦荞种子总黄酮提取方法的比较研究[J]. 食品与药品，12（3）：93-95.

闫泉香，2005. 苦荞麦黄酮的抗缺血作用研究[D]. 沈阳：沈阳药科大学.

杨红叶，杨联芝，柴岩，等，2011. 甜荞和苦荞籽中多酚存在形式与抗氧化性的研究[J]. 食品工业科技（5）：90-94.

杨克理, 1995. 我国荞麦种质资源研究现状与展望[J]. 中国种业 (3): 11-13.

杨玉霞, 吴卫, 郑有良, 等, 2008. 苦荞主要农艺性状与单株籽粒产量的相关和通径分析[J]. 安徽农业科学, 36 (16): 6719-6721.

杨玉霞, 2008. 荞麦种质资源遗传多样性研究[D]. 雅安: 四川农业大学.

张国权, 石书奎, 欧阳韶晖, 等, 2008. 荞麦淀粉制备新工艺研究[J]. 西北农林科技大学学报 (自然科学版), 36 (7): 165-172.

张国权, 史一一, 魏益民, 等, 2006. 荞麦淀粉酶水解工艺条件研究[J]. 西北农林科技大学学报 (自然科学版), 34 (9): 86-92.

张国涛, 张雄, 王华, 2017. 荞麦提取物抗氧化活性研究[J]. 安徽农业科学, 45 (25): 89-90.

张季, 严春临, 王博奥, 等, 2015. 苦荞麦多糖对铅中毒小鼠的保护作用研究[J]. 现代食品科技, 31 (7): 12-17.

张美莉, 吴继红, 赵镭, 等, 2005. 苦荞和甜荞萌发后脂肪酸营养评价[J]. 中国粮油学报, 20 (3): 44-47.

张美莉, 赵广华, 胡小松, 2004. 萌发荞麦种子蛋白质组分含量变化的研究[J]. 中国粮油学报 (4): 35-37, 45.

张素斌, 廖燕婷, 2012. 4 种甜荞麦黄酮提取方法的比较研究[J]. 食品与机械, 28 (6): 150-153.

张英, 曹良顺, 张赛航, 等, 2015. 荞麦花叶发酵提取物黄酮含量的测定[J]. 中国高新技术企业 (20): 17-18.

张政, 王转花, 刘凤艳, 等, 1999. 苦荞蛋白复合物的营养成分及其抗衰老作用的研究[J]. 营养学报 (2): 159-162.

赵丽娟, 2006. 荞麦种质资源遗传多样性分析[D]. 北京: 中国农业科学院.

郑庆红, 周瑞雪, 韩利文, 等, 2012. 苦荞黄酮类化合物的提取及微乳薄层色谱鉴别[J]. 中国药物与临床, 12 (9): 1153-1156.

周小理, 周一鸣, 肖文艳, 2009. 荞麦淀粉糊化特性研究[J]. 食品科学, 30 (13): 48-51.

周娅, 杨定清, 谢永红, 等, 2010. 黑苦荞保健茶中重金属的分析评价[J]. 广东微量元素科学 (17): 43-46.

周一鸣, 李保国, 崔琳琳, 等, 2013. 荞麦淀粉及其抗性淀粉的颗粒结构[J]. 食品科学, 34 (23): 25-27.

周一鸣, 王宏, 崔琳琳, 等, 2017. 萌发苦荞淀粉的理化特性及消化性研究[J]. 中国粮油学报, 32 (3): 25-29.

周一鸣, 周小理, 崔琳琳, 2010. 高效毛细管电泳法在黄酮类化合物分析检测中的应用[J]. 食品科学, 31 (20): 275-277.

朱云辉, 段元锋, 郭元新, 2016a. 苦荞发芽过程中 γ-氨基丁酸的富集及其他生理指标的变化[J]. 江苏农业科学, 45 (5): 332-335.

朱云辉, 郭元新, 2016b. 响应面法优化发芽苦荞富集 γ-氨基丁酸的培养条件[J]. 西北农林科技大学学报 (自然科学版), 44 (11): 141-148.

朱云辉, 郭元新, 杜传来, 等, 2017. 低氧联合 NaCl 胁迫下外源 Ca^{2+} 对发芽苦荞 γ-氨基丁酸富集的影响[J]. 中国粮油学报, 32 (1): 17-23.

朱云辉, 晏晖, 段元锋, 等, 2015. 发芽苦荞花生复合营养粉的研制[J]. 食品工业科技, 36 (23): 234-238.

朱振宝, 易建华, 2009. 碱溶酸沉法提取甜荞麦蛋白及其氨基酸分析[J]. 食品科技, 34 (8): 193-197.

邹亮, 彭镰心, 许丽佳, 等, 2012. UPLC-TOF/MS 测定苦荞中的 γ-氨基丁酸[J]. 华西药学杂志, 27 (3): 326-328.

邹亮, 王战国, 胡慧玲, 等, 2010. 苦荞提取物中芦丁和槲皮素的含量测定[J]. 中国实验方剂学杂志, 16 (17): 60-62.

邹亮, 赵钢, 杨敬东, 2006. RP-HPLC 法测定苦荞叶中芦丁的含量[C]. 山西省食品科学学会. 苦荞产业经济国际论坛论文集: 97-99.

邹勇, 尹礼国, 贾雪峰, 等, 2007. HPLC 法测定苦荞叶中芦丁的含量[J]. 粮油食品科技, 15 (3): 57-58.

左光明, 谭斌, 罗彬, 等, 2008. 全营养苦荞米抗性淀粉形成的工艺参数优化[J]. 食品科学, 29 (9): 130-134.

左光明, 谭斌, 王金华, 等, 2009. 苦荞米与苦荞粉加工中营养功能成分的评价及利用[J]. 食品科学, 30 (14): 183-187.

AOKI M, KOIZUMI N, OGAWA G, et al., 1981.Identification of the volatile components of buckwheat flour and their distributions of milling fractions[J]. Nippon Shokuhin Kogyo Gakkaishi, 28(9): 476-481.

BARANZELLI J, KRINGEL D H, COLUSSI R, et al., 2018. Changes in enzymatic activity, technological quality and gamma-aminobutyric acid (GABA) content of wheat flour as affected by germination[J]. LWT, 90: 483-490.

BEJOSANO F P, CORKE H, 1999. Properties of protein concentrates and hydrolysates from Amaranthus and Buckwheat[J]. Industrial Crops & Products, 10(3): 175-183.

CHALERMCHAIWAT P, JANGCHUD K, JANGCHUD A, et al., 2015. Antioxidant activity, free gamma-aminobutyric acid content, selected physical properties and consumer acceptance of germinated brown rice extrudates as affected by extrusion process[J]. LWT-Food Science and Technology, 64(1): 490-496.

CHEN B Y, HUANG H W, CHENG M C, et al., 2018. Influence of high-pressure processing on the generation of gamma-aminobutyric acid and microbiological safety in coffee beans[J]. Journal of the Science and Food Agriculture, 98(15): 5625-5631.

CHEN Q F, 2010. A study of resources of *Fagopyrum* (Polygonaceae) native to China[J]. Botanical Journal of the Linnean Society, 130(1): 53-64.

CHEN, S Y, HO K J, HSIEH Y J, et al., 2012. Contents of lovastatin, γ-aminobutyric acid and ergothioneine in mushroom fruiting bodies and mycelia[J]. LWT-Food Science and Technology, 47(2): 274-278.

DING J, YANG T, FENG H, et al., 2016. Enhancing contents of γ-aminobutyric acid (GABA) and other micronutrients in dehulled rice during germination under normoxic and hypoxic conditions[J]. Journal of Agricultural and Food Chemistry, 64(5): 1094-1102.

DING W, CUI J, ZHAO Y, et al., 2019. Enhancing *Haematococcus pluvialis* biomass and γ-aminobutyric acid accumulation by two-step cultivation and salt supplementation[J]. Bioresource Technology, 285: 121334.

GRAHAM S A, WOOD J, 1965. The genera of polygonaceae in the southeastern United States[J]. Journal of the Arnold Arboretum, 46(2): 91-121.

GUO Y, ZHU Y, CHEN C, et al., 2016. Effects of aeration treatment on γ-aminobutyric acid accumulation in germinated tartary buckwheat (*Fagopyrum tataricum*)[J]. Journal of Chemistry(6): 1-9.

HAO J X, WU T J, LI H Y, et al., 2016. Dual effects of slightly acidic electrolyzed water (SAEW) treatment on the accumulation of γ-aminobutyric acid (GABA) and rutin in germinated buckwheat[J]. Food Chemistry, 201: 87-93.

IKEDA S, YAMASHITA Y, TOMURA K, et al., 2006. Nutritional comparison in mineral characteristics between buckwheat and cereals[J]. Fagopyrum, 23: 61-65.

KAYASHITA J, SHIMAOKA I, NAKAJYOH M, et al., 1997. Consumption of buckwheat protein lowers plasma cholesterol and raises fecal neutral sterols in cholesterol-fed rats because of its low digestibility[J]. Journal of Nutrition, 127(7): 1395-1400.

KAYASHITA J, SHIMAOKA I, NAKAJYOH M, 1995. Hypocholesterolemic effect of buckwheat protein extract in rats fed cholesterol enriched diets[J]. Nutrition Research, 15(5): 691-698.

KIM S, ZAIDUL I S M, MAEDA T, et al., 2007. A time-course study of flavonoids in the sprouts of tartary (*Fagopyrum tataricum* Gaertn.) buckwheats[J]. Scientia Horticulturae, 115(1): 13-18.

LI W, LIN R, CORKE H, 1997. Physicochemical properties of common and tartary buckwheat starch[J]. Cereal Chemistry, 74(1): 79-82.

LI X, KIM Y B, UDDIN M R, et al., 2013. Influence of light on the free amino acid content and γ-aminobutyric acid synthesis in Brassica juncea seedlings[J]. Journal of Agricultural and Food Chemistry, 61(36): 8624-8631.

LU L, BAIK B K, 2015. Starch characteristics influencing resistant starch content of cooked buckwheat groats[J]. Cereal Chemistry, 92(1): 65-72.

MIETANA M S, FORNAL A, FORNAL J, 2010. Characteristics of lipids in buckwheat grain and isolated starch and their changes after hydrothermal processing[J]. Molecular Nutrition & Food Research, 28(5): 483-492.

OHNISHI O, 1998. Search for the wild ancestor of buckwheat III. The wild ancestor of cultivated common buckwheat, and of tatary buckwheat[J]. Economic Botany, 52(2): 123-133.

PARK N, LEE T K, NGUYEN T T H, et al., 2017. The effect of fermented buckwheat on producing L-carnitine and gamma-aminobutyric acid (GABA) enriched designer eggs[J]. Journal of the Science of Food & Agriculture, 97(9): 2891-2897.

PENG C C, CHEN K C, YANG Y L, et al., 2015. Aqua-culture improved buckwheat sprouts with more abundant precious nutrients and hypolipidemic activity[J]. International Journal of Food Sciences & Nutrition, 60(sup1): 232-245.

QIAN J, RAYAS-DUATRE P, GRANT L, 1998. Partial characterization of buckwheat (*Fagopyrum esculentum*) starch[J].

Cereal Chemistry, 75(3): 365-373.

QIAO W, WANG Q, HAN X, et al., 2019. Effect of pH and chlorine concentration of slightly acidic electrolyzed water on the buckwheat sprouts during germination[J]. Journal of Food Processing and Preservation, 43(11): e14175.

ROUT A, CHRUNGOO N K, 2007. Genetic variation and species relationships in Himalayan buckwheats as revealed by SDS PAGE of endosperm proteins extracted from single seeds and RAPD based DNA fingerprints[J]. Genetic Resources & Crop Evolution, 54(4): 767-777.

SARAPHANCHOTIWITTHAYA A, SRIPALAKIT P, 2018. Production of γ-aminobutyric acid from red kidney bean and barley grain fermentation by Lactobacillus brevis TISTR 860[J]. Biocatalysis and Agricultural Biotechnology, 16: 49-53.

SHAO J R, ZHOU M L, ZHU X M, et al, 2011. *Fagopyrum wenchuanense* and *Fagopyrum qiangcai*, two new species of Polygonaceae from Sichuan, China[J]. Novon, 21(2): 256-261.

STEWARD A N, 1930. The Polygoneae of eastern Asia[J]. Contributions from the Gray Herbarium of Harvard University (88): 1-129.

TAKANORI O, KYOKO Y, OHMI O, 2002. Two new *Fagopyrum* (Polygonaceae) species, *F. gracilipedoides* and *F. jinshaense* from Yunnan, China[J]. Japanese Journal of Genetics, 77(6): 399-408.

TANG Y, ZHOU M L, BAI D Q, et al., 2010. *Fagopyrum pugense* (Polygonaceae), a new species from Sichuan, China[J]. Novon, 20(2): 239-242.

TATSURO S, MASAMI W, MAKIKO I, et al., 2009. Time-course study and effects of drying method on concentrations of gamma-aminobutyric acid, flavonoids, anthocyanin, and 2"-hydroxynicotianamine in leaves of buckwheats[J]. Journal of Agriculture and Food Chemistry, 57(1): 259-264.

TSUJI K, OHNISHI O, 2000. Origin of cultivated tatary buckwheat (*Fagopyrum tataricum* Gaertn.) revealed by RAPD analyses[J]. Genetic Resources & Crop Evolution, 47(4): 431-438.

TSUJI K, OHNISHI O, 2001. Phylogenetic position of east Tibetan natural populations in Tartary buckwheat (*Fagopyrum tataricum* Gaert.) revealed by RAPD analyses[J]. Genetic Resources & Crop Evolution, 48(1): 63-67.

WANG F, WANG D, WANG H, et al., 2015. Isoflavone, γ-aminobutyric acid contents and antioxidant activities are significantly increased during germination of three Chinese soybean cultivars[J]. Journal of Functional Foods, 14: 596-604.

WU Q Y, MA S Z, ZHANG W W, et al., 2018. Accumulating pathways of γ-aminobutyric acid during anaerobic and aerobic sequential incubations in fresh tea leaves[J]. Food Chemistry, 240: 1081-1086.

XU F I, GAO Q A, MA Y I, et al., 2015. Comparison of tartary buckwheat flour and sprouts steamed bread in quality and antioxidant property[J]. Journal of Food Quality, 37(5): 318-328.

XU, J G, HU Q P, 2014. Changes in γ-aminobutyric acid content and related enzyme activities in Jindou 25 soybean (*Glycine max* L.) seeds during germination[J]. LWT-Food Science and Technology, 55(1): 341-346.

YANG R, CHEN H, GU Z, 2011. Factors influencing diamine oxidase activity and γ-aminobutyric acid content of fava bean (*Vicia faba* L.) during germination[J]. Journal of Agricultural and Food Chemistry, 59(21): 11616-11620.

ZHAO M, MA Y, WEI Z, et al., 2011. Determination and comparison of γ-aminobutyric acid (GABA) content in pu-erh and other types of Chinese tea[J]. Journal of agricultural and food chemistry, 59(8): 3641-3648.

ZHENG, G H, SOSULSKI F W, TYLER R T, 1997. Wet-milling, composition and functional properties of starch and protein isolated from buckwheat groats[J]. Food Research International, 30(7): 493-502.

ZHONG Y, WU S, CHEN F, et al., 2019. Isolation of high gamma-aminobutyric acid-producing lactic acid bacteria and fermentation in mulberry leaf powders[J]. Experimental and Therapeutic Medicine, 18(1): 147-153.

ZHOU M L, BAI D Q, TANG Y, et al., 2012. Genetic diversity of four new species related to southwestern Sichuan buckwheats as revealed by karyotype, ISSR and allozyme characterization[J]. Plant Systematics & Evolution, 298(4): 751-759.

附　　录

附表　荞麦的国家标准、行业标准和地方标准

类别	序号	标准编号	标准名称	发布（起草）单位	适用范围	质量标准
国家标准	1	GB/T 10458—2008	荞麦	国家质量监督检验检疫总局	用于收购、储存、运输、加工和销售的商品荞麦	不完善粒≤3.0%；互混≤2.0%；杂质总量≤1.5%；杂质矿物质≤0.2%；水分≤14.5%；色泽气味正常；大粒甜荞麦容重≥580（g/L）；小粒甜荞麦容重≥620（g/L）；苦荞麦容重≥630（g/L）
国家标准	2	GB 4404.3—2010	粮食作物种子 第3部分：荞麦	国家质量监督检验检疫总局	中华人民共和国境内生产、销售的荞麦种子，包括包衣种子和非包衣种子	原种苦荞麦种子品种纯度≥99.0；大田用种苦荞麦种子品种纯度≥96.0；原种甜荞麦种子品种纯度≥95.0；大田用种甜荞麦种子品种纯度≥90.0；四类荞麦种子的净度≥98.0%；发芽率≥85%；水分≤13.5%
国家标准	3	GB/T 35028—2018	荞麦粉	国家市场监督管理总局 中国国家标准化管理委员会	适用于以荞麦为原料制成的商品荞麦粉	粗细度：CB30号筛全部通过，留存CB36号筛不超过10%；水分≤14.0%；磁性金属物≤0.003g/kg；脂肪酸值（干基，以KOH计）≤120mg/100g；含砂量≤0.02%；色泽气味：具有荞麦粉固有的色泽、气味；总黄酮含量：苦荞粉≥1.0g/100g，甜荞粉≥0.2g/100g
行业标准	1	NY/T 1503—2007	甜荞麦	农业部	生产、收购、储存、运输、加工及销售的甜荞	水分≤15.0%；苦荞麦互混≤1.5%；不完善粒≤3.0%；杂质总量≤1.0%；杂质矿物质≤0.2%；气味正常；同时，一等甜荞麦千粒重≥30g，粗蛋白质（干基）≥120g/kg，生物类黄酮（干基）≥45g/kg；二等甜荞麦千粒重25～30g，粗蛋白质（干基）100～120g/kg，生物类黄酮（干基）≥45g/kg；三等甜荞麦千粒重<25g，粗蛋白质（干基）<100 g/kg，生物类黄酮（干基）<45g/kg

类别	序号	标准编号	标准名称	发布（起草）单位	适用范围	质量标准
	2	NY/T 1295—2007	荞麦及其制品中总黄酮含量的测定	农业部	荞麦及荞麦制品中总黄酮含量的测定	分光光度法测定，其最低检出限为0.5mg
	3	SN/T 1961.3—2012	食品中过敏原成分检测方法 第3部分：酶联免疫吸附法检测荞麦蛋白成分	国家质量监督检验检疫总局	烘焙类食、面条、小麦、玉米、面粉、粥、豆粉、寿司、米粉等各种食品中过敏原荞麦蛋白成分的测定	采用酶联免疫吸附法检测，对标准荞麦蛋白定量检测范围：0.78～50ng/mL
	4	SN/T 1961.18—2013	出口食品过敏原成分检测 第18部分：实时荧光PCR方法检测荞麦成分	国家质量监督检验检疫总局	食品及其原料中过敏原荞麦成分的定性检测	采用实时荧光PCR方法，其最低检出限（LOD）为0.01%（质量分数）。结果为阳性者，表述为"检出过敏原荞麦成分"；结果为阴性者，表述为"未检过敏原荞麦成分"
行业标准	5	NY/T 2493—2013	植物新品种特异性、一致性和稳定性测试指南 荞麦	农业部	荞麦新品种特异性、一致性、稳定性测试和结果判定	特异性的判定：在测试中，当申请品种至少在一个性状上与近似品种具有明显且可重现的差异时，即可判定申请品种具备特异性。一致性的判定：苦荞常规品种，一致性判定时，采用1%的群体标准和99%的接受概率。当样本大小为100株时，最多允许有3个异型株；对于甜荞常规品种，一致性判定时，采用5%的群体标准和95%的接受概率。当样本大小为100株时，最多允许有8个异型株。稳定性的判定：如果一个品种具备一致性，则可认为该品种具备稳定性。一般不对稳定性进行测试。必要时，可以种植该品种的下代种子，与以前提供的种子相比，若性状表达无明显变化，则可判定该品种具备稳定性

类别	序号	标准编号	标准名称	发布（起草）单位	适用范围	质量标准
行业标准	6	NY/T 894—2014	绿色食品 荞麦及荞麦粉	农业部	绿色食品荞麦、荞麦米、荞麦粉	感官要求：应具有该产品固有的形状，籽粒饱满、无霉变，同时具有该产品固有的色泽，无异味。荞麦及荞麦米理化指标：水分≤14.5%；不完善粒≤3.0%；互混≤2.0%；荞麦杂质总量≤1.5%，杂质矿物质≤0.2%；荞麦米杂质总量≤0.7%，杂质矿物质≤0.02%；大粒甜荞麦容重≥640（g/L）；小粒甜荞麦容重≥680（g/L）；苦荞麦容重≥690（g/L）。荞麦粉理化指标：灰分（以干基计）≤2.2%；水分≤14.5%；含砂量≤0.02%；磁性物质≤0.003g/kg；脂肪酸值≤60mg/100g。污染物和农药残留限量：总砷≤0.4mg/kg；汞、辛硫酸、乐果、氧乐果、敌敌畏、溴氰菊酯、磷化物≤0.01mg/kg
	7	SN/T 4419.17—2016	出口食品常见过敏原LAMP系统检测方法 第17部分：荞麦	国家质量监督检验检疫总局	食品及其原料过敏原荞麦成分的定性检测	采用环介导等温扩增（LAMP）检测方法检测，最低检测限（LOD）为0.5%（质量分数）。对LAMP检测结果为阴性的样品，可表述为该样品未检出过敏原荞麦成分。对LAMP检测结果为阳性的样品，应按照确证实验情况进行结果判断和表述
地方标准	1	DB62/T 993—2003	白银市A级绿色食品生产技术规程 荞麦	甘肃省质量技术监督局	白银市绿色食品荞麦的生产	对白银市A级绿色食品荞麦种植的产地条件选择、种子及其处理、选地选茬整地、施肥、播种、田间管理、收获及清洁田园技术等作相关要求。在气候正常年份，按本标准实施，可使生产的商品籽实达A级绿色食品标准
	2	DB140400/T 013—2004	绿色农产品苦荞麦生产操作规程	长治市农业标准化技术委员会，长治市质量技术监督局	山西省长治市政行政区的苦荞麦的生产	对苦荞麦生产的基本要求、选地、整地、选种及种子处理播种、田间管理、病虫害防治、收获、运输、贮藏都做了要求
	3	DB140400/T 014—2004	绿色农产品甜荞麦生产操作规程	长治市农业标准化技术委员会，长治市质量技术监督局	山西省长治市行政区域内的绿色甜荞麦的生产	对甜荞麦生产的基本要求、选地、整地、选种及种子处理播种、田间管理、病虫害防治、收获、运输、贮藏都做了要求

续表

类别	序号	标准编号	标准名称	发布（起草）单位	适用范围	质量标准
地方标准	4	DB51/T 812—2008	苦荞麦生产技术规程	四川省质量技术监督局	四川省苦荞麦生产区的苦荞麦的生产	该标准对基地和品种的选择、种子处理、选茬整地、田间管理、施肥、病虫防治、收获等都作了相关要求
	5	DB34/T 1316—2010	苦荞麦有机种植技术规程	安徽省质量技术监督局	安徽省有机苦荞麦的种植	对种植荞麦的产地环境、种子、种植管理、采收都做了相关要求
	6	DB62/T 1419—2012	地理标志产品 环县荞麦	甘肃省质量技术监督局	国家质量监督检验检疫总局根据《地理标志产品保护规定》批准保护的地理标志产品环县荞麦的生产	感官要求：应具有荞麦固有的色泽、气味，无酸味、霉味及其他异味。理化指标：水分≤13.0%；不完善粒≤3.0%；千粒重≥25.5g；粗淀粉≥637.6g/kg；芦丁≥5.4g/kg；粗脂肪≥21.9g/kg；粗蛋白质≥114.8g/kg；赖氨酸≥5.93g/kg
	7	DB61/T 568—2013	地理标志产品 定边荞麦	—	—	—
	8	DB61/T 904—2014	苦荞千粒重分级方法	—	—	—
	9	DB15/T 733—2014	内蒙古地方菜 荞面碗坨	内蒙古自治区质量技术监督局	—	—
	10	DB15/T 794—2014	内蒙古地方菜 荞面饸饹	内蒙古自治区质量技术监督局	—	—
	11	DB15/T 803—2014	内蒙古地方菜 荞面圪坨	内蒙古自治区质量技术监督局	—	—
	12	DB15/T 814—2014	内蒙古地方菜 荞面拿糕	内蒙古自治区质量技术监督局	—	—
	13	DB52/T 1077—2016	地理标志产品 六盘水苦荞米	贵州省质量技术监督局	经国家质量监督检验检疫部门根据《地理标志产品保护规定》批准保护的六盘水苦荞米	感官指标：不规则颗粒状，大小均匀，淡黄色至黄绿色，麦清味浓郁，微苦。理化指标：总黄酮（以芦丁计）≥1.0%；纤维素≥3.5%；水分≤12.0%

类别	序号	标准编号	标准名称	发布（起草）单位	适用范围	质量标准
地方标准	14	DB61/T 909—2016	地理标志产品 靖边苦荞	靖边县质量技术监督局	—	—
	15	DB54/T 0132—2017	地理标志产品 八宿荞麦	西藏自治区质量技术监督局	国家质量监督检验检疫行政部门根据《地理标志产品保护规定》批准保护的八宿荞麦	—
	16	DBS51/004—2017	食品安全地方标准 苦荞茶	四川省卫生和计划生育委员会、成都市食品药品检验研究院、西昌航飞苦荞科技发展有限公司、四川大学轻纺与食品学院、西昌学院"四川苦荞麦"高等学校重点实验室、西昌市正中食品有限公司、西昌阳光尚品苦荞食品有限公司、四川环太生物科技有限责任公司、四川三匠苦荞科技开发有限公司	以苦荞麦为主要原料加工而成的代用茶	感官要求：具有产品应有的色泽，冲泡后呈产品应有的汤色，汤汁清亮。具有产品应有的滋味与气味，无异味。具有产品应有的状态，无肉眼可见外来杂质。理化指标：水分≤10.0g/100g；镉≤0.5mg/kg；黄曲霉毒素B_1≤5.0μg/kg；原味苦荞茶铅≤1.0mg/kg；调配苦荞茶铅≤2.0mg/kg；原麦苦荞茶总黄酮（以芦丁计）（以干基计）≥0.8g/100g；成型苦荞茶总黄酮（以芦丁计）（以干基计）≥2.0g/100g；调配原麦苦荞茶总黄酮（以芦丁计）（以干基计）≥0.5g/100g；调配成型苦荞茶总黄酮（以芦丁计）（以干基计）≥1.5g/100g。其他真菌毒素限量：应符合GB 2761规定。其他污染物限量：应符合GB 2762规定。农药残留限量：应符合GB 2763及国家有关规定和公告。食品添加剂：应符合GB 2760的规定
	17	DB15/T 1307—2017	满族面食 荞面猫耳朵	内蒙古自治区质量技术监督局	—	—
	18	DB61/T 909—2016	地理标志产品 靖边苦荞	靖边县质量技术监督局	—	—
	19	DB15/T 1307—2017	满族面食 荞面猫耳朵	内蒙古自治区质量技术监督局	—	—